ANFÄNGE DER GRIECHISCHEN MATHEMATIK

ÁRPÁD SZABÓ

ANFÄNGE DER GRIECHISCHEN MATHEMATIK

MIT 27 ABBILDUNGEN

R. OLDENBOURG MÜNCHEN · WIEN 1969

LEKTOR

ALFRÉD RÉNYI

GESAMTHERSTELLUNG: AKADÉMIAI NYOMDA, BUDAPEST V., GERLÓCZY U. 2
PRINTED IN HUNGARY

INHALTSVERZEICHNIS

III. Teil. Der Aufbau der systematisch-deduktiven Mathematik

CHRONOLOGISCHE TABELLE

Die Untersuchungen über die *Anfänge der griechischen Mathematik* beschäftigen sich mit der *voreuklidischen Periode* der Wissenschaft. Wir können die einzelnen wissenschaftlichen Erkenntnisse innerhalb dieses Zeitabschnittes keineswegs genau datieren. Die folgende Tabelle soll nur im allgemeinen die zeitliche Orientierung des Lesers im voraus erleichtern. Die Datierung wird mit solchen Namen, die im Buch erwähnt werden, und mit *vermutlichen* Zeitangaben versucht. (Vollkommen sicher sind nur die auf PLATON und auf seine unmittelbare Umgebung bezüglichen Daten.) In der 2. Spalte werden einige mathematische Erkenntnisse angedeutet, die sich mit den betreffenden Namen verbinden lassen.

6. Jahrhundert

THALES (etwa 639—546)	Auf Grund jener Überlieferung, die dem THALES neue mathematische Erkenntnisse zuschreibt, muß man den Begriff des »*Winkels*« zu der Zeit des THALES auf alle Fälle schon gekannt haben. Die Ausarbeitung dieses Begriffes scheint eine neue Errungenschaft der Griechen gewesen zu sein
ANAXIMENES (etwa 560—528)	
PYTHAGORAS († etwa 510)	
PARMENIDES (nicht sehr viel jünger als PYTHAGORAS)	

EPICHARMOS (Blüte etwa 500)	Die Lehre vom Geraden und Ungeraden schon allgemein bekannt

5. Jahrhundert

ZENON (unmittelbarer Schüler des PARMENIDES)	
HIPPASOS von Metapont (unmittelbarer Schüler des PYTHAGORAS)	Sein Experiment mit den ehernen *diskoi* verifiziert nachträglich die Verhältniszahlen der Konsonanzen. Daraus schließe ich, daß jene *ursprünglichen* Experimente mit dem Monochord und mit dem ‚Kanon', denen der Begriff *diastema* zu verdanken ist, *älter* sein müssen
OINOPIDES (älterer Zeitgenosse des HIPPOKRATES von Chios)	Die drei ersten Postulate bei EUKLID
HIPPOKRATES von Chios (um 430 in Athen tätig)	Die Konstruktion der mittleren Proportionale (Elem. VI 13) zu dieser Zeit schon bekannt

4. Jahrhundert

ARCHYTAS (etwa mit PLATON gleichaltrig)	Würfelverdoppelung
PLATON (427—347)	
EUDOXOS (etwas jünger als PLATON)	Das V. Buch der »Elemente«
ARISTOTELES (384—322)	
EUDEMOS (Schüler des Vorigen)	
AUTOLYKOS	
EUKLID (um 300)	Zusammenstellen der »Elemente«

EINLEITUNG

Anfänge der griechischen Mathematik heißt dieses Buch, aber niemand greife zu ihm, der eine systematische, zusammenfassende Darstellung der ältesten Periode der griechischen Wissenschaft lesen möchte. Die hier vorgelegten Untersuchungen bilden zwar die revidierte und erweiterte Zusammenfassung von lauter solchen Arbeiten, die im Laufe der letzten Jahre Probleme der Frühzeit der griechischen Mathematik von verschiedenen Seiten her zu beleuchten trachteten. Aber zusammengefaßt habe ich meine Untersuchungen doch nicht in der Annahme, als ob man auf Grund der hier erzielten historischen Ergebnisse das neue Bild von der Frühzeit der griechischen Wissenschaft schon abschließend darstellen könnte. Im Gegenteil! Ich glaube, wir stehen heute noch ziemlich am Anfang jener gar nicht leichten Arbeit, die später einmal hoffentlich zu einem vollkommen neuen Bild über die historische Entfaltung der griechischen Mathematik führen wird. Zu dieser Arbeit möchte das vorliegende Buch einen zwar bescheidenen, aber doch etwas Neues eröffnenden Beitrag liefern.

Worin besteht das Neue, das hier dem Leser geboten wird? Wohl darüber muß ich hier vor allem Rechenschaft geben.

I

An erster Stelle möchte ich die *Methode* selbst hervorheben. Denn was die Methode betrifft, unterscheidet sich dieses Buch zweifellos von seinen meisten Vorgängern. In der Hoffnung, daß es mir nicht als Anmaßung ausgelegt wird, will ich den Unterschied sogleich auch an einem Beispiel illustrieren. Ich wähle sogar dazu als Gegenstück das zur Zeit meistgelesene, und ohne Zweifel auch mit Recht am meisten *geschätzte* Werk von B. L. v. d. WAERDEN über die griechische Mathematik.[1] Ich selber schrieb ja vor zehn Jahren anläßlich der deutschen Ausgabe dieses Buches in einer Rezension[2]: »*Van der* WAERDEN*s Zusammenfassung wird ja voraussichtlich noch für lange Zukunft die Grundlage jeder weiteren historischen Forschung auf diesem Gebiete bilden.*« Die seitdem verflossene Zeit hat diese Voraussage auf alle Fälle schon bestätigt. Auch ich muß dankbar betonen, daß ich meine eigenen Forschungen ohne v. d. WAERDENS bahnbrechende Vorarbeiten kaum hätte überhaupt beginnen können. (Und ich glaube auch nicht, daß durch jenes »Neue«, das in diesem Buch versucht wird, die unbestrittenen Verdienste der fremden Vorarbeiten »überholt« oder auch irgendwie »ersetzt« werden könnten!) — Aber möge meine Hochachtung v. d. WAERDENS Verdiensten gegenüber auch noch so unbeschränkt sein, so kann ich die von ihm befolgte Methode in einem wesentlichen Punkt doch nicht restlos bejahen.

Eines der wichtigsten Verdienste des Buches von B. L. v. d. WAERDEN besteht nämlich darin, daß es »*auf eigenen Quellenstudien beruht*«. Eine unerläßliche Forderung war dies, denn, wie der Verfasser selber betont: »*Wie viele Behauptungen in Büchern über Geschichte der Mathematik wurden kritiklos und ohne Quellenstudium aus anderen Büchern abgeschrieben! Wie viele Märchen sind doch im Umlauf, die als ‚allgemein bekannte Wahrheiten' gelten!*« Es wird dafür sogleich auch ein abschrekkendes Beispiel genannt. Und dann kommt jener Passus, zu dem ich vom Gesichtspunkt der Methode aus Stellung nehmen möchte. Uns interessieren zwar von dem folgenden Zitat nur

[1] Erwachende Wissenschaft, ägyptische, babylonische und griechische Mathematik, aus dem Holländischen übersetzt von H. HABICHT, mit Zusätzen vom Verfasser, Basel—Stuttgart 1956. (Die erste holländische Ausgabe wurde noch i. J. 1950 und die erste englische Ausgabe i. J. 1954 veröffentlicht.)

[2] Acta Scientiarum Mathematicarum (Szeged — Ungarn) 18 (1957) 140—141.

die Worte, die die griechische Mathematik selbst betreffen, aber vollständigkeitshalber sei hier doch der ganze Passus angeführt[3]:

»Um solche Fehler zu vermeiden, habe ich alle Ansichten, die ich bei modernen Autoren fand, immer nachgeprüft. Das ist nicht so schwer, wie es scheint, auch wenn man (wie ich) keine ägyptische Schrift und keine Keilschrift lesen kann und kein klassischer Philologe ist. Es gibt nämlich von fast allen Texten zuverlässige Übersetzungen. Alle mathematischen Keilschrifttexte zum Beispiel hat NEUGEBAUER übersetzt und publiziert. Die ägyptischen mathematischen Texte sind alle ins Englische oder Deutsche übersetzt. PLATON, EUKLEIDES[4], ARCHIMEDES und alle die anderen Klassiker der Mathematik sind gut ins Englische, Deutsche oder Französische übersetzt. Nur in einigen Zweifelsfällen war es nötig, den griechischen Text zu Rate zu ziehen.«

Ich möchte anläßlich dieses Zitates nur die Frage beleuchten, bis zu welchem Grade zu dem Erforschen der griechischen Mathematikgeschichte die modernen Übersetzungen brauchbar sind, und ob es wirklich genügt, »nur in einigen Zweifelsfällen den griechischen Text zu Rate zu ziehen«. Zu dieser Frage kann ich mich ja aus der eigenen Praxis äußern.

*

[3] O. c., S. 18.

[4] Es sei mir erlaubt, hier sogleich auch etwas zu bemerken, was mit dem wesentlichen Inhalt des Zitates nichts unmittelbar zu tun hat. Die richtige Transkription dieses griechischen Namens — wie sie auch durch B. L. v. d. WAERDEN immer geschrieben wird — heißt natürlich: EUKLEIDES. Ich werde jedoch konsequent die verdeutschte Form EUKLID benutzen. Dadurch möchte ich nämlich den Verfasser der »Elemente« von dem gleichnamigen Philosophen von Megara (EUKLEIDES) unterscheiden, mit dem er auch schon im Altertum häufig verwechselt wurde.

Im I. Teil dieses Buches wird eine gar nicht lange und auch sprachlich nicht besonders schwer verständliche PLATON-Stelle (»Theaitetos« 147 C—148 B) ausführlicher behandelt, nachdem sie interessante Tatsachen über zwei griechische Mathematiker — THEODOROS und THEAITETOS — zu überliefern scheint. Ich bin zwar klassischer Philologe, aber ich habe die betreffende Stelle dennoch nicht nur im Urtext, sondern auch in zahlreichen deutschen, englischen, französischen, italienischen, ja auch noch ungarischen Übersetzungen gelesen. Und eben über jene Erfahrung muß ich hier vor allem berichten, die ich mit den Übersetzungen machte. Das Überraschende für mich war nämlich, daß die meisten herangezogenen Übersetzungen (von unbedeutenden Ausnahmen abgesehen!) im großen und ganzen zwar richtig sind — und was das erstaunlichste ist, eben den mathematischen Inhalt der Stelle im Grunde zuverlässig wiedergeben —, doch auch solche unzweifelhafte Fehler enthalten,[5] die eine *irrtümliche Interpretation* des Textes unterstützen. Daß man sich auf diese Übersetzungen *gar nicht verlassen kann*, wurde mir eigentlich erst dann völlig klar, als ich auch jene Interpretation dieser PLATON-Stelle im einzelnen überprüfte, die im Kreise von bedeutenden Philologen und Historikern in den letzten hundert Jahren zu einer bedauerlichen Tradition geworden ist. Eine Übersetzung kann nämlich im großen und ganzen »richtig« sein und dabei doch im Dienste einer völlig verfehlten Textauslegung stehen. Ich will dafür gleich auch ein kleines Beispiel geben.

Es kommt an der erwähnten PLATON-Stelle mehrmals der Fachausdruck der griechischen Mathematik *δύναμις* vor. Gibt man dieses Wort mit »*Potenz*« wieder — wie die meisten Übersetzer es taten —, so ist es einfach *falsch*. Man wird zwar den mathematischen Inhalt der Stelle immer noch verstehen kön-

[5] Es sei hier als eine löbliche Ausnahme O. APELTS Übersetzung doch hervorgehoben: Platons Dialog Theätet, übersetzt und erläutert von O. A., zweite, der neuen Übersetzung erste Auflage, Leipzig 1911.

nen, aber der falsche Wortgebrauch legt unumgänglich auch irrtümliche Vorstellungen über die griechische Mathematik nahe. Denn die Griechen haben ja in der klassischen Zeit den Begriff der »*Potenz*« (a^k) noch überhaupt nicht gekannt, und auch der Wortbedeutung nach hat der griechische Fachausdruck »*dynamis*« mit dem lateinischen Begriff der *potentia* (»Fähigkeit«, »Möglichkeit«) gar nichts zu tun. — Übersetzt man dagegen dasselbe griechische Wort mit »*Quadrat*«, aber begründet man diese Übersetzung damit, daß die »*spezielle Potenz*« in der griechischen Geometrie das *Quadrat* war — wie man dies bei TH. L. HEATH lesen kann[6] —, so ist es immer noch *irreführend*. Denn diese Begründung impliziert ja auch die folgenden zwei Gedanken, *die offenbar falsch sind:*

a) Das griechische Wort *dynamis* hieße seiner Bedeutung nach eigentlich doch soviel wie »Potenz«. Man übersetzt es wohl nur deswegen als »Quadrat«, weil die *dynamis* in der Praxis immer eine »*zweite* Potenz« ist.

b) Heißt die *dynamis* der Mathematik ihrer Etymologie nach »Potenz«, so könnte man vielleicht auch den *κύβος* der Griechen — mindestens prinzipiell — als eine Art »dynamis« auffassen.

Und übersetzt man schließlich das betreffende Wort an der vorigen PLATON-Stelle als »*Quadrat*« — nehmen wir an: ohne jede weitere Erklärung —, so wird zwar die Übersetzung zweifellos *richtig, aber damit ist für die Mathematikgeschichte noch herzlich wenig gewonnen.* Wirklich ein Schlüssel zum Verständnis der ganzen PLATON-Stelle wird der richtig übersetzte Fachausdruck — *δύναμις* = »*Quadrat*« — erst dann, wenn man dabei auch weiß, daß dieser Terminus technicus der Geometrie

[6] TH. L. HEATH, Euclid's Elements (Dover Publications, 1956, Bd. III, S. 11): »*Commensurable in square* is in the Greek *δυνάμει σύμμετρος*. In earlier translations (e. g. Williamson's) *δυνάμει* has been translated ,*in power*', but as the particular *power* represented by *δύναμις* in Greek geometry is *square,* I have thought it best to use the latter word throughout«.

zu PLATONS Zeit keineswegs neuentstanden gewesen sein kann — er war in der ersten Hälfte des 4. Jahrhunderts schon aus *älteren Zeiten* überliefert —, und wenn man auch nicht vergißt, daß zu dem Prägen dieses Fachausdruckes der Wissenschaft die vorangehende Erkenntnis von bedeutenden mathematischen Tatsachen *unerläßlich notwendig* war. Das heißt also, man muß sich auch über die Wortgeschichte des betreffenden Ausdruckes in der Terminologie der griechischen Wissenschaft im klaren sein, erst dann wird selbst die richtige Übersetzung für das Verstehen des Textes in der Tat aufschlußreich. Denn im Besitz solcher Kenntnisse muß die übersetzte Stelle in einem vollkommen anderen Licht erscheinen, als es bis dahin überhaupt möglich war. Manche Fragen, die früher ausführlicher erörtert wurden — und sich dabei doch nicht beruhigend beantworten ließen —, werden dadurch auf einmal *unbedeutend*, ja sie erscheinen als *Irrwege der Forschung.* Statt dessen tauchen andere Probleme auf, an die man früher — vor der Erkenntnis dessen, was der fragliche Ausdruck eigentlich heißt — natürlich auch gar nicht denken konnte.

Aber ich will ja einstweilen nur die Methode selbst schildern, die in dieser Arbeit befolgt wird, und nicht sogleich auch die erzielten Ergebnisse zusammenfassen. Es wurde also eben betont, daß man auf die Übersetzungen der Quellen — vom Gesichtspunkt der Mathematikgeschichte aus — sich häufig nicht verlassen kann, auch dann nicht, wenn die fraglichen Übersetzungen manchmal philologisch so gut wie *tadellos* sind. Ein sehr gutes Beispiel ist dafür die eben erwähnte Stelle in dem Dialog »Theaitetos«. Denn diese Stelle war ja für die betreffenden Philologen und Historiker — soweit ich die ziemlich umfangreiche Fachliteratur überblicken kann — eigentlich *nie problematisch*. Den ganzen Passus hat man *beinahe einwandfrei übersetzen können*. Einerlei, wie man den Ausdruck *δύναμις* übersetzte — »Potenz«, »Quadrat« oder »Quadratseite« —, man *wußte*, daß es sich im Text um »Quadrate« bzw. um die »*Seiten*« dieser Quadrate handelt, und durch dieses Wissen war auch gesichert, daß man den mathematischen Inhalt der

Stelle (mindestens in großen Zügen!) nicht mißverstehe. Man könnte also den Eindruck haben, als ob es nur eine philologische Kleinkrämerei wäre, wenn man sich so sehr an dieses einzige Wort klammert. Und doch wäre es gar nicht für die Philologie, sondern eben für die *Mathematikgeschichte* wichtig gewesen, wenn man dieses Wort richtig verstanden hätte. Man hätte sich dadurch manche *Irrwege* in der Rekonstruktion der frühgriechischen Mathematik ersparen können. Es wird sich lohnen, hier mindestens in einigen Worten an jene Peripetie zu erinnern, die die Deutung dieses Ausdruckes in der griechischen Mathematikgeschichte der letzten hundert Jahre durchgemacht hatte.

*

Meines Wissens war P. TANNERY der erste, der darauf aufmerksam wurde, daß der Sinn des Fachausdruckes *δύναμις* an der betreffenden PLATON-Stelle irgendwie problematisch ist. Denn es war einerseits klar, daß dieser Ausdruck hier nach seinem sonstigen Gebrauch — aus irgendeinem *nicht geklärten Grunde* — »Quadrat« heißen muß. Aber auf der anderen Seite hatte man doch den Eindruck, als hieße dasselbe Wort an unserer Stelle selbst nicht nur *Quadrat*, sondern auch Quadrat*wurzel*. Dieser Eindruck war insofern allerdings berechtigt, daß an der fraglichen PLATON-Stelle sowohl von Quadraten wie auch von ihren *Seiten* die Rede ist. Hätte man jedoch den Text selber sorgfältig genug analysiert, so hätte man sogleich auch einsehen müssen, daß die Annahme einer *»Doppelbedeutung«* für das Wort *δύναμις* (»Quadrat« und auch »Quadrat*seite*«) vollkommen unberechtigt ist. Aber anstatt der sorgfältigen sprachlichen Analyse des Textes wählte TANNERY — in einem Aufsatz aus dem Jahre 1876[7] — den *verfehlten Weg* und vermutete:

[7] Le nombre nuptial dans Platon, Revue philosophique 1 (1876) 170—188 (Mémoires scientifiques, hrsg. von J. L. HEIBERG—H. G. ZEUTHEN, Toulouse—Paris 1912, Bd. I, S. 28—38). Die beiläufige Bemerkung, auf die oben im Text hingewiesen wird, steht in Mém. scient. Bd. I, S. 33, Anm. 2.

zu PLATONS Zeit wäre die mathematische Terminologie noch nicht endgültig festgelegt worden, und auf dieser Stufe hätte das Wort *δύναμις* noch sowohl *»Quadrat« (carré)* wie auch *»Quadratwurzel« (racine carrée)* heißen können.

Dieser irrtümlichen Vermutung von TANNERY wurde ein sehr zähes Nachleben in der Wissenschaftsgeschichte beschieden. Er selber hat zwar acht Jahre später seinen früheren Irrtum eingesehen: Es ist einfach unmöglich, daß ein und dasselbe Wort *(δύναμις)* auf einmal beide Bedeutungen — »Quadrat« und auch »Quadratwurzel« — gehabt habe. Aber, leider, ist ihm die richtige Interpretation jener PLATON-Stelle (im Dialog »Theaitetos«), deren Nichtverstehen ihn überhaupt zu der verfehlten Vermutung geführt hatte, auch diesmal nicht gelungen. Im Gegenteil! Er hat in dieser späteren Arbeit (aus dem Jahre 1884) vorgeschlagen,[8] man solle — um die Schwierigkeiten der Interpretation irgendwie beseitigen zu können — das Wort *δύναμις* in dem Text des »Theaitetos« überall in *δυναμένη* verwandeln. Natürlich ist dieser Vorschlag von TANNERY — ein gewaltsamer und gar nicht nötiger Eingriff in den überlieferten Text — einfach *dilettantisch.* Aber ich halte diesen zweiten Versuch von ihm doch beachtenswert aus den folgenden zwei Gründen: Erstens darum, weil er darin seine frühere irrtümliche Ansicht über die *»Doppelbedeutung«* des mathematischen Fachausdruckes *δύναμις* eindeutig aufgegeben hatte; und zweitens auch darum, weil sein Vorschlag, den PLATON-Text zu verändern, ohne Zweifel ein Beweis dafür ist, er daß sich darüber im klaren war, daß die übliche Interpretation der PLATON-Stelle, auch wenn man ihren mathematischen Inhalt im großen richtig versteht, *keineswegs beruhigend ist.*

Aber umsonst wollte TANNERY seiner früheren irrtümlichen Ansicht auch im Jahre 1889 noch einmal abschwören[9]; sein

[8] Sur la langue mathématique de Platon, Annales de la Faculté des Lettres de Bordeaux I (1884) 95—105 (Mém. scient., Bd. II, S. 91—104).

[9] L'hypothèse géométrique du Ménon de Platon, Archiv f. Gesch. der Philosophie II (1889) 509—514 (Mém. scient., Bd. II, S. 400—406). — Es wird sich lohnen, aus dieser Arbeit von TANNERY die folgenden

irrtümlicher Gedanke, dessen Unzulänglichkeit er selber schon eingesehen hatte, wurde auch von den *besten* Vertretern der griechischen Mathematikgeschichte beibehalten, nur seinen Eingriff in die Textüberlieferung hat man konsequent abgelehnt.[10]

Es ist übrigens gar kein Wunder, daß TANNERY mit jener richtigen Erkenntnis, daß das Wort *dynamis* unmöglich auch »Quadrat*seite*« oder »Quadrat*wurzel*« bedeuten kann, sich *nicht* durchzusetzen vermochte. Der Grund dafür war, daß er selber gar keinen ernst zu nehmenden Versuch unternommen hatte, *jenen Prozeß der Begriffsschöpfung zu beleuchten,* der in der Antike zu dem Ergebnis geführt hatte, daß ein »Quadrat« als *dynamis* bezeichnet werden konnte. Statt dessen hat er mit seinen beiden wirklich überraschenden und auch untereinander inkonsequenten Einfällen auf lange Sicht nur Verwirrung gestiftet. Ich muß diese beiden Einfälle hier im Einzelnen anführen, da sie ja, leider, auch heute noch weiterspuken.

1. TANNERY hat in seiner oben erwähnten Arbeit aus dem Jahre 1884 jene Tatsache, daß in der Definition 4 des X. Buches der »Elemente« die Seite eines Quadrats als δυναμένη bezeichnet wird, folgendermaßen erklären wollen[11]:

Worte zu zitieren: »Je citais même, comme exemple typique, le passage de Théétète, où *δύναμις* est employée dans le sens de *racine carrée,* tandis que dans la République ... le même mot signifie au contraire *carré.* Mais depuis, la poursuite de mes études sur les variations qu'a pu subir la langue mathématique des Grecs, *m'a conduit à des conclusions tout à fait opposées* et je n'hésite plus désormais etc.«

[10] Vgl. TH. L. HEATH, Euclid's Elements, Bd. II, S. 288; A History of Greek Mathematics, Oxford 1921, Bd. I, S. 209, Anm. 2; oder auch B. L. v. d. WAERDEN, Erwachende Wissenschaft, S. 234, 272 u. a. m.; dabei jedoch an einer der letztgenannten Stellen (S. 234) auch: »es ist nicht nötig, mit TANNERY das Wort *δύναμις* durch *δυναμένη* (Erzeugende) zu ersetzen«.

[11] Siehe Anm. 8. — Auch für die Ausdrücke bei B. L. v. d. WAERDEN (Erwachende Wissenschaft, S. 234 und 258) — dynamis = »*erzeugende Kraft*« oder »die *Erzeugung* von mittleren Proportionalen«, »die *Erzeugung* des geometrischen, arithmetischen und harmonischen

»Soit un carré dont l'aire soit déterminée, de *trois pieds* par exemple, le côté de ce carré est, dans la langue mathématique classique, la *δυναμένη* (la ligne qui peut) cette aire de trois pieds. *Pouvoir une aire (δύνασθαί τι χωρίον)* c'est de même, pour une ligne droite limitée, être telle que le carré construit sur elle ait précisément cette aire.«

Ich muß gestehen, daß es mir rätselhaft geblieben ist, wie man die auch in sich kaum verständlichen Ausdrücke »*la ligne qui peut*« für *δυναμένη* und »*pouvoir une aire*« für *δύνασθαι* als »Erklärung« niederschreiben konnte. — Aber der verdienstvolle Archeget der Wissenschaftsgeschichte blieb auch mit dieser mutigen »Erklärung« nicht ohne Nachfolger. Es wäre leicht zu zeigen, daß eben diese seine »Erklärung« weitergesponnen wurde, als man den Fachausdruck der griechischen Mathematik *δύναμις* (= »Quadrat«) deutsch als »*erzeugende Kraft*« und die *δυναμένη* als »*die Erzeugende*« verständlich machen wollte. Es wäre ja klar: Das betreffende Streckensegment ist als Seite eines Quadrats *δυναμένη (»die Erzeugende«)*, nachdem sie ein Quadrat *erzeugt*. Darin bestünde die Begriffsschöpfung! (Als ob die Griechen diese Art »Erzeugung« hätten jemals mit dem Verbum *δύνασθαι* zum Ausdruck bringen können!) Zu solchen Verirrungen führte der eine Einfall von TANNERY.

2. Noch schädlicher war in seinen Konsequenzen der zweite Erklärungsversuch von demselben TANNERY aus dem Jahre 1902. Die Voraussetzung dieser anderen Erklärung war vor allem, daß er zu dieser Zeit seine eigene frühere und richtige Feststellung aus dem Jahre 1884 — daß nämlich der Terminus technicus *δύναμις nicht* »Quadrat*seite*« oder »Quadrat*wurzel*« heißen kann — offenbar einfach vergessen hatte. Nur so konnte er jenen Gedankengang versuchen, an den ich hier

---

Mittels« u. a. m. — ist natürlich einzig und allein P. TANNERY mit seiner höchst seltsamen Umschreibung — »*pouvoir une aire*« (??) — verantwortlich.

erinnern will. – In dieser späteren Arbeit schildert nämlich TANNERY das Näherungsverfahren der Griechen, womit diese die Quadratwurzel einer Nicht-Quadratzahl berechneten; in diesem Zusammenhang schloß er seine Worte mit der folgenden Bemerkung[12]:

»... en exprimant de plus en plus près la valeur de cette moyenne, si l'on ne peut la construire que géométriquement, si elle n'existe qu'en *puissance*, non en *acte*, pour employer le langage des Grecs.«

Uns interessieren aus diesem Zitat augenblicklich nur die beiden hervorgehobenen Worte. Man soll nämlich diese – nach dem ausdrücklichen Hinweis von P. TANNERY selber – ins Griechische zurückübersetzen, um die Andeutung überhaupt verstehen zu können. Denn TANNERY glaubte, sich einer »quasi-griechischen Sprache der Geometrie« bedient zu haben, indem er über »*puissance*« und »*acte*« redete. Darum versteht man auch seinen Gedanken besser, wenn man dieselben Worte griechisch sagt, also *puissance* = *δύναμις* und *acte* — *ἐνέργεια, ἐντελέχεια*. Das heißt also mit anderen Worten: Nach P. TANNERY hieße die »*irrationale Quadratwurzel einer Zahl*« griechisch deswegen *δύναμις*, weil man eine solche Zahl geometrisch zwar wohl konstruieren könnte *(puissance)*, aber als »*acte*« *(ἐντελέχεια)* dieselbe Zahl doch nicht existierte. – Nun *erstens* hat diese Vermutung von P. TANNERY mit der Denkweise der frühgriechischen Mathematik überhaupt nichts zu tun; sie ist nur seine eigene mißratene Konstruktion. Und *zweitens* ist sein Gedanke aus dem doppelten Grunde verfehlt:

a) weil *δύναμις* im Griechischen *nie* »irrationale Quadratwurzel« hieß;

[12] Du rôle de la musique grecque dans le développement de la mathématique pure, Bibliotheca mathematica, III, 102, 161–175 (Mém. scient. Bd. III, S. 68–89 – das Zitat von S. 82).

b) weil der Ursprung des mathematischen Ausdruckes δύναμις mit dem aristotelisierenden Gegensatz von *dynamis* und *entelecheia* gar nichts zu tun hat. (Die *dynamis* des ARISTOTELES ist mit der *dynamis* der Geometrie *nicht* identisch!)

*

Es wurde nun in dem vorliegenden Buch versucht, die Frühgeschichte der griechischen Mathematik *quellenmäßig* zu erforschen; das heißt nicht nur in jenem gewöhnlichen Sinne des Wortes, daß die *Quellen* selbst in ihrem Urtext befragt wurden, sondern »quellenmäßig« sind diese Untersuchungen auch in jenem engeren Sinne, daß ich bestrebt war, die neuen Begriffe der griechischen Mathematik in »statu nascendi« zu beleuchten. Die griechische Mathematik hat ja schon in ihrer frühesten Epoche eine ganze Reihe von neuen Begriffen eingeführt. Es handelt sich dabei um solche Begriffe, deren Entsprechungen in den älteren, vorgriechischen Mathematiken *noch nicht existierten*, oder mindestens aus diesen anderen Mathematiken zur Zeit *noch gar nicht bekannt sind*. Die Schöpfung dieser Begriffe in der griechischen Mathematik fällt meistens auf eine solche Zeit, aus der keine mathematischen Texte unmittelbar überliefert sind.

Nachdem jedoch dieselben Begriffe auch in den vorhandenen mathematischen Texten der Griechen – die in viel späteren Zeiten entstanden – benutzt werden, glaube ich, auf Grund je einer Rekonstruktion der Begriffsgeschichte, das Entfalten des mathematischen Denkens – wenigstens zum Teil – auch in solchen Zeiten beleuchten zu können, aus denen noch keine mathematischen Texte vorhanden sind.

Es besteht z. B. gar kein Zweifel darüber, daß jene *axiomatische Grundlegung der Mathematik*, die in EUKLIDS »Elementen« vorliegt, das Ergebnis einer längeren, voreuklidischen Entwicklung darstellen muß. Man hat zu dem Erklären dieses historischen Prozesses früher nur ARISTOTELES aus der dem EUKLID unmittelbar vorangehenden Periode oder höchstens noch PLATON heranzuziehen versucht. Der Gedanke, daß das Entstehen der griechischen »Axiomatik« auf noch ältere Zeiten zurückgehen könnte, lag den früheren Historikern fern. Man hat auch nur ziemlich vage »Wechselwirkungen« zwischen Pythagoreern und Eleaten schon vermutet (z. B. P. TANNERY oder aus seiner Schule A. REY), ohne genauer bestimmen zu können, worin die »Wechselwirkung« bestand und welche Seite mehr dabei gewonnen haben mag. Daran, daß das Zustandekommen der systematisch-deduktiven Mathematik, ja auch die definitorisch-axiomatische Grundlegung dieser Wissenschaft *dem eleatischen Einfluß* zuzuschreiben sei, hat man früher nicht gedacht. Den Nachweis für diese Vermutung hoffe ich – hauptsächlich auf Grund begriffsgeschichtlicher Analysen – selber geführt zu haben.

Es fällt in der begriffsgeschichtlichen Analyse bei mir eine ganz besondere Bedeutung dem *Sprachlichen* zu. Die Sprache von EUKLIDS Mathematik wird historisch untersucht, da diese Fachsprache als lebendiges Zeugnis von solchen Entwicklungsprozessen aufgefaßt wird, die dem Entstehen der betreffenden Texte selbst zeitlich weit vorangegangen waren. Es wird z. B. mit Hilfe der sprachlichen Analyse festgestellt, daß *alle Fachausdrücke* der geometrischen Proportionenlehre der Griechen *musikalischen Ursprungs* sind. Ja, es wird sogar gezeigt, daß die Begriffe »Verhältnis« *(diastema* oder *logos)*, »Proportion« (*analogia* = »Gleichheit je nach Logos«) und ebenso auch die Fachausdrücke für die Operationen mit Verhältnissen *im Laufe von musiktheoretischen Betrachtungen und Experimenten* geprägt wurden. Daraus wird geschlossen, daß die musikalische Proportionenlehre in ihrer Entwicklung der geometrischen Proportionenlehre – bis zu einem gewissen Grade allerdings – *vorangehen mußte.* Es konnte z. B. die »Ähnlichkeit der geradlinigen Figuren« in der Geometrie erst dann als »Verhältnisgleichheit der entsprechenden Seiten« definiert werden, nachdem die Begriffe des »Verhältnisses« *(logos)* und der »Verhältnisgleichheit« *(analogia) durch die Musiktheorie* der Geometrie zur Verfügung gestellt wurden. – Es wird also in diesem Fall mit Hilfe der sprachlichen Analyse auch ein solcher Zusammenhang zwischen den beiden Disziplinen – Musiktheorie und Geometrie – historisch beleuchtet, der in den literarischen Quellen sonst nicht näher bezeugt wird. Denn wohl berichten zwar auch literarische Quellen darüber, daß »Musik« und »Geometrie« gleichermaßen Disziplinen der Pythagoreer waren, aber nur die Terminologiegeschichte verrät, daß die Musiktheorie – mindestens in der Schöpfung der grundlegenden Begriffe – der Entfaltung der Geometrie vorangehen mußte.

Nachdrücklich muß ich jedoch betonen, daß die *Terminologiegeschichte* in dieser Arbeit *nicht* um ihrer selbst willen betrieben wird. Wohl ist zwar die hier befolgte Methode meistens diejenige der Philologie, aber das Philologische ist in diesem Buch nie Selbstzweck, sondern es steht immer im Dienste des mathematischen und historischen Verständnisses. Denn ich bin überzeugt, daß man manche wichtige Tatsachen der antiken Wissenschaft ohne jene philologische Genauigkeit, die ich hier anzuwenden versuchte, nicht nur historisch, sondern auch *in ihrem mathematischen Inhalt* einfach gar nicht richtig begreifen kann. Ich will dafür sogleich auch ein Beispiel zeigen.

Liest man die ausgezeichnete Euklid-Übersetzung von C. Thaer[13], so begegnet man im Buch X der »Elemente« dem Begriff »*quadriert meßbare Strecken*«. Natürlich ist dies eine sprachlich vollkommen richtige Übersetzung des entsprechenden griechischen Fachausdruckes, die zunächst auch in ihrem mathematischen Inhalt ohne jede Schwierigkeit verstanden wird. Und doch kann man sehr leicht einer sozusagen »optischen Täuschung« zum Opfer fallen, wenn man *nicht* den griechischen Text studiert, sondern *nur* die moderne Euklid-Übersetzung – im Vertrauen darauf, daß diese eine treue Wiedergabe des Originals darstellt. Man kann nämlich – nur auf Grund des modernen Textes – sehr leicht den Eindruck

[13] C. Thaer, Die Elemente von Euklid, Ostwald's Klassiker der Exakten Wissenschaften, Leipzig 1933–1937.

gewinnen, als hätte es in der Antike *zwei verschiedene* Theorien der »*quadriert rationalen Strecken*« gegeben, die mit unterschiedlichen Methoden zu denselben Ergebnissen führten. Die eine Theorie scheint von der Frage nach der Existenz eines *geometrischen Mittels* zwischen Strecken und Zahlen auszugehen, während die andere Theorie *nicht* mit dem Begriff des »geometrischen Mittels«, sondern mit der »*Quadrierung von Strecken*« arbeiten sollte. – Aber diese ganze Vermutung wird auf einmal hinfällig, wenn man sich vergegenwärtigt, daß die beiden Bezeichnungen »*quadriert rationale Strecken*« und »*Quadrierung von Strecken*« nur unterschiedliche moderne Wiedergaben desselben einzigen antiken Fachausdruckes *εὐθεῖαι δυνάμει σύμμετροι* darstellen, und wenn man dabei nicht vergißt, daß das Herstellen einer »*dynamis*« eo ipso das Benutzen des »geometrischen Mittels« voraussetzt (vgl. S. 60–68)!

Darum kann ich nicht nachdrücklich genug betonen, daß das Erforschen der antiken Mathematikgeschichte gar nicht möglich ist, ohne daß man dabei vor allem eben das *Sprachliche* sehr gründlich und eingehend untersucht. Man vergesse nicht, daß das mathematische Denken damals noch auf das engste mit der Sprache verbunden war; so gut wie nichts konnte durch mathematische Symbolzeichen, von denen uns mindestens die einfachsten allen vertraut sind (+, –, ·, : etc.), angedeutet werden, alles mußte man noch in Worten ausdrükken. Und die Worte nahm man dazu — auch diejenigen, die man zu speziellen mathematischen Fachausdrücken entwikkelte — meistens aus der gewöhnlichen, alltäglichen Sprache oder aus der Sprache der Philosophie. Darum wird für uns auch die Eigenart des antiken mathematischen Denkens — die dieses von der späteren mathematischen Denkweise manchmal wesentlich unterscheidet — *nur über die Sprache* zugänglich.

II

Nachdem nun vorhin mindestens in großen Zügen geschildert wurde, worin jenes *methodisch Neue* besteht, das in diesem Buch dem Leser geboten wird, muß ich hier in einigen Worten auch noch die *konkreten Ergebnisse* der folgenden Untersuchungen andeuten. Inwiefern bekommt man in den nachstehenden Erörterungen ein anderes Bild von den Anfängen der griechischen Mathematik als das bisher bekannte? — Wohl habe ich zwar oben schon betont, daß man auf Grund der hier erzielten Ergebnisse jenes neue Bild von der Frühzeit der griechischen Wissenschaft, zu dem ich beitragen möchte, noch *nicht* abschließend darstellen kann. Aber ich glaube, daß die hier zusammengefaßten Untersuchungen zum Verändern mancher wesentlichen Züge unserer Vorstellungen über die Entfaltung der voreuklidischen Mathematik dennoch beitragen können. Um jene neue historische Perspektive, die sich hier eröffnet, in einigen Umrissen zu charakterisieren, gehe ich im folgenden von jener grundlegenden Arbeit aus, die vor mehr als 30 Jahren den Rahmen abzustecken versuchte, in dem sich unsere Rekonstruktionsversuche der voreuklidischen Mathematik bewegen.

Wie bekannt, hat O. Becker in seinem Aufsatz über die »Lehre vom Geraden und Ungeraden« gezeigt, daß ein sehr altes pythagoreisches *Mathema* sich aus Euklids »Elementen« selbst in seiner ursprünglichen Gestalt mit großer Wahrscheinlichkeit wiederherstellen läßt.[14] Das ist überhaupt das älteste deduktive Lehrstück der griechischen Wissenschaft — mindestens das älteste unter denjenigen, die für uns noch erreichbar sind. Wichtig ist für uns dieses Lehrstück aus den folgenden zwei Gründen. Erstens darum, weil man es auch ziemlich gut datieren kann. Ein Epicharmos-Fragment spricht ein-

[14] Quellen und Studien zur Geschichte der Mathematik, Astronomie und Physik B, 3 (1934) 533—553. Wiederabgedruckt im Sammelband: Zur Geschichte der griechischen Mathematik, hrsg. von O. Becker, Wissenschaftliche Buchgesellschaft, Darmstadt 1965.

deutig für die Kenntnis dieser Lehre.[15] Überlegt man sich dazu noch, daß EPICHARMOS rund um 500 v. u. Z. in seiner Blüte war, so wird man die Lehre vom Geraden und Ungeraden mindestens auf den Anfang des 5. Jahrhunderts datieren dürfen. — Aber noch wichtiger wird dieses Lehrstück aus jenem anderen Grunde, daß es offenbar in dem Beweis der Inkommensurabilität der Quadratdiagonale zur -seite kulminiert. Es scheint also, daß zusammen mit der Lehre vom Geraden und Ungeraden auch die Tatsache der linearen Inkommensurabilität — wenigstens in dem alleinstehenden Fall der Quadratdiagonale und -seite — schon in der ersten Hälfte, ja möglicherweise auch schon am Anfang des 5. Jahrhunderts den griechischen Mathematikern bekannt sein mußte. (Gegenüber dieser Datierung der ersten Entdeckung der Inkommensurabilität ist jene andere Ansicht, die die Kenntnis von irrationalen Größen erst *»seit der Mitte des 5. Jahrhunderts«* zugibt,[16] nur ein traditionelles Festhalten an jener modernen Bestrebung, die den Ausbau der Lehre über die Irrationalitäten mit allen denkbaren und undenkbaren Mitteln *erst um 400 v. u. Z.* fixieren möchte! Da man den sog. »weiteren Ausbau« der Irrationalitätentheorie auf PLATONS jüngere Lebensjahre setzen möchte, datiert man auch den »ersten Fall« der Entdeckung, denjenigen der Quadratdiagonale und -seite, so spät wie nur möglich, also *nicht* vor die erste Hälfte des 5. Jahrhunderts!)

Im Anschluß an diese Entdeckung versuchte O. BECKER jene *vier Stufen* der historischen Entwicklung anzugeben, die sich — nach seiner Vermutung — in den Wandlungen der

[15] Vgl. auch B. L. v. d. WAERDEN, Science awakening, 2. engl. Ausg. Science editions, New York 1963, S. 109—110. (Der entsprechende Passus ist aus der deutschen Ausgabe »Erwachende Wissenschaft« bedauerlicherweise fortgelassen worden.) — Zu der Interpretation des EPICHARMOS-Fragmentes vgl. auch K. REINHARDT, Parmenides und die Geschichte der griechischen Philosophie, 2. Aufl. Frankfurt a. M. 1959, S. 120, 138.

[16] Vgl. Anm. 1 zum I. Teil dieses Buches.

griechischen Arithmetik und Proportionenlehre im Verlauf des 5. und in der ersten Hälfte des 4. Jahrhunderts verfolgen ließen. Beachtenswert ist diese Periodisierung deswegen, weil sie auch seitdem — von kleineren Abweichungen abgesehen — eigentlich immer beibehalten wurde. Darum seien hier vor allem die »vier Stufen«, zusammen mit ihren von BECKER selbst beobachteten wichtigsten charakteristischen Zügen angeführt.

I. Altpythagoreische Stufe: Am bezeichnendsten ist für diese, nach BECKER, eben die Lehre vom Geraden und Ungeraden, die noch keine eindeutige Primfaktorenzerlegung kennt. Davon getrennt, von musikalischen und geometrischen Fragen herkommend, eine Theorie der rationalen Proportionen (»dyadischer« Beweis der Inkommensurabilität der Quadratdiagonale).

II. Theodorische Stufe: Allgemeine Definition der Inkommensurabilität durch Antanairesis von Maßstrecken (Eucl. Elem. X 2, 3). Irrationalitätsbeweise von $\sqrt{3}$ bis $\sqrt{17}$. Allgemeine Proportionenlehre, getrennt nach den Gattungen der Gebilde (Strecken, Zahlen etc.).

III. Theätetische Stufe: Anwendung der Antanairesis in der Zahlentheorie: »Euklidisches Teilverfahren«, Beweis der Eindeutigkeit der Zerlegung in Primfaktoren (Eucl. Elem. VII 30).

IV. Eudoxische Stufe: Allgemeine und für alle Gattungen einheitliche »abstrakte« Proportionenlehre. Definition der Verhältnisgleichheit durch den »eudoxischen Schnitt« (Eucl. Elem. V def. 5 und 7). Multiplikatives Axiom des Messens (sog. archimedisches Axiom, Elem. V def. 4).

Wie man sieht, versuchte also BECKER die Periodisierung eigentlich nur für die Arithmetik und Proportionenlehre. Die Geometrie wurde dabei nur nebensächlich berücksichtigt; auch das Problem der Inkommensurabilität — das für die antike Denkweise, und auch seinem Ursprung nach, ein geometrisches Problem war — wurde mehr als eine arithmetische Angelegenheit ($\sqrt{3}, \ldots \sqrt{17}$) aufgefaßt. — Ein unmittelbarer Nachteil dieser Betrachtungsweise besteht darin, daß man den wohl bedeutendsten Geometer des 5. Jahrhunderts, HIPPOKRATES von Chios, in der angedeuteten Periodisierung gar nicht recht unterbringen kann. Zeitlich wäre er noch *vor* die sog. »theodorische und theaitetische Stufe« einzuordnen; aber hätte HIPPOKRATES in der Tat jene mathematischen Tatsachen, mit denen BECKER die eben genannten Stufen (II. und III.) charakterisieren wollte, *noch gar nicht gekannt?*

Die »vier Stufen« von BECKER lassen auch das *historische Problem der Grundlegung und des systematischen Aufbaus der Mathematik* vollkommen außer acht. Auf welcher von den »vier Stufen« hätten die griechischen Mathematiker zum ersten Male die definitorisch-axiomatische Grundlegung ihrer Wissenschaft versuchen können? — Diese letztere Frage wurde von O. BECKER in einer früheren Arbeit berührt, die in mancher Hinsicht allerdings eben durch den Aufsatz über die Lehre vom Geraden und Ungeraden von ihm selbst überholt wurde.[17] Damals (i. J. 1927) war jedoch BECKER noch der Ansicht, daß »PLATON *als erster* das klare Bewußtsein des streng methodischen Verfahrens des Elementaraufbaus der Mathematik« gewonnen hätte.[18] — Man wäre also geneigt, im Sinne dieser früheren Gedanken von BECKER (die noch völlig unter dem Einfluß der diesbezüglichen Vermutung von H. G. ZEUTHEN formuliert wurden), seine »vier Stufen« noch mit einer *»fünften Stufe«* zu ergänzen. Der Versuch eines systematischen Aufbaus der Mathematik wäre erst unter PLATONs Einfluß, also wohl unmittelbar *nach* der »eudoxischen Stufe«, oder evtl. auch *gleichzeitig mit dieser*, möglich geworden.

Nun glaube ich, im Sinne der in diesem Buch zusammengefaßten Untersuchungen, O. BECKERs Periodisierung weitgehend revidieren zu müssen.

Vor allem wird der vermutlich früheste Versuch einer

[17] Vgl. dazu Kapitel 30, Probleme der frühgriechischen Mathematik in neuer Beleuchtung. II, im III. Teil dieses Buches.

[18] Vgl. Anm. 291 zum III. Teil dieses Buches.

Grundlegung und eines deduktiven Aufbaus der Mathematik – jene Periode also, die man nach O. BECKER als »platonische Stufe« bezeichnen könnte – weit hinauf in BECKERS »erste Stufe« gerückt. Denn ich glaube, zeigen zu können, daß die Lehre vom Geraden und Ungeraden grundlegende Definitionen der Euklidischen Arithmetik voraussetzt. Es geht nicht nur das älteste pythagoreische *Mathema*, sondern mit ihm zusammen auch der früheste Versuch einer theoretischen Grundlegung der Arithmetik auf die erste Hälfte, wenn nicht schon auf den Anfang des 5. Jahrhunderts zurück. – Es dürfte nur die theoretische Grundlegung der *Geometrie* etwas späteren Ursprungs sein, nachdem die drei ersten Postulate bei EUKLID sich auf OINOPIDES (um die Mitte des 5. Jahrhunderts) zurückführen lassen.

BECKERS II. und III. Stufe, die »theodorische« und »theaitetische«, fallen in meiner Rekonstruktion weg. Denn man kann ja – im Sinne jener Interpretation, die ich für die betreffende PLATON-Stelle im I. Teil dieses Buches vorschlage – gar nicht zeigen, daß dem THEODOROS oder dem Platonischen THEAITETOS irgendwelche neuen mathematischen Erkenntnisse zu verdanken wären. Im Gegenteil! Ich schließe aus der Tatsache, wie der Begriff »*dynamis*« an der betreffenden PLATON-Stelle benutzt wird, daß jene Erkenntnisse, die man früher den Dialog-Personen THEODOROS und THEAITETOS zuschreiben wollte, aus vorplatonischen Zeiten – aller Wahrscheinlichkeit nach noch aus der Zeit *vor* HIPPOKRATES von Chios entstammen.

Über die IV., die »eudoxische Stufe« bei O. BECKER habe ich nichts zu bemerken, nachdem meine Untersuchungen mit jenen mathematischen Entdeckungen, die in der modernen Forschung dem EUDOXOS zugeschrieben werden, sich nicht näher beschäftigen.

Es eröffnet sich nun in den folgenden Untersuchungen – anstatt der Periodisierung von O. BECKER – die Möglichkeit einer anderen Stufeneinteilung der mathematischen Entwicklung in frühgriechischer Zeit, die hier noch kurz angedeutet werden soll.

Die älteste, für uns noch erreichbare Stufe der mathematischen Entwicklung bei den Griechen vertritt wohl jene *musikalische Proportionenlehre,* die überhaupt die Fachausdrücke auch für die spätere gesamte Proportionenlehre im voraus geprägt hatte. (Diese Stufe wird in den Kapiteln 3 – 19 des II. Teils in diesem Buch behandelt.) Ich glaube, es wäre ein hoffnungsloses Unternehmen, wenn man diese Stufe auch zeitlich auf irgendein Jahrhundert oder auf eine Jahrhunderthälfte fixieren wollte. Denn unsere ältesten Texte, die musiktheoretische Fragen berühren – auch die Fragmente mitgerechnet –, sind ja kaum älter als PLATONS Zeitalter. Und doch müssen jene musiktheoretischen Fachausdrücke, die schon zur Zeit des HIPPOKRATES von Chios auch in die Geometrie übernommen wurden, in einer noch älteren Zeit in der Musikwissenschaft geprägt worden sein. – Viel wichtiger scheint mir die Tatsache, daß innerhalb dieser Stufe der musikalischen Proportionenlehre sich zwei Perioden deutlich unterscheiden lassen: eine ältere und eine jüngere. In der älteren Periode experimentierte man in der Musikwissenschaft mit dem bloßen Monochord, *noch ohne den zwölfgeteilten ‚Kanon'.* Aus dieser Zeit stammen die wichtigen musiktheoretischen Ausdrücke, die selbstverständlich auch in der späteren Proportionenlehre beibehalten wurden: »*diplasion diastema*« (2 : 1), »*hemiolion diastema*« ($1\frac{1}{2} = 3:2$) und »*epitriton diastema*« ($1\frac{1}{3} = 4:3$). Dieselbe Periode hat auch die Methode des »*Euklidischen Teilverfahrens*« (Wechselwegnahme, Antanairesis oder Anthyphairesis) entwickelt. – Für die jüngere Periode ist das Einführen des zwölfgeteilten ‚Kanon' charakteristisch; erst dadurch wurde das Prägen des neuen musikalisch-mathematischen Begriffes »*logos*« (= »Verbindung von zweien Zahlen«) ermöglicht.

Auf einer nächsten Stufe wurde die musikalische Proportionenlehre der *ganzen Zahlen* auf die Arithmetik und besonders auf die geometrisierende Arithmetik der »Flächenzahlen«,

»ähnlichen Flächenzahlen« etc. (vgl. in vielen Sätzen der Elem. VII, VIII und IX) angewendet und erweitert. – In diesem Zusammenhang ist zweierlei zu bemerken. Die Euklidische Arithmetik ist vorwiegend musikalischen Ursprungs; nicht nur deswegen, weil in dieser die »Zahlen« nach einer in der Musiktheorie entwickelten Tradition als *Strecken* (ursprünglich »Saitenabschnitte«) symbolisiert werden, sondern auch darum, weil in ihr die Methode der Wechselwegnahme – die ursprünglich in der Musikwissenschaft entwickelt wurde – zur Anwendung kommt. Die Lehre vom Geraden und Ungeraden ist jedoch offenbar aus einer »Arithmetik der Rechensteine« *(ψῆφοι)* hervorgegangen, in der die Wechselwegnahme ursprünglich wohl ein »Fremdkörper« war. Es scheint also, daß eigentlich nur die *Arithmetik der Proportionenlehre* (selbstverständlich bloß für Zahlen!) aus der musikalischen Proportionenlehre entwickelt wurde. Wohl scheint diese Proportionenlehre der Zahlen *jünger zu sein* als die Lehre vom Geraden und Ungeraden. Aber das ist bloß eine Vermutung und keine erwiesene Tatsache. Für besonders unwahrscheinlich halte ich jene andere Vermutung, daß das Buch VIII der »Elemente« erst auf ARCHYTAS zurückgehen sollte. Die Probleme dieses Buches hängen aufs engste mit der Lehre über die Inkommensurabilität zusammen – ja sie scheinen sogar die Vorbereitung dazu zu sein. Und doch muß die quadratische Inkommensurabilität (nicht nur der Einzelfall der Quadratdiagonale, sondern auch im allgemeinen die Lehre der *»dynameis«*!) lange vor ARCHYTAS, ja auch schon in der Zeit *vor* HIPPOKRATES von Chios bekannt gewesen sein.

Die dritte Stufe erblicke ich in der Anwendung der Proportionenlehre auf die *Geometrie*, nachdem dieselbe schon früher auf die Arithmetik angewendet wurde. Dadurch wurde die exakte Definition der *Ähnlichkeit der geradlinigen Figuren* (»Verhältnisgleichheit der entsprechenden Seiten«) und bald auch die Konstruktion der mittleren Proportionale auf geometrischem Wege – selbstverständlich noch *in altpythagoreischer Zeit* – ermöglicht. Die Konstruktion der mittleren Proportionale führte dann unmittelbar zu der Entdeckung der linearen Inkommensurabilität, nachdem diese Konstruktion (die natürlich auch schon dem HIPPOKRATES von Chios wohlbekannt sein mußte!) – bewußt oder unbewußt – auch die Erweiterung des Begriffes »Verhältnis« auf allgemeine Größen *implizierte*. Besonders beachtenswert finde ich dabei, daß die Entdeckung der Inkommensurabilität einem Problem zu verdanken ist, das ursprünglich noch in der Musiktheorie auftauchte. (Es ist übrigens interessant, daß auch schon P. TANNERY vermutet hatte: »Auch das Problem der Irrationalität von $\sqrt{2}$ könnte sowohl aus der Geometrie wie aus der *Musiktheorie* stammen.«[19])

Durch die Entdeckung der Inkommensurabilität wurde dann jene weitere Entwicklungsstufe der Mathematik vorbereitet, die im III. Teil dieses Buches als Aufbau der systematisch-deduktiven Wissenschaft behandelt wird. Um nämlich die Existenz der entdeckten Inkommensurabilität einwandfrei beweisen zu können, wurde eine neue Beweistechnik und die theoretische Grundlegung der deduktiven Mathematik – die meiner Rekonstruktion nach *unter eleatischem Einfluß entwickelt wurden* – unumgänglich notwendig.

Man sieht also, daß die von mir vorgeschlagene »Periodisierung« *von chronologischem Gesichtspunkt aus* ziemlich offen bleiben muß. Ich kann ja die Zeitpunkte, bei denen die früher in der Musiktheorie entwickelte Proportionenlehre zuerst auf die Arithmetik und dann auf die Geometrie angewendet wurde, gar nicht näher bestimmen. Ja, selbst der Gedanke, daß die Proportionenlehre zunächst auf die Arithmetik und *erst später* auf die Geometrie angewendet wird, ist bloß eine Vermutung. Sie wird einzig und allein damit begründet, daß die Proportionenlehre der Zahlen *einfacher*, *naheliegender ist* als

[19] Du rôle de la musique grecque dans le développement de la mathématique pure, Mém. scient., Bd. III, S. 68–89, insbesondere S. 83–89. — Diese Vermutung von P. TANNERY wird auch durch O. BECKER — Zur Geschichte der griechischen Mathematik, S. 143 — nachdrücklich hervorgehoben.

die Proportionenlehre der allgemeinen geometrischen Größen. Die »Periodisierung« besteht also in diesem Fall nur darin, daß man versucht, die bloß vermutliche Reihe jener aufeinanderfolgenden *Problemsituationen* zu rekonstruieren, die von »einfacheren« Erkenntnissen zu »komplizierteren« führten.

*

Besonders erwähnen muß ich noch ein Problem, das in diesem Buch *nicht* behandelt wird, und dessen Behandlung man doch mit Recht erwarten könnte.

Es wäre nämlich zu erwarten, daß in einem Buch über die *Anfänge der griechischen Mathematik* auch die Vorgeschichte dieser Wissenschaft mindestens berührt wird. Die griechischen Mathematiker haben ja – nach dem heutigen Stand der historischen Forschung – manches aus den vorgriechischen Wissenschaften fertig übernommen. Als ein bekanntes Beispiel gilt dafür der sog. pythagoreische Lehrsatz, der keineswegs erst eine Entdeckung des PYTHAGORAS sein kann, nachdem sich seine Kenntnis schon aus viel älteren babylonischen Texten nachweisen läßt. Und so könnte man die orientalische Herkunft wohl auch noch anderer mathematischer Erkenntnisse der Griechen zeigen.

Dennoch habe ich in dieser Behandlung die Frage der Entlehnungen aus den vorgriechischen Mathematiken mit Absicht *völlig offen gelassen.* Dies tat ich vor allem deswegen, weil meiner Ansicht nach unsere heutigen Kenntnisse über die griechische Mathematik selbst *noch nicht genügen*, um dieses Problem mit wesentlichem Erfolg behandeln zu können. Als Illustration dafür möge hier das Problem der sog. *geometrischen Algebra der Griechen* erwähnt werden.[20]

Noch H. G. ZEUTHEN wurde darauf aufmerksam, daß man im II. und VI. Buch der Euklidischen »Elemente« solchen in-

[20] Zu dem folgenden vgl. O. NEUGEBAUER, Studien zur Geschichte der antiken Algebra, III, Quellen und Studien zur Geschichte der Math. etc. B, 3 (1936) 245–259.

teressanten *geometrischen* Sätzen begegnet, die wir allerdings als *algebraische Formeln* aufzuschreiben gewohnt sind. Er schloß aus dieser Tatsache sogleich auch, daß es sich hier eigentlich um »algebraische Sätze in geometrischem Gewand«, wie er sich ausdrückte: um eine *geometrische Algebra*, handelt. – Ob es bei den Griechen in der Tat früher eine Algebra gab, die sie später geometrisierten, wie sie dazu gekommen waren, und was überhaupt die Rolle der »geometrischen Algebra« in der frühgriechischen Wissenschaft gewesen sein mag – auf diese Fragen vermochte H. G. ZEUTHEN eigentlich keine beruhigende Antwort zu erteilen. Aber sehr willkommen kam seine »Entdeckung« O. NEUGEBAUER, dem späteren Entdecker der *babylonischen Algebra*. Wie er schrieb, liege der Grund für die griechische »Geometrisierung der Algebra«:

> ». . . einerseits in der aus der Entdeckung der irrationalen Größen folgenden Forderung der Griechen, der Mathematik ihre Allgemeingültigkeit zu sichern durch Übergang vom Bereich der rationalen Zahlen zum Bereich der allgemeinen Größenverhältnisse, andrerseits in der daraus resultierenden Notwendigkeit, *auch die Ergebnisse der vorgriechischen ,algebraischen' Algebra in eine ,geometrische' Algebra zu übersetzen.*«[21]

Und so gilt seitdem die »geometrische Algebra« bei EUKLID als eine Entlehnung aus der babylonischen Wissenschaft bzw. als eine geometrische Übersetzung der babylonischen Algebra. – Man könnte zu der Frage – *inwiefern diese Rekonstruktion historisch stichhaltig ist* – nur dann Stellung nehmen, wenn man erst ZEUTHENS Theorie über die »algebraischen Sätze in geometrischem Gewand bei EUKLID« gründlich überprüft hätte. Ob in der Tat die Sätze dieser »geometrischen Algebra« solche Probleme behandeln, die ursprünglich *Probleme der Algebra* waren, oder ob dieselben Sätze nicht doch *rein geometrischen Ursprungs* sind? – Solange jedoch dies – innerhalb

[21] Ebd., S. 250.

der griechischen Mathematik selbst – nicht besser beleuchtet ist, möchte ich auch die Ursprungsfrage der gesamten »geometrischen Algebra der Griechen« offen lassen (vgl. jedoch auch den »Anhang« in diesem Buch, S. 455 ff.)

Man muß sich übrigens in acht nehmen, um aus dem vorigen Zitat von O. NEUGEBAUER die Worte »*Übergang vom Bereich der rationalen Zahlen zu dem Bereich der allgemeinen Größenverhältnisse*« nicht falsch zu verstehen. Versteht man nämlich darunter nur soviel, daß nach dem Entdecken der linearen Inkommensurabilität der Begriff des »Verhältnisses«, *der bis dahin wohl nur für Zahlen galt*, auch für inkommensurable Größen erweitert werden mußte, so ist gegen die eben wiederholten Worte von NEUGEBAUER wohl gar nichts einzuwenden. Wollte man jedoch unter dem »*Übergang*« irgend eine *nachträgliche Geometrisierung* verstehen, so müßte ich dagegen entschieden Einspruch erheben. Denn erstens war für die Griechen die Inkommensurabilität »ab ovo« ein *geometrisches Problem*, und zweitens ist es nur ein Irrtum, wenn man glaubt das Entdecken der Inkommensurabilität hätte den früheren griechischen »Glauben in die Zahlen« irgendwie erschüttert, als ob man z. B. mit dem Entdecken der Inkommensurabilität der Quadratdiagonale plötzlich eine Größe gefunden hätte, die man »zahlenmäßig nicht bestimmen kann«. Aber die Griechen wußten ja, daß diese Größe nur der *Länge nach* nicht als eine Zahl angegeben werden kann; jenem *Quadrat nach*, das man auf sie erhebt, läßt sich dieselbe Größe auch *zahlenmäßig* sehr gut ausdrücken. Ein »Verlassen des Bereiches der Zahlen« war also infolge dieser Entdeckung gar nicht nötig. Eben auch diese Tatsache glaube ich durch das Erklären der Genesis des mathematischen Begriffes »*dynamis*« in ein neues Licht gestellt zu haben.

*

Zum Schluß möchte ich hier noch jene Aufsätze von mir aufzählen, auf die ich in dieser neuen Behandlung der Probleme der frühgriechischen Mathematik weitgehend gebaut habe:

Wie ist die Mathematik zu einer deduktiven Wissenschaft geworden? Acta ant. Acad. Sci. hung. (Budapest) IV (1956) 109–151.

Deiknymi, als mathematischer Terminus für *beweisen*, Maia N. S. X (1958) 106–131.

Die Grundlagen in der frühgriechischen Mathematik, Studi Italiani di Filologia Classica (Firenze) XXX (1958) 1–51.

Der älteste Versuch einer definitorisch-axiomatischen Grundlegung der Mathematik, Osiris (Brugis – Belgium) XIV (1962) 308–369.

The Transformation of Mathematics into Deductive Science and the Beginnings of its Foundation on Definitions and Axioms, Scripta Mathematica (New York) XXVII 27–49; 113–139.

Anfänge des Euklidischen Axiomensystems, Archive for History of Exact Sciences (Springer-Verlag) I (1960) 37–106.

Ein Beleg für die voreudoxische Proportionenlehre? (Aristoteles: Topik Θ. 3, p. 158 b 29–35) Archiv f. Begriffsgeschichte (Bonn) 9 (1964) 151–171.

Der Ursprung des ‚Euklidischen Verfahrens', Math. Ann. 150 (1963) 203–217.

Die frühgriechische Proportionenlehre, Archive for History of Exact Sciences (Springer-Verlag) II (1965) 197–270.

Der mathematische Begriff *dynamis*, Maia N. S. XV (1963) 219–256.

Theaitetos und das Problem der Irrationalität in der griechischen Mathematikgeschichte, Acta ant. Acad. Sci. hung. (Budapest) XIV (1966) 303–358.

I. Teil

DIE FRÜHGESCHICHTE DER THEORIE DER IRRATIONALITÄTEN

1. Die bisher vermuteten Etappen in der Entfaltung der Theorie

Im folgenden versuche ich vor allem an Hand eines konkreten Beispiels jene *Methode* zu zeigen, die ich in der Erforschung der frühgriechischen Mathematikgeschichte zur Geltung bringen möchte. Ich glaube, durch diese Methode wird u. a. auch die Entfaltungsgeschichte der Irrationalitätentheorie in ein vollkommen neues, bisher nicht beachtetes Licht gestellt. Darum sei es mir erlaubt, hier zunächst daran zu erinnern, was man über die Geschichte der Irrationalitätentheorie bisher festzustellen vermochte.

Die Erkenntnis der Irrationalität gilt als eine hervorragende Leistung der frühgriechischen Mathematik. Die historische Forschung vermochte jedoch noch keineswegs befriedigend zu klären, wie man überhaupt zu dieser Erkenntnis gekommen war. Nur soviel scheint – auf Grund der früheren Untersuchungen – mehr oder weniger festzustehen, »daß irrationale Größen (bzw. inkommensurable Verhältnisse) den griechischen Mathematikern seit der Mitte des 5. Jahrhunderts bekannt waren«.[1] – Überblickt man nun die einschlägige Fachliteratur der letzten fünfzig Jahre, so fällt einem sofort auf, daß sich bisher nicht einmal jene Frage mit Bestimmtheit entscheiden ließ, welcher Fall überhaupt der erste Anlaß zu der Entdeckung der Irrationalität gewesen sein mag.

Das Paradebeispiel für die Irrationalität ist in den antiken Quellen immer der Fall der Quadratdiagonale zur -seite.[2]

[1] K. Gaiser, Testimonia Platonica, Sonderdruck aus K. G., Platons ungeschriebene Lehre, Stuttgart 1963, Anm. 471.

[2] Aristoteles, Met. 983 a 19 ff.; 1053 a 14 ff. Vgl. auch Th. L. Heath, Mathematics in Aristotle, Oxford 1949, S. 2: »The incommen-

Darum vermutete man früher, daß der Ausgangspunkt der Entdeckung »zweifellos« die Quadratdiagonale war.[3] Dagegen scheint man in der letzten Zeit eher zu der Ansicht zu neigen, daß die Irrationalität zuerst durch HIPPASOS von Metapont (im 5. Jahrhundert v. u. Z.) *am Dodekaeder erkannt worden sei.*[4] Diese letztere Ansicht verdankt ihr Entstehen einer sozusagen »konziliatorischen Vereinigung« von verschiedenen Versionen aus der antiken Überlieferung.[5]

Denn man weiß einerseits, daß das Pentagramm ein Bundeszeichen der Pythagoreer war. Andrerseits wird in einer spätantiken Quelle die Beschäftigung des HIPPASOS von Metapont mit dem Pentagondodekaeder bezeugt: Er habe als erster die aus 12 Fünfecken zusammengesetzte Kugel öffentlich beschrieben und sei deshalb als ein Gottloser im Meere umgekommen.[6] Nun kann man aber – wie es vermutet wurde – die Irrationalität der sog. »stetigen Teilung« an den Diagonalen des regelmäßigen Fünfecks in der Tat leicht erkennen. Und rechnet man dazu noch, daß in einigen antiken Berichten eben das öffentliche Behandeln der mathematischen Irrationalität als ein »frevelhafter Verrat an der Lehre des PYTHAGORAS« – beinahe wie ein »Skandal« – aufgefaßt wird, so hat man zunächst den Eindruck, als käme in der eben angedeuteten historischen

surable is mentioned over and over again, but the only case is that of the diagonal of a square in relation to its side etc.«

[3] K. v. FRITZ in RE A 1813; vgl. auch W. BURKERT, Weisheit und Wissenschaft, Studien zu Pythagoras, Philolaos und Platon, Nürnberg 1962, S. 435, Anm. 85.

[4] K. v. FRITZ, Die Entdeckung der Inkommensurabilität durch Hippasos von Metapont, Annals of Mathematics 46 (1945); ins Deutsche übersetzt in: Zur Geschichte der griechischen Mathematik. Ebenso auch S. HELLER, Die Entdeckung der stetigen Teilung durch die Pythagoreer, Abhandlungen der Deutschen Akademie der Wiss. zu Berlin, Klasse für Math., Physik und Technik, 1958; wiederabgedruckt in: Zur Geschichte der griechischen Mathematik.

[5] W. BURKERT, o. c., S. 435.

[6] Jamblichos, Über die pythagoreische Philosophie (ed. DEUBNER) 52, 3–5; vgl. S. HELLER, o. c., S. 6.

Rekonstruktion (die erschütternde Entdeckung des HIPPASOS, sein »Verrat« und die göttliche Strafe dafür) die Überlieferung selber zu ihrem Recht.

Doch sind in der letzten Zeit gegen die Glaubwürdigkeit dieser antiken Überlieferung gewichtige Argumente ins Feld geführt worden. Es sei von diesen Argumenten hier zunächst an die beiden folgenden erinnert:

K. REIDEMEISTER hat darauf aufmerksam gemacht, daß »nirgends in den mannigfachen Dokumenten über das Irrationale bei PLATON und ARISTOTELES von einem Skandal – der damals noch fühlbar gewesen sein müßte – etwas spürbar ist«.[7] – Ist die Geschichte von Entdeckung und Verrat der Irrationalität nicht bloß *eine späterfundene Legende?* Ist nicht vielleicht der Doppelsinn des Wortes *ἄρρητος* der Keim jener Legende, wonach die Lösung und mehr noch das öffentliche Behandeln der mathematischen Irrationalität sozusagen ein »frevelhafter Bruch mit einer geheiligten Tradition« war?[8] Denn *ἄρρητα* hießen in der Sprache der mystisch-religiösen Literatur – zumal unter den Neupythagoreern – die »sorgfältig gehüteten und dem Unberufenen gefährlichen Geheimlehren«. Der Nicht-Mathematiker mag also leicht daran gedacht haben, daß es sich auch im Falle des *ἄρρητον* der Mathematik um ein ebensolches Geheimnis handelt.

Eben angesichts dieser verdächtigen Züge der Überlieferung kam zuletzt W. BURKERT zu der Konklusion[9]:

> »Für die Entdeckung der Irrationalität bleibt als Fixpunkt, daß THEODOROS von Kyrene die Irrationalität von $\sqrt{3}$ bis $\sqrt{17}$ bewies, daß die Irrationalität von $\sqrt{2}$ also schon früher bekannt war.«

Man möchte also mit THEODOROS von Kyrene eine »neue Epoche in der Entwicklungsgeschichte der Irrationalitäten-

[7] K. REIDEMEISTER, Das exakte Denken der Griechen, Hamburg 1949, S. 30.

[8] W. BURKERT, o. c., S. 437.

[9] Ebd., S. 439.

theorie« beginnen. Einerlei an welchem Fall – ob an der Quadratdiagonale oder ob an dem Pentagondodekaeder – die Irrationalität zuerst als *Einzelfall* erkannt wurde, man sollte die weitere Entfaltung der Theorie mit dem Namen des Theodoros verbinden. Er soll es gewesen sein, der weitere Fälle der Irrationalität – von $\sqrt{3}$ bis $\sqrt{17}$ – bewies. – Soviel ich weiß, stammt diese bemerkenswerte Periodisierung von H. Vogt. Denn er versuchte ja, vor mehr als einem halben Jahrhundert, die Frühgeschichte der Irrationalität in den folgenden *drei* Etappen zu rekonstruieren[10]:

1. Die jüngeren Pythagoreer hätten (vor 410 v. u. Z.) die Inkommensurabilität der Quadratdiagonale und -seite als vereinzelte Tatsache erkannt und bewiesen; dabei hätten sie für das nicht genau angebbare Zahlenverhältnis Näherungswerte bestimmt *(διάμετρος ῥητή* und *διάμετρος ἄρρητος).*
2. Theodoros von Kyrene (etwa 410 – 390) hätte das Umkehrproblem der Quadrierung allgemein gestellt, d. h. die allgemeine Irrationalität der Quadratwurzeln erkannt, und er hätte diese durch Verallgemeinerung des pythagoreischen Gedankenganges bewiesen *(σύμμετρον* und *οὐ σύμμετρον, ῥητόν* und *ἄρρητον.*
3. Theaitetos von Athen (etwa 390 – 370) hätte die Grundlagen einer allgemeinen Theorie der quadratischen Irrationalitäten geschaffen und ihre Hauptgattungen aufgestellt *(ῥητὸν μήκει* und *ῥητὸν δυνάμει* bzw. *ἄλογον: μέση, ἐκ δύο ὀνομάτων, ἀποτομή).*

Wie man sieht, fällt also in dieser skizzenhaften Schilderung von H. Vogt über die Entfaltungsgeschichte der Irrationalitätentheorie eine ganz besondere Bedeutung den beiden Namen

[10] H. Vogt, Bibliotheca mathematica, Zschr. f. Gesch. d. math. Wiss., 3. Folge, 10 (1909/10) 97—155 und 14 (1914/15) 9—29. Vgl. auch C. Thaer, Antike Mathematik, 1906—1930, in: C. Bursian, Jahresberichte über die Fortschritte der klass. Altertumswissenschaft, Jg. 1943, Bd. 283.

THEODOROS und THEAITETOS zu; der eine von ihnen, THEODOROS, soll »die allgemeine Irrationalität der Quadratwurzeln« entdeckt und der andere, THEAITETOS, »die Grundlagen einer allgemeinen Theorie der quadratischen Irrationalitäten« geschaffen haben. (Daß es gelungen wäre, durch die zitierten Worte die angeblichen Verdienste des THEODOROS und THEAITETOS auch voneinander sehr klar abzugrenzen, wird man wohl doch nicht behaupten wollen!) – Man begegnet einer solchen Rekonstruktion der Geschichte der Irrationalität auch heute noch in jedem Handbuch über die griechische Mathematik.

Nun hat den Anlaß zu dieser historischen Rekonstruktion – deren noch älterer Vertreter P. TANNERY war [11] – zweifellos PLATONS nach THEAITETOS benannter Dialog bzw. die mathematische Stelle in diesem Dialog (147 D – 148 B) gegeben. Wie H. VOGT in seiner eben erwähnten Arbeit darüber schrieb[12]:

> »Die mathematische Stelle im *Theaetet* ist die Geburtsurkunde des Irrationalen, ausgestellt von einem Zeitgenossen.«

Man hat also eine Stelle in PLATONS Dialog in historischem Sinne – als »Geburtsurkunde des Irrationalen« – ausgelegt, und diese Auslegung hat in der späteren Forschung zu noch weiter gehenden Konklusionen geführt – besonders in bezug auf den Mathematiker THEAITETOS. Denn dieselbe PLATON-Stelle galt auch als die wichtigste Quelle über die mathematischen Leistungen des jungen THEAITETOS. Aber uns interessiert in diesem Zusammenhang das sog. »THEAITETOS-Problem« eigentlich nur ziemlich nebensächlich.[12a] Wir müssen hier die erwähnte PLATON-Stelle unter einem völlig anderen

[11] Sur la langue mathématique de Platon, Mém. scient. Bd. II, L. 91–104.

[12] Bibl. math. 10 (1909/10) 131.

[12a] Zu dem sog. »THEAITETOS-Problem« vgl. man meine Untersuchung »Theaitetos und das Problem der Irrationalität in der griechischen Mathematikgeschichte«, Acta ant. Acad. Sci. hung. (Budapest) XIV (1966) 303–358.

Gesichtspunkt eingehender prüfen. Wir fragen nämlich zunächst, ob man auf Grund des besagten PLATON-Textes in der Tat behaupten darf: »THEODOROS *hat zuerst das Umkehrproblem der Quadrierung allgemein gestellt*«, bzw. »*er hat die allgemeine Irrationalität der Quadratwurzeln erkannt*«; und ob die mathematische Stelle in PLATONS Dialog »Theaitetos« nicht in einem anderen Sinne, als man es bisher vermutet hatte, die Rekonstruktion der Frühgeschichte der Irrationalitätentheorie ermöglicht.

2. *Der Begriff »dynamis«*

Wir wollen im folgenden den fraglichen griechischen Text des Dialogs »Theaitetos« und seine deutsche Übersetzung näher ins Auge fassen. Da jedoch sowohl meine Übersetzung der PLATON-Worte wie auch später die ausführlichere Interpretation des Textes vor allem auf eine *Worterklärung* gebaut wird, muß ich schon hier einiges über diese Worterklärung vorausschicken. (Ich hoffe, daß die Kenntnis dessen, was hier vorausgeschickt wird, das Verständnis meiner Übersetzung von vornherein erleichtert.)

In dem anzuführenden PLATON-Text kommt nämlich mehrmals der mathematische Fachausdrück *δύναμις* – ja einmal auch das entsprechende Verbum der Mathematik *δύνασθαι* – vor.[13] Man kann – meiner Ansicht nach – ohne das richtige Verständnis dieses Fachausdruckes weder die PLATON-Stelle befriedigend interpretieren noch die Entfaltungsgeschichte der griechischen Irrationalitätentheorie rekonstruieren. Und merkwürdigerweise hat die frühere Forschung diesen Fachausdruck der Mathematik dennoch nicht genügend beachtet. Ich konnte

[13] Es kommt dabei in dem anzuführenden griechischen Text da, Verb *δύνασθαι* ein anderes Mal auch in seiner *nicht-terminusartigens alltäglichen Bedeutung* vor: *ὁ ἀριθμὸς δυνάμενος ἴσος ἰσάκις γίγνεσθαι* = »die Zahl, die *vermag* gleichmal gleich zu sein«.

zuletzt über diesen Ausdruck die folgenden wichtigen Tatsachen feststellen.[14]

Man übersetzt den mathematischen Fachausdruck δύναμις häufig als »*Potenz*«.[15] Doch ist diese Übersetzung irreführend, ja mehr noch: *falsch*. Denn die griechische Mathematik kennt noch *nicht* unseren Begriff »*Potenz*« (a^k). Etwas ähnliches wie unsere »*Potenz*« ist die Platonische Bezeichnung *αὔξη*.[16] Aber auch die *αὔξη* ist keine »*Potenz*«; denn es gibt im Griechischen nur eine »*zweite*« und eine »*dritte αὔξη*« (vgl. bei PLATON: *κατὰ τρίτην αὔξην*.)

Auch solche zweifellos *spätantike* Ausdrücke bei DIOPHANTOS,[17] wie δυναμοδύναμις (a^4), δυναμόκυβος (a^5) und κυβόκυβος (a^6) zeigen, daß der Ausdruck δύναμις keineswegs »*Potenz*« sein kann. Nachdem nun der κύβος ohne Zweifel die »*Kubik*« bezeichnet, kann das Wort δύναμις als mathematischer Terminus – auch im Sinne der eben aufgezählten diophantischen Bezeichnungsarten – nur »*Quadrat*« heißen.

Noch wichtiger als das bloße Feststellen der Wortbedeutung – δύναμις (als mathematischer Fachausdruck) = »*Quadrat*« – ist das *historische Ableiten* dieser Bezeichnungsart. –

[14] Siehe Á. SZABÓ, Der mathematische Begriff δύναμις und das so g geometrische Mittel, Maia, N. S. XV (1963) 219–256. – Herrn Prof. FRANÇOIS LASSERRE verdanke ich den Hinweis auf den Aufsatz von K. BAERTHLEIN, Rhein. Mus. 108 (1965) 35 ff. – In der Tat ist in dieser Arbeit die Fülle des brauchbaren philologischen Materials begrüßenswert. Sein Verfasser verkennt jedoch die grundlegende Tatsache: *dynamis* als mathematischer Terminus (»Quadratwert« bzw. »Quadrat«) und die Aristotelische *dynamis* (als Gegensatz zu »energeia« oder »entelecheia«) haben überhaupt nichts miteinander zu tun.

[15] Zum Beispiel J. L. HEIBERG in seiner lateinischen Übersetzung der 2. Definition des Buches Eucl. Elem. X: »Rectae *potentia* commensurabiles etc.« (= εὐθεῖαι δυνάμει σύμμετροι). Oder auch M. TIMPANARO-CARDINI, Pitagorici, Bd. II, Firenze 1962, S. 77 (in der Übersetzung der fraglichen PLATON-Stelle): »TEODORO qui, ci aveva costruito delle figure relative alle *potenze* ecc.«

[16] Resp. IX 587 D.

[17] Vgl. dazu TH. L. HEATH, A History of Greek Mathematics, Bd. II, S. 457–458.

Wie kam nämlich jenes Wort, das in der alltäglichen Sprache in einem völlig anderen Sinne benutzt wurde (*δύναμις* = »*Kraft, Fähigkeit, Macht*«), zu dieser merkwürdigen Bedeutung in der mathematischen Fachsprache (*δύναμις* = »Quadrat«)?

In der Mathematik hat nicht nur das Hauptwort *δύναμις*, sondern auch das dazugehörige Verbum *δύνασθαι* eine spezielle Bedeutung, und zwar heißt das letztere: »*gelten, wert sein, ausmachen, betragen*«, wobei der »Wert« immer *in Quadrat* gemeint ist.[18] Ja, es ließ sich auch beobachten, daß der Fachausdruck *δύνασθαι* in der Mathematik ursprünglich bei der *Flächenumgestaltung* benutzt wurde. Hat man nämlich ein *Rechteck* in ein flächengleiches *Quadrat* verwandelt, so sagte man über die Seite des gefundenen Quadrats, daß diese *Strecke (εὐθεῖα) dem vorigen Rechteck (τῷ περιεχομένῳ ὑπό . . .) in Quadrat* (d. h. also: wenn man ein Quadrat auf die betreffende Strecke erhebt!) *gleichwertig ist (ἴσον δύναται).*[19] Es sei auch hervorgehoben, daß dieses Verbum bei gar keiner anderen Flächenumgestaltung, *nur bei dem Verwandeln eines Rechtecks in ein flächengleiches Quadrat* zur Bezeichnung seines Flächenwertes benutzt wurde; es wäre z. B. unmöglich gewesen, den Quadratwert eines *Dreiecks* mit dem Verbum *δύνασθαι* auszudrücken; es gibt für eine solche Benutzung des Wortes kein Beispiel aus dem Sprachgebrauch der antiken Mathematik. (Es wurde übrigens bei der Flächenumgestaltung das *Dreieck* zunächst immer in ein flächengleiches *Rechteck* verwandelt, und erst nach diesem Schritt verwandelte man das gewonnene Rechteck in ein flächengleiches *Quadrat*, wie man dies aus den beiden Sätzen *Elem. I 42* und *II 14* ersieht. Es scheint, daß man dabei das Zeit-

[18] Vgl. F. Rudio, Der Bericht des Simplicius über die Quadraturen des Antiphon und Hippokrates, Leipzig 1907, S. 139 (Index s. v. *δύνασθαι*); ebenso auch Th. L. Heath, Archimedes, S. CLXI.

[19] Vgl. bei Th. L. Heath, Archimedes, S. CLXI: »The verb *δύνασθαι* (with or without *ἴσον*) has the sense of being *δυνάμει ἴσα*, and, when *δύνασθαι* is used alone, it is followed by the accusative; thus *the square (on a straight line) is equal to the rectangle contained by* . . . is: *(εὐθεῖα) ἴσον δύναται τῷ περιεχομένῳ ὑπό* . . .«

wort *δύνασθαι* nur bei dem letzten Schritt, beim Verwandeln des Rechtecks zur Bezeichnung des *Quadratwertes* von dem *Rechteck* selbst benutzte.) Man muß also das *Verwandeln eines Rechtecks in ein flächengleiches Quadrat* aus irgendeinem Grunde für besonders wichtig gehalten haben. Nur so ist es verständlich, daß in der Mathematik die »Gleichwertigkeit« *nur in dem speziellen Fall des Rechtecks und Quadrats* mit den Worten *δύνασθαι* und *δύναμις* zum Ausdruck gebracht wurde.

Nun muß der mathematische Ausdruck *δύνασθαι* meiner Vermutung nach aus der Finanzsprache abgeleitet worden sein. Wie man nämlich bei der Umrechnung irgendeiner Geldart in eine andere den *Wert* mit diesem Zeitwort zum Ausdruck brachte,[20] so bezeichnete man mit demselben Verbum *(δύνασθαι)* bei der geometrischen Flächenumgestaltung den *Wert eines Rechtecks in Quadrat*. Und wie in der Finanzsprache das Wort *δύναμις* im allgemeinen die Bedeutung »*Wert*« hatte,[21] so bekam dasselbe Wort in der Geometrie den speziellen Sinn »*Quadratwert eines Rechtecks*«, dann im allgemeinen »*Quadratwert*« und schließlich »*Quadrat*«.

Es sei jedoch mit allem Nachdruck betont: Jene Wortbedeutungen *(δύνασθαι = »den Flächenwert eines Rechtecks haben, in Quadrat ausgedrückt«* und *δύναμις = »Quadratwert eines Rechtecks«, »Quadrat«)*, die eben auch historisch als Ableitungen aus der Finanzsprache erklärt wurden, gelten einzig und allein *für die Fachsprache der Mathematik*. Das heißt also, weder das Verbum *δύνασθαι* noch das Hauptwort *δύναμις* konnten in der gewöhnlichen, alltäglichen Sprache der Griechen jemals die eben angegebenen Bedeutungen haben. Der spezielle, nur für das Fach selbst gültige Wortgebrauch der Mathematiker ist in diesem Fall *nicht* zu einem Wortgebrauch der Alltagssprache ge-

[20] Man vergleiche bei Xenophon (Anab. I 5, 6): »der *σίγλος* (eine asiatische Münze, das hebräische *Seckel*) *macht aus, gilt* oder *hat den Wert (δύναται)* von siebenundeinhalb attischen Obolen«; oder Demosthenes (34, 23): »der Stater von Kyzikos *hatte* dort *den Wert (ἐδύνατο)* von 28 Drachmen«.

[21] Zum Beispiel bei Plutarch (Lykurgos 9 und Solon 15): »er ließ das Geld nur *einen kleinen Wert haben«: δύναμιν ὀλίγην τῷ νομίσματι ἔδωκεν.*

worden. (Das Quadrat hieß in der Alltagssprache griechisch *nie δύναμις!*) — Wichtig ist, auf diese Tatsache schon hier aufmerksam zu machen, aus dem folgenden Grunde: Man wird im II. Teil dieses Buches sehen, daß auch der Ausdruck *ἀνὰ λόγον* (bzw. *ἀνάλογον*) mathematischen Ursprungs ist. Auch dieser Ausdruck wurde für den speziellen mathematischen Gebrauch geprägt, und zwar im Sinne »*je nach Logos gleich*«, »*verhältnisgleich*«. Ja, zum Unterschied zu dem Ausdruck *δύναμις* hatte die Bezeichnungsart *ἀνάλογον* außerhalb der Mathematik ursprünglich auch gar keinen Sinn. Und dennoch konnte die Ausdrucksweise *ἀνάλογον* später auch in die alltägliche Sprache übernommen werden, in der erweiterten Bedeutung: »ähnlich«. Der Grund für diese Entlehnung war, daß in der Geometrie die »*Ähnlichkeit* der geradlinigen Figuren« eben als *ἀναλογία* = »*Verhältnisgleichheit* der Seiten« definiert wurde. Als man nun auch außerhalb der Mathematik die »*Ähnlichkeit*« mit *ἀναλογία* bezeichnete, gebrauchte man diesen ursprünglich fachwissenschaftlichen Terminus für einen solchen gewöhnlichen Begriff (»Ähnlichkeit«), der selbstverständlich auch im alltäglichen Leben immer bekannt und benutzt wurde. — Dagegen konnte der andere fachwissenschaftliche Name *δύναμις* = »*Wert eines Rechtecks in Quadrat*« in die alltägliche Sprache *nicht* übernommen werden, nachdem das »*Verwandeln eines Rechtecks in flächengleiches Quadrat*« in der alltäglichen Praxis, wenn überhaupt jemals vorkam, doch nie so bedeutend war wie in der rein theoretischen Wissenschaft der Geometrie. Es sei also schon hier mit allem Nachdruck betont: Der mathematische Begriff *δύναμις* und die Ableitung dieses Wortes aus der Finanzsprache *haben mit der Praxis, mit dem alltäglichen Leben gar nichts zu tun.* Die Ausdrücke *δύνασθαι* und *δύναμις hat nur die theoretische Geometrie in dem erklärten Sinne benutzt.*

Nachdrücklich hervorheben muß ich außerdem auch noch das folgende.

Man übersetzt den mathematischen Ausdruck *δύναμις* eben an der zu behandelnden Stelle des Platonischen Dialogs »Theaitetos« manchmal als »Quadrat*seite*« oder »Quadrat*wurzel*«. Ich habe auch früher schon in aller Schärfe darauf hingewiesen,[22] daß diese Übersetzung völlig unbegründet ist. Der mathematische Ausdruck *δύναμις* hat *nie* einen anderen Sinn als »*Quadratwert*« oder »*Quadrat*«. Übersetzt man dieses Wort mit »Quadrat*wurzel*« oder »Quadrat*seite*«, so ist dies nur ein Beweis

[22] Siehe Anm. 14.

dafür, wie oberflächlich und vor allem wie *willkürlich* die mathematische Stelle des Dialogs »Theaitetos« in der Fachliteratur bisher behandelt wurde.[23] – Soviel zunächst über das Wort *δύναμις* selber. Auf die hier zusammengefaßte Worterklärung müssen wir ja in der ausführlicheren Interpretation noch wiederholt zurückkommen.

Fassen wir nun den Text selber (Theait. 147 C–148 D) ins Auge.

3. Die mathematische Stelle im Dialog »Theaitetos«

THEAITETOS:

Ῥᾴδιον, ὦ Σώκρατες, νῦν γε οὕτω φαίνεται· ἀτὰρ κινδυνεύεις ἐρωτᾶν οἷον καὶ αὐτοῖς ἡμῖν ἔναγχος εἰσῆλθε διαλεγομένοις, ἐμοί τε καὶ τῷ σῷ ὁμωνύμῳ τούτῳ Σωκράτει.

So scheint es leicht zu sein, SOKRATES. Denn du fragst ja wohl etwas ähnliches wie es auch uns zuletzt im Gespräch begegnete, mir und deinem Namensverwandten hier, dem anderen SOKRATES.

SOKRATES:

Τὸ ποῖον δή, ὦ Θεαίτητε;

Was war es denn, THEAITETOS?

THEAITETOS:

Περὶ δυνάμεών τι ἡμῖν Θεόδωρος ὅδε ἔγραφε, τῆς τε τρίποδος πέρι καὶ πεντέποδος [ἀποφαίνων] ὅτι μήκει οὐ σύμμετροι τῇ ποδιαίᾳ, καὶ οὕτω κατὰ μίαν ἑκάστην προαιρούμενος μέχρι τῆς ἑπτακαιδεκάποδος· ἐν δὲ ταύτῃ πως ἐνέσχετο· ἡμῖν οὖν

Über Quadrate (*περὶ δυνάμεών*) zeichnete uns etwas dieser THEODOROS, über dasjenige mit drei und mit fünf Quadratfuß-Fläche, indem er zeigte, daß diese *der Länge nach nicht meßbar* (*μήκει οὐ σύμμετροι*) mit dem Einheits-

[23] Es freut mich, hier auf den Korrektur-Nachtrag von B. L. v. d. WAERDEN in: Zur Geschichte der griechischen Mathematik, S. 254 hinweisen zu dürfen, wo mein Vorschlag akzeptiert wird.

εἰσῆλθέ τι τοιοῦτον, ἐπειδὴ ἄπειροι τὸ πλῆθος αἱ δυνάμεις ἐφαίνοντο, πειραθῆναι συλλαβεῖν εἰς ἕν, ὅτῳ πάσας ταύτας προσαγορεύσομεν τὰς δυνάμεις.	quadrat sind; und so nahm er jedes Quadrat (*ἑκάστην* scil. *δύναμιν*) einzeln bis zu demjenigen mit siebzehn Quadratfuß-Fläche vor; bei diesem hörte er irgendwie auf. — Uns fiel nun ein solcher Gedanke ein: nachdem es unendlich viele Quadrate (*δυνάμεις*) gibt, man sollte es versuchen, diese in eins zusammenzufassen, wonach wir alle Quadrate (*δυνάμεις*) benennen könnten.
	SOKRATES:
Ἦ καὶ ηὕρετέ τι τοιοῦτον;	Und habt ihr auch etwas solches gefunden?
	THEAITETOS:
Ἔμοιγε δοκοῦμεν· σκόπει δὲ καὶ σύ.	Ja, ich glaube. Aber prüfe auch du selber.
	SOKRATES:
λέγε.	Sag nun!
	THEAITETOS:
Τὸν ἀριθμὸν πάντα δίχα διελάβομεν· τὸν μὲν δυνάμενον ἴσον ἰσάκις γίγνεσθαι, τῷ τετραγώνῳ τὸ σχῆμα ἀπεικάσαντες τετράγωνόν τε καὶ ἰσόπλευρον προσείπομεν.	Wir teilten alle Zahlen in zwei Gruppen; diejenigen, die vermögen gleichmal gleich zu sein, verglichen wir — der Gestalt nach — mit dem Viereck, und wir nannten sie *gleichseitige Quadratzahlen.*[24]

[24] Nachdem die Zahl, die »sich in *gleichmal gleiche* Faktoren« (*ἰσάκις ἴσος*) auflösen läßt, bei EUKLID einfach *τετράγωνος ἀριθμός* (Elem. VII def. 19) heißt, hielt ich in meiner früheren Arbeit die Bezeichnung bei PLATON »*gleichseitige* Quadratzahl« (*τετράγωνός τε καὶ ἰσόπλευρος*)

SOKRATES:

καὶ εὖ γε.

Sehr richtig!

THEAITETOS:

Τὸν τοίνυν μεταξὺ τούτου, ὧν καὶ τὰ τρία καὶ τὰ πέντε καὶ πᾶς ὃς ἀδύνατος ἴσος ἰσάκις γενέσθαι, ἀλλ' ἢ πλείων ἐλαττονάκις ἢ ἐλάττων πλεονάκις γίγνεται, μείζων δὲ καὶ ἐλάττων ἀεὶ πλευρὰ αὐτὸν περιλαμβάνει, τῷ προμήκει αὖ σχήματι ἀπεικάσαντες προμήκη ἀριθμὸν ἐκαλέσαμεν.

Diejenigen Zahlen dagegen, die unter den vorigen sind, wie z. B. die *drei*, die *fünf* und überhaupt jede Zahl, die nicht gleichmal gleich sein kann, sondern entweder wenigermal mehr oder mehrmal weniger ist, d. h. also, die von einer größeren und von einer kleineren *Seite*[25] umfaßt wird, diese Zahlen verglichen wir mit der Rechteckfigur und wir nannten sie *Rechteckzahlen*.

für eine »Tautologie«. Nun hat mich jedoch inzwischen Prof. H. CHERNISS freundlichst darauf aufmerksam gemacht, daß dieser Schluß etwas voreilig war. Denn *τετράγωνον* heißt ja wörtlich nur »vierwinklig« und jene Einschränkung der Bedeutung auf »*Quadrat*« — die von EUKLID her betrachtet so eindeutig zu sein scheint — war in Wirklichkeit auch in der Zeit *nach* PLATON keineswegs so allgemein, wie ich es stillschweigend angenommen hatte. Die Belege, auf die H. CHERNISS mit Recht hingewiesen hatte, sind: Timaios 55 B 7; ARISTOTELES, Met. 1054 B 2; HERON, Def. 100; PROCLUS, In Eucl. (ed. F.), 166, 10—11.

[25] »Seite« *(πλευρά)* heißt in diesem Zusammenhang natürlich auch »*Faktor*«, ebenso wie bei EUKLID, Elem. VII def. 16. Daraus ersieht man, daß ein Produkt von zwei Faktoren im allgemeinen als *Rechteck* aufgefaßt wurde. Übrigens kommt die Bezeichnung »*Rechteckzahl* *(ἑτερομήκης* oder *προμήκης* in unserem PLATON-Text) bei EUKLID *nicht* vor. EUKLID kennt nur den Begriff »Flächenzahl« *(ἐπίπεδος ἀριθμός)*, der selbverständlich sowohl eine *Quadratzahl* wie auch eine *Rechteckzahl* sein kann. (Außerdem muß ich hier noch etwas Wesentliches hinzufügen. — Aus der Tatsache, daß bei PLATON der Fachausdruck *πλευρά* im Sinne »*Seite* eines Parallelogramms« und »*Faktor*« ganz geläufig ist, schließe ich, daß auch die Begriffe der griechischen

Κάλλιστα. ἀλλὰ τί τὸ μετὰ τοῦτο;

Sokrates:
Sehr schön! Aber was kommt noch?

ὅσαι μὲν γραμμαὶ τὸν ἰσόπλευρον καὶ ἐπίπεδον ἀριθμὸν τετραγωνίζουσι, μῆκος ὡρισάμεθα, ὅσαι δὲ τὸν ἑτερομήκη, δυνάμεις, ὡς μήκει μὲν οὐ συμμέτρους ἐκείναις, τοῖς δ' ἐπιπέδοις ἃ δύνανται. Καὶ περὶ τὰ στερεὰ ἄλλο τοιοῦτον.

Theaitetos:
Diejenigen Strecken nun, die eine *gleichseitige Quadratzahl viereckig machen,*[26] bezeichneten wir mit dem Wort *μῆκος;* diejenigen Strecken dagegen, die *eine Rechteckzahl in Quadrat verwandeln,*[27] bezeichneten wir als *δυνάμεις*, nachdem diese letzteren der Länge nach zwar inkommensurabel zu den anderen sind, doch sind dieselben

Mathematik »Flächenzahlen« und »ähnliche Flächenzahlen« *alt,* auf alle Fälle *vorplatonisch* sein müssen. Nun werden aber die letzteren Begriffe [»Flächenzahlen« und »ähnliche Flächenzahlen«] besonders im VIII. Buch der Euklidischen »Elemente« gebraucht, das B. L. v. d. Waerden [Die Arithmetik der Pytagoreer, Math. Ann. 120 (1947/49) 127—153] dem Archytas zuschreiben wollte. — Abgesehen davon, daß ich dieser historischen Konstruktion auch aus anderen Gründen nicht beipflichten kann, halte ich es für völlig ausgeschlossen, daß auch die Begriffe »ähnliche Flächen- und Körperzahlen« erst eine Schöpfung des Archytas gewesen wären.)

[26] Die hervorgehobenen Worte der Übersetzung bilden eine zwar eindeutige aber doch etwas knappe und nachlässige Umschreibung für folgendes: »Diejenigen Strecken, die eine solche Flächenfigur *viereckig machen (τετραγωνίζουσιν),* die einer Quadratzahl entspricht, bezeichneten wir mit dem Wort *μῆκος* . . .« — Übrigens ist der Fachausdruck für »Quadratzahl« hier schon auf alle Fälle tautologisch. Denn *ἰσόπλευρος καὶ ἐπίπεδος ἀριθμός* heißt ja wörtlich: »gleichseitige und *ebene* Zahl.«

[27] Man soll den griechischen Text dem Sinne nach hier selbstverständlich wieder mit dem Verbum *τετραγωνίζουσιν* ergänzen. Der übersetzte Satz heißt also singgemäß: »diejenigen Strecken dagegen, die eine Rechteckzahl in Quadrat verwandeln *(τετραγωνίζουσιν),* bezeichneten wir als *δυνάμεις* . . .«

kommensurabel *nach jenen Flächen (ἐπιπέδοις)*, die sie *in Quadrat ausmachen (ἃ δύνανται)*.[28] Und etwas ähnliches versuchten wir auch mit den Körperzahlen.

Sokrates:

Ἀριστά γ' ἀνθρώπων, ὦ παῖδες· ὥστε μοι δοκεῖ ὁ Θεόδωρος οὐκ ἔνοχος τοῖς ψευδομαρτυρίοις ἔσεσθαι.	Großartig, Kinder! Ich glaube, Theodoros hatte doch recht (nämlich als er dich lobte) etc.

Wir wollen die Interpretation des eben gelesenen Textes damit beginnen, daß wir vor allem den inneren Zusammenhang der mathematischen Stelle mit dem Ganzen des Platonischen Dialogs festlegen.

Die obige Textstelle beginnt mit jener Behauptung des jungen Theaitetos, daß die Frage des Sokrates nach einem eben verklungenen Beispiel *leicht sei*, denn Sokrates fragte ja »*etwas ähnliches, wie es auch uns zuletzt im Gespräch begegnete*«. – Durch diese Worte wird die engste Verbindung der mathematischen Stelle mit dem vorangehenden Gespräch hergestellt. Man kann die mathematische Stelle auch gar nicht richtig verstehen, ohne ihre Verbindung mit dem Vorangehenden zu berücksichtigen.

Denn Sokrates fragte eingangs den Jungen: »Was ist Wissen?« (146 C), und auf diese Frage hin antwortete Theaitetos zunächst mit einer *Aufzählung* von verschiedenen Arten des Wissens. Aber Sokrates war mit der Antwort nicht zufrieden; anstatt der *Aufzählung* verlangte er eine zusammenfassende, allgemeine Definition des Wissens. Er illustrierte auch sogleich seinen Wunsch an einem Beispiel. Wenn man

[28] Man vergesse nicht den genauen Sinn des mathematischen Ausdruckes δύνασθαι: »*den Wert haben in Quadrat*« oder: »*in Quadrat ausmachen*«.

gefragt würde: »Was ist Lehm?«, auch dann dürfte man nicht mit einer *Aufzählung* von Lehmarten der einzelnen Handwerker antworten (147 A ff.), sondern man sollte eine allgemeine, zusammenfassende Definition des Lehms versuchen. – Auf dieses Beispiel hin erwidert dann der junge Mann, ja jetzt verstünde er schon, die Frage des Sokrates wäre ganz leicht, denn etwas ähnliches wäre ihm und seinem Freund auch zuletzt begegnet.

Wie man sieht, steht also in dem Mittelpunkt des vorangehenden Gespräches eine Art *Gegenüberstellung: »Aufzählung von Einzelerscheinungen«* und *»zusammenfassende Benennung (Definition) derselben Erscheinung«*. – Nach der einleitenden Bemerkung des Theaitetos erwartet man etwas ähnliches auch in der darauffolgenden mathematischen Stelle. In der Tat kommt auch hier zunächst eine »Aufzählung von Einzelerscheinungen« und danach folgt die »zusammenfassende Benennung derselben Erscheinung«. (Von vornherein auf das entschiedenste abzulehnen ist also jene Ansicht, der man bei Historikern manchmal begegnet und die man etwa mit den folgenden Worten zum Ausdruck zu bringen pflegt: »Platon gibt im Dialog ein Beispiel *einer mathematischen Untersuchung des jungen* Theaitetos (?). *Das Beispiel ist ziemlich an den Haaren herbeigezogen* (?!): Es sollte als Einleitung zu einer philosophischen Diskussion dienen, *paßt aber nicht recht dazu* (?!) usw. usw.«)

Woraus besteht aber nun die »Aufzählung von Einzelerscheinungen« in dem mathematischen Teil? – Der Text besagt: »Über Quadrate *(δυνάμεις)* zeichnete uns etwas Theodoros, über dasjenige mit drei und fünf Quadratfuß-Fläche ..., und so nahm er jedes Quadrat einzeln bis zu demjenigen mit siebzehn Quadratfuß-Fläche vor ...« – Man ersieht aus dieser wiederholten Textpartie, daß die *Aufzählung* in der Tat da ist. Es werden hier ebenso *Quadrate (δυνάμεις)* aufgezählt, wie vorhin Theaitetos einzelne Arten von dem Wissen und Sokrates Lehmarten von verschiedenen Handwerkern aufgezählt hatten.

Bevor wir jedoch genauer untersuchen, was wohl THEODOROS mit den aufgezählten *Quadraten* gewollt haben mag, muß ich hier noch eine weitere Betrachtung über den Terminus *δύναμις* einfügen. Denn vorhin wurde ja nur die genaue Wortbedeutung dieses mathematischen Ausdruckes (*δύναμις* = »Quadratwert eines Rechtecks« bzw. »Quadrat«) festgestellt. Aber auf die Tragweite dieser rein sprachlichen Erkenntnis, vom Gesichtspunkt der Mathematikgeschichte aus, wurde bisher noch gar nicht hingewiesen. Und doch könnte dies – meiner Ansicht nach – auch das bessere Verstehen des eben untersuchten PLATON-Textes erleichtern.

4. Gebrauch und Chronologie des Begriffes »dynamis«

Vor allem müssen wir einiges über *Gebrauch* und *Chronologie* des mathematischen Ausdruckes *δύναμις* feststellen.

Unsere noch näher zu erklärende PLATON-Stelle gebraucht die mathematische Bezeichnung *δύναμις* ohne jede weitere Erklärung als einen völlig geläufigen und für den Leser zweifellos eindeutig verständlichen Ausdruck. Daraus ersieht man, daß dieser mathematische Begriff (*dynamis* = »Quadratwert eines Rechtecks« oder »Quadrat«) zu PLATONS Zeit keineswegs *neuentstanden* gewesen sein kann. – Ebenso könnte man auch noch andere PLATON-Stellen namhaft machen, die dieselbe Tatsache bezeugen. Ich erwähne von diesen hier nur die Stelle *»Politikos« 266 A 5 – B 7*, die später, unter einem anderen Gesichtspunkt, auch noch ausführlicher besprochen wird. An dieser letzteren Stelle wird mit unserem mathematischen Begriff (*dynamis* = »Quadrat«) sogar noch ein ziemlich kompliziertes Wortspiel gemacht, was gar nicht möglich gewesen wäre, wenn man dieselbe fachwissenschaftliche Bezeichnung zu PLATONS Zeit nicht als etwas mindestens für die Gebildeten allgemein Bekanntes und Geläufiges hätte voraussetzen können.

Wann in der vorplatonischen Zeit der mathematische Begriff »dynamis« geprägt wurde, wissen wir einstweilen nicht. Denn einen authentisch überlieferten *älteren* mathematischen

Text als PLATON – in dem das Wort *δύναμις* in dem hier untersuchten Sinne (»Quadratwert eines Rechecks« oder »Quadrat«) vorkäme – besitzen wir eigentlich nicht. Höchstens könnte man sich auf den bei SIMPLICIUS überlieferten Bericht des EUDEMOS über die Möndchenquadrierung des HIPPOKRATES von Chios berufen. In den einleitenden Worten dieses Berichtes liest man nämlich[29]:

> »Er bereitete sich eine Grundlage und stellte als ersten der hierzu nützlichen Sätze den auf, daß die ähnlichen Segmente der Kreise dasselbe Verhältnis zueinander haben wie *die Quadrate ihrer Grundlinien« (καὶ αἱ βάσεις αὐτῶν δυνάμει)*.

Es wäre möglich, dieses Zitat als einen Beleg für den *vorplatonischen Gebrauch* des mathematischen Ausdruckes »dynamis« gelten zu lassen. – Es sei hier nur nebenbei erwähnt, daß auch ich selber – als ich oben die genauen etymologischen Bedeutungen der Ausdrücke *δύνασθαι* und *δύναμις* in der Mathematik feststellte – neben ARCHIMEDES hauptsächlich den Wortgebrauch des SIMPLICIUS–EUDEMOS (bzw. denjenigen des HIPPOKRATES von Chios) berücksichtigte.

Natürlich könnte man ähnliche Belege für den Gebrauch der beiden Ausdrücke *δύνασθαι* und *δύναμις* – und gerade in dem Sinne, der oben nachgewiesen wurde – auch aus der gesamten *späteren* mathematischen Literatur des Altertums in Hülle und Fülle anführen. Nur als ein interessantes Beispiel dafür sei hier noch jene sprachliche Formulierung des pythagoreischen Lehrsatzes erwähnt, die man bei ATHENAIOS liest[30]: *τριγώνου ὀρθογωνίου ἡ τὴν ὀρθὴν γωνίαν ὑποτείνουσα ἴσον δύναται ταῖς περιεχούσαις*. Das heißt also: »Die Hypotenuse des rechtwinkligen Dreiecks *hat in Quadrat den gleichen Wert (ἴσον δύναται)* wie die (Quadrate der) Katheten zusammen«.

[29] Vgl. O. BECKER, Grundlagen der Mathematik in geschichtlicher Entwicklung, Freiburg–München 1954, S. 29; und derselbe, Quellen und Studien zur Geschichte der Math. etc. B, 3 (1936) 417.

[30] ATHENAIOS X 418 F.

Man würde also demnach zunächst vermuten, daß *δύνασθαι* und *δύναμις* ganz gewöhnliche fachwissenschaftliche Bezeichnungen waren, die in der griechischen Mathematik seit vorplatonischen Zeiten eigentlich immer wieder gebraucht wurden. Aber die Gültigkeit dieser Behauptung muß sogleich eingeschränkt werden, wenn man die Euklidischen »Elemente« berücksichtigt. Denn bei EUKLID kommt das Verbum *δύνασθαι* – im Sinne »*den Wert in Quadrat haben*« – nie vor. Ja, EUKLID gebraucht nur die abgeleiteten Termini *δυνάμει σύμμετροι* bzw. *ἀσύμμετροι* (Elem. X def. 2) – mit denen wir uns später noch beschäftigen müssen –, aber nie wird bei ihm ein *Quadrat* als *δύναμις* bezeichnet.

Die eben hervorgehobene Tatsache ist um so auffallender, als man sehr leicht auf einen solchen Euklidischen Satz hinweisen kann, in dem die Bezeichnung *δυνάμεις* mindestens sehr naheliegend gewesen wäre. Ich meine den Satz *Elem. X 9*. Der zweite Teil dieses Satzes behandelt die »*Quadrate über linear inkommensurablen Strecken*« *(τὰ ἀπὸ τῶν μήκει ἀσυμμέτρων εὐθειῶν τετράγωνα)*, die »*kein Verhältnis zueinander wie eine Quadratzahl haben*«. Nun heißen diese Art *τετράγωνα* in dem Text des Platonischen Dialogs »Theaitetos«: *δυνάμεις*. Denn nach dem Bericht des jungen Mannes zeichnete ja THEODOROS vor seinen Schülern *δυνάμεις* »mit drei-, fünf- usw. Quadratfuß-Fläche« – also er konstruierte *τετράγωνα*, die kein Verhältnis zueinander wie eine Quadratzahl zu einer Quadratzahl hatten (sie waren von drei-, fünf- usw. Quadratfuß-Fläche) –, und er zeigte dann, daß die Seiten von diesen Quadraten mit dem Einheitsquadrat linear inkommensurabel sind. – Kein Zweifel also, EUKLID hätte die eben erwähnten Quadrate als *δυνάμεις* bezeichnen können; aber er gebraucht für »*Quadrat*« nie diesen letzteren Ausdruck, sondern das »Quadrat« heißt bei ihm immer *τετράγωνον*.

Ich glaube, die Tatsache, daß bei EUKLID die Bezeichnung *δυνάμεις* (= Quadrate) nie benutzt wird, hängt einfach damit zusammen, daß der Verfasser der »Elemente« immer die größtmögliche *Allgemeingültigkeit* erstrebt. Auch die speziellen Namen *ἑτερόμηκες*, *ῥόμβος* und *ῥομβοειδές* (vgl. Elem. I def. 22) kommen in seinen Sätzen nie vor, sondern anstatt dieser redet er immer von *Parallelogrammen*. Wie *ἑτερόμηκες*, *ῥόμβος* und *ῥομβοειδές* spezielle Formen des allgemeinen *Parallelogramms* sind, so ist – nach der oben abgeleiteten Wortbedeutung (*δύναμις* = »Quadratwert eines Rechtecks«) – auch die *δύναμις* ein *spezieller Fall des τετράγωνον*. Das heißt: die *Quadrate* sind im allgemeinen *τετράγωνα;* diejenigen Quadrate jedoch, die gewissen *Rechtecken* flächengleich sind, wurden als *δυνάμεις* bezeichnet.

5. Der »tetragonismos«

Die eben angestellte Betrachtung über die beiden Bezeichnungen – *τετράγωνον* und *δύναμις* – ermöglicht wohl eine plausible Vermutung auch über die *relative Chronologie* der beiden Begriffe. Ich vermute nämlich, daß der mathematische Terminus *δύναμις* = »Quadratwert eines Rechtecks« verhältnismäßig *jüngeren Ursprungs* sein muß als der andere, gewöhnliche Terminus der griechischen Geometrie für *Quadrat*, nämlich *τετράγωνον σχῆμα*. Denn um eine solche Bezeichnung wie *τετράγωνον σχῆμα* zu prägen genügt es ja, bloß die wichtigsten Parallelogramme »Rechteck«, »Quadrat« usw. zu unterscheiden. Dagegen kann man den anderen Begriff – *δύναμις* = »*Quadratwert eines Rechtecks*« – erst dann schöpfen, wenn man in der Tat auch schon weiß, *wie ein Rechteck in ein flächengleiches Quadrat verwandelt wird*. Mit anderen Worten: Der mathematische Begriff »*dynamis*« und die Kenntnis, wie man ein Rechteck in ein flächengleiches Quadrat verwandelt, müssen aus der gleichen Zeit stammen.

Der vorige Schluß, der sich aus der einfachen sprachlichen Feststellung (*dynamis* = »Quadratwert eines Rechtecks«) beinahe von selbst ergibt, führt auch noch zu weiteren Beobachtungen, die – meiner Ansicht nach – sowohl für das Verständnis der untersuchten PLATON-Stelle wie auch für die ganze frühgriechische Mathematikgeschichte von ausschlaggebender Wichtigkeit sind.

Wir fragen nämlich zunächst: Mit welchem Wort wurde im Griechischen das »Verwandeln eines Rechtecks in ein flächengleiches Quadrat« sprachlich bezeichnet? – Der regelrechte Terminus technicus dafür war *τετραγωνίζειν* bzw. als Hauptwort *τετραγωνισμός*. Es ist ja kein Zufall, daß – nachdem die *dynamis*, der »Quadratwert eines Rechtecks«, mit »*tetragonismos*« gewonnen wird – *auch in unserem eben untersuchten* Platon-*Text neben der Bezeichnung δυνάμεις dieser andere wichtige Terminus, τετραγωνίζειν, gebraucht wird.* Die beiden Begriffe, »dynamis« und »tetragonismos«, gehören auf das engste zusammen. Und eben eine wichtige Mitteilung des Aristoteles über den »tetragonismos« wird uns sogleich auch ermöglichen, die obige »relative Chronologie« hinsichtlich des Begriffes »*dynamis*« noch weiter zu präzisieren. Ich muß vorher nur noch eine kleine Bemerkung über den deutschen Sprachgebrauch einfügen.

Man übersetzt nämlich die griechischen Worte *τετραγωνίζειν*, und *τετραγωνισμός* häufig als »*quadrieren*«. Doch mag diese Übersetzung leicht irreführend sein. Denn das Wort «quadrieren« hat manchmal auch solche Bedeutungen wie »erheben eine Zahl auf die zweite Potenz« oder »ein Quadrat konstruieren mit einem gegebenen Segment«. Dagegen verstanden die Griechen unter *τετραγωνισμός* – wenn nicht gerade von dem *τετραγωνισμὸς τοῦ κύκλου* die Rede war – immer das »Verwandeln eines *Rechtecks* in ein flächengleiches Quadrat« und nie etwas anderes. (Selbstverständlich führt auch der »tetragonismos« anderer geradliniger Figuren über das *Rechteck* hindurch zu dem flächengleichen Quadrat.) Darum vermeiden wir in dieser Arbeit möglichst konsequent das leicht irreführende deutsche Wort »quadrieren«.

Nun sagt einmal Aristoteles in der Metaphysik über den »tetragonismos« wörtlich das folgende[31]: »Was ist *τετραγωνίζειν*? – Das Auffinden der mittleren Proportionale« *(τί ἐστι τετραγωνίζειν . . . μέσης εὕρεσις)*. Der Sinn und der Textzu-

[31] Met. 996 b 18–21.

sammenhang dieser bündigen Aristotelischen Behauptung werden in dem trefflichen Kommentar von W. D. Ross folgendermaßen erklärt[32]: »The definition, *the squaring of a rectangle is the finding of a geometrical mean between the sides*, is an abbreviated form of the syllogism: *a rectangle can be squared because a mean can be found between its sides*.«

Denselben Gedanken erklärt auch ARISTOTELES selber ein anderes Mal ausführlicher[33]: »Gewöhnlich sind die Definitionen Schlußsätzen ähnlich wie z. B.: *Was ist der tetragonismos? – Die Konstruktion eines dem Rechteck (ἑτερόμηκες) flächengleichen Quadrates*. Eine solche Definition ist ein Schlußsatz. Derjenige aber, der behauptet, daß *der tetragonismos das Auffinden der mittleren Proportionale ist*, der macht auch den Grund der Sache namhaft« *(ὁ δὲ λέγων ὅτι ἐστὶν ὁ τετραγωνισμὸς μέσης εὕρεσις, τοῦ πράγματος λέγει τὸ αἴτιον).*

Wichtig ist für uns diese zweimalige Behauptung des ARISTOTELES deswegen, weil man daraus ersieht, daß die Zeitgenossen des Stagiriten – wenn sie in der damaligen Mathematik bewandert waren – sich dessen bewußt sein mußten, daß man das Verwandeln eines Rechtecks in ein flächengleiches Quadrat *ohne* die Konstruktion der mittleren Proportionale zu zwei beliebigen Segmenten eigentlich nicht lösen kann.[34] Man gewinnt also die *dynamis*, den »Quadratwert eines Rechtecks« – denn daraus besteht ja der *tetragonismos*, das »Verwandeln des Rechtecks in ein flächengleiches Quadrat« – auf dem Wege, daß man die mittlere Proportionale zu den beiden Seiten des Rechtecks konstruiert. Meine vorige Vermutung – wonach die beiden mathematischen Begriffe »*dynamis*« und »*tetragonismos*« gleichaltrig sind – führt also zwangsläufig auch zu dem Schluß, daß die Schöpfung des Begriffes »*dynamis*« (= »Quadratwert eines Rechtecks«) mit der Erkenntnis, *wie man die mittlere Pro-*

[32] Aristotle's Metaphysics, Oxford 1924, Bd. I, S. 229.

[33] De anima II 2, 413 a 13–20.

[34] Vgl. zu dieser Behauptung auch Kapitel 6, Die mittlere Proportionale sowie den nachträglich geschriebenen »Anhang« in diesem Buch.

portionale zu zwei beliebigen Segmenten konstruiert, zusammenhängen muß.

Will man also den Sinn dessen genauer verstehen, warum im Laufe der mathematischen Entwicklung zu einem bestimmten Zeitpunkt der völlig neue Begriff »*dynamis*« = »Quadratwert eines Rechtecks« geschöpft wurde, so muß man das Problem der »mittleren Proportionale« etwas näher ins Auge fassen.

6. Die mittlere Proportionale

Euklid behandelt die Konstruktion der mittleren Proportionale zu zwei beliebigen Segmenten in dem Satz *Elem. VI 13*. Daß diese Konstruktion eben bei dem »*tetragonismos*« – d. h. also beim Verwandeln eines beliebigen Rechtecks in ein flächengleiches Quadrat – ihre wichtigste Anwendung findet, wird in Buch VI der »Elemente« nirgends angedeutet. Dies wäre an und für sich noch nicht auffallend. Viel interessanter ist jedoch, daß dieselbe Konstruktion wie in dem Satz *VI 13* auch schon ein anderes Mal bei Euklid, nämlich in dem Satz *II 14*, behandelt wurde. Die Aufgabe dieses letzteren Satzes (II 14) ist die allgemeinste Form des »tetragonismos«, nämlich »*ein einer gegebenen geradlinigen Figur gleiches Quadrat zu errichten*«. – Nachdem nun jede geradlinige Figur auf dem Wege in ein flächengleiches Quadrat verwandelt wird, daß man zunächst zu der untersuchten geradlinigen Figur ein flächengleiches *Rechteck* konstruiert und dann die *mittlere Proportionale* zu den beiden Seiten des Rechtecks sucht, darum wäre es zu erwarten, daß die Konstruktion der mittleren Proportionale schon in diesem Satz, *II 14*. erörtert wird. In der Tat ist in dem Satz *II 14* die Konstruktion des gesuchten Segmentes (der Seite des fraglichen Quadrats) *im Grunde* dieselbe wie die Konstruktion der mittleren Proportionale zu zwei beliebigen Segmenten in dem Satz *VI 13*.[34a] Aber merkwürdiger-

[34a] Korrekturnote: Aber man vergleiche zu dieser Behauptung auch den »Anhang« dieses Buches: »Wie kamen die Pythagoreer zu dem Satz Eucl. Elem. II 5?« Ich muß hier darauf hinweisen, als

weise wird in dem Satz *II 14* von Proportionen doch kein Gebrauch gemacht. Es wird auch gar nicht gesagt, daß jenes Segment, das die Lösung der Aufgabe darstellt, eine »mittlere Proportionale« ist. Statt dessen begründet EUKLID auf einem völlig anderen Wege, daß man mit dem fraglichen Segment in der Tat ein dem untersuchten Rechteck flächengleiches Quadrat konstruieren kann. Ja, man hat – auf Grund dessen, wie bei EUKLID der Satz *II 14* bewiesen wird – den Eindruck, daß die Kenntnis der mittleren Proportionale zu der Lösung des »tetragonismos« vielleicht auch gar nicht nötig wäre.

Nun hat J. L. HEIBERG die beiden Sätze *Elem. II 14* und *VI 13* sowie die vorhin erwähnten ARISTOTELES-Stellen (Met. 996 b 20–21 und De anima II 2, 413 a 19) zusammen behandelt, und er kam zu dem folgenden, offenbar richtigen Schluß.[35]

Die ARISTOTELES-Stellen bezeugen eindeutig, daß das Verwandeln eines Rechtecks in ein flächengleiches Quadrat *ursprünglich* mit der Konstruktion der »mittleren Proportionale» gelöst wurde. Man liest diese ursprüngliche Lösung der Aufgabe in dem Satz *Elem. VI 13*. Jene andere Begründung, die man in dem Satz *II 14* liest, kann nur eine *nachträgliche Tarnung* der ursprünglichen Lösung sein. Es scheint nämlich, daß EUKLID – oder jener seiner Vorgänger, der die Sätze in Buch II der »Elemente« in ihrer gegenwärtigen Form zusammengestellt hatte – den Gebrauch der *Proportionenlehre* bei diesen Sätzen noch vermeiden wollte. Darum lieferte er einen neuen Beweis für das Verwandeln eines Rechtecks in ein flächengleiches Quadrat (in dem Satz *Elem. II 14*), ohne dabei zu erwähnen,

ich die obigen Erörterungen schrieb, war ich noch *nicht* im Besitz jener Erkenntnisse, die in dem »Anhang« angedeutet werden.

[35] Mathematisches bei Aristoteles, Abhandlungen zur Geschichte der math. Wissenschaften, 18. Heft, Leipzig 1904, S. 20. Ebenso auch TH. HEATH, Mathematics in Aristotle, S. 191–193. – Man vergesse auch nicht, daß die Konstruktion der mittleren Proportionale (also der Satz Elem. VI 13) bereits HIPPOKRATES von Chios bekannt gewesen sein muß; vgl. Anm. 37.

daß die Seite des im Laufe der Konstruktion gewonnenen Quadrats die »mittlere Proportionale« zu den beiden Seiten des ursprünglichen Rechtecks ist.

(Es sei hier mit besonderem Nachdruck auch noch folgendes hinzugefügt: Meiner Ansicht nach hatte J. L. Heiberg vollkommen recht, als er die *Priorität des Satzes Elem. VI 13* – gegenüber dem Satz *Elem. II 14* – verteidigte. Soviel ich weiß, hat man seine Argumente dafür noch nie widerlegt oder auch nur angezweifelt. Ja, es lassen sich auch noch andere Argumente für dieselbe Ansicht von J. L. Heiberg ins Feld führen. Denn man hat ja mit Recht bemerkt: »*Die geometrische Konstruktion der mittleren Proportionale* (also der Satz *Elem. VI 13* – Á. Sz.) *ist* Archytas *und den Pythagoreern ganz geläufig, aber sie muß bereits* Hippokrates *bekannt gewesen sein* . . .« (siehe dazu die Literatur weiter unten in Anm. 37). Folglich muß auch jene *μέσης εὕρεσις*, von der Aristoteles redet (Met. 996 b 18 – 21 und De anima II 2, 413 a 13 – 20), schon in der Zeit des Hippokrates bekannt gewesen sein. – Ich sehe also nicht ein, warum man die betreffenden Aristoteles-Stellen mit der griechischen Mathematik um 400 v. u. Z. »*nicht in Verbindung bringen*« dürfte. Etwa nur deswegen nicht, weil nach einer veralteten Ansicht der Tannery-Schule »die Lehre des Irrationalen erst kurz vor 400 aktuell wurde«?)

Nun wollen wir in diesem Zusammenhang das Problem der »mittleren Proportionale« einstweilen nur von dem Gesichtspunkt aus beleuchten, inwiefern die Tatsache, daß man einmal dahintergekommen war, wie die mittlere Proportionale zu zwei beliebigen Segmenten zu konstruieren ist, notwendigerweise auch zu dem neuen mathematischen Begriff »*dynamis*« (= »Quadratwert eines Rechtecks«) führen mußte. Denn ich habe ja oben die Vermutung aufgestellt: die Schöpfung des Begriffes »dynamis« muß mit der Erkenntnis dessen, wie man die mittlere Proportionale zu zwei beliebigen Segmenten konstruiert, zusammenhängen.

Vor allem sei hier daran erinnert, daß die »mittlere Proportionale« auch in der griechischen Arithmetik ein vielbehandeltes Problem war. Der Satz *Elem. VIII 11* besagt z. B., daß es zwischen zwei Quadratzahlen *eine* mittlere proportionale Zahl gibt, der nächstfolgende Satz *VIII 12* stellt dagegen fest, daß es zwischen zwei Kubikzahlen *zwei* mittlere proportionale Zahlen gibt. Noch interessanter sind für uns jene beiden Sätze, die sich mit der Frage beschäftigen, *wann es überhaupt eine mittlere proportionale Zahl zwischen zwei Zahlen gibt*. Diese sind nämlich:

> *Elem. VIII 18:* »Zwischen zwei *ähnlichen Flächenzahlen (δύο ὁμοίων ἐπιπέδων ἀριθμῶν)* gibt es eine mittlere proportionale Zahl« und
> *Elem. VIII 20:* »Wenn es zwischen zwei Zahlen eine mittlere proportionale Zahl gibt, dann sind die beiden Zahlen *ähnliche Flächenzahlen.*«

Um diese beiden Sätze zu verstehen, muß man die interessanten Begriffe der frühgriechischen Mathematik »*Flächenzahlen*« und »*ähnliche Flächenzahlen*« kennen. Eine Definition bei Euklid besagt nämlich:

> *Elem. VII def. 16:* »Wenn zwei Zahlen bei gegenseitiger Vervielfältigung eine Zahl bilden, wird die entstehende eine *Flächenzahl (ἐπίπεδος ἀριθμός)*, und die einander vervielfältigenden Zahlen sind ihre *Seiten* (= *πλευραί*, Faktoren).«

Im Sinne dieser Definition ließ sich also jede beliebige Zahl als ein aus zwei Faktoren bestehendes Produkt (»Flächenzahl«-auffassen und »geometrisch« als ein Parallelogramm – gewöhnlich als ein *Rechteck* – veranschaulichen. Man faßte z. B. die Zahl *6* entweder als *1 · 6* oder als *2 · 3* auf, und man bekam demnach in der geometrischen Veranschaulichung eines der beiden *Rechtecke* mit den Seiten (= »pleurai«) *1* und *6* bzw. *2* und *3*. (Selbstverständlich kann man dabei auch die *Quadratzahlen* in Rechteckform veranschaulichen. Denn es gilt ja nicht nur $4 = 2 \cdot 2$ oder $9 = 3 \cdot 3$, sondern auch $4 = 1 \cdot 4$ und $9 = 1 \cdot 9$. Und darum durften wohl auch die Quadrate $2 \cdot 2$ und

3·3 als »*dynameis*«, d. h. als »*Quadratwerte der Rechtecke mit den Seiten 1 und 4 bzw. mit den Seiten 1 und 9*« gelten.) – Denkt man dabei daran, wie gewöhnlich in der mathematischen Fachsprache das Wort *πλευρά* – im Sinne »*Faktor*« – ist, so sieht man sofort auch ein, daß der eben besprochene Begriff »*Flächenzahl*« sehr alt sein muß.

Noch interessanter ist für uns die andere Euklidische Definition, nämlich:

Elem. VII def. 22: »*Ähnliche Flächenzahlen (ὅμοιοι ἐπίπεδοι ἀριθμοί)* sind diejenigen, deren Seiten (= *πλευραί,* Faktoren) verhältnisgleich[36] sind.«

Im Sinne dieser anderen Definition sind also »*ähnliche Flächenzahlen*« nicht nur alle Quadratzahlen (1, 4, 9, . . ., von denen je zwei sich natürlich immer in verhältnisgleiche Faktoren zerlegen lassen: 1 : 1 = 2 : 2 = 3 : 3 . . .), sondern auch solche Zahlenpaare wie etwa *2 und 8* oder *3 und 12,* denn auch diese letzteren lassen sich in untereinander *verhältnisgleiche* (proportionelle) Faktoren *(1 · 2 und 2 · 4* bzw. *1 · 3 und 2 · 6)* auflösen (also: 1 : 2 = 2 : 4 und 1 : 2 = 3 : 6).[36a] Der Name »*ähnliche Flächenzahlen*« kommt offenbar daher, daß derartige Zahlen sich als *ähnliche Rechtecke* veranschaulichen lassen. Es handelt sich z. B. in unseren vorigen Fällen um die folgenden Paare von ähnlichen Rechtecken:

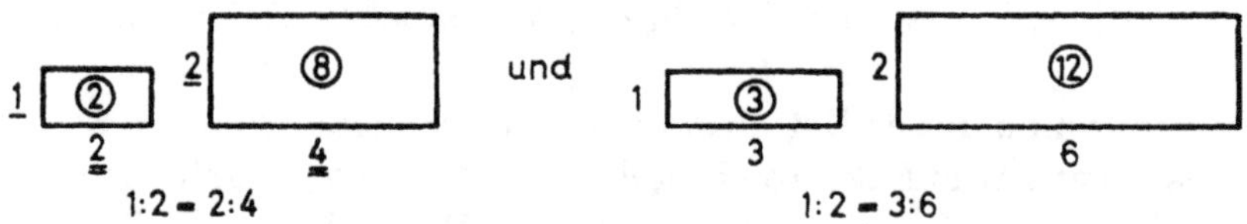

Abb. 1

[36] Den Terminus *ἀνάλογον* — gewöhnlich als »proportionell« übersetzt — gebe ich mit »*verhältnisgleich*« wieder. Zu der Erklärung dieses mathematischen Fachausdruckes siehe S. 197 ff.

[36a] Zum Begriff der »ähnlichen Flächenzahlen« vgl. auch Th. L. Heath, Euclid's Elements, Bd. II, S. 193: »Theon of Smyrna remarks (p. 36, 12) that, among plane numbers, *all* squares are similar, while of *ἑτερομήκεις* those are similar *whose sides, that is, the numbers containing them, are proportional.*«

Nun besagt der vorhin zitierte Satz *Elem. VIII 18*, daß es zwischen zwei ähnlichen Flächenzahlen – wie z. B. die *3* und die *12* – immer eine mittlere proportionale Zahl gibt. In der Tat ist die mittlere Proportionale zwischen *3* und *12* die *6*, nachdem $3 : 6 = 6 : 12$. – Aber es wird sich lohnen, an diesem einfachen Beispiel sogleich auch den Unterschied der heutigen und der antiken Denkweise zu illustrieren. Wir bekommen nämlich eine mittlere proportionale Zahl auf dem Wege, daß wir die beiden Zahlen, zu denen die mittlere Proportionale gesucht wird, miteinander multiplizieren, und aus dem Produkt Quadratwurzel ziehen: $6 = \sqrt{3 \cdot 12}$. Dagegen hat man im Altertum die beiden Zahlen (die *3* und die *12*) zunächst in solche Faktoren zerlegt, aus denen hervorgeht, daß sie in der Tat »*ähnliche Flächenzahlen*« bilden, also $3 = 1 \cdot 3$ und $12 = 2 \cdot 6$. (In einer anderen Produktzerlegung als $2 \cdot 6$ wird die *12* natürlich *keine* zu der $1 \cdot 3$ ähnliche Flächenzahl.) Und dann hat man zwei *nicht*-ähnliche (d. h. *nicht-verhältnisgleiche*) »Seiten« (Faktoren) miteinander multipliziert, um die mittlere Proportionale zu bekommen: $3 \cdot 2 = 1 \cdot 6 = 6$.

Man könnte also, nach dem eben angeführten Beispiel, das Bilden der mittleren Proportionale zu den Zahlen *3* und *12* folgendermaßen auffassen: Es wurde eigentlich ein *Zahlenrechteck* mit den Seiten *3* und *12* vorgelegt. Dieses Zahlenrechteck hatte man in ein flächengleiches *Quadrat* zu verwandeln. Ob diese Aufgabe lösbar ist, hängt davon ab, ob die beiden Seiten des vorgelegten Rechtecks »*ähnliche Flächenzahlen*« sind oder nicht.

Kann man die beiden Seiten des Rechtecks in solche Faktoren zerlegen, die ihrerseits »*ähnliche Flächenzahlen*« bilden – d. h., kann man aus den beiden Seiten des ursprünglichen Zahlenrechtecks kleinere, untereinander ähnliche Rechtecke konstruieren –, so wird man die Aufgabe lösen können. – Der vorhin zitierte Satz *Elem. VIII 20* betont eben – als Ergänzung zu dem Satz *VIII 18* –, daß »wenn es zwischen zwei Zahlen eine mittlere proportionale Zahl gibt, dann die beiden Zahlen *ähnliche Flächenzahlen* sind«. Man kann also eine mittlere proportionale Zahl *nur* zwischen zwei ähnlichen Flächenzahlen finden.

Es ist nun leicht einzusehen, daß in jener älteren Zeit, in der die beiden Sätze *Elem. VIII 18* und *20* schon bekannt waren – *aber noch nicht die Konstruktion der mittleren Proportionale zu zwei beliebigen Segmenten (Elem. VI 13)* –, auch nicht *alle* Rechtecke in flächengleiche Quadrate verwandelt werden konnten.[37] *Nur* wenn die Seiten der betreffenden Rechtecke »ähnliche Flächenzahlen« waren (d. h. wenn sich die in Zahlen ausgedrückten Längenmaße der Seiten des Rechtecks in untereinander verhältnisgleiche Faktoren zerlegen ließen) – wie wir sagen würden: wenn die Flächenmaße der fraglichen Rechtecke »Quadratzahlen« waren –, dann fand man zu ihnen sogleich auch die flächengleichen Quadrate. Wurde jedoch ein solches Rechteck vorgelegt, dessen Seiten z. B. *1* und *3* Längeneinheiten waren, so ließ sich dieses Rechteck – ohne die Kenntnis dessen, wie man die mittlere Proportionale auf geometrischem Wege konstruiert – nicht in ein flächengleiches Quadrat verwandeln. Denn man konnte ja die Seiten des vorgelegten Recht-

[37] Ich halte die Sätze *Elem. VIII 18* und *20* für *älter* als den Satz *Elem. VI 13*. – Was diesen letzteren betrifft, kann ich der Datierung von B. L. v. d. Waerden nur beistimmen: »Die geometrische Konstruktion der mittleren Proportionale (also der Satz *Elem. VI 13*) ist Archytas und den Pythagoreern ganz geläufig, *aber sie muß bereits* Hippokrates *bekannt gewesen sein* etc.« (Zur Geschichte der griechischen Mathematik, S. 225, Anm. 28). – Dagegen kann ich der anderen Datierung von B. L. v. d. Waerden (betreffs des Buches VIII der »Elemente«) – »Die Probleme des Buches VIII hängen aufs engste mit der Lehre des Irrationalen zusammen, die nach einer gut begründeten Ansicht (?) *erst kurz vor 400 aktuell wurde*« (ebd., S. 224–225) – nicht folgen. Fragt man nämlich, wer der Urheber jener »gut begründeten Ansicht« ist, so landet man wieder bei H. Vogt, der die mathematische Stelle des Dialogs »Theaitetos« (in kritikloser Übernahme von P. Tannerys Ansichten) als »Geburtsurkunde des Irrationalen« mißdeutet hatte. – Auch die Ausführungen, die Archytas als den Urheber des VIII. Buches der »Elemente« nachweisen wollten, haben mich *nicht* überzeugt.

ecks nicht anders als *1 · 1* und *1 · 3* in je zwei Faktoren zerlegen, und diese sind *keine* »ähnlichen Flächenzahlen«.

Zu jenem verhältnismäßig späteren Zeitpunkt dagegen, in dem man die Konstruktion der mittleren Proportionale zu zwei *beliebigen* Segmenten auf geometrischem Wege erfand *(Elem. VI 13)*, wurde es auf einmal möglich, auch jedes *beliebige* Rechteck in ein flächengleiches Quadrat zu verwandeln. Von dieser Zeit an brauchte man sich gar nicht mehr darum zu kümmern, ob die Seiten des vorgelegten Rechtecks »ähnliche Flächenzahlen« seien oder nicht, sondern man konstruierte die mittlere Proportionale auf geometrischem Wege mit Hilfe von ähnlichen rechtwinkligen Dreiecken. (Daraus besteht ja die Konstruktion in dem Satz Elem. VI 13.)

Selbstverständlich mußte zu derselben Zeit – in der die Möglichkeit der Konstruktion der mittleren Proportionale zu zwei *beliebigen* Segmenten erkannt wurde – sich sogleich auch die Frage erheben: *Was sind eigentlich die Seiten jener Quadrate, die ihren Flächenmaßen nach solchen Rechtecken gleich sind, deren Seiten nicht aus ähnlichen Flächenzahlen bestehen?* Denn nach dem Satz *Elem. VIII 20* gibt es eine mittlere proportionale *Zahl* n u r zwischen zwei ähnlichen Flächenzahlen. Mit diesem Satz ließ sich die neuerkannte Tatsache – die Möglichkeit der mittleren Proportionale auch zwischen zwei *nicht*-ähnlichen Flächenzahlen – offenbar nur auf dem Wege vereinigen, daß man den Begriff der *linearen Inkommensurabilität* einführte; die mittleren Proportionalen zwischen zwei *nicht*-ähnlichen Flächenzahlen sind nach griechischer Auffassung eben »keine Zahlen«.

Inwiefern man nun – und auf welchem Wege – die lineare Inkommensurabilität der mittleren Proportionale zwischen zwei solchen Segmenten, die »*nicht*-ähnliche Flächenzahlen« sind, auch einwandfrei beweisen konnte, bleibe dahingestellt. Wichtig ist für uns die eben angestellte Betrachtung nur deswegen, weil man daraus ersieht, wie das Problem des Verwandelns eines Rechtecks in ein flächengleiches Quadrat – welches Problem in seiner allgemeinen Form mit der Frage nach der mittleren Proportionale zwischen zwei *beliebigen* Segmenten äquivalent ist – im Laufe der historischen Entwicklung der Geometrie zu dem Problem der *linearen Inkommensurabilität* führte.

Ich vermute nun, daß eben die Erkenntnis dessen, wie man die mittlere Proportionale zu zwei beliebigen Segmenten konstruieren kann, *auch den Anlaß zu dem Einführen des neuen mathematischen Begriffes »dynamis« = »Quadratwert eines Rechtecks« gegeben hat.* Natürlich kann ich diese Vermutung mit keinem griechischen Text authentisch belegen. Denn aus jener alten, vorplatonischen Zeit, in der der Begriff »*dynamis*« geprägt wurde, sind uns ja überhaupt keine mathematischen Texte überliefert worden. Aber ich glaube dieselbe Vermutung aus dem Wort »dynamis« selbst erschließen zu dürfen. Man überlege sich nämlich:

Der mathematische Ausdruck *dynamis* ist nach der sprachlichen Worterklärung eine *Flächenbezeichnung:* »Quadratwert eines Rechtecks«. Aber warum mußten die den Rechtecken flächengleichen Quadrate mit diesem seltsamen, neugeprägten Ausdruck bezeichnet werden? Was war jene besondere Eigentümlichkeit dieser Quadrate, wodurch die auffallende Namengebung veranlaßt wurde? – Ich kann nur an folgendes denken.

Solange man *nur* solche Rechtecke in flächengleiche Quadrate verwandelte, deren Seiten »ähnliche Flächenzahlen« waren – z. B. $2 \cdot 8$, $2 \cdot 18$, $3 \cdot 12$ oder $4 \cdot 16$ u. a. m. –, lag noch kein Grund und Anlaß vor, einen neuen Namen für die gewonnenen Quadrate zu prägen. Denn die Quadrate mit ganzzahligen Seiten, die man auf diese Weise erhielt, waren ganz gewöhnliche *τετράγωνα σχήματα*. Aber es wurde auf einmal ganz anders, als man die neue, *allgemeine* Methode für das Verwandeln eines Rechtecks in ein flächengleiches Quadrat – die Konstruktion der mittleren Proportionale auf geometrischem Wege – erfand.

Nicht nur *alle* Rechtecke wurden dadurch »quadrierbar« – es gibt *immer* eine mittlere Proportionale zwischen zwei beliebigen Segmenten, darum ist der »tetragonismos«, wie der

ARISTOTELES-Text betont, mit dem Auffinden der μέση äquivalent –, sondern man mußte auch wahrnehmen, daß auf diese Weise häufig solche Quadrate gewonnen werden, deren Seiten »keine Zahlen« sind. (Es gibt eine mittlere proportionale *Zahl* nur zwischen zwei »ähnlichen Flächenzahlen«. Die mittleren Proportionalen zwischen zwei »*nicht*-ähnlichen Flächenzahlen« sind *keine Zahlen*.) Die Quadrate also, die solchen Rechtecken flächengleich sind, deren Seiten aus *nicht*-ähnlichen Flächenzahlen bestehen, müssen ein ganz besonderes Interesse erweckt haben. Denn es war unmöglich, die *Seitenlängen* dieser Quadrate zahlenmäßig zu bestimmen, wobei ihre *Flächenmaße* doch genau bekannt waren. Das mag der Anlaß zu der auffälligen *Flächenbezeichnung* – »*dynamis*« = »Quadratwert eines Rechtecks« – gewesen sein.

Mit anderen Worten heißt dies soviel: Man hat den Begriff »*dynamis*« (Quadratwert eines Rechtecks) wohl eben zu jenem Zeitpunkt geprägt, in dem man die Existenz solcher Segmente erkannt hatte, die zwar linear inkommensurabel sind, deren Quadrate man jedoch – eben als »dynameis« = »Quadratwerte von Rechtecken« – messen kann.

7. *Die Mathematikstunde des* THEODOROS

Die vorangeschickte Betrachtung hat uns zu der Vermutung geführt, daß die Schöpfung des mathematischen Begriffes »dynamis« von der Entdeckung der linearen Inkommensurabilität wohl untrennbar ist. Nun ist aber der Begriff »dynamis« allem Anschein nach ziemlich alt, auf alle Fälle vorplatonischen Ursprungs, denn bei PLATON wird er schon mit einer überraschenden Selbstverständlichkeit, ohne nähere Erklärung gebraucht.

Aber wie kann man in diesem Fall behaupten, daß »die mathematische Stelle im Dialog *Theaitetos* die Geburtsurkunde des Irrationalen« wäre, und daß »THEODOROS die allgemeine Irrationalität der Quadratwurzeln entdeckt« hätte (H. VOGT)? – Hat man nicht mit größerem Recht betont, daß es bei PLA-

TON eigentlich nirgends gesagt wird: es wäre das, was THEODOROS seinen Schülern gezeigt hatte, damals etwas neues gewesen.[38] Man hätte also nach der Platonischen Schilderung eher den Eindruck, daß in der Mathematikstunde des THEODOROS den athenischen Jünglingen solche Kenntnisse übermittelt wurden, die für die damaligen Mathematiker aus älteren Zeiten schon längst bekannt sein mußten.

Man wird in der Tat bald sehen, daß dem Mathematiker THEODOROS – mindestens auf Grund unserer PLATON-Stelle – kaum irgendwelche neuen mathematischen Entdeckungen zugeschrieben werden können. Um dies nachzuweisen, müssen wir zu der eingehenderen Interpretation des oben zitierten griechischen Textes zurückkommen.

Es heißt bei PLATON: »Über *Quadrate* (= dynameis) zeichnete uns etwas dieser THEODOROS, über dasjenige mit drei und mit fünf Quadratfuß-Fläche, . . . und so nahm er jedes *Quadrat* (*ἑκάστην* scil. *δύναμιν*) einzeln bis zu demjenigen mit siebzehn Quadratfuß-Fläche vor; bei diesem hörte er irgendwie auf.«

Wie hat nun THEODOROS jene Quadratflächen, die in den eben zitierten Worten genannt werden, bzw. jene Quadrat*seiten* konstruiert, auf deren lineare Inkommensurabilität er seine Schüler aufmerksam machen wollte? – fragte man auch schon in den bisherigen Interpretationen. Und man erteilte auf diese Frage entweder jene Antwort, daß es »gar nicht so wichtig« wäre, zu wissen, wie THEODOROS die fraglichen Quadrat*seiten* konstruierte,[39] oder man ging von einem interessanten Rekonstruktionsversuch von J. H. ANDERHUB aus.[40] ANDER-

[38] K. v. FRITZ, Annals of Mathematics 46 (1945) 244. – Vergleiche dazu auch aus einem Aufsatz von A. WASSERSTEIN [Class. Quarterly N. S. VIII (1958) 165–179]: »It is at least conceivable that PLATO means no more than that THEODORUS was demonstrating not a new discovery of his own, but something which though known to professional mathematicians might be new and interesting to his young hearers.«

[39] B. L. v. d. WAERDEN, Erwachende Wissenschaft, S. 235.

[40] H. J. ANDERHUB, Joco-Seria, Aus den Papieren eines reisenden Kaufmannes, Ausgabe der Kalle-Werke, Wiesbaden 1941.

HUB konstruierte nämlich zu allererst ein rechtwinkliges Dreieck mit den Katheten 1 – 1, dessen Hypotenuse die Zahl $\sqrt{2}$ veranschaulicht; dann zeichnete er ein anderes rechtwinkliges Dreieck mit den Katheten $\sqrt{2}$ und 1; die Hypotenuse dieses zweiten Rechtecks ist unsere Zahl $\sqrt{3}$. Und so kann man – wie die Abb. 2 zeigt – nacheinander eben 16 solche rechtwinklige Dreiecke konstruieren, deren aufeinanderfolgende Hypotenusen die Quadratwurzeln $\sqrt{2}$, $\sqrt{3}$, ... $\sqrt{17}$ geometrisch veranschaulichen.

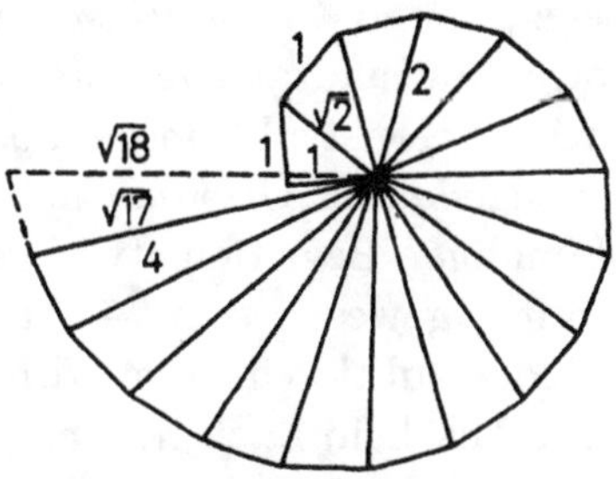

Abb. 2

Diese geistreiche Rekonstruktion schien einigen auch deswegen einleuchtend zu sein, weil man glaubte, daraus verstünde man sogleich auch, warum THEODOROS gerade bei $\sqrt{17}$ aufgehört hatte. – Ich muß dagegen diesen Rekonstruktionsversuch von J. H. ANDERHUB – *von historischem Gesichtspunkt aus* – einfach für *irreführend* halten. Meine Gründe für diese Ansicht sind die folgenden:

1. Dieser Versuch, zu bestimmen, wie THEODOROS die Quadrate mit den Flächen von 3, 5, ... 17 Quadratfuß konstruiert haben mag, geht gar nicht von jenem Begriff *dynamis* aus, der an der betreffenden PLATON-Stelle den Schlüssel zu dem Verständnis bildet. Ja, man setzt sich darüber einfach hinweg – ohne es überhaupt gemerkt zu haben –, daß hier ein interessanter antiker mathematischer Begriff *(dynamis)* vorliegt, den man hätte auch in seiner Genesis verstehen

müssen, um die Interpretation der PLATON-Stelle erst danach beginnen zu können.

2. Es geht aus PLATONS Worten ohne Zweifel hervor, daß die betreffenden *dynameis* des THEODOROS vor allem irgendwie vorgezeigt werden mußten, erst danach lenkte THEODOROS die Aufmerksamkeit seiner Schüler auf die *Seiten* derselben *dynameis*. Dagegen konstruiert ANDERHUB sogleich die fraglichen Seiten selbst. Die ganze Konstruktion geht von jener verschwiegenen und *irrtümlichen* Voraussetzung aus, »die *dynamis* wäre die Quadrat*seite* selber«.
3. Bei PLATON wird die Konstruktion der *dynameis* des THEODOROS gar nicht angedeutet. Offenbar muß diese Konstruktion nach den damaligen Begriffen etwas ganz einfaches und allgemein bekanntes gewesen sein. – ANDERHUBS Versuch stellt eben die Konstruktion in den Vordergrund, die für THEODOROS allem Anschein nach nebensächlich war.
4. Anstatt sich um das Verstehen des antiken mathematischen Begriffes *dynamis* zu bemühen, setzte ihn ANDERHUB unbekümmert unseren modernen Begriffen $\sqrt{3}$, $\sqrt{5}$, ... $\sqrt{17}$ gleich.
5. Unglücklicherweise scheint ANDERHUBS Versuch eine Erklärung auch noch dafür zu bieten, warum THEODOROS gerade bei der *dynamis* mit 17 Quadratfuß-Fläche – d. h. eigentlich bei $\sqrt{17}$ – aufgehört haben mag. (Und doch kann dieses Aufhören des THEODOROS bei der »*dynamis 17*« im Sinne des PLATON-Textes selbst nur etwas ganz *nebensächliches* gewesen sein.) Auch diese Tatsache trägt dazu bei, daß der Unterschied zwischen »*dynamis mit 17 Quadratfuß-Fläche*« einerseits und dem modernen Begriff »$\sqrt{17}$« andrerseits verwischt werde.

Darum halte ich also ANDERHUBS Rekonstruktion für die Zwecke einer historischen Interpretation ungeeignet.

Natürlich soll hier *nicht* bestritten werden, daß es sehr viele verschiedene Möglichkeiten dafür gibt, wie man solche Quadrate bekommt, deren Flächenmaße ganze Zahlen von 3 bis 17 sind. Aber ich glaube, daß man im Interesse der Texterklärung dennoch von einer bestimmten und, wie mir scheint, sehr einfachen Vermutung ausgehen soll. Ich vermute nämlich, daß THEODOROS *seine Quadrate (dynameis) auf dem Wege gewonnen hatte, daß er Rechtecke – unter Benutzung der Sätze Elem. VI 13 und 17 – in flächengleiche Quadrate verwandelte.* (Diese Möglichkeit wurde selbstverständlich auch schon in der bisherigen Forschung häufig registriert.[41]) Abgesehen davon, daß meine eben hervorgehobene Vermutung die weitere Interpretation – wie man bald sehen wird – wesentlich *erleichtert*, gibt es auch im PLATON-Text selbst mindestens *drei* Anhaltspunkte dafür, daß THEODOROS in der Tat *Rechtecke in flächengleiche Quadrate* verwandelte. Diese Anhaltspunkte sind nämlich die folgenden:

Erstens: THEAITETOS redet ja von »*dynameis*«.Wie man schon weiß, heißt das Wort »*dynamis*« »Quadratwert eines *Rechtecks*«, und ursprünglich wurde eine *dynamis* eben auf dem Wege gewonnen, daß man ein *Rechteck* in ein flächengleiches Quadrat verwandelte.

Zweitens: Der regelrechte Terminus technicus der Geometrie für das »Verwandeln eines Rechtecks in ein flächengleiches Quadrat« heißt griechisch »*tetragonizein*«. Es kann kein Zufall sein – worauf nebenbei auch schon oben hingewiesen wurde –, daß dieser Fachausdruck der Geometrie auch in dem kurzen Bericht des THEAITETOS *nicht* fehlt. Mir scheint auch die Benutzung dieses Wortes durch THEAITETOS dafür zu sprechen, daß jenem Versuch der beiden jungen Leute (des THEAITETOS und des »jungen SOKRATES«), der unten bald näher besprochen wird, ein *tetragonismos*, den ihr Meister THEODOROS vollzog, voranging.

Drittens: Die untersuchten *dynameis* des THEODOROS sind *ganze Zahlen von 3 bis 17*. THEODOROS scheint also eigent-

[41] B. L. v. d. WAERDEN, Erwachende Wissenschaft, S. 235, wo anstatt Eucl. Elem. VI. 13 auf den äquivalenten Satz Elem. II 14 hingewiesen wird.

lich von diesen ganzen Zahlen selbst ausgegangen zu sein. Zu den Zahlen konstruierte er jene *dynameis*, deren Flächenmaße denselben Zahlen entsprachen. Wurden aber die ganzen Zahlen im Sinne der alten pythagoreischen Arithmetik nicht eben als *Rechtecke* geometrisch dargestellt? – Man denke an die oben schon behandelte Definition der »*Flächenzahlen*« bei Euklid, *Elem. VII def. 16.*

Ich glaube also, der weiteren Interpretation die Vermutung zugrunde legen zu dürfen: Theodoros *verwandelte Zahlenrechtecke in flächengleiche Quadrate*, und an diesen Quadraten illustrierte er dann etwas vor seinen Schülern. – Natürlich mußten dabei *nicht alle* Zahlenrechtecke von 3 bis 17, das eine nach dem anderen, in Quadrate verwandelt werden. Es genügte dazu, die allgemeine Methode an einem einzigen Beispiel, etwa an dem Rechteck mit dem Flächenmaß 3, zu zeigen, wie man dieses Rechteck mit der Konstruktion der mittleren Proportionale zu seinen beiden Seiten in ein flächengleiches Quadrat verwandelt. Dieselbe Methode galt für alle übrigen Fälle. Die Konstruktion *aller* »dynameis« zwischen 3 und 17 kann nach der Analogie zu einer einzigen aus ihnen auch *bloß gedacht werden*. – *Einzeln vorgenommen (κατὰ μίαν ἑκάστην προαιρούμενος)* werden diese größtenteils wohl nur *gedachten Quadrate* nicht in ihrer Konstruktion, sondern unter einem anderen Gesichtspunkt. Aber darüber erst später. Denn ich muß hier vor allem noch in zwei Punkten daran erinnern, wie die angebliche »mathematische Entdeckung« des Theodoros in der modernen Forschung bisher beurteilt wurde.

1. Theodoros soll »die Irrationalität der Quadratwurzeln von $\sqrt{3}$ bis $\sqrt{17}$ neu aufgefunden und bewiesen haben«.[42]
2. Aber Theodoros soll dennoch nur »in den *Einzelfällen* $\sqrt{3}$, $\sqrt{5}$, $\sqrt{6}$, ... $\sqrt{17}$ die Irrationalität erkannt haben«; erst nach ihm habe »der damals noch ganz junge Theaitetos den Begriff des Irrationalen in seiner ganzen Allgemeinheit erfaßt

[42] Vgl. H. Vogt, o. c., S. 97 (s. Anm. 10).

und so den Grund zu einer allgemeinen Theorie der Irrationalitäten gelegt«.[43] Ja, man traute dem THEODOROS bisher nicht einmal die Kenntnis einer umfassenden Definition der Irrationalitäten zu. Wie TH. L. HEATH über ihn schrieb[44]: »It does not appear, however, that he reached any definition of a surd in general or proved any general proposition about all surds.«

Wohl wird ein jeder unvoreingenommene Leser – in Kenntnis dessen, was über den Begriff *dynamis* oben vorausgeschickt wurde – von diesen beiden Punkten mindestens den 2. schon von vornherein mit einer gewissen Skepsis aufnehmen. Wieso hätte THEODOROS – der nicht nur den Begriff »dynamis«, sondern auch die aus dem X. Buch der »Elemente« wohlbekannte Fachbezeichnung *μήκει οὐ σύμμετροι* mit einer erstaunlichen Selbstverständlichkeit benutzte – die Irrationalität *nur* in den *Einzelfällen* $\sqrt{3}$, $\sqrt{5}$, $\sqrt{6}$, ... $\sqrt{17}$ erkannt? Etwa nur deswegen, weil er nach den Worten des jungen THEAITETOS in seiner Einzel-Demonstration bei dem Fall 17 »irgendwie aufhörte«? Oder hätte er etwa *nur* die bis 17 aufgezählten *dynameis* konstruieren können? – Aber wenn man schon ein einziges Rechteck – mit Seiten, die *nicht* »ähnliche Flächenzahlen« sind – unter Anwendung der Konstruktion der mittleren Proportionale zu den beiden Seiten in ein flächengleiches Quadrat verwandeln kann, warum kann man dann nicht auch *alle* derartigen Rechtecke in Quadrate verwandeln? Und weiß man von einem einzigen der auf diese Weise gewonnenen Quadrate (aus Rechtecken, deren Seiten *keine* »ähnlichen Flächenzahlen« sind), daß seine Seite mit der Längeneinheit inkommensurabel ist, warum verallgemeinert man dann nicht dieselbe Erkenntnis auf alle derartigen Quadrate?

Aber ebenso fragwürdig wird auch der Punkt 1, wenn man bedenkt, *in welchem Sinne* die Behauptung: »THEODOROS

[43] E. FRANK, Plato und die sog. Pythagoreer, Halle 1923, S. 228–229.

[44] TH. L. HEATH, A History of Greek Mathematics, Bd. I, S. 203.

hat die Irrationalität von $\sqrt{3}$, $\sqrt{5}$, ... bis $\sqrt{17}$ *bewiesen*«, aufgestellt wurde. – Man ging nämlich von jener durch überhaupt nichts begründeten Annahme aus, *vor* THEODOROS hätte man *nur* die Irrationalität von $\sqrt{2}$ (die lineare Inkommensurabilität der Quadratdiagonale zur -seite) beweisen können. THEODOROS hätte sich eben dadurch verdient gemacht, daß er nicht nur die weiteren Fälle $\sqrt{3}$, $\sqrt{5}$, ... bis $\sqrt{17}$ erkannte, sondern er habe für diese anderen Irrationalitäten auch *Beweise* liefern können. – Auf Grund dieser Annahme wurden die »Beweise des THEODOROS« natürlich sehr wichtig, und darum bemühte man sich, für diese Beweise »ein im Bereich der griechischen Mathematik liegendes Verfahren durch Analogie zu erschließen«.[45]

Nun will ich gar nicht bestreiten, daß THEODOROS seine mathematischen Behauptungen vor den Schülern irgendwie wohl auch *beweisen konnte*. Ja, ich versuche bald auch zu zeigen, welcher Art die »Beweise des THEODOROS« gewesen sein mögen. Aber ich muß hier dennoch mit allem Nachdruck betonen: Es kommt in PLATONS Schilderung *nicht* auf die Beweise an. Mit Recht bemerkte schon H. VOGT, daß »PLATON den Beweisgang des THEODOROS *nicht* überliefert, *ja nicht einmal angedeutet hat*«.[46] Es kommt in dem Bericht des THEAITETOS auch der regelrechte Terminus technicus des mathematischen Beweises, das Zeitwort *δείκνυμι*, *nicht* vor. (Daß dabei durch THEODOROS *nebenbei* dennoch wohl auch irgendwelche Beweise zum mindesten angedeutet worden sein müssen, das erschließt man aus dem Verbum *ἀποφαίνω*, das im alltäglichen Gespräch – besonders über ein mathematisches Thema – in der Tat leicht auch den Sinn »beweisen« haben mochte.) – Stellt man in der modernen Interpretation dennoch die *Beweise* des THEODOROS in den Vordergrund, so verdreht man auch dadurch schon den Sinn eines solchen PLATON-Textes, in dem es *nicht* auf die Beweise, sondern auf etwas anderes ankam. – Ich werde

[45] Siehe bei H. VOGT (Anm. 10).
[46] Ebd.

also im folgenden zwar versuchen, die Beweisführung des THEODOROS zu rekonstruieren, aber damit will ich den gar nicht überlieferten »Beweisen des THEODOROS« keineswegs dieselbe Bedeutung beimessen, die man ihnen in der Mathematikgeschichte bisher zuschreiben wollte. (Mit anderen Worten: Ich glaube nicht, daß THEODOROS jenen Beweis, den ich hier zu rekonstruieren versuche, überhaupt noch *erfinden* brauchte; er mag einen solchen Beweis ebenso in der Überlieferung vorgefunden haben, wie für ihn auch der Begriff »*dynamis*« selber von vornherein gegeben war.) – Wie mag nämlich die bei PLATON allerdings nur *nebensächliche* Beweisführung des THEODOROS gewesen sein?

Es heißt in dem obigen Bericht: »Über *dynameis* zeichnete uns etwas THEODOROS, über diejenige mit drei und fünf Quadratfuß-Fläche, indem er zeigte, daß diese der Länge nach nicht meßbar mit dem Einheitsquadrat sind; und so nahm er jede *dynamis* einzeln bis zu derjenigen mit siebzehn Quadratfuß-Fläche vor ...« – Wie hat man wohl diesen Tatbestand in dem zeitgenössischen Schulunterricht am einfachsten gezeigt oder »bewiesen«? – Ich glaube, es genügten dazu die folgenden zwei Schritte:

1. Es wurden die Zahlenrechtecke 3 ($= 1 \cdot 3$), 5 ($= 1 \cdot 5$), 6 ($= 2 \cdot 3$), ... 17 ($= 1 \cdot 17$) – oder mindestens *ein* illustratives Beispiel von diesen – unter Benutzung des Satzes *Eucl. Elem. VI 13* in *dynameis* verwandelt. Diese Konstruktion mußte natürlich *regelrecht bewiesen werden* – und ebenso vielleicht auch noch der Satz *Elem. VI 17* (wenn $a : b = b : c$, dann auch $ac = b^2$). Denn man weiß ja schließlich *nur* auf Grund des Beweises, daß die vorgelegten *dynameis* in der Tat den betreffenden Rechtecken flächengleich sind (also je ein Flächenmaß von 3, 5, 6, ... 17 Quadratfuß haben): ihre Seiten sind *mittlere Proportionale* zu den beiden Seiten der entsprechenden Rechtecke.

2. Der Nachweis der linearen Inkommensurabilität für die einzelnen *dynamis*-Seiten mag wohl als ein Hinweis auf die Sätze *Eucl. Elem. VIII 18 und 20* erfolgt sein: Es gibt eine

mittlere proportionale *Zahl* nur zwischen zwei »ähnlichen Flächenzahlen«. Und nachdem die Seiten der betreffenden Rechtecke *keine* »ähnlichen Flächenzahlen« sind, können auch ihre mittleren Proportionalen, die Seiten der entsprechenden *dynameis*, keine Zahlen, d. h. keine mit der Längeneinheit kommensurablen Größen sein.

Ausführlich und detailliert mußte diese »Beweisführung« nur in einer einzigen Hinsicht sein. Es mußten in der Tat alle *dynameis* zwischen 3 und 17 einzeln vorgenommen werden – *κατὰ μίαν ἑκάστην προαιρούμενος*, lesen wir in dem griechischen Text –, um zu zeigen, daß *die Seiten jener Rechtecke, mit denen die einzelnen ‚dynameis' flächengleich sind, nie ‚ähnliche Flächenzahlen' sein können.* – Mit anderen Worten heißt dies folgendes: THEODOROS nahm wohl alle ganzen Zahlen zwischen 3 und 17 – ausgenommen natürlich die drei Quadratzahlen 4, 9 und 16 –, und er zeigte, daß *keine von diesen sich in zwei solche Faktoren zerlegen läßt, die ihrerseits ‚ähnliche Flächenzahlen' wären.* Und damit war die lineare Inkommensurabilität der behandelten *dynamis*-Seiten vor den Schülern wohl auch schon hinreichend plausibel gemacht. Denn diese *dynamis*-Seiten sind ja mittlere Proportionale zwischen je zwei »*nicht*-ähnlichen Flächenzahlen«, und mittlere proportionale *Zahlen* gibt es doch nur zwischen je zwei »ähnlichen Flächenzahlen«.

Aber es kam ja im vorliegenden Fall auch gar nicht auf einen regelrechten Beweis an. Man beachte, daß in unserem PLATON-Text nicht nur die Begriffe *dynamis* und *μήκει οὐ σύμμετροι* mit einer überraschenden Selbstverständlichkeit benutzt werden – auch THEAITETOS erklärt nicht, was eine *dynamis* ist, oder wie die *dynameis* des THEODOROS hergestellt wurden –, sondern außerdem die athenischen Jünger des Mathematikers aus Kyrene die Lehre ihres Meisters, wie es scheint, sogleich auch verstanden und mit einer erstaunlichen Leichtigkeit zur Kenntnis nahmen. Die Beweise des THEODOROS – falls solche überhaupt regelrecht ausgeführt wurden – scheinen diese jungen Leute nicht besonders interessiert zu haben. Sie wollten, anstatt sich um die Beweise zu kümmern, mit dem, was ihnen vorgelegt wurde, sogleich etwas ganz anderes beginnen.

8. *Was hat der Platonische* THEAITETOS *entdeckt?*

Ich hoffe, in dem vorigen gezeigt zu haben, daß jene Vermutung, die in der Entfaltungsgeschichte der Irrationalitätentheorie mit THEODOROS von Kyrene ein neues Kapitel beginnen wollte, *nur eine willkürliche historische Konstruktion war.* Auf alle Fälle läßt sich diese Vermutung mit jener PLATON-Stelle im Dialog »Theaitetos«, auf die man sich einzig und allein berufen konnte, *nicht* begründen. Denn man kann *offenbar* weder die Schöpfung des mathematischen Begriffes *dynamis* noch die Konstruktionsart der einzelnen *dynameis* – d. h. also die Erfindung, wie man die mittlere Proportionale zu zwei beliebigen Segmenten geometrisch konstruiert (Elem. VI 13) – *dem* THEODOROS *zuschreiben.* Aber worin bestünde dann die neue, epochemachende Entdeckung des THEODOROS? – Man hat aus dem PLATON-Text zwar mit Recht geschlossen, daß THEODOROS die lineare Inkommensurabilität der von ihm untersuchten *dynamis*-Seiten – von 3 bis 17 – *wohl auch beweisen konnte.* Aber irreführend war nicht nur jene Auffassung, die den nicht überlieferten, nicht einmal angedeuteten, ja von PLATON selbst auch gar nicht betonten *Beweisen* des THEODOROS – die im Sinne des oben dargestellten wohl auch etwas ganz Einfaches, mit der Konstruktion der mittleren Proportionale eng Zusammenhängendes sein dürften – eine epochemachende Wichtigkeit zuschreiben wollte, sondern noch mehr jener andere unbegründete Verdacht: THEODOROS *hätte nur die bei* PLATON *erwähnten Einzelfälle von 3 bis 17 beweisen können.* Wie unbegründet dieser Verdacht ist, das ersieht man sogleich aus der folgenden Überlegung.

Die notwendige Ergänzung zu jener Vermutung, wonach THEODOROS *nur Einzelfälle* hätte beweisen können, bildete nämlich jene andere, daß THEAITETOS dagegen die lineare Inkommensurabilität *für alle möglichen Fälle* hätte schon *beweisen* können. Aber davon ist ja in dem PLATON-Text überhaupt nicht die Rede. Der junge THEAITETOS berichtet von *gar keinen eigenen Beweisen!* Redet man im Zusammenhang mit unserer PLATON-Stelle von irgendwelchen »Beweisen des jungen THEAITETOS«, so ist das schon völlig aus der Luft gegriffen. Der PLATON-Text selber bietet dazu nicht den geringsten Anhaltspunkt.

Und damit sind wir bei dem zweiten wichtigen Punkt unserer Revision der PLATON-Interpretation angelangt. Ich behaupte nämlich, daß man auf Grund unserer PLATON-Stelle nicht nur dem THEODOROS von Kyrene, sondern auch dem jungen THEAITETOS *gar keine neuen, eigenen mathematischen Entdeckungen zuschreiben kann.* Gerade diese Ansicht will ich in der folgenden Interpretation näher begründen.

*

Was wollte eigentlich THEODOROS mit der Aufzählung aller *dynameis* zwischen 3 und 17 und mit dem Nachweis der linearen Inkommensurabilität für 12 Fälle von denselben, wenn es ihm in PLATONS Schilderung – wie ich es nochmals betonen muß – *nicht auf die Beweise ankam?* – Ich glaube, man wird diese Frage nur dann beantworten können, wenn man den inneren Zusammenhang der untersuchten mathematischen Stelle mit dem Ganzen des Platonischen Dialogs – worauf auch schon oben im Kapitel I 3 hingewiesen wurde – nicht aus dem Auge verliert.

Man vergesse nämlich nicht, wodurch überhaupt der junge THEAITETOS an seine mathematische Erfahrung erinnert wurde. SOKRATES erklärte ihm vorhin: Es wäre keine richtige Antwort auf die Frage »Was ist Lehm?«, wenn man einzelne Lehmarten von verschiedenen Handwerkern aufzählen wollte. Man müßte eher – unter Berücksichtigung dessen, was in allen aufgezählten Lehmarten *gemeinsam* ist – eine Definition geben: »Lehm ist Erde mit Wasser vermischt«. Der Aufzählung von *Einzelfällen* folgt also – in dem Beispiel des SOKRATES – die *Zusammenfassung* derselben Fälle. Genauso wird es auch in dem mathematischen Teil des Dialogs.

Denn THEAITETOS berichtet ja, nachdem er die Aufzählung des THEODOROS geschildert hatte:

> »Uns fiel nun ein solcher Gedanke ein: nachdem es unendlich viele *dynameis* gibt, *man sollte es versuchen, diese in eins zusammenzufassen, wonach wir alle diese ‚dynameis' benennen könnten.*«

Die Aufzählung von einzelnen *dynameis* und der einigermaßen doch detaillierte Nachweis für diese durch THEODOROS scheinen also eine *Vorbereitung* für die zusammenfassende Benennung gewesen zu sein. – Es fragt sich nur, ob die zusammenfassende Benennung, die im folgenden durch THEAITETOS und seinen Freund gegeben wird, *von Anfang an auch von* THEODOROS *bewußt vorbereitet, ja vielleicht auch verlangt wurde,* oder ob es sich hier etwa um eine *eigene und spontane Initiative der jungen Leute* handelt, wie dies die Worte: »Uns fiel nun ein solcher Gedanke ein . . .« nahezulegen scheinen? – Aber auf diese Frage wollen wir erst später eingehen. Hier registrieren wir zunächst den kleinen Unterschied zwischen dem Beispiel des SOKRATES einerseits und dem mathematischen Bestreben der THEODOROS-Schüler andrerseits. Denn in dem Beispiel des SOKRATES wurde nach dem Aufzählen der verschiedenen Lehmarten eine regelrechte *Definition* des Lehms versucht, während THEAITETOS und sein Freund nur mehr nach einem Gesichtspunkt trachten, wonach sie alle *dynameis* benennen könnten.

Bevor wir nun genauer untersuchen, ob und inwiefern man überhaupt von einer Selbständigkeit der THEODOROS-Schüler ihrem Lehrer gegenüber sprechen kann, wollen wir das Vorgehen dieser jungen Leute näher ins Auge fassen.

THEAITETOS und sein Freund gehen von den *Zahlen* aus; wie es im Bericht heißt: »Wir teilten alle *Zahlen* in zwei

Gruppen . . .« Dies ist leicht verständlich, nachdem auch Theodoros von den Zahlen ausgegangen war; er verwandelte zuerst die *Zahlenrechtecke* zwischen 3 (= 1 · 3) und 17 (= 1 · 17) in Quadrate (= dynameis), und erst danach lenkte er die Aufmerksamkeit seiner Schüler auf die Seiten dieser Quadrate.

Auch in der Unterscheidung der »*Quadratzahlen*« und »*Rechteckzahlen*« folgten die Schüler einer solchen Unterscheidung, die in der Demonstration ihres Lehrers mindestens angedeutet werden mußte. Denn Theodoros vermochte ja nur in den Fällen der *dynameis* 3, 5, 6, . . . die lineare Inkommensurabilität der Seiten nachzuweisen; die *dynameis* 4, 9 und 16 mußte er entweder stillschweigend übergehen, oder evtl. hat er sogar ausdrücklich hervorgehoben, daß diese letzteren Fälle sich von den übrigen *unterscheiden*, nachdem die Seiten der betreffenden »Rechteckzahlen« (1 · 4 oder 2 · 2, 1 · 9 und 2 · 8) in diesen Fällen doch als »ähnliche Flächenzahlen« gelten können.

Nachdem die Einteilung aller Zahlen in zwei Gruppen – »Quadratzahlen« und »Rechteckzahlen« – vorgenommen wurde, wandten sich die jungen Leute den *dynameis* des Theodoros zu, die eben Zahlen veranschaulichen, und sie benannten zunächst die Seiten derjenigen *dynameis*, die den Quadratzahlen entsprechen, mit dem Wort »*Länge*« *(μῆκος)*. Der Sinn dieser Benennung liegt auf der Hand. Theodoros hatte ja vorhin gezeigt, daß die Seiten der *dynameis* mit 3, 5 etc. Quadratfuß-Fläche »der *Länge* nach nicht meßbar« *(μήκει οὐ σύμμετροι*= *linear* inkommensurabel) sind. Die Seiten der anderen Art Quadrate mit 4, 9 und 16 Quadratfuß-Fläche bekommen jetzt eben deswegen den Namen »*Länge*« *(μῆκος)*, weil diese – im Gegensatz zu den *dynameis* mit Fläche 3, 5 etc. – »der *Länge* nach meßbar« (also *linear* kommensurabel) sind.

Höchstens könnte man nur an der etwas *ungenauen*, *nichtpräzisen* Namengebung Anstoß nehmen. Denn die Seiten jener *dynameis*, die den Quadratzahlen entsprechen, sollten eigentlich doch nicht mit dem bloßen Wort »*μῆκος*«, sondern eher mit dem Ausdruck *μήκει σύμμετρος* bezeichnet werden. Der präzise Terminus heißt ja eben *μήκει σύμμετρος* (bzw. *ἀσύμ-*

μετρος) auch bei EUKLID z. B. in der 3. Definition des Buches X der »Elemente«. Außerdem wurde die regelrechte Form des Terminus, bzw. der Gegensatz des hier durch THEAITETOS festgelegten Terminus, in dem Bericht des jungen Mannes eben auch gebraucht: *μήκει οὐ σύμμετροι,* 147 D 4–5. – Der ungenaue Gebrauch des mathematischen Fachausdruckes seitens des THEAITETOS ist also auf alle Fälle anstößig. Aber diese bloß stilistische Ungenauigkeit in der Bezeichnungsart darf uns doch nicht allzusehr wundernehmen. Es kommt ja auch eine andere auffallende terminologische Inkonsequenz in dem Bericht des THEAITETOS vor, die jedoch den Sinn des Gedankens ebensowenig stört wie der hervorgehobene Fall. Man beachte nämlich, daß in 147 E 7 die *Quadratzahl*, die bei EUKLID *τετράγωνος ἀριθμός* heißt, durch THEAITETOS als *τετράγωνός τε καὶ ἰσόπλευρος* bezeichnet wird. Man könnte diese Bezeichnungsart als eine »etwas altertümliche Form« noch ohne Einwand zur Kenntnis nehmen (vgl. oben meine Anm. 24). Aber was soll man dazu sagen, wenn derselbe THEAITETOS in 148 A 6 dieselbe *Quadratzahl* schon als *ἰσόπλευρος καὶ ἐπίπεδος* erwähnt? Das Wort *ἐπίπεδος* ist in diesem Zusammenhang nicht nur völlig überflüssig, sondern beinahe auch schon störend. Denn *ἐπίπεδος ἀριθμός* ist ja nicht nur die *Quadratzahl*, sondern ebenso auch die *Rechteckzahl (ἑτερομήκης)*. Außerdem war bisher nur von »*Flächen*zahlen« (also von bloß in *zwei* Faktoren zerlegten Zahlen) die Rede. Die Körperzahlen (*στερεοὶ ἀριθμοί)* werden erst später und auch von THEAITETOS nur flüchtig angedeutet. – Es scheint also, daß man die bloß stilistischen Ungenauigkeiten in der mathematischen Terminologie seitens des Platonischen THEAITETOS in Kauf nehmen muß.

Nebenbei muß ich hier auch noch eine andere interessante und wichtige Tatsache zu dem ungewöhnlichen Wortgebrauch des THEAITETOS festlegen. Es wurde auch schon in der früheren Forschung mit Recht hervorgehoben, daß die Bezeichnungsart des THEAITETOS »*mekos*« und der regelrechte Terminus technicus für denselben Begriff »*mekei symmetros*« im X. Buch der Euklidischen »Elemente« auf das engste miteinander zusammenhängen.[47] Ich muß diese treffende Beobachtung nur noch mit der *relativen* Chronologie der beiden Bezeichnungsarten ergänzen. Denn überlege man sich nur:

Wäre es etwa möglich, daß erst *nach* der »älteren« Bezeichnungsart des Platonischen THEAITETOS bloß mit dem Wort »mekos« *zeitlich später* der präzise Terminus »mekei symmetros« (bei EUKLID) für denselben Begriff geprägt worden sei? – Ich glaube, ein jeder wird sofort einsehen, daß diese zeitliche Reihenfolge der beiden Bezeichnungsarten sehr unwahrscheinlich ist. Hätte man nämlich für den Begriff »linear kommensurabel« *früher* bloß das Wort »mekos« in sich benutzt, so wäre es *nie* möglich gewesen, aus dieser vagen und gar nicht selbstverständlichen Bezeichnung später den völlig klaren und präzisen Terminus »mekei symmetros« abzuleiten. Denn zeitlich nacheinander entstanden ja diese Bezeichnungsarten offenbar in den folgenden drei Schritten:

1. Als die lineare *Inkommensurabilität* erkannt wurde, prägte man dafür die Bezeichnung *μήκει ἀσύμμετρος*.
2. Der gewöhnliche Fall der linearen Kommensurabilität wurde erst dann mit Namen benannt, nachdem die Inkommensurabilität selber schon ein geläufiger Begriff war. Und selbstverständlich wurde ein Fall der Kommensurabilität – als Gegensatz zu der schon bekannt gewordenen Inkommensurabilität – ursprünglich mit dem genauen und präzisen Terminus als *μήκει σύμμετρος* bezeichnet. (Der Gegensatz zu »*a*symmetros« ist ja »symmetros«, wobei der Dativ »mekei« in beiden Fällen derselbe bleibt und in beiden Fällen den Sinn des Adjektivs nur ergänzt!)
3. Die seltsame Bezeichnung des THEAITETOS für die lineare Kommensurabilität mit dem bloßen Wort »*mekos*« kann nur eine *nachträgliche Abkürzung des vorher schon existierenden präzisen Terminus* (»mekei symmetros«) sein.

[47] B. L. v. d. WAERDEN, Erwachende Wissenschaft, S. 234.

Wir haben es also hier mit dem interessanten Fall zu tun, daß in dem zeitlich älteren Platon-Text eine *chronologisch offenbar erst später möglich gewordene verkürzte Bezeichnungsart (»μῆκος«)* überliefert ist, während der zeitlich jüngere Euklid-Text den präzisen und *chronologisch älteren* Namen *(μήκει σύμμετρος)* bewahrt hat. Zu bemerken ist dabei auch noch, daß die Bezeichnung des Theaitetos für die lineare Kommensurabilität einfach als »*mekos*« aus der mathematischen Literatur der Antike – soviel ich weiß – sonst gar nicht bekannt ist. Gewöhnlich hat man dafür immer den normalen Namen »*mekei symmetros*«. (Man wird die Tatsache, daß unmittelbar nach unserer »Theaitetos«-Stelle in 148 B 6–7 wieder *περὶ τοῦ μήκους καὶ τῆς δυνάμεως* die Rede ist, nicht als einen besonderen Fall hinzurechnen wollen.) – Der junge Mann hat also in diesem Fall offenbar eine klare und eindeutige, präzise Bezeichnung ziemlich überflüssig und willkürlich verkürzt.

Am ärgerlichsten ist jedoch der nachlässige und ungenaue Wortgebrauch des jungen Theaitetos im letzten Teil seines Berichtes. (Obwohl ich wiederholt im voraus betonen muß, daß der Sinn der Textstelle dennoch vollkommen eindeutig bleibt.)

Nachdem nämlich die jungen Leute die Seiten jener *dynameis*, die den Quadratzahlen entsprechen, als »*der Länge nach kommensurabel*« bezeichnet hatten, wenden sie sich jetzt jenen anderen *dynameis* zu, die den Rechteckzahlen entsprechen. Die Seiten dieser letzteren bekommen von ihnen einfach den Namen »*δύναμις*«; wie es zur Erklärung hinzugefügt wird: »*nachdem diese letzteren Strecken der Länge nach zwar inkommensurabel zu den anderen sind* – eben das hat über diese Theodoros vorhin gezeigt –, *doch sind dieselben kommensurabel nach jenen Flächen, die sie in Quadrat ausmachen.*« – Kein Zweifel, es geht aus dieser Erklärung eindeutig hervor, wie der sonderbare Name, den Theaitetos diesen letzteren Strecken gibt – »*δύναμις*« –, zu verstehen sei. Natürlich heißt der richtige Terminus nicht einfach »*δύναμις*«, sondern *δυνάμει σύμμετρος* (d. h. »kommensurabel nach jenem Quadrat, das man auf sie errichtet«), wie auch vorhin anstatt *»mekos«* hätte genauer und präziser *»mekei symmetros«* gesagt werden müssen. Und selbstverständlich begegnet man auch diesmal der korrekten und präzisen Form des Terminus (»dynamei symmetros«) in Buch X der Euklidischen »Elemente«.

Aber ich muß in diesem Fall wieder die Frage der *relativen* Chronologie der beiden Bezeichnungsarten *»dynamis«* (für eine linear inkommensurable und nur quadratisch meßbare *Strecke* angewandt!) und *»dynamei symmetros«* stellen, wie dieselbe Frage auch schon im Falle der ähnlichen Bezeichnungen *»mekos«* und *»mekei symmetros«* gestellt wurde. — Wäre es etwa möglich, daß man ein Segment, das linear inkommensurabel und nur seinem Quadrat nach meßbar ist, ursprünglich bloß mit dem Wort »*δύναμις*« bezeichnet hätte — wie dies der junge THEAITETOS tut — und daß erst später aus dieser vagen Bezeichnung der präzise und eindeutige Terminus *δυνάμει σύμμετρος* abgeleitet worden wäre?

Ich glaube, man wird diese Möglichkeit ganz entschieden leugnen müssen. Denn man weiß ja schon den genauen und völlig klaren Sinn des Wortes »dynamis«; *δύναμις* ist in der Geometrie eine *Flächenbezeichnung*, und sie heißt: »*Quadratwert eines Rechtecks*« oder allgemeiner: »*Quadratwert*« bzw. »*Quadrat*«, aber nie etwas anderes. Benutzt man dasselbe Wort »dynamis« in sich auch noch im Sinne »dynamei symmetros« (also wohlgemerkt: für die Bezeichnung nicht einer Fläche, sondern einer *Strecke!*) — wie THEAITETOS es macht —, so ist dies schon ein Fall für die *beinahe* irreführende Ungenauigkeit in der mathematischen Terminologie. So ungenau ist diese nachlässige und oberflächliche Bezeichnungsart, daß man den Sinn des Gemeinten nur noch aus dem Textzusammenhang erraten kann.

Aber wir wollen den jungen Mann für seine wie es scheint *charakteristische* Ungenauigkeit in der mathematischen Terminologie nicht allzu streng rügen. Wichtiger ist für uns einstweilen die *relative* Chronologie der beiden Bezeichnungsarten.

Selbstverständlich muß auch in diesem Fall der genaue und präzise Terminus *δυνάμει σύμμετρος* (im X. Buch der Euklidischen »Elemente«) *der ältere sein.* Die ungenauere Bezeichnung für denselben Begriff bloß als »dynamis« kann nur etwas Nachträgliches sein, und sie war auch nie ein regelrechter Fachausdruck. Wieder hat THEAITETOS einen völlig klaren und eindeutigen wissenschaftlichen Terminus überflüssig und willkürlich verkürzt.

9. Die »Selbständigkeit« des THEAITETOS

Nun versuchen wir jetzt die Frage näher ins Auge zu fassen: Inwiefern könnte man von einer *Selbständigkeit* des jungen THEAITETOS und seines Freundes ihrem Lehrer THEODOROS gegenüber sprechen? Wir beschränken uns jedoch in dieser Untersuchung zunächst auf die Frage, inwiefern jene mathematischen Bezeichnungen, die THEAITETOS und sein Freund vorschlugen, neu sind. Denn wohl hat man behauptet, daß THEAITETOS im Sinne unserer PLATON-Stelle auch irgendwelche mathematischen Sätze aufgestellt und bewiesen hätte, aber auf die Untersuchung dieses anderen Problems können wir erst später eingehen. Nach der Textstelle bei PLATON wollten die Schüler des THEODOROS alle *dynameis* nach irgendeinem gemeinsamen Gesichtspunkt *benennen.* Darum stellen auch wir zunächst die Frage nach ihren »*Benennungen*« oder »*Definitionen*« in den Vordergrund.

Die »selbständige Arbeit« der jungen Leute fing damit an, daß sie alle Zahlen in zwei Gruppen teilten: »*Quadratzahlen*« und »*Rechteckzahlen*«. War diese Einteilung der Zahlen etwa eine eigene und originelle Leistung des jungen Mathematikers? — Außer E. FRANK hat wohl keiner diese Erfindung noch dem THEAITETOS schenken wollen.[48] Gegenbeweise brauchen

[48] E. FRANK, o. c., S. 258—259: »Die Antithese *Quadrat-Rechteckzahl* stammt aus der pythagoreischen Gegensatztafel bei SPEUSIPP, und daß sie nicht wirklich altpythagoreisch ist, sondern erst zur Zeit

hier wohl nicht angeführt zu werden. Ein jeder, der auch nur einigermaßen in der griechischen Mathematik bewandert ist, wird sich eher der Meinung von H. VOGT anschließen; er schrieb ja gerade über unsere Frage[49]: »Der erste Schritt, sowohl die Verknüpfung der Zahlen mit Figuren wie die Teilung der Zahlen in Quadrat- und Rechteckzahlen, ist *keineswegs eine persönliche Leistung des* THEAITETOS; *sie ist von den Pythagoreern erfunden worden und ist Gemeingut der damaligen Zahlenlehre gewesen.*«

Hat aber THEAITETOS die Einteilung der Zahlen in Quadratzahlen und Rechteckzahlen nicht selber erfunden, so hat er nur noch die beiden Begriffe *»der Länge nach kommensurabel«* und *»dem Quadrat nach kommensurabel«* evtl. selber prägen können. Allerdings habe ich oben schon darauf hingewiesen, daß jene verkürzten Benennungen, die THEAITETOS für diese Begriffe benutzt *(»mekos«* und *»dynamis«)*, den korrekten und präzisen Termini gegenüber nachträgliche Erscheinungen sein müssen. Die Bezeichnungen des THEAITETOS können also chronologisch *nur* später, nach dem schon *früheren* Vorhandensein der präzisen Termini entstanden sein. Aber jetzt fragen wir, der Vollständigkeit halber, nicht nach den Bezeichnungen, sondern nach den *Begriffen* selbst. Könnten irgendwie die *Begriffe* »der Länge nach kommensurabel« und »dem Quadrat nach kommensurabel« etwa von dem Platonischen THEAITETOS selbst stammen?

Es geht aus dem Bericht des THEAITETOS selber hervor, daß der Begriff *»der Länge nach kommensurabel« (μήκει σύμμετρος)* n i c h t seine eigene und selbständige Schöpfung sein kann.

PLATOS möglich war, ist schon dadurch bewiesen, daß dies mathematisches Verfahren, wie PLATO selbst im *Theätet* sagt, *die Entdeckung erst dieses Mathematikers ist* ...« — Dagegen sehr richtig auch A. FRAJESE, Periodico di Mathematiche Serie IV, XLIV (1966) 4: »il giovinetto attribuisce a se stesso (e al collega) nientemeno che la ripartizione dei numeri in quadrati e rettangolari, con la nomenclatura relativa: *cosa inconcepibile.*«

[49] O. c., S. 113.

Denn er erzählt ja, daß THEODOROS gezeigt hätte: Die *dynameis* mit 3 und 5 Quadratfuß-Fläche sind *ihrer Länge nach nicht kommensurabel (μήκει οὐ σύμμετροι)*. Daraus folgt natürlich, daß THEODOROS selbstverständlich wissen mußte: Die Seiten der anderen Art Quadrate (mit 4, 9, 16 etc. Quadratfuß-Fläche) sind umgekehrt »der Länge nach kommensurabel«. Begriff und Name *μήκει σύμμετρος* kann also keineswegs eine Neuschöpfung des THEAITETOS sein. THEAITETOS hat diesen Namen nur selbständig ausgesprochen, aber bekannt war der Begriff mindestens auch schon seinem Lehrer. – Dabei hat der junge Mann den präzisen und korrekten Namen *(μήκει σύμμετρος)* – worauf oben hingewiesen wurde – auch noch willkürlich verkürzt.

So bleibt aber nur noch der Begriff *δυνάμει σύμμετρος* = *»dem Quadrat nach kommensurabel«* übrig. Wäre etwa dieser Begriff eine Neuschöpfung des THEAITETOS?

Es ist von vornherein ziemlich unwahrscheinlich, daß der Begriff *»dem Quadrat nach kommensurabel«* erst von dem Platonischen THEAITETOS selber geprägt worden wäre. Denn überlege man sich nur: Im Sinne des analysierten Berichtes hat THEODOROS seinen Schülern gezeigt, daß die Seiten der *dynameis* mit 3, 5 usw. Quadratfuß-Fläche der Länge nach nicht meßbar sind; und doch wußte derselbe THEODOROS, daß die von ihm gezeigten *dynameis* von 3, 5 usw. Quadratfuß-Fläche sind. – Nun wäre es doch erstaunlich, wenn dem THEODOROS dabei nicht eingefallen wäre, daß man jene inkommensurablen Strecken – deren *lineare* Inkommensurabilität er selber vor seinen Schülern nachgewiesen hatte – eben deswegen am einfachsten nach jenen *Quadraten* messen kann, die man auf dieselben Strecken errichtet!

Außerdem konnte ich oben auch die Vermutung wahrscheinlich machen, daß die ungenaue Bezeichnung des THEAITETOS für eine nur quadratisch meßbare Länge als *»dynamis«* dem präzisen Namen *(»dynamei symmetros«)* gegenüber eine spätere, nachträgliche Bildung sein muß. – Dies alles spricht dafür, daß der Begriff der »quadratischen

Kommensurabilität« kaum eine Neuschöpfung des THEAITETOS sein kann.

Ich glaube in der Tat auf Grund *anderer* PLATON-Texte einwandfrei nachweisen zu können, daß der Begriff der quadratischen Kommensurabilität *(δυνάμει σύμμετρος)* ebenso *vorplatonischen* Ursprungs ist wie der Begriff *»dynamis«* selber. Um dieses historischen Nachweises willen sei hier der folgende Exkurs eingefügt.

*

Mein erster Beleg für die *vorplatonische* Existenz des Begriffes der *»quadratischen Kommensurabilität«* ist ein seltsames und ziemlich kompliziertes *Wortspiel* in dem Platonischen Dialog »Politikos« (266 A 5 – B 7), das man ohne die Kenntnis der zeitgenössischen griechischen Mathematik kaum enträtseln könnte. Einige Philologen, die sich mit dieser PLATON-Stelle beschäftigten,[50] haben schon richtig erkannt, daß das Wortspiel durch den *Doppelsinn* des Ausdruckes *»dynamis«* ermöglicht wurde. Denn *»dynamis«* hieß in der alltäglichen Sprache *»Fähigkeit«*, während dasselbe Wort in der Geometrie die Bedeutung *»Quadrat«* hatte. – Ich gehe noch um einen Schritt weiter, über diese zutreffende Beobachtung hinaus, und ich behaupte, daß auch die Kenntnis der *»quadratischen Kommensurabilität« (δυνάμει σύμμετρος)* eine unerläßliche Vorbedingung des fraglichen Wortspiels bildet. Ohne die geläufige und allgemein verbreitete Kenntnis dieses Begriffes hätte PLATON gar nicht daran denken können, ein solches Wortspiel zu machen. – Nun wollen wir aber das Wortspiel selbst ins Auge fassen.

Das Problem, das PLATONS »Fremdling aus Elea« in dem Dialog »Politikos« zusammen mit seinem Gesprächspartner

[50] Vgl. L. CAMPBELL, The Sophistes and Politicus of Plato, Oxford 1867, S. 30–33; H. LEISEGANG, Die Platondeutung der Gegenwart, Karlsruhe 1929; sowie die Bemerkungen von O. APELT zu seiner Übersetzung der Stelle.

lösen möchte, ist eine Frage der Klassifikation. Wonach könnte man nämlich den *Menschen* und das *Schwein* unterscheiden? – Am einfachsten wäre wohl zu sagen, daß der Mensch *zweifüßig*, während das Schwein *vierfüßig* ist. Aber so ist es doch allzu einfach! Der Fremdling aus Elea schlägt scherzhaft einen etwas gelehrteren Gesichtspunkt der Klassifikation vor. Denn sein Gesprächspartner ist ja derselbe »junge SOKRATES«, von dem wir auch in dem Dialog »Theaitetos« als einem Schüler des Mathematikers THEODOROS gehört hatten. (Es wird übrigens auch diesmal nebenbei erwähnt, daß THEAITETOS und der »junge SOKRATES« eifrige Anhänger der Geometrie sind, 266 A 6–7.) Eben deswegen soll man auch in der vorliegenden Klassifikation ein Anhänger der Geometrie bleiben; und darum schlägt der Fremdling vor, daß die vorhin angedeutete Unterscheidung des »Menschen« und des »Schweines« *nach dem Gesichtspunkt der Diagonale und wieder nach demjenigen der Diagonale der vorigen Diagonale (τῇ διαμέτρῳ δήπου καὶ πάλιν τῇ τῆς διαμέτρου διαμέτρῳ)* vorgenommen werde.

Natürlich ist der junge Mann auf diesen seltsamen Vorschlag hin zunächst verblüfft, und er versteht es ebensowenig, worauf eigentlich der Fremdling aus Elea hinaus möchte, wie wir selber.

Wir können uns jedoch das Verstehen des sogleich darauffolgenden Wortspiels im voraus erleichtern, wenn wir an den folgenden, hochgelehrten Satz denken: »der Mensch ist nach seiner Fähigkeit zum Gehen *(κατὰ δύναμιν . . . εἰς τὴν πορείαν) zweifüßig*«. – Wie würde man aus diesem gelehrten Satz die Wendung *»der Fähigkeit nach zweifüßig«* in das alltägliche Griechisch der platonischen Zeit zurückübersetzen? – Etwa folgendermaßen: *δυνάμει δίπους*. – Hört jedoch ein Geometer den Ausdruck *δυνάμει δίπους*, so muß er sogleich an die Diagonale des Einheitsquadrats denken. Denn auch diese linear inkommensurable Strecke ist ja in einem anderen Sinne des Wortes *δυνάμει δίπους*, das heißt *»zweifüßig jener Quadratfläche nach gemessen, die man auf sie errichtet«*. – Das Wortspiel ist in der Tat durch den Doppelsinn des Ausdruckes *δύναμις (»Fähigkeit«* und *»Quadrat«)* und *δίπους (»zweibeinig«* bzw. »dem Maß nach *zweifüßig«)* ermöglicht worden, und darum sagte der Fremdling scherzhaft, daß der *Mensch* »nach dem Gesichtspunkt der Diagonale« (d. h. genauer: nach dem Gesichtspunkt der Diagonale des *Einheitsquadrats*) klassifiziert werden soll. – Damit haben wir den ersten Teil des Wortspiels enträtselt. Aber der Scherz geht auch noch weiter. Auch den zweiten Teil des Wortspiels müssen wir noch näher ins Auge fassen.

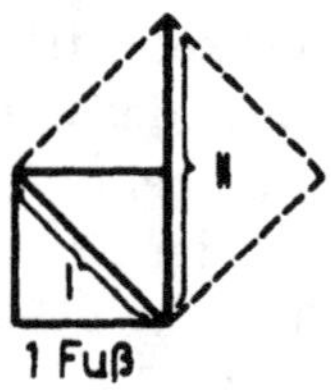

Abb. 3

I. Diagonale, *δυνάμει δίπους* = zweifüßig dem Quadrat nach
II. Diagonale *μήκει δίπους* (der Länge nach zweifüßig) =*κατὰ δύναμιν δυοῖν γέ ἐστι ποδοῖν δίς πεφυκυῖα* = dem Quadrat nach gemessen zweimal zweifüßig

Wieso möchte der Fremdling aus Elea auch noch die *Vierbeinigkeit (Vierfüßigkeit)* des Schweines »nach dem Gesichtspunkt einer Diagonale« klassifizieren? – Man soll nach seinem Vorschlag auf die Diagonale des Einheitsquadrats – welche scherzhaft als diejenige angesehen wird, die die Zahlenmäßigkeit unserer menschlichen *δύναμις* (= »Fähigkeit«), die *»Zweifüßigkeit«* ergibt – ein Quadrat errichten (s. Abbildung 3), und dann frage man, wieviel Füße die Diagonale dieses zweiten Quadrats hat. – Diese letztere Frage darf jedoch *nicht* in der Form beantwortet werden, in der auf sie ein Geometer zu PLATONS Zeit regelrecht antworten würde. Denn ein Geometer würde ja sagen, daß diese zweite Diagonale schon eine *linear kommensurable* Größe ist, und darum als *der Länge nach zweifüßig (μήκει δίπους)* bezeichnet werden soll. Dagegen hält der Fremdling aus Elea – natürlich nur um des Scherzes willen – fest daran, daß auch diese zweite Diagonale »*dem Quadrat nach*« (= δυνάμει – »der Fähigkeit nach«, wie man dieses Wort in seinem alltäglichen Sinne verstehen würde) gemessen werde; darum kann er behaupten, daß diese zweite Diagonale »*nach jenem Quadrat gemessen, das man auf diese errichten kann, zweimal zwei füßig ist*« (*κατὰ δύναμιν . . . δυοῖν γέ ἐστι ποδοῖν δὶς πεφυκυῖα*). Dieses Festhalten an dem *Messen einer Strecke nach dem auf sie errichteten Quadrat* ist natürlich etwas ähnliches, als wollten wir das Quadratwurzelzeichen auch in solchen Fällen nicht weglassen, in denen dies vollkommen überflüssig ist; als wollten wir etwa anstatt der Zahlen 5 und 6 konsequent immer $\sqrt{25}$ und $\sqrt{36}$ schreiben.

Man ersieht aus dem eben besprochenen Wortspiel, daß *das Messen der der Länge nach inkommensurablen Strecken nach jenem Quadrat, das man auf diese Strecken errichten kann* – mit anderen Worten: die »quadratische Kommensurabilität«, die angebliche Entdeckung des THEAITETOS nach einer bisher üblichen Auslegung des anderen Platonischen Dialogs, des »Theaitetos« – zu jener Zeit, in der dieses Wortspiel gemacht wurde, schon ganz geläufig sein mußte. PLATON muß ja damit gerechnet haben, daß das komplizierte Wortspiel seines Fremdlings aus Elea – und dazu noch ein Wortspiel in sehr gedrängter Form, ohne nähere Erklärungen – von dem Leser verstanden wird. Aber wäre dies möglich gewesen, wenn jener Begriff, worauf das ganze Wortspiel aufgebaut ist – die quadratische Kommensurabilität linear inkommensurabler Strecken – erst eine Entdeckung eben jenes jungen THEAITETOS gewesen wäre, dessen Kameraden, den »jungen SOKRATES«, der Fremdling aus Elea mit seinem Wortspiel in dem Dialog »Politikos« verblüfft? – Ich halte dies für sehr unwahrscheinlich. Ich glaube eher, daß die quadratische Kommensurabilität zu PLATONS Zeit schon eine geläufige und mindestens unter den Mathematikern allgemein bekannte Weisheit war, mit der man höchstens nur noch in der Schule, im Mathematikunterricht renommieren und in einer philosophischen Diskussion Wortspiele machen konnte.

Mein zweiter Beleg für die *vorplatonische* Existenz des Begriffes der »quadratischen Kommensurabilität« gewisser linear inkommensurabler Strecken ist die PLATON-Stelle *Resp. VIII 546 C 4–5.* Da diese Stelle in der vorliegenden Arbeit später auch ausführlicher behandelt wird (vgl. S. 114 ff.), darf ich daraus vielleicht ohne eingehendere Erörterung folgendes vorwegnehmen: Es wird an dieser PLATON-Stelle die Zahl *50* als »*Quadrat der (unsagbaren) Diagonale zu der Fünf*« bezeichnet. Diese Aussage ist folgendermaßen zu verstehen: Wird die Seite eines Quadrats in *5* Längeneinheiten angegeben, so wird die Diagonale desselben Quadrats durch jene »Zahl« ausgedrückt, die wir als $\sqrt{50}$ bezeichnen. Die Griechen wollten jedoch in diesem Fall *nicht die Länge* der Diagonale angeben – denn diese ist ja nach ihnen »keine Zahl«, eine *linear inkommensurable Strecke* –, sondern sie sagten: »das Quadrat auf der Diagonale jenes anderen Quadrats, dessen Seite in Längeneinheiten 5 ist, macht 50 Quadrateinheiten aus«. Man sieht also, die eben angeführte Bezeichnungsart – *50* = »*Quadrat der (unsagbaren) Diagonale zu der Fünf*« – war nur deswegen möglich, weil man wußte: *es gibt linear inkommensurable Strecken, die dabei quadratisch kommensurabel sind.*

Darum glaube ich, die *vorplatonische* Existenz des Begriffes der »quadratischen Kommensurabilität linear inkommensurabler Strecken« einwandfrei nachgewiesen zu haben, obwohl der regelrechte Terminus technicus dafür – *δυνάμει σύμμετρος* – in meinen eben genannten beiden Belegen (»Politikos« 266 A 5–B 7 und Resp. VIII 546 C 4–5) *nicht vorkommt.* Aber jene Selbstverständlichkeit, wie mit diesem Begriff das Wortspiel im »Politikos« gemacht und wie der seltsame Ausdruck »Quadrat der Diagonale zu der Fünf« (anstatt der Zahl *50*) benutzt wird, zeigen, daß der Begriff der »quadratischen Kommensurabilität« *(δυνάμει σύμμετρος)* zu PLATONS Zeit schon ganz und gar geläufig sein mußte. Eine Neuschöpfung des jungen THEAITETOS ist also auch dieser Begriff *nicht.*

10. Ein Seitenblick auf die parallele Forschung

Die bisherigen Ergebnisse meiner PLATON-Interpretation lassen sich etwa folgendermaßen zusammenfassen:

Es scheint, daß THEODOROS in seiner bei PLATON geschilderten Mathematikstunde eigentlich überhaupt keine neuen und eigenen wissenschaftlichen Ergebnisse seinen Schülern beibringen wollte. Diese Mathematikstunde scheint eher nur eine *Übung* gewesen zu sein. THEODOROS hatte nämlich verschiedene *dynameis* gezeigt, die nacheinander von 3 bis 17 Quadratfuß-Fläche waren; dabei machte er seine Schüler darauf aufmerksam, daß die meisten dieser *dynameis* »der Länge nach inkommensurable« Seiten haben. – Es wird zwar *nicht* gesagt, was eigentlich die Absicht des THEODOROS mit dieser Aufzählung gewesen sein mag – ja man kann diese Frage auf Grund der bisherigen Interpretation einstweilen auch *noch nicht* eindeutig beantworten.[51] Aber auf alle Fälle wurden die jungen Leute durch die Demonstration des THEODOROS zum Nachdenken angeregt. Sie kamen auch sofort dahinter, daß es unendlich viele solche *dynameis* gibt, von denen THEODOROS nur einzelne aufgezählt hatte, und sie wollten *alle dynameis klassifizieren.*

Nun hat man zunächst selbstverständlich den Verdacht, daß die jungen Leute die Lehre des THEODOROS – die allerdings eine damals schon ältere wissenschaftliche Errungenschaft gewesen sein mag – vielleicht irgendwie *weitergeführt* hatten. Die Klassifizierung aller *dynameis* könnte die eigene und selbständige wissenschaftliche Leistung der THEODOROS-Schüler sein.

Aber man wird diesen Verdacht sofort aufgeben *müssen*, wenn man einsieht, daß jene drei wichtigsten Begriffe – »*Quadratzahl-Rechteckzahl*«, »*der Länge nach meßbar*« und »*dem Quadrat nach meßbar*« –, die zu der vorgenommenen

[51] Diese Frage versuche ich im nächstfolgenden Kapitel (Das sog. »THEAITETOS-Problem«) zu beantworten.

Klassifikation der *dynameis* nicht nur *nötig* sind, sondern die zum Teil auch *die Ergebnisse der Klassifikation selbst darstellen*, schon viel früher, in vorplatonischer Zeit vorhanden waren. In der Tat sind nämlich die beiden Begriffe *»der Länge nach kommensurabel«* und *»der dynamis nach kommensurabel«* eben die Ergebnisse einer Klassifikation der Quadrate; das heißt, man hat diese Begriffe erst, seitdem man die Seiten der einzelnen *dynameis* (= der Quadratwerte von Rechtecken) zu unterscheiden (klassifizieren) gelernt hatte. Werden alle Zahlen als Rechtecke (»Flächenzahlen«) dargestellt und verwandelt man alle diese Zahlenrechtecke in flächengleiche Quadrate (= dynameis), so bekommt man zweierlei Quadratseiten: solche, die *»der Länge nach meßbar«* und wieder solche, die nur *»dem Quadrat nach meßbar«* sind. – Hätte nun Theaitetos diese beiden Begriffe selber geprägt oder eingeführt, so wäre die Klassifikation der »dynameis« in der Tat sein Verdienst. Nachdem jedoch oben gezeigt wurde, daß die beiden zuletzt genannten Begriffe zu Platons Zeit schon längst bekannt sein mußten, kann Theaitetos die Klassifikation der *dynameis* nicht entdeckt, höchstens nur wiederentdeckt haben, wie begabte Schüler in der Mathematikstunde frühere Ergebnisse der Vorgänger manchmal wiederentdecken.

Mit diesen eben zusammengefaßten Ergebnissen möchte ich meine Interpretation der mathematischen Stelle im Dialog »Theaitetos« *noch keineswegs abschließen*. Ja, ich werde später auch noch zu der anderen Frage zurückkommen, wie dieselbe Platon-Stelle im Altertum verstanden wurde. Aber hier muß ich zunächst – auf Grund der bisherigen Ergebnisse – mindestens in 3 Punkten zu einigen solchen Ansichten Stellung nehmen, die heute auch in den besten und maßgebenden Werken über die griechische Mathematik vertreten werden.[52]

[52] Zum folgenden vgl. man B. L. v. d. Waerden, Erwachende Wissenschaft, S. 233 ff. und 271 ff. sowie seinen Aufsatz »Arithmetik der Pythagoreer« im Sammelband: Zur Geschichte der griechischen

1. Vor allem kann ich damit *nicht* einverstanden sein, wenn man unter Berufung auf die mathematische Stelle im Dialog »Theaitetos« behauptet: dem THEAITETOS seien die exakten Definitionen der Begriffe *meßbar*, *quadriert meßbar*, *rational* und *irrational* zu verdanken. Denn von diesen vier Begriffen werden bei PLATON durch THEAITETOS überhaupt nur die beiden ersten genannt: »meßbar« (bzw. genauer »*linear kommensurabel*«) und »quadriert meßbar« (bzw. richtiger »*dem auf sie errichteten Quadrat nach kommensurabel*«). Aber auch diese beiden Begriffe sind ohne Zweifel *vorplatonisch*, und THEAITETOS hat für sie in dem Dialog nur *ungenaue*, *nicht präzise, ja beinahe irreführende Bezeichnungen benutzt* (»mekos« und »dynamis« anstatt der richtigen: »mekei symmetros« und »dynamei symmetros«).

2. Auch damit bin ich *nicht* einverstanden, wenn man behauptet, daß am Schluß unserer mathematischen Stelle »zwar sehr kurz, aber doch deutlich« der folgende Satz von THEAITETOS ausgesprochen werde:

> »*Strecken, die ein Quadrat erzeugen, dessen Flächeninhalt wohl eine ganze Zahl, jedoch keine Quadratzahl ist, haben kein gemeinsames Maß mit der Längeneinheit*«.

Wohl kann man nämlich – auf Grund dessen, was bei PLATON zu lesen ist – einen solchen Satz *rekonstruieren*. Aber bei PLATON ist doch nicht die Rede davon, daß THEAITETOS *einen Satz hätte aufstellen wollen*. Der vorhin zitierte Satz wurde nur aus der folgenden Textstelle *herausgehört:*

Mathematik, S. 203–254. – Es sei hier übrigens noch bemerkt: Ich bin nach dem Abschluß dieser Zeilen durch Prof. H. CHERNISS – im Zusammenhang mit meiner in Anm. 12a genannten Arbeit – an folgendes erinnert worden: »I had myself argued in *Plato as Mathematician* that the passage (Theait. 147 C–148 D) does not indicate anything about a *discovery* or a *new demonstration.*« – Ich hoffe, daß diese mir früher nicht bekannte These von Prof. H. CHERNISS auch durch die obigen Erörterungen erhärtet wurde.

»Diejenigen Strecken, die eine Rechteckzahl in ein Quadrat verwandeln, bezeichneten wir als *dynameis*, nachdem diese der Länge nach zwar inkommensurabel sind, doch sind dieselben kommensurabel nach jenen Flächen, die sie in Quadrat ausmachen« (vgl. oben S. 51).

Es bleibe hier auch nicht unerwähnt, wie *willkürlich* aus den eben wiederholten Theaitetos-Worten der vorhin angeführte mathematische Satz herausgehört wurde. Denn auf Grund derselben zitierten Worte hätte man ja *mit noch größerem Recht* auch den folgenden vollständigeren Satz rekonstruieren können: »Strecken, deren Quadrate ganze Zahlen, jedoch keine Quadratzahlen sind, haben kein gemeinsames Maß mit der Längeneinheit, sondern sie sind eben nach ihren Quadraten zu messen.« — Aber es sei noch einmal betont, bei Platon ist von gar keinem *Satz* des Theaitetos die Rede.

3. Aber nicht nur solche Einzelbehauptungen muß ich ablehnen, sondern ich glaube, daß man im Sinne dessen, was ich oben entwickelt habe, auch andere, bisher mehr oder weniger plausible historische Rekonstruktionen wird erneut überprüfen müssen. Es sei mir erlaubt, hier nur ein Beispiel dafür namhaft zu machen.

Der heute wohl prominenteste Vertreter der griechischen Mathematikgeschichte, B. L. v. d. Waerden, veröffentlichte in den Jahren 1947/49 einen wichtigen Aufsatz[53] als »Frucht einer ausgiebigen Diskussion mit K. Reidemeister«. In dieser Arbeit liest man:

»es gab nicht nur *eine* Theorie der quadriert rationalen Strecken,[54] sondern deren zwei, die mit ganz verschiedenen Methoden zu denselben Ergebnissen führten«.

Die eine Theorie wurde durch B. L. v. d. Waerden mit den Buchstaben *Aρ* bezeichnet, da sie auf Archytas zurückgehen soll, während die andere das Zeichen *Θε* bekam, nachdem ihr

[53] Siehe die vorige Anmerkung.

[54] »quadriert rationale Strecken« = *εὐθεῖαι δυνάμει σύμμετροι*, vgl. Def. 2 im Buch X der »Elemente«.

Begründer der Platonische THEAITETOS sein soll. – Nun möchte ich vor allem betonen, daß ich diese historische Rekonstruktion früher für annehmbar hielt. Ja, »besonders einleuchtend« fand ich jene Art, wie man die beiden Theorien unterscheiden wollte. Zweifel tauchten in mir erst dann auf, nachdem ich den mathematischen Begriff »dynamis« näher kennengelernt hatte. Eben über diese meine neuemporgekommenen Zweifel möchte ich hier kurz berichten. Darum beachte man, wie B. L. v. d. WAERDEN die beiden Theorien, *Aϱ* und *Θε*, unterscheidet. Man liest bei ihm über die *Aϱ*:

> »Sie geht von der Frage nach der Existenz eines *geometrischen Mittels* zwischen Strecken oder Zahlen aus und hat ihre methodische Basis in der Arithmetik der geometrischen Reihen und der daran anknüpfenden Lehre von den ähnlichen ebenen und körperlichen Zahlen.«

Dagegen betont er im Zusammenhang mit der anderen Theorie, der *Θε*:

> » . . . sie arbeitet *nicht mit dem Begriff des geometrischen Mittels*, sondern mit der *Quadrierung von Strecken* usw.«

Die beiden Theorien werden also je nach der *Benutzung* bzw. *Nicht-Benutzung* des geometrischen Mittels unterschieden. – Bevor man nun prüfen möchte, ob diese Beobachtung stichhaltig ist, übersetze man zunächst die moderne Bezeichnung »*Quadrierung von Strecken*« wieder ins Griechische zurück.

Wenn mich ich nicht irre, entsprechen beide modernen Bezeichnungen »*quadriert rationale Strecken*« und »*Quadrierung von Strecken*« einfach nur den griechischen Begriffen »dynamis« und »dynamei symmetros«.[55] In der Tat arbeitet gerade mit diesen Begriffen sowohl der Platonische THEAITETOS wie auch die sog. »Theorie *Θε*«. – Nun habe ich jedoch über die »*dynamis*« oben schon die folgenden, eng zusammenhängenden Tatsachen festgestellt:

[55] Vgl. die vorige Anmerkung.

a) Der fachwissenschaftliche Ausdruck *dynamis* heißt »*Quadratwert eines Rechtecks*«.

b) Der Quadratwert eines Rechtecks wurde mit »*tetragonismos*« (= Verwandeln in ein flächengleiches Quadrat) gewonnen.

c) Das Wesen des »tetragonismos« bildet – nach den Worten des Aristoteles – gerade das Auffinden des *geometrischen Mittels*.

Der Begriff »*dynamis*« – den man als »*Quadrierung von Strecken*« umschreiben wollte – ist demnach von dem Begriff des *geometrischen Mittels* untrennbar. Mit anderen Worten: Theaitetos (bei Platon) oder die sog. »Theorie *Θε*« arbeitet genauso mit dem Begriff des »geometrischen Mittels« wie die andere, die »Theorie *Aϱ*«, die man dem Archytas zuschreiben wollte.

Aber was wird dann aus der Unterscheidung der beiden Theorien über »quadriert rationale Strecken«, die »mit ganz verschiedenen Methoden zu denselben Ergebnissen führten«? Gab es in der Tat »nicht nur *eine* solche Theorie, sondern deren *zwei*«? – Ich glaube nicht mehr daran. Ich sehe kein Argument mehr, das sich für eine solche historische Rekonstruktion verwenden ließe.

11. Das sog. »Theaitetos-*Problem*«

Die vorliegende Untersuchung (I. Teil des Buches) beschäftigt sich mit der Frühgeschichte der griechischen Theorie der Irrationalitäten. Versteht man unter dem sog. »Theaitetos-Problem« die Fragen, ob Theaitetos wirklich ein bedeutender Mathematiker war und welche wissenschaftlichen Entdeckungen sich ihm zuschreiben ließen, so hat das »Theaitetos-Problem« für uns nur eine untergeordnete Bedeutung. Aber ich muß hier auf dieses Problem mindestens nebenbei dennoch eingehen, da die oben behandelte Platon-Stelle — die meiner Ansicht nach (völlig unabhängig von den darin erwähnten beiden Mathematikern, Theodoros und Theaitetos!) eine wichtige Quelle für die Geschichte der Irrationalitätentheorie ist — gleichzeitig auch als ein »Beleg für die wissenschaftsgeschichtliche Rolle des Theaitetos« galt; und ohne die Berücksichtigung des ganzen

Fragenkomplexes läßt sich die mathematische Stelle des Platonischen Dialogs doch nicht befriedigend interpretieren. Darum sei hier über das »Theaitetos-Problem« noch folgendes eingefügt:

Ich hoffe, im vorigen gezeigt zu haben, daß man auf Grund der analysierten Platon-Stelle (Theait. 147 c—148 b) *keine* neuen mathematischen Begriffe bzw. Bezeichnungen für solche und noch weniger irgendwelche Sätze dem Platonischen Theaitetos zuschreiben kann.[56] Aber dennoch besitzen wir in der Tat auch *zwei* solche antike Quellen, die von einer Überlieferung zu zeugen scheinen, wonach dem Theaitetos schon im Altertum *konkrete Entdeckungen* im Zusammenhang mit der Lehre über die Irrationalitäten zugeschrieben wurden. Da nun diese beiden Quellen — ein Scholion zu dem Satz *Eucl. Elem. X 9*[57] und ein Bericht, der vermutlich aus dem Kommentar des Pappos zum X. Buch der Euklidischen »Elemente« stammt und nur in arabischer Übersetzung erhalten blieb[58] — auf das engste mit Platons Dialog »Theaitetos« zusammenhängen, müssen wir im folgenden diese beiden im Einzelnen überprüfen. Diese Prüfung wird uns zugleich auch ermöglichen, die mathematische Stelle des Platonischen Dialogs noch von einer neuen Seite her zu beleuchten.

Ein Scholion zu dem Satz *Elem. X 9* besagt in genauer Übersetzung[59]:

[56] Wohl heißt es am Ende des oben auch griechisch abgedruckten Platon-Textes, daß Theaitetos und sein Freund (»der junge Sokrates«) *ähnliche Benennungen auch für die Körperzahlen* versucht hätten. Da jedoch in dem Bericht selbst nichts Ausführlicheres über diese andere »Entdeckung« des Theaitetos steht, und auch die moderne Forschung nichts näher Bestimmbares aus dieser Aussage folgern wollte, können wir diese Schlußbemerkung des jungen Mannes im vorliegenden Zusammenhang auf sich beruhen lassen.

[57] Euclides, Elementa (ed. Heiberg) Bd. V, S. 450 16 ff. (den griechischen Text siehe in Anm. 59).

[58] Siehe darüber Th. L. Heath, Euclid's Elements, Bd. III, S. 3—4. Der Text dieses arabischen Kommentars wurde i. J. 1930 auch von G. Junge und W. Thomson mit englischer Übersetzung als Bd. VIII der Harvard Semitic Series (Cambr.) herausgegeben. Th. L. Heath benutzte eine noch frühere Ausgabe des arabischen Kommentars durch Woepcke (Paris 1855). Man findet den bei mir weiter unten englisch zitierten Text auch bei K. v. Fritz in RE s. v. »Theaetetus«.

[59] *Τὸ θεώρημα τοῦτο Θεαιτήτειόν ἐστιν εὕρημα καὶ μέμνηται αὐτοῦ ὁ Πλάτων ἐν Θεαιτήτῳ, ἀλλ' ἐκεῖ μὲν μερικώτερον ἔγκειται, ἐνταῦθα δὲ καθόλου* etc. (vgl. Anm. 57).

»*Dieses Theorem ist eine Erfindung des* THEAITETOS. *Es wird auch bei* PLATON *erwähnt im Dialog ‚Theaitetos', nur liegt er dort in spezieller, hier dagegen in allgemeiner Fassung vor.*«

Um die Behandlung des eben zitierten Scholions zu erleichtern, sei hier sogleich auch der Satz *Elem. X 9* abgedruckt; er heißt nämlich:

»Quadrate über linear kommensurable Strecken haben zueinander ein Verhältnis wie eine Quadratzahl zu einer Quadratzahl;
und von Quadraten, die zueinander ein Verhältnis haben, wie eine Quadratzahl zu einer Quadratzahl, müssen auch die Seiten linear kommensurabel sein;
die Quadrate über linear inkommensurable Strecken hingegen haben kein Verhältnis zueinander wie eine Quadratzahl zu einer Quadratzahl;
und von Quadraten, die kein Verhältnis wie eine Quadratzahl zu einer Quadratzahl zueinander haben, können auch die Seiten nicht linear kommensurabel sein.«

Vergleicht man nun diesen Satz mit dem vorhin zitierten Scholion, so kann man über das Scholion folgendes feststellen. Der Scholiast beruft sich offenbar auf unsere oben behandelte PLATON-Stelle, und er behauptet, daß der Satz *X 9* auch bei PLATON erwähnt werde. Diese Behauptung ist allerdings ungenau. Denn der Platonische THEAITETOS hat überhaupt keinen regelrechten *Satz* aufgestellt, er hat nur die Quadrate — wie es auch schon in vorplatonischer Zeit üblich war — *klassifiziert* im folgenden Sinne: »Die Seiten aller Quadrate mit ganzzahligen Flächenmaßen sind teils *der Länge nach* und teils nur *dem Quadrat nach* kommensurabel.« Recht hat das Scholion nur insofern daß auch der Satz X 9 dieselbe »Klassifikation der Quadrate« enthält, die auch von dem Platonischen THEAITETOS vorgenommen wurde. Aber die Bemerkung des Scholiasten kann doch keineswegs als ein von PLATON unabhängiges Zeugnis für eine mathematische Entdeckung des jungen THEAITETOS gelten. Viel wahrscheinlicher ist, was man diesbezüglich bei C. THAER liest[60]:

»Die Überlieferung, die diesen Satz (X 9) als Eigentum des THEAITETOS bezeichnet, ist darum verdächtig, weil sie wahrscheinlich aus einer Stelle des gleichnamigen Platonischen Dialogs entstanden ist; mit wohl größerem Recht hat VOGT (wie vor ihm auch HANKEL) aus dieser Stelle geschlossen, daß mindestens THEODOROS schon denselben Satz (X 9) gekannt habe . . .«

[60] C. THAER, Die Elemente von Euklid, IV. Teil, 1936, S. 108.

Offenbar hat also der Scholiast eben auf Grund der analysierten PLATON-Stelle selbst die Urheberschaft des Satzes Elem. *X 9* dem THEAITETOS zuschreiben wollen.

Ein Ähnliches gilt auch für die andere Quelle, die die mathematischen Verdienste des THEAITETOS etwas ausführlicher schildert. Dies ist der oben schon erwähnte Bericht (vermutlich aus dem Kommentar des PAPPOS zum X. Buch der »Elemente«), der nur in arabischer Übersetzung erhalten blieb. Vollständigkeitshalber sei hier die wichtigste Partie auch dieses Berichtes in leicht zugänglicher englischer Übersetzung abgedruckt[61]; in dem Zitat unterstreiche ich die Worte, die eindeutig verraten, daß die Quelle gerade PLATONs Dialog war:

> » . . . the theory of irrational magnitudes had its origin in the school of PYTHAGORAS. It was considerably developed by THEAETETUS the Athenian, who gave proof, in this part of mathematics, as in others, of ability which has been justly admired. He was one of the most happily endowed of men, and gave himself up, with a fine enthusiasm, to the investigation of the truths contained in these sciences, *as* PLATO *bears witness for him in the work which he called after his name. As for the exact distinction of the above-named magnitudes and the rigorous demonstration of the propositions to which this theory gives rise,* I believe that they were chiefly established by this mathematician; and, later, the great APOLLONIUS, whose genius touched the highest point of excellence in mathematics, added to these discoveries a number of remarkable theories after many efforts and much labour. — *For* THEAETETUS *had distinguished square roots* (,puissances' must be the *δυνάμεις* of the Platonic passage) *commensurable in length from those which are incommensurable,*[62] and had divided the wellknown species of irrational lines after different means, assigning the ,medial' to geometry, the ,binomial' to arithmetic, and the ,apotome' to harmony, as is stated by EUDEMUS the Peripatetic etc.«

Beachtenswert ist der eben zitierte Bericht eigentlich nur wegen des letzten halben Satzes: Es wird nämlich darin — unter Berufung auf EUDEMOS — auch die dreifache Unterscheidung der irrationalen Strecken *(μέση, ἐκ δύο ὀνομάτων* und *ἀποτομή)* dem THEAITETOS zuge-

[61] Siehe Anm. 58.

[62] Besser ist die deutsche Übersetzung dieser Stelle bei K. v. FRITZ (s. Anm. 58): » . . . THEAITETOS, welcher unterschieden hat *Quadrate* (dynameis), welche kommensurabel sind in der Länge von den nichtkommensurablen etc.«

schrieben. Das Überprüfen dessen, *ob in diesem einzigen Punkt — der von* PLATONS *Dialog wohl unabhängig ist — eine echte, vielleicht auch historisch zuverlässige Überlieferung vorliegt,* muß der künftigen Forschung überlassen werden.

*

Uns interessieren die beiden vorhin angeführten Berichte — das Scholion zu dem Satz *Eucl. Elem. X 9* und der arabisch erhaltene Bericht — aus folgendem Grunde. Wie eben hervorgehoben wurde, schreibt die letztere Quelle auch die dreifache Unterscheidung der irrationalen Strecken (»mese«, »ek dyo onomaton« und »apotome«) dem THEAITETOS zu. Das kritische Überprüfen dieser letzteren Behauptung *gehört nicht in den Rahmen dieser Untersuchung über die Frühgeschichte der Irrationalitätentheorie.* Aber die beiden Quellen schreiben — unter Berufung auf die vorhin behandelte PLATON-Stelle — auch solche wissenschaftliche Entdeckungen dem THEAITETOS zu, die unmöglich von THEAITETOS stammen können. Dies muß zweifellos als eine *falsche Überlieferung* bezeichnet werden. Würden nämlich die beiden Quellen nicht verraten, aus welcher Quelle sie ihr Wissen schöpfen, so könnten wir ihre Glaubwürdigkeit gar nicht überprüfen. Nachdem sie jedoch PLATONS Dialog ausdrücklich als Quelle angeben, können wir ihre Berichte sogleich auch kontrollieren. Kein Zweifel also: Diese Quellen haben PLATONS Dialog *falsch verstanden.* Denn es ist ja klar, daß im Sinne des vorhin intepretierten PLATON-Textes der junge THEAITETOS weder neue Definitionen für irrationale Größen eingeführt, noch neue mathematische Sätze aufgestellt haben kann. Es fragt sich nur, wie die falsche Überlieferung entstand und ob man die Legendenbildung nicht auch näher erklären könnte.

Ich glaube nämlich, daß es in der Tat in dem PLATON-Text selbst schwerwiegende Anhaltspunkte auch für die *falsche* Überlieferung über THEAITETOS vorliegen. Ja, ich möchte beinahe sagen: PLATON *selber hat die Leser — sowohl die antiken, wie auch die modernen — mit seiner Darstellungskunst irregeführt.* Bevor wir jedoch nach PLATONS Absichten fragen, wollen wir zunächst ganz nüchtern jene Anhaltspunkte in PLATONS Dialog ins Auge fassen, die die falsche Überlieferung über THEAITETOS auf den ersten Anblick *volkommen zu begründen scheinen.*

Ich habe oben einmal schon nebenbei die Frage gestellt, ob THEODOROS, als er die *dynameis* (von 3 bis 17) vor den Schülern aufzählte und erklärte, *von Anfang an auch er selber jene zusammenfassende Benennung,* die seine Schüler vollzogen, *bewußt vorbereitet, ja vielleicht von ihnen auch verlangt hatte,* oder ob es sich hier um eine eigene Initiative der jungen Leute handelt. — Nun glaube ich, diese Frage mit

Bestimmtheit in dem Sinne beantworten zu dürfen: Ja, zweifellos *muß* THEODOROS jene »selbständige Arbeit«, die nachher von seinen Schülern geleistet wurde, von vornherein erwartet haben. — Ich werde später versuchen, diese Ansicht auch näher zu begründen. Aber hier muß ich zunächst darauf hinweisen, daß der PLATON-Text selber — mindestens auf den ersten Anblick — *nicht diesen Eindruck erweckt!* Im Gegenteil:

Beachtet man *nur* die Erzählung des THEAITETOS, so bekommt man zweifellos den Eindruck, der junge Mann berichtet hier über eine *eigene wissenschaftliche Entdeckung*, an welcher höchstens noch sein Freund, der »junge SOKRATES« teilnahm. Davon, daß diese Entdeckung durch THEODOROS sorgfältig vorbereitet, ja auch verlangt worden wäre, steht kein Wort im Text. Es wird *nicht* gesagt, daß THEODOROS seine Schüler etwa aufgefordert hätte: »Wohlan, Jungens! Versucht mal jene *dynameis*, die ich euch gezeigt habe, nach einem gemeinsamen Gesichtspunkt zu benennen!« — Nichts von einer solchen Aufforderung. Statt dessen heißt es im Text nur, daß THEODOROS bei seiner 17. *dynamis* »irgendwie aufgehört hatte«. Um so betonter wird durch THEAITETOS die *eigene Initiative* hervorgehoben. Nicht nur am Anfang des Berichtes sagt der junge Mann zu SOKRATES: »Du fragst ja etwas ähnliches, wie es auch *uns zuletzt im Gespräch begegnete, mir und deinem Namensverwandten, dem anderen* SOKRATES«. Auch später wird noch einmal auf die eigene wissenschaftliche Leistung von THEAITETOS selber mit Nachdruck hingewiesen: »*Uns* fiel nun ein solcher Gedanke ein . . .« — und mit diesem »*uns*« wird keineswegs auch THEODOROS mitgemeint, sondern *nur* THEAITETOS und der »junge SOKRATES«.

Kein Zweifel, der Platonische THEAITETOS redet wirklich in der Überzeugung, daß er über seine *eigene mathematische Entdeckung* berichtet. Und das kann auch kein Zufall sein. Selbstverständlich ließ PLATON seinen THEAITETOS *absichtlich in diesem Sinne reden.* — Kein Wunder also, daß man diese Schilderung auch schon im Altertum in dem Sinne verstehen zu müssen meinte, es wäre in der mathematischen Stelle des Dialogs in der Tat von einer eigenen und selbständigen Entdeckung des jungen THEAITETOS die Rede.

Aber was wollte eigentlich PLATON mit dieser seltsamen Schilderung? Hätte er etwa nicht gewußt, daß das alles, was der junge Mann über seine eigene wissenschaftliche »Entdeckung« erzählt, auch dem Lehrer THEODOROS bekannt sein mußte, denn es war ja eine längst vorhandene mathematische Weisheit aus *vorplatonischen* Zeiten? — Natürlich mußte dies auch PLATON selber ganz genau wissen. Oder hätte er etwa seinen »Helden«, den jungen THEAITETOS, »*mit fremden Federn schmücken wollen*«?

Ich glaube, die zuletzt gestellte Frage ist *von vornherein falsch und irreführend.* Denn diese Fragestellung impliziert ja auch den Gedanken: Hätte PLATON den THEAITETOS sich mit fremden Federn schmücken lassen, so hätte er ihn eigentlich doch lächerlich machen wollen. Und das wäre offenbar unmöglich. — Aber auf der anderen Seite *»schmückt sich* THEAITETOS *in der Tat doch mit fremden Federn«*, wenn er gleich am Anfang seines Berichtes auch eine solche Entdekkung — die Einteilung der Zahlen in Quadratzahlen und Rechteckzahlen — für sich und seinen Freund in Anspruch nimmt, die unmöglich von diesen jungen Leuten stammen kann. Mit Recht schrieb gerade über dieses Problem A. FRAJESE[63]:

»Questa presentazione del TEETETO platonico come vero *enfant prodige* spiega anche il fatto che il giovinetto attribuisca a se stesso (e al collega) nientemeno che la ripartizione dei numeri in quadrati e rettangolari, con la nomenclatura relativa: cosa inconcepibile. Si tratta invece, secondo noi, della baldanza, e anche della scarsa conoscenza ad essa collegata, propria del giovanissimo che ritiene d'avere scoperto lì dove altri hanno trovato prima di lui...«

Aber es genügt nicht, daß THEAITETOS so unbefangen die alte Weisheit als »eigene Entdeckung« schildert, er wird dafür auch gar nicht zurechtgewiesen. Keiner sagt zu ihm: »Schön, mein Junger! Aber meinst du nicht, daß auch dein Lehrer, der gute alte THEODOROS dasselbe, was du uns eben als eure *eigene Entdeckung* aufgetischt hast, schon im voraus wußte?« Anstatt einer solchen Zurechtweisung erntet der junge Mann das Lob des SOKRATES: »Großartig, Kinder! Ich glaube, THEODOROS hatte doch recht, als er dich lobte!« Und diese Worte klingen zweifellos ernst. Oder wäre dies alles nur Spott und Ironie? — Keineswegs!

Nun ich glaube gar nicht, daß man PLATONS wahre Absichten in diesem Fall so ganz leicht erraten könnte. Aber warum sollte es auch *leicht* sein? Ist etwa auch *leicht*, das Lächeln der Gioconda zu verstehen? — Der brave Spießbürger versteht es meistens überhaupt nicht. Er schüttelt nur darüber den Kopf. Denn ihm sind ja Mehrdeutigkeit und feine Nuancen von vornherein kaum zugänglich. — Und warum sollte PLATON, der große Künstler, weniger rätselhaft als der Schöpfer der Gioconda sein?

Aber vielleicht kann man mit einiger Aufmerksamkeit dem wahren Sinn der rätselhaften Platonischen Schilderung doch etwas näher kommen. Man beachte nämlich, wie der junge THEAITETOS bei PLATON

[63] Periodico di Matematiche, Serie IV, XLIV (1966) 4.

geschildert wird. Er wird am Anfang des Dialogs in den höchsten Tönen als *καλός τε καὶ ἀγαθός* vorgeführt; er ist hochbegabt und mathematisch sehr talentiert.[64] Nie war noch Theodoros einem solchen Jüngling begegnet. »Er geht, wie geräuschlos ausfließendes Öl, an die Wissenschaften und an die Forschung, und doch ist er dabei ganz ruhig und bescheiden.« -- Und so könnte man das Lob, das bei Platon auf diesen Jungen so reichlich ausgeschüttet wird, noch lange fortsetzen.

Nur *eines* vergißt man gewöhnlich in der modernen Wiedergabe der Platonischen Schilderung des Theaitetos. Daß nämlich diese Schilderung gar nicht überall so völlig eindeutig ist. Es gibt auch *Widersprüche* in dem Platonischen Bild des Theaitetos. Und vergißt man diese Widersprüche, so läuft man Gefahr, Platon doch nicht recht zu verstehen.

Beginnen wir damit, daß Theaitetos nicht nur hochbegabt und mathematisch sehr talentiert, sondern gleichzeitig auch ein *naiver Junge* ist, der — wie es scheint — auf die vorgelegten Fragen manchmal nicht nur *falsche*, sondern auch *einfältige*, um nicht zu sagen: *törichte* Antworten zu erteilen weiß. Zum Beispiel auf die Frage des Sokrates: »Was ist Wissen?«, antwortet er — »der wie geräuschlos ausfließendes Öl an die Wissenschaften herangeht« — ohne zu ahnen, wie schwer und kompliziert eigentlich die vorgelegte Frage ist, zunächst mit einer überraschend leichten Aufzählung. Sokrates kann darauf nur mit zurückgehaltener Ironie erwidern: »*Großzügig und freigiebig bist du, mein Lieber, denn man hat dich ja nur um ein einziges Ding gebeten, und siehe, du gibst uns sogleich vieles und vielerlei!*« (146 D) Aber der junge Mann versteht noch nicht einmal diese Ironie seines Partners. In rührender Einfalt fragt er: »*Wie meinst du das,* Sokrates?« — Und was könnte Sokrates auf eine solche naive Frage antworten? Natürlich nichts, lieber läßt er seine Ironie einstweilen völlig fallen: »Oh nein! Ich meine ja damit gar nichts, oder vielleicht doch etwas . . .«

Dächte man nun, daß »Einfalt und Naivität« auf der einen Seite und »geniale Begabung« auf der anderen Gegensätze wären, die sich ausschlössen, so müßte ich entschieden widersprechen. Im Gegenteil! Denn gerade die unbefangene Naivität ist ja der besondere Reiz an dem begabten Jüngling Theaitetos, der ihn für Platon und auch für die Leser so sympathisch macht. Es kann keine Rede davon sein, daß er etwa »dumm« oder »töricht« wäre. Er legt sogleich auch ein glänzendes Zeugnis von seiner Intelligenz, der schnellen und treffsicheren Assoziation ab. Kaum entfaltet vor ihm Sokrates sein übertrieben

[64] Vgl. B. L. v. d. Waerden, Erwachende Wissenschaft, S. 271 ff.

einfaches, banales Beispiel von den »Lehmarten«, und sofort wird dadurch der Junge an das verwandte Problem auf einer viel höheren Ebene, in der Mathematik, erinnert. Die »Lehmarten« des SOKRATES sind zwar ziemlich entfernt von den *dynameis* des THEODOROS, und ein gewöhnlicher Junge würde die beiden auch kaum so leicht miteinander verbinden, aber die Abstraktionsfähigkeit des THEAITETOS scheint schnell zu funktionieren, im Nu kriegt er aus den beiden weit auseinanderliegenden Dingen das Gemeinsame mit sicherem Griff heraus. Und in diesem Augenblick ist auch schon der wahre Kontakt mit SOKRATES hergestellt.

Der ruhige und bescheidene THEAITETOS erzählt auf die Frage des SOKRATES hin von seiner mathematischen »Entdeckung«. Doch ist er dabei ein wenig auch *aufgeregt und nervös*. Man spürt an ihm, wie er auch jetzt noch durch die bloße Erinnerung beinahe wieder in die aufgeregte Stimmung der damaligen schönen »Entdeckung« versetzt wird. Ich finde es einfach erstaunlich, mit welchen einfachen Mitteln PLATON den *Seelenzustand* des jungen Mannes — während seines eigenen Berichtes — zu schildern vermochte. *Weitschweifigkeit* auf der einen Seite und kaum zurückgehaltene *ungeduldige Hast* auf der anderen sind die charakteristischen Merkmale dieses Seelenzustandes. Denn THEAITETOS gebraucht ja in seinem Bericht — worauf ich oben aufmerksam zu machen versuchte — teils überflüssig tautologische und teils übertrieben, beinahe bis zur Unverständlichkeit verkürzte Fachausdrücke der Mathematik. Und es ist dabei keineswegs uninteressant, bei welchem Punkt er weitschweifig, tautologisch und bei welchem er wieder plötzlich knapp und kurzsilbig wird.

Den trivialen Begriff des »Quadrates« bzw. denjenigen der »Quadratzahl« bezeichnet er keineswegs mit dem einfachen Namen *τετράγωνος* oder *τετράγωνός τε καὶ ἰσόπλευρος*, sondern er fügt noch hinzu — was völlig überflüssig ist —, daß es auch *ἐπίπεδος* ist. — Müßte man diesen Übereifer bei einem fertigen Mathematiker nicht belächeln? Aber THEAITETOS ist eben kein »fertiger Mathematiker«, sondern ein junger, begabter, doch noch unerfahrener Forscher, der nicht mißverstanden werden möchte. Er strebt nach Genauigkeit in seinen Worten, und eben dieses an und für sich richtige Streben verführt ihn bei dem allereinfachsten Fall zu einer naiven Tautologie.

Aber die minutiöse Sorgfalt und das Streben nach Genauigkeit lassen ihn in dem Augenblick im Stich, als er bei demjenigen Punkt angelangt ist, der von seinem Gesichtspunkt aus der wichtigste sein sollte. Denn es gilt ja für ihn als seine wesentlichste »Entdeckung« die richtige Benennung der zweierlei Quadratseiten *mekei symmetros* und *dynamei symmetros*. Eben diese Begriffe müßten mit den genauen Bezeichnungen angegeben werden, denn diese sind ja für den Nicht-

Mathematiker doch nicht so völlig geläufig wie der triviale Begriff *»tetragonon«*. Und doch fällt der junge Mann eben bei diesen Begriffen seiner hastigen Entdeckerungeduld und -freude zum Opfer: Diese bezeichnet er — auch sprachlich völlig inkonsequent — teils in Einzahl als *»μῆκος«* und teils in Mehrzahl als *»δυνάμεις«*.[65] Kein Wunder, daß man diese sprachlich hastige und ungenaue Ausdrucksweise nur seinem Inhalt nach im großen und ganzen richtig verstehen konnte. (Ja, insofern war die Bezeichnungsart des THEAITETOS auch noch irreführend, daß man auf Grund der nicht präzisen Ausdrücke glaubte, »dynamis« könne als regelrechter mathematischer Terminus auch soviel heißen, wie »dynamei symmetros«.)

Denkt man nun an diese feine und nuancierte Platonische Schilderung des THEAITETOS, so wird man vielleicht meine folgende Auslegung der mathematischen Stelle des Dialogs nicht mehr ablehnen.

Ich brauche wohl nicht noch einmal zu betonen, daß der Platonische THEAITETOS in Wirklichkeit gar nichts neues gefunden hatte. Aber PLATON ließ ihn dennoch in dem Sinne reden, als handelte es sich hier um eine »eigene Entdeckung« des jungen Mannes. Sein THEAITETOS scheint in der Tat der Ansicht gewesen zu sein, er hätte eine neue wissenschaftliche Entdeckung völlig auf eigene Faust —

[65] Die Inkonsequenz der Einzahl und Mehrzahl *(»μῆκος«* und *»δυνάμεις«)* ist um so auffallender, als derselbe THEAITETOS ein paar Zeilen später (148 B 6—7) dieselbe Anakoluthie nicht mehr wiederholt; da redet er schon *περὶ τοῦ μήκους τε καὶ δυνάμεως*. Übrigens hat Prof. G. CALOGERO — der mich auf diese Inkonsequenz freundlichst aufmerksam machte — darauf hingewiesen, daß auch der Gebrauch des Ausdruckes *ὁρίζεσθαι* seitens des THEAITETOS *sprachlich* keineswegs völlig in Ordnung sei. Man denke nämlich an das folgende sprachliche Muster bei PLATON: *τῷ ἀγαθῷ καὶ τῷ κακῷ τὴν ἀρετὴν ὁρίζεσθαι* (= »die Tugend nach dem Guten und nach dem Bösen definieren«). Man könnte nach diesem Muster auch unsere Textstelle — mit zwei leichten Änderungen — *sprachlich* völlig heilen. Man sollte dazu nur in 148 A 7 *μῆκος* in *μήκει* und in 148 B 1 *δυνάμεις* in *δυνάμει* ändern. Dann hieße die Stelle in vollständiger Paraphrase: *ὅσαι μὲν γραμμαὶ τὸν ἰσόπλευρον καὶ ἐπίπεδον ἀριθμὸν τετραγωνίζουσι, μήκει* (scil. *συμμέτρους*) *ὡρισάμεθα, ὅσαι δὲ τὸν ἑτερομήκη* (scil. *ἀριθμὸν τετραγωνίζουσι*), *δυνάμει* (scil. *συμμέτρους ὡρισάμεθα*) etc. Obwohl die Stelle auf diese Weise nicht nur tadellos, sondern sprachlich ohne Zweifel auch sehr elegant wäre, halte ich den Eingriff in den überlieferten Text nicht für unerläßlich nötig. Der Sinn ist ja — auch ohne Textveränderung — vollkommen klar und eindeutig, und auch nach der Textveränderung bliebe er derselbe.

höchstens nur zusammen mit dem »jungen SOKRATES« — gemacht. Ja, der Platonische THEAITETOS gab sich auch darüber gar keine Rechenschaft, daß selbst die Begriffe, die er für die Benennung seiner vermeintlichen »neuen Entdeckung« gebrauchte — »Quadratzahl«, »Rechteckzahl«, »*mekei symmetros*« und »*dynamei symmetros*« — in Wirklichkeit altes, überliefertes Gedankengut darstellen.

Aber lag nicht eben in diesem leichten Selbstbetrug des begabten jungen Mannes ein schöner Pädagogenerfolg des alten THEODOROS? Denn THEODOROS wollte ja seine Schüler — vermutlich —, wie jeder echte Mathematiklehrer, wohl zum *selbständigen* Denken erziehen. Als geschickter Lehrer scheint er sie darauf auch gut vorbereitet zu haben. Die beiden Schüler haben ja das, was er von ihnen erwartet haben muß, glänzend gelöst. Auf der anderen Seite scheint THEODOROS in seiner Erziehung zur Selbständigkeit auch sehr taktvoll gewesen zu sein; er stellte keine unmittelbaren Fragen, und er forderte die jungen Leute auch nicht geradewegs auf: »Nun, Kinder, benennt mal jene *dynameis*, die ich euch eben gezeigt hatte, nach einem gemeinsamen Gesichtspunkt!« Eine solche Aufforderung war nicht nötig, denn er konnte sich — wohl nach ähnlichen Übungen schon vorher — darauf verlassen, daß die Schüler seine unausgesprochenen Absichten auch von selbst erraten würden. Wichtiger war ihm eher, daß die eigenen pädagogischen Griffe nicht auffällig werden. Und dies gelang ihm so sehr, daß man auch gar nicht wußte, warum er eigentlich bei der »dynamis 17« mit der Demonstration aufgehört hatte. »Er hörte nur irgendwie auf bei dieser *dynamis*« — sagt über ihn THEAITETOS selber in seinem Bericht. Der Lehrer wurde bei einem geeigneten Punkt unauffällig still, als könnte er den eigenen Gedankengang nicht mehr weiterführen, und von da ab ließ er die Schüler im Sinne dessen, was er bewußt und sorgfältig, aber *unbemerkt* für sie vorbereitet hatte, »selbständig« weiterdenken. Und diese fanden auch »selbständig« jene Lösung, die ihr Lehrer von ihnen im voraus erwartet hatte.

Aber hätte dann THEODOROS nicht mindestens nachträglich die jungen Leute über ihren Selbstbetrug aufklären müssen? — fragt man vielleicht nach der obigen Interpretation. — Nun bin ich fest davon überzeugt, daß man heutzutage so etwas wohl nicht versäumen würde. Aber mir scheint THEODOROS doch ein besserer Pädagoge gewesen zu sein, wenn er es *nicht* tat. — Auch darüber wundere ich mich nicht im mindesten, daß auch SOKRATES über die »Entdeckung« des jungen Mannes so hocherfreut war und gar nicht nötig fand, ihn auch noch über den kleinen und vom Gesichtspunkt des SOKRATES aus zweifellos *nebensächlichen* Selbstbetrug aufzuklären. Es wäre in der gegebenen Situation wirklich nur lächerlich und pedantisch gewesen — nachdem der junge Mann schöne und interessante mathematische Tatsachen sozusagen selbständig wiederentdeckt hatte —, ihn jetzt noch darauf hinzuweisen, daß dieselben Wahrheiten auch anderen schon früher bekannt waren.

Aber warum sollte es dann doch ein Wunder sein, wenn die späteren Scholiasten die Worte des Platonischen THEAITETOS über die »eigene Entdeckung« für bare Münze nahmen?

12. Die Entdeckung der Inkommensurabilität

Die wichtigsten historischen Ergebnisse der vorangestellten PLATON-Interpretation lassen sich im folgenden zusammenfassen:

Man kann mit THEODOROS von Kyrene kein neues Kapitel in der Entwicklungsgeschichte der griechischen Theorie der Irrationalitäten beginnen. Die PLATON-Stelle Theait. 147 C – 148 B ist *kein Beleg* dafür, daß THEODOROS oder THEAITETOS neue Erkenntnisse – Begriffe, Bezeichnungen für Begriffe, Sätze oder Beweise – zu dieser Theorie beigetragen hätten.

Dagegen ist der Begriff *dynamis* (= »Quadratwert eines Rechtecks«), der an derselben PLATON-Stelle mit einer überraschenden Selbstverständlichkeit benutzt wird, ein Zeichen dafür, daß die Theorie der Irrationalitäten auch in *vorplatonischer* Zeit schon ziemlich hochentwickelt gewesen sein muß. Der »Quadratwert eines Rechtecks« ist vom *tetragonismos* (= »Verwandeln eines Rechtecks in ein flächengleiches Quadrat«) untrennbar, und das Wesen des »tetragonismos« bildet nach ARISTOTELES das Auffinden der *»mittleren Proportionale«* zu zwei beliebigen Segmenten. Man wird diese drei mathematischen Begriffe – *dynamis, tetragonismos* und Auffinden der *»mittleren Proportionale«* zu zwei Segmenten (Eucl. Elem. VI 13) – allerdings auf die Zeit *vor* HIPPOKRATES von Chios datieren, nachdem die Konstruktion der mittleren Proportionale *(Elem. VI 13)* bereits HIPPOKRATES bekannt gewesen sein muß.[66]

[66] Vgl. Anm. 37.

Wie man sieht, eröffnet also auch das historische Erklären des mathematischen Begriffes *dynamis* in sich selbst neue Möglichkeiten für die Rekonstruktion der Entwicklungsgeschichte der Irrationalitätentheorie. Eben deswegen versuche ich im folgenden die wichtigsten und bekanntesten Fachausdrücke der griechischen Mathematik für die Irrationalität mit derselben Methode, die oben am Beispiel des Begriffes *dynamis* gezeigt wurde, etwas ausführlicher zu behandeln.

*

Das gewöhnlichste Begriffspaar, das man der Entdeckung der mathematischen Irrationalität verdankt, heißt griechisch: *σύμμετρον* und *ἀσύμμετρον*, *meßbar* und *unmeßbar*. Wie es die Definition 1 im Buch X der Euklidischen »Elemente« besagt:

»*Kommensurabel* heißen jene Größen *(σύμμετρα μεγέθη)*, die von demselben Maß gemessen werden, und *inkommensurabel* solche *(ἀσύμμετρα δέ)*, für die es kein gemeinsames Maß gibt.«

Zweifellos wurden diese Begriffe – *kommensurabel* und *inkommensurabel* – von der griechischen Mathematik selbst geprägt. Ohne die wissenschaftliche und deduktive Mathematik der Griechen hätte man die Tatsache der Inkommensurabilität nie entdecken können. Wie Aristoteles einmal treffend bemerkte[67]:

». . . den Ausgangspunkt bildet bei allen die Verwunderung, daß die Sache sich wirklich so verhalten sollte . . . So verwundert man sich . . . über die Inkommensurabilität der Diagonale und Seite des Quadrats. Denn zunächst erscheint es jedermann verwunderlich, daß es etwas geben sollte, was auch mit dem kleinsten gemeinsamen Maß nicht

[67] Met. A. 2.983 a 13 ff.

gemessen werden kann. Zuletzt aber kommt es anders ..., wenn man nur erst über den Gegenstand unterrichtet ist. Denn ein geometrisch gebildeter Kopf würde sich über nichts mehr verwundern, als wenn die Diagonale auf einmal kommensurabel sein sollte.«

Ich glaube, man wird aus diesem Zitat folgendes hervorheben dürfen:

Aristoteles ist sich dessen voll bewußt, daß die Inkommensurabilität – wobei er nur an die *lineare Inkommensurabilität* zu denken scheint (daher sein Beispiel: die Quadratdiagonale und -seite) – keineswegs ein Begriff der naiven, unmittelbar von der Anschauung ausgehenden Denkweise sein kann. »Zunächst erscheint es jedermann verwunderlich, daß es etwas geben sollte, was auch mit dem kleinsten gemeinsamen Maß nicht gemessen werden kann ...« Mit dieser Verwunderung beginnt die wissenschaftliche Denkweise. Denn auf einer naiven, vorwissenschaftlichen Stufe hat man vermutlich noch überhaupt gar keine Ahnung, nicht einmal von der *Möglichkeit* der linearen Inkommensurabilität zweier Strecken. Für die naive, bloß mit der Praxis operierende Denkweise gibt es auch gar keine inkommensurablen Größen. Bloß *praktisch* könnte man ja schließlich auch für die Quadratdiagonale und -seite ein »gemeinsames Maß« finden. Man brauchte nur ein so kleines Maß zu wählen, daß die Inkommensurabilität der beiden Größen mit *praktischen* Mitteln nicht mehr nachweisbar wird. Die Inkommensurabilität ist also ein Begriff mehr *theoretischen* und nicht praktischen Ursprungs.

Hat jedoch Aristoteles mit der »*Verwunderung über die Inkommensurabilität der Diagonale und Seite des Quadrats*« recht, so wird man wohl auch vermuten dürfen: es ist gar nicht wahrscheinlich, daß man anfangs die neuentdeckte, überraschende Tatsache – die Inkommensurabilität dieser beiden Strecken – hätte ohne weiteres ruhig und gelassen zur Kenntnis nehmen können. Im Gegenteil! Man hat zunächst wohl

Versuche angestellt, ob es nicht möglich wäre, die Längenverhältnisse dieser beiden Strecken dennoch genau anzugeben.

Es gibt in der Tat eine Stelle bei PLATON, die u. a. auch von diesen anfänglichen Versuchen zu zeugen scheint. Ich meine die berühmte Stelle über die »Hochzeitszahl« im *Staat* VIII 546 C ff. Es würde wohl allzuweit führen, wenn ich hier die vollständige Interpretation dieser mathematisch hochinteressanten Stelle versuchen wollte.[68] Es genüge hier, statt dessen die Aufmerksamkeit nur auf jenen wichtigen Fachausdruck der Mathematik zu lenken, der an dieser PLATON-Stelle das erste Mal erscheint.

»PLATON nennt die Zahl 7 die *rationale Diagonale*, zur Seite 5 gehörend« – liest man über diese Stelle in der Fachliteratur.[69] Diese Behauptung ist folgendermaßen zu verstehen: Wird die Seite eines beliebigen Quadrats in 5 Einheiten angegeben, so hat die Diagonale desselben den Approximationswert 7, wie man sich davon mit Anwendung des pythagoreischen Lehrsatzes leicht überzeugen kann. Denn es gilt ja für die Seite (a) und Diagonale (d) des Quadrats $d^2 = 2a^2$, und wenn $a = 5$, dann $d^2 = 50$ und darum $d = \sqrt{50} \approx 7$. Darum wird also bei PLATON die Zahl 7 als die »*rationale Diagonale*, zur Seite 5 gehörend«, bezeichnet. Nun interessiert uns jedoch diesmal, mehr als die eben geschilderte Tatsache, der Ausdruck selber: »*rationale Diagonale*«.

In der Tat übersetzt man gewöhnlich jene beiden mathematischen Termini, die von PLATON in diesem Zusammenhang gebraucht werden – *ῥητόν* und *ἄρρητον·* – mit »*rational*« und »*irrational*«. Aber es wird sich lohnen, sogleich auch an den ursprünglichen, etymologischen Sinn dieser Worte zu erinnern; *ῥητόν* heißt »*was gesagt werden kann*« und *ἄρρητον* »*was nicht gesagt werden kann*«. – Nun versuche man, sich

[68] Zur Interpretation der Stelle vgl. man A. AHLVERS, Zahl und Klang bei Platon (Noctes Romanae, Forschungen über die Kultur der Antike, hrsg. von Prof. Dr. W. WILI, Bern, Heft 6), Bern—Stuttgart 1952.

[69] B. L. v. d. WAERDEN, Erwachende Wissenschaft, S. 206 f.

zunächst den Ursprung des letzteren Ausdruckes (*ἄρρητον*) zu erklären. Warum bezeichnete man wohl die Diagonale eines Quadrats als *ἄρρητον*? – Der Ursprung dieser Bezeichnungsart kann doch nur der folgende gewesen sein: Offenbar wollte man die Diagonale eines beliebigen Quadrats – dessen Seite als eine *Zahl* angegeben wurde – ebenfalls als eine *Zahl* bestimmen, und als man dahinterkam, daß dies nicht möglich ist, bekam die betreffende Diagonale den Namen *ἄρρητον* = »*was nicht gesagt werden kann*«.

Die Tatsache jedoch, daß Platon an unserer Stelle nicht nur den Ausdruck *διάμετρος ἄρρητος* = »*die unsagbare Diagonale*«, sondern sogleich auch das Gegenteil dieses Begriffes *διάμετρος ῥητή* = »*die sagbare Diagonale*« namhaft macht, zeigt, daß man hier den Ausdruck *ἄρρητον* wohl nicht im Sinne eines Verbotes auffassen darf. Zweifellos handelt es sich im Falle der mystisch-religiösen *ἄρρητα*[70] um Dinge, die auch nicht gesagt werden *sollen*. Aber die Quadratdiagonale heißt nicht aus einem solchen Grunde *ἄρρητον*, sondern einfach nur deswegen, weil sie sich nicht als eine Zahl bestimmen läßt (falls die Seite desselben Quadrats als eine Zahl angegeben wurde). Dagegen kann die Zahl 7 – als Approximationswert der zur Seite 5 gehörigen Quadratdiagonale – eben aus dem Grunde als *διάμετρος ῥητή* = »*sagbare* (rationale) Diagonale« bezeichnet werden, weil sie in der Tat doch als eine Zahl angegeben wird. – Diese kurze Betrachtung scheint also dafür zu sprechen, daß jene Überlieferung, wonach das Entdecken und mehr noch das öffentliche Behandeln der mathematischen Irrationalität als ein »Frevel« angesehen wurde, wohl nur eine späterfundene naive Legende ist. Es ist nicht wahrscheinlich, daß diese Entdeckung für die Mathematiker jemals als ein »Skandal« gegolten hätte.

Übrigens heißt jener halbe Satz bei Platon, der in einem Atem die beiden Begriffe – »*sagbare* und *unsagbare* Diagonale« – ausspricht, folgendermaßen:

[70] Her. 5, 83; Xen. Hell. 6, 3, 4; Eurip. Hel. 13, 23 etc.

Resp. VIII 546 C 4–5: *ἑκατὸν μὲν ἀριθμῶν ἀπὸ διαμέτρων ῥητῶν πεμπάδος, δεομένων ἑνὸς ἑκάστων, ἀρρήτων δὲ δυοῖν ...* Anstatt der Übersetzung begnüge man sich in diesem Fall lieber mit der genauen Paraphrase des angeführten Textes. Wie bekannt, wird durch die zitierten griechischen Worte auf zwei verschiedene Weisen dieselbe Zahl – *4 800* – ausgedrückt, nämlich:

»100 Quadrate der *sagbaren* Diagonalen zur 5, jedes Quadrat um 1 vermindert«, also $100 \cdot (7^2 - 1) = 100 \cdot 48 = 4\,800$;

und andrerseits:

»100 Quadrate der *unsagbaren* Diagonalen zu der 5, jedes Quadrat um 2 vermindert«, also $100 \cdot (50 - 2) = 100 \cdot 48 = 4\,800$.[71]

Demnach kann also die Diagonale jenes Quadrats, dessen Seite 5 Einheiten ausmacht, sowohl als »*unsagbare*« wie auch als »*sagbare*« Diagonale bezeichnet werden. Die »sagbare« Diagonale macht in diesem Fall 7 Einheiten aus. Mit anderen Worten: Der Ausdruck »sagbare Diagonale« ist eine griechische Umschreibung für den »*Approximationswert*« der Länge der Diagonale. – Die »unsagbare Diagonale« macht in demselben Fall nach unserer Bezeichnungsart die Länge $\sqrt{50}$ aus. Die Griechen wollten jedoch – wie dies oben im Zusammenhang mit der »Theaitetos«-Stelle auch schon ausführlicher erörtert wurde –, anstatt sich unserer Bezeichnungsart mit Quadratwurzelzeichen zu bedienen, *nicht* die Länge der fraglichen inkommensurablen Strecke, sondern das auf sie errichtete Quadrat messen, und sie sagten, daß die betreffende Diagonale »*ihrem Quadrat nach gemessen*« (= »quadriert«) 50 Einheiten – d. h. also 50 Quadrateinheiten – ausmacht.

[71] Siehe Anm. 68. – A. Ahlvers, o. c., S. 12, Anm. 4: »In der mathematischen Fachsprache bedeutet *ἀριθμὸς ἀπὸ ...* = *Quadrat von ...*«

Man weiß sowohl aus PROKLOS[72] wie auch aus anderen antiken Quellen,[73] daß es die Pythagoreer waren, die die Methode dessen ausgearbeitet hatten, wie man die aufeinanderfolgenden Seiten- und (sagbaren) Diagonalzahlen gewinnen kann. Die bei PLATON genannten 5 und 7 bilden ja das dritte Glied in der unendlichen Reihe von solchen Zahlen. Natürlich kann man dieses System der aufeinanderfolgenden »Seiten- und Diagonalzahlen« auch als eine antike Methode zur Approximierung des Wertes von $\sqrt{2}$ auffassen. Rechnet man nämlich das Verhältnis der aufeinanderfolgenden Diagonal- und Seitenzahlen – $d : a$ – als Dezimalbrüche nacheinander um, so bekommt man eine interessante Reihe, in der die einzelnen Werte den Wert von $\sqrt{2}$ mit wachsender Genauigkeit von unten und oben her abwechselnd annähern.[74]

Nun wird jedoch nicht nur die Erfindung der Seiten- und Diagonalzahlen den Pythagoreern zugeschrieben, sondern es wird heutzutage im allgemeinen – und wohl mit Recht – vermutet, daß auch der erste wissenschaftliche Beweis für die Inkommensurabilität der Quadratdiagonale und -seite von den Pythagoreern stammt.[75] Wie bekannt, gründet sich dieser Beweis – in dem Satz *Eucl. Elem. X Appendix 27* – auf eine *reductio ad absurdum:* wären nämlich Seite und Diagonale des Quadrats kommensurabel, so müßte dieselbe Zahl gerade und auch ungerade sein.

Es ist jedoch bemerkenswert, daß man auch einen kleinen *Unterschied* in der Terminologie des vorhin angeführten

[72] Proclus Diadochus, In Platonis rem publ. comm. (ed. W. KROLL) 1901, II, 23, S. 24–25.

[73] Vgl. die Quellen bei B. L. v. d. WAERDEN, Erwachende Wissenschaft, S. 206 ff.

[74] Vgl. E. STAMATES, Euklidou Geometria, Bd. II, Athen 1953, S. 9 ff.

[75] Vgl. O. BECKER, Die Lehre vom Geraden und Ungeraden im neunten Buch der Euklidischen Elemente, Quellen und Studien zur Geschichte der Math. etc. B, 3 (1936) 533–553 (wiederabgedruckt in: Zur Geschichte der griechischen Mathematik, hrsg. von O. BECKER, Darmstadt 1965).

Platon-Textes einerseits und des eben erwähnten pythagoreischen Satzes bei Euklid andrerseits beobachten kann. Denn Platon redet von der »unsagbaren Diagonale« *(διάμετρος ἄρρητος)*, während es in dem Satz bei Euklid (Elem. X App. 27) heißt, daß die Diagonale des Quadrats zu der Seite »linear inkommensurabel« ist *(ἀσύμμετρός ἐστιν ... μήκει)*. Natürlich kommt in beiden Bezeichnungsformen – »*unsagbare Diagonale*« und »*linear inkommensurabel*« – dieselbe Tatsache zum Ausdruck, nämlich, wie wir sagen würden, die Irrationalität der $\sqrt{2}$ (wenn die Quadratseite als Längeneinheit gewählt wird). Die beiden griechischen Formen der Bezeichnungsart legen jedoch eine historische Vermutung nahe, auch wenn es im voraus zugegeben werden muß, daß sich diese Vermutung mit anderweitigen Zeugnissen *nicht* erhärten läßt.

Denn es liegt nahe zu vermuten, daß von den beiden Bezeichnungsarten – »unsagbare Diagonale« und »linear inkommensurabel« – die erstgenannte die *relativ ältere* sein mag. Zunächst hat man wohl versucht, die Diagonale eines Quadrats – dessen Seite als eine Zahl angegeben wurde – als eine andere Zahl zu bestimmen. Als man dahinterkam, daß dies nicht möglich ist, drückte man diese überraschende Tatsache in der Form aus, daß man die betreffende Diagonale als eine »unsagbare Größe« *(ἄρρητον)* bezeichnete. Natürlich war man auf diese Weise schon nahe daran, einen völlig neuen mathematischen Begriff zu schöpfen; aber der neue Begriff trat doch erst dann endgültig in Erscheinung, als man für ihn den Ausdruck »inkommensurabel« *(ἀσύμμετρον)* – ja genauer »*der Länge nach* inkommensurabel« (*μήκει ἀσύμμετρον*) – geprägt hatte.

Es fragt sich nur: Wieso mag man überhaupt auf das Problem der Quadratdiagonale aufmerksam geworden sein? Ob man nicht auch jenen Weg der mathematischen Überlegungen einigermaßen rekonstruieren könnte, der dann zu der Entdeckung der Inkommensurabilität geführt hatte? – Wohl wird diese Frage zunächst befremdend klingen. Denn einerseits bietet ja die Überlieferung gar keine solchen Anhaltspunkte, die uns ermöglichten, die gestellte Frage mit Bestimmtheit zu beantworten. Und andrerseits scheint das Problem der Quadratdiagonale selber doch so einfach zu sein, daß man auf den ersten Anblick geneigt wäre zu glauben: Selbstverständlich mußte man einmal beinahe von selbst auf diese Frage kommen. Hat es denn einen Sinn – ohne nähere Anhaltspunkte – nach weiteren historischen Zusammenhängen zu forschen, wo das, was erforscht werden soll, doch so unvermittelt und naheliegend ist? – Aber ich glaube dennoch, daß die folgenden Vermutungen – auch wenn sie zunächst bloß Vermutungen sind – von historischem Gesichtspunkt aus einiges Interesse beanspruchen dürfen.

13. Das Problem der Quadratverdoppelung

Ich vermute nämlich, daß man auf das Problem der Quadratdiagonale ursprünglich wohl anläßlich der *Quadratverdoppelung* aufmerksam wurde.

Für diese Vermutung habe ich zunächst *zwei* Anhaltspunkte. Erstens ist es bekannt, daß *Verdoppelungsprobleme* die griechischen Mathematiker in der Tat lange Zeit hindurch beschäftigt hatten. Es genüge hier, darauf hinzuweisen, daß schon HIPPOKRATES von Chios einen geistreichen Vorschlag dafür hatte, wie man das berühmte »delische Problem« – die Verdoppelung des Würfels – anpacken sollte.[76] Er selber hat zwar den eigenen Vorschlag nicht verwirklichen können, aber bald nach ihm fand ARCHYTAS von Tarent die erste Lösung des Problems in der Tat im Sinne des Vorschlages von HIPPOKRATES. Aber auch nach ARCHYTAS beschäftigten sich noch mehrere Mathematiker mit dem Problem der Würfelverdoppelung und sie fanden auch, unabhängig von ARCHYTAS andere Lösungen dafür. – Man dürfte also mit einiger Wahr-

[76] Vgl. O. BECKER, Das mathematische Denken der Antike, Göttingen 1957, S. 75 ff.

scheinlichkeit vermuten, daß in einer früheren Zeit – also selbstverständlich in einer Zeit noch *vor* HIPPOKRATES von Chios – die *Quadratverdoppelung* für die Mathematiker ein ebenso interessantes Problem gewesen sein mag wie später, auf einer entwickelteren Stufe, die Würfelverdoppelung zum Problem wurde. – Denkt man an diese Möglichkeit, so fällt einem sofort ein, daß wir in der Tat eine berühmte literarische Stelle besitzen, aus der man u. a. auch ersieht, wie gerade das Problem der Quadratverdoppelung in dem frühen Mathematikunterricht der Griechen behandelt wurde.[77] Und das ist der zweite Anhaltspunkt für meine vorige Vermutung.

Wie bekannt, fragt SOKRATES an einer Stelle des Platonischen Dialogs »Menon« (82 B – 85 E) einen einfachen, unwissenden Sklaven: Wie ließe sich der Flächeninhalt jenes Quadrats, dessen Seite zwei Fuß lang ist, in der Weise verdoppeln, daß dabei die Gestalt des Quadrats auch nach der Verdoppelung unverändert bleibt? Damit die Frage nicht mißverstanden werde, zeichnet SOKRATES sofort vor dem Gefragten jenes Quadrat hin, dessen Seite die Länge von zwei Fuß darstellen soll. (Das gezeichnete Quadrat besteht also aus vier kleineren Quadraten.) Wie ließe sich nun diese Fläche in Quadratform verdoppeln? Nachdem der Gefragte durch SOKRATES ausdrücklich darauf aufmerksam gemacht wurde, daß die Seite des ursprünglichen Quadrats *zwei Fuß* lang ist, verfällt er zunächst auf den Gedanken, daß jenes andere Quadrat, dessen Flächeninhalt das Doppelte des Gegebenen darstellt, wohl auch doppelt so lange Seiten – also eine Seitenlänge von vier Fuß – besitzen müßte. SOKRATES zeichnet gleich auf diese Antwort hin das neue Quadrat mit der Seitenlänge von vier Fuß, indem er die eine Seite des ursprünglichen Quadrats auf ihr Doppeltes verlängert und mit der neuen Seitenlänge

[77] O. BECKER (Grundlagen der Mathematik in geschichtlicher Entwicklung, Freiburg-München 1954 S. 109) bezeichnete die folgende »Menon«-Stelle mit Recht als »ein lebendiges Bild des geometrischen Elementarunterrichts der Zeit«.

ein Quadrat konstruiert. Man ersieht aber sofort aus seiner Zeichnung, daß der Flächeninhalt des ursprünglichen Quadrats auf diese Weise nicht verdoppelt, sondern vervierfacht wurde. Der Sklave muß einsehen, daß sein erster Versuch, die Frage des SOKRATES zu beantworten, verfehlt war. Jene Quadratfläche, die man mit der verdoppelten Seitenlänge herstellt, ist nicht das Doppelte, sondern das Vierfache der ursprünglichen.

Nun denkt jetzt der Gefragte folgendermaßen weiter: Jenes Quadrat, dessen Flächeninhalt das Doppelte des ursprünglichen darstellt, wird offenbar eine längere Seite haben als dasjenige, dessen Fläche verdoppelt werden muß. Die gesuchte Seitenlänge wird also auf alle Fälle *mehr als zwei Fuß* betragen – soviel beträgt nämlich die Seite des gegebenen Quadrats. Vier Fuß lang kann jedoch die gesuchte Seite nicht sein, denn mit einer vier Fuß langen Seite wird das ursprüngliche Quadrat schon vervierfacht. Die gesuchte Seite wird also *weniger als vier Fuß* lang. – Mehr als zwei und weniger als vier ist d r e i. Vielleicht stellt also das Quadrat *mit drei Fuß langer Seite* den doppelten Flächeninhalt des ursprünglichen dar. – SOKRATES antwortet auf diesen neuen Versuch wieder mit einer Zeichnung: Er verlängert die Seite des ursprünglichen Quadrats auf drei Einheiten, und konstruiert mit dieser neuen Seitenlänge ein größeres Quadrat. Man ersieht aber aus der Zeichnung wieder, daß die Verdoppelung des Flächeninhalts auch diesmal nicht geglückt ist. Denn das größere Quadrat besteht diesmal aus *neun* kleineren Quadraten, während es nur aus acht bestehen sollte, da ja das ursprüngliche Quadrat aus *vier* kleineren Quadraten zusammengesetzt war. Auf Grund der Zeichnung muß also der Sklave wieder einsehen, daß seine Antwort auch diesmal falsch war.

Die Frage wird dann schließlich in der Weise gelöst, daß SOKRATES eine neue Figur zeichnet und daran zeigt, daß das ursprüngliche Quadrat dadurch vervierfacht werden kann, daß man seine Seitenlänge verdoppelt – wie es auch der Gefragte in seinem ersten Versuch wollte. Dabei kann man jedoch die so erhaltenen Quadrate durch ihre *Diagonalen* in je zwei gleiche Dreiecke teilen. Nun bilden aber auch die Diagonalen ein Quadrat (s. Abb. 4), dessen Fläche aus *vier* gleichen Dreiecken besteht, während das ursprüngliche Quadrat nur aus *zwei* solchen Dreiecken bestand. Auf diese Weise kann also der Flächeninhalt des ursprünglichen Quadrats – vermittels der *Diagonale* – verdoppelt werden, und doch bleibt die Quadratform auch nach der Verdoppelung der Fläche unverändert.

Besonders lehrreich ist für uns die eben zusammengefaßte PLATON-Stelle nicht nur deswegen, weil man daraus ersieht,

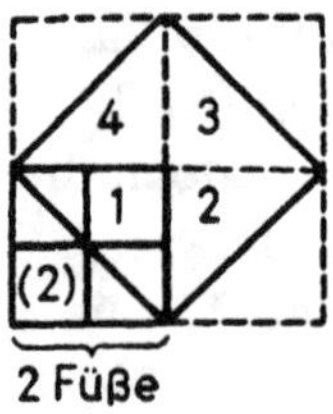

Abb. 4

daß der naive, ungelernte Mensch das Problem der Quadratverdoppelung zunächst in der Tat auf dem Wege zu lösen versucht, daß er die Seite des gesuchten Quadrats als eine *Zahl* angeben will, sondern auch noch wegen einiger sehr aufschlußreicher Worte des SOKRATES. Denn SOKRATES sagt ja nach dem zweiten mißlungenen Versuch des Sklaven: »Wohlan, versuche uns genau zu sagen – nämlich: wie groß die gesuchte Seite wird –, *und wenn du es nicht willst in einer Zahl ausdrücken*, so zeige es uns doch!« (83 E: *πειρῶ ἡμῖν εἰπεῖν ἀκριβῶς· καὶ εἰ μὴ βούλει ἀριθμεῖν, ἀλλὰ δεῖξον*). Natürlich wird der kundige Leser durch diese Worte im stillen auch darauf hingewiesen, daß die gesuchte Seite des Quadrats mit verdoppeltem Flächeninhalt – also die *Diagonale* des ursprünglichen Quadrats – sich *nicht* als eine Zahl angeben läßt, weil sie ein *ἄρρητον* ist.

Zweifellos führt also das Problem der Quadratverdoppelung – die Suche nach jener Zahl, die die Seite des Quadrats mit verdoppeltem Flächeninhalt angeben würde – zu dem Problem der *Quadratdiagonale*, und auf diese Weise zu dem Problem der linearen Inkommensurabilität. Ja, man möchte beinahe versuchen, eine unmittelbare Verbindung zu vermuten, die von dem mathematischen Problem der PLATON-Stelle im »Menon« zu dem pythagoreischen Beweis für die Inkommensurabilität der Quadratdiagonale und -seite (in dem Satz Eucl. Elem. X Appendix 27) führt. Denn einerseits wird ja in dem Dialog »Menon« angedeutet, daß die Quadratdiagonale sich *nicht als eine Zahl* bestimmen läßt – wenn die Seite des Quadrats als eine Zahl angegeben war – und andrerseits ist der pythagoreische Beweis für die Inkommensurabilität der Quadratdiagonale und -seite eben ein *zahlentheoretischer Beweis:* Wären Seite und Diagonale des Quadrats der Länge nach kommensurabel, dann müßte dieselbe Zahl gerade und auch ungerade sein, was unmöglich ist.

Ich glaube also, daß die eben genannten beiden Anhaltspunkte – einerseits der Hinweis auf das Problem der Würfelverdoppelung und andrerseits derjenige auf die »Menon«-Stelle – meine Vermutung, daß nämlich den Ausgangspunkt zu der Entdeckung der linearen Inkommensurabilität das *Problem der Quadratverdoppelung* gebildet haben soll, einigermaßen doch erhärten.

Haben nun die Griechen die lineare Inkommensurabilität der Quadratdiagonale zur -seite anläßlich des Problems der *Quadratverdoppelung* entdeckt, so wird man die übliche historische Auffassung über diese Entdeckung – meiner Ansicht nach – in einem gewissen Sinne doch revidieren müssen. Denn wie hat man bisher die historische Bedeutung dessen, daß die mathematische Irrationalität entdeckt wurde, aufgefaßt?

Die ältesten Pythagoreer waren sozusagen »Zahlenanbeter«.[78] Die Zahlen waren für sie »das Erste in der ganzen Natur«,

[78] Vgl. B. L. v. d. WAERDEN, Erwachende Wissenschaft, S. 204.

die Welt war »durch Nachahmung der Zahlen« gebildet, der Himmel war ihnen »Harmonie und Zahl«. Und zu diesen Ansichten kamen sie, nach ARISTOTELES (»Metaphysik« A 5), gerade weil sie sich so sehr mit Mathematik befaßten. – Die alte Lehre soll jedoch eben durch die Entdeckung der Inkommensurabilität der Quadratdiagonale zur -seite *erschüttert worden sein*. Die Diagonale des Quadrats hat kein gemeinsames Maß mit der Seite; das heißt, wenn die Seite als Längeneinheit gewählt wird, so läßt sich die Diagonale nicht messen; ihre Länge wird *weder durch eine ganze Zahl noch durch einen Bruch ausgedrückt*. Man soll also etwas entdeckt haben, was »*keine Zahl*«, sondern eben ein *ἄρρητον*, etwas »unsagbares« ist. Die Erschütterung über diese verblüffende Entdeckung soll – wie man sich früher ausdrückte – geradezu zu einer *Grundlagenkrise der griechischen Mathematik* geführt haben.[79]

Es stimmt zwar, daß in den neueren Handbüchern diese angebliche »Grundlagenkrise« kaum mehr erwähnt wird, aber dieselbe historische Auffassung der »Krise« (oder mindestens einer »entscheidenden Wendung«) lebt in einer etwas getarnten Form auch heute noch weiter. Auch B. L. v. d. WAERDEN schreibt z. B., daß sich im Laufe der mathematischen Entwicklung der Griechen ein »*Sich-Abwenden von den Zahlen*«, das gerade durch die Entdeckung der Inkommensurabilität hervorgerufen wurde, und eine sog. nachträgliche Geometrisierung oder geometrische »*Einkleidung*« stattgefunden hätten.[80] Wie es bei ihm heißt:

> »Im Bereich der Zahlen, sogar in dem der Zahlenverhältnisse, ist die Gleichung $x^2 = 2$ nicht exakt lösbar. Im Bereich der Strecken ist sie aber sehr wohl lösbar: die Dia-

[79] Vgl. H. HASSE und H. SCHOLZ, Die Grundlagenkrisis der griechischen Mathematik, Pan-Bücherei, Berlin, 1928. – Vgl. dagegen B. L. v. d. WAERDEN, Zenon und die Grundlagenkrise der griechischen Mathematik, Math. Ann. 117 (1940) 141–161.

[80] Siehe dazu das Kapitel »Wozu die geometrische Einkleidung?« in dem Buch »Erwachende Wissenschaft«, S. 204–206.

gonale des Einheitsquadrats ist ja eine Lösung. *Also muß man, wenn man quadratische Gleichungen exakt lösen will, aus dem Bereich der Zahlen in den der geometrischen Größen hinübertreten* . . .«

Nun bin ich mit der eben geschilderten Auffassung aus *zwei Gründen* nicht einverstanden: Erstens darum nicht, weil ich *nicht glaube*, daß die neue Entdeckung (die Irrationalität) die griechischen Mathematiker zu einer Revision der alten pythagoreischen Lehre (»alles ist Zahl«) hätte führen müssen; und zweitens darum nicht, weil ich auch jene Vermutung *nicht akzeptieren kann*, wonach die Entdeckung der Irrationalität bei den Griechen zu einer späteren Bevorzugung der Geometrie – auf Kosten der früher höher geschätzten Arithmetik – geführt hätte. (Prinzipiell haben die Griechen *immer die Arithmetik* und nie die Geometrie höher geschätzt! Vgl. dazu Kapitel 27 im III. Teil dieses Buches.)

Überlege man sich nämlich vor allem: Inwiefern wurde durch die Entdeckung der Inkommensurabilität der Quadratdiagonale zur -seite die alte pythagoreische Lehre *»alles ist Zahl«* überhaupt erschüttert? Ist denn die Quadratdiagonale wirklich »keine Zahl«, wenn die Quadratseite als Längeneinheit gewählt wird? – Ich glaube, die Antwort, die man auf diese Fragen erteilte, war doch irreführend. Denn die Griechen haben ja – nach der oben behandelten »Menon«-Stelle – ursprünglich jenes Segment gesucht, mit dem man den Flächeninhalt eines beliebigen Quadrats mit zahlenmäßig gegebener Seite verdoppeln könnte. Das Problem, das zur Entdeckung der Inkommensurabilität führte, war also von Anfang an ein *geometrisches Problem*. Als man nun dahinterkam, daß die *Diagonale* des ursprünglichen Quadrats das gesuchte Segment darstellt, konnte man über die betreffende Strecke nur feststellen, daß sie *»der Länge nach* unmeßbar«, also der Länge nach »keine Zahl« ist. Da jedoch dieselbe Strecke die doppelte Quadratfläche ergibt, lag es nahe, das *linear* inkommensurable Segment eben seinem *Quadrat nach* zu messen. Deswegen heißt ja auch bei PLATON (»Politikos« 266 B 3) die Diagonale des Einheitsquadrats δυνάμει δίπους = *»zweifüßig jenem Quadrat nach gemessen, das man auf sie errichtet«.*

Nachdem also die lineare Inkommensurabilität der Quadratdiagonale sozusagen *gleichzeitig* mit ihrer quadratischen Kommensurabilität erkannt wurde, ist es gar nicht wahrscheinlich, daß man im Zusammenhang mit dieser Größe jemals an eine »zahlenmäßige Unbestimmbarkeit *schlechthin*« gedacht hätte. Die Quadratdiagonale ließ sich doch als eine Zahl (der Fläche nach gemessen) angeben. Ähnlich war es ja auch bei dem Einführen des neuen mathematischen Begriffes *dynamis;* der Quadratwert eines beliebigen Rechtecks mit Seiten, die *keine* »ähnlichen Flächenzahlen« sind, ließ sich als Fläche zahlenmäßig genau bestimmen, obwohl die betreffende Quadratseite mit der Längeneinheit inkommensurabel ist. – *Durch die Entdeckung der linearen Inkommensurabilität wurde also die pythagoreische Lehre »alles ist Zahl« gar nicht erschüttert.* Wohl hat man jene Länge, die sich zahlenmäßig nicht bestimmen ließ, zunächst als ein ἄρρητον bezeichnet, aber man war über die anfängliche Überraschung in demselben Augenblick auch schon hinaus, in dem man erkannte, daß die *bloß der Länge nach* zahlenmäßig nicht bestimmbare Strecke *ihrem Quadrat nach gemessen werden soll.*

Ebenso kann ich auch damit nicht einverstanden sein, wenn man glaubt, daß die Entdeckung der Irrationalität zu einem *»Sich-Abwenden von den Zahlen«* bzw. zu einem *»Hinübertreten aus dem Bereich der Zahlen in den der geometrischen Größen«* geführt habe. Wohl mußte man zwar, nachdem die Existenz inkommensurabler Größen erkannt wurde, manches von den früheren mathematischen Erkenntnissen neu formulieren (d. h., vor allem mußte z. B. der Begriff des »Verhältnisses«, λόγος, der bis dahin wohl nur für Zahlen galt, auch für inkommensurable Größen neu definiert werden). Aber berechtigt wäre die vorhin skizzierte Auffassung – *»Hinübertreten aus dem Bereich der Zahlen in den der geometrischen*

Größen« – doch nur dann, wenn man nachweisen könnte, daß bei den Griechen ursprünglich das *nicht-geometrische* Problem der irrationalen Zahl $\sqrt{2}$ auftauchte und erst später die geometrische Lösung desselben Problems in den Vordergrund gestellt wurde. Aber ein solcher Gedanke läßt sich – soweit ich sehe – mit gar keinen Quellenangaben belegen. Im Gegenteil! Alle unseren griechischen Quellen sprechen eindeutig dafür, daß die *Quadratverdoppelung* und die *Unmeßbarkeit* bzw. *Meßbarkeit der Quadratdiagonale* von Anfang an echt geometrische Probleme waren, und daß das Problem der $\sqrt{2}$ nur unser modernes Äquivalent für dieselbe ursprünglich rein geometrische Fragestellung ist. Darum hat man also – meiner Ansicht nach – kaum ein Recht dazu, historisch (mindestens in diesem Fall) von einer nachträglichen »geometrischen Einkleidung« zu sprechen.[81]

14. Die Quadratverdoppelung und die mittlere Proportionale

Meine vorige Vermutung – daß man nämlich aller Wahrscheinlichkeit nach eben anläßlich des Problems der *Quadratverdoppelung* auf das Problem der Quadratdiagonale aufmerksam wurde – läßt auch noch andere, wie mir scheint, interessante historische Zusammenhänge erkennen. Man muß dazu nur einsehen, daß das Problem der Quadratverdoppelung seinerseits für die antike mathematische Denkweise mit einem anderen Problem identisch war. Darum überlege man sich zunächst folgendes:

O. Becker bemerkte in seiner historischen Behandlung des Problems der Würfelverdoppelung[82]:

»Diese Aufgabe war für die antike Mathematik in dieser Form zunächst unangreifbar. Darum verwandelte Hippo-

[81] Auf das Problem der übrigen sog. »geometrischen Algebra« der Griechen will ich in diesem Buch nicht eingehen (vgl. jedoch den »Anhang« in diesem Buch).

[82] Vgl. Anm. 76.

KRATES von Chios die Aufgabe der Würfelverdoppelung in eine andere, nämlich in die Aufgabe: *zwei mittlere Proportionalen x, y zwischen a* (die Kante des Würfels) *und $2a$ zu finden.*«

Dieser Vorschlag des HIPPOKRATES führt in der Tat zur Lösung des Problems, wie man es auf Grund des folgenden leicht einsieht:

Wenn

$$a : x = x : y = y : 2a,$$

dann auch

$$ay = x^2$$

und

$$xy = 2a^2.$$

Und daraus folgt ja, daß

$$a : x = x^2 : 2a^2,$$

bzw.

$$x^3 = 2a^3.$$

Aber wie mag ein griechischer Mathematiker des 5. Jahrhunderts auf den glücklichen Gedanken gekommen sein, daß sich das Problem der Würfelverdoppelung auf das Problem der »zwei mittleren Proportionalen« reduzieren läßt, wobei derselbe – wie HIPPOKRATES von Chios – doch nicht imstande war, den eigenen Vorschlag zu verwirklichen?

Ich glaube, der Vorschlag des HIPPOKRATES war eigentlich gar nichts anderes als sozusagen nur ein *Analogieschluß*. HIPPOKRATES wollte nämlich das ungelöste stereometrische Problem seiner Zeit wohl einfach nach dem Vorbild eines damals schon längst gelösten planimetrischen Problems behandeln. Dabei mag er vom folgenden Gedanken ausgegangen sein: »Quadrat« und »Würfel« sind irgendwie verwandte Gebilde; und wird einmal das Quadrat dadurch verdoppelt, daß man zwischen seine Seite (a) und das Doppelte dieser Seite ($2a$) *eine* mittlere Proportionale einfügt *($a : x = x : 2a$)*, dann wird man den Würfel auf dem Wege verdoppeln können, daß man zwischen seiner Kante und dem Doppelten der Kante *zwei* mittlere Proportionalen findet.

Nun vermute ich – eben nach dem Vorbild dieses Analogieschlusses von HIPPOKRATES –, daß für die antike mathematische Denkweise das Problem der Quadratverdoppelung ursprünglich wohl mit dem *Problem der mittleren Proportionale zwischen einer Zahl und ihrem Doppelten* gleichbedeutend war.

Ich halte die Vermutung, daß die beiden Probleme, »*Quadratverdoppelung*« und »*mittlere Proportionale zwischen einer Zahl und ihrem Doppelten*«, nicht nur ihrem Wesen nach identisch sind, sondern wohl auch historisch auf das engste miteinander zusammenhängen, aus dem folgenden Grunde für beachtenswert.

Es wurde auch schon in einem früheren Kapitel jene zweimalige Behauptung des ARISTOTELES hervorgehoben, wonach gerade das Auffinden der mittleren Proportionale (zwischen zwei beliebigen Segmenten) das Wesen des »*tetragonismos*« (= »des Verwandelns eines Rechtecks in ein flächengleiches Quadrat«) ausmacht. Es wurde auch darauf hingewiesen, daß wohl eben das Problem des *tetragonismos* zu dem neuen mathematischen Begriff *dynamis* (= »Quadratwert eines Rechtecks«), und damit auch zu der Erkenntnis der linearen Inkommensurabilität geführt haben mag. – Mit diesen früheren Vermutungen steht im besten Einklang der eben hervorgehobene Gedanke, daß nämlich das Problem der »*Quadratverdoppelung*« bzw. dasjenige der »*mittleren Proportionale zwischen einer Zahl und ihrem Doppelten*« der Anlaß zu der Entdeckung der Inkommensurabilität gewesen sein mag. Denn schließlich ist ja das Problem der »Quadratverdoppelung« gar nichts anderes als nur ein spezieller Fall des allgemeineren Problems des *tetragonismos*, des »Verwandelns eines Rechtecks in ein flächengleiches Quadrat«: In beiden Fällen – sowohl bei der Quadratverdoppelung wie auch bei dem *tetragonismos* – wird ja eine mittlere Proportionale zwischen zwei Zahlen (oder Größen) gesucht. Der Unterschied besteht nur darin, daß bei der Quadratverdoppelung die mittlere Proportionale zwischen einer Zahl (Größe) und ihrem Doppelten gesucht wird, während bei dem *tetragonismos* die mittlere Proportionale zwischen zwei beliebigen Zahlen (Größen) im allgemeinen gesucht wird.

Durch diese Einsicht wird die Vermutung nahegelegt, daß das Entdecken der linearen Inkommensurabilität – und auch dasjenige der quadratischen Kommensurabilität derselben Strecken – wohl im Laufe jenes Suchens erfolgt sein mag, das auf *das Auffinden der mittleren Proportionale zwischen zwei Zahlstrecken (Größen)* gerichtet war. Die »mittlere Proportionale« mag ein sehr wichtiges Problem der frühgriechischen Mathematik gewesen sein. Es scheint, daß auch das Problem der Irrationalität für die Griechen historisch und ursprünglich ein Problem der *Proportionenlehre* war.

Eben deswegen versuche ich im nächstfolgenden II. Teil des vorliegenden Buches die Frühgeschichte der griechischen Proportionenlehre etwas eingehender zu behandeln.

II. Teil

DIE VOREUKLIDISCHE PROPORTIONENLEHRE

1. Einleitung

Man könnte die Vorgeschichte der bei EUKLID überlieferten Proportionenlehre – soweit diese von der früheren Forschung geklärt wurde – in großen Zügen etwa folgendermaßen zusammenfassen:

EUKLID beginnt die Behandlung der Proportionenlehre in Buch V der »Elemente«. Die grundlegende Definition dieses Buches heißt:

Elem. V def. 5: »Man sagt, daß Größen in demselben Verhältnis *(ἐν τῷ αὐτῷ λόγῳ)* stehen, die erste zur zweiten wie die dritte zur vierten, wenn beliebige Gleichvielfache der ersten und dritten zugleich größer, gleich groß oder kleiner sind als beliebige Gleichvielfache der zweiten und vierten, in entsprechender Reihenfolge genommen.«

Aus dieser Definition folgt also, daß die Proportion $a : b = c : d$ nur dann gilt, wenn

$$\text{aus } ma > nb \text{ folgt } mc > nd,$$
$$\text{aus } ma = nb \text{ folgt } mc = nd$$

und

$$\text{aus } ma < nb \text{ folgt } mc < nd,$$

wobei m und n beliebige ganze Zahlen sind.

Nun wird diese kunstvoll gebildete Definition – deren Vollkommenheit oft bewundert wurde[1] – gewöhnlich dem EUDOXOS, einem jüngeren Zeitgenossen von PLATON, zugeschrieben, nachdem im Sinne eines Scholions[2] – dessen Urheber wir leider nicht kennen – auch das ganze V. Buch der

[1] Vgl. B. L. v. d. WAERDEN, Erwachende Wissenschaft, S. 286 ff. und 309 ff.

[2] Vgl. Euclides (ed. HEIBERG, 1888) Bd. V, S. 280.

»Elemente« im wesentlichen als ein Werk des EUDOXOS gilt.[3] Auf alle Fälle wird man eine solche Definition erst in einer solchen Zeit formulieren können, in der die Existenz von inkommensurablen Größen schon erkannt wurde und in der man bestrebt war, die Gültigkeit der Proportionenlehre, die bis dahin nur für *Zahlen* galt, auch für inkommensurable Größen zu sichern.

Selbstverständlich ergab sich aus dieser Beobachtung sogleich auch die Frage: Welcher Definition bediente man sich wohl in jener älteren Zeit, in der inkommensurable Größen noch *nicht* bekannt waren, und in der die Proportionenlehre erst noch für *Zahlen* galt? – Die Frage ließ sich sehr leicht beantworten, indem man auf die andere, einfachere und nur für *Zahlen* gültige Definition der Proportionalität im Buch VII der »Elemente« hinwies:

> *Elem. VII def. 21:* »Verhältnisgleich[4] sind Zahlen, wenn die erste von der zweiten Gleichvielfaches oder derselbe Teil oder dieselbe Menge von Teilen ist wie die dritte von der vierten.«

Die beiden Definitionen – VII 21 und V 5 – bezeichnen demnach sozusagen zwei verschiedene Epochen in der Entfaltungsgeschichte der Proportionenlehre. Jene höher entwickelte Lehre, die auch die inkommensurablen Größen berücksichtigt, wurde erst durch die eudoxische Definition ermöglicht (V 5), die zweifellos späteren Ursprungs sein muß als die andere (VII 21).

Diese einfache Periodisierung mag zwar auf den ersten Blick einleuchtend sein, aber dennoch dürfen auch jene ungelösten historischen Probleme, die eben dadurch gestellt wurden, keineswegs verschwiegen bleiben. Man denke z. B. an die Euklidische Konstruktion der mittleren Proportionale

[3] TH. L. HEATH, Euclid's Elements, Bd. II, S. 112.

[4] Zu dieser Übersetzung des Ausdruckes ἀνάλογον (»verhältnisgleich«) siehe S. 197 ff.

zu zwei beliebigen Segmenten in dem Satz *Elem. VI 13*. Selbstverständlich kann man diese Konstruktion *nur auf Grund der eudoxischen Definition der Proportionalität* lückenlos beweisen; die andere, nur für Zahlen gültige Definition (VII 21) versagt in diesem Fall. Denn die mittlere Proportionale zu zwei solchen Segmenten, deren Längenmaße sich *nicht* als »ähnliche Flächenzahlen« (vgl. Elem. VII def. 22) zergliedern lassen, ist ja eine der Länge nach *inkommensurable Größe*.

Man würde also demnach vermuten, daß jene Konstruktion der mittleren Proportionale zu zwei beliebigen Segmenten, die in dem Satz *Elem. VI 13* behandelt wird, erst dann möglich wurde, nachdem EUDOXOS seine kunstvolle Definition der Proportionalität (Elem. V def. 5) aufgestellt hatte. Diese Vermutung widerspricht jedoch unseren gut belegten historischen Kenntnissen: Die geometrische Konstruktion der mittleren Proportionale war auch in der Zeit *vor* EUDOXOS den Pythagoreern ganz geläufig, ja sie muß bereits HIPPOKRATES von Chios bekannt gewesen sein.[5] – Aber wie hat man dann dieselbe Konstruktion in jener älteren Zeit bewiesen? – Natürlich kann man eine solche Frage nur mit Vermutungen beantworten. Naheliegend wären im vorliegenden Fall z. B. die folgenden drei verschiedenen Vermutungen:

1. Ursprünglich – etwa in der Zeit *vor* HIPPOKRATES von Chios – hätte man noch gar keinen tadellosen Beweis für die Konstruktion der mittleren Proportionale (Elem. VI 13) gehabt. Man hätte sich zu dieser Zeit, anstatt des Beweises, mit der »intuitiven Sicherheit« begnügt. – Vermindert wird die Wahrscheinlichkeit dieser Vermutung – auch wenn die Konstruktion der mittleren Proportionale in der Tat *älter* als ihr Beweis sein mag – durch die Tatsache, daß die Ansprüche an die Strenge der Beweise, wie bekannt,

[5] Vgl. B. L. v. d. WAERDEN, in: Zur Geschichte der griechischen Mathematik, S. 225, Anm. 28.

auch schon in der griechischen Mathematik des 5. Jahrhunderts sehr hoch waren.[6] Ich halte es beinahe für *undenkbar*, daß z. B. HIPPOKRATES von Chios sich mit einem sog. »naiven Verhältnisbegriff« begnügt hätte.

2. Eine andere Möglichkeit wäre zu vermuten, daß die sog. eudoxische Definition der Proportionalität (Elem. V 5) in Wirklichkeit viel älter ist, als man es bisher geneigt war zu glauben. Denn man vergesse ja nicht: Es wird eigentlich in gar keiner antiken Quelle bezeugt, daß diese Definition in der Tat von EUDOXOS stammt. Dies hat man nur daraus erschließen wollen, daß ein oben erwähntes Scholion den wesentlichen Inhalt des V. Buches der Euklidischen »Elemente« als ein Werk des EUDOXOS bezeichnet.
3. Und schließlich könnte man noch an eine solche, bei EUKLID nichtüberlieferte, voreudoxische Definition der Proportionalität denken, die sowohl rationale wie auch irrationale Verhältnisse exakt zu behandeln gestattete. Eine solche Definition hätte auch den tadellosen Beweis für die geometrische Konstruktion der mittleren Proportionale ermöglicht.

In der Tat glaubte man in den letzten Jahrzehnten eine solche bei EUKLID nicht überlieferte, voreudoxische Definition wiedergefunden zu haben, die auch die Behandlung irrationaler Verhältnisse ermöglicht haben soll. Denn bei ARISTOTELES wird einmal (Topik Θ. 3, p. 158 b 29–35) eine interessante Definition, die sog. *anthyphairetische* (oder *antanairetische*) Definition der Verhältnisgleichheit erwähnt: »*Verhältnisgleich sind jene Größen, deren Wechselwegnahme (anthyphairesis) dieselbe ist*«. Ja, nach der früheren Intepretation soll ARISTOTELES an derselben Stelle gerade jene Schwierigkeiten der mathematischen Beweisführung angedeutet haben, die nach der Entdeckung der Inkommensurabilität – mangels einer geeigneten Definition – entstanden. Eben über

[6] Vgl. dazu B. L. v. d. WAERDEN, in: Zur Geschichte der griechischen Mathematik, S. 215–216.

diese Schwierigkeiten hätte die anthyphairetische Definition hinweggeholfen.[7]

Allerdings habe ich vor einigen Jahren schon gezeigt,[8] daß in dieser früheren Interpretation der ARISTOTELES-Text (Topik Θ. 3, p. 158 b 29–35) *gründlich mißverstanden wurde*. Es kann gar keine Rede davon sein, daß ARISTOTELES an der betreffenden Stelle irgendwelche Schwierigkeiten der mathematischen Beweisführung hätte erwähnen wollen, oder daß er der anthyphairetischen Definition eine solche historische Bedeutung hätte beimessen wollen, wie man derselben in der modernen Interpretation zuschrieb.

Aber trotz meiner Einwände besteht nach wie vor die Tatsache, daß bei ARISTOTELES die eben angeführte interessante Definition der Verhältnisgleichheit zitiert wird. Es fragt sich nur, ob in der Tat die Griechen selber diese Definition *gerade mit Rücksicht auf inkommensurable Größen in der genannten Form aufgestellt hatten* – so glaubte es O. BECKER und nach ihm noch einige Forscher[9] –, oder ob dieselbe Definition von den Griechen doch nicht *bloß für kommensurable Größen benutzt wurde*, wie es K. REIDEMEISTER vermutete.[10] – Soweit ich sehe, läßt sich diese Alternative auf Grund jener Argumente, die man bisher ins Feld geführt hatte, *nicht mit Bestimmtheit entscheiden*. (Ich hoffe allerdings, daß auch dieser Fragenkomplex – im Sinne dessen, was in den nächsten Kapiteln ausführlicher erörtert wird – von einer neuen Seite her beleuchtet werden kann. Zum historischen Problem der verschiedenen Definitionen der Verhältnisgleichheit komme ich später nur deswegen nicht mehr zurück, weil es nicht unmittelbar zum Gegenstand meiner Untersuchungen gehört.)

[7] Vgl. O. BECKER, Eudoxos-Studien I, Quellen und Studien zur Geschichte der Math. etc. B, 2 (1933) 311–333.

[8] Á. SZABÓ, Ein Beleg für die voreudoxische Proportionenlehre? Archiv für Begriffsgeschichte (Bonn) 9 (1964) 151–171

[9] Vgl. O. BECKER, Das mathematische Denken der Antike, S. 103, Anm. 25.

[10] K. REIDEMEISTER, Das exakte Denken der Griechen, S. 22.

Man sieht also, daß in der bisherigen Forschung die Entwicklungsgeschichte der Proportionenlehre hauptsächlich von dem Gesichtspunkt aus untersucht wurde, welchen Einfluß die Entdeckung der Inkommensurabilität auf die weitere Entfaltung dieser Lehre hatte. Weniger Interesse hatte man dabei für die *Frühgeschichte* der Proportionalitäten. Nur gelegentlich hat man darauf hingewiesen, daß die euklidische Terminologie dieser Lehre den Zusammenhang mit der Musiktheorie verrät.[11]

Nun möchte ich in der vorliegenden Untersuchung die Entfaltung der voreuklidischen Proportionenlehre eben von der Terminologiegeschichte her beleuchten. Dabei benutze ich weitgehend die Ergebnisse meiner zuletzt veröffentlichten Abhandlung über dasselbe Thema.[12]

2. *Überblick über die wichtigsten Fachausdrücke*

Es wäre natürlich verkehrt, wenn man glaubte, daß die Terminologiegeschichte den Ursprung der mathematischen Proportionenlehre auch *in ihren ersten Anfängen* zu beleuchten vermöge. Denn die Tragweite derartiger Betrachtungen ist in diesem Fall viel beschränkter. Um von vornherein Klarheit darüber zu verschaffen, was man überhaupt von einer solchen Untersuchung erwarten darf, überlege man sich noch einmal, welcher Art jene anderen Erkenntnisse waren, die auf dem Gebiete der Irrationalitätentheorie durch die historische Untersuchung eines mathematischen Fachausdruckes ermöglicht wurden.

Faßt man einen solchen Terminus technicus der griechischen Mathematik wie *dynamei symmetros* = »*meßbar dem auf sie errichteten Quadrat nach*« (in der 2. Definition des X. Buches

[11] Zum Beispiel K. v. Fritz in seiner Abhandlung Die ἀρχαί in der griechischen Mathematik, Archiv für Begriffsgeschichte (Bonn) I (1955) 13—103.

[12] Á. Szabó, Die frühgriechische Proportionenlehre im Spiegel ihrer Terminologie, Archive for History of Exact Sciences 2 (1965) 197—270.

der Euklidischen »Elemente«) ins Auge, so kann man über diesen – im Sinne dessen, was im ersten Teil dieses Buches entwickelt wurde – mit großer Sicherheit folgende Tatsachen feststellen. Der mathematische Ausdruck *dynamis* wurde einem Wortgebrauch der Finanzsprache nachgebildet. Wie nämlich bei der Umrechnung einer Geldart in eine andere der »gleiche Wert« mit dem Zeitwort *dynasthai* bzw. mit dem Hauptwort *dynamis* zum Ausdruck gebracht wurde, so bezeichnete man in der Geometrie den »gleichen Flächenwert eines Rechtecks in Quadrat« mit denselben beiden Worten. So bekam das Wort *dynamis* in der wissenschaftlichen Fachsprache der Geometrie den speziellen Sinn »*Quadratwert eines Rechtecks*« bzw. »*Quadrat*«. Da jedoch bei dem Verwandeln der Rechtecke mit zahlenmäßig gegebenen Seiten häufig solche flächengleiche Quadrate gewonnen werden, deren Seiten der Länge nach unmeßbar sind, wollte man dieselben Segmente nicht ihrer Länge sondern *ihrem Quadrat nach* messen. Das ist der Ursprung des Fachausdruckes *dynamei symmetros*. – Die Terminologiegeschichte beleuchtet also in diesem Fall sozusagen *die Genesis von vollkommen neuen mathematischen Begriffen:* »Quadratwert«, der Länge nach, und dem Quadrat nach »kommensurabel« bzw. »inkommensurabel«.

Solche Ergebnisse sind von der Terminologiegeschichte der Proportionenlehre *nicht zu erwarten*. Denn der Begriff der »*Proportion*« ist ja *keine* Neuschöpfung der griechischen Mathematik in demselben Sinne wie etwa »*Kommensurabilität*« oder »*Quadratwert*«. Der Begriff »Proportion« spielte allem Anschein nach auch schon in den Mathematiken der vorgriechischen Völker eine bedeutende Rolle. Über die Ägypter bemerkte man z. B. gelegentlich, daß ihre ganze Mathematik sozusagen von dem Gedanken der Proportion beherrscht wird.[13] – Ja, ich hielte es für ein hoffnungsloses Unternehmen, wenn man versuchen wollte, auf Grund von terminologischen Betrachtungen zu klären, wie man über-

[13] P.-H. Michel, De Pythagore à Euclide, Paris 1950, S. 365 ff.

haupt einst auf den Gedanken der »Proportion« gekommen sein mag. Dazu ist das Denken in Proportionen offenbar sehr alt; man könnte seine Anfänge wohl auch schon in dem primitivsten menschlichen Denken nachweisen.

Die hier vorzulegenden Betrachtungen werden also keineswegs die *ältesten* Anfänge einer mathematischen Proportionenlehre überhaupt untersuchen; sie wollen nur die Anfänge jener Proportionenlehre beleuchten, die in EUKLIDS »Elementen« vorliegt und die zweifellos erst unter den Griechen entstand. Denn dieser voreuklidische Prozeß läßt sich – meiner Ansicht nach – im Lichte der in der griechischen Wissenschaft auch später ständig gebrauchten Fachausdrücke doch mit großer Wahrscheinlichkeit rekonstruieren. Darum seien hier zunächst – sozusagen in einer Vorschau – jene wichtigsten Fachausdrücke aufgezählt, deren Genesis im folgenden näher untersucht werden soll.

*

Die gewöhnlichste sprachliche Form, deren sich EUKLID bedient, um »*Verhältnis*« und »*Verhältnisgleichheit*« auszudrücken, ist z. B. die folgende:

> *Elem. VII 11:* »*Wenn sich ein Ganzes* (etwa A = a + b) *zu einem anderen Ganzen* (etwa B = c + d) *so verhält wie der abgezogene Teil des einen zu dem abgezogenen Teil des anderen* (A : B = a : c) – *ἐὰν ᾖ ὡς ὅλος πρὸς ὅλον, οὕτως ἀφαιρεθεὶς πρὸς ἀφαιρεθέντα* –, *dann verhält sich auch der Rest des einen zum Rest des anderen wie das eine Ganze zu dem anderen Ganzen*« (b : d = A : B) – *καὶ ὁ λοιπὸς πρὸς τὸν λοιπὸν ἔσται, ὡς ὅλος πρὸς ὅλον.*

Wie man sieht, drückt EUKLID in diesem Fall das »*Verhältnis*« einfach mit der Präposition »*zu*« *(πρός)* aus: *ὅλος πρὸς ὅλον* und *λοιπὸς πρὸς λοιπόν.* Dagegen wird die »*Verhältnisgleichheit*« mit einem sog. Adverbialsatz der Vergleichung umschrieben[14]: ὡς ... οὕτως ... Derselben sehr häufigen Art, *Verhältnis* und *Verhältnisgleichheit* auszudrücken, begegnet man auch schon in einem archaisch klingenden Fragment des ARCHYTAS. In diesem heißt es nämlich über das sog. geometrische Mittel[15]:

γεωμετρικὰ δέ, ὄκκα ἔωντι οἷος ὁ πρῶτος (scil. ὅρος) ποτὶ τὸν δεύτερον, καὶ ὁ δεύτερος ποτὶ τὸν τρίτον.	»Ein geometrisches Mittel liegt dann vor, wenn das erste Glied sich zum zweiten wie das zweite zum dritten verhält.«

Der sprachliche Unterschied zu dem obigen EUKLID-Zitat besteht nur darin, daß die *Verhältnisgleichheit* hier mit einem sog. adjektivischen Satz der Vergleichung *(οἷος ... καὶ ...)* zum Ausdruck gebracht wird.

Sehr aufschlußreich ist diese Art *Verhältnis* und *Verhältnisgleichheit* auszudrücken von historischem Gesichtspunkt aus kaum. Man dürfte nur bemerken, daß dieser Gebrauch der Präposition πρός zur Bezeichnung eines *Verhältnisses* in der Mathematik ein *terminusartiger Ausdruck* gewesen sein mag. Wohl nur darum konnte auch ARISTOTELES zu der sprachlichen Bezeichnung seiner Kategorie der »*Relation*« eben diesen mathematischen Ausdruck umbilden: τὸ πρός τι.

Viel interessanter ist für uns die Tatsache, daß die viergliedrige »*Proportion*« – oder mit anderem Namen die *Verhältnisgleichheit*, wie ich diese in der vorliegenden Arbeit gewöhnlich bezeichnen werde –, also unsere Formel $a : b = c : d$, nach der Terminologie der griechischen Mathematik den Namen ἀναλογία führt. Dieser Fachausdruck kommt zwar bei EUKLID nur ein einziges Mal, nämlich in der 8. Definition des Buches V der »Elemente«, vor: »*Die kürzeste Verhältnisgleichheit besteht aus drei Gliedern*« = Ἀναλογία ἐν τρισὶν ὅροις

[14] R. KÜHNER—B. GERTH, Ausführliche Grammatik der griechischen Sprache, II[4], S. 490.

[15] H. DIELS—W. KRANZ, Fragmente der Vorsokratiker I[8] 436 (Archytas B 2).

ἐλαχίστη ἐστίν. Man wollte auch eben deswegen diese Definition (V 8) für eine »spätere Interpolation« erklären,[16] nachdem sie zu EUKLIDS Sätzen keineswegs unerläßlich notwendig ist. Aber wir brauchen uns um diese andere Frage jetzt gar nicht zu kümmern. Zweifellos ist das Wort *ἀναλογία* – im Sinne »*geometrische Verhältnisgleichheit*« – eine alte mathematische Fachbezeichnung. ARISTOTELES erklärt einmal gerade unsere obige Formel als »*geometrische Analogie*« in den folgenden Worten[17]: »wie das Glied *a* zu dem *b* so verhält sich das *c* zu dem *d*« (*ἔσται ἄρα ὡς ὁ* **α** *ὅρος πρὸς τὸν* **β**, *οὕτως ὁγπρὸς τὸν* **δ**). Ja, man kann auch mit Zitaten aus EUKLID selbst belegen, daß das Wort *ἀναλογία* ein alter Fachausdruck der Mathematik war. Denn bei EUKLID wird der Begriff »*dasselbe Verhältnis*« keineswegs bloß mit den Worten *ὁ αὐτὸς λόγος* (z. B. in der Definition V 5) umschrieben, sondern gelegentlich begegnet man bei ihm auch dem archaischen Ausdruck *ἀνάλογον* (im Sinne »*verhältnisgleich*«), z. B. in der oben schon zitierten Definition 21 des Buches VII.

Nun werde ich diese grundlegenden Ausdrücke der Proportionenlehre, *λόγος, ἀνάλογον* und *ἀναλογία*, in den späteren Kapiteln eingehend untersuchen. Den Schlüssel zu den folgenden historischen Betrachtungen bildet jedoch ein anderer mathematischer Ausdruck, und gerade diesen möchte ich hier zunächst in den Vordergrund des Interesses rücken.

Ein »*Glied*« in der Proportion (= Verhältnisgleichheit) heißt nämlich nach der griechischen Terminologie *ὅρος*. Auch dieses Wort kommt in EUKLIDS »Elementen« in diesem Sinne nur ein einziges Mal vor, und zwar in der vorhin schon zitierten 8. Definition des Buches V: »Die kürzeste Verhältnisgleichheit besteht *aus drei Gliedern* (. . . *ἐν τρισὶν ὅροις*). Selbstverständlich hat man auch in diesem Fall zahlreiche Belege dafür, daß das fragliche Wort (*ὅρος* im Sinne »*Glied* einer Proportion«) in der Tat ein allgemein bekannter Fachaus-

[16] Vgl. TH. L. HEATH, Euclid's Elements, Bd. II, S. 131.
[17] Eth. Nic. 1131 b 5.

druck der Mathematik war. – Die vorige Definition besagt übrigens, daß die kürzeste Verhältnisgleichheit *drei* Glieder hat, also $a : b = b : c$. ARISTOTELES drückt dieselbe Tatsache in der Form aus, daß jede Proportion mindestens *vier* »Glieder« hat; auch die kürzeste Analogie, die sog. *ἀναλογία συνεχής*, hat nach ihm eigentlich »*vier*« Glieder, nur wird in dieser das mittlere Glied (b) zweimal genommen. Dabei benutzt ARISTOTELES an der betreffenden Stelle[18] zur Bezeichnung des »*Gliedes*« der Proportion ebenso das Wort *ὅρος* wie EUKLID in der erwähnten Definition. – Und so könnte man denselben mathematischen Gebrauch des Wortes *ὅρος* auch noch mit sehr vielen anderen Beispielen belegen.

Ich glaube nun, daß man eben von dem Wort *ὅρος* auszugehen hat, wenn man den Ursprung und die Entfaltung der voreuklidischen Proportionenlehre historisch erklären will. Man überlege sich nämlich zunächst den folgenden Gedankengang:

Wie gesagt, kommt das Wort *ὅρος* – im Sinne »*Glied* einer Proportion« – bei EUKLID nur ein einziges Mal vor. Dabei wird dasselbe Wort in unserem EUKLID-Text noch in zwei anderen und vollkommen verschiedenen Bedeutungen gebraucht:

(1) *Ὅροι* heißen nämlich in den »Elementen« vor allem die *Definitionen*. Dieser Wortgebrauch kommt zweifellos von der philosophischen Sprache her, worüber ich im III. Teil des vorliegenden Buches ausführlicher sprechen werde. Der Fachausdruck *ὅρος* = »*Definition*« hat mit der Proportionenlehre gar nichts zu tun.

(2) Um so wichtiger ist für uns in diesem Zusammenhang der andere Wortsinn für *ὅρος*, der sich aus EUKLID ebenso leicht belegen läßt. In der Sprache des Alltags hieß nämlich das griechische Wort *ὅρος* (masc.) »*Grenze, Grenzpunkt*«. Offenbar in diesem gewöhnlichen Sinne ist dasselbe Wort in die Geometrie übernommen worden, wenn es z. B. in der

[18] Vgl. Eth. Nic. 1131 a 31–b 5.

13. Definition des Buches I der »Elemente« heißt: *ὅρος ἐστίν, ὅ τινός ἐστι πέρας,* in J. L. Heibergs Übersetzung: »*Terminus* est, quod alicuius rei extremum est.«

Ich vermute nun, daß gerade der letztere Wortsinn – *ὅρος = terminus* – auch in die Proportionenlehre übernommen wurde. Man spricht ja auch heute noch von den *Termen* einer Proportion und man versteht darunter die »*Glieder*« derselben. Es muß dabei allerdings noch erklärt werden, wieso eine Proportion »*Grenzpunkte*« hatte.

Warum redeten nun die Griechen im Zusammenhang mit Proportionen und Verhältnissen von *Grenzpunkten?* Warum hieß es, daß jede »Verhältnisgleichheit« *(ἀναλογία) vier* und dementsprechend jedes »Verhältnis« *(λόγος) zwei* Grenzpunkte hat? Inwiefern war diese Namengebung sinnvoll?

Ich glaube, man könnte die vorigen Fragen schwerlich beantworten, wenn man dabei nur die beiden Fachausdrücke *λόγος* und *ἀναλογία* zu berücksichtigen hätte. Denn angesichts dieser beiden letzteren Bezeichnungen ist der Name *ὅροι (= »Grenzpunkte«)* nicht mehr einleuchtend und sinnvoll. Aber sogleich wird man einen Weg zur Beantwortung der vorigen Fragen finden, wenn man daran denkt, daß in der mathematischen Musiktheorie der Pythagoreer – und auch noch in jener *Sectio canonis*, die für uns unter Euklids Namen erhalten blieb – das »*Verhältnis zweier Zahlen zueinander*« (also dasselbe, was später in Arithmetik und Geometrie den Namen *λόγος* hatte) *διάστημα* hieß.

Das Wort *διάστημα* hatte nämlich in der Musiktheorie eine merkwürdige Doppelbedeutung. Einerseits hieß *διάστημα* »*musikalisches Intervall*« (und jenes »*Zahlenverhältnis*«, wodurch das betreffende Intervall ausgedrückt wird) und andrerseits hieß dasselbe Wort nach seiner alltäglichen, gewöhnlichen Bedeutung auch soviel wie »*Streckensegment*«, »*Abstand zweier Punkte voneinander*«. (Es sei hier nur nebenbei bemerkt, daß man diesen letzteren Wortsinn für *διάστημα* selbstverständlich auch aus Euklid leicht belegen kann. Euklids 3.

Postulat heißt z. B.: »Es sei gefordert, daß man mit jedem Mittelpunkt und mit jedem *Streckensegment* – *παντὶ διαστήματι* – den Kreis zeichnen könne«.)

Denkt man nun an die letztere Wortbedeutung – *διάστημα* = »Streckensegment« oder »Abstand zweier Punkte voneinander« –, so erscheint die Namengebung *ὅροι* = »*Grenzpunkte*« auf einmal sinnvoll und einleuchtend; denn ein Streckensegment hat in der Tat zwei Grenzpunkte. Hat man also ein »*Zahlenverhältnis*« ($a : b$) in irgendeinem Zusammenhang als »*Streckensegment*« darstellen können, so hatte dieses *Segment* oder »Verhältnis« wirklich zwei »Grenzpunkte« *(ὅροι)*. – Ich werde nun versuchen, eben diese Vermutung in den nächstfolgenden Kapiteln genauer zu begründen.

Demnach ist der Gedankengang meiner untenstehenden Erörterungen der folgende:

1. Das musikalische »*Intervall*«, das als ein »*Verhältnis zweier Zahlen zueinander*« ausgedrückt wurde, hieß in der ältesten griechischen (pythagoreischen) Musiktheorie ursprünglich *διάστημα (=* »*Abstand zweier Punkte voneinander*«*)*. Dieses *diastema* hatte wirklich zwei »*Grenzpunkte*« *(ὅροι)*, die – wie man bald sehen wird – eben als *Zahlen* angegeben wurden.
2. Über den anderen, allem Anschein nach etwas *später* eingeführten Fachausdruck für »*Verhältnis zweier Zahlen zueinander*«, über den *λόγος* hieß es deswegen, daß auch dieser zwei *ὅροι (*»*Grenzpunkte*«*)* hat, weil der *λόγος* ursprünglich (in der Musiktheorie) etwas ähnliches war wie »*diastema*«, ja *λόγος* bald danach in der Geometrie dasselbe wurde, wie in der Musiktheorie das *diastema* war.

3. *Konsonanzen und Intervalle*

Ich will im folgenden vor allem den Ursprung des *musikalischen* Fachausdruckes *διάστημα* beleuchten, weil die Geschichte dieser wissenschaftlichen Fachbezeichnung – meiner Ansicht nach – sowohl für den Ursprung des anderen

Ausdruckes *(»ὅροι der Analogie«)* wie überhaupt für die gesamte voreuklidische Proportionenlehre sehr aufschlußreich ist. Aber es wird sich lohnen – bevor ich das eigentliche Thema, das historische Problem des musikalischen *diastema* selbst in Angriff nehme –, hier zunächst an einige allgemein bekannte Tatsachen der antiken Musiktheorie zu erinnern.

A) Diastema = Symphonie

Wie man es in jedem Wörterbuch der griechischen Sprache nachschlagen kann, heißt das Wort *διάστημα* in der Musik *»Intervall«*. Wir wollen dieses *Intervall* einstweilen – ohne uns noch um den Ursprung und um den wahren Sinn dieses Ausdruckes zu kümmern – einfach als »Abstand zweier *Töne* voneinander« verstehen.

Die antiken Theoretiker interessierten sich hauptsächlich für die sog. *symphonen Intervalle* oder *Konsonanzen.*[19] Der Name für ein solches Intervall war in der Praxis der Musik gewöhnlich *συμφωνία,* nachdem es sich dabei doch um das *Zusammentönen (συμφωνεῖν)* von zwei Klängen handelt. Wir werden es in der vorliegenden Arbeit eigentlich nur mit den drei wichtigsten symphonen Intervallen zu tun haben; diese sind: die *Oktave,* die *Quarte* und die *Quinte.* Die griechischen Namen dieser Intervalle – wie sie in den Wörterbüchern erklärt werden – beleuchten zugleich auch den Ursprung unserer eigenen, in der Musik gebrauchten Ausdrücke. Darum seien hier auch diese (nach dem Wörterbuch von Pape) im einzelnen aufgezählt.

Die *Oktave* heißt griechisch *διαπασῶν*, eigentlich *ἡ διὰ πασῶν χορδῶν συμφωνία, »der durch alle (acht) Saiten gehende Akkord«.* Der Name für die *Quarte* ist *διατεσσάρων,* eigentlich *ἡ διὰ τεσσάρων χορδῶν συμφωνία, »der durch vier Saiten gehende Akkord«*; und dementsprechend heißt die *Quinte διάπεντε — ἡ διὰ πέντε χορδῶν συμφωνία, »der durch fünf Saiten gehende Akkord«.*

[19] Vgl. B. L. v. d. Waerden, Die Harmonielehre der Pythagoreer, Hermes 78 (1943) 163–199.

Es scheint jedoch, daß die eben angeführten Namen der drei symphonen Intervalle eines verhältnismäßig *späteren* Ursprungs sind. Denn die erwähnten Benennungen setzen die *laufende Numerierung* der Saiten voraus, wie diese in der Praxis der Musik üblich war und wie dieselbe auch noch in unseren Namen (*Oktave* [8.], *Quinte* [5.], *Quarte* [4.]) zum Ausdruck kommt. Aber nicht so war es in der älteren Zeit.

Ursprünglich wurden nämlich die Saiten *nicht* numeriert, sondern eine jede von ihnen hatte ihren eigenen Namen. Die oberste, längste Saite (die den tiefsten Ton ergab) hieß z. B. *ὑπάτη* (= »die höchste«) und die unterste, kürzeste (die also den höchsten Ton ergab) *νήτη;* unter diesen äußersten Saiten befanden sich die übrigen, von deren Namen diesmal nur die *μέση* und *παραμέση* erwähnt seien.[20] Eben deswegen konnten die symphonen Intervalle einfach auch mit den Namen der betreffenden Saiten (die die fraglichen Töne ergaben) bezeichnet werden. So galt z. B. die *Oktave* als die Symphonie der *hypate* und der *nete*.[21]

Noch interessanter sind für uns die älteren bekannten Namen der drei wichtigsten Symphonien. Wir wissen nämlich, daß die *Quarte* früher *συλλαβά* hieß; dieses Wort besagt eigentlich »*Zusammenfassen*«, nämlich das »*Zusammenfassen der ersten und der letzten Saite eines Tetrachords*«. (Diese beiden Saiten wurden nämlich *zusammengefaßt* und gleichzeitig oder unmittelbar nacheinander zum Tönen gebracht; so erhielt man die *Quarte*.) – Ebenso berichtet einmal NIKOMACHOS, daß bei den Pythagoreern der Name der Quinte *διοξεῖα* (auch in der Form *δι' ὀξειᾶν* oder *δι' ὀξειῶν*) war.[22] Dieser andere Name kommt offenbar daher, daß im Falle einer Quinte jene beiden einander entsprechenden Töne der zwei zusammengefügten

[20] Vgl. PLATON, Resp. IV 443 D.

[21] Vgl. Ps. Aristot., De rebus musicis problemata (ed. C. JANUS, Musici scriptores graeci, Lipsiae 1895) probl. 23 und 35.

[22] Nach dem Wörterbuch von W. PAPE (1849) s. v.; vgl. auch PORPH. in Ptol. Harm. 96, 21 ff.

Tetrachorde erklangen, die man gewohnt war, als den »scharfen« (d. h. als den *hohen*) Ton *(ὀξεῖα)* zu bezeichnen. – Und der älteste Name für die *Oktave* war einfach *ἁρμονία*, d. h. »*Zusammenfügung*«, nämlich die »*Zusammenfügung zweier Tetrachorde*«,[23] weil bei der Oktave die beiden äußersten Saiten der zusammengefügten zwei Tetrachorde erklangen.

Zusammen erwähnt werden diese ältesten Namen der drei wichtigsten Konsonanzen in einem Fragment des Philolaos, aus dem ich hier mindestens einige Worte zitieren möchte[24]:

> »Die Größe der *Oktave* umfaßt eine *Quarte* und eine *Quinte* *(ἁρμονίας δὲ μέγεθος ἐστι συλλαβὰ καὶ δι' ὀξειᾶν)*... Denn von der obersten Saite bis zu der mittleren ist eine Quarte *(ἔστι γὰρ ἀπὸ ὑπάτας ἐπὶ μέσσαν συλλαβά)* und von der mittleren bis zu der untersten eine Quinte« *(ἀπὸ δὲ μέσσας ἐπὶ νεάταν δι' ὀξειᾶν)*...

B) Diastema = Intervall

Überblickt man nun die bisher aufgezählten alten und neueren Namen und Bezeichnungsarten für *Saite* und *Konsonanzen*, so kann man über diese – meiner Ansicht nach – sogleich und ohne jeden Zweifel feststellen, daß sie *alle* unmittelbar aus der *Praxis der Musik* entstammen. Denn schließlich hat man ja doch in der *Praxis der Musik* die Saiten früher mit Namen benannt und später numeriert; und die Konsonanzen erhielten ihre Bezeichnungen eben nach den sie erzeugenden Saiten.

Wir müssen diese Tatsache – den Ursprung der Bezeichnungsarten für die Konsonanzen aus der *praktischen Musik* – deswegen im voraus betonen, weil jener andere Fachausdruck, der uns in diesem Zusammenhang am meisten interessiert, *diastema* als das *Intervall* selbst (also *nicht* das Zusammentö-

[23] Vgl. H. Koller, Mus. Helv. 16 (1959) 238–248 und B. L. v. d. Waerden, ebd. 17 (1960) 111 ff.

[24] H. Diels–W. Kranz, o. c., I[8] 44 B 6, 10 ff.

nen, *symphonia*, der beiden Klänge, sondern ihre gegenseitige Entfernung voneinander, das eigentliche *Intervall* selbst!), dieser letztere Fachausdruck im Gegenteil nicht mehr aus der Praxis der Musik, sondern aus ihrer *Theorie* entstammt. Aber darüber erst später.

Die andere Tatsache, die ich im Zusammenhang mit den vorhin angeführten Fachausdrücken hervorheben möchte, ist, daß diese Benennungen ganz *konkret*, sozusagen *handfest* sind. Die Konsonanzen bekamen ihre Namen nach jenen Saiten an dem Musikinstrument, durch welche sie erzeugt werden. Von einer sog. *metaphorischen Namenübertragung* kann in diesen Fällen offenbar nicht die Rede sein. – Diese letztere Tatsache möchte ich deswegen mit Nachdruck hervorheben, weil man in der modernen Fachliteratur häufig solchen Äußerungen begegnet, die den Gedanken nahelegen, daß man geneigt wäre, den anderen musikalischen Ausdruck der Griechen, das *diastema* = »Intervall« irgendwie als eine *Metapher* zu verstehen. Wie wird nämlich heutzutage der musikalische Ausdruck *diastema* erklärt? – Aus W. Burkerts Buch zitiere ich den folgenden Satz[25]:

> »Für uns ist durch Notenbild und Klaviertastatur die *Streckenvorstellung* besonders nahegelegt, *doch war sie auch im Griechischen vorhanden, wie schon der Terminus ‚Intervall' διάστημα, anzeigt.*«

Derjenige, der diesen Satz niederschrieb, hat offenbar nicht daran gedacht, daß für die Griechen das musikalische Intervall, das *diastema*, etwas ebenso Konkretes und Handfestes war wie die *συλλαβά*, die »Zusammenfassung der zwei äußersten Saiten eines Tetrachords«, also die »Quarte«. Es ist nämlich irreführend, von »Strecken*vorstellung*« zu reden, anstatt nachzuweisen, daß das musikalische Intervall, das *diastema*, in der Tat eine faßbare und *konkret der Länge nach meßbare*

[25] W. Burkert, Weisheit und Wissenschaft, S. 348.

Strecke war. – Und noch irreführender ist es, wenn man bei demselben Verfasser liest[26]:

> »Die Streckenauffassung ist mit dem Namen des Aristoxenos verbunden, die Proportionenlehre der Musik mit dem der Pythagoreer . . .«

Ich muß gestehen, daß es mir nicht gelungen ist, einen auch nur einigermaßen annehmbaren Sinn in dieser Behauptung zu entdecken. Wieso kann man die sog. »Streckenauffassung« und die »Proportionenlehre der Musik« miteinander kontrastieren? Heißt das Wort *diastema* (= Intervall) nicht auf einmal beides »Strecke« *und* »Zahlenverhältnis eines musikalischen Intervalls«? Und wie ist es möglich, daß diese Tatsache jemandem entgeht, der jemals auch nur einen einzigen Satz aus der *Sectio canonis* (im griechischen Original!) aufmerksam genug gelesen hat?

Es wird sich allerdings lohnen, hier daran zu erinnern, daß die *falsche* (metaphorische) Auslegung dafür, was ein *diastema* (= musikalisches Intervall) ist, auch schon im Altertum nicht unbekannt war. Es seien hier zunächst eben diese falschen Auslegungen, nach einigen spätantiken Verfassern, angedeutet.

Kleoneides schrieb z. B.: Ein Intervall *(diastema)* wäre das, was von zweien, nach Tiefe und Höhe verschiedenen Tönen umfaßt wird *(τὸ περιεχόμενον)*.[27] Beinahe wörtlich dasselbe liest man einmal auch bei Gaudentius.[28] Nikomachos schildert das musikalische *diastema* als einen »*Weg*«, der von der Tiefe des Tones in seine Höhe oder auch umgekehrt führt *(ὁδὸν ποιὰν ἀπὸ βαρύτητος εἰς ὀξύτητα ἢ ἀνάπαλιν)*.[29] – Natürlich waren solche gelehrte »Erklärungen« nur deswegen möglich, weil man sich dessen genau bewußt war, was das Wort *διάστημα* in dem gewöhnlichen Sprachgebrauch heißt: »*Abstand zweier Punkte voneinander*«, »*Strecke*«. Und liest man *nur* die eben angedeuteten Auslegungen, so wäre man in der Tat geneigt zu glauben, vielleicht hat man es hier bloß mit einer »sprachlichen Metapher« zu tun.

[26] O. c., S. 349.
[27] Musici scriptores Graeci, ed. C. Janus, 1895, S. 179, 11.
[28] Ebd., S. 329, 23 ff.
[29] Ebd., S. 243, 2.

Man hätte sich die beiden Töne einer Konsonanz wie zwei Punkte im Raum gedacht, und wie zwischen zwei Punkten des Raumes eine *»Strecke«*, so läge — nach einer bildlichen Vorstellung — auch zwischen zwei Tönen ein *diastema*. (Daß das *diastema* der beiden Töne *gleichzeitig auch eine konkrete Strecke im Raum war*, wird dabei vergessen!)

Der erste, der das musikalische Intervall in *metaphorischem* Sinne erklären, ja allem Anschein nach *bewußt umdeuten* wollte, war wohl der Theoretiker ARISTOXENOS noch im 4. Jh. v. u. Z. Er schrieb nämlich[30]:

»Ein Intervall ist das, was von zwei Klängen, die nicht dieselbe Spannung (= Tonhöhe) haben, begrenzt wird. Dem Grundbegriff nach zeigt sich nämlich das Intervall als eine *Differenz von Spannungen (διαφορά τις εἶναι τάσεων τὸ διάστημα)* und als ein *Raum*, der fähig ist, Töne aufzunehmen, die höher als die tiefere und tiefer als die höhere der das Intervall begrenzenden Tonhöhen sind *(τόπος δεκτικὸς φθόγγων)*. Die Differenz von Tonhöhen ist aber das mehr oder weniger Gespanntsein.«

Diese metaphorische Umdeutung des früher ganz konkreten Begriffes *diastema* hängt offenbar mit der Grundtendenz der Lehre des ARISTOXENOS auf das engste zusammen. Denn er war ja, wie bekannt, ein Gegner der *Pythagoreer*, dessen Lehren C. v. JAN folgendermaßen zusammenfaßte[31]:

»Wie ein Ton entstehe, *ob er Zahl oder Schnelligkeit sei*, danach fragt er in seiner Harmonik *nicht*. Das Ohr soll nur unbefangen im Reiche der Töne beobachten; es wird uns mit Bestimmtheit sagen, welche Töne miteinander harmonisieren... Sein Lehrsystem gründet sich auf die leicht wahrnehmbaren Konsonanzen der Quarte und Quinte, und, ohne zu fragen, *welches Zahlenverhältnis ihnen zugrundeliegt*, gewinnt er aus ihnen die Bestimmung des ganzen und halben Tones usw.«

In der Tat wird die *anti-pythagoreische* Tendenz des ARI-

[30] Die harmonischen Fragmente des Aristoxenos, ed. P. MARQUARD, Berlin 1868, S. 20 f.

[31] C. v. JAN, Aristoxenos, in: RE III 1057—1065.

STOXENOS auch durch seine eigenen überlieferten Worte bezeugt[32]:

»Wir suchen, in Übereinstimmung mit den Erscheinungen Beweise zu geben, im Gegensatz zu den Theoretikern vor uns. Die einen tragen nämlich in die Sache ganz fremde Gesichtspunkte hinein und lehnen die Sinneswahrnehmungen als unexakt ab; dafür konstruieren sie intelligible Ursachen und sagen, es seien *gewisse Verhältnisse von Zahlen und Geschwindigkeiten (λόγους τέ τινας ἀριθμῶν εἶναι καὶ τάχη πρὸς ἄλληλα),* auf denen die Höhe und Tiefe der Töne beruhe. Alles der Sache vollkommen fremde und den Erscheinungen geradezu entgegengesetzte Spekulationen. — Die anderen verzichten ganz auf Gründe und Beweise und verkündigen ihre Behauptungen wie Orakelsprüche, ebenfalls ohne die Erscheinungen gehörig durchzugehen.«

Kein Zweifel, es waren die Pythagoreer jene Theoretiker, die nach den eben zitierten Worten des ARISTOXENOS »*mit gewissen Verhältnissen von Zahlen*« die Höhe und Tiefe der Töne begründen wollten. Und ARISTOXENOS mußte – eben weil er die Lehre der Pythagoreer *nicht gelten lassen wollte* und weil er Höhe und Tiefe der Töne einfach auf das mehr oder weniger Gespanntsein zurückführte – auch den Sinn des Ausdruckes *diastema* metaphorisch umdeuten. (Man wird ja im nächsten Kapitel sehen, daß den musikalischen Ausdruck *diastema* eben die Pythagoreer geprägt hatten, und daß dieses Wort bei ihnen eine solche *Strecke* bezeichnete, deren zwei *Grenzpunkte* ein *Zahlenverhältnis*, nämlich das Zahlenverhältnis der betreffenden Konsonanz angaben! Diesen Wortsinn mußte ARISTOXENOS umdeuten, nachdem er im Zusammenhang mit Konsonanzen *nichts von Zahlenverhältnissen wissen wollte.*) Darum erscheint bei ihm jene sonderbare Auslegung, wonach das musikalische Intervall, das *diastema*, entweder einfach die »*Differenz von Spannungen*« oder »*wie ein Raum*« wäre, »*der fähig ist, Töne aufzunehmen, die höher als die tiefere und tiefer als die höhere der das Intervall begrenzenden Tonhöhen sind*«. – Man

[32] Siehe P. MARQUARD, o. c., S. 46–47 (Numerierung nach MEIBOM: 32, 19 ff.)

sieht an dieser erzwungenen Erklärung, wie ARISTOXENOS den pythagoreischen Begriff *diastema* seines ursprünglichen konkreten Sinnes entkleiden wollte. In der Tat hat er sich mit dieser seiner Bestrebung zum Teil auch durchsetzen können.

Nach der ursprünglichen pythagoreischen Auffassung gehörten nämlich zu einem musikalischen *diastema* immer *zwei Zahlen*. Wie es einmal in dem Kommentar des PORPHYRIOS zu der Harmonielehre des PTOLEMAIOS heißt[33]:

> »Die meisten *κανονικοί* und Pythagoreer sagen *Intervalle (διαστήματα)* anstelle von *Zahlenverhältnissen (λόγοι)*.«

Im Sinne dieser Worte sind also in der Terminologie der pythagoreischen Musiktheorie »*Intervall*« *(διάστημα)* und »*Zahlenverhältnis*« *(λόγος)* gleichwertige Begriffe. – Erhärtet wird dieser Schluß nicht nur dadurch, daß in der unter EUKLIDS Namen überlieferten *Sectio canonis* für *λόγος* (= »*Zahlenverhältnis*«) in der Tat immer konsequent die Bezeichnung *διάστημα* benutzt wird, sondern auch noch durch eine andere Stelle bei PORPHYRIOS. An dieser letzteren Stelle werden zwar die Pythagoreer nicht explizit genannt, aber man liest da offenbar doch über dieselben[34]:

> »Einige benennen das *Zahlenverhältnis* der zueinander genommenen *Grenzpunkte* als *diastema (τὸν λόγον καὶ τὴν σχέσιν τῶν πρὸς ἀλλήλους ὅρων τὸ διάστημα καλοῦσι)*, nach welchen Grenzpunkten nämlich der *epitritos logos* (4 : 3, die Quarte) und der *hemiolios logos* (3 : 2, die Quinte) und alle derartigen Dinge sowohl als *λόγοι* wie auch als *διαστήματα* bezeichnet werden können.«

[33] Porphyrios zur Harmonielehre des Ptol. ed. DÜRING, S. 92, 22—23: *καὶ τῶν κανονικῶν δὲ καὶ πυθαγορείων οἱ πλείους τὰ διαστήματα ἀντὶ τῶν λόγων λέγουσιν.*

[34] Ebd., S. 94, 31 ff. Meine Übersetzung der Stelle ist *provisorisch!* Zu der endgültigen Deutung siehe auch den Text zu Anm. 42.

Interessant sind diese zuletzt angeführten Worte nicht nur deswegen, weil sie die pythagoreische Gleichwertigkeit der beiden Begriffe – »musikalisches Intervall« *(διάστημα)* und »Zahlenverhältnis« *(λόγος)* – bezeugen, sondern auch noch darum, weil es aus ihnen eindeutig hervorgeht, daß die »*Grenzpunkte*« *(ὅροι)* – die irgendwie auch *Zahlen* sein müssen – sowohl als »Grenzpunkte der *diastemata*« wie auch als »Grenzpunkte der *logoi*« galten.

Es muß nur erklärt werden, wieso dasselbe Wort *διάστημα* zu gleicher Zeit sowohl »*Abstand zweier Punkte voneinander*« und »*musikalisches Intervall zwischen zwei Tönen*« wie auch »*Zahlenverhältnis*« bedeuten konnte.

4. Das »diastema« zwischen zwei Zahlen

Ich versuche im folgenden die Genesis von zwei interessanten Begriffen der pythagoreischen Musiktheorie – *διάστημα* und *ὅροι* – zu erklären. Es wird zwar – soviel ich weiß – in gar keiner antiken Quelle unmittelbar erzählt, wie man zu diesen Begriffen gekommen ist; aber man begegnet doch in einigen spätantiken Berichten auch mehrmals der Schilderung eines beachtenswerten Experimentes, und diese Schilderung beantwortet – sozusagen nebenbei – auch unsere Frage. Bevor ich nun diese Schilderung in genauer Übersetzung zitiere, muß ich hier zwei Tatsachen im voraus festlegen:

(1) Die Pythagoreer hatten die musikalischen Intervalle, wie es auch oben schon erwähnt wurde, durch *Zahlenverhältnisse* ausgedrückt.

(2) Nach einer ganzen Reihe von Zeugnissen benutzten sie dabei immer dieselben festen Zahlen,[35] und zwar entsprechen den drei wichtigsten symphonen Intervallen immer die folgenden Zahlenverhältnisse: *Oktave* 12 : 6 (= 2 : 1), *Quarte* 12 : 9 (= 4 : 3) und *Quinte* 12 : 8 (= 3 : 2).

[35] Vgl. H. Koller, Mus. Helv. 16 (1959) 240–241.

Der spätantike GAUDENTIUS erzählt nun den folgenden Versuch darüber, wie PYTHAGORAS selber die eben erwähnten Zahlenverhältnisse der drei wichtigsten musikalischen Intervalle gefunden haben soll[36]:

»Er spannte eine Saite über ein Lineal, den sog. *Kanon*, und teilte diesen in 12 Teile. Dann schlug er zuerst die ganze Saite und die Hälfte von ihr, die sechs Einheiten enthielt; und er fand, daß der Ton der ganzen Saite zu demjenigen der Hälfte (12 : 6) symphon ist, und zwar nach der *Oktave*. . . Dann schlug er wieder die ganze Saite und drei Teile von der ganzen[37] (4 : 3 = 12 : 9), und er fand, daß diese beiden Töne nach der *Quarte* symphon sind. Und schließlich schlug er die ganze Saite und zwei Teile von der ganzen (3 : 2 = 12 : 8), und diesmal fand er, daß die beiden Töne nach der *Quinte* symphon sind usw.«

Es sei hier vor allem betont, daß man das akustische Experiment, das im angeführten Zitat beschrieben wird, keineswegs als »physikalisch falsch« bezeichnen könnte. Wohl werden zwar in unseren spätantiken Quellen häufig auch solche akustische Beobachtungen und Experimente dem PYTHAGORAS zugeschrieben, die physikalisch falsch sind,[38] aber die Experimente mit dem ‚Kanon' bilden unter diesen eine besondere Gruppe. Auch die modernen Forscher, die solchen antiken Schilderungen gegenüber mit Recht skeptisch sind, geben meistens zu, daß an dem ‚Kanon' »die pythagoreische Musiktheorie einigermaßen exakt bewiesen werden kann«.[39] Es ist dabei natürlich eine andere Frage, mit welchem Recht solche

[36] GAUDENTIUS lebte im 4. Jahrhundert u. Z. Das Zitat siehe bei C. JANUS, Musici scriptores Graeci, S. 341, 13 ff.; vgl. B. L. v. d. WAERDEN, Erwachende Wissenschaft, S. 157.

[37] Der antike Ausdruck »drei Teile von dem Ganzen« entspricht unserem *Dreiviertel;* ebenso im nächsten Satz: »zwei Teile von dem Ganzen« = *zwei Drittel.*

[38] W. BURKERT, o. c., S. 354 ff.

[39] Ebd., S. 353.

Experimente dem PYTHAGORAS selbst zugeschrieben werden, ob der ‚Kanon' nicht bloß »eine nachträglich geschaffene, künstliche Versuchsanordnung« ist, und ob man die Verhältniszahlen der musikalischen Konsonanzen wirklich im Laufe solcher Versuche erkannt hatte. Aber wir dürfen diese Fragen einstweilen zurückstellen, uns interessiert das vorhin geschilderte Experiment von einem anderen Gesichtspunkt aus.

Der ‚Kanon', den GAUDENTIUS erwähnt, ist eine gespannte Saite (Monochord) und darunter eine zwölfgeteilte Meßlatte. Der Zweck der Zwölfteilung des Maßstabes besteht offenbar darin, daß die Längenverhältnisse der zum Tönen gebrachten Saitenabschnitte leicht feststellbar seien. Man darf also annehmen, daß die Meßlatte nicht nur zwölfgeteilt, sondern wohl auch *numeriert* war. In dem geschilderten dreifachen Versuch ertönt zunächst immer die ganze Saite (alle 12 Einheiten der Meßlatte), und danach wird jedesmal immer wieder nur ein kleinerer Teil der vollständigen Saite angeschlagen, damit man eine Symphonie zu dem Ton der ganzen Saite bekomme. In jedem zweiten Schritt des dreifachen Versuches mußte also ein Stück der vollständigen Saite stillgelegt werden, damit nicht mehr die ganze Saite, sondern nur noch ein kleinerer Teil von ihr wieder ertöne. — GAUDENTIUS selber sagt zwar gar nichts darüber, wie man es praktisch erreicht haben soll, daß die gespannte Saite verkürzt sei, daß also ein Stück von ihr von Fall zu Fall stillgelegt werde, aber auch darüber sind wir aus anderen Quellen unterrichtet. Man bewegte nämlich unter der gespannten Saite einen kleinen *Steg*, den sog. *ὑπαγωγεύς*.[40] Eben darum vermute ich, daß der ‚Kanon' unter der gespannten Saite nicht nur zwölfgeteilt, sondern wohl auch *numeriert* war; so wurde sichtbar gemacht, wo, bei welcher Nummer (Zahl) der *ὑπαγωγεύς* bei dem zweiten Schlag auf die Saite steht, wie groß das stillgelegte bzw. wie groß das wiederertönende Saitenstück ist.

[40] Vgl. Porphyrios, Kommentar zur Harmonielehre des Ptolemaios, ed. I. DÜRING, 1932, S. 66, 24 ff.

Und nun fassen wir genauer ins Auge, wie PYTHAGORAS – nach dem Bericht des GAUDENTIUS – z. B. die Symphonie der *Quinte* gefunden haben soll. – Er schlug zuerst seine ganze gespannte Saite – alle 12 Einheiten des ‚Kanon' – und darauf verkürzte er dieselbe Saite auf »*zwei Teile*«, d. h., *ein Drittel* der ganzen Saite wurde stillgelegt; beim zweiten Mal erklangen nur »zwei Drittel«-Stücke der ganzen Saite. Der kleine Steg *(ὑπαγωγεύς)* stand also bei dem ersten Schlag auf die Saite am Ende des ‚Kanon', bei der Nummer 12, und bei dem zweiten Schlagen bei der Nummer 8. Die beiden Töne ergaben die Konsonanz der Quinte, und zwischen den beiden Klängen lag für das Gehör ein *musikalisches Intervall.* Aber dasselbe »*Intervall*« war ja auch für die Augen sichtbar an dem ‚Kanon'. Denn bei dem ersten Ton stand der kleine Steg bei der Nummer 12 und beim zweiten bei der Nummer 8. Die beiden Nummern – 12 und 8 – sind die *Grenzpunkte des Intervalls* der Quinte, die sog. *ὅροι τοῦ διαστήματος.*[41] Und daraus versteht man sogleich auch, warum die pythagoreischen Verhältniszahlen der Quinte *12* : *8* oder *3* : *2* sind.

Im Lichte dieser Interpretation versteht man wohl auch besser, warum es in einem oben schon angeführten Zitat des PORPHYRIOS hieß,[42] daß für die Pythagoreer das *diastema* (= musikalisches Intervall) ein »Zahlenverhältnis« *(λόγος)* und ein »*Aufeinanderbeziehen der Grenzpunkte*« *(σχέσις τῶν πρὸς ἀλλήλους ὅρων)* ist.

Damit glaube ich, eine beruhigende Erklärung für den Ursprung der musikalischen Fachausdrücke »*diastema*« und »*horoi*« gefunden zu haben – obwohl keine dieser beiden wichtigen Fachbezeichnungen der pythagoreischen Musiktheorie in dem interpretierten Text des GAUDENTIUS unmittelbar ge-

[41] Man liest in PLATONS Dialog »Philebos« (17 C–D), daß derjenige, der in der Musiktheorie bewandert sein will, vor allem »die *Intervalle* der hohen und tiefen Töne« *(τὰ διαστήματα ... τῆς φωνῆς ὀξύτητός τε πέρι καὶ βαρύτητος)* und die »*Grenzpunkte der Intervalle*« *(καὶ τοὺς ὅρους τῶν διαστημάτων)* kennen muß.

[42] Siehe Anm. 34.

nannt wird. Das Wort *διάστημα* als »*Strecke*« bezeichnete in den akustischen Experimenten der Pythagoreer eigentlich jenes *Saitenstück über dem ‚Kanon‘, das nach dem Ertönen des ganzen Monochords zu dem Erzeugen des zweiten Tones einer Konsonanz stillgelegt wurde und auf diese Weise zum Erzeugen eines musikalischen Intervalls nötig war.*[43] Darum konnte dasselbe Wort, das eigentlich »*Strecke*« hieß, auch die Bedeutung »*musikalisches Intervall*« bekommen. Und nachdem die »*Grenzpunkte*« *(ὅροι)* dieser Strecke am ‚Kanon‘ *Nummern (»Zahlen«)* waren, wurde das Wort *διάστημα* auch zur Bezeichnung einer derartigen »*Verbindung von zweien Zahlen*«, wie die Verhältniszahlen der Konsonanzen (12 : 6, 12 : 9, 12 : 8 u. a. m.) sind.

*

Ich hoffe, durch die vorige Interpretation die Genesis von zwei wichtigen Begriffen der Musiktheorie beleuchtet zu haben. Diese beiden Begriffe sind: *διάστημα* = »musikalisches Intervall zweier Töne, das durch das Verhältnis von zwei Zahlen zueinander ausgedrückt wird« und *ὅροι* = »die Grenzpunkte des vorigen *diastema*, die als Zahlen angegeben wurden« und darum auch *ὅροι* = »die Zahlen selbst in dem Zahlenverhältnis (einer musikalischen Konsonanz)«. – Diese beiden grundlegenden Begriffe der pythagoreischen Musiktheorie werden, nach der obigen Erklärung, nur dann sinnvoll und verständlich, wenn man dabei an den zwölfgeteilten ‚Kanon‘ denkt, denn die fraglichen Begriffe selbst wurden ja im Laufe von akustischen Experimenten am ‚Kanon‘ gebildet.

Nun sollen jedoch nach einer verbreiteten Ansicht das Monochord und der ‚Kanon‘ der Pythagoreer eine »nachträglich geschaffene künstliche Versuchsanordnung« sein.[44] Ja, man

[43] In diesem Sinne wird auch ein PHILOLAOS-Fragment (DIELS – KRANZ, o. c., 44 A 25) verständlich: *τινὲς . . . διάστημα ἐκάλεσαν εἶναι ὑπεροχήν*. Die *ὑπεροχή* ist der »Unterschied«, die »Differenz«, nämlich die Differenz der beiden nacheinander ertönenden Saitenabschnitte über dem ‚Kanon‘, d. h. also das *stillgelegte Saitenstück*.

[44] Vgl. Anm. 38 und 39.

vermutete sogar, daß man zu Messungen am ‚Kanon' erst in der Zeit nach ARISTOXENOS, also frühestens um 300 v. u. Z. übergegangen sei.[45] Zu diesem Schluß führte vor allem die Beobachtung, daß der Name des ‚Kanon' in den musikalischen Problemen des PSEUDO-ARISTOTELES und in der *Sectio canonis* sowie bei den Schriftstellern des 5. und 4. Jahrhunderts im allgemeinen *nicht vorkommt*, wohl deswegen nicht – wie man vermutete –, weil es zu dieser Zeit wahrscheinlich auch noch kein solches musikalisches Meßinstrument gab. – Ich halte diese Ansicht – völlig unabhängig von der eben erwähnten Tatsache – für irrtümlich. Die Existenz des zwölfgeteilten ‚Kanon' läßt sich nämlich mindestens für PLATONS Zeit einwandfrei nachweisen. Es sei hier dafür an folgendes erinnert:

Man liest bei PLATON den folgenden interessanten parenthetischen Satz[46]: *ἐν μέσῳ δὲ τοῦ ἕξ πρὸς τὰ δώδεκα συνέβη τό τε ἡμιόλιον καὶ τὸ ἐπίτριτον*. Wie man die griechischen Worte richtig übersetzt hatte[47]: »*In der Mitte von der 6 zu der 12 hat sich das Verhältnis* $1\frac{1}{2}$ *und das Verhältnis* $1\frac{1}{3}$ *ergeben*«. Nach der bekannten pythagoreischen Terminologie sind *ἡμιόλιον* $= 1\frac{1}{2} = 3 : 2$ und *ἐπίτριτον* $= 1\frac{1}{3} = 4 : 3$ die *Verhältniszahlen der Quinte und Quarte*. PLATONS zitierter Satz besagt also, daß die Verhältniszahlen der Quinte und Quarte – die man natürlich auch in der Form $12 : 8$ $(= 3 : 2)$ und $12 : 9$ $(= 4 : 3)$ schreiben kann – zwischen die 12 und 6 (das sind die Verhältniszahlen der Oktave: 12 : 6) fallen. (Es wurde ja auch oben schon ein Fragment des PHILOLAOS angeführt,[48] wonach auch in der Praxis der Musik die *Oktave* aus der Zusammensetzung einer *Quarte* und einer *Quinte* besteht. Betont

[45] Vgl. B. L. v. d. WAERDEN, Hermes 78 (1943) 177.

[46] Epinomis 991 A.

[47] Zu der Übersetzung und richtigen Interpretation der Stelle vgl. man auch B. L. v. d. WAERDEN, Hermes 78 (1943) 186–187.

[48] Vgl. Anm. 24.

nun unser zuletzt erwähntes PLATON-Zitat, daß die Verhältniszahlen der Quinte und Quarte in der Mitte zwischen den beiden Verhältniszahlen der Oktave (12 : 6) liegen, so ist dies ein Beweis u. a. auch dafür, daß man auch in der Theorie der Musik versucht hatte, die Auflösung der Oktave in Quinte und Quarte zu illustrieren. Darüber jedoch erst später.)

Man fragt sich nur: Wie hat es jemandem einfallen können, die Verhältniszahlen der Quinte und Quarte – die in dem letzten PLATON-Zitat eigentlich *noch nicht* als »Verhältniszahlen«, sondern nach einer archaischen Gewohnheit eindeutig als die entsprechenden *Bruchzahlen* $1\frac{1}{2}$ und $1\frac{1}{3}$ angegeben werden – gerade *»in der Mitte von der 6 zu der 12«* unterzubringen? Und warum hat man für die Verhältniszahlen der Oktave, die auch als 2 : 1 hätten bezeichnet werden können, doch das Zahlenpaar *12* : *6* gewählt? – Ich glaube, man kann diese letzteren Fragen nur dann sinnvoll beantworten, wenn man nicht vergißt, daß das Meßinstrument der Pythagoreer, der ‚Kanon', an dem die Verhältniszahlen der Konsonanzen illustriert wurden, *zwölfgeteilt war*. Mit anderen Worten: PLATONS zitierter Satz ist ein schlagender Beweis für die damalige Existenz des musikalischen Meßinstrumentes, des ‚Kanon'. Die modernen Versuche, die in dem ‚Kanon' eine »nachträgliche, späterfundene Versuchsanordnung« erblicken wollten, waren verfehlt.

5. *Ein Exkurs zu der Musiktheorie*

Die vorliegende Untersuchung beschäftigt sich mit der Frühgeschichte der Proportionenlehre im allgemeinen und nur nebenbei berührt sie auch spezielle Probleme der alten Musiktheorie. Allerdings hat die Betrachtung über die Genesis der beiden ursprünglich rein *musiktheoretischen* Begriffe *διάστημα* und *ὅροι*, wie mir scheint, Wesentliches auch zur Geschichte der Entfaltung der Proportionenlehre überhaupt beigetragen. Denn man hat ja gesehen, daß der Begriff *diastema* (»Intervall als Zahlenverhältnis ausgedrückt«) und ebenso auch der andere Begriff *horoi* (»die Zahlen selbst in einem Zahlenverhältnis«) im Laufe von akustischen Experimenten mit dem Monochord und mit dem ‚Kanon' gebildet wurden.

Nun könnten wir im folgenden die Aufmerksamkeit auf die Proportionenlehre selbst konzentrieren, die speziellen Probleme der Musiktheoriegeschichte bräuchten hier nicht mehr berücksichtigt zu werden. Nachdem ich jedoch den Eindruck habe, daß die oben angewandte Methode auch manche Fragen der alten Musiktheorie in ein neues Licht zu stellen vermag, sei es mir erlaubt, in dem hier folgenden Exkurs auch zu diesen anderen Fragen Stellung zu nehmen, obwohl dies – vom Gesichtspunkt der Geschichte der Proportionenlehre aus betrachtet – nicht mehr unerläßlich nötig ist.

Es wurde in der früheren Forschung schon öfters die Frage behandelt,[49] wie die Pythagoreer darauf gekommen sein mochten, Intervalle durch Zahlenverhältnisse auszudrücken. Die Antwort, die man auf diese Frage erteilte, hatte sozusagen zwei Aspekte. Einerseits betonte man nämlich, die Ansicht, daß »die Zahlenverhältnisse der Konsonanzen bei den Pythagoreern ausschließlich aus der Beobachtung der Saitenlängen gewonnen seien«, sei *nicht haltbar*. Und andrerseits bestand man darauf: »Wie man empirisch die Töne durch Zahlen mißt, war für die Pythagoreer eine sekundäre Frage, über die man verschiedener Meinung sein kann.« – Diese letztere Behauptung ließ sich auch noch mit einem Hinweis auf THEON von Smyrna bestätigen, denn er schrieb ja in der Tat[50]: »Die einen wollen die (Zahlenverhältnisse der) Konsonanzen in den Gewichten erfassen, die anderen in den Größen, andere in den Bewegungen und wieder andere in den Gefäßen.«

Ich glaube nun, daß man sozusagen *notwendigerweise* zu den eben skizzierten (halbwahren!) Ansichten kommen mußte – infolge der Fragestellung selbst. Denn man hat ja *ziemlich*

[49] Vgl. zum folgenden E. FRANK, Plato und die sog. Pythagoreer, S. 160–161; W. BURKERT, o. c., S. 348–364; und besonders die grundlegende Arbeit von B. L. v. d. WAERDEN (s. Anm. 45).

[50] Theon von Smyrna (ed. E. HILLER), S. 59.

abstrakt nur gefragt: »Wie mögen wohl die Pythagoreer darauf gekommen sein, Intervalle durch Zahlenverhältnisse auszudrücken?« Und wie hätte man eine solche *abstrakte Frage* anders beantworten können, als daß man versuchte, die bunte Fülle der antiken und spätantiken Berichte über dieselbe Frage zu überblicken? Beachtet man jedoch *bloß* diese Berichte selbst – die von sehr verschiedenem Wert sind und unter denen es zweifellos auch noch völlig unzuverlässige gibt –, so wird es beinahe unmöglich, anders zu urteilen, als es eben angedeutet wurde. Beachtet man aber statt dessen einige Tatsachen der wissenschaftlichen Sprache der Griechen und formuliert man dabei auch die vorige Frage konkreter, so wird man zu völlig anderen Ergebnissen gelangen müssen.

Die sprachlichen Tatsachen, die man im vorliegenden Zusammenhang beachten muß, sind die folgenden. In der antiken Musiktheorie heißt der musikalische »Ton« gewöhnlich immer *τόνος*, aus dem Verbum *τείνω* »*spannen*«. Für den antiken Musiktheoretiker war also der musikalische Ton vor allem immer Ton eines *Saiten*instrumentes. Auch die *Konsonanz* heißt griechisch *χορδῶν συμφωνία*, also »Zusammentönen von *Saiten*«. – Diese beiden Tatsachen sprechen also eindeutig dafür, daß die Musiktheorie der Griechen vorwiegend auf solche Erfahrungen und Experimente gebaut wurde, die man mit *Saiten*instrumenten (oder mit *einer* Saite!) machte.

Stellt man dabei auch noch die Ursprungsfrage der Verhältniszahlen der Konsonanzen in einer *konkreteren Form*, nämlich, wie es möglich ist, daß die Pythagoreer die in Zahlenverhältnissen ausgedrückten musikalischen Intervalle mit den Namen *διάστημα* und *ὅροι* bezeichneten, so sieht man sofort ein, daß diese Verhältniszahlen ursprünglich – ohne jeden Zweifel – *Längenverhältnisse* gewesen sein müssen. Ja, dieselben beiden Ausdrücke bezeugen auch die einstige Wichtigkeit der Experimente in der pythagoreischen Wissenschaft. Denn *ohne musikalische Experimente am ‚Kanon‘* – bloß auf Grund irgendwelcher Beobachtungen – *hätte man die vorhin analysierten Begriffe »diastema« und »horoi« nie prägen können.*

Im Lichte dieser Erkenntnis bekommt auch die andere (an und für sich richtige) Behauptung – daß es nämlich für die Pythagoreer eine *sekundäre Frage* war, wie man die Zahlenverhältnisse der Konsonanzen empirisch rechtfertigt – einen anderen Akzent. Denn wohl hat man zwar die Begriffe *diastema* und *horoi* ursprünglich im Laufe von Experimenten am ‚Kanon' gebildet, aber schon HIPPASOS vermochte die Verhältniszahlen der wichtigsten Symphonien auch mit ehernen *diskoi* nachzuweisen.[51] Ein Ähnliches wiederholte man auch mit Gefäßen, die leer bzw. in verschiedenen Maßen mit Wasser gefüllt waren, und mit Blasinstrumenten.[52] Die Pythagoreer wollten eben zeigen, daß man auch mit andersartigen Versuchen dieselben Verhältniszahlen für die Konsonanzen nachweisen kann, die ursprünglich mit Experimenten an dem Monochord und an dem ‚Kanon' festgelegt wurden. Darum konnten dieselben Pythagoreer *in einer späteren Zeit* der Ansicht sein, es sei eine *sekundäre Frage*, wie man die Verhältniszahlen der Konsonanzen empirisch rechtfertigt. Wichtig waren für sie nicht die empirischen Rechtfertigungen, sondern die ein für alle Mal feststehenden Zahlenverhältnisse der Konsonanzen selbst.

Ich glaube sogar, in jener Perspektive, die sich nach der obigen Erklärung der Begriffe *diastema* und *horoi* sozusagen von selbst eröffnet, auch manches aus der offenbar *falschen* spätantiken Überlieferung besser erklären zu können. Man beachte z. B. folgendes[53]:

»Es gibt eine hübsche Geschichte bei NIKOMACHOS (S. 10 MEIBOM), GAUDENTIUS (S. 13 MEIBOM) und BOETHIUS (S. 10–11 FRIEDLEIN) darüber, wie die Pythagoreer darauf gekommen sind, Intervalle durch Zahlenverhältnisse darzustellen, die aber unmöglich wahr sein kann. Sie besagt, daß PYTHAGORAS, bei einer Schmiede vorbeikommend, in den Tönen der fallenden Hämmer die Intervalle Oktave, Quarte und Quinte hörte. Er stellte

[51] DIELS–KRANZ, o. c., I 18, 12; vgl. W. BURKERT, o. c., S. 355–356.

[52] Vgl. B. L. v. d. WAERDEN, Hermes 78 (1943) 172.

[53] Ebd., S. 170.

durch genaue Wägung fest, daß die Gewichte der Hämmer sich wie die Zahlen 12, 9, 8 und 6 verhielten. Darauf ging er nach Hause, belastete vier genau gleiche senkrecht aufgehängte Saiten durch Gewichte proportional zu denen der Hämmer und stellte fest, daß die mit 12 Einheiten belastete Saite eine Oktave höher tönte als die mit 6 Einheiten belastete, die mit 9 und 8 belasteten aber die Quarte und Quinte von ihr ergaben. Er bestätigte die gemachten Wahrnehmungen durch Experimente mit dem Chordotonen und anderen Instrumenten (Auloi, Syringen usw.).«

Abgelehnt wurde diese Pseudo-Überlieferung u. a. mit der folgenden Begründung[54]:

»Falls man tatsächlich versucht haben sollte, die Zahlenverhältnisse mit Hilfe angehängter Gewichte exakt zu messen, wie es für PYTHAGORAS überliefert wird, so hat man dabei einen Mißerfolg buchen müssen, da die Gewichte bei der Oktave sich nicht wie 1 : 2, sondern wie $1 : \sqrt{2}$ verhalten.«

Man sieht also, wie die moderne Forschung ein falsches, nur erklügeltes und nie ausgeführtes Experiment in der Überlieferung entlarvt. Dabei wird jedoch die Frage — wie man zu diesem nur erklügelten ‚Experiment' gekommen sein mag? — gar nicht geprüft. Und doch scheint mir in dieser Hinsicht mindestens ein Teil des obigen Berichtes sehr aufschlußreich zu sein. Denn was heißt es, daß PYTHAGORAS angeblich »vier genau gleiche senkrecht aufgehängte Saiten« mit verschiedenen Gewichten belastete? Was wollte er mit den Gewichten messen? — Offenbar den *Spannungsgrad* der aufgehängten Saiten. — An einen solchen Versuch wird man wohl erst dann denken, wenn jemand vorher Höhe und Tiefe der Töne vom »*Gespanntsein*« der Saiten abhängig machte. Gerade dies wissen wir von ARISTOXENOS, dem Gegner der Pythagoreer (s. S. 149), der nichts von den pythagoreischen Verhältniszahlen der Konsonanzen wissen wollte. Ich glaube also, daß das obige nur erklügelte ‚Experiment' bis zu einem gewissen Grade allerdings eine »pythagoreische Antwort« auf die Lehre des ARISTOXENOS war. Derjenige, der das nie ausgeführte Experiment für PYTHAGORAS erfand, wollte seine Leser wohl davon überzeugen, daß man die traditionellen Verhältniszahlen der Konsonanzen auch in den *Spannungsgraden* der Saiten nachweisen könnte. Natürlich ist diese Behauptung physikalisch falsch, doch ist das bloß erklügelte ‚Experiment' für die Wissenschaftsgeschichte keineswegs belanglos.

[54] B. L. v. d WAERDEN, Hermes 78 (1943) 173.

Mit anderen Worten: Ich fasse die spätere Pseudo-Überlieferung der musikwissenschaftlichen Literatur als *teilweise mißglückte Verteidigungsversuche der pythagoreischen Theorie* auf. Zu jener alten Zeit, in der man für die Verhältniszahlen der Konsonanzen die Ausdrücke *diastema* und *horoi* (an dem Monochord und an dem ‚Kanon') geprägt hatte, brauchte man sich noch nicht besonders um den Spannungsgrad und um die Dicke der einzigen unverändert gespannt bleibenden Saite zu kümmern. Zu dieser Zeit fragte man sich auch noch nicht, was der Ton selber — Geschwindigkeit, Luftbewegung, Schwingung oder etwas anderes — wäre. Darum konnte man behaupten, daß die Konsonanz einfach von *Zahlen* abhängig sei. Diese Zahlen drückten ursprünglich selbstverständlich die *Längenverhältnisse* der einzelnen Abschnitte des Monochords aus. Erst später, als man die alte Lehre gegen ihre Gegner verteidigen mußte, wollte man dieselben Zahlen auch als Verhältniszahlen von *Gewichten* (d. h. der *Spannungsgrade* der Saiten) oder als diejenigen der *Dicke* des tönenden Gegenstandes (der ehernen *diskoi*) auslegen. Darum erfand man auch die erwähnten und zum Teil unsinnigen Geschichten von gar nicht möglichen Beobachtungen und nie ausgeführten ‚Experimenten' und darum betonte auch schon Theon von Smyrna, es sei eigentlich nebensächlich, woraus man die Verhältniszahlen der Konsonanzen ableiten wolle.[55]

Auf dieselbe Weise glaube ich auch erklären zu können, warum die antiken Theoretiker in der Zuordnung der Zahlen den höheren bzw. den tieferen Tönen *inkonsequent* waren. Natürlich mußte man ursprünglich — solange man von dem Experiment am ‚Kanon' ausgegangen war — *dem tieferen Ton die größere Zahl* (den längeren Saitenabschnitt) zuordnen. Aber dieselbe Zuordnung mußte in ihr Gegenteil umgekehrt werden, als man — in der Verteidigung der alten Lehre gegen die späteren Einwände — auch die neueren Spekulationen berücksichtigen wollte. Wie B. L. v. d. Waerden schrieb[56]:

»Es ist klar, daß diejenigen, die die Zahlenverhältnisse in den Gewichten oder in den Geschwindigkeiten zu erfassen suchten, *dem höheren Ton die größere Zahl* zuordnen mußten . . .«

[55] Vgl. Anm. 50.
[56] Hermes 78 (1943) 173—174.

Ja, man kann auch noch auf einen interessanten *Übergangszustand* hinweisen, auf einen Fall nämlich, in dem schon eine »neuere Theorie« berücksichtigt wird, wobei aber die Zuordnung der Verhältniszahlen inkonsequenterweise doch noch die alte geblieben ist. Auch das folgende zitiere ich aus B. L. v. d. WAERDENS Arbeit[57]:

> »Einen merkwürdig schwankenden Standpunkt nimmt die *Sectio canonis* ein: Während es in der Einleitung heißt, daß zwei Töne deswegen ein Zahlenverhältnis zueinander haben, weil Töne Vielheiten sind, die *bei Erhöhung des Tones zu-, bei der Herabstimmung abnehmen*, werden im Hauptteil Töne durch Strecken dargestellt, und zwar *höhere Töne durch kürzere Strecken.*«

6. Grenzpunkte und Zahlen als »Strecken« veranschaulicht

Ich glaube, daß jene Erklärung für den Ursprung der beiden Begriffe *diastema* und *horoi*, die in dem vorletzten Kapitel ausführlicher behandelt wurde, noch manche Einzelheiten sowohl der mathematischen Musiktheorie der Griechen wie auch der gesamten voreudoxischen Proportionenlehre in ein neues Licht zu stellen vermag. Darum seien hier die beiden obigen Worterklärungen noch einmal wiederholt.

> *Διάστημα* (»Strecke«) ist in der Musikwissenschaft ursprünglich jenes *Saitenstück über dem ‚Kanon‘, das nach dem Ertönen des ganzen Monochords zu dem Erzeugen des zweiten Tones einer Konsonanz stillgelegt wurde.* (Ohne das Stillegen dieses Saitenstückes hätte man den zweiten Ton einer gesuchten Konsonanz an dem Monochord nicht finden können.)
> Die *ὅροι* sind *die Grenzpunkte des stillgelegten Saitenstückes*, des *diastema*, die an dem numerierten ‚Kanon‘ als zwei *Zahlen* (= Nummern) sichtbar waren.

[57] O. c., S. 173.

Nun ist es wohl nicht überflüssig, hier noch darauf hinzuweisen, wie sich genauer der Begriff des musikalischen Intervalls (des *diastema* im obigen Sinne des Wortes) zu demjenigen des »*Verhältnisses von zwei Zahlen zueinander*« entwickelte.

Nach der vorigen Erklärung war nämlich »*diastema*« das *Intervall selber* zwischen zwei Tönen, das man akustisch feststellen und das man als *stillgelegtes Saitenstück* zwischen den beiden nacheinander ertönenden Saitenabschnitten an dem ‚Kanon' auch sehen konnte. Nur in einer solchen Auslegung wird der musikalische Ausdruck *ὅροι τοῦ διαστήματος* (»Grenzpunkte des Intervalls«) sinnvoll. Das stillgelegte Saitenstück des Monochords wurde mit seinen beiden Grenzpunkten (mit zwei *Zahlen* oder *Nummern* am ‚Kanon') angegeben, wie man auch in der Geometrie eine Strecke mit ihren beiden Grenzpunkten kennzeichnet.

Es ist jedoch auch eine andere, von der vorigen zum Teil unterschiedliche Betrachtungsart für denselben Tatbestand möglich. Denn für die musikalischen Intervalle ist eben die Konsonanz jener beiden *Töne* charakteristisch, unter denen sich das Intervall befindet. Die beiden, miteinander harmonisierenden *Töne* bilden das Intervall, das sozusagen »unter ihnen liegt«. Darum wurde auch in der *Praxis* der Musik die Konsonanz zweier Töne häufig mit den dazugehörigen beiden Saiten bezeichnet. So galt z. B. – wie es oben einmal schon erwähnt wurde[58] – die Oktave als die Symphonie der beiden Saiten *ὑπάτη* und *νήτη*. – Es lag also nach diesem Vorbild wohl nahe, auch in der *Theorie* der Musik das »diastema« *nicht* als das stillgelegte Saitenstück am ‚Kanon', sondern als das Zusammentönen der *beiden verschieden langen Saitenabschnitte* des Monochords aufzufassen. Diese beiden Saitenabschnitte konnten ja doch eben mit den Grenzpunkten des stillgelegten Saitenstückes charakterisiert werden. – In der Tat liegt gerade diese letztere Betrachtungsart in der *Sectio canonis* vor. Man lese

[58] Vgl. Anm. 21.

z. B. den ersten Satz in dem Beweisteil des ersten Theorems in der *Sectio canonis:*

ἔστω διάστημα τὸ ΒΓ . . .; in J. L. HEIBERGS Übersetzung: »sit intervallum BC . . .« Liest man bloß diese griechischen Worte – zusammen mit ihrer parallelen lateinischen Übersetzung –, so wäre man zunächst geneigt, daran zu denken, daß die beiden Buchstaben *B* und *Γ* (bzw. *B* und C) wohl die *Grenzpunkte einer Strecke* (des »diastema«) bezeichnen. Dies wäre im Einklang mit jener Erklärung, die im vorletzten Kapitel erörtert wurde: »diastema« ist der stillgelegte Saitenabschnitt des Monochords, jene Strecke, von der das musikalische Intervall abhängig ist, und diese Strecke wird mit ihren beiden Grenzpunkten angegeben. – Man wird jedoch *gegen* diese Erwartung feststellen müssen, daß die beiden Buchstaben *B* und *Γ* (die beiden *Zahlen* des ‚Kanon') neben dem griechischen Text unseres Theorems in der *Sectio canonis* als *zwei verschieden lange Strecken veranschaulicht werden.*

Natürlich kann man diese Tatsache nur in dem Sinne erklären, daß zu jener Zeit, in der die Sätze der *Sectio canonis* in ihrer heutigen Form zusammengestellt wurden, das »diastema« nicht mehr einfach das »stillgelegte Saitenstück zwischen zwei Nummern am ‚Kanon' und zwischen zweien nacheinander ertönenden Saitenabschnitten des Monochords« war; zu dieser Zeit hat man das »diastema« schon *mit den beiden nacheinander ertönenden Saitenabschnitten* selbst bezeichnet; und nachdem diese beiden Saitenabschnitte mit denselben beiden Zahlen des ‚Kanon' charakterisiert werden konnten, die ursprünglich die Grenzpunkte des eigentlichen Intervalls – des stillgelegten Saitenstückes – angaben, wurde das Wort »diastema« schon eindeutig zu einem Namen für das »*Verhältnis der beiden Zahlen zueinander*«.

In dieser leichten Veränderung der Betrachtungsart – daß man also das musikalische Intervall nicht mehr mit dem »stillgelegten Saitenstück«, sondern statt dessen mit den beiden nacheinander ertönenden Saitenabschnitten charakterisierte – kommt nicht nur die Schöpfung eines neuen Begriffes (»Verhältnis zweier Zahlen zueinander«) zum Vorschein, sondern dieselbe Tatsache führte auch zu einer auffallenden sprachlichen Kuriosität:

Das Wort *διάστημα* (in Einzahl!), das auch in der Musiktheorie ursprünglich *eine einzige Strecke* (»das stillgelegte Saitenstück«) bezeichnete, mußte jetzt mit *zwei verschieden langen Strecken* (mit den beiden nacheinander ertönenden Saitenabschnitten) veranschaulicht werden. Diese beiden Strecken veranschaulichten die beiden in *Zahlen* ausgedrückten Längenmaße der ertönenden Saitenabschnitte und sie konnten darum auch als Veranschaulichungen der beiden »*Zahlen*« selbst angesehen werden. – Noch interessanter wird diese Art des Veranschaulichens, wenn man bedenkt, daß in dieser auch die früheren »Grenz*punkte* des Intervalls«, die *ὅροι τοῦ διαστήματος*, jetzt selbstverständlich als *Strecken* erscheinen mußten.

Auf diese Weise versteht man auch, warum jene beiden Strecken, die in der Veranschaulichung der *Sectio canonis* die beiden nacheinander ertönenden Saitenabschnitte darstellen sollen, *nur mit je einem Buchstaben bezeichnet werden konnten.* Man überlege sich nämlich folgendes:

Es war naheliegend – solange man unter *diastema* das »stillgelegte Saitenstück des Monochords« verstand –, diese Strecke am ‚Kanon' mit ihren beiden »Grenzpunkten« *(horoi)* anzugeben. Der eine Grenzpunkt war ja gewöhnlich die Nummer (»Zahl«) 12, d. h. also der Endpunkt des ‚Kanon' (da man meistens eine Konsonanz zu dem Grundton des *ganzen* Monochords suchte), während der andere Grenzpunkt jene andere Nummer (»Zahl«) war, bei der der *ὑπαγωγεύς* beim zweiten Mal stand, d. h. also der Endpunkt des kürzeren Saitenabschnittes. Diese Bezeichnungsart einer *Strecke* mit ihren beiden Grenzpunkten (mit zwei Nummern am ‚Kanon') ist dieselbe, die auch in der griechischen Geometrie immer üblich war.

Aber wie hätte man dieselbe Bezeichnungsart auch dann noch anwenden können, als man unter *diastema* – mit einer sehr naheliegenden Umkehrung der Betrachtungsart – nicht mehr das »stillgelegte Saitenstück des Monochords«, sondern die »beiden nacheinander ertönenden Saitenstücke« verstehen wollte? Hätte man in diesem Fall auch die beiden ertönenden Saitenabschnitte mit ihren Grenzpunkten angeben können? Aber der Anfangspunkt des zwölfgeteilten ‚Kanon' war doch immer die »*Nummer 0*«, wofür es im Griechischen gar kein Zeichen gab! Man hatte also zwei Strecken vor sich, deren einer (gemeinsamer) Grenzpunkt, der Anfang des ganzen Monochords, mit keiner Nummer bezeichnet war. – Um so leichter ließen sich die beiden nacheinander ertönenden Saitenabschnitte des Monochords *mit je einer Nummer* (mit je einem Buchstaben) an ihren anderen Endpunkten bezeichnen. Dieselben beiden zusammengehörigen Nummern oder Buchstaben der beiden ertönenden Saitenabschnitte waren selbstverständlich mit den beiden »Grenzpunkten« *(horoi)* des stillgelegten Saitenstückes identisch. – In der Tat wird in der *Sectio canonis* ein *diastema* immer mit *zwei* solchen Strecken veranschaulicht, die beide *nur mit je einem Buchstaben* bezeichnet werden. Und so wurde in der griechischen Musiktheorie das anschauliche Bild der *Zahl* immer eine *Strecke*, die nur mit einem einzigen Buchstaben – und nicht wie die *Strecke* in der Geometrie *mit ihren beiden Grenzpunkten!* – bezeichnet wird.

Dieselbe Art, *Zahlen* als »Strecken« zu veranschaulichen, wurde aus der Musiktheorie – allerdings in einer nicht sehr konsequenten Form – auch in EUKLIDS Arithmetik übernommen. Denn bei EUKLID werden ja die *Zahlen* immer als »Strecken« dem Leser vorgezeigt. Aber wie werden diese »Strecken« der Arithmetik – die also *Zahlen* vertreten sollen – z. B. in Buch VII der Euklidischen »Elemente« mit Buchstaben bezeichnet?

1. Es gibt hier eine Reihe von Sätzen (z. B. VII 3, 12, 13, 14, 16, 17 u. a. m.), die die Strecken *bloß mit einem Buchstaben bezeichnen.* Diese Art die Zahlen zu veranschaulichen ist also dieselbe, die man auch in der *Sectio canonis* wiederfindet.
2. Aber es gibt in demselben Buch wieder auch solche Sätze (z. B. VII 1, 2, 7, 8 u. a. m.), die die als *Zahlen* vorgezeigten

Strecken nach geometrischer Art *mit je zwei Buchstaben* – am Anfang und am Ende der Strecke – versehen.

3. Ja, es gibt daselbst auch solche Sätze noch (z. B. VII 4, 5, 6, 9 u. a. m.), die sich gleichzeitig beider verschiedener Arten der Bezeichnung bedienen. Die eine Zahl wird in diesen letzteren Sätzen vermittels einer Strecke nur *mit einem einzigen Buchstaben* und die andere vermittels einer anderen Strecke *mit zwei Buchstaben* vorgeführt.

Man sieht also, daß es selbst zu Euklids Zeiten noch nicht entschieden war, welche Bezeichnungsart der Zahlstrecken in der Arithmetik – die »musikalische« mit einem einzigen Buchstaben (die man auf Grund der Operationen am ‚Kanon' verstehen kann) oder die andere, die mehr »geometrische« mit zwei Buchstaben – vorzuziehen sei.

7. *»diplasion«, »hemiolion«, »epitriton«*

Wir haben im Laufe der bisherigen Betrachtungen zwei Stufen in der Entfaltung des musiktheoretischen Begriffes *diastema* zu unterscheiden gelernt:

1. Auf der ersten Stufe war *diastema* (= musikalisches Intervall) das »stillgelegte Saitenstück« des Monochords zwischen zwei nacheinander ertönenden Saitenabschnitten, das durch seine beiden »Grenzpunkte« *(horoi)* gekennzeichnet wird und dessen Grenzpunkte als zwei *Zahlen* des zwölfgeteilten ‚Kanon' ablesbar waren.
2. Auf einer offenbar späteren Entwicklungsstufe, die für uns in der *Sectio canonis* vorliegt, redete man nicht mehr von dem »stillgelegten Saitenstück« des Monochords, sondern vielmehr von den »beiden nacheinander ertönenden Saitenabschnitten«. In dieser Zeit war *diastema* schon eindeutig das *Verhältnis* jener beiden Zahlen zueinander, die die Längenmaße der nacheinander ertönenden Saitenabschnitte angaben.

Nun glaube ich, außer diesen beiden Stufen auch noch auf ein drittes, *älteres Stadium* hinweisen zu können, in dem der musiktheoretische Begriff *diastema* sich erst sozusagen in Vorbereitung befand. Nachdem diese ältere Entwicklungsstufe – meiner Ansicht nach – keineswegs bloß für die Musiktheorie, sondern auch für die gesamte griechische Mathematikgeschichte sehr aufschlußreich ist, wollen wir uns mit ihr im folgenden etwas ausführlicher beschäftigen.

Wir gehen von dem oben einmal schon zitierten Bericht des GAUDENTIUS aus[59]: »PYTHAGORAS spannte eine Saite über ein Lineal, den sog. *Kanon* aus, und teilte diesen in 12 Teile usw.« – Nach diesen Worten soll also dem Finden der Zahlenverhältnisse der drei wichtigsten Konsonanzen die *Zwölfteilung des ,Kanon'* vorangegangen sein. Der zwölfgeteilte ,Kanon' war jenes für Experimente benutzte Instrument der Pythagoreer, mit dessen Hilfe die wichtigen musikalischen Zahlenverhältnisse (12 : 6 Oktave, 12 : 9 Quarte und 12 : 8 Quinte) bestimmt wurden. In der Tat, auch wir konnten vorhin eben auf Grund der Experiment-Schilderung des GAUDENTIUS mit Hilfe des ,Kanon' den ursprünglichen und genauen Sinn der musikalischen Fachausdrücke *diastema* und *horoi* ausfindig machen.

Aber fassen wir jetzt die Schilderung des GAUDENTIUS doch etwas kritischer ins Auge. Wäre es wirklich möglich, daß man das geschilderte Experiment des PYTHAGORAS auch ursprünglich – d. h. also auch in jener Zeit schon, in der man die Verhältniszahlen der drei wichtigsten Konsonanzen bloß in sich, ohne Rücksicht auf ihre gegenseitigen Zusammenhänge untereinander, illustrieren wollte – schon mit der *Zwölfteilung des ,Kanon'* begonnen hätte? Aber eine Zwölfteilung ist ja, solange man die Oktave, Quinte und Quarte – alle drei bloß in sich – an dem Monochord zeigen will, gar nicht unbedingt nötig. Um die Oktave zu bekommen, braucht man die gespannte Saite bloß zu *halbieren* (2 : 1). Die Quinte bekommt man mit einer *Dreiteilung*. (Die ganze gespannte Saite und

[59] Siehe Anm. 36.

zwei Drittel-Stücke von ihr ergeben die Töne der Quinte, 3 : 2.) Ebenso genügt zu der Quarte die *Vierteilung* des Monochords, 4 : 3. Ja, der aufmerksame Leser wird auch noch auf Grund der sprachlichen Formulierung des vorhin zitierten GAUDENTIUS-Textes selbst feststellen können, daß der Zwölfteilung des ‚Kanon' je eine ursprünglichere Zwei-, Drei- und Vierteilung vorangehen mußten. *Die Zwölfteilung des musikalischen ‚Kanon' wird also kaum die ursprüngliche sein.*

Mit anderen Worten: Ich fasse den vorhin erwähnten Bericht des GAUDENTIUS als eine Schilderung der musikalischen Experimente *auf einer verhältnismäßig späteren Stufe* auf. Ursprünglich hat man wohl nicht mit dem *zwölfgeteilten ‚Kanon'*, sondern einfach mit dem Monochord experimentiert. Erst später wird man dabei entdeckt haben, daß aus gewissen Gründen die Zwölfteilung der Meßrute unter dem Monochord am geeignetsten ist.

Daß diese Rekonstruktion des Entwicklungsprozesses richtig ist, hoffe ich mit der sprachlichen Erklärung solcher musiktheoretischer Ausdrücke zeigen zu können, die offenbar noch aus der Zeit *vor der Einführung des zwölfgeteilten ‚Kanon'* stammen. Diese musiktheoretischen Ausdrücke sind die ältesten überlieferten Namen für die Intervalle der *Oktave*, *Quinte* und *Quarte*.

Der gewöhnlichste Name für das Zahlenverhältnis der *Oktave* hieß in der pythagoreischen Musiktheorie[60] *διπλάσιον διάστημα* oder in einem Fragment des PHILOLAOS[61] *διπλόον*. Man übersetzt diesen Ausdruck in unsere Formelsprache mit *2 : 1* oder – unter Berücksichtigung des zwölfgeteilten ‚Kanon' – mit *12 : 6*. Aber versuche man einmal denselben Ausdruck auch *wörtlich* zu übersetzen und dann das Übersetzte im Zusammenhang mit dem Monochord zu verstehen! – Der Fachausdruck *διπλάσιον διάστημα* heißt wörtlich: *»doppelte*

[60] Vgl. Nicomachi Enchiridion (ed. C. JANUS), S. 250, 22 ff.; oder auch schon in PLATONS »Timaios« 36.

[61] Siehe Anm. 24.

Strecke«. Diesen Namen bekam die Symphonie der Oktave offenbar darum, weil das Monochord – nachdem man es einmal schon zum Tönen gebracht hatte – auf seine Hälfte verkürzt wurde und dann der kürzere Saitenabschnitt jenen anderen Ton ergab, der die Oktave zu dem Ton des ganzen Monochords bildet.

Aber was heißt in dem eben übersetzten Ausdruck – also in *διπλάσιον διάστημα* = »*doppelte Strecke*« – das Wort *diastema* selbst? Ist *diastema* auch in diesem Fall etwa »*das stillgelegte Saitenstück des Monochords*«, wie ich es früher erklärt hatte? – Offenbar nicht! Der Ausdruck *διπλάσιον διάστημα* kann, als ein Name für das Zahlenverhältnis der Oktave, *nur das ganze Monochord bezeichnen*. Die einzig denkbare Erklärung für diese Bezeichnungsart ist – meiner Ansicht nach – die folgende:

Man sah die Hälfte des Monochords – also wohl jenen Saitenabschnitt, der im Falle der Oktave beim zweiten Mal ertönt[62] – als die *Einheit* an. Auf diese »Einheit« bezogen, gilt das ganze Monochord als eine »*doppelte Strecke*«. Behandelt man also das Monochord als eine »doppelte Strecke« – d. h. ertönt zuerst die ganze gespannte Saite und dann ihre für den vorliegenden Fall gewählte »Einheit« (die Hälfte des Monochords) –, dann bekommt man die Konsonanz der Oktave.

Wohl ist diese Erklärung auf den ersten Blick überraschend, und vielleicht leuchtet sie auch nicht sogleich ein. Aber ich muß dennoch nachdrücklich betonen, daß ich nur eine solche Erklärung auch im Falle der beiden anderen alten pythagoreischen Namen für die Verhältniszahlen der *Quinte* und *Quarte* für möglich halte.

Man bekommt die Quinte am Monochord – wie es oben schon erklärt wurde – dadurch, daß nach dem Ertönen der

[62] Die andere, in diesem Fall auch denkbare Erklärung — daß nämlich die »Einheit« *die stillgelegte Hälfte des Monochords* wäre — kommt wegen der verwandten Ausdrücke *ἡμιόλιον* und *ἐπίτριτον διάστημα* nicht in Betracht. Vgl. dazu auch das folgende oben im Text.

ganzen Saite ein Drittel von ihr stillgelegt wird; beim zweiten Mal ertönen bloß zwei Drittel-Stücke des ganzen Monochords (3 : 2 = 12 : 8). Der alte pythagoreische Name für dieses Intervall hieß nun *ἡμιόλιον διάστημα*,[63] d. h. also »$1\frac{1}{2}$ *lange Strecke*«. Auch diese Bezeichnung paßt nur auf das ganze Monochord. Denn auch in diesem Fall galt als »Einheit« der beim zweiten Mal ertönende Saitenabschnitt (die Strecke »0 – 8« am ‚Kanon'); diesen sah man als ein »Ganzes« *(ὅλον)* an und auf diesen Saitenabschnitt bezogen war das vollständige Monochord (d. h. die ganze Strecke »0 – 12« am ‚Kanon') »ein Ganzes und das Halbe von dem Ganzen«, d. h. eine »$1\frac{1}{2}$ *lange Strecke*« *(ἡμιόλιον διάστημα)*. Behandelt man also das Monochord als eine »$1\frac{1}{2}$ lange Strecke« – d. h. ertönt zuerst die ganze Saite und dann ihre diesmalige »Einheit« (zwei Drittel-Stücke von ihr), worauf bezogen die ganze Saite eine »$1\frac{1}{2}$ lange Strecke« ist –, so bekommt man die Quinte.

Ein Ähnliches gilt auch für den pythagoreischen Namen des Zahlenverhältnisses der *Quarte* (4 : 3) *ἐπίτριτον διάστημα*.[64] Man bekommt die Quarte am Monochord dadurch, daß beim zweiten Schlagen auf die Saite ein Viertel-Stück von ihr stillgelegt wird, und nur noch drei Viertel-Stücke der Saite ertönen (12 : 9). Betrachtet man nun das beim zweiten Mal ertönende Saitenstück (0 – 9) als die diesmalige »Einheit«, so wird das ganze Monochord (0 – 12) eine »$1\frac{1}{3}$ *lange Strecke*« = *ἐπίτριτον διάστημα*. (Das griechische Wort *ἐπίτριτον* heißt »*dazu noch* – nämlich *zu der Einheit noch – ein Drittel*«.)

[63] Siehe Anm. 21, probl. 41 oder PLATON, »Timaios« 36.

[64] Vgl. PLATON, »Timaios« 36, oder auch das schon öfters zitierte Fragm. 6 des PHILOLAOS.

Man findet eine überraschende Bestätigung für die eben entwickelte Erklärung der beiden Ausdrücke *ἡμιόλιον* und *ἐπίτριτον διάστημα* im Theorem 8 der *Sectio canonis.* Ich müßte hier – als einen Beweis für die Richtigkeit des oben Dargestellten – beinahe den vollständigen griechischen Text dieses Theorems zusammen mit seinen schematischen Zahlendarstellungen wieder abdrucken lassen. (Man vergesse in der Interpretation dieses Satzes – *Sectio canonis 8* – nur folgendes nicht: Ein *diastema* – »Verhältnis zweier Zahlen zueinander« – wird in der *Sectio canonis* immer durch *zwei Strecken* veranschaulicht, und dementsprechend werden in dem erwähnten Satz das ganze Monochord und das beim zweiten Mal ertönende Saitenstück, die »Einheit«, als *zwei gesondert gehaltene Strecken* dem Leser vorgeführt.)

Wir ersehen also aus den zuletzt entwickelten Worterklärungen zweierlei:

1. In jener Zeit, in der die eben behandelten drei Fachausdrücke der Musiktheorie *diplasion, hemiolion* und *epitriton diastema* geprägt wurden, ging man *noch nicht von der Zwölfteilung des ‚Kanon'* aus. Doch waren zu derselben Zeit die Verhältniszahlen der drei wichtigsten Konsonanzen (2 : 1, 3 : 2 und 4 : 3) im Grunde schon bekannt, und zwar als *Längenverhältnisse.* – Ob dabei diese Längenverhältnisse an dem *Monochord* selbst oder durch Verkürzung einer Saite an einem *mehrsaitigen Instrument* gefunden wurden, ist gar keine wesentliche Frage. Denn schließlich kommt man ja zu dem Monochord, dem einsaitigen experimentellen Instrument, eben auf dem Wege, daß man bloß mit einer einzigen Saite eines mehrsaitigen Instrumentes hantiert, man versucht mit dieser einen Saite alle gewünschten Töne hervorzubringen.
2. Eine andere wichtige Tatsache, die ich aus der obigen Erklärung der Namen »diplasion«, »hemiolion« und »epitriton diastema« hervorheben muß, ist die folgende: Zu jener Zeit, in der diese Namen geprägt wurden, hieß das Wort *diastema*

in der Fachsprache im Grunde schon dasselbe, was wir unter einem »musikalischen Intervall« verstehen, aber doch auf eine ganz merkwürdige Art. Denn *diastema* war in diesen Fällen noch nicht das »stillgelegte Saitenstück« – das sichtbare Bild des hörbaren Intervalls selber –, sondern man wollte noch das *ganze Monochord* als je ein anderes *diastema* in den drei Fällen der wichtigsten Konsonanzen messen. Ja, man gab sozusagen Anweisungen mit den obigen Namen, wie das Monochord verschiedenartig als *diastema* zu messen sei, um die drei Konsonanzen zu bekommen. Ein »diplasion diastema« (= doppelte Strecke) wird das Monochord im Falle der Oktave deswegen, weil in diesem Fall zuerst die ganze Saite und nachher ihre diesmalige *Einheit* (die Hälfte) ertönt. Dagegen gilt dasselbe Monochord im Falle der Quinte als ein »hemiolion diastema« (»$1\frac{1}{2}$ lange Strecke«), weil diesmal die ganze Saite die $1\frac{1}{2}$malige Länge ihrer nachher ertönenden »Einheit« ausmacht. Und ein Ähnliches gilt im Sinne der obigen Erklärung auch für den Fall der Quarte. – Man sieht also, daß zu dieser alten Zeit von *Grenzpunkten am ‚Kanon' (ὅροι)* noch gar keine Rede sein konnte.

Vergleicht man nun diese Art des Messens – die auf Grund der drei Namen eben rekonstruiert wurde – damit, wie die Zahlenverhältnisse der Konsonanzen am zwölfgeteilten ‚Kanon' angegeben werden, so springt die geniale Vereinfachung sofort ins Auge. Denn zu jener alten Zeit, in der die Namen »diplasion«, »hemiolion« und »epitriton diastema« aufkamen, mußte man noch in allen drei Fällen *verschiedene Längeneinheiten* suchen, mit denen das Monochord zu messen war. Außerdem führte dieses Messen in zwei Fällen auch noch zu *Bruchzahlen* (»hemiolion« und »epitriton«).

Als man dagegen später eine im voraus zwölfgeteilte Meßlatte unter das Monochord gelegt hatte, wurde dadurch das ganze Verfahren auf einmal viel einfacher. Man brauchte nicht mehr immer wieder neue Längeneinheiten für die drei verschiedenen Konsonanzen zu finden. Ja, man brauchte auch nicht mehr in verschiedenen Einheiten die Länge desselben ganzen Monochords auszudrücken. Man konnte statt dessen einfach mit zwei Nummern am ‚Kanon' die Länge des *stillgelegten Saitenstückes* angeben. Die Einführung des numerierten ‚Kanon' scheint also die folgenden wichtigen Neuerungen mit sich gebracht zu haben:

a) Man bezog das Wort *diastema* nicht mehr auf das ganze Monochord – wie noch in den Fällen des »diplasion«, »hemiolion« und »epitriton diastema« –, sondern nur noch auf das »stillgelegte Saitenstück des Monochords«. Erst dadurch wurde das *diastema* auch in unserem Sinne des Wortes »musikalisches Intervall«, d. h. *Intervall* zwischen zweien nacheinander ertönenden Klängen.

b) Erst seit dem Einführen des numerierten ‚Kanon' gibt es in der Musiktheorie *ὅροι* = »*Grenzpunkte des stillgelegten Saitenstückes in zwei Zahlen*«. (Natürlich gab es *vor* dem Einführen des ‚Kanon' auch gewiß keinen Begriff *logos* – im Sinne »Verhältnis zweier Zahlen zueinander« – a : b; vgl. dazu auch Kapitel 18. Die Schöpfung des mathematischen Begriffes *logos*.)

Zu jener älteren Zeit, in der die eben behandelten drei Fachausdrücke der Musikwissenschaft geprägt wurden, gab es noch gar keine *horoi*, da man zu dieser Zeit noch nicht das stillgelegte Saitenstück, sondern das ganze Monochord als *diastema* messen wollte.

c) Nach dem Einführen des numerierten ‚Kanon' wurden die früheren Bruchzahlen in der Musiktheorie ($1\frac{1}{2}$ und $1\frac{1}{3}$) eigentlich überflüssig. Denn man bezeichnete von nun an die Quinte und Quarte nicht mehr als »$1\frac{1}{2}$ lange« bzw. als »$1\frac{1}{3}$ lange Strecke«, sondern diese Konsonanzen konnten jetzt schon einfach mit den Nummern ihrer stillgelegten Saitenabschnitte am ‚Kanon', also *in ganzen Zahlen* angegeben werden. Natürlich wurden dabei die alten Namen (die Bruchzahlen) auch weiterhin beibehalten, nur verstand man sie nicht mehr als Brüche, sondern als Verhältnisse von ganzen Zahlen. Darum kann z. B. der alte Ausdruck *ἡμιόλιον διάστημα*, was ursprünglich nur »$1\frac{1}{2}$ *lange Strecke*« hieß, in der Musiktheorie der klassischen Zeit sowohl *3 : 2* wie auch *12 : 8* oder auch *9 : 6* – alle Verhältniszahlen der Quinte – bedeuten.

8. Das Euklidische Verfahren

Die Erklärung der musiktheoretischen Ausdrücke »diplasion«, »hemiolion« und »epitriton diastema« hat uns in jene alte Zeit zurückgeführt, in der man noch *ohne den zwölfgeteilten ‚Kanon'*, bloß mit dem gespannten Monochord die Zahlenverhältnisse der wichtigsten Konsonanzen zu bestimmen versuchte. Es wird sich lohnen, das *Verfahren*, das bei diesen Versuchen zur Anwendung kam, noch einmal genauer ins Auge zu fassen, denn dasselbe Verfahren hat ja auch in der griechischen Arithmetik eine wichtige Rolle gespielt.

Nachdem man den Ton der ganzen gespannten Saite wahrgenommen hatte, suchte man zu diesem Ton die Quinte oder die Quarte. Zu dieser Zeit wußte man schon (wohl aus Erfahrungen an Blasinstrumenten), daß – um die gesuchte Konsonanz zu erhalten – der tönende Gegenstand (in unserem Fall die gespannte Saite) verkürzt werden muß. Es fragte sich nur, wie groß die Verkürzung der Saite sein solle. Eine Antwort erhielt man auf diese Frage natürlich erst nach mehreren Versuchen, Proben. Als man schließlich herausbekommen hatte, wie groß das stillgelegte Saitenstück sein solle – um dann mit dem beim zweiten Mal ertönenden Abschnitt die Quarte oder die Quinte zu dem Ton der ganzen Saite zu bekommen –, sah man jenen Saitenabschnitt, der beim zweiten Mal ertönte, als die »*Einheit*« an. Am Ende mußte man nur noch feststellen, den wievielten Teil der jeweiligen

»Einheit« (des anderen Saitenabschnittes, der beim zweiten Mal ertönt) das stillgelegte Saitenstück ausmacht. Im Falle der Quarte war das stillgelegte Saitenstück ein Drittel und in demjenigen der Quinte die Hälfte der dazugehörigen »Einheit«.

Man könnte also die aufeinanderfolgenden Schritte dieses Verfahrens auf diese Weise zusammenfassen:

a) In dem Augenblick, als man jenen kürzeren Saitenabschnitt gefunden hatte, der die gesuchte Konsonanz zu dem Ton der ganzen Saite ergibt, hatte man eigentlich *zwei verschieden lange Strecken* vor sich: das ganze Monochord und jenen anderen, kürzeren Saitenabschnitt, der den zweiten Ton ergab.

b) Die kürzere Strecke – jener Saitenabschnitt, der den zweiten Ton ergab – galt in diesem Fall als die »*Einheit*«. Diese letztere Strecke (die »Einheit«) wurde von der längeren Strecke (dem ganzen Monochord) *abgezogen*. Übrig blieb dabei ein *Rest*, das stillgelegte Saitenstück des Monochords.

c) Das Längenmaß des Restes (des stillgelegten Saitenstückes) wurde auf dem Wege festgestellt, daß man versuchte, *wie oft sich dieser Rest von der kleineren Strecke*, dem beim zweiten Mal ertönenden Saitenabschnitt, *subtrahieren ließ*. – Im Falle der Quinte war eine zweimalige und in demjenigen der Quarte eine dreimalige Subtraktion des Restes möglich, nachdem das stillgelegte Saitenstück bei der Quinte die *Hälfte* des beim zweiten Mal ertönenden Saitenabschnittes und bei der Quarte ein *Drittel* desselben war.

Es wurde also zuerst die kleinere Strecke von der längeren und dann wieder der Rest der längeren Strecke von der kleineren abgezogen, bis am Schluß gar kein Rest übrigblieb.

Diese gegenseitige Subtraktion zweier Größen ist den Lesern Euklids wohlbekannt. Dies ist die Methode des sog. »Euklidischen Verfahrens«, der *Wechselwegnahme*, wie sie in der neueren Fachliteratur der griechischen Mathematikgeschichte heißt.[65] Sie kommt in EUKLIDS »Elementen« in zwei Zusammenhängen vor. In Buch VII dient sie zur Bestimmung des größten gemeinsamen Teilers zweier Zahlen: Man entscheidet mit der Anwendung dieser Methode die Frage, ob zwei gegebene Zahlen nicht prim gegeneinander sind. Wie nämlich Satz *Elem. VII 1* heißt:

> »Nimmt man bei Vorliegen zweier ungleicher Zahlen abwechselnd immer die kleinere von der größeren weg, so müssen – wenn niemals ein Rest die vorangehende Zahl genau mißt, bis die Einheit übrigbleibt – die ursprünglichen Zahlen gegeneinander prim sein.«[66]

Dagegen entscheidet die Wechselwegnahme in Buch X der »Elemente« die Frage, ob zwei Größen überhaupt kommensurabel sind. Wendet man nämlich dieses Verfahren auf zwei inkommensurable Größen an, so muß sich der Prozeß der Wechselwegnahme bis ins Unendliche fortsetzen (vgl. *Elem. X 2*).

Nun hat man den Ursprung dieses Verfahrens – soviel ich weiß – bisher nicht geklärt. Man wußte nur – seit einer Arbeit von H. G. ZEUTHEN[67] –, daß dieselbe Methode auch schon ARISTOTELES bekannt war.[68] Wie G. JUNGE gelegentlich dar-

[65] Vgl. B. L. v. d. WAERDEN, Erwachende Wissenschaft, S. 208, 236.

[66] C. THAERS Übersetzung (vgl. Anm. 60 zum I. Teil dieses Buches). Man beachte, daß in EUKLIDS Arithmetik die »Zahlen« immer als *Strecken* veranschaulicht werden. Demnach muß also – im Sinne des zitierten Satzes – die *Einheit* durch eine zwar willkürlich gewählte, aber doch *im voraus bestimmte* kleinere Strecke dargestellt werden, wobei die »Zahlen« selber ihrerseits als die *Mehrfachen* derselben Einheitsstrecke gedacht werden. Zum letzteren vgl. die Definition *Elem. VII 2.*

[67] Det Kgl. Danske Vidensk. Selsk. Skrifter, nat. og math. 8 Raekke I Kopenhagen 1917, S. 199–381.

[68] ARISTOTELES, Topik 3, 158, 29–35, vgl. dazu auch Anm. 7, 8 und 9.

über schrieb[69]: »Das Verfahren mag sehr alt sein; man wird wohl mit Notwendigkeit darauf geführt, wenn man das Längenverhältnis zweier Strecken bestimmen will.«

Nach der oben dargestellten Erklärung der musiktheoretischen Ausdrücke »hemiolion« bzw. »epitriton diastema« liegt die Vermutung nahe, daß das Euklidische Verfahren, die *Wechselwegnahme*, wohl aus der Musiktheorie der Pythagoreer entstammen mag. Das heißt genauer: Man hat diese Methode wohl im Laufe jener Experimente entwickelt, die an dem Monochord angestellt wurden, und sie diente ursprünglich dazu, das gegenseitige *Verhältnis* zweier Abschnitte des Monochords untereinander zu bestimmen. Mit anderen Worten: Die *Wechselwegnahme* soll ursprünglich eine Methode der *musikalischen Proportionenlehre* gewesen sein. – Diese Vermutung paßt in der Tat sehr gut dazu, was man schon seit langem von der *Wechselwegnahme* weiß. Es sei hier nämlich an folgendes erinnert:

Die Operation der Wechselwegnahme wird bei Euklid mit dem Verbum *ἀνθυφαιρεῖν* bezeichnet.[70] Das daraus gebildete Hauptwort heißt *ἀνθυφαίρεσις*.[71] Eben an jener Stelle des Aristoteles, an der dieses Wort das einzige Mal vorkommt,[72] wird auch eine alte, in Euklids »Elemente« gar nicht mehr aufgenommene Definition der *Verhältnisgleichheit* angedeutet. Dieselbe Definition wird sowohl in dem anschließenden Kommentar des Alexander von Aphrodisias wie auch in dem Suda-Lexikon (s. v. *ἀνάλογον*) wörtlich folgendermaßen angeführt: *ἀνάλογον ἔχει μεγέθη πρὸς ἄλληλα, ὧν ἡ αὐτὴ ἀνθυφαίρεσις* = »*Verhältnisgleich sind untereinander jene Größen, deren Wechselwegnahme dieselbe ist.*«

Mir scheint, daß man den wahren Sinn dieser alten Definition der Verhältnisgleichheit eigentlich nur dann richtig ver-

[69] G. Junge, Von Hippasus bis Philolaus, »Classica et Mediaevalia«, Revue Danoise de Philologie et d'Histoire, XIX (1958) 41–72.

[70] Elem. VII 1.

[71] Alexander von Aphrodisias (ed. M. Wallies), S. 545.

[72] Siehe Anm. 68.

stehen kann, wenn man dabei auch daran denkt, daß die Methode der *Wechselwegnahme (ἀνθυφαίρεσις)* auch schon zum Bestimmen des gegenseitigen *Verhältnisses* zweier Abschnitte am Monochord benutzt wurde. Es lag wohl nahe – nachdem das gegenseitige Verhältnis zweier Streckensegmente mit Wechselwegnahme festgestellt wurde –, auch die Verhältnis*gleichheit* als in beiden Fällen *dieselbe Wechselwegnahme* der je zwei Größen zu definieren.

(Dabei mag für die Griechen auch der Begriff der »*Verhältnisgleichheit*« selber ursprünglich wohl eben im Laufe der musiktheoretischen Betrachtungen in den Vordergrund des Interesses gerückt worden sein. Denn es mußte ja sofort einleuchten: Es ist einerlei, ob man z. B. die Verhältniszahlen der Quinte an einem bloß *dreigeteilten* Monochord oder ob man dieselben an einem *zwölfgeteilten* ‚Kanon‘ feststellt. Die Zahlenverhältnisse 3 : 2 und 12 : 8 – oder auch noch 9 : 6 – sind untereinander gleich; und in allen solchen Fällen ist auch die Wechselwegnahme der beiden betreffenden Größen dieselbe.)

9. Der zwölfgeteilte ‚Kanon‘

Es wurde im vorletzten Kapitel in drei Punkten (*a*, *b* und *c*, S. 176–177) zusammengefaßt, welche wesentlichen Erleichterungen die Einführung der numerierten Meßlatte für die Experimente an dem Monochord mit sich brachte. Nun hatte jedoch das Heranziehen derselben Meßlatte auch noch andere Vorteile, auf die ich hier hinweisen möchte.

Man wußte natürlich schon längst aus der Praxis der Musik, daß die beiden äußersten Saiten zweier zusammengefügter Tetrachorde – die ὑπάτη und die νήτη – eine Oktave ergeben.[73] Man war sich auch darüber im klaren, daß sich dieses größere musikalische Intervall – die Oktave – aus zwei kleineren Intervallen zusammensetzt. Wie Philolaos in seinem oben schon zitierten Fragment schrieb[74]: »Die Größe der Ok-

[73] Siehe Anm. 21.
[74] Siehe Anm. 24.

tave umfaßt eine *Quarte* und eine *Quinte* ... Denn von der obersten Saite (*ὑπάτα*) bis zu der mittleren (*μέσσα*) ist eine Quarte, und von der mittleren bis zu der untersten (*ἐπὶ νεάταν*) eine Quinte.«

Man fragte sich nun, ob sich derselbe Tatbestand nicht auch an dem Monochord veranschaulichen ließe. Wie könnte man an dem Monochord zeigen, daß die beiden *diastemata* der Quarte und Quinte zusammen gerade das *diastema* der Oktave ausmachen?

Es war natürlich *nicht möglich*, auf diese Frage eine beruhigende Antwort zu finden, solange man das Monochord in den Fällen der Oktave, Quarte und Quinte mit drei verschiedenen Längeneinheiten gemessen hatte. Aber sogleich wurde dieselbe Antwort erleichtert, als man eine Meßrute unter dem Monochord in *vier* gleiche Teile eingeteilt hatte. So wurde das *diastema* (»das stillgelegte Saitenstück«) der Oktave durch die beiden Grenzpunkte der Saite bei den Nummern *4* und *2* der Meßrute bezeichnet (4 : 2). Und so wurde es auch leicht, zu zeigen, daß sich dieses größere *diastema* des Monochords (die Oktave) in der Tat aus den beiden kleineren *diastemata* (= »stillgelegte Saitenstücke«) der Quarte (4 : 3) und der Quinte (3 : 2) zusammensetzt. Die Oktave ist ein *zusammengesetztes Verhältnis* aus Quarte und Quinte,[75] d. h. genauer: Die *Strecke* der Oktave am Monochord (4 : 2) setzt sich aus den *Strecken* der Quarte (4 : 3) und der Quinte (3 : 2) zusammen.

Auch das Experiment mit dem Monochord – und mit der numerierten Meßlatte – zeigte also denselben Tatbestand, den man aus der Praxis der Musik gekannt hatte. Solche Versuche mit einem ursprünglich vielleicht nur *viergeteilten ‚Kanon'* mögen auch zu der fast mythischen Bedeutung der *τετρακτύς* (»Vierheit«) für die Pythagoreer beigetragen haben.[76]

Aber man vergesse nicht, daß unsere Quellen *nie von einem viergeteilten ‚Kanon'* sprechen. Wohl wird zwar in der Über-

[75] B. L. v. d. WAERDEN, Erwachende Wissenschaft, S. 183.
[76] Ebd., S. 157.

lieferung die Erfindung des ‚Kanon‘ dem PYTHAGORAS zugeschrieben – und diese Frühdatierung ist *nicht* zu bezweifeln, einerlei was man dabei von der halblegendären Gestalt des PYTHAGORAS denken mag –, aber dieselben Quellen behandeln entweder überhaupt nicht die Einteilung des ‚Kanon‘, oder es wird in ihnen nur eine *Zwölfteilung* erwähnt. Der »viergeteilte Kanon« ist also bloß eine Vermutung, die man nur mit den Verhältniszahlen der Konsonanzen (4 : 3, 3 : 2 und aus diesen beiden 4 : 2) und mit dem Hinweis auf die pythagoreische »tetraktys« einigermaßen wahrscheinlich machen könnte.

Sieht man dabei genauer zu, so entdeckt man bald auch die Nachteile des »viergeteilten Kanon« – wenn ein solcher von den pythagoreischen Musiktheoretikern wirklich jemals benutzt wurde – gegenüber der *Zwölfteilung* derselben Meßrute. Nehmen wir z. B. den folgenden Fall.

Es war in der Praxis der Musik natürlich einerlei, ob man zuerst die Quarte zu einem gegebenen Ton suchte und auf diese Quarte unmittelbar die nächste Quinte folgen ließ, oder ob man zuerst die Quinte zu dem gegebenen Ton fand und auf diese die darauffolgende Quarte anschloß, in beiden Fällen ergab die Zusammensetzung der beiden kleineren Intervalle die Oktave des ursprünglichen Tones. – Aber wie hätte man dieselbe Umkehrung der Reihenfolge der beiden Teilintervalle mit einem bloß *»viergeteilten Kanon«* illustrieren können? – Die Zusammensetzung der beiden *diastemata* (Quarte und Quinte) war, wenn man den ‚Kanon‘ bloß viergeteilt hatte, nur unter der Bedingung möglich, daß man die Quarte vorangehen und danach die Quinte folgen ließ (4 : 3 und 3 : 2, zusammen 4 : 2). Dagegen konnte man im Falle eines zwölfgeteilten ‚Kanon‘ je nach Belieben 12 : 9 (Quarte) und 9 : 6 (Quinte), oder auch 12 : 8 (Quinte) und 8 : 6 (Quarte) wählen, in beiden Fällen ergab die Zusammensetzung der je zwei *diastemata* das *diastema* der Oktave, 12 : 6.

Es ist dabei auch leicht einzusehen, wie man gerade zu der *Zwölfteilung* der Meßrute gekommen war. Man mußte sich dazu nur überlegen, daß das Monochord in den Fällen der

Oktave, Quarte und Quinte ursprünglich *mit drei verschiedenen Längeneinheiten* gemessen wurde: zu der Oktave wurde es *zweigeteilt*, zu der Quarte *viergeteilt* und zu der Quinte *dreigeteilt*. Wollte man nun dieselben drei Konsonanzen an einem einzigen Monochord und gleichzeitig illustrieren, so mußte vor allem das *kleinste gemeinsame Vielfache* der Zahlen *2, 4* und *3* gefunden werden, und das ist gerade die *12*.

Die Zwölfteilung des ‚Kanon' hat – außer der Zusammensetzung der Quarte und Quinte in beliebiger Reihenfolge – auch noch das Veranschaulichen eines anderen interessanten Zusammenhanges unter den Zahlenverhältnissen der Konsonanzen ermöglicht.

Es wird nämlich in der antiken Überlieferung auch mehrmals hervorgehoben, daß das Intervall der Quinte *größer* als dasjenige der Quarte ist. (Es sei hier nur nebenbei folgendes eingefügt: Auch diese Behauptung zeigt schon in sich, wie man die Intervalle am ‚Kanon' zu messen pflegte. *Immer* mußte zuerst der längere Saitenabschnitt – bzw. das ganze Monochord – und erst danach der kürzere ertönen. So bekam man die Zahlenpaare 3 : 2 und 4 : 3. Eine *Umkehrung* derselben Zahlenpaare für die Quinte und Quarte – also etwa 2 : 3 und 3 : 4 – war nach der antiken Denkweise *gar nicht möglich*.[77] Wäre nämlich eine solche Umkehrung möglich gewesen, so bestünde gar nicht die Behauptung, daß »die Quinte größer als die Quarte ist«. Denn schließlich ist in der Tat $\frac{3}{2} > \frac{4}{3}$, aber $\frac{2}{3} < \frac{3}{4}$.) Nun ließ sich die Tatsache, daß die Quinte größer als die Quarte ist, an dem *zwölfgeteilten ‚Kanon'* sehr leicht zeigen. Das *diastema* der Quinte war nämlich in diesem Fall die *Strecke* zwischen den Nummern 12 und 8, während das *diastema* der Quarte nur durch die Strecke zwischen den Nummern 12 und 9 dargestellt wurde. Ja, man sah auf diese Weise

[77] Anders die deutsche Übersetzung der Philolaos-Worte bei Diels–Kranz, o. c., I[8] 409.

sogleich auch, *um wieviel die Quinte größer als die Quarte ist: um die Strecke zwischen den Nummern 9 und 8 des ‚Kanon‘*. Wie PHILOLAOS darüber schrieb[78]: »... die Quinte ist um ein *ἐπόγδοον* (9 : 8) größer als die Quarte.«

10. Rechenoperationen am ‚Kanon‘

Es wird sich lohnen, die zuletzt zitierte Behauptung des PHILOLAOS – »... die Quinte ist um ein *epogdoon* (9 : 8) größer als die Quarte« – noch einmal genauer ins Auge zu fassen. Natürlich begegnet man derselben Feststellung unzählige Male in der musiktheoretischen Literatur der Alten. Nur beispielsweise berufe ich mich hier auf eine Stelle in der Harmonielehre des PTOLEMAIOS, an der dieselbe eben wiederholte Ansicht des PHILOLAOS etwas ausführlicher behandelt wird.[79] Interessant ist für uns diese letztere Stelle zunächst nur deswegen, weil hier anstatt *Quinte* und *Quarte* unmittelbar ihre Verhältniszahlen »hemiolios logos« (3 : 2) bzw. »epitritos logos« (4 : 3) genannt werden; dann heißt es weiter, daß der »Unterschied« *(ὑπεροχή)* dieser beiden Verhältnisse der *»epogdoos logos«* (9 : 8) sei.

Fragt man sich nun, auf welche Weise wohl dieser *Unterschied* der beiden Bruchzahlen $\frac{3}{2}$ und $\frac{4}{3}$ zu erhalten sei, so liegt die Antwort auf der Hand: offenbar durch *Division*. Denn schließlich ist ja $\frac{3}{2} : \frac{4}{3} = \frac{9}{8}$. Aber der hier gebrauchte griechi-

[78] Siehe die vorige Anmerkung. Es sei hier übrigens nebenbei noch bemerkt: Selbstverständlich ist auch dieses Fragment des PHILOLAOS ein unzweifelhafter Beleg für die damalige Existenz des zwölfgeteilten ‚Kanon‘. Ich habe oben im Kapitel 4 »Das ‚diastema‘ zwischen zwei Zahlen« nur mit *einer* PLATON-Stelle die Frühdatierung des ‚Kanon‘ begründet. Aber natürlich könnte man für dieselbe Tatsache auch noch ungezählte andere alte Belege anführen.

[79] Ptolemaios' Harmonielehre (ed. I. DÜRING, 1930). [Die ganze Stelle übersetzt bei B. L. v. d. WAERDEN, Hermes 78 (1943) 166 f.]

sche Ausdruck für »Unterschied« *(ὑπεροχή)* bezeichnet gewöhnlich keineswegs den »Quotienten einer Division«, sondern die *Differenz einer Subtraktion.* Man denke z. B. an jene Stelle bei PORPHYRIOS zur Harmonielehre des PTOLEMAIOS, an der es ausdrücklich hervorgehoben wird, daß die Zahlenpaare *6, 3* und *2, 1* zwar denselben »*logos*« ausmachen (6 : 3 = 2 : 1), aber die *Differenzen* derselben Zahlenpaare doch ungleich sind *(αἱ δ'ὑπεροχαὶ ἄνισοι).*[80] Denn die *Differenz (ὑπεροχή)* ist ja in dem einen Fall 3 (6 – 3 = 3) und in dem anderen 1 (2 – 1 = 1). Zweifellos ist also das Wort *ὑπεροχή* – ebenso wie sein Gegensatz *ἔλλειψις* – ein Fachausdruck der *Subtraktion;* beide Worte bezeichnen die »*Differenz*«.

Wie kommt es nun, daß in der Proportionenlehre der *Quotient* der beiden Verhältnisse *3 : 2* und *4 : 3* – also das Verhältnis *9 : 8* – »*Differenz*« heißt, wo in diesem Fall das kleinere Verhältnis (4 : 3) doch keinen Subtrahenden, sondern einen Divisor darstellt? – Ich glaube, diese Frage beantwortet sich sehr leicht auf Grund dessen, was ich oben im Zusammenhang mit dem ‚Kanon' schon entwickelt hatte. Denn am zwölfgeteilten ‚Kanon' bezeichneten ja die Verhältniszahlen der Quinte (12 : 8, »hemiolios logos«) und der Quarte (12 : 9, »epitritos logos«) je eine *Strecke,* das betreffende stillgelegte Saitenstück zwischen den Nummern 12 und 8 bzw. zwischen 12 und 9 des ‚Kanon'. Wollte man nun wissen, um wieviel kleiner das Verhältnis (die Strecke) der Quarte (12 : 9) als dasjenige der Quinte (12 : 8) an demselben ‚Kanon' ist, dann mußte man die kleinere Strecke von der größeren subtrahieren. Übrigblieb dabei eine »Differenz« *(ὑπεροχή),* nämlich die *Strecke* zwischen den Nummern *9* und *8* des ‚Kanon'.

Wird also in der griechischen Proportionenlehre der »Quotient« zweier Verhältnisse als »*Differenz*« bezeichnet, so erklärt sich dieser merkwürdige Ausdruck historisch dadurch, daß jene Operation, die wir heute als Division eines Bruches durch einen anderen Bruch auffassen, ursprünglich – als Rechenoperation

[80] ed. DÜRING, S. 92, 1 ff.

am zwölfgeteilten ‚Kanon‘ – einfach noch *Subtraktion einer kürzeren Strecke von einer längeren war.*

Selbstverständlich bezeugt *nicht nur* der Ausdruck *ὑπεροχή*, daß es sich für die Griechen bei der Feststellung des »Unterschiedes« zwischen den Verhältnissen 3 : 2 und 4 : 3 ursprünglich *nicht* um eine Division, sondern – nachdem diese Operation unmittelbar an dem ‚Kanon‘ ausgeführt wurde – um eine *Subtraktion* handelte. Ja, es scheint sogar, daß die Operation, die wir in der Form $\frac{3}{2} : \frac{4}{3}$ bezeichnen, griechisch anders als mit den Ausdrücken der *Subtraktion* auch gar nicht umschrieben werden konnte. Darum heißt auch der *Satz 8* in der *Sectio canonis: ἐὰν ἀπὸ ἡμιολίου διαστήματος ἐπίτριτον διάστημα ἀφαιρεθῇ, τὸ λοιπὸν καταλείπεται ἐπόγδοον*, also $\frac{3}{2} : \frac{4}{3} = \frac{9}{8}$. In J. L. Heibergs Übersetzung: »Si ab intervallo sesquealtero intervallum sesquetertium *aufertur*, quod *relinquitur* sesqueoctavum est.« Die Verbalformen *ἀφαιρεθῇ* und *καταλείπεται* sind typische Ausdrücke *nicht* der Division, sondern der *Subtraktion.* (Man denke zum Vergleich an den Satz bei Euklid Elem .IX 27: *ἐὰν ἀπὸ περισσοῦ ἀριθμοῦ ἄρτιος ἀφαιρεθῇ, ὁ λοιπὸς περισσὸς ἔσται* = »Si a numero impari par *subtrahitur*, *reliquus* impar erit.«)

Auf dieselbe Weise – mit einer ursprünglichen Operation am ‚Kanon‘ –, erklären sich auch jene Fachausdrücke der griechischen Proportionenlehre, die die *Multiplikation* eines Verhältnisses mit einem anderen Verhältnis als »*Addition*« umschreiben. – Ich habe schon erwähnt, daß die Oktave als ein *zusammengesetztes Intervall*, als ein *διάστημα συντεθέν* galt. Denkt man daran, daß jenes stillgelegte Saitenstück des Monochords, das im Falle der Oktave zu dem Erzeugen des zweiten Tones nötig war – also die *Strecke* zwischen den Nummern 4 und 2 des (viergeteilten) ‚Kanon‘ –, sich in der Tat aus den beiden *Strecken* der Quarte (zwischen 4 und 3) und Quinte (zwischen 3 und 2) *zusammensetzt*, so versteht man sofort diesen Ausdruck der »Addition«. Denn das Verbum *συντιθέναι* ist ja doch die technische Bezeichnung für »*addieren*«.[81] Sieht man jedoch bloß die beiden Verhältnisse 4 : 3 und 3 : 2 – oder gar die Brüche $\frac{4}{3}$ und $\frac{3}{2}$ – vor sich, so muß man diese selbstverständlich *nicht addieren*, sondern miteinander *multiplizieren*, um das Verhältnis der Oktave (4 : 2 oder 2 : 1) zu bekommen. Der Ausdruck »addieren« – anstatt des erwarteten »*multiplizieren*« (*πολλαπλασιάζειν*) – erklärt sich aus der ursprünglichen Operation am ‚Kanon'.

Die Addition und Subtraktion von Strecken am ‚Kanon' hat nicht nur die Terminologie der Musikwissenschaft, sondern auch diejenige der gesamten griechischen Proportionenlehre weitgehend beeinflußt. Auch bei EUKLID in den »Elementen« begegnet man häufig dem Ausdruck *συγκείμενος λόγος*, in dem das Verbum *συγκεῖσθαι nicht* wie gewöhnlich eine »Addition«, sondern eine »*Multiplikation*« bezeichnet. Es seien hier dafür die folgenden Beispiele genannt:

> *Elem. VI 23:* »Winkelgleiche Parallelogramme haben zueinander das *zusammengesetzte Verhältnis* (*λόγον ἔχει τὸν συγκείμενον*) aus den Seitenverhältnissen.«
> *Elem. VIII 5:* »Ebene Zahlen haben zueinander das *zusammengesetzte Verhältnis* (*λόγον ἔχουσιν τὸν συγκείμενον*) aus den Seitenverhältnissen.«

Und ebenso auch die wahrscheinlich interpolierte Definition:

> *Elem. VI def. 5:* »Ein Verhältnis heißt aus Verhältnissen *zusammengesetzt* (*λόγος ἐκ λόγων συγκεῖσθαι λέγεται*), wenn die Abmessungen der Verhältnisse miteinander *vervielfältigt* ein solches bilden.«[82]

[81] Die Verba *συντιθέναι* und *συγκεῖσθαι* bezeichnen bei EUKLID gewöhnlich die »Addition«; vgl. z. B. Elem. IX 21, 22 u. a. m.

[82] Es sei hier dazu die treffende Bemerkung von C. THAER (vgl. Anm. 60 zum I. Teil dieses Buches) wieder abgedruckt: »*VI. Def. 5 ist wahrscheinlich unecht, möglicherweise aber ein Rest aus einer Proportionenlehre, die älter ist als die des V. Buches.*«

Natürlich erklärt sich der Ausdruck *συγκείμενος λόγος* (= »*zusammengesetztes Verhältnis*«) ebenso aus einer ursprünglichen Operation am ‚Kanon‘ wie auch die verwandte technische Bezeichnung *διπλασίων λόγος* (= »*verdoppeltes Verhältnis*«) in der Definition 9 des Buches V der »Elemente«. Über diese letztere Bezeichnung schrieb B. L. v. d. WAERDEN folgendes[83]: »Die Verdoppelung eines Verhältnisses entspricht offenbar der Multiplikation eines Bruches mit sich selbst; denn wenn $a : b = b : c$, so ist

$$\frac{a}{c} = \frac{a}{b} \cdot \frac{b}{c} = \left(\frac{a}{b}\right)^2.$$

Die Griechen haben diese Multiplikation von Brüchen natürlich genau so gekannt wie wir.« – Übrigens hat den Ausdruck »verdoppeltes Verhältnis« auch schon P. TANNERY auf die Musiklehre zurückgeführt.[84] Ich muß dazu nur folgendes bemerken: Der Hinweis auf die Musiklehre ist in diesem Zusammenhang natürlich am Platze. *Aber er genügt in sich doch nicht.* Denn ohne einen Hinweis auf die Rechenoperationen am ‚Kanon‘ (mit dem bloßen Hinweis auf die *Musiklehre* !) bleibt ja sowohl der Ausdruck »verdoppeltes Verhältnis« wie auch die eben behandelten technischen Bezeichnungen der griechischen Proportionenlehre nach wie vor unerklärt.[85]

Es wird sich übrigens lohnen, im Zusammenhang mit den erörterten Rechenoperationen am ‚Kanon‘ noch zwei Dinge zu erwähnen:

1. Es fiel die Tatsache, daß in der musikalischen Proportionenlehre der Griechen Ausdrücke der »Addition« und »Subtraktion« im Sinne von »*Multiplikation*« und »*Division*« ge-

[83] Math. Ann. 120 (1947/49) 133–134.

[84] Erwähnt bei B. L. v. d. WAERDEN (s. die vorige Anm.).

[85] W. BURKERT (o. c., S. 348, Anm. 3) redet in diesem Zusammenhang von »Strecken*vorstellung*«.

braucht werden, auch schon E. FRANK auf.[86] Er verwunderte sich darüber, und das wird man ihm wohl nicht verübeln. Aber statt dessen, daß er eine ernsthafte Erklärung für diese sonderbare Tatsache gesucht hätte, verfiel er auf den dilettantischen Gedanken, die »Zusammensetzung von Verhältnissen« sei eine so *schwere mathematische Operation*, daß die Griechen so etwas vor dem 4. Jahrhundert auch gar nicht hätten fertigbringen können. Natürlich mußte darauf B. L. v. d. WAERDEN erwidern[87]: »Diese Art der Komposition von Verhältnissen ist so elementar und naheliegend, daß ich nicht verstehe, wieso FRANK die klare Einsicht in diese Zusammenhänge vor der Zeit des ARCHYTAS und EUDOXOS durchaus nicht annehmen will.« – Man sieht also: B. L. v. d. WAERDEN hatte zwar vollkommen recht, indem er den dilettantischen Einfall von E. FRANK entschieden ablehnte, aber auf der anderen Seite hat er selber doch nicht begriffen, *was eigentlich für* E. FRANK *»problematisch« war*. (Daß nämlich FRANK die nur *scheinbare* Konfusion der Ausdrücke der »Addition« und »*Multiplikation*« bzw. »Subtraktion« und »*Division*« im Zusammenhang mit der griechischen Proportionenlehre nicht aufzulösen vermochte.) Und so blieb die Tatsache, über die sich E. FRANK doch mit Recht verwunderte – daß nämlich in der Proportionenlehre Ausdrücke des »Addierens« und »Subtrahierens« anstatt derjenigen des »*Multiplizierens*« und »*Dividierens*« gebraucht werden – in der Kontroverse des Philologen und Mathematikers unerklärt.

2. Die andere Tatsache, auf die ich hier noch nachdrücklich hinweisen muß, ist die folgende: Wohl kommen in der griechischen Proportionenlehre Ausdrücke der »Addition« und »Subtraktion« im Sinne von »*Multiplikation*« und »*Division*« vor. Diese technischen Bezeichnungen stellen die Erbschaft jener alten Zeit dar, in der man die Verhältnisse

[86] O. c., S. 158–161, besonders 158 Anm. 1.
[87] Hermes 78 (1943) 179.

noch unmittelbar mit *Strecken* am ‚Kanon' berechnete. Aber in einer historisch offenbar *späteren Schicht* der bei EUKLID überlieferten Proportionenlehre kommen beinahe dieselben Ausdrücke der »Addition« und »Subtraktion« auch im Sinne *wirklicher Addition* und *Subtraktion* vor. Liest man z. B. in den *Definitionen 14 und 15 des Buches V der »Elemente«* von *σύνθεσις λόγου* bzw. *διαίρεσις λόγου* und *ὑπεροχή*, so ist in diesen Fällen in der Tat von der *Addition* und *Subtraktion* der *Glieder* eines *λόγος* – und nicht von der »Addition« (= »Multiplikation«) bzw. »Subtraktion« (= »Division«) zweier *λόγοι* – die Rede. Dieser offenbar *spätere Wortgebrauch* hat mit einer Rechenoperation am ‚Kanon' natürlich nichts mehr zu tun.

1. Der Fachausdruck für »Verhältnis« in der Geometrie

Es wurden im vorigen Kapitel jene Rechenoperationen am ‚Kanon' – »Addition« und »Subtraktion« von Strecken *(diastemata)* – behandelt, die in der Terminologie der gesamten späteren griechischen Proportionenlehre bleibende Spuren hinterlassen hatten. Man müßte solche wichtigen Ausdrücke der Proportionenlehre, wie *»zusammengesetztes Verhältnis«*, *»verdoppeltes Verhältnis«*, *»Differenz zweier Verhältnisse«* u. a. m. – die in Wirklichkeit doch *Multiplikation* und *Division* andeuten –, wenn man bei diesen Bezeichnungen *nicht* an je eine Rechenoperation am ‚Kanon' denken könnte, sprachlich einfach für rätselhaft halten. – Nun werden wir in einem späteren Kapitel auf die Rechenoperationen am ‚Kanon' noch zurückkommen müssen. Aber einstweilen unterbrechen wir die Erörterung der musikalischen Proportionenlehre und wenden uns in den nächsten Kapiteln (12–16) anderen Ausdrükken der Geometrie zu.

Es ist nämlich auffallend, daß der musikalische Fachausdruck *διάστημα* (= »Verhältnis zweier Zahlen zueinander«) in der Geometrie nie benutzt wurde. Das Wort *διάστημα* hieß in der Geometrie nur *»Strecke«* und gar nichts anderes. (Man denke

z. B. an das schon zitierte 3. Postulat bei EUKLID: »Es sei gefordert, daß man mit jedem Mittelpunkt und mit jedem *Streckensegment* – *παντὶ διαστήματι* – den Kreis zeichnen könne«.) Für den Begriff »*Verhältnis zweier Zahlen oder Größen zueinander*« benutzte man in der Geometrie nicht den Ausdruck *διάστημα*, sondern das Wort *λόγος*.

Für jene Vermutung nun, daß die beiden Bezeichnungen – *λόγος* und *διάστημα* – doch etwas miteinander zu tun haben müssen, hat man zunächst die folgenden zwei Anhaltspunkte:

1. Es wurde oben schon darauf hingewiesen,[88] daß für die pythagoreischen Musiktheoretiker *λόγος* und *διάστημα gleichwertige Begriffe waren.*
2. Wie das musikalische *diastema* zwei »Grenzpunkte« *(ὅροι)* hatte, so sprach man auch in der Geometrie von den *ὅροι* des *λόγος*. (Das zeigt z. B. die 8. Definition des Buches V der »Elemente«.)

Aber man ersieht aus diesen beiden Tatsachen doch nicht, woher der Begriff *λόγος* $(a : b)$ kommt. Wurde auch diese Bezeichnung – etwa als ein Synonym zu dem musikalischen *διάστημα* – innerhalb der Musiktheorie geprägt, oder gab es einen Begriff *λόγος* auch schon früher in der Geometrie? Und hätte man erst nachträglich das musikalische *διάστημα* dem geometrischen *λόγος* gleichgesetzt?

Um diese Fragen beantworten zu können, müssen wir den geometrischen Ausdruck *λόγος* und seine sprachlichen Ableitungen genauer untersuchen. Wir gehen jedoch einstweilen nicht von der Fachbezeichnung *λόγος* selbst, sondern von dem griechischen Namen der »*Proportion*«, dem Wort *ἀναλογία* aus. Es wurde ja auch schon oben (im Kapitel 2 des II. Teiles: »Überblick der wichtigsten Fachausdrücke«) erwähnt, daß die viergliedrige *Proportion* (die Verhältnisgleichheit) in der griechischen Geometrie *ἀναλογία* hieß. Wie kam nun das Wort *ἀναλογία* zu dieser merkwürdigen Bedeutung?

[88] Vgl. S. 151 und Anm. 33 und 34.

12. *Die ἀναλογία als »geometrische Proportion«*

Die vorige Frage ist um so interessanter, als dasselbe Wort in der Sprache der Gebildeten auch heute noch – zwar in einer etwas anderen Bedeutung – immer wieder gebraucht wird. Auch wir sprechen häufig von »Analogie«, selbst wenn wir nicht die »geometrische Proportion«, sondern etwas anderes darunter verstehen. Was weiß man nun von der Bedeutungsgeschichte dieses griechischen Wortes?

Die modernen Varianten des Wortes *ἀναλογία* lassen sich wohl aus allen europäischen Sprachen belegen. Auch die Bedeutungen der neusprachlichen Varianten desselben Ausdrukkes sind überall ziemlich einheitlich. Die »Analogie« heißt nämlich überall ungefähr soviel wie »Ähnlichkeit«, »Übereinstimmung«, »Verwandtschaft« oder »Ausdehnung einer Regel auf ähnliche Fälle«. – Man ersieht schon aus diesen Bedeutungsangaben, daß das moderne Wort eine Übernahme des griechischen *grammatikalischen Fachausdruckes* – natürlich über die Vermittlung des lateinischen Wortes *»analogia«* hindurch – darstellt. Denn schon die griechischen Grammatiker benutzten dieses Wort seit der hellenistischen Zeit in demselben, auch heute noch üblichen Sinne.

Weniger bekannt ist, daß dasselbe Wort ursprünglich kein grammatikalischer oder sprachwissenschaftlicher, sondern ein *mathematischer Fachausdruck* war. Denn offenbar ist das Wort *ἀναλογία* eine Weiterbildung des in der Mathematik benutzten Ausdruckes *λόγος*. Wie nämlich *λόγος* in der Mathematik das »*Verhältnis*« zweier Zahlen oder Größen zueinander ($a : b$) war, so bezeichnete die *ἀναλογία* das »*Verhältnispaar*«, also dasselbe, was man seit CICEROS Vorschlag[89] lateinisch mit *proportio* ($a : b = c : d$) übersetzt. – Zweifellos haben die griechischen Grammatiker der hellenistischen Zeit

[89] Timaeus seu De universo 4 § 12: »Id optime assequitur, quae Graece *ἀναλογία,* Latine (audendum est enim, quoniam haec primum a nobis novantur) *comparatio proportiove* dici potest«.

ihren Fachausdruck *ἀναλογία* aus der Sprache der Mathematik entlehnt, und so verdanken auch wir selber unser Wort »Analogie« letzten Endes den griechischen Mathematikern. – Uns interessiert nun in diesem Zusammenhang vor allem die Frage: Was ist der ursprüngliche und genaue sprachliche Sinn des mathematischen Fachausdruckes *ἀναλογία*?

Bevor wir jedoch versuchen, den genauen sprachlichen Sinn festzustellen, müssen wir zwei wichtige Tatsachen vorausschicken.

1. Der Ausdruck *ἀναλογία* war eigentlich *kein Wort der Alltagssprache der Griechen*, d. h. *es gehörte nicht zu dem Wortschatz des täglich gesprochenen Griechisch der klassischen Zeit.* Wohl könnte man zwar einige PLATON-Stellen anführen,[90] die beinahe den Eindruck erwecken, als wäre zu PLATONS Zeit das Wort *ἀναλογία* schon ein eingebürgerter Ausdruck der alltäglichen Sprache gewesen. Aber im Grunde sprechen sämtliche Zeugnisse – und darunter auch die PLATON-Stellen selber – doch dafür, daß das Wort *ἀναλογία* eigentlich ein künstlich gebildeter Ausdruck, ein »mot savant« war. Es hatte ursprünglich außerhalb der Mathematik auch gar keinen Sinn; es war von Mathematikern und für die Mathematik selbst geprägt. Erst aus der Sprache der Mathematiker wurde dasselbe Wort auch in die Sprache der Gebildeten übernommen bzw. später zu einem ähnlichen Fachausdruck der anderen Wissenschaft, der Grammatik, umgebildet. Die Tatsache, daß diese Fachbezeichnung zu einem Bestandteil des gesamten griechischen Wortschatzes wurde, zeugt eben von jenem ungeheuren Einfluß, den die Mathematik des 6. Jahrhunderts auf das ganze griechische Denken ausgeübt hatte. Denn der Fachausdruck *ἀναλογία* wurde ja — wie man bald sehen wird — wohl noch im 6. Jahrhundert geprägt. Zu PLATONS Zeit war er schon ein ziemlich geläufiges Wort in der Sprache der Gebildeten.

[90] Eine solche PLATON-Stelle wäre z. B. Polit. 257 B. Natürlich kommt ähnliches auch bei ARISTOTELES vor, z. B. Eth. Nic. 5, 3.

2. Eine andere wichtige Tatsache, die man ebenfalls im voraus festlegen muß, ist die folgende: Jene Wörterbücher der griechischen Sprache, die man heutzutage meistens gebraucht, scheinen den wahren und genauen Sinn des Wortes *ἀναλογία* gar nicht zu kennen. Das heißt, sie registrieren zwar die Bedeutung dieses Wortes in einer Weise, die den anspruchsloseren Lexikon-Benutzer zunächst befriedigt, aber dennoch verraten sie bei einer anderen Gelegenheit, daß sie die angegebene Wortbedeutung eigentlich *nicht verstanden hatten*. Zur Illustrierung dieser Tatsache führe ich – ohne Vollständigkeit zu erstreben – einige Stellen aus den meistgebrauchten Wörterbüchern an.

In dem Wörterbuch von F. PASSOW (1841) wird die *ἀναλογία* folgendermaßen erklärt: »entsprechendes oder richtiges Verhältnis, Proportion, Analogie etc.«; ähnlich in dem Wörterbuch von W. PAPE (1849): »das richtige Verhältnis, Proportion, Übereinstimmung etc.« Im Lexikon von LIDDEL & SCOTT (1948) liest man s. v. *ἀναλογία*: »mathematical proportion, analogy etc.« (hier werden außerdem auch noch die wichtigsten Belegstellen sorgfältig angeführt).

Natürlich lassen sich nun die so angegebenen Bedeutungen unseres Wortes an den fraglichen antiken Textstellen meistens ohne jede Schwierigkeit anwenden. Aber daß dabei die wahre Wortbedeutung doch nicht verstanden wurde, das entdeckt man erst dann, wenn man die Ableitung des Ausdruckes *ἀναλογία* an Hand derselben Wörterbücher feststellen will. Denn schließlich hängt ja das Wort *ἀναλογία* ebenso mit einem *ἀνάλογος* oder *ἀνάλογον* zusammen wie das ähnlich gebildete Wort *φιλολογία* mit *φιλόλογος*. Und wie wird nun in unseren Wörterbüchern der *ἀνάλογος* oder das *ἀνάλογον* erklärt?

Die erwähnten Lexika registrieren an den fraglichen Stellen zu *ἀνάλογος* die folgenden Bedeutungen: »dem *λόγος* entsprechend, verhältnismäßig, übereinstimmend, gemäß, einer bestehenden Regel entsprechend« (PASSOW und beinahe wörtlich dasselbe auch bei PAPE); »according to a due *λόγος*, proportionate, comfortable« (LIDDEL & SCOTT).

Nun verraten diese Bedeutungsangaben dem kritischen Leser sofort, daß die Verfasser der betreffenden Lexika es *gar nicht nötig fanden, den genauen sprachlichen Sinn der Präposition ἀνά in den Stichwörtern ἀναλογία und ἀνάλογος zu erklären.* Ja, sie hatten diese Präposition in den erklärten Ausdrücken vielleicht auch gar nicht verstanden! Besonders erhärtet wird dieser Verdacht durch das sonst ausgezeichnete Lexikon von LIDDEL & SCOTT. Hier wird nämlich anläßlich des Adverbs ἀνάλογον erwähnt, daß dieses manchmal auch als ἀνὰ λόγον geschrieben wird. Anstatt jedoch den Sinn dieses wichtigen Ausdruckes ἀνὰ λόγον zu erörtern, verweist uns der Verfasser des Lexikons auf das Stichwort λόγος. Hier soll man also den genauen Wortsinn nachschlagen! Um so mehr enttäuscht werden wir dann dadurch, daß unter dem Stichwort λόγος der Ausdruck ἀνὰ λόγον einfach als »*analogically*« übersetzt wird. Es hätte auch gar nicht frappanter dokumentiert werden können, daß man den wahren Sinn des Ausdruckes ἀνὰ λόγον überhaupt nicht verstanden hatte.[91]

Will man nun den sprachlichen Sinn des mathematischen Fachausdruckes ἀναλογία genau verstehen, so muß man von der folgenden, sehr naheliegenden Tatsache ausgehen. Wohl scheint das Hauptwort ἀναλογία ein unmittelbares Derivat aus dem Adjektiv ἀνάλογος zu sein, aber dieses letztere ist doch nicht jenes Grundwort, dessen Erklärung uns zum Verständnis unseres Problems, der ἀναλογία, hinführt. Das Adjektiv ἀνάλογος scheint nämlich auch selber erst später *aus dem adverbialen Ausdruck ἀνάλογον abgeleitet worden zu sein.* Das heißt also: Ursprünglich gab es wohl nur den Ausdruck ἀνὰ λόγον – so wird das adverbiale Syntagma nicht nur manchmal bei PLATON (z. B. im »Phaidon« 110 D: *ἀνὰ τὸν αὐτὸν λόγον*), sondern auch in jenem ARCHYTAS-Fragment

[91] Dasselbe gilt natürlich auch für DIELS—KRANZ, o. c., S. 436, wo der Ausdruck ἀνὰ λόγον im 2. ARCHYTAS-Fragment mit dem deutschen Wort »*analog*« übersetzt wird. — Es ist mir rätselhaft geblieben, was der Übersetzer dabei gedacht haben mag.

geschrieben, das »vielleicht den einzigen authentischen mathematischen Text aus der Zeit vor AUTOLYKOS und EUKLID darstellt, den wir besitzen«.[92] Daraus entstand einerseits der stehende Ausdruck *ἀνάλογον* (z. B. Eucl. Elem. V def. 6; VII def. 21 u. a. m.) und andrerseits sowohl das Adjektiv *ἀνάλογος* wie auch das Hauptwort *ἀναλογία*. – Was heißt nun der Ausdruck *ἀνάλογον* oder *ἀνὰ λόγον*?

13. Der Ausdruck ἀνάλογον

Ich möchte vor allem betonen, daß wir den Ausdruck *ἀνάλογον* nur aus der Sprache der Mathematik kennen.[93] Wohl kommt zwar einmal bei PLATON die Wendung *ἀνὰ λόγον* und *ἀνὰ τὸν αὐτὸν λόγον* auch an einer solchen Stelle (»Phaidon« 110 D) vor, deren mathematischer Zusammenhang nicht sogleich auffällt; aber überlegt man sich dieselbe Stelle genauer, so sieht man bald ein, daß PLATON sich auch diesmal eines mathematischen Ausdruckes bedient hat. Auf alle Fälle kann man sich den Sinn dieser Wendung *(ἀνάλογον* oder *ἀνὰ λόγον) nur aus der Sprache der Mathematik* erklären.

Bei EUKLID in den »Elementen« gibt es *zwei verschiedene Gebrauchsarten* unseres Wortes *ἀνάλογον*, die man scharf unterscheiden muß. Es seien hier beide Gebrauchsarten an je einem

[92] Siehe O. TÖPLITZ, Quellen und Studien zur Geschichte der Math. etc. B, 2 (1932) 288, Anm. 5; vgl. auch M. TIMPANARO-CARDINI, Pitagorici, Testimonianze e Frammenti fasc. 2. Firenze 1962, S. 372.

[93] Es ist irreführend, wenn W. BURKERT (o. c., S. 414 ff.), der den mathematischen *λόγος* aus der Finanzsprache (»Berechnen von Zinsen«?) ableiten möchte, schreibt: »Wenn mehrere Größen der ‚gleichen Rechnung entsprechen‘, sind sie *ἀνὰ λόγον*«. Es ist mir rätselhaft, wie man eine solche Behauptung ohne Beleg niederschreiben kann! Denn mir ist für eine solche Gebrauchsart des Wortes gar kein Beleg aus der antiken Sprache bekannt. — Der mathematische Ausdruck *ἀνὰ λόγον* hat mit »Rechnung« gar nichts zu tun. Überhaupt läßt sich der Gebrauch des Ausdruckes *ἀνὰ λόγον außerhalb der mathematischen Sphäre* (etwa aus dem praktischen Leben) *nicht* belegen.

Beispiel illustriert. (Daneben stelle ich in beiden Fällen zunächst die deutsche Übersetzung von C. THAER.[94]) Für die erste Gebrauchsart sei unser Beispiel die 6. Definition in Buch V der »Elemente«:

τὰ τὸν αὐτὸν ἔχοντα λόγον μεγέθη ἀνάλογον καλείσθω.	»Die dasselbe Verhältnis habenden Größen sollen *in Proportion stehend* heißen.«

Dagegen kann die andere Gebrauchsart des Wortes *ἀνάλογον* mit der Aufgabe in Satz *Elem. VI 12* illustriert werden:

τριῶν δοθεισῶν εὐθειῶν τετάρτην ἀνάλογον προσευρεῖν.	»Zu drei gegebenen Strecken die vierte *Proportionale* zu finden.«

Wie man sieht, wird also in unserem ersten Beispiel das Wort *ἀνάλογον* durch C. THAER als *»in Proportion stehend«* übersetzt – und es bezieht sich hier offenbar auf alle diejenigen Größen, die die Proportion bilden –, während dasselbe Wort in unserem zweiten Beispiel sich nur auf *eine Größe (τετάρτη ἀνάλογον)* bezieht. Darum wird es auch in diesem letzteren Fall durch C. THAER als die *»Proportionale«* übersetzt. Man würde also im Sinne dieses letzteren Beispiels denken, daß jene Größen, die die Proportion bilden, auch je für sich ein *ἀνάλογον* sind. Aber was ist dann ein *ἀνάλογον*, und warum wird dieses Wort nicht dekliniert? Der sprachliche Zusammenhang der beiden Gebrauchsarten ist also einstweilen noch gar nicht geklärt.

Man wird später sehen, daß von den beiden Gebrauchsarten diejenige, die ich an zweiter Stelle genannt habe, *einer späteren Stufe der sprachlichen Entwicklung angehört.* Darum beschäftigen wir uns hier zunächst mit der erstgenannten Gebrauchsart. (Auf die andere komme ich in einem späteren Kapitel zurück.)

[94] C. THAER, Die Elemente von Euklid, Leipzig 1933–37.

Wir wollen also von der 6. Definition in Buch V der »Elemente« ausgehen. Allerdings lassen wir das fragliche Wort *ἀνάλογον* – von C. Thaer abweichend – einstweilen unübersetzt. Wir verdolmetschen also die zitierte Euklidische Definition vorläufig folgendermaßen: »*Die dasselbe Verhältnis (λόγος) habenden Größen sollen ἀνάλογον heißen.*«

Man muß wissen, um diese Definition zu verstehen, was ein mathematisches »Verhältnis« (ein *λόγος*) ist. Wir wollen jetzt vorläufig von der Euklidischen Auffassung des *λόγος* ausgehen, wonach nämlich ein *λόγος* zweier Zahlen oder Größen (a und b) gerade das ist, was wir als $a : b$ zu bezeichnen pflegen. (Ich bemerke zwar schon jetzt im voraus, daß diese Euklidische Auffassung des mathematischen Verhältnisses, des *λόγος*, keineswegs die ursprüngliche ist. Wir werden später sehen, daß in voreuklidischen Zeiten der mathematische *λόγος* ein etwas umfangreicherer Begriff war. Aber um diese Tatsache brauchen wir uns jetzt noch nicht zu kümmern. Den Sinn des Ausdruckes *ἀνάλογον* können wir einstweilen auch bloß auf Grund des Euklidischen *λόγος*-Begriffes ableiten.) Weiß man also, was ein mathematisches Verhältnis, ein *λόγος* zweier Größen ist, so bereitet uns das Auslegen der 6. Definition in Buch V der »Elemente« gar keine Schwierigkeiten. Diese Definition will offenbar besagen: Besteht einerseits zwischen zwei Größen a und b das Verhältnis $a : b$ und besteht andrerseits zwischen zwei anderen Größen c und d dasselbe Verhältnis wie zwischen a und b – also nach unserer Schreibweise: wenn $a : b = c : d$ –, dann sollen diese insgesamt *vier* Größen a, b, c und d *ἀνάλογον* heißen.

Dem Sinn dieser Auslegung entspricht auch eine andere, eine arithmetische Definition bei Euklid in Buch VII der »Elemente« (def. 21):

ἀριθμοὶ ἀνάλογόν εἰσιν, ὅταν ὁ πρῶτος τοῦ δευτέρου καὶ ὁ τρί-	»*Analogon* sind die Zahlen,[95] wenn die erste von der zwei-

[95] In C. Thaers Übersetzung »Zahlen stehen *in Proportion*, wenn etc.«

τος τοῦ τετάρτου ἰσάκις ᾖ πολλαπλάσιος ἤ τὸ αὐτὸ μέρος ἤ τὰ αὐτὰ μέρη ὦσιν.	ten Gleichvielfaches oder derselbe Teil oder dieselbe Menge von Teilen ist, wie die dritte von der vierten.«

Man ersieht also aus den beiden eben zitierten Definitionen, daß mindestens *vier* solche Zahlen oder Größen mit dem Wort *ἀνάλογον* bezeichnet werden, von denen je zwei dasselbe Verhältnis zueinander haben wie die anderen zwei. Ohne mindestens *vier* solche Zahlen oder Größen zu besitzen, könnte man – im Sinne der vorigen beiden Definitionen – gar nicht von *ἀνάλογον* sprechen.[96] – Dieser Auslegung widerspricht natürlich auch die Tatsache nicht, daß die 8. Definition in Buch V der »Elemente« ausdrücklich betont: »Die kürzeste *analogia* besteht aus *drei* Gliedern.« Denn in einer solchen kürzesten, in der sog. *ἀναλογία συνεχής* wird ja das mittlere Glied zweimal genommen ($a : b = b : c$), und so hat man alles in allem auch in einem solchen Fall nicht drei, sondern *vier* Glieder. Gerade dies wird einmal von ARISTOTELES ausführlicher erklärt.[97]

Die andere wichtige Tatsache, die aus den beiden vorigen Definitionen (Elem. V. def. 6 und VII. def. 21) eindeutig hervorgeht, ist die folgende: Mit dem Wort *ἀνάλογον* bezeichnet man die *Gleichheit der Verhältnisse (λόγοι)* zwischen je zweimal zwei Zahlen oder Größen, die nämlich, je zu zweit genommen, dasselbe Verhältnis *(τὸν αὐτὸν λόγον)* haben. Dem Sinne nach heißt also das Wort *ἀνάλογον* auf deutsch »*verhältnisgleich*«. So erklärt auch ARISTOTELES an der in Anmerkung 96 eben angeführten Stelle die Bedeutung des Wortes *ἀναλογία;* wie er schreibt: »Die Analogie ist die *Gleichheit* der Verhältnisse, der *λόγοι*.«

[96] Vgl. ARISTOTELES, Eth. Nic. 1131 a 31: *ἡ γὰρ ἀναλογία ἰσότης ἐστὶ λόγων, καὶ ἐν τέτταρσιν ἐλαχίστοις.*

[97] Siehe die Fortsetzung der in der vorigen Anmerkung genannten ARISTOTELES-Stelle.

14. Die Präposition ἀνά

Es erhebt sich nun die Frage, wieso – rein sprachlich betrachtet – das Wort *ἀνάλογον* den Sinn *»verhältnisgleich«* zum Ausdruck bringen kann. Allerdings heißt in diesem mathematischen Fachausdruck der Bestandteil *λόγος* des Wortes *ἀνάλογον* *»Verhältnis«*. Aber wieso kann sprachlich die *Gleichheit* der Verhältnisse einfach durch die vorangestellte Präposition *ἀνά* zum Ausdruck gebracht werden?

Wie darauf oben schon hingewiesen wurde, schrieb man früher das Adverb *ἀνάλογον* getrennt, also *ἀνὰ λόγον;* so steht es auch in dem 2. Fragment des Archytas. Was heißt nun in dem Ausdruck *ἀνὰλόγον* die Präposition *ἀνά*?

Bevor ich diese letztere Frage beantworte, möchte ich an folgendes erinnern: Meines Wissens wurde die vorige Frage nach dem genauen Sinn der Präposition in den Ausdrücken *ἀνάλογος* und *ἀναλογία* bisher noch nie klar gestellt. Aber um so verbreiteter ist dennoch jene *falsche Antwort,* die man auf die nie klar formulierte Frage erteilte. Denn, worauf ich schon hingewiesen habe, erklären ja die Lexika das Wort *ἀνάλογος* folgendermaßen: »dem *λόγος entsprechend, gemäß,* verhältnis*mäßig*« oder *»according to* a due *λόγος*«. Diese Bedeutungsangaben versuchen also, auch die Präposition *ἀνά* in dem Kompositum *ἀνάλογος* irgendwie zu übersetzen. Ob aber die vorgeschlagene Übersetzung nicht irrtümlich ist?

Hat man in der Tat mit der Präposition *ἀνά* auch ursprünglich bloß die Wendung *»entsprechend«*, *»gemäß«* oder *»according to* . . .« zum Ausdruck bringen wollen? – Ich kann es nicht glauben. Denn für solche Wendungen gebrauchte man gewöhnlich doch ganz andere Präpositionen; z. B. die Präposition *κατά: κατὰ λόγον τῆς δυνάμεως,* »im Verhältnis zu ihrer Macht« – liest man einmal bei Xenophon (Cyr. 8, 6, 11); *κατὰ τὸν αὐτὸν λόγον* oder *τρόπον,* Herodot (I 182); *κατὰ τοῦτον τὸν λόγον,* Platon, »Protagoras« 324 C; *κατὰ λόγον τὸν εἰκότα,* »Timaios« 30 B; *κατὰ τὸν λόγον τὸν αὐτόν,* Aristoteles, Eth. Nic. 1131 b 30; ja auch noch *κατὰ τὴν* *ἀναλογίαν*, PLATON, Polit. 257 B. In allen diesen Wendungen hat die andere Präposition *(κατά)* jene Funktion, die man in den Komposita *ἀνάλογον* und *ἀναλογία* unserer Präposition *(ἀνά)* zuschreiben wollte. Ja, auch HERAKLIT gebrauchte *nicht* die Präposition *ἀνά*, als er die Wendung »*nach demselben Sinn* (oder *Verhältnis*)« zum Ausdruck bringen wollte; denn er schrieb ja: *εἰς τὸν αὐτὸν λόγον*.[98]

Es werden also durch die eben angeführten Gegenbeispiele zwei Vermutungen nahegelegt:

a) Es ist *nicht* wahrscheinlich, daß in dem Ausdruck *ἀνὰ λόγον* die Präposition *ἀνά* auch ursprünglich denselben Sinn hätte zum Ausdruck bringen sollen wie in den aufgezählten Beispielen die beiden anderen Präpositionen *εἰς* und *κατά*. Besonders unwahrscheinlich ist, daß eben die Präposition *ἀνά* ihrem Gegenteil, der Präposition *κατά*, in der Bedeutung gleichwertig gewesen wäre. Denn schließlich sind ja diese beiden Präpositionen – *ἀνά* und *κατά* – mindestens ihren ursprünglichen Bedeutungen nach einander gerade entgegengesetzt: *ἀνά* heißt »aufwärts, hinauf« und *κατά* »abwärts, herab«.

b) Obwohl man bald sehen wird, daß das Feststellen der genauen Wortbedeutung der Präposition *ἀνά* in dem sprachlichen Syntagma *ἀνὰ λόγον* von historischem Gesichtspunkt aus sehr aufschlußreich sein mag, so will ich dennoch schon im voraus folgendes betonen: Jene Worterklärung, die ich hier für den mathematischen Fachausdruck *ἀναλογία* vorschlage, soll vor allem als die *für die archaische Zeit gültige* erkannt werden. Aber es wäre verkehrt, genau denselben Wortsinn auch noch in den späteren Quellen, also z. B. in den PLATON-Texten entdecken zu wollen. Denn bei PLATON heißt das Wort *ἀναλογία* – wie man es auch aus dem obigen »Politikos«-Beispiel ersehen kann – schon kaum mehr als dasselbe, was man in der Tat unter diesem Stichwort auch in den Wörterbüchern aufgezählt findet. Die Platonische Wendung *κατὰ τὴν ἀναλογίαν*

[98] Siehe Fragm. 31 bei H. DIELS—W. KRANZ, o. c.

zeigt ja, daß zu PLATONS Zeit der ursprüngliche Sinn der Präposition *ἀνά* in dem Kompositum *ἀναλογία schon verblaßt sein mußte.* (Nur darum konnte mit Hilfe einer anderen Präposition – *κατά* – ein neues Adverb aus jenem Substantivum – *ἀναλογία* – gebildet werden, das seinerseits auch gar nichts anderes war als ein *substantiviertes Adverb!*) – Ebenso verhält es sich auch mit dem *ἀνάλογον* selbst. Zweifellos hieß dieses Wort in dem *späteren* (und auch schon im *klassischen*) Sprachgebrauch der Gebildeten meistens dasselbe wie unser Adjektiv »analog«. Sagt z. B. PROKLOS[99]: *κατὰ τὸ ἀνάλογον* und übersetzt diesen Ausdruck P. L. SCHÖNBERGER[100] »in *analoger* Weise«, so ist das vollkommen richtig. Aber *nicht* diese Fälle interessieren uns jetzt. Es geht hier um den alten (archaischen) und ursprünglichen Sinn dieses mathematischen Ausdruckes, um jenen Sinn also, der vermutlich im 6. Jahrhundert v. u. Z. gültig war, und dessen Spuren auch noch in vielen EUKLID-Sätzen nachweisbar sind, da die betreffenden Sätze aus einer viel früheren, allerdings noch *vorplatonischen* Zeit stammen.

Ich glaube nun, daß es gar nicht schwer wird, den Sinn der Präposition *ἀνά* in dem Ausdruck *ἀνὰ λόγον* und damit auch die ursprüngliche und genaue Wortbedeutung der mathematischen Fachbezeichnung *ἀναλογία* zu ermitteln. Denn alle größeren Lexika der griechischen Sprache registrieren ja unter den verschiedenen Bedeutungen der Präposition *ἀνά* auch einen sog. *distributiven Sinn.* Dieser distributive Sinn unserer Präposition kommt besonders im Zusammenhang mit Zahlenangaben zur Geltung. So heißt z. B. *ἀνὰ πέντε παρασάγγας τῆς ἡμέρας* »täglich *je fünf* Parasangen« (XENOPHON, Anab. 4, 6, 4); *ἀνὰ ἑκατὸν ἄνδρας* »*je hundert* Mann« (ebd. 3, 4, 21); oder auch *ἀνὰ δύο* »*je zwei*« (DIOPHANTOS, Arithm. IV 20).

Die Wörterbücher erwähnen zwar diesen speziellen Sinn

99 In Eucl. (ed. FRIEDLEIN), 117, 2.

100 M. STECK, Proklus Diadochus, Kommentar zum ersten Buch von Euklids Elementen, übersetzt von P. L. SCHÖNBERGER, Halle 1945.

unserer Präposition *nur* im Zusammenhang mit Zahlenangaben, aber wir können diese Beobachtung sogleich auch zurechtstellen und ergänzen. Nicht nur bei Zahlenangaben hat die Präposition *ἀνά* diesen distributiven Sinn, sondern manchmal auch bei solchen Hauptwörtern, die mit dem Begriff der »Zahl« oder mit dem des »Teilens« irgendwie zusammenhängen. So zitiere ich z. B. nach KÜHNERS Grammatik[101] den Ausdruck *ἀνὰ μέρος* = »wechselweise«.[102] Auch in dieser Wortverbindung war die Präposition *ἀνά* distributiv, denn die Bedeutung »wechselweise« entwickelte sich ja offenbar aus der ursprünglichen und wörtlichen Bedeutung *ἀνὰ μέρος* = *»je nach Teil«*.

Nun glaube ich auch die Wortverbindung *ἀνὰ λόγον* auf dieselbe Weise verstehen zu müssen wie den zuletzt zitierten Ausdruck; *ἀνὰ μέρος* heißt *»je nach Teil«*, und dementsprechend muß *ἀνὰ λόγον* *»je nach Logos«* heißen. Für diese sprachliche Erklärung unseres Ausdruckes sprechen zwei sehr wichtige Tatsachen.

1. Nach den Wörterbüchern hat die Präposition *ἀνά* den erwähnten »distributiven Sinn« besonders im Zusammenhang mit *Zahlen*angaben. Ich mußte diese Beobachtung – mit Rücksicht auf den Ausdruck *ἀνὰ μέρος* – dahin ergänzen, daß der distributive Sinn unserer Präposition wohl auch bei solchen Hauptwörtern möglich ist, die mit dem Begriff des »Teilens« zusammenhängen; der Begriff *μέρος* = »Teil« hängt natürlich mit demjenigen des »Teilens« (lateinisch *distribuere!*) auf das engste zusammen. – Auf der anderen Seite zeigt der Ausdruck *ἀνὰ λόγον*, daß der distributive Sinn derselben Präposition auch im Zusammenhang mit solchen Hauptwörtern möglich ist, die selber zwar nicht unmittelbar Zahlwörter sind – wie in den oben zitierten Beispielen *πέντε, ἑκατόν* und *δύο* –, die sich aber dennoch von dem Begriff der *»Zahl«*

[101] R. KÜHNER—B. GERTH, Ausführliche Grammatik der griechischen Sprache. Satzlehre I. Teil, IV. Aufl., Hannover 1955, S. 474.

[102] EURIPIDES, Phoen. 478.

ursprünglich gar nicht trennen ließen. Denn der mathematische Begriff »*logos*« ($a : b$) war ja ursprünglich wohl eben das »Verhältnis zweier *Zahlen* zueinander«. Diese Überlegung spricht also dafür, daß der vermutete *distributive Sinn* der Präposition in dem Ausdruck *ἀνὰ λόγον* mindestens wahrscheinlich ist.

2. Ein anderes, sehr wichtiges Argument dafür, daß in der Wortverbindung *ἀνὰ λόγον* die Präposition in der Tat *distributiven Sinn* haben muß, liefert die Art, wie dieser Ausdruck in der Sprache der Mathematik benutzt wird. Denn es werden ja in der Proportionalität in der Tat Zahlenpaare, die vorderen und hinteren Glieder a, b bzw. c, d, die beide für sich – je zu zweit genommen – dasselbe Verhältnis ausmachen, einander *distributiv* gegenübergestellt, miteinander verglichen. – Kein Zweifel also, der genaue sprachliche Sinn des Ausdruckes *ἀνὰ λόγον* heißt »*je nach Logos*«.

15. Der elliptische Ausdruck ἀνὰ λόγον

Die obige einfache, aber wohl auch unanfechtbare Feststellung über den distributiven Sinn der Präposition *ἀνά* in dem Ausdruck *ἀνὰ λόγον* führt uns sogleich auch um einen sehr wesentlichen Schritt weiter. Denn überlege man sich nur: Aristoteles hatte nachdrücklich betont: »Die *analogia* ist die *Gleichheit* der *logoi*«. Stellt man also über vier Zahlen oder Größen fest, daß sie *ἀνὰ λόγον* sind, so behauptet man damit, daß diese »je nach Logos *gleich* sind«. Derjenige, der *ἀνὰ λόγον* sagt, meint: »je nach Logos *gleich*«, wobei aber seine Worte nur »*je nach Logos* . . .« besagen. Mit anderen Worten heißt dies soviel, daß das sprachliche Syntagma *ἀνὰ λόγον* eigentlich ein sog. *elliptischer* oder *mangelhafter Ausdruck* ist. Der vollständige, unverkürzte Ausdruck müßte griechisch *ἀνὰ λόγον ἴσοι* oder *ἴσα* heißen. Wohl in dieser Form haben unser Syntagma die griechischen Mathematiker anfänglich benutzt; erst später entstand daraus der stehende Ausdruck *ἀνὰ λόγον*, oder auch zusammengeschrieben: *ἀνάλογον*.

Wir können zwar die eben wiederhergestellte vollständigere Form des elliptischen Ausdruckes *ἀνὰ λόγον* oder *ἀνάλογον* mit keinem überlieferten alten Text belegen. Überliefert ist – soviel ich weiß – nur die elliptische Form selber. Daß aber die vorige Rekonstruktion des vollständigen Ausdruckes ohne Zweifel richtig ist, dafür bürgen zunächst die beiden oben zitierten Euklidischen Definitionen: *Elem. VII 21* und *V 6*. Denn man kann ja diese sprachlich *nur* dann tadellos erklären und übersetzen, wenn man sie – mindestens im Gedanken – folgendermaßen ergänzt:

VII def. 21: ἀριθμοὶ ἀνάλογον <ἴσοι> εἰσίν, ὅταν ὁ πρῶτος τοῦ δευτέρου καὶ ὁ τρίτος τοῦ τετάρτου ἰσάκις ᾖ πολλαπλάσιος ἢ τὸ αὐτὸ μέρος ἢ τὰ αὐτὰ μέρη ὦσιν.

»*Je nach Logos gleich* sind die Zahlen, wenn die erste von der zweiten Gleichvielfaches oder derselbe Teil oder dieselbe Menge von Teilen ist, wie die dritte von der vierten.«

Und ebenso:

V def. 6: τὰ τὸν αὐτὸν ἔχοντα λόγον μεγέθη ἀνάλογον <ἴσα> καλείσθω.

»Größen, die denselben Logos haben, sollen *je nach Logos gleich* genannt werden.«

Natürlich ist dieselbe stilistische Ergänzung unseres elliptischen Ausdruckes noch in einer ganzen Reihe von ähnlichen Fällen bei Euklid[103] ebenso möglich, ja sogar notwendig, wie in den eben genannten Beispielen. Es seien von diesen Fällen hier noch die folgenden genannt:

In der Definition 22 des Buches VII der »Elemente« wird der pythagoreische Begriff der »ähnlichen Flächen- und Körperzahlen« folgendermaßen umschrieben: »Ähnliche Flächen- und Körperzahlen sind diejenigen, die *je nach Logos gleiche* Seiten (d. h. Faktoren) haben« *(οἱ ἀνάλογον <ἴσας> ἔχοντες τὰς πλευράς)*.

[103] Zum Beispiel Elem. VI def. 1; Satz VI 6 u. a. m.

Im 5. Satz des Buches VI der »Elemente« liest man über Dreiecke, deren Seiten »proportionell«, d. h. »*je nach Logos gleich*« sind *(ἐὰν τρίγωνα τὰς πλευρὰς ἀνάλογον ‹ἴσας› ἔχῃ)*. – Ja, derselbe Wortsinn (»je nach Logos gleich«) ist auch in solchen Euklidischen Sätzen anwendbar wie z. B. *Elem. VIII 1, 3, 6, 7* u. a. m. In diesen Sätzen liest man nämlich die griechische Wendung *ἐὰν ὦσιν ὁποσοιοῦν ἀριθμοὶ ἑξῆς ἀνάλογον* . . . In C. Thaers Übersetzung heißt dies: »Hat man beliebigviele Zahlen *in geometrischer Reihe* etc.« Aber ebenso möglich ist in denselben Fällen auch meine, *sprachlich genauere Übersetzung:* »Hat man beliebigviele Zahlen, die *der Reihe nach (ἑξῆς) je nach Logos gleich* sind etc.«

Man kann auch leicht verstehen, wieso die sprachliche Entwicklung zu dem Entstehen des elliptischen Ausdruckes *ἀνὰ λόγον* (= »je nach Logos gleich«) geführt hatte. Es handelte sich bei dem Vergleich der »*logoi*« meistens wohl um die *Gleichheit* derselben. Darum gewöhnte man sich daran, daß die stilistische Wendung »je nach Logos« *(ἀνὰ λόγον)* meistens auch die Bezeichnung »*gleich*« nach sich zog, sozusagen implizierte, und darum konnte das sprachliche Betonen der Gleichheit, das Wort *ἴσοι* oder *ἴσα* auch fortbleiben; zum Träger der Bedeutung »je nach Logos *gleich*« wurde das verstümmelte Syntagma: »je nach Logos . . .« – Ein äußeres Zeichen dafür, daß der ursprünglich elliptische Ausdruck sich zu einem neuen und auch in sich verständlichen Wort entwickelte, war, daß man die beiden Glieder des Syntagmas bald auch zusammenschrieb. So entstand das zunächst undeklinierbare Adverb *ἀνάλογον* = »je nach Logos gleich«. Erst nachdem das Adverb *ἀνάλογον* (im Sinne »je nach Logos gleich«) sozusagen *Bürgerrecht in der Sprache der Mathematiker hatte*, konnte daraus das künstlich gebildete Substantiv *ἀναλογία* abgeleitet werden. Die *ἀναλογία* ist nämlich jenes mathematische Gebilde, in dem die Zahlen oder Größen *ἀνάλογον* = »je nach Logos gleich« sind, d. h. die *ἀναλογία* ist »Verhältnisgleichheit«.

Natürlich können wir solche Fragen, wie z. B. »Wann, zu

welcher Zeit durch die Mathematiker die Fachbezeichnung *ἀνάλογον* (= *je nach Logos*) geprägt, und wann aus dem Adverb *ἀνάλογον* das Substantiv *ἀναλογία* (= *Verhältnisgleichheit*) gebildet wurde?« – nur mit Vermutungen beantworten. Denn aus jener Zeit, in der diese Fachausdrücke aufkamen, besitzen wir keine mathematischen Texte. Allerdings muß diese Entwicklung noch auf vorplatonische Zeiten fallen. Von PLATONS Zeit ab kommt ja der archaische Ausdruck *ἀνὰ λόγον* = »je nach Logos gleich« – abgesehen natürlich von EUKLID – kaum mehr vor. Auf der anderen Seite ist eben bei PLATON auch die *ἀναλογία* nicht mehr bloß ein mathematischer Ausdruck. Die ursprüngliche Fachbezeichnung rein mathematischer Art scheint zu dieser Zeit auch in die Sprache der Gebildeten schon übernommen worden zu sein. Und schließlich hat man bei ARISTOTELES den Eindruck, als wäre die *ἀναλογία* »ein philosophischer Ausdruck«; der mathematische Ursprung scheint zu dieser Zeit schon sehr verdunkelt gewesen zu sein.

Aber dennoch haben wir einige Anhaltspunkte zu einer – verhältnismäßig *späteren* – Wortgeschichte des archaischen Ausdruckes *ἀνάλογον* innerhalb der Mathematik selbst. Eben diese Anhaltspunkte sollen im nächsten Kapitel angedeutet werden.

16. Die Wortgeschichte des ἀνάλογον in der Mathematik

Es wurde im vorigen Kapitel gezeigt, wie in der Mathematik das sprachliche Syntagma *ἀνὰ λόγον* (als elliptischer Ausdruck anstatt *ἀνὰ λόγον ἴσα*) die Bedeutung »*je nach Logos gleich*« (oder einfacher »*verhältnisgleich*«) vermutlich noch in archaischer Zeit angenommen hatte. Wir konnten diese archaische Wortbedeutung an mehreren Beispielen aus dem Text der Euklidischen »Elemente« selbst nachweisen. Dazu ist jedoch noch zweierlei zu bemerken: *Erstens*, daß der Begriff »*verhältnisgleich*« in dem klassischen Sprachgebrauch der griechischen Mathematiker eigentlich nicht mehr mit dem Wort *ἀνάλογον*, sondern anders umschrieben zum Ausdruck gebracht wurde. Und *zweitens*, daß auch der Sinn des Wortes *ἀνάλογον* in der Mathematik einen leichten Wandel durchgemacht hatte. Beginnen wir mit dem Wandel der Wortbedeutung.

Schon im vorigen Kapitel wurde betont, daß der elliptische Ausdruck *ἀνάλογον* (= »je nach Logos gleich«) sich ursprünglich *auf die Gesamtheit von mindestens vier* Zahlen oder Größen bezog, die nämlich je zu zweit genommen, je nach ihrem Logos gleich sind. Aber man begegnet auch einer anderen Gebrauchsart desselben Wortes bei EUKLID. Unser Beispiel dafür war der Satz

Elem. VI 12: »Zu drei gegebenen Strecken die *vierte Proportionale* (*τετάρτην ἀνάλογον*) zu finden.«

Man ersieht aus den in Klammern zitierten griechischen Worten, daß das Sprachgefühl zur Abfassungszeit dieses Satzes schon einen Wandel durchgemacht haben muß. Man gab sich keine Rechenschaft mehr darüber, daß der elliptische Ausdruck *ἀνάλογον* sich mindestens auf v i e r Zahlen oder Größen bezieht, die nämlich *ἀνὰ λόγον ἴσοι* oder *ἴσα* sind. Man ging eher von dem folgenden Gedanken aus: Sind vier Zahlen oder Größen (a, b, c und d) *ἀνάλογον*, so muß selbstverständlich auch eine jede von diesen »*ἀνάλογον*« (zu der anderen) sein. Das undeklinierbare Wort »*ἀνάλογον*« mußte in dieser auf alle Fälle späteren Gebrauchsart den Eindruck eines seltsamen »Neutrums« erwecken. So wurde *ἀνάλογον* – neben seiner ursprünglichen Bedeutung »je nach Logos gleich« – auch dasselbe, was wir unter einer »*Proportionalen*« verstehen. Und darum konnte man zu dieser Zeit auch von einer *τρίτη ἀνάλογον* und *μέση ἀνάλογον*,[104] ja auch von *μέσος ἀνάλογον ἀριθμός* und *μέσοι ἀνάλογον ἀριθμοί*[105] reden. Das ist natürlich nicht mehr der archaische, sondern ein verhältnismäßig späterer (dabei natürlich schon *vorplato-*

[104] In den Sätzen Elem. VI 11 und 13.
[105] Vgl. Elem. VIII 11 und 12.

nischer!) Wortgebrauch. Und gerade dieser spätere Wortgebrauch der Mathematik scheint auch die Bildung des sprachlich hybriden Adjektivs *ἀνάλογος* vorbereitet zu haben. (Allerdings wurde das Adjektiv *ἀνάλογος* in der Sprache der Mathematik nie gebraucht!)

Wie man sieht, ist das Wort *ἀνάλογον* in dem mathematischen Sprachgebrauch im Laufe der Zeit *doppeldeutig* geworden. Einerseits hieß es nämlich nach seiner ursprünglichen Bedeutung »*je nach Logos gleich*« und andrerseits auch »*die Proportionale*«. Eben diese Doppeldeutigkeit scheint auch dazu beigetragen zu haben, daß für den Begriff »*verhältnisgleich*« später – anstatt *ἀνάλογον* – eine andere Art Umschreibung üblicher wurde. Die gewöhnlichste Form, Verhältnisgleichheit auszudrücken, war nämlich in der griechischen Mathematik die Umschreibung *ὁ αὐτὸς λόγος* = »*derselbe Logos*« oder »*dasselbe Verhältnis*«. Diese stilistische Wendung kommt sowohl bei EUKLID wie auch in der späteren Mathematik eigentlich in zwei verschiedenen Varianten vor. Entweder sagt man nämlich über je zwei Zahlen (oder Größen), daß sie »dasselbe Verhältnis untereinander *haben*«, *τὸν αὐτὸν λόγον ἔχουσι* (vgl. z. B. Elem. VII 17), oder man kann auch sagen, daß je zwei Zahlen (Größen) »in demselben Verhältnis *(stehen) sind*«, *ἐν τῷ αὐτῷ λόγῳ εἰσίν* (vgl. Elem. VII 14).

[Mit der Wendung *ὁ αὐτὸς λόγος* hatte man also in der Mathematik insgesamt *drei* sprachliche Möglichkeiten, den Begriff »verhältnisgleich« auszudrücken:

1. den archaischen Ausdruck *ἀνάλογον* = »je nach Logos gleich«;
2. den Adverbialsatz der Vergleichung (*ὡς . . . οὕτως*; z. B. Elem. VII 11 (vgl. S. 138 f.) und
3. die Umschreibung: *ὁ αὐτὸς λόγος*.]

Nun scheint in Buch V der »Elemente« – das im allgemeinen dem EUDOXOS zugeschrieben wird – die gewöhnlichste Bezeichnung für »verhältnisgleich« nicht mehr der archaische

Ausdruck *ἀνάλογον* (»je nach Logos gleich«), sondern die Umschreibung *ὁ αὐτὸς λόγος* (»dasselbe Verhältnis«) zu sein. Wohl kommt zwar in diesem Buch auch der archaische Name *ἀνάλογον* vor, aber doch nur in solchen Sätzen, die von älteren Mathematikern unverändert übernommen wurden, bzw. in solchen, die man nach dem Vorbild älterer, schon längst vorhandener Sätze neu formulierte. Dies ersieht man aus dem folgenden.

In der grundlegenden, sog. *eudoxischen Definition V 5* (zitiert oben auf S. 131) wird die »*Verhältnisgleichheit*« als *ὁ αὐτὸς λόγος* definiert. Aber unmittelbar danach folgt

Elem. V def. 6: »Größen, die dasselbe Verhältnis *(τὸν αὐτὸν λόγον)* haben, sollen *ἀνάλογον* (= *je nach Logos gleich*) heißen.«

Die letztere ist offenbar keine echte mathematische Definition; sie führt ja nur eine *sprachliche Variante* für den eben definierten Begriff (*ὁ αὐτὸς λόγος*) ein. – Liest man jedoch die beiden Definitionen (5 und 6) in der gegebenen Reihenfolge, so erwartet man, daß in Buch V wohl beide stilistische Wendungen – *ὁ αὐτὸς λόγος* und *ἀνάλογον* – für den sprachlichen Ausdruck der »Verhältnisgleichheit« benutzt werden. Es fragt sich nur: Wie oft wird die eine und wie oft die andere Wendung gebraucht?

Der Begriff »verhältnisgleich« kommt insgesamt in *siebzehn* Sätzen des Buches V vor. Von diesen 17 Fällen benutzen *zwölf* die Wendung *ὁ ἀυτὸς λόγος* (V 4, 7, 9, 11, 13, 14, 15, 20, 21, 22, 23 und 24). Dagegen kommt die andere Wendung *(ἀνάλογον)* nur in *fünf* Sätzen des V. Buches vor: 12, 16, 17, 18 und 25. – Schon diese Statistik der Vorkommnisse – *zwölf* gegen *fünf* – legt die Vermutung nahe, daß zu jener Zeit, in der die Sätze des Buches V abgefaßt wurden, der gewöhnliche Ausdruck für »verhältnisgleich« nicht mehr das Wort *ἀνάλογον,* sondern eher die Umschreibung *ὁ αὐτὸς λόγος* war. Aber wir können darüber hinausgehend – mindestens für zwei Fälle – auch näher begründen, warum in

Buch V auch der archaische Ausdruck *ἀνάλογον* für »verhältnisgleich« benutzt wird. – Bevor ich auf diese zwei Fälle näher eingehe, muß ich hier auf eine interessante und bisher nicht genügend beachtete Eigentümlichkeit des V. Buches hinweisen.

Liest man den Satz bei EUKLID

> *Elem. V 19:* »Verhält sich ein Stück zum Stück, wie das Ganze zum Ganzen, dann muß sich auch der Rest zum Rest verhalten, wie das Ganze zum Ganzen«

in seiner ursprünglichen griechischen Abfassung, so wird man erstaunt feststellen müssen, daß derselbe Satz – Wort für Wort in derselben Form – einmal auch im VII. Buch der »Elemente« *(VII 11)* vorkommt. Der einzige sprachliche Unterschied zwischen den beiden Vorkommnissen besteht bloß darin, daß dieselben Adjektive *(ὅλος, ἀφαιρεθείς* und *λοιπός)*, die in dem Satz des Buches V in *Neutra* stehen, in dem entsprechenden Satz des VII. Buches in *Masculina* gesetzt wurden. Natürlich kommt dieser Unterschied einfach daher, daß das Wort für »Zahl« im Griechischen männlich *(ὁ ἀριθμός)*, während dasjenige für »Größe« *(μέγεθος)* sächlich ist.[106] In Buch V der »Elemente« gilt unser Satz für »*Größen*«, während derselbe Satz in Buch VII für »*Zahlen*« aufgestellt wurde. Nun verrät aber der Unterschied der Geschlechter auch die *relative Chronologie* der beiden Abfassungen. Kein Zweifel, man hat den fraglichen Satz ursprünglich nur für Zahlen aufstellen können, so wie man ihn in dem VII. Buch liest. (Man hat ja auch sonst schon mit Recht vermutet, daß die Sätze des VII. Buches der »Elemente« aus einer älteren Zeit stammen als diejenigen des V. Buches.[107]) Erst nachdem die Proportionenlehre auch für inkommensurable Größen erweitert wurde, konnte derselbe Satz – in sprachlich nur leicht veränderter Form – auch in das V.

[106] Registriert auch von TH. L. HEATH, o. c., Bd. II, S. 312.
[107] Vgl. B. L. v. d. WAERDEN, Erwachende Wissenschaft, S. 182 ff.

Buch der »Elemente« aufgenommen werden. Selbstverständlich mußte man dabei den Satz auch von neuem beweisen, da der alte Beweis, der für den Fall von »Zahlen« galt, für den Fall von »Größen« nicht mehr genügte. Vom mathematischen Gesichtspunkt aus ist der Satz *V 19* – im Vergleich zu *VII 11* – vollkommen neu, während er sprachlich nur eine leicht umgeänderte Form des Satzes *VII 11* zu sein scheint.

Ich glaube nun, daß die Lehre, die sich aus dem eben angestellten Vergleich der beiden Sätze *VII 11* und *V 19* ergab, sogleich auch eine Erklärung dafür bietet, warum in einigen Sätzen des Buches V für den Begriff »verhältnisgleich« der archaische Ausdruck »*analogon*« und nicht der später gewöhnlichere *ὁ αὐτὸς λόγος* gebraucht wird. Fassen wir nämlich die folgenden zwei Sätze näher ins Auge:

> *V 12:* »Sind beliebigviele *Größen* verhältnisgleich *(ἀνάλογον)*, dann müssen sich alle Vorderglieder zusammen zu allen Hintergliedern zusammen verhalten, wie das einzelne Vorderglied zum zugehörigen einzelnen Hinterglied.«
> *V 16:* »Sind vier *Größen* verhältnisgleich *(ἀνάλογον)*, dann müssen sie auch vertauscht verhältnisgleich sein« *(καὶ ἐναλλὰξ ἀνάλογον ἔσται)*.

Beachtet man jetzt bloß die sprachliche Form, so begegnet man auch diesen beiden Sätzen – beinahe Wort für Wort in derselben Abfassung – in Buch VII der »Elemente«. Dem Satz *V 12* entspricht nämlich

> *VII 12:* »Sind beliebigviele *Zahlen* verhältnisgleich *(ἀνάλογον)*, dann müssen sich alle Vorderglieder zusammen zu allen Hintergliedern zusammen verhalten, wie das einzelne Vorderglied zum zugehörigen einzelnen Hinterglied.«

Und dem anderen Satz *(V 16)* entspricht

> *VII 13:* »Sind vier *Zahlen* verhältnisgleich *(ἀνάλογον)*, dann müssen sie auch vertauscht verhältnisgleich sein« *(καὶ ἐναλλὰξ ἀνάλογον ἔσονται)*.

Wie man sieht, gelten also die Sätze aus dem VII. Buch (12 und 13) bloß für *Zahlen*, während die entsprechenden Sätze aus dem V. Buch (12, 16) im allgemeinen für *Größen* ausgesprochen werden. Wohl konnte man auch diese Sätze ursprünglich nur für *Zahlen* aufstellen und beweisen, erst später wurden sie auch für *Größen* verallgemeinert. Aber anläßlich dieser Verallgemeinerung wurde der alte Wortlaut der Sätze unverändert beibehalten, nur an die Stelle des Begriffes »Zahl« *(ἀριθμός)* trat der neudefinierte Begriff »Größe« *(μέγεθος)*.

Daraus versteht man sogleich auch, warum in den Sätzen *V 12* und *16* der Begriff »verhältnisgleich« mit dem archaischen Ausdruck *ἀνάλογον* bezeichnet wird. Diese alte Bezeichnung wurde aus den älteren Formen derselben Sätze *(VII 12* und *13)* übernommen. Eben mit Rücksicht auf diese ältere Terminologie mußte am Anfang des Buches V die sog. eudoxische Definition der Proportionalität (V 5) – die doch die stilistische Wendung *ὁ αὐτὸς λόγος* benutzt – mit der Quasi-Definition *V 6* (»Größen, die dasselbe Verhältnis haben, sollen *ἀνάλογον* heißen«) ergänzt werden.

Aber nicht nur im V., sondern auch schon im VII. Buch der »Elemente« – dessen Sätze vermutlich älter als die Sätze des Buches V sind – begegnet man *seltener* dem archaischen Ausdruck *ἀνάλογον* als der Umschreibung *ὁ αὐτὸς λόγος*. Es ist nämlich interessant, daß zwei Definitionen des VII. Buches (21 und 22) den Ausdruck *ἀνάλογον* für »verhältnisgleich« gebrauchen. Ja, unter den Definitionen dieses Buches kommt die andere Wendung jüngeren Ursprungs für »verhältnisgleich« *(ὁ αὐτὸς λόγος)* überhaupt nicht vor. (Auch das ist wohl ein Zeichen für das *hohe Alter* dieser Definitionen!) Aber Sätze gibt es doch nur insgesamt *drei* in diesem Buch (12, 13 und 19), die den Ausdruck *ἀνάλογον* (= »je nach Logos gleich«) gebrauchen, während *sieben* andere Sätze (14, 17, 18, 20, 21, 22 und 23) die andere (jüngere) Umschreibung *(ὁ αὐτὸς λόγος)* benutzen. Der Ausdruck *ἀνάλογον* (im Sinne »verhältnisgleich«) ist also in unserem ganzen Euklid-Text seltener als die andere Umschreibung für denselben Begriff *(ὁ αὐτὸς λόγος).*

17. Die Schnitte des ‚Kanon' und die Mittel der Musik

Wir haben in den letzten fünf Kapiteln (12–16) die mathematischen Ausdrücke *ἀνάλογον* und *ἀναλογία* nur als *sprachgeschichtliches Problem* untersucht. Es wurde dabei gar nicht gefragt, wie man in der Mathematik dazu gekommen war, aus je zwei Zahlen einen *λόγος*, ein »Verhältnis« zu bilden? Und warum hat man die Zahlen »je nach Logos« verglichen? – Nun müssen wir – um diese anderen Fragen überhaupt konkreter formulieren zu können – auf die vorhin unterbrochenen musikalischen Betrachtungen zurückkommen.

Es wurden in einem früheren Kapitel die Rechenoperationen am ‚Kanon' (Addition und Subtraktion von Strecken) behandelt. Aber es blieb bisher der zusammenfassende griechische Name für diese Operationen unerwähnt. Die Pythagoreer sprachen nämlich von sog. *Schnitten des ‚Kanon'*. Man denke z. B. an jene Stelle in der Harmonielehre des Ptolemaios,[108] die das Verfahren gewisser Empiriker der Musikwissenschaft schildert. Es heißt hier:

> »Sie gewinnen nicht durch Berechnungen die *Einteilungen (der Saite = τὰς κατατομάς),* sondern sie spannen die Saite an, dann bewegen sie den kleinen Steg, bis jeder der gesuchten Klänge das Ohr trifft, dort bezeichnen sie den nötigen Schnitt *(σημειοῦνται τὴν τομήν),* und sie kümmern sich nicht um die Verhältnisse.«

Man sieht also, daß in dieser Schilderung das Ergebnis jenes Suchens, wie groß der stillgelegte Saitenabschnitt des Monochords im Falle einer Konsonanz sein soll – worüber in den vorigen Kapiteln mehrmals die Rede war –, mit dem Wort *τομή* oder *κατατομή (»Schnitt«)* umschrieben wird. Der Unter-

[108] Ptolemaios, Harmonielehre, ed. Düring, 66, 28 ff.

schied zwischen Pythagoreern und »Empirikern« besteht offenbar darin, daß die Pythagoreer bei den »Schnitten« auch die Zahlenverhältnisse berücksichtigen, während die Empiriker sich um die Zahlenverhältnisse gar nicht kümmern.

Dort also, wo der kleine Steg am ‚Kanon' (der *ὑπαγωγεύς*) nach einigem Suchen stehenbleibt – in dem Punkt, der das beim zweiten Mal ertönende Saitenstück von dem stillgelegten Abschnitt trennt –, wird die ganze Saite (das Monochord), bildlich gedacht, »*geschnitten*«. – Die beiden ihrem Inhalt nach identischen Worte *τομή* und *κατατομή* sind ganz gewöhnliche technische Bezeichnungen der Musiktheorie. Auch das älteste für uns unter EUKLIDS Namen erhalten gebliebene musiktheoretische Werk der Pythagoreer heißt *κατατομὴ κανόνος* = *Sectio canonis*.

Nun sind die *Schnitte des ‚Kanon'* besonders deswegen wichtig, weil offenbar diese Operation auch zu den sog. »*Mitteln der Musik*« geführt haben muß. Die späteren Pythagoreer redeten über zahlreiche verschiedene Mittel, von denen jedoch für uns nur jene *drei* wichtig sind, deren Kenntnis sich für das fünfte Jahrhundert v. u. Z. – ja vermutlich auch für noch ältere Zeiten – nachweisen läßt. Diese drei sind das *arithmetische*, *geometrische* und *harmonische* (oder *umgekehrte*) *Mittel*. Es wird sich lohnen – bevor wir jene älteste Überlieferung, die über diese drei Mittel berichtet, auch sprachlich näher ins Auge fassen –, hier zunächst daran zu erinnern, welche Bedeutung für die Musiklehre das *arithmetische* und das *harmonische Mittel* hatten. Darüber schrieb man folgendes[109]:

> Das arithmetische und das harmonische Mittel bewirken die Teilung eines Intervalls in ungleiche Teilintervalle. Und zwar sind diese Teilintervalle bei beiden Mitteln dieselben, nur in umgekehrter Reihenfolge ... Das klassische

[109] Das folgende entnehme ich aus B. L. v. d. WAERDENS Werk, Hermes 78 (1943) 182. Da jedoch mein Zitat *nicht wörtlich* ist, habe ich das Anführungszeichen fortgelassen.

Beispiel, das bei den meisten Autoren vorkommt, ist die Teilung der Oktave. Die Zahlen 12 und 6 stehen im Verhältnis 2 : 1; ihr arithmetisches Mittel ist 9, ihr harmonisches 8, und diese beiden bewirken die Teilung der Oktave in Quarte und Quinte bzw. in Quinte und Quarte.

Denkt man bei diesen Worten an den zwölfgeteilten ‚Kanon‘, so versteht man sogleich auch besser den interessanten Zusammenhang des arithmetischen und harmonischen Mittels. Der Schnitt des ‚Kanon‘ bei der Zahl 9 bewirkt deswegen ein arithmetisches Mittel, weil durch diesen Schnitt das *diastema* der Oktave – ihr stillgelegter Saitenabschnitt zwischen den Zahlen 12 und 6 – in zwei untereinander gleichlange kleinere Strecken (zwischen 12 und 9 einerseits und 9 und 6 andrerseits) geteilt wird. Dieser Schnitt bei der Zahl 9 liegt zahlenmäßig gerade *in der Mitte* zwischen 12 und 6, gleichermaßen entfernt von den beiden Endpunkten des ursprünglichen *diastema*. Doch vertreten die beiden gleichlangen Teilstrecken (zwischen 12 und 9 bzw. 9 und 6) zwei *ungleiche* musikalische Intervalle (Zahlenverhältnisse), und zwar bilden die größeren Zahlen das kleinere (12 : 9) und die kleineren das größere Intervall (9 : 6), weil $\frac{12}{9} < \frac{9}{6}$. (Auf die Quarte folgt die Quinte.) – Dagegen bewirkt der Schnitt bei der Zahl 8 das *harmonische Mittel*, gerade das umgekehrte des arithmetischen. Die längere Teilstrecke zwischen den Zahlen 12 und 8 entspricht diesmal dem größeren Zahlenverhältnis und die kürzere (zwischen 8 und 6) dem kleineren: $\frac{12}{8} > \frac{8}{6}$. (Diesmal folgt auf die Quinte die Quarte.)

Gerade der Zusammenhang der drei Mittel untereinander wird in jenem 2. Fragment des ARCHYTAS ausführlicher erörtert, das uns hier hauptsächlich wegen seiner Terminologie interessiert.[110]

[110] DIELS—KRANZ, O. c., I⁸ 436. —K. REIDEMEISTER (Das exakte Denken der Griechen, S. 27) hielt dieses Fragment ohne hinreichenden

μέσαι δέ ἐντι τρῖς τᾷ μουσικᾷ, μία μὲν ἀριθμητικά, δευτέρα δὲ ἁ γεωμετρικά, τρίτα δ'ὑπεναντία, ἃν καλέοντι ἁρμονικάν.

ἀριθμητικὰ μέν, ὄκκα ἔωντι τρεῖς ὅροι κατὰ τὰν τοίαν ὑπεροχὰν ἀνὰ λόγον· ᾧ πρᾶτος δευτέρου ὑπερέχει, τούτῳ δεύτερος τρίτου ὑπερέχει. καὶ ἐν ταύτᾳ τᾷ ἀναλογίᾳ συμπίπτει ἦμεν τὸ τῶν μειζόνων ὅρων διάστημα μεῖον, τὸ δὲ τῶν μειόνων μεῖζον.

ἁ γεωμετρικὰ δέ, ὄκκα ἔωντι οἷος ὁ πρᾶτος ποτὶ τὸν δεύτερον, καὶ ὁ δεύτερος ποτὶ τὸν τρίτον. τούτων δ' οἱ μείζονες ἴσον ποιοῦνται τὸ διάστημα καὶ οἱ μείους.

ἁ δ' ὑπεναντία, ἃν καλοῦμεν ἁρμονικάν ὄκκα ἔωντι <τοῖοι· ᾧ> ὁ πρᾶτος ὅρος ὑπερέχει τοῦ δευτέρου αὐταύτου μέρει, τούτῳ ὁ μέσος τοῦ τρίτου ὑπερέχει τοῦ τρίτου μέρει. γίνεται δ' ἐν ταύτᾳ τᾷ ἀναλογίᾳ τὸ τῶν μειζόνων

»Es gibt drei Mittel in der Musik: einmal das arithmetische, zweitens das geometrische und drittens das umgekehrte, das sog. harmonische. Das arithmetische Mittel liegt dann vor, wenn die drei Zahlen (= Grenzpunkte) nach der folgenden Differenz sind, *je nach Logos:* um wieviel die erste Zahl die zweite übertrifft, um ebensoviel übertrifft die zweite die dritte (12—9 = 9—6). Und es trifft sich bei dieser *Gleichheit je nach Logos,* daß das Verhältnis (= Intervall) der größeren Zahlen kleiner und dasjenige der kleineren größer ist $\left(\frac{12}{9} < \frac{9}{6}\right)$.

Das geometrische Mittel liegt dann vor, wenn sich die erste Zahl zur zweiten, wie die zweite zur dritten verhält.

Grund für unecht. — Es sei hier übrigens noch betont: Der Wortgebrauch des ARCHYTAS in diesem offenbar musiktheoretischen Fragment braucht keineswegs in dem Sinne ausgelegt zu werden, als ob zu seiner Zeit die hier benutzten, ursprünglich musiktheoretischen Ausdrücke (*ἀνὰ λόγον* und *ἀναλογία*) ihren aus der Geometrie bekannten präzisen Sinn *noch nicht gehabt hätten.* Selbstverständlich waren dieselben Ausdrücke zur Zeit des ARCHYTAS *in der Geometrie* schon längst präzisiert. Aber ARCHYTAS — indem er über Musiktheorie redet — gebraucht die alten musikalischen Bezeichnungen in ihrem alten musikalischen Sinne.

ὅρων διάστημα μεῖζον, τό δὲ τῶν μειόνων μεῖον.	Die größeren Zahlen machen in diesem Fall dasselbe Verhältnis wie die kleineren aus (a : b = b : c). Das umgekehrte, das sog. harmonische Mittel liegt dann vor, wenn die Zahlen so sind: um den wievielten Teil von sich selbst die erste Zahl die zweite übertrifft, um den ebensovielten Teil der dritten übertrifft die mittlere die dritte.[111] In dieser *Gleichheit je nach Logos* ist das Verhältnis (=Intervall) der größeren Zahlen größer und dasjenige der kleineren kleiner« $\left(\frac{12}{8} > \frac{8}{6}\right)$.

Wie man sieht, ist in diesem Fragment die Terminologie diejenige der pythagoreischen Musiktheorie. Die Ausdrücke ὅροι und διάστημα brauchen hier nicht mehr erörtert zu werden. Um so auffallender ist der Gebrauch der Bezeichnungen ἀνὰ λόγον und ἀναλογία. Es ließen sich zwar diese Worte als »*je nach Logos*« und als »*Gleichheit je nach Logos*« übersetzen, doch unterscheidet sich der Sinn dieser Ausdrücke im Wortgebrauch des angeführten musiktheoretischen Fragmentes ohne Zweifel von allen bisher geprüften Fällen. Denn dieses Fragment vergleicht ja je zwei Zahlen des arithmetischen Mittels (12, 9 und 9, 6) *ἀνὰ λόγον*, und das arithmetische Mittel selbst (12 − 9 = 9 − 6) heißt hier *ἀναλογία* =

[111] Das heißt also, im Falle des umgekehrten Mittels, 12..*8*..6, übertrifft die erste Zahl (12) um 4 — *um ein Drittel von sich selbst* — die zweite (8), und diese übertrifft die dritte (6) um 2 —also ebenfalls *um ein Drittel derselben* (der 6).

»Gleichheit je nach Logos«. Folglich bezeichnet nach diesem Wortgebrauch λόγος eine solche Zahlenverbindung wie *12–9* oder *9–6*.

Ich schließe also aus dem Wortgebrauch im 2. Fragment des ARCHYTAS, daß der Ausdruck λόγος in der Musiktheorie ursprünglich *nicht* das »Verhältnis zweier Zahlen zueinander« ($a : b$) – wie in der Geometrie –, sondern *jegliche Art von »Verbindung zweier Zahlen«* bezeichnete und dementsprechend die *ἀναλογία jede Art von »Gleichheit je nach den beiden zusammengehörigen Zahlen«* war.[112] Erst später spezialisierte sich der Sinn des λόγος – und wohl *nicht* in der Musiktheorie, sondern zunächst in der Geometrie – auf jene Verbindung zweier Zahlen zueinander, die wir als »*Verhältnis*« ($a : b$) bezeichnen; und dementsprechend wurde auch die *ἀναλογία* in der Mathematik nicht »Gleichheit je nach *beliebiger* Verbindung zweier Zahlen« im allgemeinen, sondern nur die «Verhältnisgleichheit« ($a : b = c : d$).

Für den alten, nicht-euklidischen Gebrauch des mathematischen Ausdruckes λόγος (»jegliche Art Verbindung zweier Zahlen«) kenne ich keinen zweiten antiken Text – außer dem eben analysierten ARCHYTAS-Fragment. (Bei EUKLID heißt λόγος einzig und allein das »*Verhältnis*«, was wir als $a : b$ bezeichnen.) Doch bestätigt unseren Schluß – was den ursprünglichen, breiteren mathematischen Sinn der *ἀναλογία* betrifft – ARISTOTELES selber. Denn er schreibt einmal über die Proportion $a : b = c : d$, daß diese diejenige ist, die »die Mathematiker als *geometrische Analogie* bezeichnen«.[113] Dagegen sagt er ein anderes Mal über den Begriff des *μέσον* folgendes: »Wenn die *zehn* viel ist und die *zwei* wenig, so nimmt die *sechs* die Mitte ein . . ., weil sie um ebensoviel größer im Vergleich zu der einen ist wie kleiner im Vergleich zu der anderen, und gerade dies ist das Mittel nach der

[112] In der Tat heißt in unserem ARCHYTAS-Fragment auch das harmonische Mittel (12..8..6) »analogia«.

[113] Eth. Nic. 1131 b 12–13.

arithmetischen Analogie« (τοῦτο δὲ μέσον ἐστὶν κατὰ τὴν ἀριθμητικὴν ἀναλογίαν).[114]

Die *ἀναλογία* muß also ursprünglich in der Tat jede Art von »Gleichheit je nach der Verbindung zweier Zahlen« gewesen sein.[115]

18. Die Schöpfung des mathematischen Begriffes λόγος

Wir haben zwei verschiedene Bedeutungen der mathematischen Fachbezeichnung *λόγος* kennengelernt, die man scharf unterscheiden muß:

1. Bei EUKLID – und überhaupt in der gesamten mathematischen Literatur – heißt *λόγος* jene Verbindung von zwei Zahlen, die wir als »*Verhältnis*« ($a : b$) bezeichnen.
2. In dem vorhin behandelten Fragment des ARCHYTAS hat der Name *λόγος* einen anderen Sinn. Denn ARCHYTAS vergleicht je zwei Zahlen des arithmetischen Mittels *ἀνὰ λόγον;* das arithmetische Mittel selbst ($12-9 = 9-6$) bezeichnet er – ebenso wie auch das harmonische Mittel (12 . . . 8 . . . 6) – als *ἀναλογία*. Darum muß also – nach diesem Wortgebrauch – *λόγος jede Art von Verbindung zweier Zahlen* bezeichnet haben.

Ich vermute nun, daß jene Bedeutung des Wortes *λόγος*, die an erster Stelle genannt wurde (»Verhältnis«), das Ergebnis einer etwas *späteren Bedeutungsspezialisierung* darstellt. Diese Vermutung begründe ich mit dem folgenden Gedankengang:

a) In der Terminologie der Musiktheorie hieß das »*Verhältnis*« *διάστημα*. Die Bedeutungsentwicklung dieses Wortes verlief

[114] Ebd., 1106 a 33.

[115] Darum können bei den späten pythagoreischen Arithmetikern auch die übrigen, hier nicht berücksichtigten Mittel *(μεσότητες)* als *ἀναλογίαι* bezeichnet werden. Vgl. dazu P.-H. MICHEL, o. c., S. 365–411, und meinen in Anm. 12 genannten Aufsatz, S. 212–213.

in großen Zügen folgendermaßen: »Strecke« → »stillgelegter Saitenabschnitt« → »Verhältnis der beiden Zahlen zueinander«. Das *diastema* hatte selbstverständlich zwei ὅροι (= »Grenzpunkte«, »Zahlen«). – Als man nun anläßlich der verschiedenen Rechenoperationen am ‚Kanon' – bei seinen *Schnitten* – die kleineren Streckensegmente eines größeren Intervalls untereinander vergleichen wollte, hat man die Bezeichnung λόγος eingeführt. Der λόγος war nach diesem Wortgebrauch die zusammenfassende Benennung jener beiden Zahlen *an sich*, die die Grenzpunkte eines *diastema* bildeten. Natürlich war nach dieser alten musikalischen Bezeichnungsart (deren Spuren in dem ARCHYTAS-Fragment vorliegen) der λόγος dem διάστημα *noch nicht gleichwertig*.

b) Erst als die früher *nur musikalische* Proportionenlehre auf Arithmetik und Geometrie angewendet wurde, hat man den Sinn des Fachausdruckes λόγος – der ursprünglich »*Verbindung zweier Zahlen*« im allgemeinen hieß – endgültig als »*Verhältnis*« ($a : b$) festgelegt. Zu dieser Verschiebung der Wortbedeutung mag auch die Tatsache beigetragen haben, daß man die Doppeldeutigkeit des Fachausdruckes διάστημα (»Strecke« und »Verhältnis«) besonders in der Geometrie wohl als störend empfinden mußte. Es war also empfehlenswert, statt dessen für das »*Verhältnis*« eine eindeutigere Bezeichung zu benutzen. – Mit dem neuen und endgültigen Sinn des mathematischen λόγος wurde natürlich auch die ἀναλογία endgültig »*Verhältnisgleichheit*«, »*Proportion*«.

19. Ein Exkurs zu der Wortgeschichte des λόγος

Wie kam nun das Wort λόγος zu seiner *nur* aus der Musikwissenschaft und Mathematik bekannten Bedeutung: »*Verbindung zweier Zahlen*« und insbesondere »*Verhältnis zweier Zahlen zueinander*«? Denn dasselbe Wort war in der alltäglichen Sprache der Griechen nur in solchen Bedeutungen bekannt wie »*Wort*«, »*Rede*«, »*Gespräch*«, »*Erzählung*«, »*Bericht*« oder auch »*Vernunft*«. Ich glaube, man versteht die spezielle Namengebung der Musikwissenschaft und Mathematik nur dann, wenn man an folgendes denkt:

Wie *κατάλογος* »Aufzählung« hieß, so muß das Wort *λόγος* in der alltäglichen Sprache der klassischen Zeit u. a. auch eine solche Bedeutung gehabt haben, wie »*Zahl*«, »*Anzahl*«, »eine *Reihe* oder eine *Gesamtheit* von gewissen Dingen«. So liest man z. B. einmal bei HERODOT (III 120): *Σὺ γὰρ ἐν ἀνδρῶν λόγῳ* = »Denn bist du in der *Reihe*, in der *Anzahl* der Männer«, d. h. »Sollst du als ein Mann geachtet werden?« Oder ein anderes Mal (III 125): *ἐν ἀνδραπόδων λόγῳ ποιεύμενος* = »er rechnete sie zu der *Gesamtheit* oder zu der *Zahl* der Sklaven«. — Ja, in diesem Gebrauch scheint *λόγος* sozusagen ein paralleler Begriff zu *ἀριθμός* zu sein; so zitiere ich nach dem Wörterbuch von. W. PAPE die stilistische Wendung[116]: *οὔτ' ἐν* **λόγῳ**, *οὔτ' ἐν ἀριθμῷ*. — Anstatt die Beispiele weiter zu häufen, berufe ich mich nur noch auf eine Stelle des ARISTOTELES (Eth. Nic. 1131 b 20): *ἐν ἀγαθοῦ γὰρ* **λόγῳ** *γίγνεται τὸ ἔλαττον κακὸν πρὸς τὸ μεῖζον κακόν* = »Denn es steht *in der Zahl des Guten* das weniger Schlechte gegen das größere Schlechte«.

Mir scheint der eben angedeutete Wortsinn den Ausgangspunkt für diejenigen gebildet zu haben, die zunächst den musikalischen Fachausdruck *λόγος* geprägt hatten. Nachdem *λόγος* in der alltäglichen Sprache auch die Bedeutung »eine *Reihe* von Dingen«, »eine *Verbindung* von mehreren Gegenständen bzw. von mehreren Zahlen« besaß, konnte dasselbe Wort in der Fachsprache — durch einen bewußten Akt der Begriffsschöpfung — für die Bezeichnung der »Verbindung *von bloß zwei zusammengehörigen Zahlen*« in Anspruch genommen werden.

Man wird dabei auch einen interessanten *Doppelsinn* des Wortes *λόγος* in dem pythagoreischen Sprachgebrauch nicht vergessen. Denn die Pythagoreer bezeichneten in der Musikwissenschaft und Mathematik die »*Verbindung zweier Zahlen*« ($a—b$ oder $a : b$) als *λόγος*, und zu gleicher Zeit hieß für sie dasselbe Wort — nach einem allgemeinen philosophischen Sprachgebrauch — auch soviel wie »*Verstand*«, »*Denken*«, »*Vernunft*«. Ja, man könnte auch zahlreiche Stellen aus der musiktheoretischen Literatur anführen, die davon zeugen, daß es manchmal gar nicht leicht ist, die beiden Wortbedeutungen (*λόγος* = »*Zahlenverhältnis*« und *λόγος* = »*Verstand*«, »*Vernunft*«) streng auseinanderzuhalten. Meistens handelt es sich dabei um solche Textstellen, die dem Verständnis gar keine Schwierigkeit bereiten. Der Sinn dieser Stellen ist klar und eindeutig, und doch weiß man nicht genau, wie man den Ausdruck *λόγος* verdeutschen soll. Heißt er »Sinn«, »Verstand«, »Überlegung« oder »Zahlenverhältnis«? — Ich möchte hier

[116] S. v. *λόγος*.

anstatt vieler Beispiele nur zwei Fälle für diese Doppelbedeutung des Wortes namhaft machen.

Es wurde oben jene Stelle des Ptolemaios einmal schon erwähnt,[117] die gewisse Empiriker der Musikwissenschaft folgendermaßen charakterisiert:

»Sie gewinnen nicht durch *Berechnung* die Einteilungen der Saite, sondern sie spannen die Saite an, dann bewegen sie den kleinen Steg, bis jeder der gesuchten Klänge das Ohr trifft etc.«

Der Sinn der Stelle ist also gar nicht problematisch; aber liest man das griechische Original: *οὐδ' ὅλως ἔτι τῷ λόγῳ ποιοῦνται τὰς κατατομάς,* so weiß man in der Tat nicht, heißt hier *λόγος* »*Verstand*«, »*Überlegung*« oder »*Zahlenverhältnis*«? Beide Bedeutungen wären gleichermaßen berechtigt. (In der vorigen Übersetzung wurde das fragliche Wort als »*Berechnung*« verdeutscht.)

Ähnlich ist auch eine andere Stelle bei Aristoxenos, dem Gegner der Pythagoreer. Er behauptet hier,[118] daß einzig und allein die Sinneswahrnehmung, das Gehör, berufen sei, über die musikalischen Töne die Entscheidung zu treffen; in dieser Frage sei sie allein zuständig *(ἡ αἴσθησίς ἐστιν ἡ τουτοῦ κυρία)*; dann fügt er noch hinzu: »die Sinneswahrnehmung sei auch gar nicht der Hilfe des *logos* bedürftig *(οὐδὲ λόγου δεῖται)*. — Wie der Textzusammenhang zeigt, kann auch in diesem Fall *λόγος* sowohl »*Zahlenverhältnis*« bedeuten wie auch »*vernunftmäßige Überlegung*«. Denn schließlich protestiert ja Aristoxenos nicht nur dagegen, daß die Pythagoreer — anstatt sich bloß der Sinneswahrnehmung zu bedienen — die *Vernunft (λόγος)* zu Hilfe rufen, sondern auch dagegen, daß sie das musikalische Intervall — was man nur hören sollte — von dem *Zahlenverhältnis (λόγος)* abhängig machen wollen.

Natürlich war diese Doppelbedeutung des Wortes *λόγος* (»Verbindung zweier Zahlen« und »Sinn«, »Vernunft«) für jene Pythagoreer, die den *Sinn* des Alls in der *Zahl* erblicken wollten, keineswegs gleichgültig.

20. Die Anwendung auf Arithmetik und Geometrie

Ich hoffe, in den vorangestellten Betrachtungen den *musiktheoretischen Ursprung* aller wichtigen Fachausdrücke der Proportionenlehre nachgewiesen zu haben. Man hat dabei gesehen, daß nicht bloß die technischen Bezeichnungen — wie

[117] Vgl. Anm. 108.

[118] Harm. Stoich. 53, 13 ff.

z. B. διάστημα bzw. λόγος und ὅροι –, sondern auch die entsprechenden *Begriffe selbst* in der Musiktheorie entstanden. Nachdem nun ohne dieselben Bezeichnungen und Begriffe die Mathematik der Griechen gar nicht denkbar ist, wäre man von vornherein geneigt, in der Proportionenlehre der Arithmetik und Geometrie eine wohl *nachträgliche* Anwendung der ursprünglich rein musikalischen Proportionenlehre zu erblicken. Einen schlagenden Beweis für diese Vermutung liefern besonders jene Ausdrücke der Geometrie (»zusammengesetztes Verhältnis«, »verdoppeltes Verhältnis«, »Differenz zweier Verhältnisse« u. a. m.), die ohne die Rechenoperationen am ‚Kanon' (vgl. Kapitel 10) – mindestens sprachlich – gar nicht zu erklären sind.

Aber die Anwendung der ursprünglich musiktheoretischen Begriffe in der Arithmetik und Geometrie war doch nicht etwas Mechanisches. Im Gegenteil! Es scheint, daß die Musiktheorie wohl nur die *Ansätze* geliefert hatte. Das, was man unter *Proportionenlehre* im eigentlichen Sinne des Wortes versteht, entwickelte sich erst in der Arithmetik und Geometrie, nachdem auch in diesen Fächern die Begriffe der Musiktheorie benutzt wurden. Ja, durch die Anwendung auf dem neuen Gebiet veränderten sich zum Teil auch die Begriffe selbst. Das ersieht man bis zu einem gewissen Grade auch schon aus den bisherigen Ausführungen.

Denn wohl galten zwar in der späteren Zeit für die pythagoreischen Musiktheoretiker διάστημα und λόγος als gleichwertige Begriffe, aber ursprünglich war der λόγος in der Musiktheorie – wie das Archytas-Fragment zeigt – noch ein anderer Begriff, *nicht* das »geometrische Verhältnis«. Und dementsprechend war auch die ἀναλογία bloß eine näher nicht bestimmte »Gleichheit je nach Logos« und *nicht* die »geometrische Proportion«. – Überhaupt scheint der *Vergleich »je nach Logos« (ἀνὰ λόγον)* in der Musiktheorie noch lange nicht so wichtig gewesen zu sein, wie derselbe in der Arithmetik und in der Geometrie wurde. Das Archytas-Fragment vergleicht zwar die Bestandteile des arithmetischen

Mittels – seine je zwei Zahlen – *ἀνὰ λόγον*, aber die »*Gleichheit je nach Logos*« wurde (unter dem Gesichstpunkt der weiteren Entwicklung) doch erst in der geometrisierenden Arithmetik der Pythagoreer bedeutend. Man vergleiche dazu die pythagoreische Definition der »ähnlichen Flächenzahlen« (Elem. VII def. 22).

Es wurde im I. Teil dieses Buches schon erwähnt, daß nach pythagoreischer Auffassung jede beliebige Zahl als »*Flächenzahl*« gelten durfte, wenn man sie in zwei Faktoren zerlegte. (Die Flächenzahl *3* wurde z. B. als ein Rechteck mit den Seiten *1* und *3* dargestellt.) Nun besagt die betreffende Definition (Elem. VII def. 22):

> »Ähnliche Flächenzahlen *(ὅμοιοι ἐπίπεδοι ἀριθμοί)* sind diejenigen, deren Faktoren je nach Logos gleich sind« *(οἱ ἀνάλογον ‹ἴσας› ἔχοντες τὰς πλευράς)*.

Im Sinne dieser Definition sind also z. B. die *3* und die *12* »ähnliche Flächenzahlen«, weil man diese als zwei *ähnliche Rechtecke* mit den Seiten (= Faktoren) *1* und *3* bzw. *2* und *6* darstellen kann. Bildet man aus den entsprechenden Seiten der beiden Rechtecke – *1* und *2* bzw. *3* und *6* – je einen *logos*, so sieht man sofort, daß diese *logoi* untereinander gleich sind *(1 : 2 = 3 : 6)*. Man bildet also in diesem Fall den *logos* ebenso aus zwei *Streckensegmenten* – aus je zwei entsprechenden Seiten der beiden Rechtecke –, wie man auch in der Musiktheorie daran gewohnt war, daß das *diastema* (»Intervall als Zahlenverhältnis ausgedrückt«) von zwei verschieden langen (ertönenden) *Saitenabschnitten* bewirkt wird. Aber die »Gleichheit je nach Logos« ist in der geometrisierenden Arithmetik (d. h. also in der Arithmetik der Flächen- und Körperzahlen) viel wesentlicher als sie in der Musiktheorie sein konnte. Denn man konnte in der Musiktheorie höchstens feststellen, daß z. B. die Verhältniszahlen der *Quinte* – *3 : 2, 12 : 8* oder auch *9 : 6* – untereinander immer gleich sind *(3 : 2 = 12 : 8 = 9 : 6)*. Aber diese Erkenntnis führte zu keiner weiteren Entdeckung.

Dagegen enthüllte die »Gleichheit je nach Logos« der entsprechenden Seiten (=Faktoren) im Falle der Flächenzahlen etwas sehr Wesentliches. In dieser »Gleichheit je nach Logos« wurde nämlich die *Ähnlichkeit* von zwei Rechtecken konkret greifbar. – Natürlich muß man *intuitiv* gewußt haben, wann zwei Rechtecke untereinander ähnlich sind, auch zu jener Zeit schon, in der der Begriff der *analogia* noch nicht geprägt war. Aber ein wissenschaftlicher Begriff wurde die *geometrische Ähnlichkeit* der Flächenfiguren (und zuerst wohl eben diejenige der *Rechtecke*) wohl erst dann, als man erkannte, daß diese in der »Gleichheit je nach Logos« *(ἀναλογία)* der entsprechenden Seiten besteht. – Man sieht also, daß der Begriff der *»analogia«* (= Gleichheit je nach Logos) – der nach der sprachgeschichtlichen Erklärung zuerst in den musikalischen Betrachtungen auftauchte – durch seine Anwendung in der geometrisierenden Arithmetik das bessere Verstehen der *geometrischen Ähnlichkeit* ermöglichte. Diese *Ähnlichkeit* enthüllte sich auf einmal als die *»analogia* der Seiten«. Eben deshalb konnte das Wort *ἀναλογία* in dem *nicht*-mathematischen Sprachgebrauch der Gebildeten mit »Ähnlichkeit« *(ὁμοιότης)* gleichbedeutend werden. (Wie bekannt, hat der Ausdruck *τὸ ἀνάλογον* auch bei Aristoteles oft gerade diesen Sinn.[119])

Es wird wohl nicht überflüssig sein, hier mit Nachdruck hervorzuheben, daß es auch andere unzweifelhafte Indizien dafür gibt, daß der wissenschaftliche Begriff der *geometrischen Ähnlichkeit* in der Tat eine Schöpfung der Griechen gewesen sein muß. Das ersieht man auch schon aus der folgenden Definition:

Elem. VI 1: »Ähnlich sind die geradlinigen Figuren, in denen die Winkel einzeln gleich *(ὅμοια σχήματα εὐθύγραμμά*

[119] Met. N. 6. 1093 b 17 ff. für *ἀναλογία* = *ὁμοιότης* siehe Philodemus: On Methods of Inference, A Study of Ancient Empiricism, Ph. H. Lacy & E. A. Lacy, Philadelphia 1941, nach dem Index. Ebenso auch Alexander von Aphrodisias (ed. M. Wallies), S. 545, 1 ff.: *ὅμοιον* = *ἀνάλογον*; zu diesem letzteren siehe auch meine Arbeit, genannt in Anm. 8.

ἐστιν, ὅσα τάς τε γωνίας ἴσας ἔχει κατὰ μίαν) und die gleiche Winkel umfassenden Seiten je nach Logos gleich sind« *(καὶ τὰς περὶ τὰς ἴσας γωνίας πλευρὰς ἀνάλογον* [scil. *ἴσας ἔχει*]*).*

Die Ähnlichkeit wird also einerseits als *Gleichheit der Winkel* und andrerseits als *Verhältnisgleichheit der Seiten* definiert. Natürlich ist eine solche Definition erst dann möglich geworden, nachdem einerseits der Begriff des »*Winkels*« in altionischer Zeit[120] und andrerseits der Begriff des *ἀνάλογον* in der pythagoreischen Musiktheorie ausgearbeitet wurde.

Vergleicht man nun die zuletzt angeführte Definition der Ähnlichkeit der geradlinigen Figuren mit der Definition der »ähnlichen Flächenzahlen«, so fällt der Unterschied der beiden sogleich auf. In der geometrisierenden Arithmetik wurden die »Flächenzahlen« immer als *Rechtecke* veranschaulicht. (Andere Flächenzahlen der Pythagoreer, wie Dreieck- und Fünfeckzahlen, kommen in der bei Euklid vorliegenden Arithmetik *nicht* in Betracht.) Im Falle von *ähnlichen Rechtecken* brauchte jedoch die Gleichheit der Winkel *nicht* hervorgehoben zu werden, nachdem alle Rechtecke »eo ipso« rechtwinklig sind. Außerdem waren die Seiten dieser Rechtecke immer Veranschaulichungen von *Zahlen*. Auch darum konnte man die Begriffe jener musikalischen Proportionenlehre, die immer nur Zahlen – und nie auch *inkommensurable Größen* – berücksichtigte, in dieser Arithmetik leicht anwenden.

Anders wurde es jedoch, als man die Ähnlichkeit der geradlinigen Flächenfiguren überhaupt ins Auge fassen wollte. Dieses Problem ließ sich keineswegs immer mit denselben einfachen arithmetischen Mitteln bewältigen, die im Falle der Rechteckzahlen so nützlich waren. Wohl hatte man zwar auch in diesen Fällen die intuitive Sicherheit, daß die Seiten der

[120] O. Becker, Grundlagen der Mathematik in geschichtlicher Entwicklung, S. 27.

ähnlichen geradlinigen Figuren ebenso verhältnisgleich sein müssen wie die Seiten (Faktoren) der »ähnlichen Flächenzahlen«, aber es war oft unmöglich, diese Verhältnisgleichheit exakt zu beweisen, solange die Proportionenlehre – wie in der Musiktheorie und in der Arithmetik – *nur für Zahlen* und nicht auch für inkommensurable Größen gültig war. Auch darum war es also empfehlenswert, die Ähnlichkeit der geradlinigen Figuren an erster Stelle mit der *Gleichheit der Winkel* zu begründen. Die Verhältnisgleichheit der entsprechenden Seiten kam daneben beinahe nur als eine Konsequenz der Gleichheit der Winkel vor.

Ich vermute also, daß die Begriffe der musikalischen Proportionenlehre zunächst in der Arithmetik zur Anwendung kamen. Dies wurde auch dadurch erleichtert, daß in der Arithmetik die Zahlen – ebenso wie in der Musiktheorie – durch *Strecken* dargestellt wurden. (Die Produkte aus zwei Zahlen galten dabei als *Rechtecke* bzw. die Produkte aus drei Faktoren als *Körper*). Die Anwendung der musikalischen Proportionenlehre in der geometrisierenden Arithmetik hat zugleich auch das Verständnis für das Problem der »*geometrischen Ähnlichkeit*« gefördert. Das Problem der geometrischen Ähnlichkeit hat seinerseits wieder bald zum Problem der *linearen Inkommensurabilität* geführt. Ja, ich glaube sogar, daß auch die Erkenntnis der linearen Inkommensurabilität durch die Musiktheorie schon vorbereitet war. Gerade dies möchte ich im nächsten Kapitel zeigen.

21. Die mittlere Proportionale in der Musik, Arithmetik und Geometrie

Es wurde oben in einem früheren Kapitel (s. S. 218 f.) jenes Fragment des Archytas behandelt, das die *drei Mittel in der Musik* erwähnt. Wir haben jedoch von diesen dreien bisher nur die Bedeutungen des arithmetischen und harmonischen Mittels für die Musiktheorie hervorgehoben. (Wie gesagt, bewirken diese beiden Mittel die Teilung eines musikalischen Intervalls *in ungleiche Teilintervalle*, und zwar sind die Teilintervalle bei beiden Mitteln dieselben, nur in umgekehrter Reihenfolge. Nach dem klassischen Beispiel erfolgt die Teilung der Oktave (12 : 6) durch das arithmetische Mittel bei der Zahl *9* in Quarte und Quinte (12 : 9 und 9 : 6) und durch das harmonische Mittel bei der Zahl *8* in Quinte und Quarte (12 : 8 und 8 : 6). – Aber welche Rolle dürfte unter diesen beiden – also zwischen dem arithmetischen und dem harmonischen – dem sog. *geometrischen Mittel* zufallen?

Das geometrische Mittel ist – nach den Worten des ARCHYTAS-Fragmentes – jener »Grenzpunkt« *(ὅρος)* zwischen zwei anderen »Grenzpunkten« (»Zahlen«), der die Teilung des ursprünglichen Intervalls (etwa $a : c$) in zwei untereinander *gleiche Teilintervalle* (also $a : b = b : c$) bewirkt. Im Falle der Oktave wäre also das geometrische Mittel jene Zahl x, wonach $12 : x = x : 6$ ist. – Eine solche »Zahl« (besonders im Sinne der *Euklidischen* Definition der Zahl in *Elem.* VII def. 2) gibt es natürlich nicht – weder eine ganze Zahl noch eine Bruchzahl. *Die Oktave läßt sich zahlenmäßig nicht in zwei untereinander gleiche Teilintervalle zerlegen.* Diese Unmöglichkeit war für die Pythagoreer nicht nur eine praktische, sondern auch eine *theoretische*. Denn ihrer Theorie nach müßten alle musikalischen Intervalle sich durch Verhältnisse von *ganzen Zahlen* ausdrücken lassen.

Offenbar gilt dasselbe auch für die Quarte (4 : 3) und Quinte (3 : 2). Auch diese Intervalle lassen sich zahlenmäßig *nicht* in kleinere, untereinander gleiche Teilintervalle zerlegen. Es gibt auch unter ihren Verhältniszahlen kein (zahlenmäßiges) geometrisches Mittel.

Aber warum erwähnt dann unser ARCHYTAS-Fragment das geometrische Mittel dennoch unter den *musikalischen Mitteln*, wo sich gerade in der Musik diese Art von Mittel gar nicht verwirklichen läßt? – Soweit ich sehe, beleuchtet der Textzusammenhang, in dem das ARCHYTAS-Fragment erhalten blieb, diese Frage überhaupt nicht. Wir können also bloß *vermuten*, warum durch ARCHYTAS auch das geometrische Mittel zu den musikalischen Mitteln gerechnet wird. Ich glaube allerdings, die folgende Erklärung vorschlagen zu dürfen.

Das Problem des »*geometrischen Mittels*« – das seinen Namen offenbar erst *später* erhielt, nachdem man nämlich gelernt hatte, es auf *geometrischem Wege* zu verwirklichen – hat ursprünglich den Musiktheoretikern wohl viel Kopfzerbrechen bereitet. Mit den wirklich »musikalischen Mitteln« (dem arithmetischen und dem harmonischen) hat das geometrische nur soviel zu tun, daß auch dieses – zunächst als unlösbares Problem – zum ersten Male in der Musiktheorie auftauchte.

Wir haben in der Tat in der *Sectio canonis* den konkreten Beweis dafür, daß die Pythagoreer versuchten, die musikalischen Intervalle in untereinander *gleiche* Teilintervalle zu zerlegen. Das heißt also: Sie suchten das »geometrische Mittel« dieser Intervalle, und sie kamen zu dem Schluß, daß dieses auf arithmetischem Wege sich nicht verwirklichen läßt. Der Satz *Sectio canonis 3* besagt nämlich[121]:

> »Zwischen zwei Zahlen in einem *überteiligen Verhältnis* können niemals mittlere proportionale Zahlen, weder eine noch mehrere, gefunden werden.«

Zu dem Verständnis dieses Satzes muß man wissen, daß die Griechen unter einem »überteiligen Verhältnis« *(ἐπιμόριον διάστημα)* dasselbe verstanden, was wir in der Form $(n+1) : n$ zum Ausdruck bringen. »Überteilige Verhältnisse« sind also

[121] Man schreibt diesen Satz in der Fachliteratur [vgl. z. B. B. L. v. d. WAERDEN, Hermes 78 (1943) 169] seit P. TANNERY gewöhnlich dem ARCHYTAS zu. Dies ist jedoch wohl nur ein *Irrtum*. Unsere Quelle, BOETHIUS (De musica III 11), beanstandet nämlich im Zusammenhang mit unserem Satz bloß »*einen Beweis des* ARCHYTAS«. Darf man einzig und allein auf Grund dieser Worte sogleich auch den ganzen Satz dem ARCHYTAS schenken? – Ich glaube es kaum. Ich halte den Satz *Sectio canonis 3* für viel *älter* als ARCHYTAS.

nicht nur die Quarte (4 : 3) und Quinte (3 : 2), sondern – als Spezialfall – auch noch die Oktave (2 : 1).

Der zitierte Satz besagt also, daß es zwischen zwei Zahlen eines »überteiligen Verhältnisses« – und alle wichtigen Intervalle der Musik sind eben »überteilige Verhältnisse« – kein (zahlenmäßiges) geometrisches Mittel gibt. Ja, wir ersehen aus dem Beweis des Satzes in der *Sectio canonis* – sowie aus den übrigen Sätzen, die dieser Beweis voraussetzt[122] –, daß man sich auch darüber im klaren war, es sei einerlei, mit welchen Mehrfachen des »überteiligen Verhältnisses« die Probe angestellt wird, ein geometrisches Mittel lasse sich unter solchen Zahlen zahlenmäßig nie bestimmen.

Die Pythagoreer wurden wohl eben durch ihre mißlungenen Versuche in der Musiktheorie veranlaßt, die Frage auch in einer allgemeineren Form zu untersuchen: Wann ist es überhaupt möglich, zwischen zwei *Zahlen* eine solche zu finden, die mit den beiden dasselbe Verhältnis bildet? Wann gibt es zwischen zwei Zahlen eine mittlere proportionale Zahl? Es wird in einer ganzen Reihe von Sätzen bei EUKLID im VIII. Buch der »Elemente« eben diese Frage behandelt. Es sei von diesen Sätzen hier nur an die folgenden erinnert:

Elem. VIII 11: »Zwischen zwei Quadratzahlen gibt es *eine* mittlere proportionale Zahl etc.«

VIII 12: »Zwischen zwei Kubikzahlen gibt es *zwei* mittlere proportionale Zahlen etc.«

VIII 18: »Zwischen zwei *ähnlichen Flächenzahlen* gibt es *eine* mittlere proportionale Zahl.«

VIII 20: »Wenn es zwischen zwei Zahlen eine mittlere proportionale Zahl gibt, dann sind die beiden Zahlen *ähnliche Flächenzahlen.*«

[122] Was diese anderen Sätze betrifft, kann ich der überzeugenden Analyse von B. L. v. d. WAERDEN (s. die vorige Anm.) natürlich nur beistimmen. Distanzieren möchte ich mich nur von dem Gedanken, daß dies alles dem ARCHYTAS persönlich zuzuschreiben wäre.

Es wird zwar durch *keine Überlieferung* bezeugt, daß diese arithmetischen Sätze in der Tat aus einer Zeit *vor* der Entdekkung der linearen Inkommensurabilität stammen; nachdem jedoch dieselben auch *ohne die Kenntnis der linearen Inkommensurabilität möglich sind,*[123] wäre man geneigt, gerade in diesen die historische Vorbereitung zu jener schönen Erkenntnis zu erblicken, wie man die mittlere Proportionale zu zwei *beliebigen* Strecken auf geometrischem Wege konstruieren kann (Elem. VI 13).

So mag das unlösbare Problem der Musiktheorie — das Intervall einer Konsonanz in zwei untereinander *gleiche* Teilintervalle zu zerlegen, oder mit anderen Worten: das sog. *geometrische Mittel* zwischen den beiden Zahlen einer Konsonanz *zahlenmäßig* zu bestimmen — über die Arithmetik zunächst zu dem Problem der geometrischen Ähnlichkeit (der geradlinigen Figuren) und dann auch zu der geometrischen Konstruktion der mittleren Proportionale zu zwei *beliebigen* Strecken geführt haben. Mit dieser letzteren Konstruktion war jedoch die Erkenntnis der linearen Inkommensurabilität sozusagen schon gegeben. Denn die mittlere Proportionale zwischen zwei solchen Strecken, deren Längenmaße *nicht* »ähnliche Flächenzahlen« sind, ist ja eine der Länge nach inkommensurable Strecke (vgl. dazu den I. Teil dieses Buches).

22. Die Konstruktion der mittleren Proportionale

Die Konstruktion der mittleren Proportionale zu zwei beliebigen Segmenten wird bei Euklid in dem Satz *Elemente VI 13* behandelt.

[123] Ich finde übrigens sehr treffend jene Bemerkung von B. L. v. d. Waerden (vgl. Zur Geschichte der griechischen Mathematik, S. 224), wonach *die Probleme des Buches VIII aufs engste mit der Lehre des Irrationalen zusammenhängen.* — Ja, diese Probleme sind eben die Vorbereitungen zu der Lehre des Irrationalen. Auch deswegen kann man das Buch VIII *nicht* in die verhältnismäßig *späte* Zeit des Archytas datieren. Die Lehre des Irrationalen muß — wie es auch der Begriff »*dynamis*« zeigt — einer viel früheren Zeit entstammen.

Man weiß, daß bereits HIPPOKRATES von Chios, der berühmte Geometer des 5. Jahrhunderts v. u. Z., diese Konstruktion gekannt haben muß.[124] Die historische Überlieferung der Antike berichtet jedoch gar nichts, weder über das Alter des Satzes *(Elem. VI 13)*, noch darüber, wie man schrittweise zu dieser Konstruktion gekommen sein mag. Man könnte eben deswegen den folgenden Rekonstruktionsversuch als eine Reihe von *bloßen Vermutungen* von vornherein ablehnen. Da jedoch der Sinn der Mathematikgeschichte eben darin besteht, daß man zu verstehen versucht, wie die Entwicklung der Wissenschaft von Problem zu Problem führte, möchte ich den Versuch auch im vorliegenden Fall nicht unterlassen.

Es sei vor allem daran erinnert, daß die Lösung der Aufgabe in dem Satz *Elem. VI 13* mit Hilfe von *ähnlichen rechtwinkligen Dreiecken* erreicht wird. Natürlich ist das Problem der *mittleren Proportionale* von dem Problem der *Ähnlichkeit* der geometrischen Figuren nicht zu trennen. Man fand die Lösung für die mittlere Proportionale, indem man die geometrische Ähnlichkeit eingehender untersuchte. Man war wohl auch durch die Erfahrungen in der Arithmetik veranlaßt, diesen Weg zu betreten. Denn man hat ja in der Arithmetik wohl schon früher herausgekriegt, daß es eben zwischen zwei »*ähnlichen* Flächenzahlen« eine mittlere proportionale Zahl gibt, und wie diese aus zwei Seiten (= Faktoren) der ähnlichen Rechteckzahlen zu gewinnen sei (s. S. 60–68).

Aber ob der Konstruktion der mittleren Proportionale zu zwei beliebigen Strecken — so wie sie in *Elem. VI 13* behandelt wird — nicht die Erkenntnis eines Spezialfalls vorangegangen war? Mir scheint nämlich eben *ein Spezialfall* des geometrischen Mittels zwischen zwei Segmenten viel leichter und naheliegender zu sein als die Behandlung der allgemeingültigen Konstruktion in Satz *Elem. VI 13.*

Man denke nämlich daran, daß wir am Ende des I. Teils in diesem Buch zu der Vermutung gekommen waren, daß *das Problem der Quadratverdoppelung ursprünglich wohl mit dem Problem der mittleren Proportionale zwischen einer Zahl und ihrem Doppelten gleichbedeutend war.* In der Tat wird man — gleichzeitig als man dahinterkam, daß die Diagonale jenes Segment ist, mit dessen Hilfe die Quadratfläche verdoppelt werden kann — auch erkannt haben, daß *die Diagonale die mittlere Proportionale zwischen der Quadratseite und ihrem Doppelten darstellt.* Für die erstere Erkenntnis sprach die anschauliche Evidenz selber (vgl. S. 122), während für die letztere die folgende Überlegung sprach:

a) Es mußte einem jeden als selbstverständlich erscheinen, daß die beiden Quadrate (das ursprüngliche Quadrat und das Doppelte des

[124] Siehe Anm. 37 zum I. Teil dieses Buches.

ursprünglichen) untereinander *nur* ähnlich sein können. [Einerlei, ob man sich dabei auch darüber Rechenschaft gab, daß die Seite des zweiten (größeren) Quadrats sich nicht als eine Zahl angeben läßt, wenn die Seite des ursprünglichen Quadrats als eine Zahl angegeben wurde.] Dasselbe mußte natürlich auch für die *Hälften* der beiden Quadrate — für die zwei rechtwinkligen Dreiecke — einleuchtend sein. Auch diese letzteren konnten nur als ähnlich erscheinen. (Natürlich waren in diesen Fragen anfänglich die Anschauung und die intuitive Evidenz das entscheidende.)

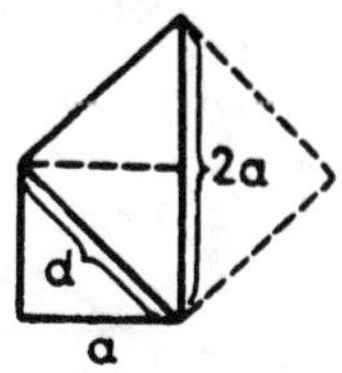

Abb. 5

b) Es lag nun nahe, aus den entsprechenden Seiten und aus den Diagonalen der beiden Quadrate je einen »*logos*« zu bilden, wie man dasselbe auch im Falle der »ähnlichen Flächenzahlen« zu tun gewohnt war. Man bildete dabei den einen »*logos*« aus den *Katheten* zweier Dreiecke $(a : d)$ und den anderen »*logos*« aus den *Hypotenusen* derselben, d. h. aus den Diagonalen der beiden Quadrate $(d : 2a)$. Es war evident, daß diese »*logoi*« untereinander ebenso gleich sein müssen $(a : d = d : 2a)$, wie die »*logoi*« aus den entsprechenden Seiten der »ähnlichen Flächenzahlen« untereinander gleich sind.

Es wurde auf diese Weise klar, daß die *Diagonale* des ursprünglichen Quadrats die mittlere Proportionale zwischen der ursprünglichen Quadratseite und ihrem Doppelten ist. [Damit hat man auch das geometrische Äquivalent des unlösbaren musiktheoretischen Problems — Halbierung der Oktave (2 : 1), d. h. das Finden der mittleren Proportionale zu ihren beiden ertönenden Saitenabschnitten — gelöst.]

Natürlich ist der vorhin skizzierte Gedankengang *a)* und *b)* eigentlich nur dann zwingend, wenn man die beiden Begriffe *λόγος* und *ἀναλογία* nicht nur für *Zahlen*, sondern auch für *Größen* erklärt. Man muß also diese beiden Begriffe in dem Sinne gelten lassen, in dem sie am Anfang des V. Buches der »Elemente« in der sog. eudoxischen Definition erklärt werden. Ob diese Erweiterung der Definitionen für *λόγος* und *ἀναλογία gleichzeitig* mit jener Erkenntnis erfolgte, daß die Quadratdiagonale eine mittlere Proportionale ist, oder ob sie *erst später nachgeholt* wurde, bleibe dahingestellt.

Auf alle Fälle konnte man daraus, auf welchem Wege es erkannt wurde, daß die Quadratdiagonale die mittlere Proportionale zwischen der Seite und dem Doppelten der Seite ist, manches auch darüber entnehmen, wie die mittlere Proportionale zu zwei *beliebigen* Segmenten zu konstruieren sei.

1. Es wurde vor allem klar, daß man die mittlere Proportionale am einfachsten wohl mit Hilfe von *ähnlichen rechtwinkligen Dreiecken* bekommen wird.

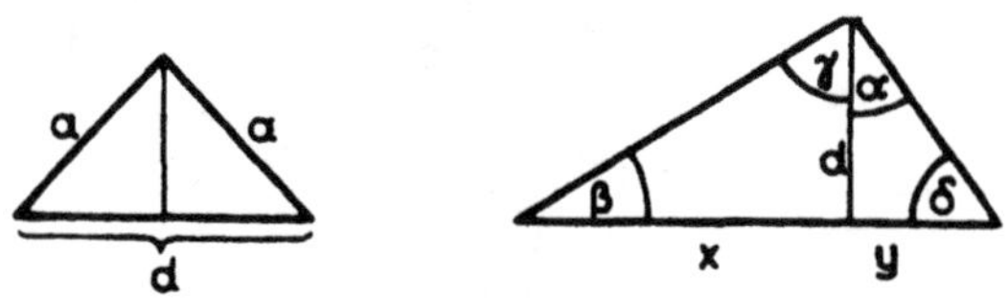

Abb. 6

2. Man mußte auch einsehen, daß die gesuchte mittlere Proportionale eben dadurch verwirklicht wird, daß d i e s e l b e S t r e c k e in den beiden ähnlichen rechtwinkligen Dreiecken auf einmal *zwei verschiedene Rollen* hat. (Die Strecke d ist im vorliegenden Fall *Kathete* des größeren und *Hypotenuse* des kleineren Dreiecks.)

Es fragte sich nun, wie man einen solchen Fall auch unter anderen Bedingungen verwirklichen könnte. Wie könnte man z. B. ähnliche rechtwinklige Dreiecke bekommen?

Ging man bei dieser letzteren Frage wieder von dem vorigen Spezialfall, dem gleichschenkligen rechtwinkligen Dreieck (der Hälfte eines Quadrats) aus, so war die Konstruktion ähnlicher Dreiecke in der Tat sehr leicht. Fällt man nämlich das Lot von dem rechten Winkel eines solchen Dreiecks auf die Hypotenuse, so bekommt man zwei untereinander ähnliche — ja sogar *kongruente* — gleichschenklige rechtwinklige Dreiecke. Die Ähnlichkeit der konstruierten rechtwinkligen Dreiecke konnte in diesem Fall gar nicht fraglich sein; aber der allzu spezielle Fall — in dem die Ähnlichkeit mit der Kongruenz zusammenfällt — war nicht zweckdienlich. Doch mag eben ein solcher mißlungener Versuch — als Übergangsschritt — zu der allgemeineren Form geführt haben.

Fällt man nämlich das Lot von dem rechten Winkel eines *nicht*-gleichseitigen Dreiecks auf die Hypotenuse, so bekommt man wieder zwei rechtwinklige Dreiecke. Man wurde sich bald auch darüber im klaren, daß die beiden rechtwinkligen Dreiecke auch in diesem Fall untereinander ähnlich sein müssen, nachdem die Gleichheit der entsprechenden Winkel ($\alpha = \beta$ und $\delta = \gamma$) erkannt wurde. Ja, in diesem Fall hat auch die Strecke d (das vom rechten Winkel gefällte Lot) die erwünschte *doppelte Rolle;* einerseits ist sie nämlich *längere Kathete* des kleineren, und andrerseits *kürzere Kathete* des größeren Dreiecks. Man mußte also nur je einen »*logos*« aus den längeren $(x : d)$ und aus den kürzeren Katheten $(d : y)$ der beiden Dreiecke bilden, und man hatte schon eine mittlere Proportionale zwischen zwei Strecken $(x : d = d : y)$ (vgl. Elem. VI 8, Porisma).

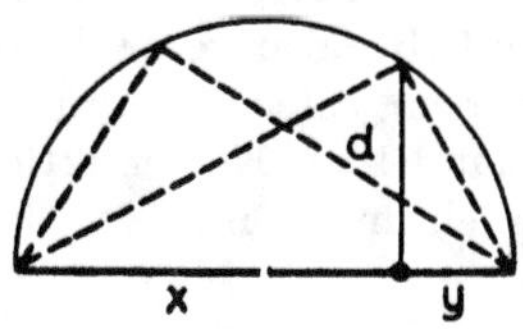

Abb. 7

Die Konstruktion der mittleren Proportionale im Satz *Elem. VI 13* ist eigentlich gar nichts anderes als die *Umkehrung* des eben skizzierten Gedankenganges. Im vorigen Fall war nämlich ein rechtwinkliges Dreieck gegeben. In diesem Fall teilte das von dem rechten Winkel auf die Hypotenuse gefällte Lot die Hypotenuse in zwei solche Segmente, zwischen denen das Lot selber die mittlere Proportionale ist. — Sind nun — anstatt des rechtwinkligen Dreiecks — jene beiden Segmente $(x$ und $y)$ gegeben, zu denen die mittlere Proportionale gesucht wird, so hat man zunächst jenes rechtwinklige Dreieck zu konstruieren, von dem man im vorigen Fall ausgegangen war.

Die beiden gegebenen Segmente *zusammen* $(x + y)$ machen die Hypotenuse des gesuchten rechtwinkligen Dreiecks aus. (Soviel ersieht man aus dem vorigen Fall unmittelbar.) Läßt man diese Hypotenuse als den *Diameter eines Kreises* gelten, so kann man mit derselben Hypotenuse unendlich viele rechtwinklige Dreiecke konstruieren. Denn im Sinne eines Satzes von THALES[125] ist der auf dem Halbkreis ruhende Peripheriewinkel ein rechter. — Nachdem man jedoch eben ein solches rechtwinkliges Dreieck haben möchte, von dessen rechtem Winkel das Lot auf die Hypotenuse diese gerade in jene beiden Streckensegmente $(x$ und $y)$ teilt, zu denen wir die mittlere Proportionale suchen, wird man zunächst eine Senkrechte (d) auf die Hypotenuse in jenem Punkt

[125] Vgl. B. L. v. d. WAERDEN, Erwachende Wissenschaft, S. 145.

errichten, in dem die beiden gegebenen Streckensegmente sich berühren. Der Schnittpunkt dieser Senkrechten mit der Peripherie des Halbkreises wird auch der Schnittpunkt der beiden Katheten des gesuchten Dreiecks, und die senkrechte Strecke *(d)* selber wird die mittlere Proportionale zu den beiden gegebenen Segmenten. – Man sieht also, daß zu dieser Konstruktion, außer ganz elementaren Kenntnissen über die Ähnlichkeit der geradlinigen Figuren eigentlich nur noch der Satz des THALES über den Peripheriewinkel im Halbkreis nötig ist.

Selbstverständlich ist auch in diesem Fall zu dem *exakten Beweis* eine auch für *allgemeine Größen* gültige Definition der »Verhältnisgleichheit« *(ἀναλογία* oder *ὁ αὐτὸς λόγος)* unerläßlich nötig. Soweit ich sehe, kann man auf Grund unserer heutigen Kenntnisse *nicht* entscheiden, inwiefern eine solche Definition auch schon zu der Schöpfungszeit der behandelten Konstruktion vorhanden war oder ob man sich ursprünglich nicht mit der bloß intuitiven Evidenz begnügte.

23. Konklusion

Wir kamen am Ende des I. Teils in diesem Buch zu der Vermutung, daß das Entdecken der linearen Inkommensurabilität wohl im Laufe jenes Suchens erfolgt sein mag, das auf das Auffinden der *mittleren Proportionale* zwischen zwei Zahlstrekken (oder Größen) gerichtet war. Das Problem der Irrationalität war für die Griechen ursprünglich – vom historischen Gesichtspunkt aus betrachtet – wohl ein Problem der *Proportionenlehre.* – Nun hoffe ich, im II. Teil der vorliegenden Arbeit gezeigt zu haben, daß jene Proportionenlehre, die anfänglich in der pythagoreischen Musiktheorie ausgearbeitet wurde, in der Tat über die Arithmetik zum Problem der *geometrischen Ähnlichkeit* und damit auch zum Problem der *linearen Inkommensurabilität* geführt haben mag.

Aber eines darf man dabei doch nicht vergessen. Wir haben bisher nur untersucht, wie die griechische Mathematik im Laufe ihrer Entwicklung in die *Nähe* jener Erkenntnis gekommen sein mag, daß es linear inkommensurable Strecken überhaupt gibt. Aber es wurde noch *nicht* gezeigt, wie diese Mathematik jene Entwicklungsstufe erreichte, die es ihr ermöglichte, die Existenz der linearen Inkommensurabilität in der Tat auch zwingend nachzuweisen. Denn man kann zwar annehmen, es sei erkannt worden, daß mit der Quadratdiagonale die Fläche des Quadrats sich verdoppeln läßt. Man mag auch die *intuitive Evidenz* in jener Hinsicht gehabt haben, daß eben deswegen dieselbe Strecke (die Quadratdiagonale) die mittlere Proportionale zwischen der Quadratseite und ihrem Doppelten sein muß. Aber damit war die lineare Inkommensurabilität der Quadratseite und Diagonale noch *nicht* erwiesen.

Ein ähnliches gilt auch für die Konstruktion der mittleren Proportionale zu zwei beliebigen Segmenten (Elem. VI 13) und für die Schöpfung des Begriffes *dynamis*. Man mag z. B. erkannt haben, daß ein Rechteck, dessen Seiten 3 und 5 Längeneinheiten ausmachen, mit der Konstruktion der mittleren Proportionale zu seinen beiden Seiten in ein flächengleiches Quadrat verwandelt werden kann. Ja, man kann dabei aus früheren arithmetischen Erfahrungen auch noch wissen, daß es eine mittlere proportionale Zahl nur zwischen zwei ähnlichen Flächenzahlen gibt (vgl. Elem. VIII 18 und 20). Aber diese Kenntnisse führen nur dann zu der Einsicht, daß eben deswegen die Seite der *dynamis* mit 15 Flächeneinheiten eine linear inkommensurable Strecke ist, wenn die Existenz solcher Strecken schon gar nicht mehr bezweifelt werden kann. Auch die Erweiterung der Definition für die Proportionalität bloß von Zahlen auf allgemeine Größen ist erst bei Kenntnis der Existenz der Inkommensurabilität möglich. Dabei ist die Inkommensurabilität selber *keineswegs eine Tatsache, die auf empirischem Wege mit unzweifelhafter Sicherheit erkannt werden könnte; sie ist eher das Ergebnis eines nach gewissen Denkgesetzen vollzogenen Überlegens.*

Darum wird der III. Teil dieses Buches dem Problem gewidmet, wie die Mathematik bei den Griechen aus praktisch-empirischen Kenntnissen zu einer theoretischen, systematisch-deduktiven Wissenschaft werden konnte. Denn die Existenz der Inkommensurabilität läßt sich *nicht* auf Grund von praktisch-empirischen Kenntnissen, sondern nur mit den Mitteln der theoretisch-systematischen, deduktiven Mathematik zwingend beweisen. – Ich möchte jedoch den vorliegenden II. Teil dieser Untersuchungen nicht abschließen, ohne mindestens in einigen Worten auch noch darauf hinzuweisen, was die künftige Forschung – meiner Ansicht nach – auch schon aus den bisherigen Ergebnissen beherzigen soll.

Im Laufe der letzten Jahrzehnte beschäftigten sich mehrere bedeutende wissenschaftshistorische Arbeiten mit den mathematischen Kenntnissen der alten vorgriechischen Völker von Ägypten und Babylon.[126] Als Ergebnis der Forschungen auf diesem Gebiete galt nicht allein die Tatsache, daß man die Mathematik der vorgriechischen Kulturen besser kennenlernte, sondern man war der Ansicht, daß im Lichte der neueren historischen Erkenntnisse auch das frühere Bild vom Griechentum und von den Anfängen der Wissenschaft weitgehend verändert werden solle. Denn die Griechen konnten ja – solange man nichts von der ägyptischen und babylonischen Mathematik wußte – mit mehr oder weniger Recht als die ersten Schöpfer und Begründer der Wissenschaft gelten. Aber es veränderte sich plötzlich die Lage, als es sich herausstellte, daß manche wichtigen mathematischen Erkenntnisse, die man gewohnt war, nach der griechischen Überlieferung auf das 6. oder 5. Jahrhundert v. u. Z. zu datieren, in den vorgriechischen Kulturen schon Jahrhunderte früher bekannt waren. Dadurch, daß man die Wissenschaft der vorgriechischen Kulturen kennenlernte, schienen auch die Griechen selbst jenen alten Ruhm, den sie früher in der Geschichte der Wissenschaft genossen hatten, beinahe zu verlieren. Wie O. Neugebauer, der hervorragende Kenner der älteren Mathematikgeschichte schrieb: Seitdem wir nicht nur jene zweieinhalbtausend Jahre Geschichte kennen, die seit dem klassischen Zeitalter verfloß, sondern seitdem wir auch jene anderen zweieinhalbtausend

[126] Man findet die wichtigsten Ergebnisse dieser Forschungen zusammengefaßt in den ersten drei Kapiteln des Werkes von B. L. v. d. Waerden, Erwachende Wissenschaft.

Jahre mehr oder weniger überblicken können, die dem griechischen Altertum vorausgingen, ist es nicht mehr möglich, in den Griechen die allerersten Schöpfer und Begründer der Wissenschaft zu erblicken.[127] Die Griechen stünden nicht mehr am allerersten Anfang der Wissenschaft, sondern irgendwo in ihrer Mitte.[128] Ja, man hat sogar versucht, nachzuweisen, daß die Griechen eben die Wissenschaft der vorgriechischen Völker weitergebaut hätten. Wie man schrieb[129]: »Die babylonische Überlieferung hat das Material geliefert, aus dem die Griechen, genauer gesagt die Pythagoreer, ihre Mathematik aufgebaut haben.«

Nun wird man in Zukunft selbstverständlich immer wieder fragen müssen, was die Griechen von ihren Vorgängern gelernt haben mögen. Aber ich glaube, diese Art Forschung wird – eben im Lichte dessen, was in den beiden ersten Teilen dieses Buches dargestellt wurde – in Zukunft eine neue Perspektive bekommen. Man wird nämlich immer wieder auch fragen müssen, inwiefern die griechische Wissenschaft in der Tat eine Fortsetzung der vorgriechischen Kenntnisse darstellt und inwiefern sie eine völlig eigene Neuschöpfung war. Mir scheint diese Frage viel akuter geworden zu sein als sie bisher war. Denn wir haben ja in den vorigen Kapiteln eine ganze Reihe von wichtigen mathematischen Begriffen kennengelernt (*diastema, horoi, logos, analogon, analogia,* »zusammengesetztes Verhältnis« und verwandtes; »Schnitt des Kanon«, »mittlere Proportionale«, »geome-

[127] O. NEUGEBAUER, Studien zur Geschichte der antiken Algebra III, Quellen und Studien zur Geschichte der Math. etc. B, 3 (1936) 245–259: »sowohl im Bereich der elementaren Geometrie, wie im Bereich der elementaren Proportionenlehre, wie schließlich im Bereich der Gleichungslehre liegt in der babylonischen Mathematik das gesamte inhaltliche Material geschlossen vor, auf dem die griechische Mathematik aufbaut. Der Anschluß ist in allen Punkten lückenlos herzustellen.«

[128] B. L. v. d. WAERDEN, Math. Ann. 120 (1947/49) 123.

[129] B. L. v. d. WAERDEN, Erwachende Wissenschaft, S. 204.

trische Ähnlichkeit als Winkelgleichheit und *analogia* der Seiten«, *dynamis, symmetros, mekei asymmetros, dynamei symmetros* u. a. m.), die – mindestens im Sinne der obigen Erörterungen und vorläufig – als völlig originelle und echt griechische Neuschöpfungen erscheinen müssen. Inwiefern gab es dieselben oder auch nur ähnliche Begriffe in den vorgriechischen Mathematiken?

Ich glaube es kaum, daß man die vorige Frage auf Grund unserer *bisherigen* Kenntnisse über die vorgriechische Wissenschaft eindeutig und beruhigend beantworten kann. Und doch wird man Vermutungen darüber, was die Griechen aus anderen Kulturen entlehnt haben mögen, erst dann aufstellen wollen, wenn man gelernt hat, die Griechen und ihre Wissenschaft besser zu verstehen.

III. Teil

DER AUFBAU DER SYSTEMATISCH-DEDUKTIVEN MATHEMATIK

1. Der »Beweis« in der griechischen Mathematik

Es wurde am Ende des II. Teils dieser Arbeit angedeutet, wie manche Forscher den Versuch unternommen hatten, die Mathematik der Griechen an die vorgriechische Wissenschaft »anzuschließen«. Ja, man glaubte auch feststellen zu können, daß in der babylonischen Mathematik jenes gesamte inhaltliche Material geschlossen vorläge, auf dem die griechische Wissenschaft aufbaut.[1]

Es ist wohl kein Zufall, daß eben jene Forscher, die auf diese Weise bestrebt waren, sozusagen die Verbindung zwischen griechischer und vorgriechischer Wissenschaft herzustellen, es auch gar nicht nötig fanden, den wesentlichen Unterschied dieser beiden – der griechischen und vorgriechischen Mathematik – gebührend hervorzuheben. Will man auch von diesen Unterschieden hören, so muß man die Werke einer anderen Gruppe von Historikern in die Hand nehmen. Es sei mir erlaubt, hier zunächst an einige solche andersgearteten Äußerungen zu erinnern, die zwar gar nicht leugnen, daß die Griechen von ihren Vorgängern manches lernen konnten – ja, vielleicht auch wirklich gelernt hatten –, aber darüber das Wesentlichste und Neue der griechischen Mathematik doch nicht vergessen. Man liest z. B. in einem wichtigen Aufsatz von K. v. Fritz[2]:

»Entdeckungen und Untersuchungen der letzten Jahrzehnte haben gezeigt, daß die vorgriechische babylonische Mathe-

[1] Siehe Anm. 127 zum II. Teil dieses Buches.

[2] K. v. Fritz, Die ἀρχαί in der griechischen Mathematik, Archiv für Begriffsgeschichte (Bonn) I (1955) 13–103.

matik sehr viel weiter entwickelt war, als vorher angenommen wurde, und daß die Babylonier etwa tausend Jahre vor dem Beginn der griechischen Mathematik imstande waren, verhältnismäßig komplizierte Aufgaben mit ziemlich guten Approximationen zu lösen. Es hat sich auch gezeigt, daß die Griechen manches von den Babyloniern übernommen und gelernt haben.«

Man könnte eben deswegen ohne Zweifel mit Recht erwarten, daß auch die systematische und deduktive Mathematik der Griechen wohl eine Art Fortsetzung oder Weiterbildung der vorgriechischen Mathematik darstellen könnte. Aber statt dessen mußte derselbe Forscher mit Nachdruck betonen[3]:

> »*Nirgends hat sich ein Zeichen dafür gefunden, daß die Babylonier oder gar die Ägypter jemals den Versuch gemacht hätten, alle mathematischen Sätze streng logisch von ersten Prinzipien abzuleiten.*«

Es kann auch nicht eine Folge der Lückenhaftigkeit unserer Kenntnisse sein, daß wir keine Spuren einer systematisch-deduktiven Mathematik aus den alten vorgriechischen Kulturen kennen. Wie es in der Fortsetzung des vorigen Zitates heißt:

> »Alles, was bis jetzt über die vorgriechische Mathematik der Völker des alten Orients bekannt ist, läßt es als äußerst unwahrscheinlich, um nicht zu sagen, unmöglich erscheinen, daß der Eindruck, es habe derartiges vor den Griechen gar nicht gegeben, nur auf die Lückenhaftigkeit unseres Wissens zurückzuführen wäre.«

Der große Unterschied zwischen griechischer und altorientalischer Wissenschaft besteht eben darin, daß die griechische Mathematik ein mit deduktiver Methode kunstvoll zusammengestelltes System von Kenntnissen darstellt, während die altorientalischen Texte mathematischen Inhalts nur interes-

[3] O. c., S. 13–14.

sante Anweisungen, sozusagen *Rezepte* und oft *Beispiele* dafür enthalten, wie man eine mathematische Aufgabe zu lösen hat. Aber es fragt sich, ob die ägyptischen und babylonischen Mathematiker der vorgriechischen Periode solche grundlegenden Begriffe der Wissenschaft wie z. B. »*Satz*«, »*Beweis*«, »*Deduktion*«, »*Definition*«, »*Postulat*« und »*Axiom*« überhaupt besaßen. Waren diese eben aufgezählten Begriffe nicht erst Schöpfungen der Griechen? Man hat über diese Frage folgendes feststellen können[4]:

»Nicht einmal die Formulierung allgemeiner Sätze ist für Babylonien gesichert. Wohl werden zwar in der altindischen Sakralgeometrie der Sulva-Sutra, der Seilregeln, geometrische Erkenntnisse in der Form eines Sutra, eines Kurzsatzes, ausgesprochen, aber nicht *bewiesen*. Von *Beweisen* ist in den erhaltenen altorientalischen Dokumenten gar nichts zu finden; höchstens kommen zahlenmäßig ausgerechnete Proben vor.«

Der hervorstechendste Zug der griechischen Mathematik, der zunächst jeden unvoreingenommenen Leser überraschen muß, ist eben jene Tatsache, daß in dieser die Behauptungen, die *Sätze* immer *bewiesen werden*. Der *Beweis* hat in der griechischen Mathematik dieselbe unerläßliche Rolle wie in der heutigen Wissenschaft. Ja, die Beweise bei Euklid sind auch ebenso vollkommen, wie sie nur in der Mathematik sein können. Es kommt zwar vor, daß heute in der Mathematik manchmal vollständigere Beweise verlangt werden, als welche Euklid zu liefern imstande gewesen wäre. Aber im großen und ganzen sind Euklids Beweise auch heute noch mustergültig und werden mit Recht bewundert.

Wie kamen nun die Griechen auf den Gedanken, daß in der Mathematik alles bewiesen werden muß? Und wie haben sie vermocht, ihre Beweistechnik so hoch zu entwickeln, daß

[4] O. Becker, Frühgriechische Mathematik und Musiklehre, Archiv für Musikwissenschaft (Trossingen) 14 (1957) 157.

diese auch bis zum heutigen Tag mustergültig blieb? War der Beweis bei den griechischen Mathematikern immer von derselben Art, wie man ihn aus EUKLID kennt? Oder wenn die Beweise auf einer früheren Entwicklungsstufe primitiver und weniger vollkommen gewesen sein sollten, wie und in welchem Sinne wurden sie dann später weiterentwickelt?

Es ist eigentlich enttäuschend, wie wenig diese Fragen von der früheren Forschung untersucht wurden. Man muß zwar zugeben, daß die historische Überlieferung der Antike so gut wie gar keine Auskunft hinsichtlich dieser Fragen erteilt. Aber wir haben doch die antiken mathematischen Texte. Und ich hoffe, daß eine derartige Analyse der diesbezüglichen Fachbezeichnungen und Begriffe, wie sie in den beiden ersten Teilen dieses Buches schon mehrmals versucht wurde, wohl ermöglichen wird, auch die zuletzt gestellten Fragen einigermaßen zu beleuchten.

Wir beginnen die Untersuchung mit der Fachbezeichnung der mathematischen Sprache für »*Beweis*« und »*beweisen*«, d. h. also mit dem Verbum *δείκνυμι*. Dieses Zeitwort ist einer der gewöhnlichsten Fachausdrücke der griechischen Mathematik. Man begegnet ihm bei EUKLID meistens am Ende der Beweisführungen. EUKLID folgt nämlich immer diesem Schema in der Behandlung seiner Sätze:

Er stellt seinen Lehrsatz zunächst bloß als eine Behauptung auf. Dann erklärt er dieselbe Behauptung an einem Fall, der für ihn gewissermaßen als »konkret« gilt. Darauf folgt der Beweis der Behauptung an dem »konkreten« Beispiel und es heißt dann am Schluß des erbrachten Beweises – noch einmal rückweisend auf den zu Anfang aufgestellten und am Ende wiederholten Satz: *ὅπερ ἔδει δεῖξαι* = *quod erat demonstrandum*.

Es geht aus diesem immer befolgten Schema[5] eindeutig hervor, daß der wesentlichste Teil der Darstellung eben jene

[5] Eine Ausnahme bilden bei EUKLID nur die sog. *Konstruktions*aufgaben. Bei diesen heißt nämlich die Schlußformel: *ὅπερ ἔδει ποιῆσαι*, z. B. Elem. I 1, 2, 3 etc. Dagegen kommt unser Fachausdruck *δεῖξαι*

Demonstration ist, die am Ende der Behandlung des Satzes durch das Zeitwort *δεῖξαι* zusammenfassend noch einmal angedeutet wird. – Man weiß natürlich sehr gut, was das Wort *δείκνυμι* auf griechisch heißt. Seine Bedeutung und Bedeutungsentwicklung scheint gar nicht problematisch zu sein. Man findet auch die Tatsache, daß dieses Wort zu einem Fachausdruck der Mathematik wurde, so selbstverständlich, daß man sich bisher kaum veranlaßt fühlte,[6] den Fall genauer zu untersuchen. Und dennoch lassen sich mindestens zwei interessante Phasen der Bedeutungsentwicklung dieses Wortes innerhalb der mathematischen Fachsprache mit einiger Wahrscheinlichkeit nachweisen. – Man beachte nämlich zunächst dasselbe Wort *außerhalb der Mathematik*.

Man findet in den meisten Lexika die folgenden drei wichtigen Bedeutungsgruppen des Wortes *δείκνυμι* aufgezählt: 1. *zeigen, zum Vorschein bringen;* 2. *durch Worte kundmachen, unterweisen;* 3. *erweisen, beweisen;* oder: 1. *faire voir, montrer, indiquer;* 2. *faire connaître par la parole, expliquer;* 3. *démontrer, prouver*. Man wäre geneigt, auf Grund dieser Zusammenstellung die erste Bedeutung des Wortes *(»zeigen«)* wohl auch für die ursprüngliche zu halten, da sie ja eine viel *konkretere* Tätigkeit bezeichnet als die beiden anderen Bedeutungen. Klar und prägnant wird diese »Urbedeutung« des Wortes einmal bei PLATON erklärt[7]: *τὸ δεῖξαι λέγω εἰς τὴν τῶν ὀφθαλμῶν αἴσθησιν καταστῆσαι* = »unter *zeigen* verstehe ich das Hinstellen für die Wahrnehmung der Augen«. Doch taucht auch die andere Bedeutung desselben Ausdruckes (»durch *Worte* zeigen«) schon in der Odyssee (12, 25) auf; ja, man könnte an manchen Stellen der Ilias (z. B. 19, 322) und Odyssee

im Falle der *Beweis*aufgaben manchmal auch schon am allerersten Anfang des Satzes vor, z. B. Elem. X App. 27 (HEIBERG): *προκείσθω ἡμῖν δεῖξαι, ὅτι κτλ* = »es sei uns die Aufgabe gestellt, zu *zeigen*, daß etc.«

[6] Vgl. Á. SZABÓ, *Deiknymi*, als mathematischer Terminus für *beweisen*, Maia, N. S. X (1958) 106–131.

[7] Kratylos, 430 E.

(10, 303) kaum noch mit Bestimmtheit entscheiden, ob mit unserem Zeitwort ein konkretes *Zeigen*, d. h. »mit Finger darauf hinweisen«, oder nur ein »durch Worte hindeuten« gemeint wird. Rechnet man außerdem noch hinzu, daß das etymologisch verwandte Verbum, *dico*, im Lateinischen die Bedeutung »*sagen*« (d. h. also »durch Worte zeigen«) besitzt – und nur das verwandte Wort *digitus* im Lateinischen »Finger«, also »*Zeiger*« heißt –, so wird man einsehen müssen, daß wohl auch das griechische *δείκνυμι* von Anfang an sowohl »*zeigen*« wie auch »*durch Worte zeigen*«, »*erklären*« hieß.

Man würde also bloß von der Wortgeschichte her kaum mit Bestimmtheit feststellen können, in welchem Sinne eigentlich das Verbum *δείκνυμι* ursprünglich in den Wortschatz der Mathematik aufgenommen wurde. Von welcher Art waren wohl jene ältesten Beweise, die von den ersten griechischen Mathematikern mit diesem Zeitwort bezeichnet wurden. – Solche Fragen müßten wohl für immer unbeantwortet bleiben, wenn man dabei *nur* von dem Wort *δείκνυμι* ausgehen könnte.

Es wurde jedoch von anderen Forschern und in einem anderen Zusammenhang – völlig unabhängig von dem griechischen Fachausdruck des »Beweises« – schon darauf hingewiesen, daß auf einer früheren Entwicklungsstufe der Mathematik die *anschauliche Evidenz* offenbar noch eine sehr bedeutende Rolle gespielt haben muß.[8] Eben dieser Hinweis legt

[8] Vgl. K. v. Fritz, o. c., S. 94: »Daß im Anfang die *anschauliche Evidenz* eine nicht unbeträchtliche Rolle gespielt hat, zeigt die in einem frühen Stadium reichliche Verwendung der Deckungsmethode, während umgekehrt die fortschreitende, wenn auch bis auf Euklid nicht vollständige Ausschaltung dieser Methode und das sichtliche Bestreben Euklids, den letzten Überbleibseln der Methode, die er nicht vermeiden kann, ein axiomatisches Fundament zu geben und sie auch sonst ihres empirischen Charakters so sehr als möglich zu entkleiden, K. Reidemeister Recht geben, daß das Charakteristische der griechischen Mathematik ist, daß sich in ihr die Umwendung vom Anschaulichen zum Begrifflichen vollzieht.«

die Vermutung nahe, daß der *Beweis* in der ältesten griechischen Mathematik wohl einfach nur ein *konkretes Sichtbarmachen* war. Man hat den Vorgang des Beweisens mit dem Zeitwort *δείκνυμι* zum Ausdruck gebracht, weil man die Richtigkeit (bzw. die Irrtümlichkeit) einer mathematischen Behauptung ursprünglich wohl auf dem Wege bewies, daß man den betreffenden Sachverhalt *konkret zeigte*, *sichtbar machte*. Der ursprüngliche mathematische Beweis war vermutlich das Zeigen, das konkrete Sichtbarmachen selber.

Man kann diese letztere Vermutung natürlich mit *keinem Beispiel* aus Euklids »Elementen« belegen. Denn bei Euklid haben die mathematischen Beweise schon ihre klassische Form, in der das konkrete Sichtbarmachen nicht mehr im Vordergrund steht. Aber wir haben dafür doch ein Beispiel aus dem Mathematikunterricht der klassischen Zeit.[9] Ich erinnere hier nämlich wieder an jene Stelle des Platonischen Dialogs »Menon« (82 B–85 E), die im I. Teil dieses Buches einmal schon behandelt wurde (s. S. 120 ff.). Es wird sich lohnen, dieselbe Stelle unter dem Gesichtspunkt des *Beweises* noch einmal ins Auge zu fassen.

Die Frage des Sokrates hieß: Wie könnte man den Flächeninhalt jenes Quadrats, dessen Seite zwei Fuß lang ist, in Quadratform verdoppeln? Gleichzeitig mit dem Fragen wurde das Quadrat mit zwei Fuß langer Seite – das also verdoppelt werden soll – als eine Figur *gezeigt* (1). Ebenso *zeigte* Sokrates – nach dem ersten Versuch des Sklaven: man sollte die Quadratseite verdoppeln – an einer neuen Zeichnung (2), daß mit der Verdoppelung der Seite die Fläche des Quadrats vervierfacht wird. Ähnlicherweise *zeigt* unmittelbar danach die nächste Zeichnung (3), daß jenes Quadrat, dessen Seite aus drei Längeneinheiten besteht, neun Flächeneinheiten ausmacht, wobei das Quadrat mit verdoppeltem Flächeninhalt nur acht Flächeneinheiten ausmachen darf. Und schließlich *zeigt* eine vierte Zeichnung (4), daß das Quadrat auf der Diagonale

[9] Vgl. Anm. 77 zum I. Teil dieses Buches.

des Ursprünglichen gerade die doppelte Fläche des Gegebenen ausmacht.

Ich glaube, daß die betreffende Textstelle bei PLATON eine ausgezeichnete Illustration auch dafür liefert, in welcher Weise auf einer früheren Entwicklungsstufe der griechischen Mathematik die wissenschaftlichen Behauptungen kontrolliert bzw. die Sätze bewiesen wurden. Man könnte nämlich den mathematischen Satz, der eben bewiesen wurde, etwa folgen-

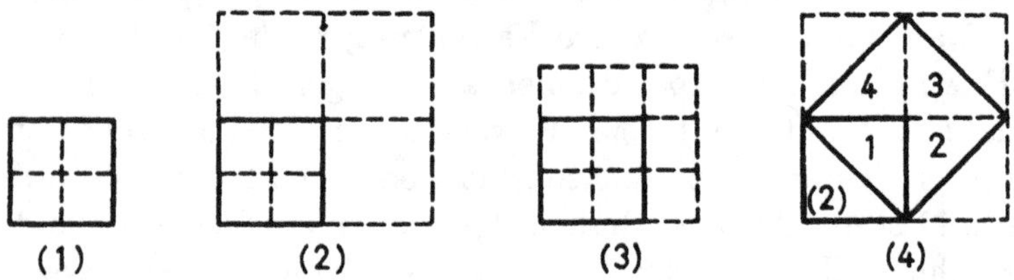

Abb. 8

dermaßen formulieren: »*Die Fläche des Quadrats auf der Diagonale eines kleineren Quadrats ist doppelt so groß wie die Fläche des kleineren.*« Diesen Satz hat eigentlich SOKRATES als eine Frage formuliert und sie dem ungelernten Sklaven vorgelegt. Die beiden ersten Versuche des Gefragten – die irrtümlichen Antworten – wurden durch je eine Zeichnung (2 und 3), also auf dem Wege des konkreten *Sichtbarmachens,* widerlegt. Und ebenso hat die letzte Zeichnung (4) nicht nur die richtige Antwort – oder mit anderen Worten: das Aufstellen des betreffenden mathematischen Satzes – ermöglicht, sondern dieselbe Zeichnung war auch der *sichtbare Beweis* für die Richtigkeit des gleichzeitig aufgestellten Satzes. Das Zeitwort *δείκνυμι* kommt zwar an der betreffenden PLATON-Stelle nur ein einziges Mal vor (83 E: *καὶ εἰ μὴ βούλει ἀριθμεῖν, ἀλλὰ δεῖξον* . . .), aber ich zweifle nicht daran, daß der ganze Fall als ein Beispiel dafür aufgefaßt werden darf, in welchem Sinne man ursprünglich jenen mathematischen *Beweis* verstanden hatte, dessen technischer Ausdruck auch später noch das Verbum *δείκνυμι (»zeigen«)* war.

Es wäre natürlich verkehrt, wenn man behaupten wollte, daß das *konkrete* Sichtbarmachen – allein und bloß in sich – jemals als ein mathematischer Beweis gelten konnte. Denn es wurde zwar das, was man beweisen wollte, veranschaulicht und gezeigt – wie z. B. auch in unserem vorigen Fall –, aber der »Beweis« selber kam doch erst dadurch zustande, daß das Gesehene verstanden wurde. Man mußte sich das Gezeigte überlegen und die Lehre daraus zu eigen machen. Die empirische und anschauliche Evidenz wurde eigentlich in jedem Schritt von einer logischen Reflexion unterstützt. Nur den *Kern* des Beweises bildete das konkrete Sichtbarmachen.

Vergleicht man nun die Beweise bei EUKLID mit dem eben behandelten Beweis in dem Platonischen »Menon«, so hat man in vielen Fällen den Eindruck, daß ursprünglich wohl auch der Euklidische Beweis ein ähnliches *Sichtbarmachen* war wie derjenige des SOKRATES. Denn man kann sehr oft, selbst noch auf Grund des Euklidischen Wortlautes, jenen ursprünglichen anschaulichen Beweis rekonstruieren, dessen wesentlichsten Kern das Sichtbarmachen bildet. So versuchte ich einmal in einem anderen Zusammenhang nachzuweisen,[10] daß u. a. auch noch hinter dem Euklidischen Beweis für den sog. pythagoreischen Lehrsatz *(Elem. I 47)* die einfache Methode des konkreten Sichtbarmachens steckt.

Aber diese Methode steht bei EUKLID irgendwie doch nicht mehr im Vordergrund. Liest man EUKLIDS Wortlaut, so hat man immer wieder den Eindruck, daß es bei ihm gar nicht so sehr auf das anschauliche Sichtbarmachen, sondern vielmehr auf das Ineinanderknüpfen der logischen Überlegungen ankommt. Denn EUKLID ist im Grunde nicht mehr anschaulich. Im Gegenteil! Man kann nicht scharf genug betonen, wie sehr K. REIDEMEISTER recht hatte, indem er schrieb[11]: »*Es ist ein weitverbreitetes Vorurteil, das wesentliche Merkmal der griechischen Mathematik* – und dabei dachte er vor allem wohl

[10] Siehe Anm. 6.

[11] K. REIDEMEISTER, Das exakte Denken der Griechen, S. 51.

eben an EUKLID – *sei ihre Anschaulichkeit ... Richtig ist es vielmehr, daß sich in der griechischen (pythagoreischen) Mathematik die Umwendung vom Anschaulichen zum Begrifflichen vollzieht.*«

Ja, ich würde den Prozeß, der sich bei EUKLID beobachten läßt, nicht einmal bloß als »Umwendung vom Anschaulichen zum Begrifflichen« bezeichnen. Es handelt sich hier vielmehr um ein *bewußtes Sich-Abwenden von dem Anschaulichen.* EUKLID war offenbar bestrebt, das bloß Anschauliche möglichst zu vermeiden und zu unterdrücken. Das ersieht man aus einigen Euklidischen Beweisen. Ich erinnere hier beispielsweise an die Beweise der Sätze *Elem. IX 21 und 22.* Es wird sich lohnen, zunächst diese besonders einfachen Fälle näher ins Auge zu fassen. Die betreffenden Sätze besagen:

> *IX 21:* »Setzt man beliebigviele gerade Zahlen zusammen, so ist die Summe gerade«

und

> *IX 22:* »Setzt man beliebigviele ungerade Zahlen zusammen, und ist ihre Anzahl gerade, so muß die Summe gerade sein.«

Natürlich sind diese Sätze jedem Rechner so selbstverständlich, daß man geneigt wäre, den Beweis für müßig zu erachten. Aber um so lehrreicher ist für uns, wie EUKLID sie beweist.

Die Behandlung beginnt im Falle des ersteren Satzes damit, daß die Behauptung, die *These* selbst, an einem als »konkret« geltenden Fall erläutert wird:

> »Es seien zusammengesetzt beliebigviele gerade Zahlen, AB, BC, CD, DE; ich behaupte, daß auch das Ganze AE gerade ist.«

Es geht aus den beiden Tatsachen, daß nämlich einerseits die einzelnen geraden Zahlen mit je *zwei* Buchstaben (AB, BC etc.) bezeichnet werden und daß andrerseits ihre Summe AE heißt, eindeutig hervor, daß EUKLID diese Zahlen als

Strecken und ihre Addition als Aneinanderreihen derselben Strecken einer Linie entlang veranschaulichte, etwa folgendermaßen:

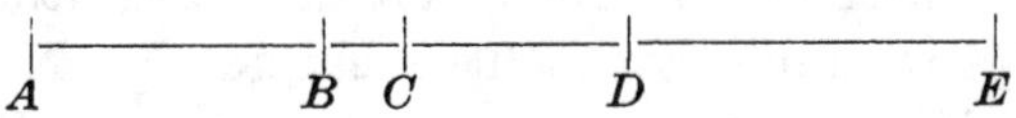

Dann heißt der Beweis selber, nach der vorigen Erklärung, in genauer Übersetzung:

> »Nachdem jede der Zahlen *AB*, *BC*, *CD*, *DE* gerade ist, hat jede eine (ganzzahlige) Hälfte, so daß auch das Ganze *AE* eine (ganzzahlige) Hälfte hat. *Gerade ist* aber *eine Zahl, die sich halbieren läßt. AE* ist also eine gerade Zahl; *ὅπερ ἔδει δεῖξαι* (= was zu zeigen war).«

(Die kursiv gesetzten Worte sind eine genaue Wiederholung der Definition für »*gerade Zahl*«*:* Elem. VII def. 6.)

Aber was hat dieser Beweis mit dem vorhin behandelten *konkreten Sichtbarmachen* zu tun? Sieht man etwa an den einzelnen Teilstrecken (*AB*, *BC* etc.), daß sie *nur* gerade Zahlen veranschaulichen können, und daß eben deswegen auch die ganze Strecke *AE* das sichtbare Bild *nur* einer geraden Zahl sein kann? – Aber dieselben Strecken mit denselben Bezeichnungen (*AB*, *BC* etc.) veranschaulichen ja in dem Beweis des nächsten Satzes *(Elem. IX. 22)* eben umgekehrt schon *ungerade Zahlen.* – Ja, damit die Verwirrung dieser Art von »Veranschaulichung« noch vollkommener sei: Die ganze Strecke *AE* soll auch nach dem Satz IX 22 *das Bild einer geraden Zahl* zeigen, ebenso wie nach dem vorigen Satz, wobei die einzelnen Teilstrecken *AB*, *BC* etc. nach dem einen Satz *gerade* und nach dem anderen *ungerade Summanden* veranschaulichen sollen. – Aber wie könnte man überhaupt den Unterschied der geraden und ungeraden Zahlen mit Hilfe von Streckensegmenten veranschaulichen? Denn ein Streckensegment läßt sich ja immer halbieren, während der Unterschied der geraden und ungeraden Zahlen eben darin besteht, daß von diesen nur die geraden sich halbieren lassen, während die ungeraden keine Hälften haben.

Kein Zweifel, der Euklidische Beweis ist in diesem Fall nicht mehr anschaulich. Eben von dem wesentlichsten Teil des Beweises wird hier gar nichts mehr gezeigt. Nicht nur die versuchte »Veranschaulichung« erscheint beinahe wie ein leergewordenes Schema, sondern auch das Wort *δεῖξαι*, »*zeigen*«, mutet daneben bloß wie eine Redeweise an. Man redet immer noch von »*Zeigen*«, wo – mindestens im alten Sinne des Wortes – eben das wichtigste *nicht mehr* »gezeigt wird«.

Man versteht noch besser, wie sehr EUKLIDS Vorgehen zu dem Veranschaulichen der vorigen Sätze – d. h. also auch zu ihrem einfachsten und primitivsten »Beweis« – völlig ungeeignet ist, wenn man zum Vergleich auch jene Methode heranzieht, mit der die sehr einfachen Sätze über das Gerade und Ungerade ursprünglich abgeleitet wurden. O. BECKER hat nämlich einwandfrei nachweisen können, daß dieselben Sätze ursprünglich wohl mit *Rechensteinen (ψῆφοι)*, d. h. mittels der sog. *ψηφοφορία*, veranschaulicht wurden.[12] Die geraden Zahlen wurden zur Hälfte wohl mit weißen und zur anderen Hälfte mit schwarzen Steinen gelegt. Dagegen konnte eine ungerade Zahl dadurch veranschaulicht werden daß man zu einer geraden Zahl noch einen schwarzen oder weißen Stein hinlegte, oder wegnahm. In der *ψηφοφορία* sieht der vorige Satz *(Elem. IX 21)* folgendermaßen aus: Es sei $AB = 4$, $BC = 6$, $CD = 10$, $DE = 2$ und $AE = 22$.

(1) ○○●● ○○○●●● ○○○○○●●●●● ○●
(2) ○○●●○○○●●●○○○○○●●●●●○●
(3) ○○○○○○○○○○○●●●●●●●●●●●

In der ersten Stellung werden die gegebenen geraden Zahlen nur vorgelegt, in der zweiten werden sie addiert und in der

[12] O. BECKER, Die Lehre vom Geraden und Ungeraden im neunten Buch der Euklidischen Elementen (s. Anm. 75 zum I. Teil dieses Buches).

dritten werden die »Hälften« (d. h. die weißen und schwarzen Steine) im Sinne des Kommutationsgesetzes umgeordnet, damit es klar hervortrete, daß auch in der Summe genausoviele weiße wie schwarze Steine vorhanden sind, also auch die Summe gerade ist. Und damit hat man einen sichtbaren Beweis für die Richtigkeit des behandelten Satzes.

In dieser primitiven Beweistechnik läßt sich alles, was vom Gesichtspunkt des behandelten Satzes aus wesentlich ist, in der Tat konkret zeigen. Ein Blick auf die ausgelegten Steine belehrt sogleich darüber, ob es sich um eine gerade oder ungerade Zahl handelt; denn man sieht in dem einen Fall die »Hälften« bzw. im anderen Fall, daß es – infolge eines überschüssigen weißen oder schwarzen Steines – »keine Hälften« gibt. Ja, mehr noch, man sieht auch, wie eine ungerade Zahl in eine gerade verwandelt wird: Es wird das überschüssige Steinchen entfernt, oder man legt noch eines hinzu. Auch bei Euklid liest man in dem Beweis des Satzes IX 22: »*Man subtrahiere aus einer jeden der gegebenen ungeraden Zahlen AB, BC, CD, DE die Einheit, und dann werden diese zu geraden Zahlen*«. Aber dies wird bei ihm eben nur gesagt, gezeigt wird dabei überhaupt nichts. Man kann nämlich aus den betreffenden Strecken – die beliebige und nicht irgendwelche konkrete ungerade Zahlen darstellen sollen – auch die Einheit nicht *sichtbar* subtrahieren. Würde man nämlich in dieser Arithmetik der geraden und ungeraden Zahlen irgendeine Strecke als die »Einheit« vorzeigen, so liefe man Gefahr, daß auch die übrigen Strecken als die Mehrfachen der Einheitsstrecke und demnach als Veranschaulichungen von irgendwelchen *konkreten* geraden oder ungeraden Zahlen aufgefaßt werden. Und eben dies soll in Euklids Sinne vermieden werden. Denn wohl erklärt zwar auch Euklid in der Behandlung des Satzes seine These an einem sozusagen »konkreten« Fall – »*es seien zusammengesetzt beliebigviele gerade Zahlen AB, BC, CD* etc.« –, aber die gezeigten Strecken vertreten bei ihm doch nicht *konkret bestimmte* gerade Zahlen, sondern im allgemeinen solche, für die man je nach Belieben immer auch andere gerade Zahlen einsetzen kann. Euklid beweist ja nicht nur soviel – im Gegensatz zu dem primitiven Beweis der *ψηφοφορία* –, daß die Summe der geraden Zahlen 4, 6, 10 und 2 eine gerade Zahl ist, sondern daß das Ergebnis in *allen* solchen Fällen – welche gerade Zahlen man dabei auch ausdenken möge – immer eine gerade Zahl sein muß.

Das konkrete Sichtbarmachen und Veranschaulichen wird also eben im Interesse der *Allgemeingültigkeit* vermieden. Konkret zeigen und veranschaulichen kann man nur Einzelfälle, während der Euklidische Beweis für *alle möglichen Fälle* gültig sein soll. Darum tritt an die Stelle des einfachen »Zeigens« der Beweis auf dem Wege des logischen Überlegens. Es wird an die Definition der geraden Zahl erinnert: Gerade Zahlen sind diejenigen, die sich halbieren lassen, die also »Hälften« besitzen. Addiert man lauter solche gerade Zahlen, so muß man selbstverständlich wieder eine gerade Zahl bekommen. Denn die einzelnen »Hälften« lassen sich ja auch je für sich addieren, und so bekommt man natürlich eine solche Zahl, die ihrerseits auch ihre »Hälften« hat.

Überlegt man sich nun den vorhin entwickelten Gedankengang, wonach Euklid eben im Interesse der *Allgemeingültigkeit* auf das konkrete Sichtbarmachen der geraden und ungeraden Zahlen verzichten mußte, so wird man dabei unwillkürlich wohl auch an eine interessante Platon-Stelle denken müssen. An dieser Stelle erklärt nämlich Sokrates, daß die Arithmetik ganz und gar nicht dulde, daß man ihr *Zahlen mit sichtbarem und tastbarem Körper* zugrunde lege.[13] Die Zahlen seien ja bloß *gedankliche Elemente, denen man anders als auf dem Wege des reinen Denkens auch gar nicht näherkommen könne.*[14]

Man sieht also, daß jene griechische Mathematik, die in ihren Beweisen bei Euklid das bloß Anschauliche und Sicht-

[13] Platon, Resp. 525 D: *οὐδαμῇ ἀποδεχόμενον ἐάν τις αὐτῇ ὁρατὰ ἢ ἁπτὰ σώματα ἔχοντας ἀριθμοὺς προτεινόμενος διαλέγηται.*

[14] Ebd. 526: *ὧν διανοηθῆναι μόνον ἐγχωρεῖ, ἄλλως δ' οὐδαμῶς μεταχειρίζεσθαι δυνατόν.*

bare zu vermeiden und zu unterdrücken bestrebt war, auch ihren ganzen Gegenstand als ein solches auffassen wollte, das völlig und ausschließlich nur im Bereiche des *reinen Denkens* liegt. Eben diese Tendenz der Wissenschaft hat auch jene schönsten Euklidischen Beweise ermöglicht, von denen ich hier noch ein Beispiel anführen möchte.

Der Satz *Elem. VII 31* stellt eine Eigentümlichkeit der *zusammengesetzten Zahlen* fest. Bevor wir jedoch diesen Satz und seinen Beweis näher untersuchen, müssen wir drei Euklidische Definitionen vorausschicken, die zum Verständnis unerläßlich nötig sind:

VII def. 2: »Zahl ist eine (endliche) Menge von Einheiten.«
VII def. 11: »Primzahl ist, die nur die Einheit zum Teiler hat.«
VII def. 13: »Zusammengesetzte Zahl (= Nicht-Primzahl) ist diejenige, die irgendeine andere Zahl zum Teiler hat.«

Der Satz Elem. VII 31, den wir untersuchen wollen, besagt dagegen: »*Jede zusammengesetzte Zahl wird von irgendeiner Primzahl gemessen.*«

Der Beweis dieses Satzes wird bei Euklid folgendermaßen aufgebaut: Sei a eine beliebige zusammengesetzte Zahl. Wir wollen zeigen, daß diese Zahl a irgendeine Primzahl zum Teiler hat, denn soviel heißt es, daß sie »von irgendeiner Primzahl gemessen wird«. Nachdem a eine zusammengesetzte Zahl ist, muß sie eine andere Zahl b zum Teiler haben. (Eben dies besagt die Definition 13 über jede zusammengesetzte Zahl.) Die Zahl b kann ihrerseits nur eine Primzahl oder Nicht-Primzahl (= zusammengesetzte Zahl) sein; eine dritte Möglichkeit gibt es nicht. Ist nun b eine Primzahl, so ist unser obiger Satz (VII 31) bewiesen; ist jedoch b eine zusammengesetzte Zahl, so muß sie einen Teiler c besitzen (im Sinne der Def. 13), der selbstverständlich auch ein Teiler von a ist. Nun kann aber c wieder nur eine Primzahl oder eine zusammengesetzte Zahl sein. Im ersten Fall ist der Satz bewiesen, denn wir haben eine Primzahl *c* gefunden, die Teiler von *b* und dadurch auch Teiler von *a* ist. Sollte jedoch *c* eine zusammengesetzte Zahl (= Nicht-Primzahl) sein, so prüft man weiter ihren Teiler *d* usw. – Der Beweis betont, daß man auf diese Weise schließlich eine solche Primzahl finden wird, die Teiler der zusammengesetzten Zahl *a* ist. Sollte man nämlich die gesuchte Primzahl nie finden, und wären die Teiler von *a* lauter zusammengesetzte Zahlen, so würde dies auch soviel bedeuten, daß die Zahl *a unendlich viele* immer kleiner werdende Teiler besitzt. (Denn eine Zahl, die Teiler von einer anderen ist, muß – nach griechischen Begriffen – immer *kleiner* als jene Zahl sein, deren Teiler sie ist.) Und diese letztere Vermutung – daß nämlich eine Größe unendlich viele immer kleiner werdende Teiler besäße – ist im Bereiche der *Zahlen* nicht möglich, sie widerspricht ja der Definition der Zahl. Und damit ist der Satz bewiesen: »Jede zusammengesetzte Zahl wird von einer Primzahl gemessen.«

Überlegt man sich den eben geschilderten Beweis, so muß man sogleich einsehen, daß hier gar nicht mehr von einem solchen »*Zeigen und konkreten Sichtbarmachen*« die Rede sein kann, wie im Falle des anderen Beispiels aus dem Dialog »Menon«. Das sog. »konkrete Beispiel«, an dem EUKLID den Satz erläutert – »sei *a* eine beliebige zusammengesetzte Zahl« –, wird zwar auch jetzt als eine *Strecke* vorgezeigt (und ebenso auch der Teiler *b* als eine andere *Strecke!*), aber das ist nur noch ein traditionelles Festhalten an einer leer gewordenen Konvention. Denn sehen kann man daran von dem wirklich wesentlichen Gedankengang überhaupt nichts mehr. Man muß nicht die vorgezeigten Strecken im Auge behalten, sondern man muß statt dessen immer wieder an die *Definitionen* denken. Aus diesen wird der Beweis – wie eine Gedankenkette – abgeleitet. Dabei wird die gesuchte Primzahl, die ein Teiler von *a* ist, nicht einmal in jener allgemeinen Form wie das sog. »konkrete Beispiel« (*a* selber) namhaft gemacht. Sie kann *b*, *c*, *d* oder irgendeine andere solche Zahl sein, die erst im Laufe des späteren Suchens auftauchen wird. Versichert wird nur, daß sie auf die geschilderte Weise zweifellos gefunden wird. Denn es ist ja offenbar unmöglich, daß es sie nicht gäbe: Keine Zahl kann unendlich viele, immer kleiner werdende Teiler besitzen.

Ich glaube, man kann auf Grund dessen, was in diesem Kapitel zusammengestellt wurde, die folgenden wichtigen Tatsachen feststellen:

1. Ein auffallender Unterschied der griechischen Mathematik – gegenüber der altorientalischen Wissenschaft – besteht darin, daß die Griechen die mathematischen Sätze *bewiesen* haben, während in den mathematischen Texten der vorgriechischen Völker von Beweisen keine Rede sein kann. (»Nicht einmal die Formulierung allgemeiner Sätze ist für Babylonien gesichert.«[15])

2. Der älteste mathematische Beweis der Griechen war das *konkrete Sichtbarmachen.* Das ersieht man erstens aus dem Fachausdruck des Beweises (*δείκνυμι*), zweitens aus dem obigen »Menon«-Beispiel und drittens aus der Tatsache, daß selbst noch auf Grund des Wortlautes der Euklidischen Beweise (besonders im Falle der *geometrischen* Sätze!) das ursprüngliche Sichtbarmachen in manchen Fällen sich zweifellos rekonstruieren läßt.

Wollte man nun versuchen, die griechische Entwicklung in diesen beiden ersten Schritten an die vorgriechische Wissenschaft »anzuschließen«, so würde ich die Rekonstruktion keineswegs für aussichtslos halten. Denn man könnte vermutlich zeigen, wie die altorientalischen »Vorschriften« (die »Rezepte«) dafür, wie man eine mathematische Aufgabe zu lösen hat, auf einer höheren Entwicklungsstufe allgemeingültiger als *Sätze* formuliert werden. Man hat zwar bisher – soviel ich weiß – noch keine solchen allgemeingültig formulierten Sätze in ägyptischen oder auch in babylonischen mathematischen Texten nachweisen können, aber dies würde ich noch nicht als einen *grundsätzlichen Unterschied* zwischen

[15] Vgl. Anm. 4.

griechischer und vorgriechischer Wissenschaft bezeichnen. Man könnte nämlich eben umgekehrt manche Sätze bei Euklid einfach als höhere Entwicklungsstufe von älteren Rechenvorschriften ansehen. – Auch der ursprüngliche mathematische Beweis der Griechen, das *konkrete Sichtbarmachen*, unterscheidet sich *nicht* prinzipiell von den »zahlenmäßig ausgerechneten Proben«[16] in der babylonischen Mathematik. Im Gegenteil! Man könnte mit einiger Phantasie vermuten, daß wohl eben die in der früheren Wissenschaft üblichen »Proben« auch die primitive Beweistechnik des bloßen »Zeigens« bei den Griechen vorbereitet haben mögen.

Denkt man also bloß an jene Züge der griechischen Mathematik, die oben in den beiden ersten Punkten (1 und 2) hervorgehoben wurden, so wäre es noch möglich, die griechische Wissenschaft als eine organische Weiterbildung der vorgriechischen aufzufassen. Der allerwesentlichste Unterschied dieser beiden tritt erst dann hervor, wenn man auch den folgenden, dritten Punkt nicht aus dem Auge verliert:

3. In der griechischen Mathematik ist – irgendwann noch in voreuklidischen Zeiten – eine bemerkenswerte *Wandlung* eingetreten. Das konkrete Sichtbarmachen galt nicht mehr als Beweis, sondern man suchte die Richtigkeit der mathematischen Behauptungen auf andere Weise zu »zeigen«. Ich glaube, diese »Wandlung« ließe sich – im Sinne dessen, was bisher behandelt wurde – am treffendsten als *anti-empirische und anschauungsfeindliche Tendenz* bezeichnen. Denn Euklid hätte ja z. B. die Richtigkeit der oben erwähnten beiden Sätze über das Gerade und Ungerade (Elem. IX 21 und 22) am einfachsten empirisch, an konkreten, sichtbaren und tastbaren Beispielen (»Rechensteinen«) zeigen können. Aber mit jenen *Strecken*, die bei ihm von Fall zu Fall »gerade Zahlen«, »ungerade Zahlen«, »Primzahlen«, »zusammengesetzte Zahlen«, ja manchmal auch noch die »Einheit« vertreten, ist eine empirische Verifikation der arithmetischen Sätze gar nicht mehr

[16] Vgl. Anm. 4.

möglich. – Es hängt mit derselben »Wandlung« in der Wissenschaft auch jene Auffassung auf das engste zusammen, die ich oben mit zwei PLATON-Zitaten anzudeuten versuchte[17]: *Der Gegenstand der Arithmetik liegt im Bereiche des reinen Denkens.* Ein Ähnliches gilt nach griechischer Auffassung natürlich auch für die Geometrie; auch dafür ließen sich Zitate aus PLATON anführen. Aber ich erinnere hier einstweilen eher daran, daß EUKLID offenbar auch in der Geometrie bestrebt war, die *Anschaulichkeit* möglichst in den Hintergrund zu drängen. Dies konnte ihm in der Geometrie natürlich weniger gelingen als in der Arithmetik. (Darüber jedoch erst in einem späteren Kapitel ausführlicher!)

Die neuartigen Beweise traten in der griechischen Mathematik offenbar *zusammen* mit der anti-empirischen und anschauungsfeindlichen Tendenz auf. Wir haben noch nicht untersucht, wie jene neue Beweistechnik, die nicht mehr an die sichtbare Evidenz, sondern an etwas anderes appelliert, entwickelt wurde und worauf sie zurückzuführen ist. Hier möchte ich vorläufig nur auf eine beachtenswerte Eigentümlichkeit des zuletzt angeführten Euklidischen Beweises aufmerksam machen.

EUKLID beweist den Satz *Elem. VII 31* (»Jede zusammengesetzte Zahl wird von einer Primzahl gemessen«) eigentlich auf dem Wege, daß er seinen Leser überzeugt: es ist einfach *unmöglich*, daß das Gegenteil dieses Satzes zutreffend sei. (Das würde nämlich auch heißen, daß eine Zahl – die doch nur eine *endliche* Menge von Einheiten darstellen kann – *unendlich* viele immer kleiner werdende Teiler besäße.) – Diese Art Beweisführung, die eine mathematische Behauptung damit verifiziert, daß sie auf die *Unmöglichkeit* der gegenteiligen Behauptung hinweist, muß einen jeden, der die Entfaltung der griechischen Mathematik historisch von der vorgriechischen Wissenschaft her erklären möchte, ebenso überraschen wie die anti-empirische und anschauungsfeind-

[17] Siehe Anm. 13 und 14.

liche Tendenz selber. Ich glaube nicht, daß diese beiden Erscheinungen in der vorgriechischen Entwicklung irgendwie vorbereitet gewesen wären. Demnach werden wir zunächst untersuchen müssen, wie die Entwicklung der griechischen Mathematik zu der eben charakterisierten *Beweistechnik* und zu der *anti-empirischen, anschauungsfeindlichen Tendenz* geführt haben mag.

Es sei mir jedoch erlaubt, schon an dieser Stelle auf eine solche interessante Einzelheit in dem Beweis des vorhin erwähnten Satzes *Elem. VII 31* aufmerksam zu machen, die auch in sich für den Historiker aufschlußreich sein mag.

Wie es oben schon hervorgehoben wurde (S. 258 f.), betont der Beweis dieses Satzes, daß man schließlich eine solche Primzahl finden wird, die Teiler der zusammengesetzten Zahl a ist. Sollte man nämlich die gesuchte Primzahl nie finden, so würde dies auch soviel bedeuten, daß *die Zahl a unendlich viele immer kleiner werdende Teiler besitzt, was jedoch im Bereiche der Zahlen nicht möglich ist (ὅπερ ἐστὶν ἀδύνατον ἐν ἀριθμοῖς)*. Die hervorgehobene und zum Teil auch griechisch zitierte Feststellung weist natürlich auf die Definition der »Zahl« hin: »Zahl ist eine *(endliche)* Menge von Einheiten«. Eben diese Definition schließt die Möglichkeit dessen aus, daß eine auch noch so große zusammengesetzte Zahl *unendlich viele* Teiler habe. [Es bleibe hier nicht unerwähnt: Dem Sinne nach ist die vorige Interpretation wohl richtig, aber in der Form wäre sie ein wenig doch irreführend, wenn man nicht hinzufügte, daß das Wort »endlich« in der Euklidischen Definition der »Zahl« — ἀριθμὸς τὸ ἐκ μονάδων συγκείμενον πλῆθος — gar nicht vorkommt. Es wurde nur dem Sinne nach, und um das Verstehen zu erleichtern, in der modernen Übersetzung eingefügt.] Liest man jedoch den halben Satz in dem Euklidischen Beweis — *»was jedoch im Bereiche der Zahlen nicht möglich ist«* —, so muß man sich unwillkürlich fragen: Woher diese Einschränkung? Wo sind denn die *»unendlich vielen immer kleiner werdenden Teiler«* doch möglich, wenn der Verfasser des Beweises seinen Schluß so bewußt auf die Zahlen einschränkt?

Ich glaube, manche von den Lesern werden durch die hervorgehobenen Worte des Beweises an den Eleaten ZENON erinnert. ZENON behauptete nämlich in einem seiner Argumente,[18] daß der bewegte Körper zunächst die Hälfte seines Weges hinter sich legen müßte; bevor er jedoch diesen Halbierungspunkt erreichen könnte, müßte

[18] ARISTOTELES, Physik Z 9, 239 b 9 ff. und 2. 33 a 21.

er die Hälfte der Hälfte des Weges hinter sich legen usw. So glaubte ZENON, mit den fortgesetzten Halbierungen darauf hinweisen zu können, daß der bewegte Körper eigentlich *unendlich viele immer kleiner werdende Teilstrecken* durchlaufen muß, um das Ende seines Weges zu erreichen. (Darum wäre nach ZENONS Argument die Bewegung nicht möglich.) – Aber steckt in diesem Argument nicht auch der Gedanke, daß jede beliebige Strecke *AB* sich in unendlich viele immer kleiner werdende Teilstrecken auflösen läßt, daß sie also *unendlich viele immer kleiner werdende Teiler* hat? Hat der Verfasser des Beweises für den Satz *Elem. VII 31* nicht auch von dieser Tatsache gewußt und eben darum betont, daß ein ähnliches »im Bereiche der Zahlen nicht möglich ist«? Mit anderen Worten: Wird durch ZENONS paradoxes Argument nicht auch der Beweis des Satzes *Elem. VII 31* datiert? – Ich glaube, auch diese Fragen werden durch die folgenden Untersuchungen in ein neues Licht gestellt.

2. *Der Beweis für die Inkommensurabilität*

Wir haben jetzt – im Sinne des unmittelbar vorangestellten Kapitels – das historische Problem zu untersuchen, wie die Entwicklung der griechischen Mathematik zu einer neuen *Beweistechnik* und zu der *anti-empirischen, anschauungsfeindlichen Tendenz* geführt haben mag. Ich glaube, im folgenden zeigen zu können, daß diese Wandlung in der Wissenschaft der Griechen von der Entdeckung der *linearen Inkommensurabilität* untrennbar ist. Darum möchte ich hier zunächst in einigen Worten daran erinnern, wie man – im Sinne meiner bisherigen Erörterungen – in die *Nähe* der Entdeckung der Inkommensurabilität gekommen war.

Es tauchte ursprünglich wohl noch in der *musikalischen Proportionenlehre* ein solches Problem auf, das später zu dieser Entdeckung führte. Man versuchte nämlich, die wichtigsten musikalischen Intervalle – Oktave 2 : 1, Quarte 4 : 3 und Quinte 3 : 2 – in untereinander *gleiche* Teilintervalle zu zerlegen. Mit anderen Worten: Man suchte die mittlere Proportionale (das »geometrische Mittel«, eine Saitenstrecke) zwischen den als Verhältniszahlen ausgedrückten Saitenstücken der einzelnen Intervalle bzw. zwischen den beliebigen Mehrfachen derselben Verhältniszahlen. Diese Untersuchungen führten zu dem Ergebnis, daß man einsehen mußte: es gibt keine mittlere proportionale Zahl zwischen den Zahlen eines überteiligen Verhältnisses (vgl. S. 231). Auf der anderen Seite hat die Anwendung der in der musikalischen Proportionenlehre geprägten Begriffe auf die geometrische Arithmetik (vgl. S. 232 f.) die weitere Forschung in zwei Richtungen gefördert. Es konnte nämlich einerseits mit Hilfe der sog. »Flächenzahlen« die Frage geklärt werden: *Wann* gibt es überhaupt eine mittlere proportionale Zahl zwischen zwei Zahlen? Andrerseits konnte – eben nach dem Vorbild der geometrisierenden Arithmetik – der Begriff der »geometrischen Ähnlichkeit« (der geradlinigen Figuren) als die Verhältnisgleichheit der entsprechenden Seiten aufgefaßt werden. – Wenn man jedoch einmal schon mit ähnlichen geradlinigen Figuren operiert, so findet man bald auch die Konstruktion der mittleren Proportionale zu zwei beliebigen Segmenten (Elem. VI 13) – *auch wenn man dabei nicht unbedingt weiß, daß auf diese Weise häufig ein inkommensurables Streckensegment gewonnen wird.* – Ebenso ist es auch möglich, zu wissen, daß man die Quadratfläche mit der Diagonale verdoppeln kann, ja man kann sich dabei auch darüber noch im klaren sein, daß eben deswegen die Diagonale die mittlere Proportionale zwischen der Quadratseite und ihrem Doppelten sein muß. Aber damit ist immer noch nicht gesagt, daß man auch weiß, *daß die Diagonale zu der Seite des Quadrats linear inkommensurabel ist.*

Wie kann man sich überhaupt von der linearen Inkommensurabilität zweier Streckensegmente überzeugen? – Man erinnere sich – um diese Frage beantworten zu können – an die 1. Definition im X. Buch der Euklidischen »Elemente«:

> »*Kommensurabel* heißen jene Größen *(σύμμετρα μεγέθη)*, die von demselben Maß gemessen werden, und *inkommensurabel* solche *(ἀσύμμετρα δέ . . .)*, für die es kein gemeinsames Maß gibt.«

Werden also zwei Streckensegmente vorgelegt, so kann man in bezug auf diese beiden die Frage der (linearen) Kommensurabilität oder Inkommensurabilität nur auf dem Wege entscheiden, daß man für sie die *Existenz* bzw. die *Nicht-Existenz* eines gemeinsamen Maßes irgendwie nachweist. Aber ob ein solcher Nachweis *mit praktisch-empirischen Mitteln* jemals gelingen kann? Wir wollen diese Frage näher ins Auge fassen. – Wie haben denn die Griechen das gemeinsame Maß zweier Streckensegmente festgestellt? Wir kennen schon ein Beispiel dafür aus der Musiktheorie.

Es wurde im II. Teil dieses Buches schon ausführlicher erörtert, daß z. B. der Ursprung des Namens für das musikalische Intervall der *Quarte* (4 : 3) *epitriton diastema* = »$1\frac{1}{3}$ lange Strecke« offenbar folgendermaßen zu erklären ist: Zunächst ertönte das ganze Monochord *AB*. Dann stellte man mit empirischen Versuchen fest, daß von demselben Monochord das Saitenstück *CB* stillgelegt werden soll – beim zweiten Mal ertönte also bloß der Saitenabschnitt *AC* –, um jenen zweiten Ton zu bekommen, der die Quarte zu dem Ton des ganzen Monochords bildet. Bei diesem Versuch galt nun der Saitenabschnitt, der beim zweiten Mal ertönt (*AC*), als die »Einheit«. Diese »Einheit« wurde von dem ganzen Monochord sozusagen subtrahiert. Und nachdem der Rest *CB* in der »Einheit« (*AC*) dreimal vorhanden ist, konnte das ganze Monochord als eine »$1\frac{1}{3}$ lange Strecke« (epitriton diastema) bezeichnet werden. Mit anderen Worten: Nach der ersten Subtraktion des Abschnittes *AC* von *AB* wurde beim zweiten Mal der Rest *CB* von *AC* (dreimal) subtrahiert. – Selbstverständlich braucht man dabei keineswegs unbedingt die Strecke *AC* als die »Einheit« gelten zu lassen. (Daß ursprünglich eben diese Strecke als die »Einheit« galt, folgt aus dem archaischen Namen epitriton diastema.) Im Gegenteil! Die ganze Operation wird einfacher, wenn man *den Rest CB als die »Einheit« gelten*

läßt. In diesem Fall macht die Länge des ganzen Monochords (AB) 4 und der kürzere Saitenabschnitt (AC) 3 Längeneinheiten aus ($1\frac{1}{3} = 4 : 3$).

Wie man sieht, eignet sich die sog. Wechselwegnahme *(ἀνθυφαίρεσις)* – deren alte Anwendung in der Musiktheorie einfach auf Grund der archaischen Namen *hemiolion* und *epitriton diastema* sich rekonstruieren ließ – selbstverständlich auch zum *Bestimmen des größten gemeinsamen Maßes zweier Streckensegmente*. – Überlegt man sich dabei auch noch, daß die musikalischen Intervalle sich immer als Verhältnisse von *ganzen Zahlen* ausdrücken lassen, so wird man gegen die *quasi-geometrische* Anwendung dieser einfachen, um nicht zu sagen primitiven Methode in der pythagoreischen Wissenschaft gar kein Bedenken haben. Denn man hantiert zwar in den musikalischen Versuchen mit »*Streckensegmenten*« (= Saitenabschnitten), aber diese sind immer auch *ganze Zahlen am ‚Kanon'* und nie *geometrische Größen im allgemeinen*. – Es fragt sich nämlich, ob die *praktische Methode* der Wechselwegnahme auch in der Geometrie wirklich brauchbar und bis zu welchem Grade dies der Fall ist. – Bevor man versucht, diese Frage zu beantworten, beachte man, wie die Wechselwegnahme bei EUKLID in der Arithmetik und wie sie in der Geometrie benutzt wird.

Was die arithmetische Anwendung dieser Methode betrifft, stellt EUKLID die folgende Aufgabe im Satz

> *Elem. VII 2:* »Zu zwei gegebenen Zahlen, die nicht prim gegeneinander sind, ihr größtes gemeinsames Maß (= den größten gemeinsamen Teiler) zu finden.«

In der Behandlung wird an erster Stelle jene Möglichkeit erwähnt, daß die kleinere der beiden gegebenen Zahlen die größere mißt (d. h. in ihr restlos aufgeht). In diesem Fall wird die kleinere Zahl der größte gemeinsame Teiler. – Mißt jedoch keine der beiden Zahlen die andere, so muß man die

Methode der Wechselwegnahme anwenden. Denn — wie EUKLID behauptet — nimmt man abwechselnd immer die kleinere Zahl von der größeren weg, dann muß schließlich eine Zahl übrigbleiben, die die vorangehende mißt, und diese wird der größte gemeinsame Teiler. — Natürlich wird diese Behauptung (eigentlich der *Satz* selber) bei EUKLID auch tadellos bewiesen. Uns interessiert jedoch diesmal nicht der Beweis, sondern die Durchführung der Operation selber. Man versuche sie zunächst an einem einfachen numerischen Beispiel. — Angenommen, daß der größte gemeinsame Teiler der beiden Zahlen 20 und 12 gesucht wird, so muß man nach der Vorschrift »abwechselnd immer die kleinere von der größeren wegnehmen«. In der Tat führt die Wechselwegnahme schon in zwei Schritten zu der Zahl 4, nämlich $20-12 = 8$ und $12-8 = 4$. Die 4 braucht nicht mehr subtrahiert zu werden, nachdem sie die vorangehende Zahl, die 8 mißt; 4 ist also der größte gemeinsame Teiler.

Aber wie sieht jenes andere Beispiel aus, an dem der Verfasser der »Elemente« den Satz erläutert? — Anstatt konkret bestimmter Zahlen redet EUKLID von zwei *beliebigen* solchen Zahlen, die nicht prim gegeneinander sind, und diese werden bei ihm durch zwei *beliebige* Strecken »veranschaulicht«, oder besser gesagt, nur *symbolisiert*. Die Strecken, die die »*Zahlen*« vertreten, spielen hier dieselbe Rolle wie in den Sätzen über das Gerade und Ungerade, das heißt, sie *zeigen* von dem entwickelten Gedankengang im Grunde herzlich wenig. Natürlich kann man auch die Wechselwegnahme auf diese Zahlstrecken *nur im Gedanken und keineswegs konkret anwenden*. Anwendbar ist die Methode der arithmetischen Wechselwegnahme nur auf jene ganze Zahlen, die bei EUKLID durch verschiedene Strecken symbolisiert werden, und *nicht konkret* auf die Zahlstrecken selbst.

Noch besser ersieht man, daß die *Wechselwegnahme der Arithmetik* bei EUKLID nur im Gedanken angewandt und *nicht praktisch* an jenen Streckensegmenten ausgeführt werden kann, die bei ihm die Zahlen symbolisieren, aus dem Satz

Elem. VII 1: »Nimmt man bei Vorliegen zweier ungleicher Zahlen immer die kleinere von der größeren weg, so müssen, wenn niemals ein Rest die vorangehende Zahl genau mißt, bis die Einheit übrig bleibt, die ursprünglichen Zahlen gegeneinander prim sein.«

Vergißt man bei diesem Satz nicht, daß EUKLID von *ganzen Zahlen* redet und daß im Sinne der griechischen Arithmetik die »Einheit« *der letzte, kleinste, weiter nicht mehr teilbare Baustein* der Zahlen ist, so wird die Behauptung sogleich verständlich. Natürlich kann der letzte, kleinste Rest bei der Wechselwegnahme zweier ungleicher Zahlen (die gegeneinander prim sind!) *nur* die »Einheit« sein; über diese hinaus ist die arithmetische Wechselwegnahme gar nicht mehr möglich. Aber auf *Strecken* kann man dieselbe Methode – in dem von EUKLID gemeinten Sinne – nur dann anwenden, wenn die betreffenden Segmente irgendwelche Mehrfache einer beliebigen Einheitsstrecke sind. Das ist eben in der Musiktheorie der Fall. Nachdem nämlich die musikalischen Intervalle sich immer als Verhältnisse von *ganzen Zahlen* ausdrücken lassen, kann man das Monochord immer als das Mehrfache einer solchen Einheitsstrecke auffassen, deren konkrete Länge erst nachträglich empirisch mit Wechselwegnahme festgestellt wird. Aber einen solchen Fall kann EUKLID in der Arithmetik mit seinen Zahlstrecken »ab ovo« *nicht* darstellen – seine Zahlstrecken können nicht die konkreten Mehrfachen einer Einheitsstrecke sein –, weil in diesem Fall *nicht* von zwei *beliebigen* ungleichen, sondern eben von »konkret-bestimmten«, »sichtbaren« und »tastbaren« Zahlen die Rede wäre. Mit anderen Worten: Die arithmetische Wechselwegnahme läßt sich bei EUKLID nur völlig abstrakt im Gedanken und *nicht* konkret an den gezeigten Zahlstrecken ausführen.

Es bleibe hier auch folgendes nicht unerwähnt. Man fand die seltsame Art, wie EUKLID seine arithmetischen Sätze mit *Strecken* veranschaulicht, immer anstößig. C. THAER bemerkte z. B. zum VII.

Buch der »Elemente«[19]: »Die überlieferten Figuren ähneln denen von Buch V; *sie wären so für das Verständnis fast wertlos; ich habe vorgezogen, bestimmte Zahlenbeispiele in ihnen anzudeuten.«* — Aber woher kommt überhaupt EUKLIDs Brauch, Zahlen als »Strecken« zu symbolisieren? — Ich zweifle nicht daran, daß diese Gewohnheit eine Erbschaft der Musikwissenschaft ist. Am Monochord und am ‚Kanon' waren die Saitenabschnitte (= Streckensegmente) mit ganzen Zahlen gleichbedeutend. *Demnach muß also jene Musiktheorie, die im II. Teil des vorliegenden Buches behandelt wurde, zeitlich der gesamten bei* EUKLID *überlieferten Arithmetik vorangehen.* — Aber es wurden nicht nur die »Zahlstrecken« aus der Musikwissenschaft übernommen, auch die sonstige Terminologie der Arithmetik spricht für dieselbe Entlehnung. Ich erinnere hier an die folgenden Tatsachen: Anstatt des »größten gemeinsamen Teilers« redet EUKLID in der Arithmetik immer vom κοινὸν μέτρον (= *»gemeinsames Maß«*); der Begriff »Teiler einer Zahl« wird immer mit dem Verbum μετρεῖν *(»messen«* bzw. *»gemessen werden«)* zum Ausdruck gebracht. Diese Bezeichnungen sind offenbar *geometrischen* und *nicht* arithmetischen Ursprungs. Sie sind in der Arithmetik Überbleibsel aus jener alten Zeit, in der die Wechselwegnahme der Saitenabschnitte in den quasi-geometrischen Betrachtungen der Musiktheorie in der Tat *noch konkret ausgeführt wurde.*

Und jetzt wenden wir uns der Frage zu, wie die Wechselwegnahme bei EUKLID in der *Geometrie* benutzt wird. Aber bevor man jenen einzigen Satz näher ins Auge fassen wollte, in dem EUKLID die geometrische Wechselwegnahme erwähnt *(Elem. X 2)*, vergegenwärtige man sich die beiden folgenden Tatsachen:

1. Die Methode der Wechselwegnahme wurde in der Quasi-Geometrie der Musikwissenschaft konkret ausgeführt und diente zum Bestimmen des *gemeinsamen Maßes* zweier Saitenabschnitte (= Streckensegmente).
2. *Linear inkommensurabel* sind in der Geometrie jene Streckensegmente, für die es *kein gemeinsames Maß* gibt.

Es ist nun auf Grund dieser beiden Tatsachen leicht einzusehen, daß die Anwendung der Wechselwegnahme auf zwei

[19] Die Elemente von Euklid, 3. Teil, S. 73.

inkommensurable Segmente zu keinem Ergebnis führen wird. Eben diese Tatsache wird in dem Satz *Elem. X 2* folgendermaßen ausgesprochen:

> »*Nimmt man bei Vorliegen zweier ungleicher Größen immer die kleinere von der größeren weg und mißt der Rest niemals die vorangehende Größe, so werden die beiden Größen inkommensurabel.*«

Natürlich sieht man an diesem Satz sofort, daß er gewissermaßen ein Gegenstück zu dem arithmetischen Satz *Elem. VII 1* bildet. Der große Unterschied zwischen den beiden Sätzen *(Elem. VII 1* und *X 2)* ist jedoch, daß die arithmetische Wechselwegnahme – im Falle zweier ungleicher Zahlen, die gegeneinander prim sind – zu dem kleinsten Baustein der Zahlen, zu der »Einheit« führt, während die geometrische Wechselwegnahme – im Falle zweier inkommensurabler Größen – zu *keinem »letzten Ergebnis«* führen kann, »weil es in der Geometrie überhaupt gar kein *Kleinstes* gibt.«[20] – Die Tatsache also, daß sich der Prozeß der Wechselwegnahme in irgendeinem gegebenen Fall bis ins Unendliche fortsetzt, wird in dem Satz *Elem. X 2 als ein Kriterium für die Inkommensurabilität zweier Größen hingestellt.*

Aber was für ein *Kriterium* kann eine solche Art *Unendlichkeit* sein? – Es sei mir erlaubt, bevor man die Antwort auf die vorige Frage versuchte, an die folgende wichtige Tatsache zu erinnern. Man hat – und selbstverständlich *mit Recht* – schon mehrmals hervorgehoben, daß jenes Kriterium für die Inkommensurabilität, das in dem Satz *Elem. X 2* ausgesprochen wird, weder von Euklid noch in der gesamten Literatur der Antike jemals zu einem mathematischen Beweis benutzt wurde.[21] Der Grund dafür liegt – meiner Ansicht nach –

[20] Proclus Diadochus, In Euclidis Elem. librum primum comm. (ed. G. Friedlein), Lipsiae 1875, S. 60, 11 f.: *ἐν γεωμετρίᾳ γὰρ τὸ ἐλάχιστον ὅλως οὐκ ἔστιν . . .*

[21] A. Frajese, Attraverso la storia della matematica, Roma 1962, S. 201 ff. Daselbst wird auch die ältere Literatur angeführt.

einfach in der Tatsache, daß die Unendlichkeit der Wechselwegnahme *ein rein theoretisches und gar kein praktisch anwendbares Kriterium für die Inkommensurabilität zweier Größen ist.*

Man könnte hier gegen meinen Gedankengang allerdings einwenden, die unendliche Kettenbruchentwicklung der quadratischen Irrationalitäten sei *periodisch,* und man könne sich von dieser Periodizität in konkreten Fällen leicht überzeugen. Warum hätten dies nicht auch schon die Pythagoreer gewußt? Denn einerseits ist es ja klar, daß die antike Form unserer *Kettenbruchentwicklung* die »Wechselwegnahme« ist, wie dies O. Becker treffend festgestellt hatte (vgl. Anm. 7 zum II. Teil dieses Buches), und andrerseits läßt sich die Periodizität der unendlichen Kettenbruchentwicklung in der Tat anhand der pythagoreischen »*Seiten- und Diagonalzahlen*« sehr leicht zeigen. (Ich selber hatte ja oben einmal schon bemerkt — siehe S. 117 —, daß man das System der aufeinanderfolgenden »Seiten- und Diagonalzahlen« als eine *antike Methode zur Approximierung des Wertes von* $\sqrt{2}$ auffassen dürfte!) — Da ich nun diesen möglichen Einwänden im voraus begegnen möchte, sei es mir gestattet, hier die folgenden Betrachtungen über die »Seiten- und Diagonalzahlen« einzufügen.

Es wurde oben (S. 114 ff.) jene Platon-Stelle (Resp. 546 C) schon behandelt, wonach die Zahl *7* die zu der Quadratseite *5* gehörige »sagbare Diagonale« ist. Es wurde in der Erklärung dieser auffallenden Bezeichnungsart auch darauf hingewiesen, daß das Quadrat mit Seite $a = 5$ die interessante Eigentümlichkeit besitzt, daß seine Diagonale (d) annähernd die ganze Zahl *7* ist; darum ist die *7* die »sagbare Diagonale« zu der Seite *5*. (In Wirklichkeit wird die Diagonale des Quadrats mit Seite $a = 5$ natürlich *mehr* als *7* Einheiten betragen, denn man weiß ja aus der Anwendung des pythagoreischen Lehrsatzes, daß $d^2 = 2a^2$ und darum im vorliegenden Fall $d = \sqrt{50}$ sein muß, während das Quadrat von *7* nur *49* ist!) — Es scheint nun, daß das doppelte Problem der Pythagoreer — im Zusammenhang mit diesem aus Platon bekannten konkreten Beispiel — folgendes war:

1. Wie bekommt man solche Quadrate mit ganzzahligen Seiten, deren Diagonalen annähernd ganze Zahlen, also »sagbare Diagonalen« sind?
2. Wie verhalten sich die so gewonnenen »sagbaren Diagonalen« zu den wirklichen »unsagbaren Diagonalen«?

Was den Punkt 2 betrifft, kann man glücklicherweise auch literarisch belegen, daß in der Tat eben diese Frage die Pythagoreer am meisten interessierte. Ich muß dem folgenden Zitat nur vorausschikken, daß man es nur sinngemäß übertragen darf, da die wörtlich genaue Übersetzung in diesem Fall einfach falsch wäre. PROKLOS sagt nämlich (In Platonis rem publ. II 23):

»Daß die [Quadrate der] zu den unsagbaren Diagonalen gehörigen sagbaren *(ὅτι αἱ ταῖς ἀρρήτοις διαμέτροις παρακείμεναι ῥηταί)* um die Einheit größer oder kleiner sind als die doppelten [Quadrate der Seiten] *(μονάδι μείζους εἰσὶν ἢ ἐλάττους διπλάσιον)*, das zeigen die Pythagoreer durch Zahlen« *(διὰ τῶν ἀριθμῶν οἱ Πυθαγόρειοι δεικνύουσιν)*.

PROKLOS illustriert sogleich auch mit Beispielen diese Behauptung. Nehmen wir als erstes von seinen Beispielen eben die Seiten- und Diagonalzahlen *5* und *7*. In der Tat ist in diesem Fall das Quadrat der *7* (der »sagbaren Diagonale«) *49* um die Einheit *kleiner* als *50* ($= 2 \cdot 5^2$), das verdoppelte Quadrat der Seite. — Das andere Beispiel bei PROKLOS ergibt die Seiten- und Diagonalzahl *2* und *3*. In diesem Fall ist das Quadrat der *3* (der »sagbaren Diagonale«) *9*, und die *9* ist um die Einheit *größer* als $8 (= 2 \cdot 2^2)$.

Wie entdeckten nun die Pythagoreer Schritt für Schritt ihre Methode zum Auffinden der zusammengehörigen Seiten- und Diagonalzahlen? — Mir scheint, daß die moderne Forschung dieses historische Problem noch nicht befriedigend klären konnte. Statt dessen begnügte man sich mehr oder weniger mit dem bloßen Registrieren jenes Tatbestandes, der bei PROKLOS und THEON von Smyrna geschildert wird. (Auch ich kann mich hier übrigens nur auf soviel beschränken!) Man liest nämlich bei THEON von Smyrna (Expos. rerum math. ad leg. Platonem, ed. E. HILLER, S. 43—44):

»Die Einheit ist als Ursprung aller Zahlen sowohl *Seite* wie auch *Diagonale*. Man nimmt nun zwei Einheiten: eine Seite- und eine Diagonale-Einheit; man bildet also die neue Seite, indem man zu der Seite-Einheit die Diagonale-Einheit hinzufügt, und die neue Diagonale, indem man zu der Diagonale-Einheit zweimal die Seite-Einheit hinzufügt.«

Im Sinne dieses Zitates sind also in der Reihe der Seiten- und Diagonalzahlen die ersten: $a_1 = 1$ und $d_1 = 1$; die nächste Quadratseite bekommt man, indem man die vorige Seite und Diagonale addiert, also $a_2 = a_1 + d_1 = 2$, während die nächste Diagonalzahl $d_2 = 2a_1 + d_1 = 3$ wird. Offenbar gilt dieselbe Vorschrift auch für den nächsten

Fall, nachdem $a_3 = 5$ und $d_3 = 7$ sind. Im allgemeinen benutzt man demnach die Formeln:

$$a_{n+1} = a_n + d_n \text{ und } d_{n+1} = 2a_n + d_n.$$

Eben diese beiden Formeln werden durch Proklos (In Platonis rem publ. II 27) folgendermaßen in Worte gefaßt: *ἡ μὲν διάμετρος προσλαβοῦσα τὴν πλευράν, ἧς ἐστιν διάμετρος, γίνεται πλευρά, ἡ δὲ πλευρὰ ἑαυτῇ συντεθεῖσα καὶ προσλαβοῦσα τὴν διάμετρον τὴν ἑαυτῆς γίνεται διάμετρος.* Proklos fügt noch hinzu, daß diese Formeln bei Euklid im II. Buch der »Elemente« (II 10) auch bewiesen werden. Aber wir wollen das historische Problem dieses Beweises bei Euklid sowie auch die andere Frage, ob die Pythagoreer hier in der Tat das »Prinzip der vollständigen Induktion« benutzt hatten — wie es in diesem Zusammenhang gelegentlich vermutet wurde — diesmal gar nicht behandeln. Uns interessiert das System der Seiten- und Diagonalzahlen von einem anderen Gesichtspunkt aus (zum folgenden vgl. E. Stamates, Eukleidou Geometria, Bd. II, Athen 1953, 9 ff.). Man stelle nämlich — im Sinne dessen, was eben geschildert wurde — die Seiten- und Diagonalzahlen der *acht* ersten Quadrate in der folgenden Tabelle zusammen:

Quadrat	Seitenzahl	Diagonalzahl	
I.	1	1	(+1)
II.	2	3	(−1)
III.	5	7	(+1)
IV.	12	17	(−1)
V.	29	41	(+1)
VI.	70	99	(−1)
VII.	169	239	(+1)
VIII.	408	577	(−1)

(In der vierten Spalte der Tabelle habe ich mit +1 bzw. −1 in Klammern in jedem einzelnen Fall angegeben, ob das doppelte Quadrat der Seite — also das Quadrat der »unsagbaren Diagonale« — um Eins größer oder kleiner ist als das Quadrat der »sagbaren Diagonale«. Wo also das Quadrat der betreffenden Diagonalzahl kleiner ist als das Quadrat der in der Wirklichkeit doch irrationalen Diagonale, muß man die Einheit addieren; wo dagegen dasselbe Quadrat größer ist, muß man die Einheit subtrahieren.)

Man ersieht aus dieser Tabelle sofort folgendes: Eine je höhere Zahl in der zweiten Spalte die Seitenlänge eines Quadrats bezeichnet, um so mehr nähert die dazugehörige Diagonalzahl die wirkliche Länge jener Diagonale an, die eigentlich doch *»der Länge nach unmeßbar«* ist. Es kommt darauf an, diese Lehre aus unserer Tabelle im voraus festzulegen, weil die Tabelle in der Tat nur soviel enthält, was zweifellos auch die antiken Pythagoreer gewußt haben müssen. (Wohl benutzt die Tabelle arabische, ja auch römische Ziffern — die von den antiken Pythagoreern nicht benutzt wurden —, aber dieses Hilfsmittel der modernen Interpretation beeinträchtigt nicht im mindesten den wesentlichen Inhalt der überlieferten pythagoreischen Kenntnisse.)

Man kann jedoch aus derselben Tabelle auch noch etwas anderes ersehen, wenn man sie folgendermaßen umgestaltet: Man bilde aus den einzelnen Diagonal- und Seitenzahlen je ein Verhältnis $(d : a)$. und man rechne dasselbe Verhältnis sogleich auch in den entsprechenden Dezimalbruch um. Demnach wird unsere Tabelle so aussehen:

I.	1 : 1	= 1
II.	3 : 2	= 1,5000000...
III.	7 : 5	= 1,4000000...
IV.	17 : 12	= 1,4166666...
V.	41 : 29	= 1,4137931...
VI.	99 : 70	= 1,4142857...
VII.	239 : 169	= 1,4142011...
VIII.	577 : 408	= 1,4142156...

Es genügt ein Blick auf diese unendlichen Dezimalbrüche, um zu erkennen, daß sie verschiedene Approximationen des Wertes der $\sqrt{2}$ darstellen. Noch interessanter werden dieselben Approximationen, wenn man zunächst die beiden ersten Zahlen mit den übrigen Dezimalbrüchen vergleicht. Die allererste Zahl in der Spalte der Dezimalbrüche *(1)* ist die *kleinste* unter allen anderen und die zweite *(1,5)* ist die *größte* unter denselben. Diese beiden stellen also die ungenauesten Extremwerte unter den Approximationen der $\sqrt{2}$ dar. Dementsprechend nähern dann die Dezimalbrüche in den Reihen III, V, VII, ... von unten und die anderen in den Reihen IV, VI, VIII, ... von oben her den Wert von $\sqrt{2}$ an. Man könnte dies — bis zu einem gewissen Grade — auch an der Zahlenachse schön veranschaulichen, an der die einzelnen Approximationen den Wert von $\sqrt{2}$ von links und rechts her immer mehr annähern, aber nie erreichen würden.

Wollte man sich jedoch fragen, ob es den Pythagoreern wohl bekannt war, daß ihr System der Seiten- und Diagonalzahlen eigentlich eine Approximierung des Wertes der $\sqrt{2}$ darstellt, so ließe sich diese Frage gar nicht so leicht beantworten. Schwer ist die Antwort auf eine solche Frage nicht nur deswegen, weil *die Dezimalbrüche in der Antike gar nicht bekannt waren,* sondern auch deswegen, weil selbst der mathematische Begriff »$\sqrt{2}$« keineswegs klassisch griechisch ist. Wollte man diesen Begriff ins Griechische »zurückübersetzen«, so könnte man – nach klassischen Begriffen – nur von der »*der Länge nach unmeßbaren Diagonale des Einheitsquadrats*« oder von einem Segment reden, das **δυνάμει δίπους** ist. – Und doch bleibt unsere »moderne Interpretation mit Dezimalbrüchen« dem wesentlichen Inhalt der antiken Lehre völlig adäquat. Das ersieht man auch daraus, wenn man z. B. fragt: In welchen Fällen sind die Approximationen mit Dezimalbrüchen *kleiner* bzw. *größer* als der wirkliche Wert von $\sqrt{2}$? – Kleiner sind unsere Dezimalbrüche natürlich in denselben Fällen, in denen nach der ersten Tabelle zu dem Quadrat der »sagbaren Diagonale« *1 addiert* werden mußte, und größer sind sie in jenen anderen Fällen, in denen von dem Quadrat der »sagbaren Diagonale« *1 subtrahiert* werden mußte, um das Quadrat der »unsagbaren Diagonale« zu bekommen.

Aber man kann unsere erste Tabelle auch noch interessanter umgestalten. Man schreibe nämlich die Verhältnisse der einzelnen Diagonal- und Seitenzahlen als *Brüche* auf, und zugleich verwandle man dieselben in *Kettenbrüche*. Dann bekommt man z. B. für das III. und IV. Quadrat die folgenden Werte:

III. $$\frac{7}{5} = 1 + \cfrac{1}{2 + \cfrac{1}{2}}$$

IV. $$\frac{17}{12} = 1 + \cfrac{1}{2 + \cfrac{1}{2 + \cfrac{1}{2}}}$$

Die Verhältnisse der Diagonal- und Seitenzahlen lassen sich also ohne weiteres auch als *periodische Kettenbrüche* aufschreiben, wie ich schon eingangs zugeben mußte, daß »die Kettenbruchentwicklung der quadratischen Irrationalitäten periodisch ist, und daß man sich von dieser Periodizität in konkreten Fällen leicht überzeugen kann«. – Es fragt sich nur, ob dies auch schon den Pythagoreern bekannt war.

Man würde sich zunächst darauf berufen wollen, daß das Rechnen mit Brüchen aus der euklidischen und voreuklidischen Zeit der griechischen Mathematik *nicht* bekannt ist. (Allerdings kennt man aus der voreuklidischen Musikwissenschaft solche wichtigen Bruchzahlen wie »hemiolion«, »epitriton« und »epogdoon« !) Aber wie hätte man dann Kettenbrüche, ja noch mehr *periodische Kettenbrüche* gekannt, wenn selbst das Rechnen mit gewöhnlichen Brüchen sich kaum belegen läßt? – Und doch wäre die vorgelegte Frage mit einem solchen Hinweis kaum beruhigend beantwortet. Denn es wurde ja auch schon eingangs betont, daß das Euklidische Verfahren, die «Wechselwegnahme«, im Grunde doch dasselbe ist wie unsere Kettenbruchentwicklung. Außerdem kann man mindestens den Grundgedanken auch des *periodischen Kettenbruches* — wenn auch nicht aus der voreuklidischen Mathematik, so doch aus der zeitgenössischen und verwandten Philosophie — leicht belegen. Man überlege sich nämlich, wie der eben angeführte periodische Kettenbruch entstand. Man ergänzte zunächst den Nenner des ursprünglichen Bruches $\frac{1}{2}$ mit einer kleineren »Hälfte«; und so addierte man zu den aufeinanderfolgenden Nennern immer kleiner werdende »Hälften«. — Wie bekannt, hat schon der Eleate ZENON darauf hingewiesen, daß jede Strecke AB als eine aus unendlich vielen, immer kleiner werdenden »Hälften« zusammengesetzte Einheit gedacht werden kann. (Der bewegte Körper müßte zunächst die Hälfte seiner Laufbahn hinter sich legen; bevor er jedoch soweit käme, müßte er den Halbierungspunkt der Hälfte selbst erreichen, usf. vgl. ARISTOTELES, Phys. Z. 9,239 b 9.)

Ohne Zweifel ist also auch die moderne Interpretation des Systems der Diagonal- und Seitenzahlen mit periodischen Kettenbrüchen der antiken Lehre völlig gleichwertig. Es stimmt zwar, daß man die Periodizität an der modernen Schreibweise leichter erkennt. Aber dieselbe Periodizität war — von einer anderen Seite her — auch an der antiken Lehre selbst erkennbar. Denn erstens hat man ja jede einzelne Seiten- und Diagonalzahl aus der vorangehenden nach derselben *immer wiederholten Formel* gewonnen und zweitens wird die Periodizität auch durch jene Tatsache verraten, daß in unserer ersten Tabelle immer $+1$ und -1 abwechselnd aufeinanderfolgen, d. h. also, daß man zum Quadrat der »sagbaren Diagonale« immer die Einheit addieren bzw. davon subtrahieren muß, um das Quadrat der entsprechenden »unsagbaren Diagonale« zu bekommen.

Nun kehren wir jedoch zu meiner obigen Behauptung zurück. Ich habe behauptet, daß »die Unendlichkeit der Wechselwegnahme *nur ein theoretisches und gar kein praktisch anwendbares Kriterium für die Inkommensurabilität zweier G r ö ß e n ist.*« Wird diese Behauptung dadurch, was über die Seiten- und Diagonalzahlen bzw. über die periodische Kettenbruchentwicklung eben zusammengefaßt wurde, nicht widerlegt? — Ich glaube es nicht! Denn man darf ja vor allem nicht vergessen, daß in meiner Behauptung von *geometrischen* Größen die Rede ist. Und in der Geometrie ist die »Wechselwegnahme« — auch wenn sie periodisch ist und darum als unendlich gedacht werden muß — praktisch nur unter endlichen Grenzen anwendbar. (Darüber später auch ausführlicher.) Ja, die »unendliche Wechselwegnahme« selber ist eine Tatsache, die nur *gedacht* wird — im Falle zweier inkommensurabler Größen *theoretisch* existieren muß —, aber *praktisch* nie verwirklicht werden kann. Auch das System der Diagonal- und Seitenzahlen ist eine *Theorie*, die mit der unmittelbaren Praxis nur von sehr weitem her etwas zu tun hat. (Ja, man konnte diese Theorie erst in einer solchen Zeit aufbauen, in der die Inkommensurabilität selber eine *auf theoretischem Wege* schon erwiesene Tatsache war!) Man darf sich auch durch jenen ziemlich oberflächlichen Eindruck nicht irreführen lassen, daß unsere Kettenbruchentwicklung (die organische Weiterbildung der antiken »Wechselwegnahme«) zunächst in der Tat wie eine »praktische Methode« anmutet. Im Grunde ist nämlich auch diese quasi-praktische Methode das Ergebnis einer ziemlich hochentwickelten *Theorie*. Darum halte ich also an meiner eben wiederholten Behauptung fest: »Die unendliche Kettenbruchentwicklung kann nur als ein *theoretisches Kriterium* für die Inkommensurabilität zweier Größen gelten.«

Kein Zweifel, EUKLID hat vollkommen recht, indem er behauptet: »Wenn die Wechselwegnahme zweier Größen sich unendlich fortsetzt, dann werden die beiden Größen eben inkommensurabel.« Diesen Satz kann er auch tadellos beweisen. Es fragt sich nur: Wie kann man sich *praktisch* davon überzeugen, ob die Wechselwegnahme zweier vorgelegter Größen *in der Tat unendlich wird?* Kann man dies *mit praktischen Mitteln* jemals entscheiden? – Ich glaube es nicht! Praktisch kann man dies höchstens nur *andeuten*. Aber erstens wird diese »Andeutung« *in sich* auch für den Mathematiker doch kein endgültiger und befriedigender Beweis und zweitens wird der Nicht-Mathematiker in derselben »Andeutung« gerade das Gegenteil dessen erblicken, was man ihm hat beweisen wollen; er wird – und *nicht* völlig ohne Grund – die »Andeutung« eher als eine Art »Gegenbeweis« auffassen. – Das ersieht man aus dem folgenden:

Es wurde in dem anregenden Büchlein von H. RADEMACHER und O. TÖPLITZ[22] versucht, die lineare Inkommensurabilität der Diagonale und der Seite des Quadrats auf Grund des

[22] H. RADEMACHER und TÖPLITZ, Von Zahlen und Figuren, Berlin 1930, S. 258; vgl. auch O. TÖPLITZ, Die Entwicklung der Infinitesimalrechnung, Berlin 1949, S. 2–6.

Satzes *Elem. X 2* zu beweisen. Man wende nämlich die Methode der Wechselwegnahme auf diese beiden Größen folgendermaßen an:

Man subtrahiere die kleinere AB ($= AE$, Seite des Quadrats) von der größeren AC (Diagonale). Konstruiert man dann in Punkt E das Lot EF, so wird der Rest aus der Diagonale $EC = EF = BF$. (Den Beweis für diese letztere Behauptung

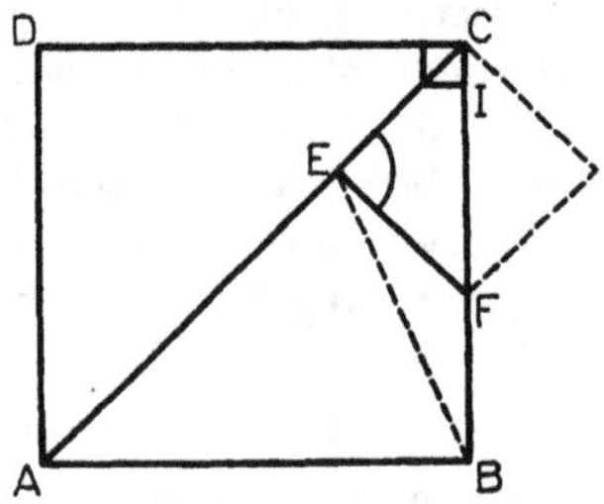

Abb. 9

unterlasse ich hier der Kürze halber.) So hat man aber den Rest der ersten Subtraktion EC als BF von der kleineren Größe, der Seite des Quadrats BC, einmal schon subtrahiert. Natürlich könnte man denselben Rest der Diagonale (EC) unmittelbar danach auch noch ein zweites Mal von der Seite BC subtrahieren, und so bekäme man $EC = BF = FI$. Aber vor diesem Schritt bleibe man für einen Augenblick stehen, um darauf hinzuweisen, daß bei der beim zweiten Mal ausgeführten Subtraktion wieder die Seite eines kleineren Quadrats ($EC = FI$) von seiner Diagonale (FC) subtrahiert wird. Errichtet man nun in I wieder das Lot, so subtrahiert man dadurch mit dem neuen Rest IC ein Segment aus dem früheren Rest EC, das wieder Diagonale eines noch kleineren Quadrats wird. Aus dieser dritten Diagonale hätte man im nächsten Schritt die Seite des dritten Quadrats (IC) zu subtrahieren. – Man sieht also, daß die erste Subtraktion der Quadratseite von der Diagonale zu einem solchen Rest führt, der auch seinerseits Quadratseite ist, die wieder von einer anderen Quadratdiagonale subtrahiert werden soll. Die nacheinander entstehenden Reste ergeben immer wieder neue Quadratseiten und Diagonalen. Der Prozeß der Wechselwegnahme setzt sich bis ins Unendliche fort, und man bekommt unendlich viele immer kleiner werdende Quadrate. Und damit wäre die lineare Inkommensurabilität der Seite und Diagonale des Quadrats – eben mit der Unendlichkeit der Wechselwegnahme – bewiesen.

Man muß zugeben, daß diese Rekonstruktion eines aus der Antike *nicht* überlieferten »Beweises« zunächst bestechend wirkt. Und nachdem die einzelnen Schritte nicht nur äußerst einfach, sondern auch tadellos begründet sind, wäre man beinahe geneigt, mit RADEMACHER und TÖPLITZ verwundert zu fragen: Wieso hätten die antiken Mathematiker einen solchen »Beweis« *nicht* konstruieren können? – Will man nun dieses Problem von historischem Gesichtspunkt aus verstehen, so muß man – meiner Ansicht nach – zwei verschiedene, aber miteinander doch eng zusammenhängende Fragen in Betracht ziehen. *Erstens* wird man nämlich erklären müssen, warum und inwiefern die eben gezeigte Konstruktion *für den Mathematiker* als ein »Beweis« der Inkommensurabilität gelten kann. Und *zweitens* wird man auch die andere Frage nicht außer acht lassen dürfen, wie der *Nicht-Mathematiker* dieselbe Konstruktion – vom Gesichtspunkt des »Beweises« aus – wird unumgänglich verstehen müssen.

Es darf bei dieser vergleichenden Betrachtung natürlich *nicht* vergessen werden, daß die Denkart des Mathematikers und diejenige des Nicht-Mathematikers sich voneinander *grundsätzlich unterscheiden*. Dieser Unterschied der beiden Denkarten wird an einer ARISTOTELES-Stelle – die in diesem Buch einmal schon angeführt wurde – eben mit einem Hinweis auf das Problem der Inkommensurabilität charakterisiert.[23] Der Nicht-Mathematiker wundert sich – wie ARISTO-

[23] Siehe Anm. 67 zum I. Teil dieses Buches. ARISTOTELES, Met. A 2, 983 a 13 ff.

TELES sagt – über die Inkommensurabilität der Quadratdiagonale und -seite. Sollte es wirklich Größen geben, für die man überhaupt kein gemeinsames Maß finden kann? Dieser Gedanke ist für den Nicht-Mathematiker völlig unglaublich. – Dagegen würde sich »ein geometrisch gebildeter Kopf« – nach den Worten desselben ARISTOTELES – über gar nichts so sehr verwundern, als wenn es sich einmal plötzlich irgendwie herausstellen könnte, daß Seite und Diagonale des Quadrats kommensurabel wären. – Noch konkreter wird der Unterschied der beiden Denkarten, wenn man genauer ins Auge faßt, wie Mathematiker und Nicht-Mathematiker die »Unendlichkeit der Wechselwegnahme« verstehen.

Der Mathematiker wird nämlich die vorhin gezeigte Konstruktion folgendermaßen beurteilen:

1. Es wurde *im ersten Schritt* gezeigt, wie die Subtraktion der Quadratseite von der Diagonale eine neue Quadratseite ergibt.
2. *Im zweiten Schritt* haben wir gesehen, daß die übernächste (zweite) Subtraktion des ersten Restes wieder von einer Diagonale, derjenigen des zweiten (kleineren) Quadrates, erfolgt.
3. Und schließlich hat *der dritte Schritt* gezeigt, daß die übrigbleibenden neuen Reste wieder Diagonale und Seite eines dritten Quadrates sind.

Weiter brauchen wir die Konstruktion nicht mehr zu führen, denn wir sehen ja, daß im vierten Schritt sich der erste, im fünften der zweite und im sechsten der dritte wiederholt. Offenbar wird sich dieser Prozeß – immer mit denselben Wiederholungen und in derselben Reihenfolge der Schritte (also periodisch!) – bis ins Unendliche fortsetzen. Die Tatsache, daß sich dabei die Maßstäbe der aufeinanderfolgenden Quadrate immer mehr zusammenschrumpfen – ja, daß man mit praktischen Mitteln bald auch gar keine noch kleiner werdende Quadrate mehr konstruieren kann –, bleibt für uns gleichgültig. Natürlich wird man jene unendlich vielen Quadrate, die mit dieser Methode (im Gedanken!) konstruiert werden können, *praktisch nie hergestellt haben.* Dies ist nicht nur deswegen unmöglich, weil die unendliche Konstruierbarkeit eben einen solchen Prozeß bezeichnet, der *nie aufhört*, sondern wohl auch deswegen, weil wir in der äußeren Welt der Praxis gewöhnlich *nur* endlichen Mengen begegnen.[24] Inwiefern jener unendliche Prozeß der Wechselwegnahme, dessen drei erste Schritte gezeigt wurden, sich *praktisch* verwirklichen läßt, interessiert uns einfach nicht. Die unendliche Wechselwegnahme ist eine *Tatsache des mathematischen Denkens.* Eben deswegen hat auch die vorhin gezeigte Konstruktion nur insofern eine Beweiskraft, daß sie etwas von dem *nur Denkbaren* andeutet. Der wahre Beweis liegt nicht in der Zeichnung, sondern darin, wie sie verstanden wird.

Dagegen wird der Nicht-Mathematiker über dieselbe Konstruktion folgendermaßen denken. Die Wechselwegnahme ist eine *praktische Methode* zum Bestimmen des gemeinsamen Maßes zweier Größen. Man wird aus der Anwendung einer *praktischen* Methode lieber *praktische* und nicht theoretische Schlüsse ziehen wollen. Die vorhin gezeigte Wechselwegnahme der Seite und Diagonale wird *praktisch* keineswegs unendlich, die Quadrate schrumpfen ja zusehends zusammen, Seite und Diagonale werden bald – nach gar nicht so besonders häufiger Wiederholung der Schritte – *praktisch* allerdings zusammenfallen, und damit wird man in der

[24] Man vergesse nicht die behutsame Bemerkung von A. A. Fraenkel, Abstract Set Theory, Amsterdam, 1953, S. 9: »As a matter of fact, the recent research in physics has in increasing measure convinced us that the exploration of nature cannot lead to either infinitely large or infinitely small magnitudes. The assumption of a finite extent of the physical space, as well as the assumption of an only finite divisibility of matter and energy (so that the smallest particles of matter and energy are finite), completely harmonize with experience. It thus seems that the external world can afford us nothing but finite sets.«

Praxis so etwas wie ein »gemeinsames Maß« für die beiden »inkommensurablen Größen« gefunden haben.

Ich glaube, insofern wird der Nicht-Mathematiker allerdings recht haben, daß es in der *Praxis* gar keine »unendliche Wechselwegnahme« gibt. Eben deswegen kann auch die rein theoretische Tatsache der unendlichen Wechselwegnahme nur ein theoretisches und kein praktisches Kriterium für die Inkommensurabilität zweier Größen sein. Darum wurde auch der Euklidische Satz *Elem. X 2* von den antiken Mathematikern zu einem Beweis der Inkommensurabilität nie benutzt. (Man könnte die andere Frage, warum überhaupt das rein theoretische Kriterium der Inkommensurabilität, die unendliche Wechselwegnahme, von Euklid in einem besonderen Satz behandelt wird, erst nach einer sorgfältigen Analyse des X. Buches der »Elemente« beantworten. Diese Analyse paßt jedoch nicht mehr in den Rahmen der vorliegenden Untersuchung.)

Auf der anderen Seite haben die modernen Mathematiker selbstverständlich vollkommen recht, wenn sie die obige Rekonstruktion von Rademacher und Töplitz als einen »Beweis« akzeptieren. Die anschauliche Konstruktion wird übrigens in diesem Fall – mindestens implizite – mit solchen Gedanken ergänzt, die auch dem Geist der antiken Mathematik *nicht* widersprechen. Den wesentlichsten Kern dieses »Beweises« bildet ja nicht das, was man sehen kann, sondern im Gegenteil eben das, *was die Figur nicht mehr zeigt.* Sehen kann man nämlich an der vorigen Figur nur die ersten drei Schritte, und daraus *erschließt man* die noch wichtigere Tatsache, die man nicht mehr sehen kann: die unendliche Wiederholbarkeit derselben drei Schritte. In diesem Sinne ist der »Beweis« von Rademacher und Töplitz gewissermaßen auch »irreführend«; man glaubt zunächst, er wäre anschaulich, wo er in seinem wichtigsten Teil rein spekulativ bleibt.

Die Griechen haben mit der linearen Inkommensurabilität eine mathematische Tatsache erkannt, deren Existenz sich mit praktischen Mitteln nicht zwingend erweisen ließ. Im Gegenteil! Praxis, Anschauung und Empirismus sprechen eindeutig für die Kommensurabilität aller Größen und *gegen* die Möglichkeit einer Inkommensurabilität. Darum war auch das rein theoretische Kriterium in dem Satz *Elem. X 2* (die unendliche Wechselwegnahme, die von praktischem Gesichtspunkt aus mindestens als problematisch erscheinen mußte) in der Antike zu einem Beweis der Inkommensurabilität zunächst ungeeignet. Man mußte sich von der Anschaulichkeit und von dem Empirismus völlig abwenden und andere Möglichkeiten für den Beweis der neuerkannten Tatsache finden.

*

Und jetzt wollen wir sehen, wie die Inkommensurabilität der Quadratdiagonale zur -seite in der voreuklidischen Mathematik bewiesen wurde. Der betreffende Beweis ist für uns in der heute meistgebrauchten EUKLID-Ausgabe von J. L. HEIBERG als Schlußsatz des X. Buches der »Elemente« (App. 27) überliefert. »Die modernen Herausgeber (so schon E. F. AUGUST i. J. 1829) haben mit dem Satz nichts anzufangen gewußt und ihn daher aus dem Text entfernt; ein Verfahren, das nur dann berechtigt ist, wenn hinzugefügt wird, daß es sich hier um sehr altes, bei weitem voreuklidisches Gut handelt, das vielleicht von EUKLID selbst, mindestens aber von seinen ältesten Herausgebern der Aufbewahrung am Ende der Rolle aus Pietätsgründen für würdig befunden wurde.«[25] — In der Tat wird der voreuklidische Ursprung des Beweises in diesem Satz zunächst durch die Tatsache verbürgt, daß ARISTOTELES in seinen Werken mehrfach sowohl auf den Satz wie auch auf jenen Grundgedanken seines Beweises Bezug nimmt,[26] der auch in der vorliegenden Euklidischen Behand-

[25] O. BECKER, Die Lehre vom Geraden und Ungeraden (vgl. Anm. 12).

[26] Siehe Anm. 2 zum I. Teil dieses Buches.

lung beibehalten wurde. Ja, O. BECKER vermochte darüber hinausgehend auch noch wahrscheinlich zu machen, daß ursprünglich dieser Satz wohl mindestens *ein* Ziel und Ende der sog. »Lehre vom Geraden und Ungeraden« gebildet haben mag.[27] Nachdem die Lehre vom Geraden und Ungeraden auf die erste Hälfte, wenn nicht schon auf den Anfang des 5. Jahrhunderts zu datieren ist, dürfte der Satz, der uns in diesem Zusammenhang interessiert, einen der ältesten Beweise der griechischen Mathematik enthalten. Dementsprechend versuchte auch O. BECKER eine einfachere Form des Beweises – die bloß die Lehre vom Geraden und Ungeraden benutzt – zu rekonstruieren, wobei er bemerkte[28]: Auf alle denkbaren Varianten dieses Beweises läßt sich die aristotelische Charakteristik[29] anwenden, wonach nämlich der alte Beweis für die Inkommensurabilität der Quadratdiagonale zeigt, daß andernfalls »*die ungeraden Zahlen den geraden gleich wären*«. Die Gedankenführung des Beweises ist die folgende:

Um beweisen zu können, daß die Quadratdiagonale zur Seite linear inkommensurabel ist, gehen wir von der *gegenteiligen Behauptung* aus. Wir behaupten also zunächst: »Seite und Diagonale des Quadrats sind (linear) kommensurabel«. Dann zeigen wir, daß diese letztere Behauptung *unmöglich*, also *falsch* ist, weil sie zu einem Widerspruch führt. Und damit haben wir die Inkommensurabilität beider Segmente bewiesen.

Die Diagonale (d) bildet mit den beiden Seiten des Quadrats (a und a) ein gleichschenkliges rechtwinkliges Dreieck. Es gilt also für sie die folgende Form des pythagoreischen Lehrsatzes:

$$d^2 = 2a^2.$$

Wären nun Seite und Diagonale kommensurabel, so wären a und d Zahlen, und zwar solche Zahlen, die gegeneinander

[27] Siehe Anm. 25.

[28] Ebd., S. 544, Anm. 11.

[29] Analytica priora I 23 41 a 26; I 44 50 a 37.

prim sind. (Sind nämlich die beiden Zahlen nicht relativ prim, so verkürzt man sie mit den gemeinsamen Teilern solange, bis sie relativ prim sind.) Von zwei Zahlen, die gegeneinander prim sind, kann jedoch *nur* die eine gerade sein, die andere muß auf alle Fälle ungerade sein. Die obige Gleichung zeigt, daß d eine gerade und darum a eine ungerade Zahl sein muß. Die *erste Konsequenz* unserer Annahme – daß die beiden Größen kommensurabel sind – heißt also: »*a muß eine ungerade Zahl sein*«.

Man bleibt jetzt bei der ersten Konsequenz nicht stehen, sondern man setzt den vorigen Gedankengang fort. Wenn d eine gerade Zahl ist – wie die vorige Gleichung zeigt –, dann kann an ihrer Stelle $2m$ geschrieben werden. Also

$$(2m)^2 = 2a^2,$$

oder

$$4m^2 = 2a^2.$$

Verkürzt man beide Seiten der Gleichung mit 2, dann bekommt man:

$$2m^2 = a^2.$$

Diese letztere Gleichung zeigt jedoch, daß »*a eine gerade Zahl sein muß*«. Das ist die *zweite Konsequenz* jener Annahme, wonach »die beiden Größen, a und d, kommensurabel sind«. Die erste Konsequenz *(»a ist eine ungerade Zahl«)* und die zweite *(»a ist eine gerade Zahl«)* widersprechen sich, und doch folgen sie beide notwendig aus derselben Behauptung, daß nämlich »Seite und Diagonale – a und d – kommensurabel sind«. Zu solchen widersprechenden Schlüssen kann nur eine falsche Behauptung führen. Damit ist also die falsche Behauptung (die Kommensurabilität) widerlegt, oder was damit gleichbedeuten d ist: Die lineare Inkommensurabilität beider Segmente ist bewiesen.

Ich möchte im Zusammenhang mit diesem Beweis – der, wie man sieht, eine sog. *reductio ad absurdum*, oder mit anderem Namen *indirekter Beweis* ist – die folgenden, vom historischen Gesichtspunkt aus wichtigen Tatsachen hervorheben:

1. Dieser Beweis hat mit *Anschaulichkeit* und *Empirismus* gar nichts mehr zu tun. Es handelt sich zwar darum, daß man nachweisen will, zwei Größen, die für die Anschauung sehr gut darstellbar sind (Seite und Diagonale des Quadrats) können gar kein gemeinsames Maß haben; aber in dem Beweis verzichtet man auf jeden empirischen Versuch und auf jedes konkrete »*Zeigen*« dieser Tatsache. Der Beweis wird *nur* mit theoretischen Mitteln geführt. Man appelliert nicht an das »Sichtbare« und »Tastbare«, sondern *nur an das Denkbare.*
2. Es liegt wohl nahe – mindestens im Sinne dessen, was oben vorausgeschickt wurde –, anzunehmen, daß die alten Mathematiker sich vermutlich deswegen dieser rein theoretischen Beweistechnik bedienten, weil die früheren empirischen und anschaulichen Versuche *nicht eindeutig und überzeugend genug* waren. Die alltägliche und an das Naiv-Anschauliche gebundene Denkweise konnte die Erfolglosigkeit der empirischen Versuche zur Bestimmung eines gemeinsamen Maßes für die Quadratdiagonale und -seite – die Unendlichkeit der Wechselwegnahme – nicht als eine unabänderliche Tatsache akzeptieren. Es mußte mit anderen Mitteln nachgewiesen werden, daß die unmittelbare, naive Anschaulichkeit irreführend ist. Anstatt des Praktisch-Möglichen mußte man die Tatsachen des Denkens bevorzugen.
3. Offenbar wird man einen solchen Beweis für die Inkommensurabilität der Quadratdiagonale und -seite, der eben geschildert wurde, erst dann führen können, wenn man vorher mindestens schon eine Ahnung davon hat, daß es so etwas wie »Inkommensurabilität« überhaupt gibt. Man vergesse nämlich nicht, daß zu dieser Begriffsschöpfung (»Inkommensurabilität«) sozusagen *ein gewisser intellektueller Mut unerläßlich nötig ist.* Die Inkommensurabilität ist keineswegs eine solche Tatsache, die man leicht, etwa auch zufällig finden und ohne Verwunderung akzeptieren könnte. Es ist zwar ziemlich leicht in *Einzelfällen* zu konstatieren, daß

es nicht gelungen ist, für zwei geometrische Größen ein gemeinsames Maß zu finden. Aber daß die betreffenden Einzelfälle *unabänderliche Notwendigkeit* sind, das wird man erst dann feststellen können, wenn man schon ein unbedingtes Vertrauen zu jener Methode hat, mit der die Notwendigkeit erwiesen wird. Und erst dann ist der neue Begriff der »Inkommensurabilität« wirklich da.

Auf alle Fälle glaube ich, in dem vorhin behandelten Beweis für die Inkommensurabilität der Quadratdiagonale und -seite auf einen solchen Fall hinweisen zu können, in dem die neue Beweistechnik – der Beweis mit rein theoretischen Mitteln – auf das engste mit der anti-empirischen und anschauungsfeindlichen Tendenz verbunden war. Wie es in dem PLATON-Zitat betont wurde,[30] daß die Zahlen der Arithmetik »keine sichtbaren und tastbaren Körper besitzen«, die Zahlen »bloß gedankliche Elemente sind, denen man anders als auf dem Wege des *reinen Denkens* auch gar nicht näher kommen kann«, so mußte man auch in bezug auf das Quadrat hervorheben, daß Seite und Diagonale in diesem Fall nicht jene Strecken sind, die man wirklich sieht, sondern jene anderen, die man nur denken kann. Denn nur für die bloß *gedachte* Seite und Diagonale trifft ja die rein theoretische Tatsache der Inkommensurabilität, die Tatsache der unendlichen Wechselwegnahme zu.

Es scheint also, daß die griechische Mathematik in der Tat mit dem Entdecken der linearen Inkommensurabilität zu der neuen Beweistechnik und zur anti-empirischen anschauungsfeindlichen Wandlung gekommen ist.

3. Der Ursprung des Anti-Empirismus und des indirekten Beweisverfahrens

Es fragt sich nun, wie die griechischen Mathematiker auf die Idee gekommen sein mögen, daß die Zahlen und die geo-

[30] Siehe Anm. 13 und 14.

metrischen Figuren völlig abstrakt, als nur-gedankliche Elemente behandelt werden müssen. Für denjenigen, der in der Mathematik lebt, d. h. der mit der mathematischen Denkweise vertraut ist, erscheint dies zunächst als etwas sehr Einfaches und Naheliegendes. Aber man darf nicht vergessen, daß das mathematische Wissen auf einer früheren Entwicklungsstufe zu rein *praktischen Zwecken* diente, aus *empirischen* Kenntnissen und aus solchen Regeln bestand, die man auf *empirischem Wege* erkannt hatte. Der Stolz der früheren Rechner und Feldmesser bestand wohl eben darin, daß ihre Berechnungen in der Praxis durch empirische Versuche bestätigt werden konnten. Denkt man an diese früheren Zustände, so erscheint das plötzliche Sich-Abwenden von dem Empirismus als etwas Überraschendes.

Und noch überraschender ist das Auftreten des indirekten Beweisverfahrens in der Mathematik. In dem Fall, den wir im vorigen Kapitel untersucht hatten, diente diese Schlußweise – zusammen mit dem Sich-Abwenden von dem alltäglichen Empirismus und dem Naiv-Anschaulichen – zu dem Beweis einer solchen Tatsache, der Inkommensurabilität, die man mit empirischen Versuchen und mit bloß anschaulichen Konstruktionen nie hätte endgültig beweisen können. Es sei sogleich auch noch hinzugefügt, daß der indirekte Beweis in Euklids »Elementen« sehr häufig benutzt wird. Ja, diese Schlußweise galt zu Platons Zeit, wie dies später noch ausführlicher behandelt wird, als die mathematische Beweisform schlechthin.[31]

Es fragt sich also, ob der Anti-Empirismus einerseits und das indirekte Beweisverfahren andrerseits etwa spontan in der

[31] Sokrates betont einmal in dem Dialog »Theaitetos«, daß man sich auch in dem alltäglichen Leben mit der bloß mutmaßlichen Denkweise nicht begnügen dürfte; man sollte eher die Strenge der Mathematiker anstreben; vgl. Theait., 162 E. Unmittelbar danach folgt eine strenge Beweisführung mit indirekter Schlußweise. Daraus entnehme ich, daß zu Platons Zeit der indirekte Beweis als die charakteristisch mathematische Beweisform galt.

Mathematik entstanden. Wäre es z. B. möglich gewesen, daß sozusagen *der Umgang* mit Zahlen und geometrischen Figuren *selbst* sowohl zu der auffallenden Wandlung der Denkart (zum Anti-Empirismus und zum Sich-Abwenden von dem Bloß-Anschaulichen) wie auch zur Bevorzugung der interessanten Beweistechnik (der indirekten Schlußweise) geführt hätte?[32] – Ich glaube nicht, daß dies in der Mathematik spontan, ohne äußeren Einfluß, möglich gewesen wäre. Es gibt weder eine Erklärung dafür, warum eine bis dahin vorwiegend empirische Mathematik bloß »infolge des Umgangs mit Zahlen und mit geometrischen Figuren« plötzlich auf einmal, ohne äußeren Anlaß, hätte anti-empirisch und anschauungsfeindlich werden können, noch dafür, wieso man den Kunstgriff der indirekten Beweisführung auf Grund rein praktisch-empirischer Kenntnisse mathematischer Art hätte erfinden können. Ich führe diese beiden Erscheinungen in der griechischen Mathematik – das Sich-Abwenden von dem Empirismus und die charakteristische Benutzung der indirekten Schlußweise – auf einen entscheidenden Einfluß der Philosophie der *Eleaten* zurück.

Es ist natürlich nicht möglich, im Rahmen dieses Buches über die Anfänge der systematischen griechischen Mathematik auf eine historische Untersuchung der *eleatischen Philosophie* näher einzugehen. Ich kann hier nur auf jene wichtigsten

[32] Soviel ich weiß, wurde eine solche historische Vermutung noch nirgends klar formuliert. Daß aber besonders Mathematiker gern bereit wären, in der oben geschilderten Wandlung der Denkart eine Errungenschaft der Mathematik selber zu erblicken, ersehe ich aus einer Bemerkung von. K. Reidemeister. In dem sehr anregenden Büchlein »Das exakte Denken der Griechen« charakterisiert er einmal (S. 10 f.) den indirekten Beweis des Satzes *Elem. IX 30*, und er schließt seine Schilderung mit den folgenden Worten: »Die Eigenart und Kühnheit dieses Vorgehens liegt in dem Schluß, daß jene Zahl v deswegen gerade sein muß, weil sie nicht ungerade sein kann. *So entsteht aus dem Umgang mit Zahlen das Denken und die Idee des widerspruchsfreien Denkens in Begriffen.*«

Arbeiten hinweisen, die mich zur folgenden Beurteilung der Eleatik führten[33]:

Das wesentlichste an der eleatischen Philosophie ist das Sich-Abwenden von der praktisch-empirischen Erkenntnis und von der sinnlichen Wahrnehmung überhaupt. PARMENIDES betonte ja, daß man die Wahrheit nicht mit den irreführenden sinnlichen Wahrnehmungen, sondern *nur* mit dem Denken *(λόγῳ)* erfassen könnte. Es wird klar, was er unter diesem »Denken« verstehen wollte, wenn man sich überlegt, warum er z. B. das *Entstehen* des »Seienden« *(τὸ ὄν)* bezweifelte. Das »Seiende« hätte entweder aus einem »Seienden«, oder aus einem »Nicht-Seienden« entstehen können. Eine dritte Möglichkeit gibt es für das *Entstehen* des »Seienden« überhaupt nicht. – Wäre jedoch das »Seiende« aus einem »Seienden« entstanden, so wäre es auch vor seinem Entstehen ein »Seiendes« gewesen. Auf diese Weise hat jedoch die Bezeichnung »Entstehen« (des »Seienden«) gar keinen Sinn mehr. Wenn das »Seiende« auch vor dem Entstehen ein »Seiendes« war, dann gibt es eben *kein Entstehen.* – Wollte

[33] Außer dem wichtigen Buch von G. CALOGERO, Studi sull'Eleatismo, Roma 1932, muß ich hier vor allem das grundlegende Werk von K. REINHARDT, Parmenides und die Geschichte der griechischen Philosophie, 2. Aufl., Frankfurt a. M. 1959; 1. Aufl., Bonn 1916, hervorheben. Als Ergänzung dazu erwähne ich meine eigenen Aufsätze, die mich überhaupt — entgegen meiner anfänglichen Erwartung — zu der Erforschung der Frühgeschichte der griechischen Mathematik geführt hatten:

1. Zur Geschichte der griechischen Dialektik, Acta antiqua Acad. Sci. hung. (Budapest) I (1953) 377–410;
2. Zur Geschichte der Dialektik des Denkens, ebd. II (1954) 17–62;
3. Zum Verständnis der Eleaten, ebd. II (1954) 243–289;
4. Eleatica, ebd. III (1955) 67–103.

Es ist für mich übrigens sehr interessant, daß auch G. de SANTILLANA (Prologue to Parmenides, The University of Cincinnati, 1964 — Preliminary Publication) enge Verbindungen zwischen der eleatischen Philosophie und der zeitgenössischen Mathematik vermutet, wobei seine PARMENIDES-Interpretation sich von der meinigen in wesentlichen Punkten unterscheidet.

man dagegen behaupten, daß das »Seiende« vor seinem Entstehen ein »Nicht-Seiendes« war, so käme man damit zu einem unmöglichen Widerspruch. Das »Seiende« kann ja immer nur ein »Seiendes« und nie das Gegenteil von sich selbst (ein »Nicht-Seiendes«) gewesen sein. Darum gibt es auch im Falle der zweiten Möglichkeit – »das Seiende wäre aus dem Nicht-Seienden entstanden« – *gar kein Entstehen.* – Man sieht also, daß die indirekte Schlußweise ein sehr wichtiges Element der eleatischen Philosophie gebildet haben muß. Es ließen sich die Lehrsätze der Eleaten – »es gibt keine *Bewegung*, keine *Veränderung*, kein *Entstehen*, kein *Vergehen*, keinen *Raum*, keine *Zeit* u. a. m.« – eben *nur* mit der Anwendung je eines indirekten Schlußes beweisen. Empirismus und sinnliche Wahrnehmung sprechen natürlich *gegen* die Schlüsse der Eleaten, aber die Eleaten wollten dennoch an dem Bloß-Gedanklichen festhalten. – Die gesamte eleatische Dialektik ist auch gar nichts anderes als das kunstvolle Anwenden des indirekten Beweisverfahrens. Darum galt der Eleate ZENON schon bei ARISTOTELES als Erfinder der Dialektik.[34] Es sei hier jedoch nachdrücklich betont, daß es zwischen ZENONS Dialektik und der Denkweise des PARMENIDES gar keinen wesentlichen Unterschied gibt. Für beide ist eben der indirekte Beweis das am meisten charakteristische Merkmal.

Ich führe also sowohl das Sich-Abwenden von dem Empirismus und vom Bloß-Anschaulichen in der griechischen Mathematik wie auch die Methode des indirekten Beweisverfahrens auf den Einfluß der eleatischen Philosophie zurück. Ja, ich hoffe in den folgenden Kapiteln zeigen zu können, daß der gesamte Aufbau der systematisch-deduktiven Mathematik der Griechen demselben eleatischen Einfluß zuzuschreiben ist. Ohne die Philosophie des PARMENIDES und ZENON hätte man ein so kunstvoll aufgebautes System wie EUKLIDS »Elemente« überhaupt nie konstruieren können. Ich versuche, diese

[34] Aristot. Fragm. (ed. V. ROSE), Lipsiae 1886 fr. 65 (= Diog. L. 9, 25): *φησὶ δ' Ἀριστοτέλης ἐν τῷ σοφιστῇ εὑρετὴν αὐτὸν* (scil. *Ζήνωνα) γενέσθαι διαλεκτικῆς κτλ.*

Vermutung in einer Reihe der weiter unten folgenden Erörterungen im Einzelnen näher zu begründen. Aber hier möchte ich zunächst noch einmal auf jene Anhaltspunkte hinweisen, die meine Vermutung über den eleatischen Ursprung des indirekten Beweises und des Anti-Empirismus in der Mathematik auf Grund des bisher Gesagten mindestens bis zu einem gewissen Grade schon von vornherein wahrscheinlich machen.

1. Die älteste Anwendung der indirekten Beweisführung liegt – mindestens auf dem von mir bekannten griechischen Sprach- und Kulturgebiet – in dem Lehrgedicht des PARMENIDES vor. Die derzeit bekannten ältesten mathematischen Anwendungen derselben Art Beweisführung sind nach unseren heutigen Kenntnissen alle ohne Ausnahme auf eine Zeit *nach* PARMENIDES zu setzen. – Diese einfache chronologische Beobachtung legt die folgende Vermutung nahe: Falls dieselbe Methode der Beweisführung *nicht* zweimal unabhängig voneinander auf beiden Gebieten – in der eleatischen Philosophie und in der Mathematik – entwickelt wurde, so kann man ihren Ursprung nur bei den Eleaten suchen. Es ist jedoch so gut wie undenkbar, daß sie bei den Eleaten eine Entlehnung eben *aus der Mathematik* sei, nachdem die mathematischen Beispiele für sie späteren Datums sind.
2. Wie es auch oben schon betont wurde, es gibt gar keine Erklärung dafür, wie man die Methode der indirekten Beweisführung in der Mathematik auf Grund praktisch-empirischer Kenntnisse hätte entwickeln können. Wollte man das Entstehen dieser Methode aus der Mathematik erklären, so bliebe es ein ungelöstes Rätsel. – Dagegen läßt sich das Zustandekommen derselben Denkweise innerhalb der eleatischen Lehre ziemlich leicht erklären; sie war ursprünglich wohl eine Kritik an der Kosmogonie des ANAXIMENES.[35]

[35] Vgl. dazu meine vorhingenannte Arbeit in den Acta antiqua Acad. Sci. hung. II (1954) 247 ff. Und ebenso auch den wichtigen Hinweis

3. Die Anwendung des indirekten Beweisverfahrens tritt in der griechischen Mathematik *zusammen* mit einer anti-empirischen und anschauungsfeindlichen Tendenz auf. Die auffallende Verbindung dieser beiden Erscheinungen – indirekter Beweis und anti-empirische Einstellung – ist in der Mathematik ziemlich rätselhaft. Denn in einer praktisch-empirischen Mathematik ist ja weder das eine (z. B. Anti-Empirismus) noch das andere (indirekter Beweis) denkbar. Aber selbst in einer theoretischen Mathematik muß der Anti-Empirismus nicht immer und unbedingt eine Begleiterscheinung des indirekten Beweises sein. Wohl waren der Anti-Empirismus und die indirekte Schlußweise in dem Beweis für die Inkommensurabilität der Quadratdiagonale und -seite untrennbar voneinander; aber manche indirekten Schlüsse bei EUKLID widersprechen gar nicht solchen Tatsachen, die man auch mit empirischen Versuchen feststellen kann. Die Verbindung der beiden Erscheinungen kann also nicht in der Mathematik entstanden sein. Sie entstand wohl in einem solchen Zusammenhang, in dem sie notwendig und sinnvoll war. – In der Tat ist die Verbindung der indirekten Schlüsse mit dem Anti-Empirismus in der eleatischen Philosophie sinnvoll und notwendig. Die Eleaten *mußten* Anti-Empiriker sein, d. h., sie *mußten* jede sinnliche Wahrnehmung und praktische Erfahrung ablehnen, denn nur um diesen Preis vermochten sie ihre indirekten Schlüsse als gültig zu erachten. – Wohl daher kommt also die Verbindung dieser beiden Erscheinungen auch in der Mathematik.

4. EUKLIDs *Grundlagen*

Ich versuche, in den folgenden Kapiteln zu zeigen, daß der systematische Aufbau der Mathematik in EUKLIDS »Elemen-

von K. R. POPPER auf den kosmogonischen Ursprung der eleatischen Philosophie in: Problems in the Philosophy of Mathematics, hrsg. von I. LAKATOS, Amsterdam 1967, S. 18–20.

ten« ohne die eleatische Philosophie gar nicht möglich gewesen wäre. Die griechischen Mathematiker der voreuklidischen Zeit haben nicht nur die *anti-empirische Einstellung* in ihrer Wissenschaft und die *Methode des indirekten Beweisverfahrens* von den Eleaten übernommen, sondern sie müssen auch den Versuch, ihre mathematischen Kenntnisse nach gewissen Grundsätzen systematisch aufzubauen, durch die Lehre der Eleaten angeregt begonnen haben. – Ich will diese Vermutung in einer Reihe von Einzeluntersuchungen über historische Probleme des Euklidischen Werkes erhärten. Darum fassen wir zunächst das Problem der Euklidischen Grundlagen näher ins Auge.

*

Man findet in Euklids »Elementen«, die rund um 300 v. u. Z. entstanden, gleich am Anfang des I. Buches die folgende interessante dreifache Gruppe von unbewiesenen Sätzen zusammengestellt:

1. definitiones = ὅροι,
2. postulata = αἰτήματα,
3. communes animi conceptiones = κοιναὶ ἔννοιαι.

Erst nach dem Vorausschicken dieser dreifachen Gruppe geht der Verfasser auf die Behandlung seiner Lehrsätze über. Aber man findet bei Euklid selbst gar keine Erklärung dafür, was überhaupt der Sinn dieser Zusammenstellung, d. h. also, was der Sinn sowohl des Vorausschickens der dreifachen Gruppe von Sätzen wie auch derjenige der Unterscheidung ihrer Bestandteile sei. Man ersieht aus den »Elementen« nur soviel, daß »postulata« und »communes animi conceptiones« außer dem I. Buch keinen anderen Büchern des Werkes mehr vorausgeschickt werden. Dagegen findet man immer neue Definitionen vor den meisten späteren Büchern. Es stehen nur vor den Büchern VIII, IX, XII und XIII keine weiteren Definitionen mehr. Der Grund für diese letztere Tatsache liegt offenbar darin, daß einerseits die Definitionen der arithmetischen Bücher (VII, VIII und IX) alle dem VII. Buch vorangestellt wurden und andrerseits in den Büchern XII und XIII keine solche Begriffe mehr vorkommen, die von früher her nicht bekannt wären.

Sucht man jedoch eine Erklärung dafür, warum überhaupt der eigentlichen Behandlung der mathematischen Sätze andere unbewiesene Sätze vorausgeschickt werden, so muß man das Werk des trefflichen EUKLID-Kommentators aus dem 5. Jahrhundert u. Z., PROKLOS', in die Hand nehmen. Man liest bei ihm[36]:

»Da wir behaupten, daß diese Wissenschaft, die Geometrie, auf Voraussetzungen beruhe *(ἐξ ὑποθέσεως εἶναι)* und von bestimmten Prinzipien aus *(ἀπὸ ἀρχῶν ὡρισμένων)* die Folgerungen beweise *(τὰ ἐφεξῆς ἀποδεικνύναι)* . . . ., so muß unbedingt der Verfasser eines geometrischen Elementarbuches gesondert die *Prinzipien* der Wissenschaft lehren *(χωρὶς μὲν παραδοῦναι τὰς ἀρχὰς τῆς ἐπιστήμης)* und gesondert die *Folgerungen* aus den Prinzipien *(τὰ συμπεράσματα)*; von den Prinzipien braucht er nicht Rechenschaft zu geben, wohl aber von den Folgerungen hieraus. Denn keine Wissenschaft beweist ihre eigenen Prinzipien und stellt sie zur Diskussion, sondern sie hält sie für an sich gewiß; sie sind ihr klarer als die Ableitungen; erstere erkennt sie in deren eigenem Licht, die Ableitungen aber durch die Prinzipien... Wenn aber jemand die Prinzipien und die Ableitungen hiervon in denselben Topf wirft, so richtet er nur Verwirrung an im ganzen Wissensbereich und vermengt, was miteinander nichts zu tun hat. Denn das Prinzip und das davon abgeleitete sind von Haus aus voneinander gesondert.«

[36] Procli Diadochi in primum Euclidis Elementorum librum commentarii (ed. G. FRIEDLEIN), Lipsiae 1873, S. 75, 6 ff. Die Übersetzung der Stelle oben im Text nach O. BECKER, Grundlagen der Mathematik in geschichtlicher Entwicklung, S. 99 f.

Dieses Zitat scheint mindestens soviel hinreichend zu begründen, warum EUKLID die genannte dreifache Gruppe von unbewiesenen Sätzen der Behandlung der eigentlichen Lehrsätze vorausschicken mußte. Diese Gruppen stellen offenbar jene *Prinzipien* dar, die bei PROKLOS *ἀρχαί* oder *ὡρισμέναι ἀρχαί* genannt werden; einmal heißen dieselben Prinzipien in der Fortsetzung des PROKLOS-Zitates[37] auch *κοιναὶ ἀρχαὶ*. (Es wird wohl nicht überflüssig sein, schon hier darauf aufmerksam zu machen, was das Wort *κοιναί* in diesem Zusammenhang bei PROKLOS heißt. »Gemeinsam« nennt PROKLOS die Prinzipien des I. Euklidischen Buches deswegen, weil diese – mindestens teilweise — auch für die übrigen Bücher der »Elemente« gelten. – Wir werden in einem späteren Kapitel sehen, daß dasselbe Wort *κοινόν* in der Bezeichnung *κοιναὶ ἔννοιαι* einen anderen Sinn hat.)

Es fragt sich nun, ob die bei EUKLID aufgezählten Prinzipien in der Tat zu der Begründung der einzelnen Lehrsätze *nötig sind*, bzw. ob sie auch immer zu der Beweisführung *genügen?* – Allerdings hat schon P. TANNERY darauf aufmerksam gemacht, daß die beiden Euklidischen Definitionen der *»geraden Linie«* und der *»ebenen Fläche«* am Anfang des I. Buches (def. 4 und 7) für die »Elemente« völlig überflüssig sind. EUKLID gebraucht diese Definitionen kein einziges Mal; sie werden bei ihm nur unter den Prinzipien aufgezählt.[38] – Ebenso richtig bemerkte TANNERY auf der anderen Seite, daß man keineswegs glauben dürfe, EUKLID gebrauche in seinen Ausführungen außer den aufgezählten Prinzipien gar keine sonstigen Voraussetzungen ohne Beweis; man sieht schon in der allerersten Konstruktionsaufgabe (Elem. I 1), daß er ohne Beweis annimmt: die beiden Kreise, die er zeichnen läßt, würden sich auf alle Fälle schneiden. Und man könnte

[37] Ebd. S. 76, 3 – 4.

[38] Revue des Études grecques X (1897) 14 – 18 = Mém. scient. S. 540 – 544.

ähnliche Beispiele aus den »Elementen« noch in großer Zahl vorbringen.[39]

Man darf also das vorhin angeführte PROKLOS-Zitat zur Erklärung der Euklidischen Zweiteilung der ganzen mathematischen Wissenschaft – auf unbewiesene *Voraussetzungen* einerseits und auf abgeleitete *Folgerungen* andrerseits – nur als eine »ideale Forderung« verstehen. Es war allerdings beabsichtigt, sämtliche unbewiesene Grundlagen der Wissenschaft in jener dreifachen Gruppe vorauszuschicken, um danach die Folgerungen gerade aus diesen Voraussetzungen ableiten zu können. Aber es ist eine andere Frage, wieweit es gelungen ist, diese Absicht auch zu verwirklichen, bzw. ob nicht auch überflüssiges Material unter die Voraussetzungen unnötigerweise aufgenommen wurde.

Das Problem der Euklidischen Prinzipien besteht jedoch nicht allein daraus, inwiefern sich die Geometrie EUKLIDS in der Tat auf diese Voraussetzungen baut. Es fragt sich auch, warum eigentlich diese Prinzipien gerade in *drei* Gruppen aufgezählt werden. Worin unterscheiden sich die Bestandteile der dreifachen Gruppe untereinander? Und vor allem: wie kam man überhaupt historisch auf den Gedanken, solche Gruppen von Prinzipien zusammenzustellen?

Das Beantworten dieser Fragen wird u. a. auch dadurch noch erschwert, daß die Benennung der einzelnen Bestandteile jener »dreifachen Gruppe« in den verschiedenen mathematischen und philosophischen Quellen des Altertums keineswegs immer eine und dieselbe ist. Einmal illustriert z. B. PROKLOS mit einem ARCHIMEDES-Zitat, daß dieser Mathematiker den griechischen Namen für die *postulata* auch in einem solchen Fall benutzte, in dem – nach der Meinung des PROKLOS – eher ein anderer griechischer Name, nämlich derjenige, den er, PROKLOS, für die »*communes animi conceptiones*«

[39] Sur l'authenticité des axiomes d'Euclide, Bulletin des sciences mathématiques, 2e série, VIII (1884) 162–175 = Mém. scient. Bd. II, S. 48–63.

gebraucht, am Platze gewesen wäre.[40] An derselben Stelle sagt PROKLOS, daß wieder andere eben umgekehrt denjenigen Namen verallgemeinerten, mit dem er selber nur die »communes animi conceptiones« bezeichne, und diesen in einem weiteren, umfassenderen Sinne benutzten, als er selber, PROKLOS, es tue. Es scheint also, daß es in der antiken Wissenschaft – mindestens in der nach-euklidischen Zeit – gar keine einheitliche Terminologie für die Bezeichnung der verschiedenen mathematischen Prinzipien gab. Ja, man konnte vor kurzem von einer »vollständigen terminologischen Verwirrung und Unbestimmtheit« sprechen, »die bei den nacharistotelischen Mathematikern hinsichtlich der Bezeichnung der verschiedenen Gruppen von *ἀρχαί* herrschte und welche auch die späteren Kommentatoren des EUKLID und ARCHIMEDES, die eine streng aristotelische Terminologie durchzuführen suchten, nicht zu beseitigen imstande waren.«[41]

Die »terminologische Verwirrung« kommt auch darin zum Ausdruck, daß selbst bei PROKLOS, dem Kommentator der »Elemente«, die Benennung der einzelnen *ἀρχαί* nicht immer dieselbe ist, die man aus EUKLID kennt. Diese Frage wird uns in einem speziellen Fall später auch eingehender beschäftigen. Diesmal möchte ich nur die folgenden Tatsachen hervorheben:

Der griechische Name für die »*Definitionen*« heißt bei EUKLID *ὅροι*. Zweifellos kennt auch PROKLOS diese Bezeichnung für die »Definitionen«, ja er gebraucht sie auch ohne Umstände,[42] aber dennoch erscheint bei ihm öfters ein anderer Ausdruck für die Euklidischen Definitionen, nämlich das Wort *ὑποθέσεις*.[43] – Man kann auf Grund dieser Tatsache sogleich feststellen, daß PROKLOS den mathematischen Fachausdruck »*hypotheseis*« eigentlich in zwei verschiedenen Bedeutungen benutzte, ohne daß er jemals erstrebt hätte, diese Tatsache besonders hervorzuheben. Denn es ist ja klar, daß

[40] Proclus (ed. F.), 181, 16 ff.
[41] K. v. FRITZ, Die *ἀρχαί* in der griechischen Mathematik, S. 101.
[42] Zum Beispiel Proclus (ed. F.), 81, 26.
[43] Proclus (ed. F.), 76, 4 ff.; 178, 1 ff.

er manchmal unter »*hypotheseis*« die »unbewiesenen Voraussetzungen der Mathematik im *allgemeinen*« verstehen wollte. Nur in diesem Sinne kann man z. B. den ersten Satz des oben angeführten längeren PROKLOS-Zitates verstehen[44]:

> »Da wir behaupten, daß diese Wissenschaft, die Geometrie, *auf Voraussetzungen beruhe (ἐξ ὑποθέσεως εἶναι)* etc.«

Dieser Wortgebrauch ist im besten Einklang mit der eigenen Bemerkung des PROKLOS, wonach nämlich die unbewiesenen Grundlagen der Mathematik, die Prinzipien *(»archai«)*, häufig einfach als *ὑποθέσεις* bezeichnet wurden.[45] Man darf nur nicht vergessen, daß an anderen Stellen bei demselben PROKLOS die »*hypotheseis*« *nicht* die unbewiesenen Grundlagen im allgemeinen, sondern im speziellen Sinne die *Definitionen* der Mathematik bezeichnen.

Diese Doppelbedeutung des Fachausdruckes *ὑπόθεσις* (»Grundlage« im allgemeinen und »Definition« im speziellen Sinne) scheint in der Mathematik ziemlich alt zu sein. Das erschließe ich aus dem folgenden:

Das Zeitwort *ὑποτίθημι* wird bei PLATON manchmal auch in dem Sinne »*bestimmen*«, »*eine Definition angeben*« gebraucht.[46] Noch lehrreicher ist in diesem Zusammenhang der folgende PLATON-Text[47]:

> »Ich glaube, du weißt doch wohl, daß die Geometer, die Arithmetiker und die anderen, die sich mit ähnlichen Wissenschaften beschäftigen, allen ihren Untersuchungen bestimmte *Voraussetzungen zu Grunde legen (ὑποθέμενοι)*, wie z. B. die Begriffe *Gerades* und *Ungerades*, die *geometrischen Figuren*, die *drei Arten von Winkeln* und manches ähnliche; diese Dinge machen sie zu Grundlagen *(ποιησάμενοι ὑποθέσεις αὐτά)*, als ob sie sich über diese schon im klaren

[44] Siehe Anm. 36.

[45] Proclus (ed. F.) 77, 2: *πολλάκις δὲ καὶ πάντα ταῦτα* (scil. *τὰς ἀρχὰς τῆς ἐπιστήμης*) *καλοῦσιν ὑποθέσεις*.

[46] Zum Beispiel Charmides 160 D, vgl. 159 C.

[47] Resp. VI 510 C—D.

wären, und sie halten es nicht für nötig, sich und anderen Rechenschaft über etwas zu geben, was einem jeden doch klar sei. Von diesen Grundlagen aus gehen sie dann vorwärts und finden schließlich in Übereinstimmung mit diesen das, was Gegenstand ihrer Untersuchung war.«

Man sieht also, daß PLATON an dieser Stelle eigentlich über dieselben Prinzipien oder *Grundlagen* der Mathematik im allgemeinen spricht, die bei PROKLOS gewöhnlich »*archai*« heißen. PLATON bezeichnet diese Grundlagen mit dem Wort *ὑποθέσεις*. Aber es ist interessant, was für »Grundlagen« er als Beispiele namhaft macht. – Er erwähnt vor allem die Begriffe »*gerade Zahl*« und »*ungerade Zahl*«. Man weiß, was er damit meint, aus der 6. und 7. Definition des VII. Euklidischen Buches der »Elemente«. Ebenso werden bei EUKLID die »*drei Arten von Winkeln*« in den Definitionen 10, 11, 12 des Buches I bestimmt, während die Definitionen 15, 18, 19, 20, 21, 22 usw. eben den von PLATON angedeuteten »*geometrischen Figuren*« gelten. Es werden also an der angeführten PLATON-Stelle lauter *Definitionen* als mathematische *Grundlagen* mit dem Ausdruck *ὑποθέσεις* bezeichnet; mit anderen Worten: PLATON benutzt die Fachbezeichnung *ὑποθέσεις* ebenso in zwei verschiedenen Bedeutungen (»Grundlage« im allgemeinen und »Definition« im speziellenSinne) wie PROKLOS selber.

Das Wort *ὑποθέσεις* konnte also schon zu PLATONS Zeit als ein Name für mathematische Definitionen gebraucht werden. Man sieht in der Tat, daß auch später ARCHIMEDES – der sich übrigens, was die mathematischen *Grundlagen* betrifft, keiner konsequenten Terminologie bediente[48] – in seiner Schrift »De conoidibus et sphaeroidibus« das Verbum *ὑποτίθεσθαι* in der Form *ὑποτιθέμεθα* mehrfach gebrauchte, um *Definitionen* einzuführen.[49]

[48] Vgl. K. v. FRITZ, Die *ἀρχαί* in der griechischen Mathematik, S. 57.

[49] Archimedes, Opera omnia, ed. J. L. HEIBERG, Lipsiae 1910, I pp. 248, 252; in dem Dedikationsbrief an DOSITHEOS.

Nun ist die Tatsache, daß man in alter Zeit sowohl die *Definitionen* wie auch die *Grundlagen* der Mathematik im allgemeinen mit demselben Wort bezeichnen konnte, schon in sich sehr aufschlußreich. Man darf nämlich aus dieser Tatsache schließen, daß man ursprünglich wohl auch nicht unbedingt jenen Unterschied zwischen den einzelnen Arten der mathematischen Grundlagen machen mußte, dem man bei EUKLID begegnet (*definitiones, postulata, communes animi conceptiones*). Die dreifache Gruppierung der Prinzipien bei EUKLID mag ihre speziellen Gründe haben, die wir einstweilen nicht zu berücksichtigen brauchen. Was die *Nicht-Unterscheidung* der einzelnen Arten von Prinzipien betrifft, hat ja auch schon P. TANNERY darauf hingewiesen, daß in dem ältesten vollständig erhaltenen Werk der griechischen Mathematik, in der Schrift des AUTOLYKOS von Pitane (»De sphaera quae movetur«) gar kein Unterschied zwischen der *Definition* und dem *Postulat* gemacht worden sei.[50] Aber man kann in dieser Hinsicht eigentlich auch noch über TANNERYS Beobachtung weiter hinauskommen. Denn TANNERY sprach noch von den beiden »Definitionen« des AUTOLYKOS, von denen die zweite eigentlich ein *Postulat* wäre.[51] Aber mit welchem Recht redet man hier überhaupt von »Definitionen«? Die beiden unbewiesenen Sätze werden in den Handschriften dem Werk des AUTOLYKOS ohne jede Benennung vorausgeschickt. Daß diese Sätze »*horoi*« (= »Definitionen«) wären, ist nur eine willkürliche und überflüssige Zutat des

[50] Autolyci, De sphaera quae movetur liber. De ortibus et occasibus libri duo (ed. F. HULTSCH), Lipsiae 1885, Index s. v. *ὅροι*: »Inter definitiones et axiomata ab Autolyco nullum discrimen factum esse docet P. Tannery etc.«

[51] P. TANNERY zitiert (Mém. scient., Bd. II, S. 58) in französischer Übersetzung die beiden vorausgeschickten »Sätze« des AUTOLYKOS und fügt hinzu: »Il est clair que cette seconde définition est, en réalité, un *postulat*, et nous apprenons ainsi qu'immédiatement avant Euclide, il n'était pas de règle de distinguer avec précision les définitions et les axiomes, que tout était ou au moins pouvait être rangé sous même rubrique. Il y a là un fait considérable.«

alten Herausgebers, C. DASYPODIUS (= RAUCHFUSS, 1572), die bedauerlicherweise auch in die neuere Ausgabe von F. HULTSCH übernommen wurde.[52]

Es war anfänglich wohl überhaupt nicht unbedingt nötig, daß man die Voraussetzungen, die einem mathematischen Werk in einer Sondergruppe vorausgeschickt wurden, mit irgendeinem Titel auch äußerlich kenntlich mache. Bei AUTOLYKOS wurden die Voraussetzungen als einfache Aussagen ohne Beweis und auch ohne eine Sonderbezeichnung an den Anfang des Werkes gestellt. Ja, man konnte die mathematischen Grundlagen einfach auch durch die sprachliche Formulierung selbst als solche kenntlich machen. P. TANNERY erinnerte einmal daran, daß EUKLID seine *Postulate* wohl auch gar nicht mit dem Titel »*αἰτήματα*« kenntlich zu machen brauchte; denn er konnte diese einfach auch mit dem Ausdruck «*ἠτήσθω*» beginnen, wie man es in der Tat auch heute noch im EUKLID-Text liest, und dadurch wurden diese schon als *Postulate* gekennzeichnet.[53] Ähnlich konnten in den mathematischen Werken die Definitionen und überhaupt die Grundlagen wohl auch mit dem Wort *ὑποκείσθω* eingeleitet werden; denn gerade diesen Ausdruck gebraucht auch später noch z. B. ARCHIMEDES in seiner Schrift »De corporibus fluitantibus«, um Prinzipien der Mechanik der Flüssigkeiten einzuführen.[54] Und man begegnet einem ähnlichen Gebrauch desselben Zeitwortes auch in der ältesten pythagoreischen Arithmetik, in der sog. Lehre vom Geraden und Ungeraden[55]; es heißt nämlich hier einmal, in dem Beweis des Satzes *Elem. IX 34*, als man in einen Widerspruch mit der Voraussetzung gerät: *ὅπερ οὐχ ὑπόκειται*.

5. *Die Grundlagen und* ARISTOTELES

Es wurde im vorigen Kapitel darauf hingewiesen, daß die *Definitionen* und überhaupt die unbewiesenen *Grundlagen* der

[52] In der Ausgabe von F. HULTSCH steht vor beiden Werken des AUTOLYKOS als Titel der Voraussetzungen *ὅροι*; aber man erfährt beide Male aus dem apparatus criticus: »add. Da« = *addidit Dasypodius*.

[53] P. TANNERY, Mém. scient., Bd. II, S. 58: »Il est parfaitement possible qu'Euclide n'ait nullement inscrit: *αἰτήματα* en tête de ses postulats géométriques; mais en tout cas, il les a nettement distingués des définitions précédentes en les commençant '*ἠτήσθω*' (qu'il soit demandé)«.

[54] Vgl. K. v. FRITZ, Die *ἀρχαί* in der griechischen Mathematik, S. 57.

[55] Siehe Anm. 12.

Mathematik gleichermaßen als ὑποθέσεις bezeichnet werden konnten. Jene Dreiteilung der mathematischen Prinzipien, der man bei EUKLID begegnet, wollen wir einstweilen noch nicht berücksichtigen. Uns interessiert jetzt vor allem die Frage, wie man überhaupt auf den Gedanken kam, daß man den mathematischen Erörterungen unbewiesene, ja unbeweisbare Grundlagen vorausschicken müsse. Mit anderen Worten heißt diese Frage, wie man zum allerersten Male auf den Gedanken kam, daß die Mathematik als deduktive Wissenschaft einer sog. definitorisch-axiomatischen Grundlegung bedürfe.

Es wird sich lohnen – bevor wir das Beantworten dieser Frage auf demselben Wege versuchen, für den schon Beispiele in den beiden ersten Teilen dieses Buches gegeben wurden –, in kurzen Worten anzudeuten, wie man in der letzten Zeit der Lösung dieser Frage näherkam.

K. v. FRITZ erinnerte vor kurzem daran, daß vor ARISTOTELES eine lebhafte Kontroverse darüber geherrscht hätte, ob es überhaupt eine *beweisende Wissenschaft* im strengsten Sinne geben könne, da dies zu einem *»regressus in infinitum«* führen sollte; oder ob diese Schwierigkeit nicht dadurch zu überwinden wäre, daß man die verschiedenen Sätze eines Wissenschaftssystems auseinander beweisen würde.[56] ARISTOTELES hätte diesen beiden Auffassungen seine Lehre gegenübergestellt, wonach nämlich jede Wissenschaft aus unbeweisbaren, aber wahren ersten Prinzipien abgeleitet werden müsse, und dann hätte er auch die verschiedenen Eigenschaften festzustellen versucht, die die ersten Prinzipien haben müssen. Eine Angabe des PROKLOS jedoch, wonach nämlich APOLLONIOS von Perge das erste Gleichheitsaxiom zu beweisen versucht hätte,[57] schiene darauf hinzuweisen, daß auch zur Zeit des APOLLONIOS, d. h. also am Ende des 3. Jahrhunderts, ungefähr ein Jahrhundert nach ARISTOTELES, dessen Auffas-

[56] Analytica posteriora, I 3 72 b 5 ff.; I 19—23 83 b, 32—84 a 6.
[57] Proclus (ed. F.), 183, 13 ff.

sung sich noch keineswegs durchgesetzt hätte; ja, man hätte zu dieser Zeit immer noch vergebliche Versuche unternommen, um auch die Prinzipien zu beweisen.[58]

Im Sinne dieser Gedankenführung wäre also die systematische Grundlegung der griechischen Mathematik – oder mindestens die Tatsache, daß man sowohl die Möglichkeit wie auch die Grenzen einer solchen Grundlegung klar erkannte – bis zu einem gewissen Grade allerdings das Verdienst des ARISTOTELES selbst. Denn K. v. FRITZ wollte zwar gar nicht leugnen, daß ARISTOTELES beträchtliches, ihm schon vorliegendes mathematisches Material hatte, an dem er sich orientieren konnte und auch tatsächlich orientierte – es wäre also möglich, ja sogar wahrscheinlich, daß es Ansätze einer Grundlegung der Mathematik auch schon in der voraristotelischen Zeit gab; aber es wäre doch die eigene Leistung des ARISTOTELES – wie dies K. v. FRITZ auch wiederholt betont[59] –, daß er versucht hätte, den Beweis zu erbringen, daß jede Wissenschaft von ersten unbeweisbaren, aber nichtsdestoweniger wahren und gesicherten Prinzipien ausgehen müsse. Mit dieser Erkenntnis hätte also eigentlich erst ARISTOTELES die systematische Grundlegung der Mathematik mindestens *prinzipiell* ermöglicht. Man wird nämlich die Definitionen, Postulate und Axiome erst dann als wirkliche Grundlagen der Mathematik ansehen können, wenn man weiß, daß diese nicht zu beweisen sind. Ja, man würde – nach der Darstellung von K. v. FRITZ – ohne das Wissen um die Unbeweisbarkeit der Gründe an eine »Grundlegung der Mathematik« eigentlich auch nicht denken können. Denn wäre es möglich, die verschiedenen Sätze eines Wissenschaftssystems »auseinander zu beweisen«, so gäbe es auch gar keinen Unterschied zwischen den Grundlagen und den abgeleiteten Sätzen der Mathematik; beide wären gleichermaßen beweisbar, und man verstünde nicht, warum die Mathematiker gewisse

[58] K. v. FRITZ, Die ἀρχαί in der griechischen Mathematik, S. 64–65.
[59] Ebd., S. 98.

Sätze als »Grundlagen« ihren bewiesenen Behauptungen vorausschicken sollen. – Oder stellte man sich den Beweisvorgang als einen »regressus in infinitum« vor, so wären die Voraussetzungen der Mathematik eigentlich gar keine wirklichen »Grundlagen«, nur »willkürlich gewählte Ausgangspunkte«.[60]

Man sicht also, daß diese Auffassung die Rolle des ARISTOTELES in der systematischen Grundlegung der Mathematik sehr hoch einschätzt, als ob erst ARISTOTELES die wahre Grundlegung vorbereitet hätte. Es wird dabei gar nicht gefragt, was eigentlich der Sinn der mathematischen Definitionen und Axiome *vor* ARISTOTELES gewesen sein mag, wenn erst ARISTOTELES den Sinn der mathematischen Grundlegung so klar erkannte. Und was noch auffallender ist, man versteht aus dieser Beleuchtung überhaupt nicht, wieso eigentlich die *Beweistechnik* der griechischen Mathematik schon in der voraristotelischen Zeit eine so hohe Entwicklungsstufe erreichen konnte, wenn die prinzipielle Grundlegung der Mathematik doch erst später erfolgt wäre. Ist es denn wirklich möglich, eine so gut wie vollkommene Beweistechnik in der Mathematik zu entwickeln, ohne daß man sich dabei auch über die Grundlagen mehr oder weniger im klaren wäre? – Ich glaube es *nicht!* K. v. FRITZ scheint dagegen der Ansicht zu sein, daß die Entwicklung strenger Schlußmethoden in der griechischen Mathematik früher begonnen habe als die systematische Grundlegung selber.[61]

Nun will ich im folgenden auf einem anderen Wege die Antwort auf jene Frage suchen, wie man zu allererst auf den

[60] Man vergesse nicht, daß ARISTOTELES in der Tat der Ansicht war, es gäbe irgendwelche *natürlichen und einfachen* Ausgangspunkte für die Mathematik. Es wäre gar nicht möglich, je nach Belieben zu entscheiden, welche Sätze man in der Mathematik zugrunde legt und welche anderen man beweist. Nach der aristotelischen Auffassung sollen die »einfachen« Sätze die Grundlage bilden und die »komplizierteren« müssen aus ihnen abgeleitet werden. Wie *subjektiv* die Bezeichnungen »einfach« und »kompliziert« auf diesem Gebiete sind, scheint ARISTOTELES gar nicht erkannt zu haben.

[61] O. c., S. 90.

Gedanken gekommen sein mag, daß die deduktive Mathematik einer systematischen Grundlegung bedürfe. Aber hier muß ich zunächst mindestens in einigen Andeutungen zu allen solchen Versuchen Stellung nehmen, die das Entstehen der systematischen Mathematik von Aristoteles her zu erklären bestrebt waren.

Die historische Erforschung dessen, wie sich die Axiomatik der griechischen Mathematik entwickelte, nahm ihren Ausgangspunkt in der Tat in mehreren Fällen von Aristoteles her.[62] Dies ist nicht nur darum verständlich, weil Aristoteles in seinen Schriften oft auf die zeitgenössische Mathematik Bezug nahm, Beispiele zur Erläuterung der eigenen Gedankengänge aus der Mathematik entnahm, ja sich manchmal auch mit der Denkweise der Mathematiker auseinanderzusetzen versuchte, sondern vor allem darum, weil die Probleme der mathematischen Axiomatik zum ersten Male eben bei Aristoteles — in den »Analytica priora« — zusammenhängend diskutiert wurden. Natürlich kann die heutige Mathematikgeschichte auf die manchmal wirklich wertvollen Angaben des Aristoteles keineswegs verzichten. Auch manche Fragen der Axiomatik-Geschichte lassen sich ohne die Kenntnis des aristotelischen Materials gar nicht lösen.

Aber man wird sich — was die Rekonstruktion der Axiomatik-Geschichte betrifft — vor einer Überschätzung der oft willkürlichen und recht gekünstelten aristotelischen Erklärungen doch hüten müssen. Denn man muß sich ehrlich gestehen, daß die Theorie des Aristoteles, wie er das Wesen der Axiomatik erklärte und besonders wie er die Terminologie der Prinzipien jeder beweisenden Wissenschaft festlegen wollte, von der Mathematik her betrachtet kaum mehr als eine Gedankenkonstruktion zu sein scheint. Man beachte z. B., wie Aristoteles im zweiten Kapitel der »Analytica posteriora« die verschiedenen Arten der ersten Prinzipien *(ἀρχαί)* unterscheiden wollte.[63]

Die erste Unterscheidung, die er hier machte, ist diejenige zwischen *θέσις* und *ἀξίωμα*. Von der *Thesis* sagte er, daß sie — wie überhaupt alle ersten Prinzipien — unbeweisbar wäre, und daß es nicht für jeden, der irgend etwas (in wissenschaftlichem Sinne) lernen wolle, notwendig

[62] Zum Beispiel Th. Heath, Euclid's Elements, Einleitung; K. v. Fritz, Die *ἀρχαί* in der griechischen Mathematik, Archiv f. Begriffsgeschichte (Bonn) 1 (1955); O. Becker, ebd., 4 (1959) 210 ff. u. a. m.

[63] Vgl. K. v. Fritz, Die *ἀρχαί* in der griechischen Mathematik, S. 25.

sei, im Besitz der *Thesis* zu sein. Das *Axiom* unterschied er von der *Thesis* eben dadurch, daß jeder, der etwas wissenschaftlich begreifen wolle, in seinem Besitz sein müsse. Die Thesis wurde dann weiter aufgeteilt in ὑπόθεσις und ὁρισμός. Die »hypothesis« sagte aus, daß etwas ist oder nicht ist. Der »horismos« (Definition) tut das nicht. Die Definition sei (wie auch die »hypothesis«) eine Annahme oder »Setzung«, indem sie festsetze, daß z. B. die *Einheit* das der Quantität nach Unteilbare sei. Sie würde sich aber von der »hypothesis« dadurch unterscheiden, daß sie nicht, wie die entsprechende »hypothesis«, festsetze, daß etwas *sei*, d. h. sie definiere also die *Einheit*, aber sie setze nicht fest, daß es die *Einheit* gebe. Das allgemeine aristotelische Schema der Einteilung der Prinzipien wäre also demnach:

»archai«
- »thesis«
  - »hypothesis«
  - »horismos«
- »axioma«

Nun, selbst wenn man versuchte — um Aristoteles und Euklid irgendwie in Einklang bringen zu können —, das angeführte Schema in dem Sinne auszulegen, daß man sagte: die »axiomata« des Aristoteles wären die »communes animi conceptiones« des Euklid — wie sich diese Gleichsetzung in der Tat *einwandfrei begründen läßt* —, während die »hypotheseis« den Euklidischen »aitemata« entsprechen würden, und daß also Aristoteles auch einen zusammenfassenden Namen (theseis) *nur* für die Definitionen und Postulate hätte — der weder aus Euklid noch aus der sonstigen Literatur der Antike in diesem aristotelischen Sinne bekannt ist —, auch so stieße man immer noch auf andere beträchtliche Schwierigkeiten. Denn es genügt lange nicht, festzustellen, daß Aristoteles sogar *zwei* solche völlig verschiedene Bedeutungen dem Terminus »aitema« zuschreiben wollte, die nur von sehr weitem her etwas mit den Euklidischen »aitemata« (Postulate) zu tun haben,[64] und daß man eher in den »hypotheseis« des Aristoteles etwas ähnliches wie die Euklidischen *Postulate* vermuten dürfe. Im Grunde versagt auch dieser Erklärungsversuch.

Denn Euklids Postulate sind *nicht* Existenzsätze von derselben Art wie die entsprechenden »hypotheseis« des Aristoteles. Aristoteles sagt ja[65]: die Mathematiker nähmen die Existenz der Einheit in der Arithmetik und diejenige der Linie und des Punktes in der

[64] Ebd. S. 42.

[65] Analitica Posteriora I 10 76 b 7 ff.; vgl. K. v. Fritz, Die ἀρχαί in der griechischen Mathematik, S. 54—55.

Geometrie an, und sie bewiesen oder zeigten in der Arithmetik die Existenz des Geraden und Ungeraden und in der Geometrie die Existenz des Inkommensurablen und des Dreiecks. — Nun gibt es jedoch bei EUKLID gar nichts von den hier genannten Existenzpostulaten. Wohl gibt es bei EUKLID Existenz*beweise*. Aber selbst was die Beweise dieser Art betrifft, richtet sich EUKLID *gar nicht* nach ARISTOTELES. Denn ARISTOTELES verlangt an der eben angeführten Stelle, daß in der Arithmetik die Existenz des Geraden und Ungeraden »bewiesen werde«, während EUKLID die gerade und ungerade Zahl nur *definiert*, sonst aber ihre Existenz *nicht* beweist. — Offenbar verstand ARISTOTELES unter »Existenz« etwas anderes als PLATON, die Eleaten und die Mathematiker. Man findet vor den arithmetischen Büchern der »Elemente« (VII—IX) überhaupt keine Existenz noch irgendwelche andere Postulate, sondern nur Definitionen. Ebenso wird am Anfang der planimetrischen Bücher die Existenz der Größe *nicht postuliert*, wie ARISTOTELES dies zu verlangen scheint. Die Postulate des EUKLID lassen sich zwar bis zu einem gewissen Grade mit den *ὑποθέσεις* des ARISTOTELES vergleichen, aber die beiden Gatrungen sind lange nicht identisch. — Man kann die Lehre des ARISTOTELES über die Axiomatik und seine dazu vorgeschlagene Terminologie auf EUKLID — ohne willkürliche Umdeutungen — *überhaupt nicht anwenden*.

Noch weniger begegnet man derselben aristotelischen Terminologie der Axiomatik bei anderen Mathematikern des Altertums. Ja, wollte man an ARISTOTELES festhalten und ihn irgendwie als Norm betrachten, so müßte man geradezu von einer »vollständigen terminologischen Verwirrung und Unbestimmtheit« (K. v. FRITZ) sprechen, die bei den nacharistotelischen Mathematikern hinsichtlich der Bezeichnung der verschiedenen Gruppen von *ἀρχαί* geherrscht hatte.

Eben darum will ich in der vorliegenden Arbeit die Zeugnisse des ARISTOTELES über die Terminologie der mathematischen Axiomatik nur mit einer gewissen Vorsicht benutzen. Die eigenen Ansichten — oder eher nur Vorschläge — des ARISTOTELES zu diesen Problemen dürften mehr für die ARISTOTELES-Forschung und nicht für die Erforschung der griechischen Mathematikgeschichte aufschlußreich sein.

Bevor ich im nächsten Kapitel den Versuch beginne, das historische Entstehen der mathematischen Axiomatik auf Grund von terminologiegeschichtlichen Betrachtungen zu beleuchten, möchte ich hier noch an einige wichtige Feststellungen der früheren Forschung erinnern.

P. TANNERY scheint zu allererst die Aufmerksamkeit auf einige interessante Ungereimtheiten der Euklidischen Grundlagen, besonders der Definitionen im I. Buch der »Elemente« gelenkt zu haben. Es wurde z. B. auch oben schon erwähnt, daß die 4. und 7. Definition im I. Buch (*»gerade Linie«* und *»ebene Fläche«*) in den Lehrsätzen der »Elemente« nie gebraucht werden. Es ist noch auffallender, daß manchmal auch die Terminologie der Definitionen mit jener Terminologie gar nicht übereinstimmt, der sich EUKLID in seinen Sätzen und Beweisen bedient. Das *Rechteck* heißt z. B. in der 22. Definition *ἑτερόμηκες*, wo EUKLID für diese Figur sonst immer den Namen *παραλληλόγραμμον* gebraucht. Daselbst wird auch der *Rhombus (ῥόμβος)* definiert, von dem EUKLID nie mehr sprechen wird, und wir hören von dem *Rhomboid (ῥομβοειδές)*, das EUKLID sonst nur als ein »Parallelogramm« behandelt. Inkonsequent ist bei ihm auch die Benennung der *Polygone;* man würde nämlich im Sinne der 19. Definition erwarten, daß diese nach der Zahl ihrer *Seiten (τρίπλευρα, πολύπλευρα)* und nicht, wie es später geschieht, nach der Zahl ihrer *Ecken (τρίγωνον, πεντάγωνον* etc.) benannt werden.[66]

Nun hat P. TANNERY aus diesen Ungereimtheiten zweifellos den richtigen Schluß gezogen, indem er vermutete, daß die Grundlagen im I. Buch der »Elemente« wohl gar nicht von EUKLID selbst stammen.[67] EUKLID hatte ja schon zahlreiche Vorgänger, die ebenso wie er selber versuchten, die Grundlagen der Mathematik – besonders wenn sie »Elemente« zusammenstellten – ihren Werken vorauszuschicken. Der Verfasser unserer »Elemente« hätte von diesen Vorgängern manches unverändert übernommen, ohne Rücksicht darauf, ob es zu seinem Werk unbedingt nötig war und ob die Terminologie dieselbe war wie die seinige. – In der Tat begann die systematisch-deduktive Mathematik mindestens zwei Jahrhunderte *vor* EUKLID, und schon um die Mitte des 5. Jahrhunderts stellte HIPPOKRATES von Chios *Elemente* zusammen.[68]

[66] P. TANNERY, Mém. scient., Bd. II, S. 48–49.

[67] Ebd., S. 55. Vgl. A. M. FRENKIAN, Le postulat chez Euclide et chez les modernes, Paris 1940, S. 14.

[68] Proclus (ed. F.) 66, 7 f.

Natürlich ist diese wissenschaftliche Arbeit ohne die Annahme irgendwelcher mathematischer *Grundlagen* einfach undenkbar, und selbstverständlich muß auch schon HIPPOKRATES seinen »Elementen« *Grundlagen* vorausgeschickt haben, auch wenn wir einstweilen gar nicht wissen, was seine *Grundlagen* gewesen sein mögen.

Ich glaube, man wird durch diese Beobachtungen allerdings berechtigt, den historischen Ursprung der systematischen griechischen Mathematik und ihrer Grundlegung *nicht erst* bei ARISTOTELES, sondern in einer Zeit lange vor ihm zu suchen.

6. Die »hypotheseis«

Wir beginnen unsere Betrachtungen mit dem Fachausdruck der Mathematik *ὑποθέσεις*. Es wurde vorhin schon darauf hingewiesen, daß dieses Wort sowohl bei PLATON wie auch bei PROKLOS als mathematische Fachbezeichnung eine interessante Doppelbedeutung hat. Es bezeichnet nämlich einerseits die *»Grundlagen der Mathematik«* im allgemeinen und andrerseits die *»Definitionen«* im speziellen. Dementsprechend heißt das Verbum *ὑποτίθεσθαι* *»definieren«* – bei PLATON im nichtmathematischen[69] und bei ARCHIMEDES im mathematischen Sinne.[70] – Natürlich ist diese Wortbedeutung von der Etymologie her sogleich verständlich. *Ὑπόθεσις* heißt das, was *daruntergelegt* wird (aus *ὑπό* und *τίθεσθαι)*, was also als *Grundlage* von etwas anderem gelten kann. Wir begnügen uns jedoch keineswegs mit der bloßen Etymologie. Wir wollen jenen *Gebrauchskreis* genauer festlegen, von dem aus dieses Wort in die Mathematik übernommen und später zu einem regelrechten Fachausdruck der mathematischen Wissenschaft werden konnte. Darum suchen wir weitere Beispiele für die verwandten Gebrauchsarten desselben Wortes.

[69] Siehe Anm. 46.
[70] Vgl. Anm. 49.

Es empfiehlt sich zunächst, eine Partie des Platonischen Dialogs »Menon« näher ins Auge zu fassen.[71] Es wird hier die Frage behandelt, ob die Tugend lehrbar ist. SOKRATES möchte zunächst untersuchen, *was* die Tugend ist; nachdem jedoch sein Gesprächspartner allzu ungeduldig ist, schlägt SOKRATES ein Kompromiß vor: »erlaube mir die Frage auf Grund einer *Voraussetzung* zu prüfen« *(συγχώρησον ἐξ ὑποθέσεως αὐτὸ σκοπεῖσθαι,* Men. 86 E 3), und er erläutert die ses *hypothetische Verfahren* durch ein Beispiel aus der Geometrie:

> »Ich sage, auf Grund einer Voraussetzung, wie manchmal auch die Geometer ihre Untersuchungen führen« *(λέγω δὲ τὸ ἐξ ὑποθέσεως ὧδε, ὥσπερ οἱ γεωμέτραι πολλάκις σκοποῦνται).*

Schon allein diese Worte zeigen deutlich genug, eine wie große Rolle zu PLATONS Zeit die *ὑπόθεσις* und das *hypothetische Verfahren* in der Mathematik spielen mußten. SOKRATES kann sich bei seinem Versuch eben darum auf das Vorbild der Geometer berufen, weil diese – wie er sagt – dieselbe Methode häufig anwenden.

Noch lehrreicher ist das geometrische Beispiel selbst, das SOKRATES, um sein Vorhaben zu illustrieren, in kurzen Worten anführt. Fragt man nämlich die Geometer, ob sich ein bestimmtes Flächenstück in einen gegebenen Kreis einschreiben läßt, dann antworten diese etwa folgendermaßen: Ich weiß es nicht, ob es möglich ist, aber ich glaube, die folgende *ὑπόθεσις* könnte zur Lösung der Frage von Nutzen sein; ist nämlich das betreffende Flächenstück so beschaffen, daß . . .,[72] dann scheint mir etwas anderes daraus zu folgen *(ἄλλο τι συμβαίνειν μοι δοκεῖ),* als wenn es nicht möglich ist, daß dieses Flächen-

[71] Vgl. O. BECKER, Die Archai in der griechischen Mathematik, Archiv f. Begriffsgeschichte 4 (1959) 210 ff.

[72] Zur Erklärung der Stelle (von einem anderen Gesichtspunkt aus!) vgl. man P. TANNERY, Mém. scient., Bd. I, S. 39–45, Bd. II, S. 400–406 und TH. HEATH, A History of Greek Mathematics, Bd. I, S. 300 ff.

stück so beschaffen sei. – Man sieht: »*hypothetisch*« ist das Verfahren in dem gegebenen Fall darum, weil der Geometer keine *bedingungslose* Antwort auf die vorgelegte Frage erteilt; statt dessen legt er seiner Untersuchung eine *Annahme* zugrunde – diese Annahme ist seine *ὑπόθεσις* – und dann sagt er, was aus dieser *ὑπόθεσις* folgt; wird dagegen eine andere Annahme derselben Untersuchung zugrunde gelegt, ist das fragliche Flächenstück nicht so beschaffen, wie in dem vorhin angedeuteten Fall – ist also die *ὑπόθεσις* eine andere als die eben beschriebene –, dann folgt daraus etwas anderes. Die Untersuchung des Geometers gründet sich also – mindetens in dem von SOKRATES erwähnten Fall – auf eine *ὑπόθεσις*, *Annahme* oder *Voraussetzung*, und seine Antwort hängt eben von dieser zugrunde gelegten Annahme ab, sie wird durch diese bedingt.

Beachtet man jedoch den genauen Wortlaut des PLATON-Textes, so muß eine interessante Tatsache in bezug auf die mathematischen *ὑποθέσεις* auffallen. SOKRATES behauptet, daß die Geometer ihre Untersuchungen auf Grund je einer Voraussetzung führen *(ἐξ ὑποθέσεως σκοποῦνται)*. Ähnlich behauptet auch PROKLOS,[73] daß die Geometrie eine Wissenschaft sei, die auf Voraussetzungen beruht *(ἐξ ὑποθέσεως εἶναι)*. In beiden Fällen wird derselbe Ausdruck gebraucht, aber die Situationen sind doch verschieden und demnach unterscheidet sich auch der genauere Sinn des Ausdruckes *ὑπόθεσις*. PROKLOS redet von den ein für alle Male festgelegten *Grundlagen (Voraussetzungen) der Mathematik* im allgemeinen; diese deutet er mit dem Wort *ὑπόθεσις* an. (Wir haben schon gesehen, daß an einer anderen Stelle bei PLATON – Resp. VI 510 C–D – dieselben *Grundlagen*, und darunter besonders die Definitionen, ebenfalls *ὑποθέσεις* heißen.) Aber in dem »Menon«-Beispiel bezeichnet dasselbe Wort *ὑπόθεσις* nicht eine solche sozusagen *endgültig festgelegte Grundlage der Mathematik*, sondern nur eine *Voraussetzung*,

[73] Proclus (ed. F.), 75, 6 ff.

die einer mathematischen Untersuchung »ad hoc« zugrunde gelegt wird. – Fragt man nun, welcher Sinn des Wortes *ὑπόθεσις* in der Mathematik der »ältere« sein mag – eine »ad hoc« gewählte Voraussetzung oder eine endgültig festgelegte Grundlage –, so wird man sich für den ersteren entscheiden wollen.

Aber ich glaube, es werden aus der eben erwähnten »Menon«-Stelle (86 E3 ff.) auch noch zwei weitere Ausdrücke für unsere Betrachtungen sehr aufschlußreich. Der eine von diesen ist die Wendung, womit Sokrates sein »hypothetisches Verfahren« einleitet: »*Erlaube mir*, die Frage auf Grund einer Voraussetzung zu prüfen« (*συγχώρησον ἐξ ὑποθέσεως αὐτὸ σκοπεῖσθαι*). Und der andere Ausdruck ist die Art, wie man griechisch die Konsequenzen einer *ὑπόθεσις* umschreibt; der Geometer sagt nämlich nach Sokrates: Wenn die genau angegebene Annahme besteht, »dann scheint mir etwas anderes daraus zu *folgen*« (*ἄλλο τι συμβαίνειν μοι δοκεῖ*), als wenn das Gegenteil der vorigen Annahme besteht. Die beiden Ausdrücke – »erlaube mir« und »folgen« (*συγχώρησον* und *συμβαίνειν*) – sind typisch und bezeichnend für den Gebrauchskreis des eben untersuchten Fachausdruckes *ὑπόθεσις;* diese beiden verraten nämlich einerseits, wie eine solche »hypothesis« zustande kommt, und anderseits, wie sie gebraucht wird.

Sokrates kann sein *hypothetisches Verfahren* nur in dem Fall anwenden, wenn sein Dialogpartner damit einverstanden ist; darum *bittet* er diesen: »*erlaube mir*«. Eine »hypothesis« wird also eigentlich erst mit der *Zustimmung* des Dialogpartners wirklich zur Grundlage irgendeiner gemeinsam geführten Untersuchung. Darum heißen die »hypotheseis« in der Platonischen Dialektik[74] manchmal auch *ὁμολογήματα*, »die zugestandenen Dinge«, »worüber die Dialogpartner einig geworden sind«.[75]

[74] Unter »Dialektik« verstehe ich in dieser Arbeit die *διαλεκτικὴ τέχνη*, d. h. die Kunst des Dialogführens, wie sie uns am besten aus Platons Werken bekannt ist.

[75] Vgl. z. B. Platon, Theait. 155 A–B.

Das Wort »hypothesis« scheint also nicht nur ein Fachausdruck der *Mathematik*, sondern auch derjenige der *Dialektik* zu sein. Diesen Ursprung des Ausdruckes »hypothesis« aus der Dialektik verrät auch die Art, wie man manchmal das verwandte Verbum selbst auch noch in der mathematischen Fachsprache benutzte: ARCHIMEDES gebrauchte z. B. die Wendung *ὑποκείσθω* – in seiner Schrift »De corporibus fluitantibus« – um Prinzipien der Mechanik der Flüssigkeiten einzuführen[76]; »es sei zu Grunde gelegt«, als hätte er sagen wollen: »es sei uns erlaubt, uns als einer Grundlage zu bedienen, daß ...«[77] – Da nun diese Ausdrücke – *ὑπόθεσις* und ihre Synonyme[78] – offenbar der Dialektik entstammen, wird man sie nicht bloß als mathematische Bezeichnungen prüfen, sondern gleichzeitig auch untersuchen müssen, wie sie in der Dialektik gebraucht wurden.

Ebenso interessant ist auch der andere Ausdruck, mit dem die *Konsequenzen* einer »hypothesis« bezeichnet werden, das Verbum *συμβαίνειν*. Es gibt nämlich in PLATONS Wortschatz zahlreiche Synonyme auch für dieses. Die Konsequenzen einer Annahme können z. B. auch mit dem Verbum *συμφωνεῖν*

[76] Opera II (ed. H) 318. Die Wendung *ὑποκείσθω* ist bei ARCHIMEDES eine stilistische Variante für *ὑποτιθέμεθα* (vgl. Anm. 49). Über eine *ὑπόθεσις* kann griechisch ohne weiteres gesagt werden, daß sie *ὑπόκειται*. Man ersieht dies sowohl aus PLATONS Wortgebrauch wie auch aus demjenigen von EUKLID (zu dem letzteren s. z. B. Elem. IX 34).

[77] Ähnlich beginnen bei EUKLID die Postulate mit dem Wort *ᾐτήσθω*: »es sei *gefordert*, daß ...«; man fordert nämlich in der dialektischen Auseinandersetzung von dem Dialogpartner, daß die betreffende Aussage (das *Postulat*) der weiteren Untersuchung als eine *Annahme* zugrunde gelegt werde.

[78] Nicht nur das Wort *ὁμολόγημα* ist bei PLATON oft synonym mit *ὑπόθεσις*. In demselben Sinne gebraucht er manchmal auch das Wort *ἀρχή*, z. B. »Kratylos« 436 D. Es wäre überhaupt verkehrt, in dieser Untersuchung sich an das bloße Wort klammern zu wollen. Manchmal wird keines von den Worten *ὑπόθεσις, ὁμολόγημα* oder *ἀρχή* benutzt, und doch handelt es sich ohne Zweifel um eine *ὑπόθεσις*, wie z. B. Theait. 163 B, wo das Verbum *ὁμολογήσομεν* darauf hindeutet.

umschrieben werden,[79] oder sie heißen τὰ ἑπόμενα,[80] τὰ ἑξῆς[81] usw. usw. – Prüft man nun diese Wendungen einzeln für sich in ihrem Textzusammenhang bei PLATON, so sieht man, daß sie bald als regelrechte Fachausdrücke der Mathematik,[82] bald als gewöhnliche Bezeichnungen der *dialektischen* Terminologie erscheinen.

Man sieht also, daß eigentlich nicht nur der Fachausdruck ὑπόθεσις, sondern auch der ganze Komplex der mit ihm verbundenen Ausdrücke zusammen untersucht werden muß. Denn diese alle treten ja zusammen sowohl in der *Dialektik* wie auch in der *mathematischen Fachsprache* auf.[83]

7. *Die »Voraussetzungen« in der Dialektik*

Zunächst scheint die »*hypothesis*« in dem dialektischen Verfahren einen beinahe *willkürlich* gewählten Ausgangspunkt darzustellen. Die Teilnehmer des Gespräches werden über irgendeine Behauptung einig, die sie dann ihrer weiteren Untersuchung zugrunde legen, und diese vereinbarte Behauptung wird im folgenden ihre ὑπόθεσις.[84]

[79] Zum Beispiel Phaidon, 100 A.

[80] Kratylos, 436 D.

[81] Phaidon, 100 C.

[82] Zum Beispiel τὰ συμβαίνοντα in »Menon« 87 A.

[83] Natürlich können auch die Bezeichnungen τὰ ἑπόμενα, τὰ ἑξῆς etc. als regelrechte *mathematische* Fachausdrücke gelten. Vgl. Ž. MARKOVIĆ, Les mathématiques chez Platon et Aristote, Bulletin International de l'Acad. Yougoslave des Sciences et des beaux Arts, Classe des Sciences mathématiques et naturelles, XXXII (1939) 1–21.

[84] Die Anfangssätze einer dialektischen Auseinandersetzung — d. h. also die Behauptungen, worüber sich die Dialogpartner einigen und die sie dann der weiteren Untersuchung zugrunde legen — werden manchmal in der Tat *völlig willkürlich* gewählt. Man liest z. B. interessante Anweisungen in der Aristotelischen »Topik« (VIII 1, 155 b 29 ff. und VIII 3, 159 a 3 ff.) darüber, wie solche Anfangssätze, die der Disputant in einem dialektischen Gespräch zum Ausgangspunkt seiner Beweisführung macht, auszuwählen seien. Diese »Anfangs-

Nach diesem Schema versuchte man auch die Entwicklung der aristotelischen Logik aus der Dialektik zu erklären.[85] Es wäre in der dialektischen Auseinandersetzung die Aufgabe des einen Dialogpartners, den anderen dazu zu bringen, einen von ihm gewählten Satz zuzugeben. Zu diesem Zweck müßte er solche Prämissen finden, die der Partner für richtig hält und daher zugeben wird, und aus denen sich der Endsatz, den der Partner nicht für richtig hält und nicht zugeben will, mit logischer Notwendigkeit ableiten läßt. Eine solche, von dem Führer des Dialogs beinahe willkürlich gewählte Prämisse wäre also die »*hypothesis*«.

Man liest in der Tat ungefähr in diesem Sinne schon bei PLATON im »Staat« über eine nur provisorisch gewählte Annahme[86]: Wir legen es zugrunde, daß sich die Sache so verhält *(ὑποθέμενοι ὡς τούτου οὕτως ἔχοντος)*, und so schreiten wir in der Untersuchung weiter, mit der Bedingung jedoch, daß wir schon im voraus darüber einig geworden sind *(ὁμολογήσαντες)*, sollten wir inzwischen zu einer anderen Ansicht über unseren Ausgangspunkt gelangen *(ἐάν ποτε ἄλλῃ φανῇ ταῦτα ἢ ταύτῃ)*, so wird alles nichtig, was wir aus der früheren (evtl. falschen) Voraussetzung folgerten *(πάντα ἡμῖν τὰ ἀπὸ τούτου συμβαίνοντα λελύμενα ἔσεσθαι)*.

Nachdem jedoch die »*hypothesis*«, die man einer Untersuchung zugrunde legt, auf das engste damit zusammenhängt, was aus ihr gefolgert wird, kann man einen solchen Ausgangspunkt auch nicht völlig »willkürlich« wählen. Im Gegenteil! Diese Wahl muß mit der größten Umsicht getroffen werden.

---

sätze« heißen zwar an den eben genannten Stellen nicht *ὑποθέσεις*, sondern *ἀξιώματα*, aber man wird aus der vorliegenden Untersuchung bald ersehen, daß das Wort *ἀξίωμα* in diesem Zusammenhang nur ein Synonym für *ὑπόθεσις* ist, vgl. K. v. FRITZ, o. c., S. 31.

[85] K. v. FRITZ, Die *ἀρχαί* in der griechischen Mathematik, S. 20, mit Hinweis auf E. KAPP, »Syllogistik« in RE IV A 1048 und 1058/59, und Greek Foundation of Traditional Logic, Columbia University Press, New York 1942.

[86] PLATON, Resp. IV 437 A.

Man liest darüber in dem Dialog »Kratylos« das folgende[87]: Derjenige, der am allerersten Anfang etwas falsches seiner Untersuchung zugrunde legt *(εἰ γὰρ τὸ πρῶτον σφαλεὶς ὁ τιθέμενος)*, ist schon in allem, was darauf folgt, gezwungen, nach seiner früheren Annahme zu gehen, um mit sich selbst im Einklang zu bleiben *(τἆλλα ἤδη πρὸς τοῦτ' ἐβιάζετο καὶ αὐτῷ συμφωνεῖν ἠναγκάζεν)*; ebenso wie es manchmal auch in den geometrischen Zeichnungen passiert, in denen der Fehler anfangs oft winzig und unbedeutend ist *(ὥσπερ τῶν διαγραμμάτων ἐνίοτε τοῦ πρώτου σμικροῦ καὶ ἀδήλου ψεύδους γενομένου)*, aber sehr viele falsche Konsequenzen aus ihm folgen. Darum muß sich der Mensch den Anfang jeder Sache

[87] Kratylos, 436 D. Ich möchte auf diese PLATON-Stelle mit besonderem Nachdruck aufmerksam machen aus dem folgenden Grunde: Wie man sieht, betont hier SOKRATES, mit welcher Umsicht jene Ausgangspunkte auszuwählen sind, die man einer dialektischen Untersuchung zugrunde legt. Erfolg oder Mißerfolg der Untersuchung sind zu einem bedeutenden Teil von den *Ausgangspunkten* abhängig. Er beruft sich dabei auf ein »geometrisches Beispiel«. — Ich glaube, diese Tatsache genügt schon in sich dazu, daß man den Verdacht schöpft: War es in der Tat ARISTOTELES, der als erster das Problem der Prinzipien der beweisenden Wissenschaft (d. h. natürlich vor allem derjenigen der *Mathematik*) systematisch untersuchte? Verrät unsere PLATON-Stelle nicht gerade das Gegenteil, also eben jene Tatsache, daß dieselben Probleme auch schon *vor* ARISTOTELES längst diskutiert wurden? Ja, diese Textstelle scheint nicht nur dafür ein sehr wichtiger Beleg zu sein, daß man über das Problem der *Ausgangspunkte* (in Dialektik und Mathematik) wohl auch schon in vorplatonischer Zeit viel diskutiert hatte, sondern interessant ist sie auch noch aus dem Grunde, weil es aus ihr hervorzugehen scheint, daß man in der Diskussion über die Ausgangspunkte das *Wesentlichste* auch schon vor PLATON geklärt hatte. — Auf der anderen Seite scheint das »*Problem der Ausgangspunkte*« gar nicht bloß ein Problem der Dialektik und der Mathematik gewesen zu sein! Man lese nur bei POLYBIOS (I 5) nach, welche Bedeutung dieser Historiker dem *Ausgangspunkt* in der historischen Darstellung beimißt! Man traut seinen Ohren nicht! Als handelte es sich bei POLYBIOS gar nicht um eine einfache Narration der Geschehnisse, sondern um ein mathematisch aufgebautes System, um eine »*historia more geometrico distributa*«!

sehr sorgfältig überlegen und prüfen *(δεῖ δὴ περὶ τῆς ἀρχῆς παντὸς πράγματος παντὶ ἀνδρὶ τὸν πολὺν λόγον εἶναι καὶ τὴν πολλὴν σκέψιν)*, ob die Grundlage richtig oder falsch gewählt wurde *(εἴτε ὀρθῶς, εἴτε μὴ ὑπόκειται)*.[88] Und erst wenn diese Prüfung gründlich vorgenommen wurde *(ἐκείνης δ' ἐξετασθείσης ἱκανῶς)*, erst dann muß man sehen, ob auch die Konsequenzen dazu stimmen.

Aufschlußreich ist die eben angeführte PLATON-Stelle aus den folgenden Gründen: Vor allem darum, weil man sieht, wie sehr darin durch SOKRATES die wichtige Rolle der Voraussetzungen, der Grundlagen in einem Gedankenkomplex hervorgehoben wird. Es ist entscheidend wichtig, welche Gedanken man als Ausgangspunkte einer Untersuchung zugrunde legt, denn auch der kleinste Fehler in der Voraussetzung kann ja zu völlig falschen Konsequenzen führen. – Man begegnet demselben Gedanken sehr oft in PLATONS Dialogen. Man erinnere sich z. B., wie einmal SOKRATES in dem Dialog »Phaidon« auf die Worte des SIMMIAS reagierte. Als nämlich dieser erklärte, daß er zwar gar nichts gegen die vorangehende Beweisführung des SOKRATES einzuwänden hätte, aber trotzdem auch weiterhin noch einige Zweifel hegte, erwiderte SOKRATES darauf[89]:

> »Sehr richtig, SIMMIAS, aber nicht nur darin hast du recht! Auch die ersten Voraussetzungen *(τὰς ὑποθέσεις τὰς πρώτας)* müßt ihr genauer prüfen, ob sie euch glaubwürdig sind *(εἰ πισταὶ ὑμῖν εἰσιν)*; und erst wenn ihr diese auseinanderlegt, dann werdet ihr auch der übrigen Gedankenführung wohl folgen können.«

Liest man diese Worte über die »ersten Voraussetzungen«, die *glaubwürdig* (oder *wahr*) sein müssen, so denkt man unwillkürlich an die *πρῶται ἀρχαί* der Mathematik. Wir kennen

[88] Zu dem Verbum ὑπόκειται vgl. Anm. 76.
[89] Phaidon, 107 B.

zwar das Problem der antiken Wissenschaft – wie die ersten Prinzipien der Mathematik beschaffen sein müssen – unmittelbar nur aus Aristoteles bzw. aus der nacharistotelischen Literatur,[90] aber es fragt sich dennoch, ob jener Platon, der seinen Sokrates im »Phaidon« über die »ersten Voraussetzungen« einer dialektischen Beweisführung in dem oben angedeuteten Sinne sprechen ließ, nicht auch das Problem der »ersten Voraussetzungen« in der Mathematik sehr gut kennen mußte. – Und diese Frage führt uns zu einem anderen interessanten Punkt in dem vorigen »Kratylos«-Zitat zurück.

Sokrates berief sich nämlich wieder auf ein Beispiel aus der Geometrie: Wie in den geometrischen Zeichnungen manchmal winzige und unbedeutende Fehler des Anfangs zu vielen falschen Konsequenzen führen, die mit dem anfänglichen Fehler im Einklang bleiben, so geschieht es auch in den Gedankenkonstruktionen, wenn die »hypothesis« falsch gewählt wurde.

Es kann kein Zufall sein, daß Platon eben im Zusammenhang mit dem Problem der »hypotheseis« so oft auf die Geometrie oder im allgemeinen auf die Mathematik Bezug nahm. Für ihn galt die Methode der Mathematik als das höchste Vorbild, das man auch in der dialektischen Beweisführung verwirklichen sollte. Wie oft kommt es doch vor, daß man in einem Gespräch bei der Prüfung irgendeiner Frage sich mit der bloß mutmaßlichen und gar nicht zwingenden Beweisführung begnügt! So etwas wäre in der Mathematik, in der die Beweise zwingend sein müssen, gar nicht erlaubt.[91] Und das hängt eben damit zusammen, wie in der Mathematik die »hypotheseis« gewählt und wie diese gehandhabt werden. Man beachte z. B. die drei interessanten *ὁμολογήματα* im Dialog »Theaitetos«[92]:

[90] Vgl. dazu das Kapitel »Die Grundlagen und Aristoteles«, S. 302 ff.

[91] Vgl. dazu Theait. 162 E.

[92] Theait. 155 A–B.

1. »Ein Ding wird weder größer noch kleiner, weder in seiner Masse noch seiner Zahl nach, solange es sich selbst gleich ist« *(μηδέποτε μηδὲν ἂν μεῖζον μηδὲ ἔλαττον γενέσθαι μήτε ὄγκῳ μήτε ἀριθμῷ, ἕως ἴσον εἴη αὐτὸ ἑαυτῷ).*
2. »Wozu nichts hingelegt und wovon nichts weggenommen wird, das kann weder wachsen noch abnehmen, sondern es bleibt eben sich selbst gleich« *(ᾧ μήτε προστιθοῖτο, μήτε ἀφαιροῖτο, τοῦτο μήτε αὐξάνεσθαί ποτέ, μήτε φθίνειν, ἀεὶ δὲ ἴσον εἶναι).*
3. »Was früher nicht war, das kann auch später unmöglich – ohne Entstehen und Werden – sein« *(ὃ μὴ πρότερον ἦν, ὕστερον ἀλλὰ τοῦτο εἶναι ἄνευ τοῦ γενέσθαι καὶ γίγνεσθαι ἀδύνατον).*

Mit Recht fühlte man sich durch diese Sätze an die mathematischen Axiome erinnert.[93] Und doch heißen diese mit peinlicher Sorgfalt aufgestellten grundlegenden Behauptungen bei Platon bloß *ὁμολογήματα* = »Zugeständnisse, über die die Teilnehmer des Gesprächs einig geworden sind«. Die Benennung *ὁμολόγημα* spricht eindeutig für den *dialektischen* Ursprung dieser Gattung. Aber es sieht ja in der Tat so aus, als hätte man es hier überall nicht nur mit derselben Terminologie in der Dialektik und Mathematik zu tun, sondern als wären diese beiden Dinge – Dialektik und Mathematik – auch noch gar nicht völlig voneinander getrennt, als wäre zu dieser Zeit auch die Mathematik *nur noch ein Zweig der Dialektik.*

Die innere Verwandtschaft, ja die Identität der dialektischen und der mathematischen Methode tritt noch eindeutiger hervor, wenn man genauer ins Auge faßt, wie die »hypothesis« in der Platonischen Beweisführung benutzt wird. Sokrates berichtet einmal über seine Art zu denken[94] folgendermaßen[95]: Ich lege meiner Untersuchung immer eine

[93] Ž. Marković, o. c., S. 2.

[94] Nach Platon ist das *Denken* ein »Dialog der Seele mit sich selbst«; vgl. Theait. 189 E–190.

[95] Phaidon, 100 A.

Behauptung zugrunde, die ich für besonders stark halte *(ὑποθέμενος ἑκάστοτε λόγον ὃν ἂν κρίνω ἐρρωμενέστατον εἶναι)*. Wie sehr erinnert auch schon diese »besonders starke Behauptung« des SOKRATES, die der weiteren Untersuchung zugrunde gelegt wird, an die ein für alle Male festgelegten *Grundlagen* der Mathematik! – Und worüber ich dann den Eindruck habe – setzt SOKRATES seine Erklärung fort –, daß es damit im Einklang steht, das heiße ich *wahr (ἃ μὲν ἄν μοι δοκῇ τούτῳ συμφωνεῖν, τίθημι ὡς ἀληθῆ ὄντα)*; was dagegen damit *nicht* im Einklang zu stehen scheint, das heiße ich *unwahr (ἃ δ' ἂν μή, ὡς οὐκ ἀληθῆ)*. – Wie man sieht, werden in diesem Zitat die Konsequenzen einer »hypothesis« nicht mit dem Zeitwort *συμβαίνειν* (= »zusammengehen«[96]), sondern mit dem anderen *συμφωνεῖν* (= »im Einklang stehen«) umschrieben. Auch diese Ausdrücke gehören zu dem gewöhnlichen Wortschatz der dialektischen Terminologie, worauf ich oben anläßlich des »Menon«-Beispiels (86 E 3 ff.) schon hingewiesen habe. Natürlich ist aus PLATONS Wortschatz auch der entsprechende negative Ausdruck zu *συμφωνεῖν* wohlbekannt; was mit einer »hypothesis« *nicht im Einklang steht*, wird mit dem Zeitwort *διαφωνεῖν* umschrieben.[97] Dieses letztere Wort ist, wie man bald sehen wird, wohl die älteste Form unseres eigenen Ausdruckes für den logischen *Widerspruch*. (Der Satz, der mit einem anderen *nicht im Einklang steht*, *widerspricht* diesem anderen!)

8. *Die Anwendung der »hypotheseis«*

Wir wollen im folgenden zunächst zeigen, wie eine *»hypothesis«* in der Dialektik benutzt wurde. Wir wählen dafür ein leicht zugängliches Beispiel aus PLATONS Werken, wobei wir nur bemerken, daß es beinahe gleichgültig ist, an

[96] Lateinisch: *con-sequi*. Man denke auch an die Etymologie unseres Wortes *»Konsequenz«*.

[97] Phaidon, 101 D.

welchem Fall man die Methode PLATONs dialektischer Beweisführung – und das ist zu gleicher Zeit auch eine häufige Methode der *mathematischen Beweisführung* – illustriert, denn es gibt dafür ungezählte Beispiele fast in jedem Platonischen Dialog. Nur aus Bequemlichkeitsgründen ziehe ich ein Beispiel aus dem »Theaitetos« vor. Erstens nämlich darum, weil in diesem Fall PLATON selber seine Beweisführung als eine nach der Art der Mathematiker bezeichnete. (SOKRATES betonte eben, daß man mit der bloß mutmaßlichen Denkweise sich nicht begnügen dürfe, man solle eher die Strenge der Mathematiker anstreben – Theait. 162 E –, und unmittelbar darauf folgt jene strenge Beweisführung, die ich hier näher untersuchen möchte.) – Der andere Grund, der die nähere Prüfung gerade dieser Beweisführung empfiehlt, besteht einerseits darin, daß man zu diesem Fall in der Tat sehr leicht auch ein altes mathematisches Gegenstück heranziehen kann, und andrerseits darin, daß die Beweisführung, die näher untersucht werden soll, nicht nur die Kontrolle der *Konsequenzen*, sondern auch diejenige der *»hypothesis«* selbst sehr gut veranschaulicht. Nun lassen sich die wichtigsten Gedanken der fraglichen Beweisführung folgendermaßen zusammenfassen.

Die Frage, die beantwortet werden soll, heißt: Ob Wissen und sinnliches Wahrnehmen identisch sind oder nicht (163 A: *εἰ ἄρα ἐστὶν ἐπιστήμη καὶ αἴσθησις ταὐτὸν ἢ ἕτερον*). Um dies entscheiden zu können, wird zunächst angenommen, daß die beiden – *Wissen (ἐπιστήμη)* und *sinnliches Wahrnehmen (αἴσθησις)* – identisch wären; das wird also die »hypothesis« der darauffolgenden Untersuchung.[98] Sind jedoch Wissen und sinnliches Wahrnehmen identisch, dann müssen auch »Sehen« und »Wissen« gleich sein, da das »Sehen« doch eine Art des sinnlichen Wahrnehmens ist. Derjenige, der etwas *sieht*, *weiß* es auch, während der andere, der etwas *nicht sieht*, dasselbe auch nicht wissen kann. Nun kann aber

[98] Man beachte Anm. 78!

jemand, der eine Sache *sieht* – d.h. also derjenige, der nach der eben festgelegten Annahme diese Sache *weiß* –, die Augen zuschließen, und dann wird er dieselbe Sache nicht mehr sehen; aber er wird dennoch, auch nach dem Schließen der Augen, von derselben Sache Kenntnis haben, er wird also diese Sache immer noch *wissen*. Man müßte also über ihn sagen, daß er dieselbe Sache »weiß« und gleichzeitig auch »nicht weiß«, da er sie doch nicht mehr sieht.

Die Konsequenzen der »hypothesis« – *Wissen und sinnliches Wahrnehmen sind identisch* – führen also zu einem offenbaren *Widerspruch* (»er weiß es«, und zu gleicher Zeit: »er weiß es nicht«), und das ist das Zeichen dafür, daß die *hypothesis*, das *ὁμολόγημα*, aus dem man diese Konsequenzen ableitete, falsch war; wie SOKRATES sagt: Es scheint, daß etwas Unmögliches daraus folgt, wenn jemand Wissen und sinnliches Wahrnehmen gleichsetzt (164 B: *τῶν ἀδυνάτων δή τι συμβαίνειν φαίνεται, ἐάν τις ἐπιστήμην καὶ αἴσθησιν ταὐτὸν φῇ εἶναι*).

Bemerkenswert ist der letzte auch griechisch zitierte Satz dieser Platonischen Beweisführung auch schon wegen seiner Terminologie. Das »Unmögliche«, das sich als eine Konsequenz der *hypothesis* erwies, heißt griechisch *ἀδύνατον*. Ein jeder, der EUKLID im Original liest, weiß, daß bei ihm gerade dieser Ausdruck das stereotype Abschlußwort jeder indirekten Beweisführung ist: *ὅπερ ἐστὶν ἀδύνατον*.[99] In der Tat ist die behandelte Platonische Beweisführung auch gar nichts anderes als ein regelrechter *indirekter Beweis*. SOKRATES möchte eigentlich den Satz beweisen: »Wissen und sinnliches Wahrnehmen sind *nicht* gleich, sie sind verschiedene Dinge«. Aber er kann für diese Behauptung den zwingenden Beweis[100]

[99] In einigen Fällen (z. B. Elem. I 6; IX 20, 30, 33, 34, u. a. m.) heißt die Abschlußformel *ὅπερ ἄτοπον* bzw. *ὅπερ οὐχ ὑπόκειται*. Das sind natürlich nur stilistische Varianten, die in der Platonischen Dialektik ebenfalls vorkommen.

[100] Der »zwingende Beweis« als eine Art des mathematischen Schließens heißt bei PLATON *ἀπόδειξις καὶ ἀνάγκη*; vgl. Theait. 162 E.

nur nach der Art der Mathematiker führen. Darum wählt er den indirekten Weg und stellt zunächst das Gegenteil der zu beweisenden Behauptung auf: »Wissen und sinnliches Wahrnehmen wären gleich«. Und dann zeigt er, daß diese letztere Behauptung zu einem offenbaren Widerspruch führt – wie man griechisch sagt: *διαφωνεῖ* –, weil unter seinen Konsequenzen ein *adynaton* auftritt, und darum unmöglich wahr sein kann. Das Gegenteil dieser Behauptung – »Wissen und sinnliches Wahrnehmen *sind nicht gleich*« – muß das Richtige treffen. – Genau in derselben Weise wurde auch die Inkommensurabilität von Quadratdiagonale und -seite durch die Pythagoreer bewiesen, wären nämlich Seite und Diagonale des Quadrats kommensurabel, dann müßte dieselbe Zahl gerade und auch ungerade sein. – Natürlich könnte man ähnliche Beweisführungen aus PLATONS Dialogen noch haufenweise anführen.[101]

Ich möchte hier, bevor ich die erwähnte Platonische Beweisführung näher untersuche, einem eventuell möglichen Einwand begegnen. Man könnte nämlich nach dem, was bisher entwickelt wurde, bemerken, daß PLATON den dialektisch-mathematischen Ausdruck *ὑποθέσεις* eigentlich *in mehreren verschiedenen Bedeutungen* benutzte und daß man diese Unterscheidung auch nicht außer acht lassen dürfte. Einerseits hießen nämlich bei ihm »*hypotheseis*« jene *Grundlagen* (besonders *Definitionen*) der Wissenschaft, die die Mathematiker für selbstverständlich halten und nicht weiter prüfen,[102] oder auch jene *Anfangssätze* der dialektischen Auseinandersetzung, von denen SOKRATES als von »besonders starken Behauptungen« auszugehen pflegte[103]; andrerseits heißt jedoch bei PLATON *ὑπόθεσις* auch eine beliebige Behauptung, deren Gültigkeit in der dialektischen Auseinandersetzung *erst geprüft werden soll.* In dem eben besprochenen Fall des »Theaitetos« – zu dem sich auch der altpythagoreische Beweis für die Inkommensurabilität von Quadratdiagonale und -seite als mathematisches Gegenstück heranziehen ließe – handelt es sich natür-

[101] So hat z. B. O. BECKER, Archiv f. Begriffsgeschichte 4 (1958) 212, zuletzt auf »Phaidon«, 101 D 4–5 aufmerksam gemacht, wo die Beweisführung von derselben Art ist.

[102] PLATON, Resp. VI 510 C–D.

[103] »Phaidon«, 100.

lich um die zweite Art von *hypothesis* und nicht um eine »Grundlage« der Dialektik oder Mathematik. — Nun will ich gar nicht bestreiten, daß diese Unterscheidung wohl möglich, ja auch berechtigt ist. Aber ich muß betonen, daß sie für uns dennoch kaum wesentlich ist. Offenbar unterscheidet sich nämlich die *hypothesis* als »Grundlage« von der anderen Art, der nur probeweise angenommenen *hypothesis*, bloß darin, daß die eine von ihnen zu keinem »*adynaton*« führt — und darum eine echte »Grundlage« sein kann —, während unter den Konsequenzen der anderen Art *hypothesis* unter Umständen auch ein »*adynaton*« auftreten kann, und dann muß eben die betreffende *hypothesis* als falsch verworfen werden. Wir werden in einem späteren Kapitel sehen, daß z. B. der Satz von der Unteilbarkeit der »Eins« darum zu einer echten *hypothesis* (= Grundlage) der Arithmetik werden konnte, weil der gegenteilige Satz — »die Eins wäre teilbar« — ebenso zu einem Widerspruch führte wie die falsche *hypothesis:* »die Quadratdiagonale wäre zu der Seite des Quadrats kommensurabel«.

Nun ist die behandelte Platonische Beweisführung besonders deswegen lehrreich, weil sie sehr gut veranschaulicht, worauf es eigentlich bei der Verwendung einer *hypothesis* ankommt. — Es mag aus den bisherigen Erörterungen schon deutlich genug hervorgegangen sein, daß man in jedem Fall — wenn eine *hypothesis* einmal schon zugrunde gelegt wurde — sogleich auch die *Konsequenzen* derselben prüfen will. Es wird überhaupt keine *hypothesis* ohne ihre Konsequenzen vorgenommen. Dabei kann die Prüfung der Konsequenzen natürlich mit zwei verschiedenen Absichten erfolgen. Entweder ist nämlich die *hypothesis* eine echte — wie SOKRATES sagen würde: »eine besonders starke Behauptung« —, die gar nicht bezweifelt wird, und in diesem Fall prüft man ihre Konsequenzen, weil man die Schlüsse kennenlernen will, die sich aus ihr ableiten lassen; oder die *hypothesis* ist eine fragliche Behauptung und dann prüft man ihre Konsequenzen, um zu sehen, ob dabei nicht ein *adynaton* herauskommt, was dann die Unhaltbarkeit der *hypothesis* zeigen könnte. Aber es kommt in beiden Fällen eben auf die Konsequenzen an.

Es fragt sich nun: Wie werden in der Platonischen Dialektik die Konsequenzen einer *hypothesis* zusammengestellt? Wie wird die Kette jener Behauptungen aufgebaut, an deren

Anfang die *hypothesis* steht? Was entscheidet darüber, ob sich die einzelnen Glieder der Kette in der Tat aneinanderreihen lassen?

9. Die »hypotheseis« und das indirekte Beweisverfahren

Überblickt man die Fälle, in denen bei PLATON die Konsequenzen irgendeiner *hypothesis* im dialektischen Verfahren untersucht werden, so muß man zu der Überzeugung kommen, daß diese Konsequenzen *immer* unter einem einzigen wichtigen Gesichtspunkt geprüft werden. Es wird nämlich immer nur kontrolliert, ob die einzelnen Behauptungen, die als Konsequenzen einer *hypothesis* angesehen werden *(τὰ συμβαίνοντα*[104]*)*, in der Tat miteinander im Einklang stehen *(συμφωνεῖν)*. Es gibt jedoch in der Platonischen Dialektik dafür, von welcher Art Behauptungen eigentlich im Einklang miteinander stehen, im Grunde nur ein *negatives Kriterium*. Das heißt, es wird eigentlich *nie* näher begründet, warum zwei oder mehrere Behauptungen zueinander passen (*ὁμολογεῖν*, *συμφωνεῖν* etc.). Es wird statt dessen in der Beweisführung immer nur hervorgehoben, wenn zwei Behauptungen miteinander *nicht im Einklang* stehen *(διαφωνεῖν)*. Dieses Nicht-im-Einklang-Stehen miteinander gilt für PLATON als die sicherste Kontrolle und gerade dies wird im Zusammenhang mit den Konsequenzen einer »hypothesis« *immer* geprüft. Genauer gesagt: Nur dann wird eine Behauptung als Konsequenz einer *hypothesis* angesehen, wenn sie sich mit der *hypothesis* vereinigen läßt, mit ihr im Einklang steht, ihr *nicht* widerspricht.[105] Tritt jedoch ein Widerspruch unter den

[104] »Menon«, 87 A.

[105] Es bleibe hier nicht unerwähnt, daß im Griechischen das Verbum *συμβαίνειν* nur für die Bezeichnung solcher Sätze gebraucht wird, die eigentlich nie falsch sind, sondern notwendig aus irgendeiner Prämisse folgen, mag dabei die Prämisse richtig oder falsch sein. So gebraucht z. B. ARISTOTELES das Wort *συμβαίνειν* über den Schluß zu ZENON (»der fliegende Pfeil ruht«) in der »Physik« Z 9,239 b 30. Nach

möglichen logischen Konsequenzen einer *hypothesis* auf, so ist er ein Zeichen dafür, daß die *hypothesis* falsch war, zu einem *adynaton* führte.[106]

Aus der Tatsache, daß nach der Platonischen Dialektik für die Beurteilung der Konsequenzen einer *hypothesis* im Grunde nur das negative Kriterium der Widerspruchsfreiheit das entscheidende ist, folgt, daß diese Dialektik ganz und gar auf die Methode der indirekten Beweisführung gebaut ist. Denn die Widerspruchsfreiheit einer Behauptung oder eines ganzen Gedankenkomplexes läßt sich ja als Negativum *nur* auf dem Wege zeigen, daß man den Widerspruch in der gegenteiligen Behauptung, im entgegengesetzten Gedankenkomplex nachweist; d. h. also, man beweist das, was zu beweisen gilt, auf indirektem Wege.

Die Anwendung einer *hypothesis* und die Kontrolle ihrer Konsequenzen sind also in der Platonischen Dialektik ohne die Methode der indirekten Beweisführung überhaupt nicht denkbar. *Es folgt aus dem Wesen der behandelten Gattung »hypothesis« selbst, daß ihre Anwendung nur auf die indirekte Beweismethode gebaut werden kann.* – Man wird bald sehen, daß diese letztere These – die ich mit allem Nachdruck betonen möchte – eigentlich noch von Platon formuliert wurde, und auch das ist wohl kein Zufall, daß Platon selber diesen Gedanken gerade durch Parmenides vertreten ließ.

Aristoteles soll also nicht die Schlußweise, sondern die *Prämisse* von Zenon falsch gewesen sein, bzw. der Schluß ist nur deswegen falsch, weil er aus einer falschen Prämisse folgt.

[106] Es gibt also in der Platonischen Dialektik — soweit ich sehe — außer der unerläßlichen Forderung der Widerspruchsfreiheit noch keine festgesetzten Regeln dafür, welche Art von Behauptungen sich miteinander verbinden lassen; es gibt noch kein ausgebautes *System der Syllogistik.* Statt der Befolgung irgendwelcher syllogistischer Regeln wird nur die Widerspruchsfreiheit der aneinander gereihten Behauptungen auf dem Wege kontrolliert, daß man jene Behauptungen, die zu einem Widerspruch führen, verwirft, und die gegenteiligen Behauptungen — die zu keinem Widerspruch führten — als wahre Aussagen ansieht. Vgl. dazu auch Phaidon, 100 ff., besonders 101 A.

Die Beobachtung, daß die Anwendung einer *hypothesis* in dem dialektischen Verfahren von der Methode der indirekten Beweisführung gar nicht zu trennen ist, paßt sehr gut zu der Tatsache, daß PLATON selber die behandelte und eben auf die Anwendung einer *hypothesis* gegründete Beweisführung des »Theaitetos« als eine nach der Art der Mathematiker bezeichnete. Denn man weiß in der Tat, wie häufig die Methode des indirekten Beweisverfahrens in der frühgriechischen Mathematik benutzt wurde. Das VII. Buch der Euklidischen »Elemente«, und besonders die ersten 36 Sätze in diesem Buch, sind z. B. auf alle Fälle sehr alt.[107] Von diesen 36 Sätzen werden jedoch 15 indirekt bewiesen. Ebenso werden 6 bzw. 8 von den insgesamt 17 Sätzen der alten Lehre über das Gerade und Ungerade[108] mit indirekter Beweisführung begründet. Ja, ich hoffe in einem späteren Kapitel zeigen zu können, daß selbst der zentrale und grundlegende Satz der pythagoreischen Arithmetik – derjenige von der Unteilbarkeit der Eins – indirekt bewiesen wurde. Es scheint also, daß man in der Tat die Methode der indirekten Beweisführung mit Recht als etwas für die Mathematik besonders Charakteristisches ansehen konnte. Wohl darum hat auch PLATON seinen vorhin behandelten Beweis als einen nach der Art der Mathematiker bezeichnet.

10. Die Prioritätsfrage

Nun wird man im Sinne der bisher behandelten alten Zeugnisse die folgende interessante Tatsache feststellen müssen. – Wir konnten im Zusammenhang mit dem mathematischen Fachausdruck *hypothesis* darauf hinweisen, daß nicht nur dieses Wort, sondern auch seine Synonyme sowie auch die verwandten Ausdrücke, die mit ihm zusammen gebraucht

[107] B. L. v. d. WAERDEN, Die Arithmetik der Pythagoreer, Math. Ann. 120 (1947/49) 127–153.

[108] Vgl. Anm. 12.

werden, offenbar der Dialektik entstammen. Man hat also diese Worte zu allererst wohl nicht in der Mathematik, sondern in der Dialektik benutzt; zu mathematischen Fachbezeichnungen wurden diese sozusagen nur als »geliehene Ausdrücke«, die man aus der Dialektik übernahm. Oder wollte man auf die innere Verwandtschaft von Dialektik und Mathematik bestehen, so müßte man die Mathematik – mindestens in dieser Beziehung – als ein Spezialgebiet der Dialektik ansehen. Man könnte also vermuten, die behandelten Ausdrücke der Dialektik seien wohl nur deswegen als terminologische Bezeichnungen auch in die Mathematik übernommen worden, weil die Mathematik gar nichts anderes als *nur ein später entwickeltes Sondergebiet der etwas älteren Dialektik sei.*

Es darf jedoch nicht verschwiegen werden, daß dieser letzteren historischen Rekonstruktion etwas zu widersprechen scheint. Für PLATON war die mathematische Methode schon ein *Vorbild;* er wollte dieselbe Strenge, die in der Mathematik selbstverständlich ist, auch in die Dialektik einführen. Dies scheint nun doch dafür zu sprechen, daß die Beeinflussung eher von der Mathematik her vor sich gegangen sei; als wäre die Mathematik nicht der empfangende, sondern eher der gebende Teil und als wollte sich die Dialektik erst nachträglich nach der schon früheren und entwickelteren Mathematik richten. Für diese letztere Vermutung scheint auch die andere Tatsache zu sprechen, daß nämlich der dialektische Kunstgriff der *hypothesis*-Anwendung von der Methode der indirekten Beweisführung untrennbar ist. Das indirekte Beweisverfahren scheint doch eine ganz besondere und – mindestens nach PLATON – eben für die mathematische Denkweise charakteristische Eigenart zu sein. – Aber wie ist es dann zu erklären – wenn nämlich diese letztere Vermutung zutreffen sollte und die Mathematik in der Tat die ältere, die Dialektik die jüngere Wissenschaft wäre –, daß die geprüfte Terminologie der Mathematik dennoch der *Dialektik* entstammt?

Wir müssen also die Frage der Priorität – ob die Dialektik oder ob die Mathematik das ältere Anwendungsgebiet war – nochmals ernstlich ins Auge fassen. Bei dieser Prüfung muß zweierlei gefragt werden: Erstens, aus welcher Zeit und in welchem Zusammenhang läßt sich die früheste Anwendung einer solchen Art *hypothesis* nachweisen, die wir aus der Platonischen Dialektik kennen? Und zweitens, wann und unter welchen Umständen wurde die Methode der indirekten Beweisführung ausgebaut?

Es sei jedoch hier vor allem an einem sozusagen negativen Beispiel gezeigt, wie man bei dem Versuch, die zuletzt vorgelegten Fragen zu beantworten, leicht auf Irrwege geraten kann. Man könnte nämlich auf den Gedanken verfallen, die Tatsache, daß *hypotheseis* schon in der frühgriechischen Mathematik des 5. Jahrhunderts gebraucht wurden, ließe sich etwa auch mit einem Hinweis auf den Eudemischen Bericht über die Quadratur der Möndchen durch HIPPOKRATES von Chios wahrscheinlich machen. Denn es heißt ja in der Tat gleich am Anfang dieses Berichtes[109]: HIPPOKRATES habe sich eine *ἀρχή* gemacht, und er habe als erstes der für seinen Beweis Nützlichen angenommen, daß usw. usw. *(ἀρχὴν μὲν οὖν ἐποιήσατο καὶ πρῶτον ἔθετο τῶν πρὸς αὐτοὺς χρησιμῶν κτλ.).* Man sieht also, daß der Ausdruck *hypothesis* selbst zwar unmittelbar nicht gebraucht wird, aber die Worte *ἀρχή, πρῶτον* und *ἔθετο* als synonyme bzw. als verwandte Ausdrücke doch die Vermutung nahezulegen scheinen, als handelte es sich hier um eine Art *hypothesis* in dem Sinne, in dem wir diese Gattung eben kennenlernten. Besonders auffallend sind die Worte *ἀρχή* und *πρῶτον,* die nicht nur an die oben behandelten PLATON-Stellen[110] erinnern, sondern beinahe auch schon den Verdacht erwecken, als handelte es sich hier um die *πρῶται ἀρχαί* der Mathematik.

Nun wäre jedoch eine solche Vermutung völlig verkehrt. Es handelt sich bei der angeführten EUDEMOS-Stelle um gar nichts dergleichen. Das geht ohne jeden Zweifel aus der Fortsetzung des obigen Zitates hervor, die genau angibt, worin eigentlich die *ἀρχή* oder der Anfang *(πρῶτον)* der Beweisführung des HIPPOKRATES bestand. Er hat sich

[109] F. RUDIO, Der Bericht des Simplicius über die Quadraturen des Antiphon und des Hippokrates, Leipzig 1907; P. TANNERY, Mém. scient., Bd. I, S. 347–349; O. BECKER, Quellen und Studien zur Geschichte der Math. etc. B, 3 (1936) 427–429.

[110] »Kratylos«, 436 D und »Phaidon«, 107 B.

nämlich die ἀρχή gemacht und als erstes der für seinen Beweis Nützlichen angenommen, daß »ähnliche Segmente von Kreisen sich zueinander verhalten wie die Quadrate ihrer Grundlinien«. — Die *arche* des HIPPOKRATES war also demnach ein regelrechter geometrischer Satz, und nicht irgendeine jener Art *hypotheseis*, über die der Platonische SOKRATES behauptet, daß sie von den Mathematikern den Untersuchungen zugrunde gelegt werden und daß sich dieselben Mathematiker auch gar nicht bemühten, sich über diese *hypotheseis* genauer Rechenschaft zu geben.[111] Denn es heißt ja in dem Bericht des EUDEMOS selbst — gleich nach dem vorigen Zitat —, daß HIPPOKRATES seinen Anfangssatz auch beweisen konnte *(τοῦτο δὲ ἐδείκνυεν ἐκ τοῦ κτλ.)*. Er führte nämlich den Satz, daß »ähnliche Segmente von Kreisen sich zueinander verhalten, wie die Quadrate ihrer Grundlinien«, auf den anderen zurück, daß »Kreise sich zueinander verhalten, wie die Quadrate ihrer Durchmesser«.[112]

Offenbar benutzt also der Bericht des EUDEMOS jene Worte, die oberflächlich betrachtet an das Problem der πρῶται ἀρχαί in der Mathematik erinnern, in einem anderen, nur allgemeineren Sinne; er bezeichnet nämlich mit diesen Worten jene *Hilfssätze*, die für HIPPOKRATES in der Beweisführung — wahrscheinlich schon am *Anfang* seines Werkes — unerläßlich waren. Aber über jene *hypothesis*-Anwendung, die uns in diesem Zusammenhang interessiert, erfahren wir aus diesem Bericht überhaupt nichts. — Dagegen ließe sich die Frage, ob HIPPOKRATES die Methode der indirekten Beweisführung benutzte, nur auf Grund einer sehr eingehenden Behandlung der Textüberlieferung des EUDEMOS entscheiden. Darum muß ich diese letztere Frage in diesem Zusammenhang offen lassen.

Wollte man auf der anderen Seite die Anwendung der *hypothesis* und diejenige des indirekten Beweisverfahrens in jenen Bruchstücken der frühgriechischen Mathematik nachweisen, die die moderne Forschung in der letzten Zeit wiederzugewinnen vermochte, so könnte man sich leicht in einen merkwürdigen »Circulus vitiosus« verwickeln. Denn es wird zwar heute wohl allgemein angenommen, daß die meisten Sätze im VII. Buch der Euklidischen »Elemente« noch aus dem 5. Jahrhundert v. u. Z. stammen, und ebenso gilt auch die sog. Lehre vom Geraden und Ungeraden als sehr alt — wahrscheinlich entstand sie um die Mitte oder gar in der ersten Hälfte des 5. Jahr-

[111] PLATON, Resp. VI 510 C—D.

[112] O. BECKER hat gezeigt [Archiv f. Begriffsgeschichte 4 (1959) 218 ff.], daß HIPPOKRATES selbst diesen anderen *Anfangssatz* wahrscheinlich mit sehr einfachen Mitteln auch tadellos beweisen konnte.

hunderts.[113] Aber wie weit darf man auf diese an und für sich sehr wohl begründeten Vermutungen noch weitere historische Konstruktionen bauen? Sind z. B. auch die *Beweise* — und besonders die *indirekten Beweise* dieser alten Sätze, so wie man diese heute bei Euklid liest, ebenso alt wie die Sätze selbst?

Man wird zugeben müssen, daß diese letztere Frage — wenn man die betreffenden Beweise nacheinander im einzelnen und für sich historisch analysieren wollte — sich kaum mit Bestimmtheit beantworten ließe. Denn man kann ja in einigen Fällen so gut wie mit voller Sicherheit gerade das Gegenteil zeigen, daß nämlich eben die Beweise von mehreren alten Sätzen *nicht* in ihrer ursprünglichen Form überliefert wurden[114]; man hat in diesen Fällen die Beweise in der späteren Zeit offenbar überarbeitet — zum Teil auch darum, um auf diese Weise die Sätze selbst in einen neuen Zusammenhang einfügen zu können. Nun muß aber diese Tatsache zu besonderer Vorsicht mahnen. Denn woher sollte man wissen, daß auf der anderen Seite in denjenigen Fällen, in denen sich die Überarbeitung der Beweise von alten Sätzen *nicht* nachweisen läßt, dieselben Beweise schon aus diesem Grunde allein ebenso alt sein müßten wie die Sätze selbst?

Man kann in der Tat, was die indirekte Beweismethode selbst betrifft, nur in einem einzigen Fall mit Bestimmtheit behaupten, daß auch der Beweis eines bekannten alten Satzes ebenso alt wie der Satz selber ist. Das ist nämlich der Fall des altpythagoreischen Satzes über die Inkommensurabilität der Quadratdiagonale zur -seite (Elem. X App. 27). Aristoteles ist unser Zeuge dafür,[115] daß dieser Satz von alters her im wesentlichen mit demselben indirekten Beweis verifiziert wurde, den wir auch bei Euklid lesen. — Für die übrigen alten Fälle des indirekten Beweises hat man. soviel ich weiß, keine solchen Zeugnisse.

Und dennoch glaube ich, behaupten zu dürfen, daß das verhältnismäßig häufige Auftreten dieser Beweisform in den Sätzen der frühgriechischen Mathematik kein Zufall ist. Diese Beweise müssen — mindestens im allgemeinen — unverändert auf uns gekommen sein. Die indirekte Methode muß schon in der Mathematik des 5. Jahrhunderts die gewöhnlichste Form des Beweises gewesen sein. — Könnte man diese Behauptung nur mit jenen Platon-Stellen begründen, die

[113] O. Becker, Grundlagen der Mathematik in geschichtlicher Entwicklung, S. 38.

[114] Vgl. O. Becker, Quellen und Studien zur Geschichte der Math. etc. B, 3 (1936) 533 ff.

[115] Vgl. dazu O. Becker, ebd., S. 544 Anm. 11; Aristoteles, Analytica priora I 23 41 a 26; I 44 50 a 37.

ich bisher anführte, so bliebe sie nur eine vage Vermutung. Aber man kennt doch genau auch den Ursprung des indirekten Beweises und der *hypothesis*-Anwendung. Man braucht dazu nur die Zeugnisse selbst reden zu lassen.

11. Der älteste Dialektiker, ZENON

PLATON ließ in seinem »Parmenides« den Eleaten ZENON mit eigenen Worten erklären, worin eigentlich das Wesentliche seines damals berühmten Werkes bestand.[116] Nach dieser Erklärung wäre die Schrift des ZENON nur eine Hilfeleistung für die Lehre des PARMENIDES gewesen *(βοήθειά τις τῷ Παρμενίδου λόγῳ)*. Man hätte nämlich PARMENIDES auf dem Wege verspotten wollen, daß man zeigte, sein Satz über die Eins wäre lächerlich, da er zu sich selbst widersprechenden Behauptungen führte *(ὡς εἰ ἕν ἐστι, πολλὰ καὶ γελοῖα συμβαίνει πάσχειν τῷ λόγῳ)*. Gegen diese Versuche hätte sich ZENON gerichtet, als er zeigte, daß die *hypothesis* der PARMENIDES-Gegner (»πολλά ἐστιν«) zu noch lächerlicheren Konsequenzen führt – gesetzt nur, daß man richtig untersucht *(ὡς ἔτι γελοιότερον πάσχοι ἂν αὐτῶν ἡ ὑπόθεσις, εἰ πολλά ἐστιν, ἢ ἡ τοῦ ἓν εἶναι, εἴ τις ἱκανῶς ἐπεξίοι)*.

Es geht sowohl aus dieser Stelle wie auch aus der parallelen Überlieferung bei SIMPLICIUS[117] eindeutig hervor, daß nach dieser Auffassung ZENON eigentlich zwei *hypotheseis* einander entgegenstellte. Diese waren nämlich nach dem SIMPLICIUS-Text: *ἡ ὑπόθεσις ἡ λέγουσα »πολλά ἐστιν«* (= die *hypothesis*, die besagt, daß das Seiende *vieles* ist) und *ἡ τοῦ ἓν εἶναι* (= die besagt, daß es *eins* ist). ZENON prüfte dann, was mit der einen und was mit der anderen *hypothesis* im Einklang steht, oder wie unser Text sich ausdrückt: er untersuchte, welcher von diesen Sätzen zu einem Widerspruch führt *(ἐναντία αὑτῷ λέγει)*, um dann denselben für eine falsche Behauptung erklären zu können. Das heißt also: ZENONS

[116] PLATON, »Parmenides«, 128.
[117] SIMPLICIUS, Phys. 134, 2 (zu ARISTOTELES A 3, 187 a 1).

Methode war dieselbe wie diejenige der Platonischen Dialektik. Sehr gut paßt zu dieser Feststellung die Tatsache, daß nach ARISTOTELES ZENON überhaupt der Begründer oder wie er sagt: der Erfinder der Dialektik war.[118]

Es unterliegt gar keinem Zweifel, daß die eben geprüfte PLATON-Stelle als ein völlig zuverlässiges Zeugnis über den historischen ZENON zu gelten hat. In der Tat sind sowohl die *hypothesis*-Anwendung wie auch die von ihr untrennbare indirekte Beweismethode aus den Fragmenten des Eleaten ZENON so sehr bekannt, daß es hier kaum einen Sinn hätte, für diese Behauptung noch einzelne Belege anführen zu wollen. Aus diesen beiden Dingen – *hypothesis*-Anwendung und indirekter Beweis – bestand ja überhaupt die Dialektik der Eleaten, und auch die Platonische Dialektik ist im Grunde gar nichts anderes – wie ich dies schon öfters betonte[119] – als nur eine spätere und vielleicht entwickeltere Form der Eleaten-Dialektik.

Damit haben wir die älteste uns bekannte Quelle der *hypothesis*-Anwendung und der indirekten Beweismethode, die Schule der Eleaten namhaft gemacht. Und in diesem Sinne könnten wir auch schon die früher vorgelegte Frage dahin beantworten, daß das ältere Anwendungsgebiet doch die Dialektik und nicht die Mathematik gewesen sei, *wenn nur nicht gerade in dieser Beziehung eine merkwürdige Vermutung über die Zenonsche Dialektik schon öfters ausgesprochen worden wäre!* Man vermutete nämlich, daß das indirekte Beweisverfahren, die »reductio ad absurdum«, doch durch die ersten griechischen Mathematiker entwickelt worden wäre, und daß ZENON diese Art der Beweisführung nur aus der Mathematik hätte übernehmen können, wobei die ursprüngliche mathematische oder geometrische Eigenart dieser Denkweise immer noch unverändert geblieben sei.[120]

Man sieht also, daß dieselbe Frage, die uns im Zusammen-

[118] Aristotelis Fragm. (ed. V. ROSE), Lipsiae 1886 fr. 65.

[119] Vgl. dazu meine in Anm. 33 genannte Arbeit *Eleatica*, S. 98 ff.

[120] A. REY, La jeunesse de la science grecque, Paris 1933, S. 202.

hang mit der Platonischen Dialektik begegnete – ob die Dialektik oder ob die Mathematik das ältere Anwendungsgebiet sei – sich mit dem bloßen Hinweis auf die Eleaten keineswegs endgültig beantworten läßt. Ja, man könnte sogar folgendermaßen argumentieren: Die Vermutung, daß ZENON das indirekte Beweisverfahren der Mathematik entnahm, wäre auch deswegen wahrscheinlich, weil ja auch PLATON selber betonte, daß er seine *hypotheseis* und die indirekten Beweise nach der Art der Mathematiker aufgebaut habe. Und warum hätte nicht auch schon ZENON dasselbe tun können? Wir selber betonten ja, daß die Dialektik der Eleaten eine Vorgängerin der Platonischen Dialektik war. Waren die Eleaten nicht auch darin Vorgänger von PLATON, daß sie von den Mathematikern lernten? – Man muß also die vorige Vermutung – ZENON habe die indirekte Beweismethode und die *hypothesis*-Anwendung der Mathematik entlehnt – ernster auf die Probe stellen.

Es sei vor allem daran erinnert, daß die griechische Mathematik des zenonschen Zeitalters unmittelbar gar nicht bekannt ist. Alles, was man von der Mathematik dieser Epoche weiß und was man auf diese Zeit datiert, ist im Grunde nur moderne Rekonstruktion. Diese Tatsache gebietet schon in sich einen gewissen Vorbehalt der geprüften Vermutung gegenüber. Denn es gibt ja gar keinen Beleg dafür, daß indirekte Beweise auch schon in der Mathematik der vorzenonschen Zeit benutzt wurden. Vermutet man also dennoch, daß ZENON die Methode der indirekten Beweisführung aus der Mathematik übernommen hätte, so erklärt man das Bekannte mit etwas Unbekanntem.

Dagegen läßt sich die Quelle, aus der ZENON das indirekte Beweisverfahren schöpfte, sehr leicht angeben, wenn man nur die antike Überlieferung nicht völlig beiseite schiebt. ZENON war ja ein Schüler des PARMENIDES und das meiste übernahm er ohne Zweifel von seinem Lehrer. Auch die Methode der indirekten Beweisführung brauchte er nicht von irgendwelchen »älteren Mathematikern« lernen; sie war ja für ihn schon in dem Lehrgedicht des PARMENIDES sozusagen fertig gegeben. PARMENIDES war es ja, der seine Thesen durch die Widerlegung ihres Gegenteils bewies[121]; es war überhaupt das größte und bleibendste Verdienst der Parmenideischen Philosophie wohl eben die Entdeckung der indirekten Beweisführung. Ja, man kennt auch die näheren Umstände dessen, wie man darauf kommen konnte, diese Methode der Beweisführung zu entdecken. Der Anlaß dazu war wohl durch jene Kritik gegeben, die PARMENIDES an der milesischen Kosmogonie, genauer an der Kosmogonie des ANAXIMENES geübt hatte.[122] ANAXIMENES konnte noch das Weltentstehen aus dem Urstoff durch »Verdünnung« und »Verdichtung« erklären.[123] So vermochte er z. B. das *Wasser* auf die *Luft* zurückzuführen; das *Wasser* wäre also vor seinem Entstehen, d. h. vor der Verdichtung, »Luft« = »*Nicht-Wasser*« gewesen. Dagegen konnte PARMENIDES dieselbe Denkweise auf sein ὄν nicht mehr anwenden. Wäre auch das ὄν vor seinem Entstehen ein μὴ ὄν gewesen? Aber das wäre ja ein Selbstwiderspruch, etwas undenkbares und darum auch unmögliches; das *Seiende* kann immer nur ein Seiendes und nie – auch *vor* seinem Entstehen nicht – ein *Nicht-Seiendes* sein. (Man könnte also beinahe im zenonschen und platonischen Sinne des Wortgebrauches sagen, die *hypothesis* des Entstehens vom Seienden führe zu einem Widerspruch, zu einem »*adynaton*«; sie führt nämlich zu dem Gedanken: das *Seiende* wäre vor seinem Entstehen ein *Nichtseiendes* gewesen!) – So war für PARMENIDES in seiner Kritik an der milesischen Kosmogonie die Entdeckung des Begriffes von dem *logischen Widerspruch* und damit auch die Methode der indirekten Beweisführung im Keim gegeben.

[121] Vgl. dazu meine in Anm. 33 genannten Arbeiten.

[122] Vgl. dazu K. REINHARDT, Parmenides und die Geschichte der griechischen Philosophie, und meinen Aufsatz »Zum Verständnis der Eleaten« (s. Anm. 33).

[123] Hippol. Ref. I 7, 3 (= DIELS–KRANZ, o. c. I[8] 13 Anaximenes A 7).

12. PLATON *und die Eleaten*

Die vorangestellten Betrachtungen haben gezeigt, daß sowohl die *hypothesis*-Anwendung wie auch das von ihr untrennbare indirekte Beweisverfahren historisch auf die Schule der Eleaten zurückzuführen sind. Bevor ich nun versuche, auf Grund dieser Erkenntnis das Entstehen der mathematischen Axiomatik etwas näher zu beleuchten, möchte ich mindestens noch einige charakteristische Züge dieser Denkweise (der *hypothesis*-Anwendung) in der Platonischen Dialektik hervorheben. Auch dadurch fällt nämlich manches Licht auf die frühgriechische Mathematik.

Kein Zweifel, daß PLATON die eigene Denkweise in den Dialogen meistens durch SOKRATES vertreten ließ. Nun ist es aber wohlbekannt, wie sehr der Platonische SOKRATES jeder sinnlichen Wahrnehmung, d. h. also eigentlich jeder Erkenntnis gegenüber, die man sich durch Vermittlung der Sinnesorgane erwirbt, mißtrauisch war. Wie man im »Phaidon« liest[124]:

> »Bedient sich die Seele in der Untersuchung der Mithilfe des Körpers, des Sehens, des Hörens oder auch einer anderen Art des Wahrnehmens – denn darin besteht ja die Mithilfe des Körpers zu der Untersuchung, in der sinnlichen Wahrnehmung –, dann wird die Seele durch den Körper zu solchen Sachen herangezogen, die niemals dieselben bleiben *(οὐδέποτε κατὰ ταὐτὰ ἔχοντα)*, und auch sie verirrt sich, es wird ihr schwindlig, als wäre sie betrunken, da sie sich ja an solche Sachen klammert. – Führt dagegen die Seele die Untersuchung auf sich selbst gestellt durch, so nähert sie sich dem, was rein, immerwährend *(ἀεὶ ὄν)*, unsterblich und immer dasselbe ist *(ὡσαύτως ἔχον)* usw.«

Es werden also in diesem Zitat zweierlei Arten des Erkennens einander gegenübergestellt: das Erkennen unter Mithilfe

[124] Phaidon, 79 C—D.

des sinnlichen Wahrnehmens und die Erkenntnis ohne die Inanspruchnahme der sinnlichen Wahrnehmung. – Selbstverständlich ist bei PLATON auch diese Unterscheidung der beiden Arten des Erkennens – und dabei die Bevorzugung der rein geistigen Erkenntnis – nur eine Erbschaft der Eleaten-Philosophie.[125] Es war ja PARMENIDES, der seine Jünger so ausdrücklich ermahnte[126]:

> »Laß dich nicht durch die vielerfahrene Gewohnheit auf diesen Weg zwingen: deinen Blick den ziellosen, dein Gehör das brausende und deine Zunge walten zu lassen! Nein, mit dem Verstande *(λόγῳ)* bringe die vielumstrittene Prüfung, die ich dir riet, zur Entscheidung!«

Untrennbar ist also jene Art der *hypothesis*-Anwendung, die wir im vorigen kennenlernten, von dem völligen Ablehnen jeder sinnlichen Wahrnehmung. So war es nicht nur in der Philosophie der Eleaten – ZENON konnte z. B. an seinen sog. »Trugschlüssen« nur unter der Bedingung festhalten, daß er dabei die Sinneswahrnehmungen für *falsch* erklärte –, sondern auch in derjenigen von PLATON. Denn jenes Kriterium der Widerspruchsfreiheit, das in der *hypothesis*-Anwendung das Entscheidende ist, läßt sich ja *nur im reinen Denken* zur Geltung bringen. Die Gegenstände der sinnlichen Erfahrung verwandeln sich immerfort, sie gehen in ihr Gegenteil hinüber – darum sind sie *widerspruchsvoll* –, nur die bloß gedachten Dinge, wie z. B. die Begriffe »das Gleiche« *(τὸ ἴσον)*, »das Schöne« *(τὸ καλόν)* etc.[127] bleiben immer unverändert

[125] Es wäre müßig, in diesem Zusammenhang fragen zu wollen, ob denn eine Erkenntnis ohne die Inanspruchnahme der sinnlichen Wahrnehmung überhaupt möglich sei. – Vgl. dazu meine Arbeit »Zur Geschichte der Dialektik des Denkens« (s. Anm. 33).

[126] DIELS–KRANZ, o. c., I 28 Parmenides, B 7. – Man vergleiche übrigens zu den angeführten Worten des SOKRATES über die sinnliche Wahrnehmung das Fragment des Eleaten MELISSOS: DIELS–KRANZ o. c., I 30 B 8.

[127] Man vergleiche dazu Phaidon 78 D: *αὐτὸ τὸ ἴσον, αὐτὸ τὸ καλόν, αὐτὸ ἕκαστον ὃ ἔστιν τὸ ὂν μή ποτε μεταβολὴν καὶ ἡντινοῦν ἐνδέχεται . . . ἀεὶ*

und gehen nie in ihr Gegenteil über. Die *hypothesis*-Anwendung und das Ablehnen der sinnlichen Wahrnehmung bilden also seit der Lehre der Eleaten eine unzertrennliche, organische Einheit. (Es sei hier sogleich auch daran erinnert, daß oben, im Kapitel »Der Ursprung des Anti-Empirismus und des indirekten Beweisverfahrens« schon darauf hingewiesen wurde: Auch in der frühgriechischen Mathematik trat die anti-empirische, anschauungsfeindliche Tendenz zusammen mit den ersten Anwendungen der indirekten Beweisführung auf.)

Nun gibt es jedoch ein so gut wie unwiderlegbares, von Platon selbst geliefertes Zeugnis dafür, daß in seiner Philosophie sowohl das Ablehnen der sinnlichen Wahrnehmung wie auch die *hypothesis*-Anwendung und die Methode der indirekten Beweisführung eine Erbschaft der Eleaten waren. Er ließ nämlich in dem Dialog »Parmenides« durch den Lehrmeister der Eleaten selber seinem Sokrates das Lob erteilen[128]:

> »Ich war damit sehr zufrieden, Sokrates, als ich aus deinen Worten entnahm, daß du nicht ließest, die Untersuchung im Kreise der sichtbaren Dinge zu verirren, sondern du richtetest deine Aufmerksamkeit auf diejenigen, die nur mit dem Verstande zu erfassen sind.«

Diese Worte stehen im besten Einklang sowohl mit der eben zitierten Mahnung des historischen Parmenides wie auch mit der bekannten Methode der Platonischen Dialektik. Dabei kann das Lob des Parmenides wohl auch als ein Zeugnis dafür gelten, daß Platon selber keineswegs verheimlichen wollte, seine dialektische Methode ist dieselbe wie diejenige der Eleaten.

Nun ist jedoch die eben genannte Stelle im Dialog »Parmenides« auch noch von einem anderen Gesichtspunkt aus sehr

---

αὐτῶν ἕκαστον ὃ ἔστι . . . ὡσαύτως κατὰ ταὐτὰ ἔχει καὶ οὐδέποτε ουδαμῇ οὐδαμῶς ἀλλοίωσιν οὐδεμίαν ἐνδέχεται.

[128] Platon, Parmenides, 135 E.

lehrreich, denn es handelt sich ja in dem vollständigen Textzusammenhang – aus dem ich das letzte Zitat herausgriff – eben um die *hypothesis*-Anwendung selbst. Und da erteilt PARMENIDES den folgenden interessanten Rat: Man soll in jedem gegebenen Fall nicht nur irgendeine bestimmte *hypothesis* und ihre Konsequenzen sich überlegen, sondern sogleich auch die gegenteilige *hypothesis* aufstellen und ihre Konsequenzen genau prüfen.[129] Es wird das Beispiel von ZENON genannt, der in den Untersuchungen sowohl die Konsequenzen seiner eigenen *hypothesis* wie auch diejenigen der gegenteiligen *hypothesis* immer sorgfältig auf die Probe zu stellen gewohnt war.

Es unterliegt gar keinem Zweifel, was der Sinn dieser doppelten *hypothesis*-Anwendung sei. Wird jede sinnliche Wahrnehmung, d. h. also eigentlich auch jede konkrete Erfahrung, prinzipiell als unzuverlässig oder falsch abgelehnt, so kann man sich von der Richtigkeit oder Unrichtigkeit einer Behauptung gar nicht dadurch überzeugen, daß man die betreffende Behauptung an den konkreten Dingen der Sinneswelt kontrolliert. Statt dessen gibt es nur eine einzige Möglichkeit, sich von der Gültigkeit oder Ungültigkeit einer Behauptung zu vergewissern: Man stellt nämlich auch die gegenteilige Behauptung auf und man prüft an den Konsequenzen beider Behauptungen, welche von ihnen zu einem Widerspruch führt; diejenige muß dann verworfen und die andere – d. h. also die Behauptung, die zu keinem Widerspruch führte – muß als wahr hingestellt werden. Aus einer solchen doppelten *hypothesis*-Anwendung besteht eigentlich jeder vollständig durchgeführter indirekter Beweis, und gerade auf diesen ist die ganze Platonische Dialektik gebaut.

Kein Zweifel, daß jene *hypothesis*-Anwendung, die der Platonische PARMENIDES seinem Gesprächspartner so nach-

[129] Ebd. 135 E—136: *χρὴ δὲ καὶ τόδε ἔτι πρὸς τούτῳ ποιεῖν, μὴ μόνον εἰ ἔστιν ἕκαστον ὑποτιθέμενον σκοπεῖν τὰ συμβαίνοντα ἐκ τῆς ὑποθέσεως, ἀλλὰ καὶ εἰ μὴ ἔστι τὸ αὐτὸ τοῦτο ὑποτίθεσθαι, εἰ βούλει μᾶλλον γυμνασθῆναι.*

drücklich empfiehlt, auch schon in der Arithmetik des 5. Jahrhunderts v. u. Z. oft benutzt wurde. Man konnte z. B. – wie wir es in einem späteren Kapitel sehen werden – nur mit einer solchen doppelten *hypothesis*-Anwendung entscheiden, welcher von den beiden Sätzen gültig sein soll: Ob die Eins teilbar oder ob sie unteilbar ist.

13. Die »hypotheseis« und die mathematischen Grundlagen

Nachdem nun geklärt wurde, daß die *hypothesis*-Anwendung und die Methode der indirekten Beweisführung aus der Philosophie der Eleaten stammen, kann man auch die Prioritätsfrage – ob die Dialektik oder ob die Mathematik die ältere Wissenschaft sei – eindeutig beantworten. Selbstverständlich war das ursprüngliche Anwendungsgebiet *nicht* die Mathematik, sondern die Dialektik, wie man dies schon aus der bloßen Tatsache hätte erschließen können, daß *die ganze geprüfte Terminologie der mathematischen Grundlagen dialektischen Ursprungs ist.* Nicht die Fachausdrücke der Mathematik wurden in die Dialektik übernommen, sondern ganz gewöhnliche dialektische Ausdrücke wurden zu mathematischen Fachbezeichnungen. Demnach kann also die frühgriechische Mathematik in der Tat – mindestens in dieser Beziehung als kunstvoll aufgebautes System von Kenntnissen – für ein Spezialgebiet der Dialektik gelten.

Dabei ist jedoch die Tatsache, daß PLATON dennoch gerade die mathematische Methode als höchstes und nachahmenswertes Vorbild hinstellte, auch unter historischem Gesichtspunkt sehr bedeutend. Daraus ersieht man nämlich, wie sehr zu PLATONS Zeit die ursprünglich rein dialektische Methode der *hypothesis*-Anwendung und des indirekten Beweisverfahrens schon völlig in der Mathematik eingebürgert sein mußte. Es scheint in der Tat, daß in der Zwischenzeit – von PARMENIDES – ZENON bis PLATON – die Lehre der Eleaten über Widerspruch und Widerspruchsfreiheit eine zwiefache Entwicklung durchmachte: auf der einen Seite entartete sie nämlich in die Sophistik[130] und auf der anderen Seite erblühte sie in jener Mathematik des 5. Jahrhunderts, aus der wir nur Fragmente wiederherstellen können, aber deren unmittelbare Fortsetzung EUKLIDS »Elemente« sind. Natürlich war es für PLATON gar keine Frage, zu welcher Entwicklungslinie er sich bekennen sollte.

Wichtig ist aber die Tatsache, daß PLATON in der Anwendung der *hypotheseis* sich auf das Vorbild der Mathematik berief, auch noch unter einem anderen Gesichtspunkt. Man kann nämlich daraus nicht bloß die Tatsache erschließen, daß in der zeitgenössischen Mathematik die *hypotheseis* irgendwie eine große Rolle spielten. Man kann auch noch darüber hinausgehend mit einiger Wahrscheinlichkeit vermuten, welche Art *hypotheseis* in der vorplatonischen Mathematik überhaupt üblich waren.

Es interessiert uns vor allem die Frage, ob die alten mathematischen ὑποθέσεις vorwiegend *nur »ad hoc« gewählte Annahmen* waren, wie eine solche »ad hoc« gewählte geometrische *hypothesis* in dem Dialog »Menon« angedeutet wird (86 E 3), oder ob man wohl schon in der vorplatonischen Zeit versuchte, auch die *allgemeinen Grundlagen* der Mathematik irgendwie so zusammenzustellen, wie dies später EUKLID tat.

Man muß in der Beantwortung dieser Frage vor allem die folgenden Tatsachen berücksichtigen:

1. Nach dem Bericht des PROKLOS war HIPPOKRATES von Chios, ein Mathematiker des 5. Jahrhunderts, der erste, der »Elemente« zusammenstellte.[131] Man kann sich jedoch ein solches Elementarbuch ohne das Vorausschicken irgendwelcher Prinzipien schwerlich denken.
2. Es wurde oben schon erwähnt (im Kapitel »Die Grundlagen und ARISTOTELES«), daß manche Definitionen und Benen-

[130] Vgl. dazu meinen Aufsatz »Zur Geschichte der griechischen Dialektik« (s. Anm. 33).

[131] Proclus (ed. F.), 66, 7 f.

nungen der Geometrie bei EUKLID nur erwähnt werden, aber sonst für das Euklidische Werk eigentlich überflüssig sind. Diese Definitionen und Benennungen sind nachweisbar – z. B. auf Grund eines Vergleichs mit PLATONS Wortschatz – voreuklidischen Ursprungs, d. h. also, sie entstammen bei EUKLID aller Wahrscheinlichkeit nach aus irgendeiner voreuklidischen Zusammenstellung von mathematischen Prinzipien.

3. Auch PLATON selber erwähnt einige solche *hypotheseis* der Mathematiker, die man unter den späteren Euklidischen Definitionen wiederfindet (z. B. »gerade Zahl«, die »drei Arten von Winkeln« u. a. m.[132]). Ja, die Bemerkung von PLATON, daß dieselben Mathematiker sich auch gar nicht bemühten, sich oder anderen über solche *hypotheseis* genauer Rechenschaft zu geben, scheint beinahe ein Beleg auch dafür zu sein, daß es wohl schon in der vorplatonischen Zeit ebenso üblich war, diese Art *hypotheseis* in einer *Sondergruppe* den mathematischen Erörterungen vorauszuschicken, wie dies später AUTOLYKOS von Pitane, EUKLID und alle bekannten Mathematiker taten. Denn man konnte ja äußerlich eben nur durch dieses Vorausschicken in einer Sondergruppe kenntlich machen, daß diese Sätze *nicht* bewiesen werden, während man sonst alles übrige beweisen will.

Es unterliegt also gar keinem Zweifel, daß man schon in der vorplatonischen Zeit bestrebt war, gewisse allgemeine Grundlagen der Mathematik zusammenzustellen. Wie SOKRATES seiner Untersuchung immer eine Behauptung zugrunde zu legen pflegte, die er für »besonders stark« hielt (»Phaidon« 100 A), so machte man es jedesmal auch in der Mathematik, weil doch die mathematische Methode dieselbe war wie die dialektische Denkweise des Platonischen SOKRATES. Und nachdem in der mathematischen Untersuchung diese »beson-

[132] PLATON, Resp. VI 510 C–D.

ders starken Behauptungen« meistens von Fall zu Fall dieselben Sätze waren, konnte auch der Gedanke als sehr naheliegend erscheinen, dieselben als »Grundlagen der Mathematik« am Anfang des Werkes in einer Sondergruppe zusammenzustellen.

Ja, ich glaube darüber hinausgehend vermuten zu dürfen, daß die ältesten *Grundlagen*, die man den mathematischen Erörterungen voranzustellen pflegte, die *Definitionen* waren. Dafür habe ich zunächst zwei Anhaltspunkte. Einerseits wurde es nämlich schon mehrmals hervorgehoben, daß das Wort *ὑπόθεσις* (als mathematische Fachbezeichnung) sowohl *Grundlage* im allgemeinen wie auch *Definition* im speziellen bedeutet hatte. Diese Doppelbedeutung scheint dafür zu sprechen, daß man vor allem eben die *Definitionen* als »*Grundlagen*« anzusehen gewohnt war. – Andrerseits spricht für die vorige Vermutung auch die folgende Überlegung:

In der Tat gelten auch in der dialektischen Auseinandersetzung eben die Definitionen als die allerersten *hypotheseis*, über die sich die Gesprächspartner einigen müssen. Man muß nämlich vor allem festlegen, daß der Gegenstand, über den man redet, etwas ist, und daß er sich auf alle Fälle von dem unterscheidet, was *nicht* dieser Gegenstand ist; er kann also nicht zur gleichen Zeit er selber und auch das Gegenteil von sich selbst sein. Wie es z. B. in dem Platonischen Dialog »Euthyphron« heißt[133]:

> »dasselbe ist das Heilige *(τὸ ὅσιον)*, in jedem Fall nur sich selbst gleich, und ebenso auch das Unheilige *(τὸ ἀνόσιον)* immer das Gegenteil des Heiligen«.

Das griechische Wort für »definieren« *(ὁρίζεσθαι)* heißt eigentlich *abgrenzen*. Es wird nämlich in der Definition der Begriff des Gegenstandes, sein »Eidos«, von dem abgegrenzt, was *nicht* dieser Gegenstand ist, denn man kann ja eben nur durch diese Abgrenzung die Widerspruchsfreiheit des Begrif-

[133] Euthyphron, 5 D; vgl. Phaidon, 102 E.

fes sichern. Eine solche Abgrenzung des Gegenstandes von seinem Gegenteil, was *nicht* dieser Gegenstand ist – d. h. also die älteste *Definition* im ursprünglichen Sinne des Wortes –, wurde zum allerersten Mal eben durch PARMENIDES versucht, als er sein *ὄν* (»das Seiende«) von dem *μὴ ὄν* (»das Nicht-Seiende«) scharf trennte. Die Vorbedingung der Dialektik der Eleaten ist eben dieses Abgrenzen, das Definieren. Ebenso heißt es bei PLATON: Es ist ohne das Festlegen der Definitionen die dialektische Auseinandersetzung auch gar nicht möglich[134]:

> »Wenn jemand nicht zugibt, daß die Dinge ihre ‚*Eide*' haben . . ., und wenn man das ‚*Eidos*' jedes einzelnen Dinges nicht abgrenzt (definiert), dann kann man seine Vernunft auch nicht auf irgendeine Sache hinlenken, denn man läßt in diesem Fall auch nicht zu, *daß der Begriff eines jeden Dinges immer unverändert derselbe bleibe*, und damit hebt man auch die Möglichkeit einer dialektischen Auseinandersetzung völlig auf.«

Mit anderen Worten heißt dies soviel: Legt man nicht im voraus durch Definitionen fest, daß der Gegenstand, über den man redet, der Begriff immer derselbe ist, also nie in sein Gegenteil übergehen kann, dann wird dieser Gegenstand *widerspruchsvoll* (»er selber« und auch »nicht er selber«) und damit wird in der Tat auch die Möglichkeit jener dialektischen Auseinandersetzung aufgehoben, die nur auf die Forderung der Widerspruchsfreiheit gebaut werden kann.

Nachdem nun die frühgriechische Mathematik als ein Spezialgebiet der Dialektik galt, mußte man selbstverständlich auch in dieser mit der Festlegung der *Definitionen*, der

[134] Parmenides, 135 B—C: *εἴ γέ τις δή . . . αὖ μὴ ἐάσει εἴδη τῶν ὄντων εἶναι . . . μηδὲ τι ὁριεῖται εἶδος ἑνὸς ἑκάστου, οὐδὲ ὅποι τρέψαι τὴν διάνοιαν ἕξει, μὴ ἐῶν ἰδέαν τῶν ὄντων ἑκάστου τὴν αὐτὴν ἀεὶ εἶναι, καὶ οὕτως τὴν τοῦ διαλέγεσθαι δύναμιν παντάπασι διαφθερεῖ.*

allerersten *hypotheseis* beginnen. Diese mathematischen Definitionen schufen auch in der Tat völlig neue *Grundlagen* für jene Wissenschaft, die theoretische Mathematik (besonders die Arithmetik), die eben die Forderung der Widerspruchsfreiheit in einer bis dahin gar nicht geahnten Weise zu verwirklichen vermochte. Dies möchte ich gerade noch in den nächsten Kapiteln – im Zusammenhang mit den mathematischen *hypotheseis* – zeigen.

14. Die Definition der »Einheit«

Das Untersuchen der Definitionen am Anfang des VII. Buches der »Elemente« wird durch einen glücklichen Zufall erleichtert. Wie bekannt, stellt nämlich die sog. Lehre vom Geraden und Ungeraden am Ende des IX. Buches (IX 21 – 36) für uns das älteste bekannte Beispiel eines deduktiven Lehrstücks der Mathematik dar, das wohl nur aus historischem Interesse in die »Elemente« anhangsweise aufgenommen wurde. O. Becker, der diese Lehre i. J. 1936 wiederentdeckte,[135] setzte ihre Entstehungszeit auf die Mitte oder gar in die erste Hälfte des 5. Jahrhunderts.[136] Nun ist jedoch diese Lehre ohne die Definitionen 6 – 9 und 12 im VII. Buch gar nicht denkbar. Selbstverständlich muß man zuerst wissen, was eine »gerade« und »ungerade« Zahl heißt, um eine solche Lehre aufbauen zu können. Dieselbe Zeitbestimmung, die für die ganze Lehre gilt, muß also auch für die genannten Definitionen gelten. Das hat wohl auch schon O. Becker richtig erkannt.[137]

Ich vermute jedoch, daß man in dieser Beziehung auch noch weiter gehen kann. Es gehören nicht allein die eben erwähnten Definitionen des VII. Buches zu den Voraussetzungen der genannten Lehre. Denn man wird gerade und ungerade Zahlen kaum unterscheiden können, ohne sich gleichzeitig

[135] Siehe Anm. 12.
[136] Siehe Anm. 113.
[137] Ebd.

auch über die *Zahl* selbst Gedanken zu machen. Es gehört also auch die Definition der »Zahl« (VII def. 2) zu den Voraussetzungen derselben Lehre. Und nachdem diese Definition heißt: »Zahl ist die aus *Einheiten* zusammengesetzte Menge«,[138] wird man auch die Definition der »Einheit« selbst (VII def. 1) als einen organischen Bestandteil der Lehre vom Geraden und Ungeraden ansehen müssen. In der Tat wird der Begriff der »Einheit« auch in der Definition der »ungeraden Zahl« (VII def. 7) und sehr oft in den Sätzen bzw. in den Beweisen dieser Lehre gebraucht. Ich vermute also, daß sowohl die Definition der »Einheit« wie auch diejenige der »Zahl« organische Bestandteile der durch O. Becker wiederhergestellten alten Lehre sind; auch diese mußten schon zu jener Zeit vorhanden gewesen sein, in der man das ursprüngliche Lehrstück aufbaute.

Wohl könnte man gegen diese Vermutung den Verdacht geltend machen, es wäre möglich, daß die Euklidischen Definitionen der »Einheit« und der »Zahl« erst später, nachträglich, auf Grund solcher philosophischer Spekulationen aufgestellt worden seien, die man sich in jener alten Zeit, in der die eigentliche Lehre vom Geraden und Ungeraden entstand, noch überhaupt nicht gemacht hätte; denn in der Tat sind die meisten Sätze dieser Lehre sehr einfach, trivial. Brauchte man wirklich exakte Definitionen darüber, was »Einheit« und »Zahl« seien, um solche Sätze zusammenstellen zu können, die auch ohne Beweis jedem Rechner sofort einleuchtend und selbstverständlich sein mußten?

Überlegt man sich die vorige Frage ernstlich, so wird man einsehen müssen, daß der scheinbare Einwand nicht gegen, sondern eher *für* jene Vermutung spricht, daß auch die Definitionen der »Einheit« und der »Zahl« zu den historischen Voraussetzungen der genannten Lehre gehören. Denn es wurde ja schon bemerkt, daß diese Lehre von Satz zu Satz peinlich exakt bewiesen wird.[139] Es lag also dem antiken Verfasser offenbar gar nicht so sehr an dem Inhalt als eher an der *Form* der betreffenden Lehre; es mußte gezeigt werden, wie auch in solchen einfachen Fällen der Beweis lückenlos geführt wird. Lückenlos ist jedoch die Lehre vom Geraden und Ungeraden nur dann, wenn auch die Definitionen der »Einheit« und der »Zahl« hinzugerechnet werden.

[138] *Ἀριθμός ἐστιν τὸ ἐκ μονάδων συγκείμενον πλῆθος.*

[139] Vgl. B. L. v. d. Waerden, Math. Ann. 120 (1947/49) 139.

— Aber es läßt sich ja in der Tat auch mit anderen Mitteln zeigen, daß diese beiden Definitionen wirklich alt sein müssen.

Die erste Definition im VII. Buch der »Elemente« besagt[140]:

»*Einheit ist, wonach jedes Ding eines genannt wird.*«

Die Formulierung ist so bündig, daß man auf den ersten Anblick kaum denken würde, was alles dahinter steckt. Nachdem jedoch PLATON einmal von der sog. »Lehre von der Eins« spricht, [141] wird man versuchen, mindestens einiges von dieser alten »Lehre« wiederherzustellen und näher ins Auge zu fassen. PLATON selber läßt einmal in seinem Staat folgendes sagen[142]:

»Du weißt doch, daß die Mathematiker lachen würden, wenn man versuchte, die Einheit zu zerlegen, und sie ließen es nicht gelten. Wolltest du nämlich die Einheit zerlegen, so würden sie dieselbe statt dessen vervielfältigen. Denn sie wollten es ja vermeiden, daß die Einheit jemals etwas anderes als sie selbst, das heißt also, daß sie als eine Vielheit erscheine ... Wenn sie dann jemand fragte: Ihr Wunderlichen, von was für Zahlen sprecht ihr eigentlich? Wo ist denn die Einheit, wie ihr sie definiert,[143] nämlich etwas in sich völlig Gleiches, Unterschiedsloses, keine Teile Enthaltendes? — Was würden sie darauf wohl antworten? — Ich glaube, sie würden sagen, daß sie lediglich von gedachten Zahlen sprechen, die man nur erschließen und nicht auch sinnlich wahrnehmen kann.«

Die »Einheit« ist also im Sinne dieses Zitates unteilbar. Wohl kann man im praktischen Leben jede Einheit zerlegen,

[140] *Μονάς ἐστιν, καθ' ἣν ἕκαστον τῶν ὄντων ἓν λέγεται.*

[141] Resp. VII 525: *ἡ περὶ τὸ ἓν μάθησις.*

[142] Resp. VII 525 D—526 A.

[143] ... *οἷον ὑμεῖς ἀξιοῦτε* ... Auf das Verbum *ἀξιόω* kommen wir noch — im Zusammenhang mit den »communes animi conceptiones« — zurück.

und selbstverständlich rechneten die griechischen Händler und Ingenieure seit undenklichen Zeiten auch mit Brüchen, aber nicht so war es in dieser alten Wissenschaft. Brüche kamen in der wissenschaftlichen Arithmetik vor ARCHIMEDES überhaupt nicht vor. Wie das PLATON-Zitat besagt: Statt des Zerlegens der Einheit vervielfältigten die Arithmetiker dieselbe. THEON von Smyrna erklärt einmal auch ausführlicher, wie man diese Worte zu verstehen hat[144]:

> »Wenn die Einheit im Gebiete der sichtbaren Dinge geteilt wird, so wird sie als Körper wohl verkleinert und in Teile zerlegt, die kleiner als der Körper selbst sind, aber der Zahl nach wird sie vergrößert, denn an die Stelle der Eins tritt das Viele.«

Diese Worte beleuchten nicht nur den Sinn der ersten Sätze unseres PLATON-Zitates, sondern, was diesmal noch viel wichtiger ist, gleichzeitig auch den Sinn der Euklidischen Definition: »*Einheit ist, wonach jedes Ding eines genannt wird*«. Und diese Tatsache ist schon in sich ein sehr wichtiger Anhaltspunkt auch für die Datierung der Euklidischen Definition: Die Euklidische Definition der Einheit muß selbstverständlich *vorplatonischen* Ursprungs sein, nachdem ja auch schon PLATON in demselben Sinne über die »Einheit« sprechen konnte, wie sie bei EUKLID erklärt wird. Ja, ich glaube, daß die Euklidische Definition der »Einheit« überhaupt auf den allerersten Anfang der deduktiven Mathematik zu datieren ist. Das ersieht man aus dem folgenden.

Es ist nämlich sehr lehrreich, wie das vorige PLATON-Zitat die Auffassung begründet, warum die »Einheit« in der Arithmetik als unteilbar gilt. Die Mathematiker wollen – wie PLATON sagt – vermeiden, daß die Eins jemals etwas anderes als sie selbst, d. h. also daß sie als eine Vielheit erscheine

[144] S. 18 (ed. E. HILLER); zitiert nach B. L. v. d. WAERDEN, Erwachende Wissenschaft, S. 189.

(*εὐλαβούμενοι μή ποτε φανῇ τὸ ἓν μὴ ἓν ἀλλὰ πολλὰ μόρια*). Wäre die Eins der Mathematiker teilbar, so wäre sie auch gar keine Eins mehr, sondern etwas, was mehrere Teile in sich hat, also eine Vielheit, und somit wäre der Begriff »Einheit« nicht nur sie selbst, sondern gleichzeitig auch ihr eigenes Gegenteil. Man kam also auf dem Wege zu dem Gedanken von der Unteilbarkeit der Eins, daß man den anderen Gedanken »die Einheit ist teilbar« als eine sich selbst – genauer dem Begriff der »Einheit« – widersprechende Behauptung ablehnte; der letztere Gedanke widerspricht sich selbst, und darum kann er auch unmöglich wahr sein, das Gegenteil dieser Behauptung (»die Einheit ist unteilbar«) muß als Wahrheit gelten.

Die eben angedeutete Interpretation der PLATON-Stelle legt also die folgenden Schlüsse nahe:

1. Man ersieht daraus, was hinter der Euklidischen Definition der »Einheit« steckt. Man würde nämlich auf den ersten Anblick diese Definition (»Einheit ist wonach jedes Ding eines genannt wird«) für eine beinahe leere, nichtssagende und bloß beschreibende Aussage halten wollen. Nun ist es aber gar nicht so! In dieser Definition steckt verhüllt auch die theoretische Begründung dessen, warum die frühgriechische Arithmetik die Brüche aus der Wissenschaft verbannen mußte. Die scheinbar nichtssagende Beschreibung dessen, was die *Einheit* ist, stellt eigentlich den wohlüberlegten Schluß einer Gedankenkette dar; in dieser Aussage wird auch die Wahl zwischen den beiden Behauptungen – *ob die Eins teilbar* oder *ob die Eins unteilbar ist* – stillschweigend getroffen.
2. Es ist aus der PLATON-Stelle auch noch zu ersehen, auf welchem Wege man zu dem Gedanken von der Unteilbarkeit der Eins und zu der Euklidischen Definition der »Einheit« gekommen war. Man entdeckte die *innere Widersprüchlichkeit* der Behauptung »die Eins ist teilbar« und diese Entdeckung war das Zeichen dafür, daß das Gegenteil

derselben Behauptung (»die Eins ist unteilbar«) wahr sein muß. Der Satz von der Unteilbarkeit der Eins ist also eigentlich der Schluß einer indirekten Beweisführung. – Man weiß schon, daß der indirekte Beweis in der frühgriechischen Mathematik immer auf dieselbe Weise verlief: Man stellte im Laufe einer Gedankenkette die Widersprüchlichkeit irgendeiner Behauptung heraus; diese Behauptung mußte dann aufgegeben werden und ihr Gegenteil als wahr gelten. Man sieht also, daß derselbe Weg, dieselbe Methode wie in der Beweisführung der Sätze auch in der Aufstellung der Definition befolgt wurde. Die Euklidische Definition der »Einheit« wurde auf eine indirekte Beweisführung gebaut. – Diese Tatsache läßt jene Vermutung, die gelegentlich ausgesprochen wurde, daß nämlich in der griechischen Mathematik die Entwicklung strenger Schlußmethoden *früher* begonnen hätte als die axiomatische Grundlegung selbst,[145] sehr unwahrscheinlich vorkommen. Unser Beispiel legt eher den anderen Gedanken nahe, daß nämlich das Auftreten der deduktiven Beweistechnik und der erste Versuch einer definitorischen Grundlegung der Mathematik historisch zu gleicher Zeit erfolgt sein müssen.

Noch weitere Schlüsse erlaubt die genauere Prüfung dessen, wie die »Einheit« der Arithmetiker in dem vorigen PLATON-Zitat geschildert wird. – Es heißt nämlich in diesem Zitat, daß die Eins »unteilbar« und »nur im Gedanken existierend« sei, da sie etwas »in sich völlig Gleiches, Unterschiedsloses und keine Teile enthaltendes« sei. Überlegt man sich dies alles und liest man dazu noch besonders die letzten Worte im griechischen Original *(ἴσον τε ἕκαστον πᾶν παντὶ καὶ οὐδὲ σμικρὸν διαφέρον, μόριον τε ἔχον ἐν ἑαυτῷ οὐδέν)*, so wird man unumgänglich an PARMENIDES denken müssen. Auch das »Seiende« der Eleaten wird ja mit denselben Zügen

[145] Vgl. Anm. 2 und 61.

charakterisiert. Ich zitiere nur aufs Geratewohl aus dem Lehrgedicht des PARMENIDES das folgende[146]:

> »Auch teilbar ist es nicht (nämlich das *Seiende*), weil es ganz gleichartig ist. Und es gibt in ihm nirgends etwa ein stärkeres Sein, das seinen Zusammenhang hindern könnte, noch ein geringeres; es ist vielmehr ganz von Seiendem erfüllt. Darum ist es ganz zusammenhängend, denn Seiendes stößt in ihm dicht an Seiendes.«

Es ist auch kein Zufall, daß in der Terminologie der Eleaten *das Seiende (τὸ ὄν)* und *die Eins (τὸ ἕν)* sehr oft untereinander vertauschbare Begriffe waren.

Man sieht also, daß die Euklidische Definition der »Einheit« (Elem. VII def. 1) im Grunde gar nichts anderes als eine bündige Zusammenfassung der eleatischen Lehre von dem »Seienden« ist. Deswegen war man auch zu dieser Definition auf demselben Wege gekommen – durch die Anwendung eines indirekten Schlusses –, wie PARMENIDES zu seiner Lehre von dem »Seienden« gelangte.[147] Das ist also jene »Lehre von der Eins« *(ἡ περὶ τὸ ἕν μάθησις)*, die gelegentlich auch bei PLATON erwähnt wird.[148]

15. Die eleatische Lehre und die Arithmetik

Das Untersuchen der Euklidischen Definition der »Einheit« führte in die unmittelbare Nähe der eleatischen Philosophie. Nachdem man jedoch weiß, daß nicht allein die eben behandelte Definition – die in der Überlieferung dem PYTHAGORAS

[146] DIELS–KRANZ, o. c., I 28 Parmenides B fr. 8, 22 ff.

[147] Auch PARMENIDES bewies ja seine These (die Existenz des Seienden) bloß durch die Widerlegung ihres Gegenteils. Vgl. auch O. GIGON, Der Ursprung der griechischen Philosophie, Basel 1945, S. 250.

[148] Resp. VII 525.

selbst zugeschrieben wird[149] – sozusagen eine Wiederholung der eleatischen Lehre darstellt, sondern daß sich auch sonst noch manche Züge der frühgriechischen Mathematik namhaft machen ließen, die ohne Zweifel den eleatischen Einfluß verraten, könnte man sehr leicht zu dem Schluß kommen, daß das älteste System der griechischen Arithmetik im Grunde auch gar nichts anderes als eine Weiterbildung der eleatischen Lehre war. – In der Tat hoffe ich im folgenden zeigen zu können, daß diese Vermutung zutreffend ist. Bevor ich jedoch diese Ansicht näher begründe, muß ich an einen ziemlich verbreiteten Irrtum der früheren Forschung erinnern.

In der wissenschaftlichen Literatur wird das gegenseitige Verhältnis von Eleaten und Pythagoreern häufig nicht in dem angedeuteten, sondern in einem etwas anderen Sinne erklärt. Man wollte nämlich in der pythagoreischen Arithmetik nicht eine Weiterbildung der eleatischen Lehre erblicken, sondern statt dessen konstruierte man eine »Gegnerschaft« zwischen Eleaten und Pythagoreern. Diese Auffassung, die im Grunde noch auf P. Tannery zurückgeht,[150] vertritt meistens die folgenden Ansichten:

(1) Die Lehre des Parmenides soll zwar aus einer Überprüfung pythagoreischer Ansichten hervorgegangen sein (?), sich aber dennoch gegen die *pluralistische Auffassung* der Pythagoreer richten.

[149] Vgl. Sext. Emp. adv. math., X 260–261: *ὁ Πυθαγόρας ἀρχὴν ἔφησεν εἶναι τῶν ὄντων τὴν μονάδα, ἧς κατὰ μετοχὴν ἕκαστον τῶν ὄντων ἓν λέγεται.* Der letzte Teil des Zitates ist beinahe eine wörtliche Wiederholung der Euklidischen Definition der »Einheit«.

[150] Pour l'histoire de la science hellène, Paris 1887, S. 249–250: »Parménide avait écrit son poème dans un milieu où, comme penseurs, les pythagoriciens seuls étaient en honneur; il avait reproduit plus ou moins exactement leur enseignement exotérique ... mais en tout cas, il avait nié la vérité de leur thèse dualiste. – Les attaques contre son poème durent donc venir surtout de pythagoriens, et c'est eux que Zénon prit à partie.« S. 248–249: »Zénon n'a nullement nié le mouvement ... il a seulement affirmé son incompatibilité avec la croyance à la pluralité.«

(2) Die Pythagoreer, die an der Annahme der Vielheit festhielten, wären die schärfsten und gefährlichsten Gegner der Parmenideischen Lehre gewesen.
(3) Die Argumente des Eleaten ZENON, des Schülers des PARMENIDES, hätten sich gegen die Pythagoreer, genauer gegen die Annahme der Vielheit gerichtet; sie widerlegten die Möglichkeit der Bewegung unter jeder pluralistischen Annahme.

Von diesen Gedanken fand besonders der letzte (3) in der früheren Forschung auch namhafte Anhänger.[151] Heutzutage scheint man die ganze Konstruktion, *die sich mit ernst zu nehmenden Argumenten und Belegen gar nicht unterstützen läßt*, schon etwas skeptischer zu beurteilen.[152] Aber es wird sich dennoch lohnen, mindestens den Grundgedanken dieser Konzeption einer genaueren Prüfung zu unterziehen. Es fragt sich nämlich, *in welchem Sinne man überhaupt von einer »Gegnerschaft« zwischen Eleaten und Pythagoreern (= Arithmetikern) reden kann?*

Wie bekannt, wollten die Eleaten nur die Existenz des »Seienden«, der »Eins« zulassen, und sie leugneten, daß es eine *Vielheit* gäbe, denn sie meinten den Selbstwiderspruch des Gedankens auch im Begriffe der Vielheit nachweisen zu

[151] Vgl. dazu die Literaturangaben bei C. THAER, Antike Mathematik 1906—1930, in: Bursians Jahresberichte über die Fortschritte der klass. Altertumswissenschaft, 283 (1943) 44 ff. — Gegen diese Auffassung der Zenonschen Argumente jedoch: B. L. v. d. WAERDEN, Math. Ann. 117 (1940)143 f.

[152] G. VLASTOS zitiert z. B. in der Besprechung des Buches von J. E. RAVEN (Pythagoreans and Eleatics. An account of the interaction between the two opposed schools during the fifth and early fourth centuries B. C., Cambridge 1948) Gnomon 1953, 31 die Feststellung von W. A. HEIDEL [The Pythagoreans and Greek Mathematics, AJPh 61 (1940) 21]: »there is not, so far as I know, a single hint in our sources that the Greeks were aware of the purpose of Zeno to criticize the fundamental doctrines of the Pythagoreans«.

können.[153] Leugnet man jedoch die *Vielheit*, so ist eine Arithmetik überhaupt nicht möglich. Wohl konnten also die Arithmetiker den Begriff der »Einheit« von den Eleaten übernehmen, aber in der Ablehnung der *Vielheit* konnten sie ihnen nicht mehr folgen; sie mußten irgendwie auch an der »*Vielheit*« festhalten, denn ohne die *Vielheit* gibt es gar keine Arithmetik. In der Tat rettet die zweite Definition der Arithmetik bei EUKLID (Elem. VII def. 2) eben den Begriff der Vielheit dadurch, daß sie besagt:

> »*Zahl (ἀριθμός)* ist die aus E i n h e i t e n *zusammengesetzte Menge*« *(τὸ ἐκ μονάδων συγκείμενον πλῆθος)*.

Man sieht also, daß ein wesentlicher Unterschied zwischen Eleaten und Pythagoreern in der Behandlung der »Vielheit« in der Tat vorhanden ist. Aber es wäre dennoch verkehrt, von ihrer »Gegnerschaft« zu sprechen; denn die Arithmetiker haben ja die eleatische Lehre von der »Eins« gar nicht bestritten, sie haben sie nur *weitergebildet*, wie PLATON sagt: »sie vervielfältigten die Einheit».[154] Und daß diese »Vervielfältigung der Eins« in der Tat nur eine Weiterbildung der eleatischen Lehre war, das ersieht man aus dem folgenden:

1. Die Arithmetiker behandelten die »Zahlen« genauso wie die Eleaten ihr »Seiendes«. Nach einer schon mehrmals zitierten PLATON-Stelle dulde die Arithmetik ganz und gar nicht, daß man ihr Zahlen mit sichtbarem und tastbarem Körper zugrunde lege;[155] die Zahlen seien bloß gedankliche Elemente, denen man anders als auf dem Wege des reinen Denkens auch gar nicht näher kommen könne.[156]

[153] Statt die Belege im einzelnen anzuführen, verweise ich diesmal nur auf W. CAPELLE, Die Vorsokratiker, Leipzig 1935, S. 173 ff.: »Zenons Beweise gegen die Annahme der Vielheit der Dinge«.

[154] PLATON, Resp. VII 525 E.

[155] Ebd. 525 D.

[156] Ebd. 526.

Ebenso warnte auch PARMENIDES seine Jünger, das »Seiende« anders als auf dem Wege des bloßen Denkens, also etwa mit den Mitteln des Sehens, Hörens oder im allgemeinen des sinnlichen Wahrnehmens erfassen zu wollen.[157] – Nachdem jedoch die »Zahlen«, ebenso wie auch das »Seiende« der Eleaten, als *bloß gedankliche Elemente* aufgefaßt wurden, war diese neue Art von »Vielheit« auch nicht mehr so leicht zu bestreiten. Wohl konnte man mit den Methoden der Eleaten die »Vielheit der Dinge« bestreiten, man konnte den Selbstwiderspruch des Gedankens in der *praktischen Vielheit* nachweisen, aber mit dem Begriff der »Zahl«, mit der bloß gedanklichen Vervielfältigung der abstrakten »Eins« verhielt es sich nicht mehr so.

2. Man bekommt ein noch wichtigeres Argument dafür, daß die Euklidische Definition der »Zahl« in der Tat eine Weiterbildung der eleatischen Lehre von der »Eins« (dem »Seienden«) ist, wenn man sich überlegt, warum eigentlich die Arithmetiker die »Eins« der Eleaten vervielfältigten. – PLATON sagt ausdrücklich, daß sie auf diesem Wege die »Teilbarkeit der Einheit« umgehen wollten. Die pythagoreische Arithmetik verwandelte in der Tat die Brüche in *Zahlenverhältnisse*, d. h. man führte ein mathematisches Äquivalent für den Begriff des »Bruches« ein.[158] Der neue Begriff der »Zahl«, der durch die Definition *Elem. VII 2* geschaffen wurde, ermöglichte also, daß man an dem eleatischen Unteilbarkeitsdogma auch weiterhin festhielt.

Man darf in der Tat mit Recht von einem *neuen Begriff der Zahl* sprechen, denn derjenige, der in der betreffenden Definition gegeben wird, ist keineswegs der naive, alte und traditionelle Zahlbegriff. Nicht nur darin unterscheidet sich die »Zahl« der Pythagoreer von der gewöhnlichen Zahl, daß sie die Brüche beiseite schiebt. Es ist vielleicht noch interessanter,

[157] Vgl. Anm. 126.

[158] B. L. v. d. WAERDEN, Erwachende Wissenschaft, S. 189.

daß selbst die *Einheit* aus dem Bereiche der Zahlen herausgehoben wurde. Man beginnt zwar das Zählen mit der *Eins* und nach der gewöhnlichen Denkweise ist auch die *Eins* eine Zahl, aber das ließ sich mit den beiden Euklidischen Definitionen (mit derjenigen der »Einheit« und der »Zahl«) nicht vereinen. Denn die Zahlen sind »aus Einheiten zusammengesetzte Mengen«, und darum kann man sie auf diese Einheiten auch zerlegen, während die Einheit selbst als unzerlegbar gilt. Darum mußte man also die Einheit aus der Reihe der Zahlen ausschließen. Und dies führte dann zu solchen umständlichen Formulierungen: »Wenn a eine Zahl oder die Eins ist . . .«[159]

Es ist auch interessant zu beobachten, wie schwer es den ersten griechischen Mathematikern fiel, die »Eins« konsequent *nicht* als eine Zahl zu behandeln. Um nur ein Beispiel dafür zu nennen, erinnere ich an zwei Sätze aus dem VII. Buch der »Elemente«. Der eine von diesen besagt:

> *VII 9:* »Wenn eine Zahl von einer Zahl ein Teil ist, und eine weitere Zahl von einer weiteren derselbe Teil, dann muß, vertauscht, derselbe Teil oder dieselbe Menge von Teilen, wie die erste Zahl von der dritten, auch die zweite von der vierten sein.«

Der Satz besagt also, daß, wenn $a : b = c : d$, dann auch $a : c = b : d$, wobei a, b, c und d ganze Zahlen sind. — Nun mußte aber dieser Satz auch für den Fall $a = 1$ aufgestellt werden, weil die Einheit *nicht* als eine Zahl galt. Darum heißt der Satz

> *VII 15:* »Wenn die Einheit irgendeine Zahl mißt und eine *weitere Zahl* irgendeine andere Zahl gleichoft mißt, dann muß auch vertauscht die Einheit die *dritte Zahl* gleichoft messen, wie die zweite die *vierte.*«

Kein Zweifel, dieser letztere Satz ist dem vorigen gleichwertig, er mußte nur deswegen auch selbständig formuliert und für sich bewiesen werden, weil nach griechischer Auffassung die Einheit *keine Zahl ist*. Man beachte jedoch die ungeschickten Ausdrücke: »*weitere Zahl*«, »*dritte Zahl*« und »*vierte Zahl*«. Ist die Einheit wirklich keine Zahl, dann gibt es in der Formel $1 : b = c : d$ überhaupt *nur drei Zahlen* (b, c und d) und es hat keinen Sinn, von einer »*vierten Zahl*« zu spre-

[159] Ebd., S. 180, Anm. 1.

chen. Der Verfasser des Satzes *Elem. VII 15* hat sich also durch seine ungeschickten Ausdrücke verraten: Obwohl er den Satz nur deswegen aufstellen mußte, weil im Sinne der Definition (Elem. VII def. 2) die »Einheit« *keine Zahl ist*, so konnte er sich von der alltäglichen Auffassung doch nicht befreien und sprach in dem Satz selbst über die Einheit in einem solchen Sinne, als ob auch sie eine Zahl wäre.

Man darf also zusammenfassend behaupten, daß die beiden ersten Definitionen der arithmetischen Bücher der »Elemente« – diejenigen der »Eins« und der »Zahl« – deutlich den eleatischen Einfluß verraten. Ausschlaggebend war bei der Abfassung dieser »Grundlagen der Arithmetik« das Problem der Teilbarkeit bzw. das Unteilbarkeitsdogma der Eleaten. – Derselbe Schluß wird auch durch die Überlegungen im nächsten Kapitel noch weiter erhärtet.

16. Die Teilbarkeit der Zahlen

Man konnte an der eleatischen Lehre von der Unteilbarkeit der »Eins« nur auf dem Wege festhalten, daß man die Einheit zu Zahlen vervielfältigte. So ließ sich ein mathematisches Äquivalent für die Brüche in der Form von *Zahlenverhältnissen* einführen. Aber damit wurde das Problem, das man widerspruchsfrei lösen wollte, noch nicht vollständig erledigt. Denn man konnte zwar auf diese Weise die Eins für unteilbar halten, aber eben infolge der »Vervielfältigung der Eins« bekam das alte Problem der Teilbarkeit einen neuen Sinn. Denn man sagte ja, daß die *Zahl* eine »aus Einheiten zusammengesetzte Menge« sei, und im Sinne dieser Aussage mußte die Zahl auch *zerlegbar* sein; alles, was zusammengesetzt ist, läßt sich auch zerlegen.

Die Arithmetiker mußten also – eben infolge der Vervielfältigung der Eins – sich vor ein neues Problem gestellt sehen. Wohl konnte man, solange es sich bloß um die *praktische Vielheit* der Dinge handelte, mit dieser Vielheit zusammen auch die »Teilbarkeit« negieren; die Eleaten vermochten den Selbstwiderspruch des Gedankens in dieser Art »Teilbarkeit«

– trotz aller praktischer Erfahrung – glänzend nachzuweisen, und eben darum galt für sie das »Seiende« als eins und unteilbar. Es gab für sie gar keine Vielheit und gar keine Teilbarkeit. – Aber völlig anders wurde die Lage, als man die eleatische Eins, die nur im Gedanken existiert, ebenso im Gedanken vervielfältigte und als man auf dem Wege des abstrakten Zahl-Begriffes eine neue, abstrakte »Vielheit« bekam. Jetzt mußte man auch das Problem der *Teilbarkeit* von neuem einer ernstlichen Prüfung unterziehen. – Es scheint, daß das zentrale und grundlegende Problem der ältesten griechischen Arithmetik eben diese Prüfung bestand.

Das älteste deduktive Lehrstück der Griechen, das wir kennen, die sog. Lehre vom Geraden und Ungeraden,[160] scheint eben aus dem Problem des Teilens bzw. aus demjenigen des Zu-Zwei-Teilens hervorgegangen zu sein. Die einfachste Art des Teilens ist natürlich das Zu-Zwei-Teilen, das *Halbieren*. Das griechische Wort, womit man in der Arithmetik das »Halbieren« bezeichnet, *διαιρεῖν*, wurde in der älteren philosophischen Terminologie der Eleaten noch im allgemeinen für den Begriff des »Zerlegens«, »Teilens« überhaupt benutzt; *οὐδὲ διαιρετόν ἐστιν*, »auch teilbar (zerlegbar) ist es nicht« (nämlich das *Seiende*) – hieß es im Lehrgedicht des PARMENIDES.[161] Kein Zweifel, daß die ältere Bedeutung des Wortes *διαιρεῖν* einfach nur »*zerlegen, teilen*« hieß, wie es in der eleatischen Terminologie benutzt war. Erst *später* konnte sich aus dieser allgemeinen, älteren Wortbedeutung der spezifische arithmetische Sinn (»*halbieren*«) entwickeln. Es ist auch bezeichnend, daß in den Euklidischen Definitionen *(Elem. VII def. 6* und *7)* das Zeitwort *διαιρεῖν* nur noch mit dem ungenauen Adverb *δίχα* (»zwiefach«) ergänzt wird. Dagegen hieß die genaue Definition der »geraden Zahl« früher bei PLATON (Leg. 895 E) noch: *ἄρτιος ἀριθμὸς ὁ*

[160] Siehe Anm. 12.
[161] DIELS–KRANZ, o. c., I 28 B fr. 8, 22.

διαιρούμενος εἰς ἴσα δύο μέρη (= »gerade Zahl, die auf zwei *gleiche Teile* zerlegbare«). Der ältere, Platonische Wortgebrauch zeigt, wie man den eleatischen Sinn des Fachausdruckes in der Arithmetik anfangs genauer einschränken mußte. Später konnte man sich auch mit dem weniger genauen Adverb *(δίχα)* begnügen, nachdem das Zeitwort *διαιρεῖν* in der Arithmetik – außer der Lehre vom Geraden und Ungeraden – gar nicht mehr gebraucht wurde.

Auch die eben skizzierte Wortgeschichte spricht also eindeutig dafür, daß das Problem der »Teilbarkeit«, das bei den Eleaten im allgemeinen nur die Teilbarkeit (bzw. Unteilbarkeit) des Seienden, der Eins war, sich erst später in der Arithmetik zu der »Halbierbarkeit der Zahlen« differenzierte. – In der pythagoreischen Lehre vom Geraden und Ungeraden wurden die Zahlen – wie die beiden Definitionen (Elem. VII def. 6 und 7) zeigen – dichotomisch als »halbierbare«, d. h. »gerade«, und als »nicht-halbierbare« (= »ungerade«) unterschieden. Das war historisch wohl der erste Schritt im Versuch, die Teilbarkeit der Zahlen genauer zu prüfen – nachdem die Unteilbarkeit der »Eins« infolge ihrer Vervielfältigung gesichert zu sein schien. Die Unterscheidung der geraden und ungeraden Zahlen führte dann zu der Lehre über dieselben.

Offenbar führte eben das *Problem der Teilbarkeit* auch zu der Unterscheidung der *»Primzahlen«* und der *»zusammengesetzten Zahlen«*. Man mußte nämlich zunächst feststellen, daß jede Zahl durch die Einheit teilbar ist; dies folgt einfach aus der Definition, wonach die Zahl eine aus Einheiten zusammengesetzte Menge ist. Aber es empfahl sich darüber hinausgehend die folgende, dichotomische Unterscheidung: Diejenigen Zahlen, die *nur* durch die Einheit teilbar sind, wurden als *»Primzahlen«* (Elem. VII def. 12) und diejenigen, die *nicht nur* durch die Einheit (also auch durch irgendeine andere Zahl) teilbar sind, wurden als *»Nicht-Primzahlen«* (= »zusammengesetzte Zahlen«, VII def. 14) bezeichnet.

Ja, das Problem der Teilbarkeit steckt auch hinter solchen Definitionen, wie

VII def. 3: »Teil einer Zahl *(μέρος)* ist eine andere Zahl, die kleinere von der größeren, wenn sie die andere mißt«

und

VII def. 4: »Menge von Teilen einer Zahl *(μέρη)* ist eine andere Zahl – die kleinere von der größeren –, wenn sie nicht mißt.«

Es sei hier nebenbei auch noch erwähnt, der wichtigste Ausdruck in den zuletzt erwähnten Definitionen (Elem. VII def. 12, 14, 3 und 4) *μετρεῖν* ist offenbar *geometrischen Ursprungs*. Darin erblicke ich ein Zeichen dafür, daß dieser Teil der Arithmetik eine Weiterbildung von *musiktheoretischen Betrachtungen* darstellt — worauf auch schon oben (S. 269) hingewiesen wurde. — Dasselbe gilt jedoch *keineswegs* für die Terminologie der Lehre vom Geraden und Ungeraden *(διαιρεῖν)*. Dieses älteste, durch O. Becker entdeckte deduktive Lehrstück der Arithmetik läßt sich *nicht* von früheren musiktheoretischen Betrachtungen ableiten.

*

Ich hoffe, in den letzten drei Kapiteln gezeigt zu haben, daß man die Grundlegung der Arithmetik im VII. Buch der Euklidischen »Elemente« in der Tat als eine Weiterbildung der eleatischen Lehre auffassen kann. – Und nun wollen wir eine andere Gruppe von mathematischen Prinzipien in Euklids Werk näher ins Auge fassen.

17. Das Problem der »aitemata«

Eine der wichtigsten Aufgaben der vorliegenden Untersuchung besteht darin, genau festzustellen, was eigentlich der Sinn jener Dreiteilung der mathematischen Prinzipien ist, der man am Anfang des I. Buches der Euklidischen »Elemente« begegnet, und wie man historisch zu dieser dreifachen Unterscheidung gekommen sein mag. Diese Frage konnte im bisherigen erst angenähert werden. Man weiß schon einiges darüber, wie man wohl im allgemeinen die Grundlagen der Mathematik, die *ὑποθέσεις* oder *ἀρχαί* erkannte. Auch das

Problem der ersten mathematischen, besonders der arithmetischen Definitionen (*ὅροι* oder einfach *ὑποθέσεις*) konnte schon einigermaßen beleuchtet werden. Aber die weitaus schwierigere Frage, das Problem der Euklidischen *αἰτήματα* (*postulata*) und der *κοιναὶ ἔννοιαι* (*communes animi conceptiones*) wurde bisher kaum noch berührt. – Wir wollen zunächst die sog. Postulate (*αἰτήματα*) näher untersuchen.

Man weiß einstweilen nur, daß das Wort *αἴτημα* in der mathematischen Terminologie – wenn man EUKLID vorläufig völlig außer acht läßt – bloß ein Synonym für den Ausdruck *ὑπόθεσις* zu sein scheint. Es wurde schon erwähnt, daß ARCHIMEDES in einer seiner Schriften das Wort *ὑποτίθεσθαι* in der Form *ὑποτιθέμεθα* mehrfach gebrauchte, um Definitionen einzuführen[162]; in einer anderen Schrift benutzte er den Fachausdruck *ὑποκείσθω* (»es soll zugrunde gelegt werden«), um Prinzipien der Mechanik der Flüssigkeiten einzuführen.[163] Dagegen werden in einer dritten Schrift vollkommen ähnliche mechanische Prinzipien mit dem Wort *αἰτούμεθα* eingeführt[164]; diese letztere Stelle wird übrigens von PROKLOS mit dem Zusatz zitiert, daß ARCHIMEDES hier besser von »Axiomen« hätte sprechen sollen,[165] während ARCHIMEDES selber am Ende der Aufzählung dieser Prinzipien mit den Worten *τούτων ὑποκειμένων* auf sie zurückverwies[166]; er bediente sich also zum zweiten Male desselben Verbums wie in der Schrift »De corporibus fluitantibus«, und auch dadurch brachte er zum Ausdruck, daß für ihn *ὑπόθεσις*, *ὑποκείμενον* und *αἴτημα* als mathematische Fachausdrücke ein und dasselbe waren.

Natürlich ist der mathematische Fachausdruck *αἴτημα* (*»das Geforderte«* oder *»die Forderung«*, lateinisch *postulatum*) ebenso dialektischen Ursprungs wie seine eben erwähnten Synonyme, die *»hypothesis«* und das *»hypokeimenon«*. Der

[162] De conoidibus et sphaeroidibus, Opera omnia (H) I 248 und 252.
[163] De corporibus fluitantibus, Opera II 318.
[164] De planorum aequilibriis, Opera II 124.
[165] Proclus (ed. F.), 181, 17 ff.
[166] Opera II 126.

Name *αἴτημα* kommt ja offenbar aus dem Verbum *αἰτέω*, »*bitten, verlangen, fordern*«. Es ist ja bekannt, eine wie große Rolle in den dialektischen Auseinandersetzungen das *Bitten* des einen Gesprächspartners spielte. Auch an unserem »Menon«-Beispiel (86 E 3), das in einem früheren Kapitel behandelt wurde, hat man ja schon gesehen, daß auch SOKRATES seinen Gesprächspartner *bitten* mußte, um sein hypothetisches Verfahren anwenden zu dürfen: »*erlaube mir (συγχώρησον)* die Frage auf Grund einer *hypothesis* zu prüfen«. (Nur mit der Zustimmung des *anderen* Gesprächspartners konnte ja eine Annahme – »hypothesis« – der gemeinsam geführten Untersuchung zugrunde gelegt werden. Darum mußte der eine Gesprächspartner um die Zustimmung des anderen *bitten.*) Man begegnet in der Tat solchen Ausdrücken des *Bittens, Verlangens, Forderns* oder auch des *Nehmens (λαμβάνειν)* von der einen Seite her, und den Ausdrücken des *Gebens, Zugebens* oder auch des *Nicht-Zugebens* von der anderen Seite her auf Schritt und Tritt in den dialektischen Auseinandersetzungen.[167]

Das *αἴτημα* scheint also ein solcher Anfangssatz in der dialektischen Auseinandersetzung zu sein, dessen Zugeben durch den einen Gesprächsteilnehmer von seinem Partner *gefordert wird;* darum ist dieser Anfangssatz eine *Forderung* (*postulatum*). – Geht nun diese *Forderung* in Erfüllung, gibt also der Partner die Richtigkeit der vorgeschlagenen Behauptung zu, dann heißt es natürlich soviel, daß sich die beiden Gesprächspartner über den Ausgangspunkt der Auseinandersetzung einig geworden sind, und in diesem Fall könn-

[167] Man beachte z. B. an den folgenden Textstellen die hervorgehobenen Ausdrücke: Phaidon, 100 B 5: *ὑποθέμενος εἶναί τι καλὸν αὐτὸ καθ' αὑτὸ ... ἃ εἴ μοι δίδως τε καὶ συγχωρεῖς εἶναι ταῦτα ... 'Αλλὰ μήν, ἔφη ὁ Κέβης, ὡς διδόντος σοι οὐκ ἂν φθάνοις περαίνων*, oder auch ARISTOT., Phys. Z 9, 239 b 30 (über ZENONS Argumente): *ὅτι ἡ οἰστὸς φερομένη ἕστηκεν. συμβαίνει δὲ παρὰ τὸ λαμβάνειν τὸν χρόνον συγκεῖσθαι ἐκ τῶν νῦν. μὴ διδομένου γὰρ τούτου, οὐκ ἔσται ὁ συλλογισμός.*

te der so gewählte Satz – wie man es aus den bisherigen schon weiß – auch ein *ὁμολόγημα* oder eine *ὑπόθεσις* heißen. – Daraus versteht man allerdings, wieso ARCHIMEDES in seiner mathematischen Terminologie das *αἴτημα* (bzw. das Verbum *αἰτούμεθα*) als ein Synonym zu *ὑπόθεσις* und *ὑποκείσθω* gebrauchen konnte. Wohl war das *αἴτημα* auch schon in der Terminologie der Dialektik meistens nur ein Synonym zu den sonstigen Namen der »Voraussetzungen«.

Aber die Tatsache selbst, daß bei EUKLID doch eine besondere Gruppe von unbewiesenen Prinzipien den Namen »*αἰτήματα*« führt, legt den folgenden Verdacht nahe: Ob man mit einer solchen Bezeichnung – mindestens ursprünglich – nicht gerade einen *besonderen Fall* zum Ausdruck bringen wollte? – Vergleicht man nämlich bloß die beiden Namen *ὁμολογήματα* = »*Vereinbarungen*« und *αἰτήματα* = »*Forderungen*«, so wird durch diesen Vergleich sogleich auch ein Unterschied spürbar. Das Wort *ὁμολόγημα* scheint nämlich hervorheben zu wollen, daß die beiden Partner wirklich *einig geworden sind.* Dagegen scheint der andere Name, *αἴτημα,* bloß soviel zu betonen, daß der eine der beiden Partner etwas *gefordert hatte.* Wäre es also nicht möglich, daß man mit dem Wort *αἴτημα* in der Terminologie der Dialektik ursprünglich eben die Tatsache hätte hervorheben wollen: Es handelt sich in diesem Fall um kein *ὁμολόγημα* (= »*Vereinbarung*«) der beiden Gesprächsteilnehmer, sondern bloß um eine »*Forderung*« des einen Partners.

Es scheint in der Tat, daß man in der Terminologie der griechischen Dialektik den Fachausdruck *αἴτημα* – mindestens unter gewissen Umständen – gerade in diesem Sinne von der *ὑπόθεσις* und dem *ὁμολόγημα* unterscheiden wollte. PROKLOS schreibt z. B. in offenbarer Anlehnung an eine ARISTOTELES-Stelle[168] folgendes darüber[169]:

[168] Analytica posteriora I 10 76 b 27–34.

[169] Proclus (ed. F.), 76, 17 ff. Die Übersetzung der Stelle nach P. L. SCHÖNBERGER, Proklus Diadochus, Kommentar zum ersten Buch von Euklids Elementen, hrsg. von M. STECK, Halle (Saale) 1945.

»Wenn aber die Behauptung (die man nämlich einer dialektischen Untersuchung zugrunde legen will) noch unbekannt ist, und die Annahme gleichwohl erfolgt, *obwohl der Lernende sie nicht zugibt*, dann sprechen wir – wie ARISTOTELES sagt – von einem *Postulat (αἴτημα)*, wie z. B. bei dem Satz, daß alle rechten Winkel einander gleich sind.«

Mit Recht bemerkte man im Zusammenhang mit dieser – zum Teil allerdings *fälschlichen* – Berufung auf ARISTOTELES, daß ARISTOTELES an der betreffenden Stelle gar nicht über das Problem des *mathematischen Postulates* sprach.[170] Es wäre also nur ein Irrtum, wenn PROKLOS sein ARISTOTELES-Zitat mit dem Beispiel des vierten Euklidischen Postulates ergänzte. Das *αἴτημα*, wie er (ARISTOTELES) es definieren wollte, wäre eine Fachbezeichnung der Dialektik und nicht der Mathematik. Aber diese Einschränkung ist für uns augenblicklich belanglos; denn wir wollen ja zunächst eben nur im allgemeinen den Sinn des Namens *αἴτημα* in der Dialektik verstehen.

Nun scheint das eben angeführte Zitat von PROKLOS – ARISTOTELES in der Tat dafür zu sprechen, daß das Wort *αἴτημα* nach der Terminologie der Dialektik – unter Umständen – auch eine solche Behauptung bezeichnen konnte, die der eine Partner der gemeinsamen Auseinandersetzung zwar zugrunde legen wollte – das Zugeben dieser Behauptung *forderte* –, wobei aber der andere sich weigerte, auf diese »Forderung« einzugehen. Unser Zitat redet zwar von dem »Lernenden« und vom »Lehrer«, aber ich glaube nicht, daß diese Tatsache unsere Betrachtungen beeinträchtigen sollte. Das Verhältnis zwischen dem Lehrer und dem Lernenden ist offenbar dasselbe wie zwischen den beiden Teilnehmern eines dialektischen Gespräches.

[170] K. v. FRITZ, o. c., S. 42, mit Berufung auf D. ROSS, Aristotle's prior and posterior Analytics, Oxford 1949, S. 540.

Es fragt sich nun, inwiefern der eben entdeckte Sinn der Fachbezeichnung αἴτημα (in der Dialektik) auch das historische Problem der Euklidischen αἰτήματα erhellt. Sollte es sich in diesem Fall um mathematische Forderungen handeln, die irgendwelche Teilnehmer der wissenschaftlichen Auseinandersetzung nicht hätten sogleich und ohne Einwände zugeben wollen? – Um diese Frage beantworten zu können, müssen wir EUKLIDS αἰτήματα näher ins Auge fassen. – Aber zunächst muß ich hier noch zwei Kapitel einfügen, teils nämlich über die Frage, wie EUKLIDS Postulate in der historischen Forschung bisher behandelt wurden, und teils über die Datierung derselben unbewiesenen Sätze der griechischen Mathematik. Auf die vorhin gestellte Frage komme ich in einem späteren Kapitel zurück.

18. EUKLIDS *Postulate*

Die fünf Euklidischen αἰτήματα heißen:

»Es sei gefordert,

1. daß man von jedem Punkt zu jedem Punkt die Strecke ziehen kann;
2. daß man eine begrenzte gerade Linie zusammenhängend gerade verlängern kann;
3. daß man mit jedem Mittelpunkt und Abstand den Kreis zeichnen kann;
4. daß alle rechten Winkel einander gleich sind
5. und daß, wenn eine gerade Linie beim Schnitt mit zwei geraden Linien bewirkt, daß die innen auf derselben Seite entstehenden Winkel zusammen kleiner als zwei Rechte werden, dann die zwei geraden Linien bei Verlängerung ins unendliche sich treffen auf der Seite, auf der die Winkel liegen, die zusammen kleiner als zwei Rechte sind.«

Es werden in der Fachliteratur Sinn und Bedeutung dieser Postulate – seit einer grundlegenden Arbeit von H. G. ZEU-

THEN (1896) – ziemlich einheitlich beurteilt.[171] So schrieb z. B. O. BECKER zuletzt folgendes darüber[172]:

»Die *Postulate* haben die Aufgabe, die mathematische Existenz gewisser Grundgebilde zu sichern, aus denen die weiteren existierenden Figuren konstruktiv aufgebaut werden, nämlich von Geraden, Kreisen und ihren Schnittpunkten. Das berühmte 5. Postulat sichert z. B. die Existenz des Schnittpunktes konvergierender Geraden.«

Nicht so völlig einheitlich wird in der Fachliteratur die Frage beantwortet, aus welcher Zeit wohl diese Postulate entstammen mögen. – P. TANNERY ging z. B. von der Beobachtung aus, daß ARISTOTELES die mathematischen Postulate nicht zu kennen scheint und daß das *αἴτημα* – wie ARISTOTELES es definiert – wohl eher nur ein Fachausdruck der Dialektik war. Darum wollte P. TANNERY mindestens die ersten drei Postulate dem EUKLID selber zuschreiben;[173] dabei wollte derselbe TANNERY seine Vermutung, daß das 4. und 5. Postulat *nicht von* EUKLID stammen könnten, mit der etwas überraschenden Ansicht begründen, diese Sätze wären des Verfassers der »Elemente« *überhaupt nicht würdig*.[174] – Da-

[171] H. G. ZEUTHEN, Die geometrische Konstruktion als Existenzbeweis, Math. Ann. 47 (1896) 222—228; ebenso auch in seiner »Geschichte der Mathematik im Altertum und Mittelalter«, Kopenhagen 1896. — ZEUTHEN schrieb (Geschichte etc., S. 120): »In Übereinstimmung damit, daß die Probleme der Alten im wesentlichen Sätze über die Existenz und ihre Lösungen Beweise für die Existenz des Behandelten und Gesuchten sind, sind die Postulate *Behauptungen über dessen Existenz*, dessen Anerkennung ohne Beweis oder Nachweis verlangt wird.« — Siehe jedoch dagegen: A. FRAJESE, Sur la signification des postulats euclidiens, Archives Internationales d'Histoire des Sciences (1951) 382—392 und La matematica nel mondo antico, Roma 1951, S. 92—97.

[172] O. BECKER, Das mathematische Denken der Antike, S. 19.

[173] P. TANNERY, Mém. scient., Bd. II, S. 48—63.

[174] Dagegen A. FRENKIAN, o. c., S. 15 (s. Anm. 67); ebenso C. THAER, Antike Mathematik 1906—1930 (Jahresbericht über die Fortschritte

gegen schrieb TH. HEATH gerade das 4. und 5. Postulat dem EUKLID zu, mit der etwas zögernden Bemerkung: »wenn nicht überhaupt alle Postulate von EUKLID selber stammen«.[175]

Es scheint also, daß – trotz abweichender Beurteilung der Einzelheiten – der Gedanke, die Postulate stammen (oder mindestens ein Teil der Postulate stamme) von EUKLID selber, in der Zeit nach TANNERY zu einer Art »*communis opinio*« wurde. So schrieb auch J. E. HOFMANN in seiner kleinen Zusammenfassung[176]: »Die Postulate dürften ein wichtiger methodischer Zusatz von EUKLID selbst sein.«

Erst in der allerletzten Zeit machten sich Bestrebungen bemerkbar, dieselben Postulate doch irgendwie in die voreuklidische Zeit hinaufzudatieren. K. v. FRITZ behauptete z. B. mit einer Berufung auf PROKLOS (ed. F. 179), daß die konstruktiven Postulate 1–3 durch den PLATON-Schüler SPEUSIPPOS eingeführt worden seien.[177] Ich glaube zwar nicht, daß diese Vermutung zutreffend sei – auch die genannte PROKLOS-Stelle scheint mir diese Ansicht *nicht* zu unterstützen[178] –, aber ich finde die Bestrebung selbst doch bemerkenswert.

Es sind nämlich auch andere Versuche angestellt worden, um die Vorgeschichte der Euklidischen Postulate zu klären. O. BECKER vermochte z. B. eine sehr wahrscheinlich anmutende »Urform« des Euklidischen 5. (und damit auch des 4.) Postulates zu rekonstruieren.[179] Wohl ist zwar mit diesem bloßen Versuch – mag er auch noch so einleuchtend sein – noch keineswegs eindeutig erwiesen, daß es Postulate auch schon in der voreuklidischen Zeit gab; aber einen historischen Sinn

---

der klass. Altertumswiss., begr. von C. BURSIAN, hrsg. von A. THIERFELDER, Jg. 1943 II. Bd. 283–284) S. 22.

[175] TH. HEATH, A History of Greek Mathematics, Bd. I, S. 275.

[176] J. E. HOFMANN: Geschichte der Mathematik, I. Teil, Sammlung Göschen, Bd. 226, Berlin 1953, S. 32.

[177] K. v. FRITZ, o. c., S. 97.

[178] Siehe gegen die Vermutung von K. v. FRITZ auch O. BECKER, Archiv für Begriffsgeschichte 4 (1959) 213.

[179] O. BECKER, ebd., S. 212–218.

hat ein solcher Versuch doch nur dann, wenn man von der Annahme ausgeht, daß mindestens die *Gattung* der Postulate nicht von EUKLID selbst stammt, sondern daß auch diese Art von Prinzipien irgendwie eine Erbschaft aus voreuklidischen Zeiten darstellt.

Eben an diesem Punkt möchte ich ansetzen. Ich versuche nämlich im folgenden den Ursprung der *Gattung* selbst zu klären. Dabei wird diesmal das Problem des 4. und 5. Postulates – da dies eigentlich eine besondere Frage für sich ist – gar nicht behandelt. Statt dessen möchte ich die Aufmerksamkeit auf EUKLIDS Konstruktionspostulate, also auf die ersten drei lenken. Aus welcher Zeit mögen wohl diese stammen?

19. Die Konstruktionen des OINOPIDES

Ich glaube, daß man die zuletzt gestellte Frage – beinahe unbemerkt, aber im Grunde doch vollkommen richtig – schon längst beantwortet hatte. Ich muß die diesbezügliche Ansicht vielleicht nur etwas eindeutiger und schärfer formulieren.

O. BECKER schrieb nämlich, nachdem er Sinn und Bedeutung der Euklidischen Postulate dahin erklärte, daß diese die mathematische Existenz gewisser Grundgebilde sicherten, aus denen die weiteren existierenden Figuren konstruktiv aufgebaut werden[180]:

> »Diese konstruktive Auffassung der mathematischen Existenz geht bis in das 5. Jahrhundert, auf OINOPIDES zurück, der zuerst elementare Konstruktionen, wie das Fällen eines Lots, mit Zirkel und Lineal allein durchführte. In der platonischen Schule scheint sich die Beschränkung auf diese Instrumente überall da, wo sie möglich war, durchgesetzt zu haben etc.«

[180] O. BECKER, Das mathematische Denken der Antike, S. 19 f.

Zweifellos ist dieser Hinweis auf Oinopides im Zusammenhang mit der Vorgeschichte der Euklidischen Postulate sehr wesentlich. Der Name des Oinopides wird in dem Euklid-Kommentar des Proklos auch zweimal im Zusammenhang mit je einer Konstruktion genannt. Diese Stellen sind für uns so wichtig, daß ich sie hier beide anführen muß. – Eine Aufgabe bei Euklid heißt:

> *Elem. I 12:* »Auf eine gegebene unbegrenzte Gerade ist von einem gegebenen Punkte, der nicht auf ihr liegt, eine senkrechte Linie ⟨Lot⟩ zu ziehen.«

Zu diesem Satz bemerkt Proklos[181]:

> »Dieses Problem machte zuerst Oinopides zum Gegenstand seiner Forschung, da er es für die Astronomie für nützlich hielt. Er nennt aber die Senkrechte in altertümlicher Weise *nach dem Gnomon*, weil auch der ‚Gnomon' (= Zeiger der Sonnenuhr) mit dem Horizont rechte Winkel bildet.«

Die andere Proklos-Stelle über Oinopides ist eine Bemerkung anläßlich des Satzes

> *Elem. I 23:* »An einer gegebenen Geraden ist in einem auf ihr gelegenen Punkte ein einem gegebenen geradlinigen Winkel gleicher geradliniger Winkel zu konstruieren ⟨abzutragen⟩.«

Zu diesem Satz wird bemerkt[182]:

> »Auch hier liegt ein Problem vor, das nach der Versicherung Eudems eigentlich von Oinopides gefunden wurde.«

Nun sind aber die beiden Konstruktionen so äußerst einfach, daß man sich zunächst erstaunt fragen muß, warum in diesen Fällen die Urheberschaft des Oinopides überhaupt der

[181] Proclus (ed. F.), 283, 7 ff.; die Übersetzung nach Schönberger.
[182] Ebd. 333, 5–6.

Erwähnung wert war. Steckte in der Tat die Geometrie zur Zeit des Oinopides, also etwa um 440 v. u. Z., noch so sehr in den Kinderschuhen, daß man selbst so einfache Konstruktionen noch nicht gekannt hätte?[183] Man hat diese Vermutung mit Recht abgelehnt. Denn schließlich war ja Oinopides doch nur ein etwas älterer Zeitgenosse des Hippokrates von Chios, dessen Geometrie schon ein sehr hohes Niveau hatte sowohl nach der Zahl der bekannten Sätze wie auch nach jenen Anforderungen, die man damals an die Exaktheit der Beweisführung gestellt hatte.[184] – Auch die beiden Berichte des Proklos über Oinopides müssen also in einem anderen Sinne erklärt werden.

Die diesbezüglichen Vermutungen von Th. Heath lassen sich in drei Punkten zusammenfassen. Die »drei« Punkte besagen zwar im Grunde ein und dasselbe, mögen aber doch hier alle »drei« aufgezählt werden, so wie sie durch ihren Urheber formuliert wurden[185]:

a) Oinopides war wohl der erste, der die genannten Probleme *nur mit Lineal und Zirkel* durchführte;
b) er mag der erste gewesen sein, der für diese Probleme eher eine *theoretische* als eine bloß praktische Lösung fand;
c) die Bedeutung des Oinopides mag wohl darin bestanden haben, daß er die Methode von theoretischem Gesichtspunkt aus vervollkommnete.

Ich halte diese Vermutungen für sehr wahrscheinlich. Nur zu dem Punkt *a)* muß ich eine Bemerkung hinzufügen. Wie soll man nämlich die Behauptung verstehen, daß Oinopides als

[183] A. D. Steele, Über die Rolle von Zirkel und Lineal in der griechischen Mathematik, Quellen und Studien zur Geschichte der Math. etc. B, 3 (1936) 287 ff., 304.

[184] B. L. v. d. Waerden, Erwachende Wissenschaft, S. 213–214.

[185] Th. Heath, o. c., Bd. I, S. 175. — Man vgl. zu diesem Problem auch die zuletzt veröffentlichte Arbeit von A. Frajese in der Zeitschrift »Archimede« 6 (1967) 285–294 (anders als bei mir).

erster die genannten Probleme *»nur mit Lineal und Zirkel«* gelöst hätte? Unsere Quelle, Proklos, spricht an den angeführten Stellen mit keinem Wort von »Lineal und Zirkel«! – Und doch ist Heaths Vermutung keineswegs unbegründet, nur seine Ausdrucksweise ist einer Erklärung bedürftig.

Es besteht gar kein Zweifel darüber, daß jene Euklidischen Konstruktionsaufgaben (Elem. I 12 und 23), die Proklos veranlaßt hatten, je eine Bemerkung über Oinopides zu machen, *nur von theoretischem Gesichtspunkt aus* interessant sind. Man hatte ja *praktische* Lösungen für dieselben Aufgaben wohl schon seit undenklichen Zeiten, ebenso wie auch Lineal und Zirkel in der handwerklichen Praxis von sehr alter Zeit her in Gebrauch waren. Statt der einfachen praktischen Lösung mußte in den Euklidischen Sätzen gezeigt werden, wie man solche Aufgaben *theoretisch* – also mit anderen Worten, *unter Anwendung der ersten drei Postulate* – lösen kann.

Nun wird aber in den Euklidischen Postulaten 1, 2 und 3 – vom theoretischen Gesichtspunkt aus betrachtet – eben die Benutzung von Lineal und Zirkel zu den geometrischen Konstruktionen sanktioniert.[186] Man kann von jedem Punkt zu jedem Punkt die Strecke ziehen (1. Postulat) und man kann eine begrenzte gerade Linie zusammenhängend gerade verlängern (2. Postulat), weil man das Lineal benutzen darf; man kann auch mit jedem Mittelpunkt und Abstand den Kreis zeichnen (3. Postulat), weil nicht nur die Benutzung des Lineals, sondern auch diejenige des Zirkels erlaubt ist.

Die Behauptung also, daß Oinopides die genannten Probleme »nur mit Lineal und Zirkel gelöst habe«, ist mit der anderen gleichwertig: Oinopides *bediente sich bewußt der ersten drei Euklidischen Postulate*. Ja, er mag sogar der Urheber dieser Postulate gewesen sein, wenn er wirklich – wie Th. Heath vermutete – »als erster eine theoretische Lösung für diese Probleme (Elem. I 12 und 23) fand«. Was könnte

[186] Vgl. J. E. Hofmann, Geschichte der Mathematik, S. 32.

auch überhaupt sonst jene Behauptung von Th. HEATH heißen, daß OINOPIDES »die Methode von theoretischem Gesichtspunkt aus vervollkommnete«, wenn man schon einen vernünftigen Sinn in diesen Worten sucht?

Wollte man die eben vorgeschlagene Erklärung bestreiten und das Entstehen der ersten drei Euklidischen Postulate doch auf eine spätere Zeit datieren, so müßte man auch die ganze auf OINOPIDES bezügliche Überlieferung bei PROKLOS für einen bloßen Irrtum erklären. Denn eine andere befriedigende Auslegung der PROKLOS-Worte als diejenige, die auch die Erklärung von HEATH mit Sinn erfüllt, ist wohl kaum möglich.

20. Die ersten drei Postulate bei EUKLID

Die letzten Betrachtungen haben uns zu der Vermutung geführt, daß die ersten drei Euklidischen Postulate wohl noch aus dem 5. Jahrhundert stammen, daß vielleicht sogar OINOPIDES selber ihr Urheber war. Diese Frühdatierung darf uns nicht überraschen. Wir werden in einem späteren Kapitel sehen, daß auch die sog. *κοιναὶ ἔννοιαι (communes animi conceptiones)* bei EUKLID wahrscheinlich aus einer ebenso frühen Zeit stammen.

Aber wozu hat man überhaupt solche Postulate aufgestellt? – Die Art, wie man diese Frage zu beantworten versuchte, scheint mir nicht völlig beruhigend zu sein. Denn es stimmt zwar, daß in der antiken Geometrie nur diejenigen Figuren als *existent* (wirklich vorhanden) gelten, die sich konstruktiv herstellen lassen und daß die Postulate eben die mathematische Existenz gewisser Grundgebilde (Geraden, Kreise, Schnittpunkte) sichern, aber wie kam man auf den Gedanken, die *Existenz* eben in diesem Sinne aufzufassen? Und warum heißen jene unbewiesenen Sätze, die diese Existenz sichern, *αἰτήματα*? Es wurde ja in einem früheren Kapitel schon gezeigt, daß diese Fachbezeichnung dialektischen Ursprungs ist und daß sie eine solche Forderung zum Ausdruck bringt, zu der die Zustimmung des anderen Dialogpartners *in der Schwebe gelassen bleibt.* Inwiefern gilt diese frühere Worterklärung für die Euklidischen Postulate?

Die Forderungen der ersten drei Euklidischen Postulate scheinen auf den ersten Anblick so einfach, selbstverständlich und leicht erfüllbar zu sein, daß man zunächst wohl geneigt wäre, anzunehmen, vielleicht dürfe man den Ausdruck *αἴτημα* in diesem Fall auch nicht in seinem wörtlichen Sinne verstehen. Wohl mag das Wort *αἴτημα* ursprünglich und unter Umständen auch eine solche »Forderung« oder »Annahme« in der dialektischen Auseinandersetzung bezeichnet haben, zu der die Zustimmung des anderen Dialogpartners in der Schwebe gelassen wurde; aber hätte es einen Sinn, an diese ursprüngliche und wörtliche Bedeutung des Fachausdruckes sich auch im Falle der Euklidischen *αἰτήματα* klammern zu wollen? – Nun glaube ich allerdings, daß es gerade der Fall ist. Die Euklidischen *αἰτήματα* waren eben solche *»Forderungen«* im allerursprünglichsten Sinne dieser dialektischen Fachbezeichnung. Um diese Ansicht begründen zu können, muß ich einige Sätze aus dem Euklid-Kommentar des Proklos (in Schönbergers Übersetzung) zitieren. (Ich hebe im Text einige Ausdrücke hervor, auf die es nämlich – meiner Ansicht nach – in diesem Zusammenhang gerade ankommt.)

> »Die Möglichkeit, von jedem beliebigen Punkt zu jedem beliebigen Punkt eine Gerade zu ziehen, folgt daraus, daß die Linie *ein Fließen* des Punktes ist, und die Gerade ein gleichgerichtetes und unablenkbares *Fließen.* Stellen wir uns also vor, der Punkt führe eine gleichgerichtete und kürzeste *Bewegung* aus, so werden wir zu dem anderen Punkt hingelangen, und die erste Forderung ist erfüllt ohne komplizierten Denkvorgang unsererseits. Stellen wir uns nun in gleicher Weise eine durch einen Punkt begrenzte Gerade vor, deren Endpunkt eine kürzeste und gleichgerichtete *Bewegung* ausführt, so ist die zweite Forderung

auf leichtem und einfachem Wege verwirklicht. Stellen wir uns dagegen vor, die begrenzte Gerade verharre mit dem einen Endpunkt in Ruhe, und mit dem anderen *bewege sie sich* um den ruhenden Endpunkt, so wäre das die dritte Art der Forderung.[187]

Ich will mich jetzt gar nicht darüber aufhalten, daß diese kurze Erklärung des PROKLOS auf je eine solche Definition der »Linie« und der »geraden Linie« Bezug nimmt, die uns aus EUKLID selbst gar nicht bekannt sind: »die Linie ist *ein Fließen des Punktes*« und »die gerade Linie ist *ein gleichgerichtetes und unablenkbares Fließen des Punktes*«. Viel interessanter ist für uns jetzt die Tatsache, daß PROKLOS die »Einfachheit« der ersten drei Euklidischen Postulate mit der Einfachheit gewisser *Bewegungsarten* erklären will. In der Tat ist die »Forderung« der fraglichen Postulate *ohne Bewegung* überhaupt unerfüllbar. – Aber ob die »*Bewegung*« selber wirklich etwas völlig einfaches und gar nicht problematisches ist, so wie sie die eben angeführten Worte des PROKLOS erscheinen lassen möchten? – Selbst der späte Kommentator war sich noch völlig im klaren darüber, daß hier ein im Grunde doch nicht leichtes Problem vorliegt. Darauf deuten seine nächstfolgenden Worte hin[188]:

> »Würde aber jemand Schwierigkeiten geltend machen durch die Frage, wie wir *Bewegung* hineintragen in die unbewegte geometrische Welt und wie wir das, was keinen Teil hat (nämlich den Punkt) *bewegen: denn das sei völlig undenkbar* –, so wollen wir ihn bitten, sich nicht allzu sehr zu grämen ... Die *Bewegung* müssen wir uns nicht körperlich, sondern vorstellungsmäßig [im griechischen Text: *κίνησις φανταστική*] vorstellen; und wir dürfen nicht zugeben, daß das, was keinen Teil hat (der Punkt), körperlicher Bewegung unterworfen sei, daß es vielmehr Bewegungen der Phanta-

[187] Den griechischen Text siehe bei Proclus (ed. F.), 185, 8 ff.
[188] Proclus (ed. F.), 187, 25 ff.

sie unterliege. Denn der unteilbare ‚Nus' bewegt sich, wenn auch nicht in örtlicher Weise; und auch die Phantasie hat, entsprechend ihrem unteilbaren Sein, ihre eigene Bewegung. Wir aber schauen nur auf die körperliche Bewegung und verwerfen die Bewegung bei den ausgedehnten Wesen etc. etc.«

Zum Glück brauchen wir uns mit einer Auslegung dieser »beruhigenden Worte« des PROKLOS nicht allzu sehr zu bemühen. Wichtiger ist für uns die bloße Tatsache, daß das angeführte Zitat sozusagen eine *dialektische Auseinandersetzung* reproduziert, in der auch die Gegner, d. h. jene Dialogpartner zu Worte kommen, die die geforderte *Bewegung* für »undenkbar« halten und sie nicht zugeben wollen. Daraus versteht man also, daß jene unbewiesenen Sätze, die bei EUKLID als »Postulate« ausgesprochen werden und die der Geometrie zugrunde gelegt werden müssen, angesichts der Gedankengänge der widersprechenden Dialogpartner in der Tat bloß *Forderungen (αἰτήματα)* sind, zu denen das Zustimmen der Gegner in der Schwebe gelassen bleibt.

PROKLOS scheint zwar den Einwand der Gegner bloß dahin verstehen zu wollen, daß die Bewegung des Punktes (des Dinges, das keine Teile hat und darum auch nicht etwas körperliches ist) unmöglich sei. Er gibt also gerne zu, daß die *körperliche* Bewegung dessen, *was gar kein Körper ist* – das ist nämlich der Punkt –, wirklich undenkbar sei. Darum schlägt er lieber eine andere, »nicht körperliche«, eher »vorstellungsmäßige« (wörtlich: »phantastische«) Art der Bewegung vor. – Das ist natürlich kaum mehr etwas anderes als nur abstruse Spekulation, die man bei dem verdienstvollen EUKLID-Kommentator lieber vermissen möchte. – Aber ob jene Dialogpartner, die gegen die *Bewegung* in der Geometrie protestierten, nicht aus einem anderen Grunde die Bewegung für undenkbar hielten?

Man weiß in der Tat, daß es sehr bedeutende Männer gab – und dazu noch gerade in den Jahrzehnten, die dem Zeitalter des OINOPIDES, des vermutlichen Urhebers der ersten drei Euklidischen Postulate, unmittelbar vorausgingen —, die die Widersprüchlichkeit, d. h. also eben die *Undenkbarkeit* jeder Bewegung überhaupt in glänzenden Argumenten nachzuweisen vermochten. Das waren die Eleaten und besonders ZENON, der die Gedanken des PARMENIDES am eindringlichsten formulierte.[189]

Denkt man an diese Tatsache, so versteht man auch, warum die ersten drei Euklidischen Postulate aufgestellt werden mußten. Wollte man die geometrische Konstruktion theoretisch ermöglichen, so mußte man mindestens jene Formen der *Bewegung* zulassen, die zu der Erzeugung der allereinfachsten geometrischen Grundgebilde (Geraden, Kreise, Schnittpunkte) unerläßlich nötig sind. In der Tat sichern die ersten drei Euklidischen Postulate die *Existenz* gewisser geometrischer Grundgebilde, d. h. die Möglichkeit der allereinfachsten Konstruktionen, bzw. sie *fordern* jene *Bewegungen*, die zu diesen nötig sind. Es handelt sich in diesem Fall wirklich bloß um dialektische *Forderungen (αἰτήματα)* und nicht um *»Vereinbarungen« (ὁμολογήματα)*, denn die *Bewegung*, die gefordert wird, ist ja — nach der Lehre der Eleaten — etwas Widerspruchsvolles und ein konsequenter Vertreter der eleatischen Lehre könnte auch nie damit einverstanden sein, daß eine solche Behauptung der weiteren Auseinandersetzung (dem wissenschaftlichen und systematischen Aufbau der Geometrie) zugrunde gelegt werde. — Darin unterscheidet sich also das *αἴτημα* von der *ὑπόθεσις* und dem *ὁμολόγημα*.

*

Ich hoffe, in den letzten vier Kapiteln die folgenden wichtigen Tatsachen gezeigt zu haben:

1. Die Euklidischen Postulate, die *aitemata*, sind ebenso dialektischen Ursprungs wie die Grundlagen der Mathematik

[189] Vgl. Anm. 33.

(hypotheseis oder *archai)* im allgemeinen und die Definitionen *(hypotheseis* oder *horoi)* im speziellen.

2. Die Fachbezeichnung *»aitemata«* weist darauf hin, daß es sich hier um eine solche Art von Voraussetzungen handelt, zu denen die Zustimmung des anderen Dialogpartners in der Schwebe gelassen blieb.

Man sah außerdem, daß die voreuklidischen Mathematiker durch das Aufstellen der *aitemata* die eleatische Lehre ebenso weitergebildet hatten wie durch die früher behandelten grundlegenden Definitionen der Arithmetik (»Eins«, »Zahl«, »gerade Zahl«, »ungerade Zahl«, »Primzahl«, »zusammengesetzte Zahl« u. a. m.). Es genügte zu der Grundlegung der systematischen Mathematik keineswegs die bloße Übernahme der eleatischen Methode (»indirektes Beweisverfahren«, »Anti-Empirismus« etc.). Die ersten Vertreter der theoretisch-systematischen Mathematik mußten sich sowohl in der Arithmetik wie auch in der Geometrie gegen die eleatische Lehre bis zu einem gewissen Grade auch *abgrenzen*. Dies geschah u. a. in der Arithmetik durch die Definitionen und in der Geometrie *auch* durch die Postulate *(aitemata)*.

21. Das Problem der »koinai ennoiai«

Wie es schon mehrmals hervorgehoben wurde, findet man vor dem I. Buch der Euklidischen »Elemente« die unbewiesenen Grundlagen der Mathematik in einer *dreifachen Gruppe* aufgezählt. Die beiden ersten Gruppen enthalten *Definitionen* und *Postulate*, über die wir schon gesprochen hatten. Jetzt wenden wir uns der dritten Gruppe zu, die in unserem Euklid-Text den Namen κοιναὶ ἔννοιαι führt. Dieser letztere Name wird lateinisch gewöhnlich mit *»communes animi conceptiones«* wiedergegeben.

Vor allem müssen wir die folgende interessante Tatsache festhalten. – Proklos zitiert in seinem trefflichen Kommentar den Wortlaut des Euklidischen Textes ungezählte Male.

Diese Zitate sind sehr genau; soviel ich weiß, hat man in ihnen noch gar keine Abweichungen von EUKLIDS Wortlaut beobachtet. Um so auffallender ist, daß die Benennungen der dreierlei mathematischen Prinzipien bei PROKLOS nicht immer dieselben sind wie bei EUKLID. Es wird sich lohnen, diese Benennungen – bei EUKLID und bei PROKLOS – vergleichend einander gegenüberzustellen:

	bei EUKLID	bei PROKLOS
Definitionen	ὅροι	ὑποθέσεις od. ὅροι
Postulate	αἰτήματα	αἰτήματα
»communes animi conceptiones«	κοιναὶ ἔννοιαι	ἀξιώματα

Wie man sieht, benutzt also PROKLOS eigentlich nur im Falle der *Postulate* immer und konsequent denselben Namen wie EUKLID: *αἰτήματα*. Sonst ist aber seine Terminologie der Prinzipien von derjenigen EUKLIDS zum Teil abweichend. Der Tatsache, daß PROKLOS die *Definitionen* bald als »*hypotheseis*«[190] und bald als »*horoi*«[191] bezeichnet, würde ich keine besondere Bedeutung beimessen. Denn einerseits haben wir ja schon gesehen, daß nach der älteren Terminologie »*hypotheseis*« sowohl ein Name für die mathematischen *Grundlagen* im allgemeinen wie auch für die *Definitionen* im speziellen sein konnte, und andrerseits kann man das Wort *ὅρος* als eine Bezeichnung für »Definition« auch schon aus PLATON belegen. Es waren also offenbar schon in voreuklidischen Zeiten beide Bezeichnungen für die »Definitionen« – *hypotheseis* und *horoi* – gleichermaßen in Gebrauch.

Viel wichtiger ist für uns die andere Tatsache, daß nämlich PROKLOS für jene Gruppe von unbewiesenen Prinzipien, die bei EUKLID den Namen *κοιναὶ ἔννοιαι* führt, immer die Bezeichnung *ἀξιώματα* benutzt.[192] Läge hier eine bewußte und beabsichtigte Abweichung von dem EUKLID-Text vor, so

[190] Zum Beispiel Proclus (ed. F.), 76, 4 ff; 178, 1 ff.
[191] Zum Beispiel Proclus (ed. F.), 81, 26.
[192] Zum Beispiel Proclus (ed. F.), 76, 6; 77, 1; 178, 2 et passim.

würde Proklos – meiner Ansicht nach – ohne Zweifel den Grund dafür angeben, warum er sich *nicht* der Euklidischen Terminologie bedient. Aber Proklos benutzt den Namen *ἀξιώματα* mit einer solchen Selbstverständlichkeit, als stünde dieses Wort auch in dem Euklid-Text selbst. Ja, er distanziert sich gewissermaßen von denjenigen, die die Bezeichnung *κοιναὶ ἔννοιαι* benutzen, indem er sagt, daß nach diesen *ἀξίωμα* und *κοινὴ ἔννοια* ein und dasselbe seien[193]: *ταὐτὸν γάρ ἐστιν κατὰ τούτους ἀξίωμα καὶ ἔννοια κοινή*. – Ich kann diese Tatsache nur folgendermaßen erklären:

Jene Art von mathematischen Prinzipien, die in unserem Euklid-Text *κοιναὶ ἔννοιαι* heißen, führten in voreuklidischen Zeiten offenbar den Namen *ἀξιώματα*. Denn auch Aristoteles spricht ja mehrere Male von den »axiomata« der Mathematiker,[194] ja er zitiert sogar öfters und gerade unter diesem Namen auch jenen unbewiesenen Satz, der bei Euklid als dritte *κοινὴ ἔννοια* überliefert ist[195]: »wenn Gleiches von Gleichem abgezogen wird, sind die Reste gleich«. Wohl diesen Namen – *ἀξιώματα* – las auch Proklos noch in seinem Euklid-Exemplar, darum benutzt er immer so konsequent dieses Wort (anstatt *κοιναὶ ἔννοιαι*), als stünde es auch bei Euklid so. Dagegen ist der Ausdruck *κοιναὶ ἔννοιαι* wohl nur in jenem Zweig der Text-Überlieferung an die Stelle der alten Bezeichnung *(ἀξιώματα)* getreten, auf den unser Euklid-Text zurückgeht. – Aus dieser Vermutung ergibt sich für uns die doppelte Aufgabe: erstens müssen wir den ursprünglichen Sinn der *ἀξιώματα* erklären und zweitens müssen wir versuchen, auch den Grund dafür anzugeben, warum wohl in unserem Euklid-Text der alte Name *ἀξιώματα* durch die Bezeichnung *κοιναὶ ἔννοιαι* ersetzt wurde.

Es wird wohl nicht überflüssig sein, hier noch daran zu erinnern, wie das Problem der *κοιναὶ ἔννοιαι* in der historischen Forschung bisher

[193] Siehe Proclus (ed. F.), S. 193–194, besonders 194, 8–9.
[194] Zum Beispiel Met. Γ 3 1005 a 20.
[195] Met. K 4 1061 b 20; vgl. diese Stelle mit Met. Γ 3 1005 a 19 ff.

beurteilt wurde. P. TANNERY ging von der Beobachtung aus, daß der Fachausdruck *κοινὴ ἔννοια in technischem Sinne* bei PLATON und ARISTOTELES *nicht* vorkommt, erst aus der Sprache der Stoiker bekannt ist, und darum diese Gruppe von Prinzipien in unserem EUKLID-Text nur *nacheuklidischen Ursprungs* sein könnte.[196] — Hätte TANNERY damit nur den Namen — und *nicht* auch die Gattung selbst — für nacheuklidisch erklären wollen, so könnte ich seiner Vermutung zweifellos zustimmen. Aber TANNERY hat den vorigen Schluß offenbar *nicht* in diesem Sinne verstanden. Er glaubte, daß man solche Prinzipien überhaupt erst später, von der Zeit des APOLLONIOS von Perge ab, hätte zusammenstellen können.[197] — Es ist merkwürdig, daß TANNERY sich auch durch jene Tatsache nicht stören ließ, daß ihm bekannt war: Die *κοιναὶ ἔννοιαι* waren offenbar auch schon dem ARISTOTELES bekannt — *nur unter einem anderen Namen.*[198] (Sehr konsequent war ja TANNERY in seinen historischen Konstruktionen *nie!*) Ja, was noch überraschender ist: TANNERY hatte eine Erklärung auch dafür noch, warum der Name *ἀξιώματα* auf *κοιναὶ ἔννοιαι* hätte verändert werden müssen. Die Stoiker wären schuld daran, bei denen das Wort *ἀξίωμα* einen völlig neuen Sinn bekam.[199] (Dann hätte man also unter stoischem Einfluß

[196] P. TANNERY, Mém. scient., Bd. II, S. 60: »Ce terme d'*ἔννοια* n'est nullement de la langue philosophique de l'époque; on le chercherait vainement avec une signification technique dans l'oeuvre de Platon ou dans celle d'Aristote; il appartient aux stoïciens dont l'école commençait seulement au temps d'Euclide et dont il ne pouvait subir l'influence à Alexandrie.«

[197] Ebd., Bd. II, S. 56: »Quant aux *notions communes*, elles ne seraient pas de lui (= Euclide); il les aurait employées comme allant de soi ou comme supposées par les définitions; l'attention ne serait portée sur cette question qu'à l'époque d'Apollonius, qui essaya de démontrer ces propositions et reconnut leur liaison avec la définition de l'égalité et des opérations de l'addition et de la soustraction géométrique. Les éditeurs successifs d'Euclide auraient pris depuis lors l'habitude d'insérer un recueil plus ou moins complet de ces notions suivant le point de vue auquel ils se plaçaient et la tradition serait restée longtemps assez flottante à cet égard.«

[198] Ebd., Bd. II, S. 62: »Pour le mot *axiome*, Aristote l'emploie à peu près dans le même sens que nous, et il nous apprend qu'il était en usage chez les mathématiciens, mais particulièrement pour désigner les *notions communes*. Il cite même comme exemple que, si on retranche des choses égales de choses égales, les restes sont égaux.«

[199] Ebd., Bd. II, S. 62—63: »Il est à remarquer, que les stoïciens changèrent complètement le sens du mot *ἀξίωμα*, et appelèrent de ce

nur den Namen verändert! Aber hat TANNERY nicht in demselben Aufsatz erklärt, man hätte diese ganze Gruppe von Prinzipien erst nach APOLLONIOS näher ins Auge gefaßt?) — Ich muß gestehen, daß mir ein konsequenter Irrtum sympathischer und nützlicher vorkäme als diese Fülle von teilweise richtigen Beobachtungen und von nicht zu Ende gedachten, einander widersprechenden Schlüssen!

22. *Das Wort ἀξίωμα*

Wir legen der folgenden Untersuchung die Vermutung zugrunde, daß jene mathematischen Prinzipien, die in unserem EUKLID-Text als *κοιναὶ ἔννοιαι* zusammengefaßt werden, ursprünglich *ἀξιώματα* hießen. Wie ist nun dieser Name zu verstehen?

Die ursprüngliche Wortbedeutung des Fachausdruckes *ἀξίωμα* — obwohl sie im Grunde ebenso einfach ist wie diejenige des *αἴτημα* — läßt sich nicht mehr so leicht feststellen. Man fand nämlich für diesen Ausdruck der Euklidischen Mathematik schon in der Antike eine zwar bestechende aber doch irreführende Quasi-Erklärung, die ihre Geltung in der Fachliteratur leider bis zum heutigen Tage beibehielt und dadurch den Weg des richtigen Verstehens so gut wie völlig versperrte. Eben deswegen muß ich hier zunächst diese Pseudo-Erklärung und ihren Ursprung beleuchten.

PROKLOS begann seine Erklärungen über die Euklidischen Axiome — nachdem er jene fünf von diesen, die er für authentisch hielt, wörtlich angeführt hatte — mit den folgenden Worten[200]: *ταῦτ' ἐστὶ τὰ κατὰ πάντας ἀναπόδεικτα καλούμενα ἀξιώματα, καθόσον ὑπὸ πάντων οὕτως ἔχειν ἀξιοῦται, καὶ διαμφισβητεῖ καὶ πρὸς ταῦτα οὐδείς.* Derselbe Satz heißt in SCHÖNBERGERS deutscher Übersetzung[201]:

---

nom une proposition quelconque, vraie ou fausse; c'est là qu'il faut chercher la raison de l'adoption d'une autre désignation dans nos textes d'Euclide.«

[200] Proclus (ed. F.), 193, 15—17.

[201] Siehe P. L. SCHÖNBERGERS zitierte Übersetzung auf S. 302 bei ihm.

»Dies sind die von allen als unbeweisbar erklärten *Axiome,* insofern ihre Richtigkeit von allen *anerkannt* und von niemand in Zweifel gezogen wird.«

Die Übersetzung gibt zwar den bloßen Inhalt des griechischen Satzes leidlich gut wieder, aber sie verschleiert dennoch vor demjenigen, der nicht den griechischen Text, sondern nur die Übersetzung selber liest, daß PROKLOS nebenbei auch die Bedeutung des Hauptwortes ἀξίωμα mit einem Hinweis auf das Verbum ἀξιοῦται erklären wollte. Natürlich ist diese Erklärung des PROKLOS bis zu einem gewissen Grade allerdings tadellos, nachdem das Hauptwort ἀξίωμα in der Tat aus dem Verbum ἀξιόω abgeleitet wurde. Will man also die genaue Bedeutung des abgeleiteten Hauptwortes verstehen, so muß man auf seinen Ursprung, auf das Verbum zurückgehen. – Ob aber PROKLOS wirklich so verfuhr? – Ich habe den Eindruck, daß er es *nicht* tat. Anstatt nämlich unvoreingenommen die Bedeutung des Wortes ἀξίωμα selbst zu suchen, ging er eigentlich von einem *Vorurteil* aus, und bloß zu diesem Vorurteil suchte er die Rechtfertigung, indem er auf die *eine Bedeutungsmöglichkeit* des Verbums ἀξιόω hingewiesen hatte.

Das Vorurteil, wofür in der Antike – wie man später sehen wird – hauptsächlich ARISTOTELES verantwortlich zu sein scheint und von dem PROKLOS ausgehen wollte, bestand daraus, daß das Wort ἀξίωμα (mindestens in der Euklidischen Mathematik!) einen solchen Satz bezeichnet, *dessen Richtigkeit gar nicht bezweifelt werden kann.* Wie derselbe PROKLOS ein anderes Mal unter ausdrücklichem Hinweis auf ARISTOTELES über die Axiome versichert[202]:

»alle würden es vermöge ihrer seelischen Veranlagung zugestehen« – daß nämlich die Axiome wahre Behauptungen sind –, »*auch wenn einige aus Vorliebe für Disputationen Zweifel dagegen äußerten.*«

[202] Proclus (ed. F.), 182, 17 ff.; vgl. SCHÖNBERGER, o. c., S. 294.

Es wäre also nur eine »Streitsüchtigkeit«, wenn einige die Richtigkeit der Euklidischen Axiome bezweifelten. In der Tat scheint man in der Antike – mindestens seit ARISTOTELES – nie mehr daran gedacht zu haben, daß die Gültigkeit der Euklidischen Axiome ernstlich angezweifelt werden könnte. Auch PROKLOS wollte eben diese Auffassung über das Wesen des Axioms mit der Etymologie des Wortes unterstützen, und sehr willkommen kam ihm dabei die Tatsache, daß das Zeitwort *ἀξιόω* mit darauffolgendem Infinitiv in der Tat auch die Bedeutung *»für recht halten«* besitzt.[203]

Es wurde im Grunde dieselbe traditionelle Erklärung für die Bedeutung des Wortes *ἀξίωμα* vor einigen Jahren auch durch K. v. FRITZ wiederholt.[204] Der einzige Unterschied war nur, daß der moderne Verfasser dabei auf eine ursprünglichere Bedeutung des Verbums *ἀξιόω (»einschätzen«, »für würdig halten«)* zurückgehen und aus dieser Wortbedeutung jenen *mathematischen Sinn* des Fachausdruckes *ἀξίωμα* ableiten wollte, den er stillschweigend ebenso von vornherein als eindeutig und bekannt voraussetzte, wie dasselbe im Altertum auch schon PROKLOS selber getan hatte.

Nun glaube ich hier auf die folgenden Schwächen dieser traditionellen Erklärung hinweisen zu müssen:

1. Der mathematische Fachausdruck *ἀξίωμα* ist ebenso *dialektischen Ursprungs* wie die bisher behandelten Fachbezeichnungen *ὑπόθεσις, ὅρος, αἴτημα* etc. Es wäre also verkehrt, eine »etymologische Begründung« nur für den vermeintlichen *mathematischen Sinn* dieses Ausdruckes zu suchen. Will man die Wortbedeutung dieser mathematischen Fachbezeichnung genau verstehen, so muß man davon ausgehen, in welchem Sinne dasselbe Wort in der *Dialektik*

[203] Für diese Bedeutung des Wortes *ἀξιόω* s. z. B. die im PAPE-Wörterbuch angeführten Stellen: XEN. Cyr. 2, 2, 17; An. 5, 5, 9; PIND. Nem. 10, 39 etc.

[204] K. v. FRITZ, o. c., S. 29 ff.

benutzt wurde. Denn es ist ja naheliegend, daß unser Wort ursprünglich wohl auch in die Mathematik in seinem älteren dialektischen Sinne übernommen wurde.

2. Es gibt auch innerhalb der mathematischen Sprache unzweifelhafte Spuren dafür, daß man das Wort *ἀξίωμα* ursprünglich auch hier *nicht* in dem Sinne verstand, wie es später PROKLOS erklären wollte. Es scheint, daß man eben erst in der Zeit *nach* ARISTOTELES die Bedeutung der mathematischen Fachbezeichnung *ἀξίωμα* in dem Sinne *verdrehen* wollte, als ob dieses Wort in der Mathematik Name eines solchen Satzes wäre, der *naturgemäß* »für recht gehalten wird«.

Man kann nämlich im Grunde eigentlich sehr leicht feststellen, in welchem Sinne das Wort *ἀξίωμα* in der *dialektischen Terminologie* benutzt wurde. K. v. FRITZ schrieb z. B. folgendes darüber[205]:

»ARISTOTELES gebraucht das Wort *ἀξίωμα* außerhalb der Schriften zur Dialektik und Logik auch einfach in der Bedeutung *Annahme, Meinung, Lehrstück* usw., ein Gebrauch, der sich aus der voraristotelischen Bedeutungsgeschichte des Verbums *ἀξιοῦν* ohne weiteres verstehen läßt.«

Noch weiter führen uns die folgenden sehr treffenden Worte desselben modernen Verfassers[206]:

»In der Topik des ARISTOTELES wird in der Behandlung des dialektischen Frage- und Antwortspiels das Wort *ἀξιοῦν* häufig von dem Satz gebraucht, von dem der Frager hofft, daß ihn der Antworter zugeben wird. Dieses Zugeben wird dann als *τιθέναι* bezeichnet (vgl. z. B. 155 b 30 ff.; 159 a 14 ff. und öfter). Wenn auf das *ἀξιοῦν* das *τιθέναι* gefolgt ist, kann das dialektische Schließen weitergehen.«

[205] Ebd., S. 35.
[206] Ebd., S. 32, Anm. 32.

Geht man noch weiter und fragt man, was der Sinn des Verbums *ἀξιοῦν* in dem eben genannten Zusammenhang sei, so braucht man keineswegs auf die ursprüngliche Bedeutung des Zeitwortes *(»für würdig halten«)* zurückzugehen. Es ist viel einfacher, auf Grund eines Wörterbuches (z. B. PAPE) festzustellen, daß das Verbum *ἀξιόω* unter anderen auch die sehr gewöhnliche Bedeutung *»bitten, verlangen, fordern«* besaß. Ja, diese letztgenannte Bedeutung desselben Zeitwortes war in der Antike so gewöhnlich, daß es beinahe überflüssig ist, dafür auch noch Belege zitieren zu wollen. Nur beispielsweise seien hier zwei PLATON-Stellen genannt: Resp. III 406: *παρὰ τοῦ ἰατροῦ φάρμακον ἀξιοῦν* = »von dem Arzt eine Arznei *bitten*«; und Apol. 19 D: *ἀξιόω ὑμᾶς ἀλλήλους διδάσκειν* = »*ich fordere euch auf* — oder — *ich bitte euch*, euch gegenseitig zu belehren«.

Ich will natürlich *nicht* bestreiten, daß sich die Bedeutung des Verbums *ἀξιόω* »*verlangen, fordern*« sehr gut aus der älteren Bedeutung »*für würdig halten*«, »*für recht halten*« entwickeln konnte. Aber es wäre irreführend, diese Etymologie auch in den weiteren Bedeutungsentwicklungen desselben Wortes in einem solchen Sinne in den Vordergrund zu stellen, als ob man mit diesem Wort eine »zweifellos berechtigte, für würdig befundene Forderung« hätte zum Ausdruck bringen wollen. Denn im Gegenteil, dieses Zeitwort bezeichnet ja sehr oft gerade die »*falsche* Forderung« bzw. die »*falsche* Annahme«.[207]

Demgemäß hieß das Wort *ἀξίωμα* als dialektischer Fachausdruck ursprünglich nur »*Forderung*«, »*Bitte*« – ebenso wie sein Synonym *αἴτημα* – und gar nichts weiter. Dieselbe Bedeutung hatte das Wort *ἀξίωμα* manchmal auch außerhalb der Dialektik. So hieß z. B. bei SOPHOKLES *ἀξίωμα* die *Forderung* der Götter.[208] Ja, *ἀξίωμα* oder *ἀξίωσις* hieß manchmal auch die »*Bitt*schrift«, das »schriftliche *Gesuch*«.[209] Von dieser Bedeutung

[207] Zum Beispiel HERODOTOS 6, 87; PLATON, »Menexenos« 239 E u. a. m.

[208] Oid. Col. 1451.

[209] Siehe die Stellen im PAPE-Wörterbuch svv.

aus lassen sich auch die übrigen Bedeutungsschattierungen desselben Wortes innerhalb der dialektischen Terminologie leicht erklären: *ἀξίωμα* heißt die *Behauptung*, deren Zugeben in der dialektischen Auseinandersetzung durch den einen Gesprächsteilnehmer von seinem Partner *gefordert* wird, genauso wie das vorhin behandelte Wort *αἴτημα;* und darum heißt *ἀξίωμα* auch »Behauptung«, »Annahme«, »Lehrstück« usw.

Es sei noch ausdrücklich betont: Es scheint, daß im Sinne der älteren, voraristotelischen Gebrauchsart dieses dialektischen Fachausdruckes auch gar keine solche Bedeutungsschattierung in dem Wort *ἀξίωμα* steckte, als ob man die »axioma« genannte »Forderung«, »Behauptung« leicht hätte erfüllen, zugeben können, als ob das *ἀξίωμα* etwa eine »*glaubwürdige* Annahme« wäre. Nein, im Gegenteil! Man hat eher den Eindruck, daß in der Dialektik eben eine solche »Behauptung« als *axioma* (bzw. als *aitema*) bezeichnet wurde, zu der die Zustimmung des Dialogpartners *in der Schwebe gelassen wurde*. Das ersieht man u. a. auch aus der folgenden PLATON-Stelle (Resp. VII 526), die in einem anderen Zusammenhang in dieser Arbeit einmal schon zitiert wurde:

»Du weißt doch, daß die Mathematiker lachen würden, wenn man versuchte, die Einheit zu zerlegen, und sie ließen es nicht gelten. Wolltest du nämlich die Eins zerlegen, so würden sie dieselbe statt dessen vervielfältigen. Denn sie wollten es ja vermeiden, daß die Eins jemals als etwas anderes als sie selbst, d. h. also, daß sie als eine Vielheit erscheine. Wenn sie dann jemand fragte: Ihr Wunderlichen, von wasfür Zahlen sprecht ihr eigentlich? Wo ist denn die Eins, wie ihr sie *fordert (περὶ ποίων ἀριθμῶν διαλέγεσθε, ἐν οἷς ἓν οἷον ὑμεῖς ἀξιοῦτε ἐστιν)*, nämlich etwas in sich völlig Gleiches, Unterschiedsloses, keine Teile Enthaltendes?' — was würden sie darauf wohl antworten? — Ich glaube, sie würden sagen, daß sie lediglich von gedachten Zahlen sprechen, die man nur erschließen kann und die nicht auch sinnlich wahrnehmbar sind!«

Man sieht also, daß nach diesem Zitat die Mathematiker eine ganz besondere Art der »Eins« *fordern.* (Die *Forderung* wird mit dem Zeitwort *ἀξιοῦν* umschrieben.) Doch ist diese *Forderung* keineswegs derartig, daß sie auch von den anderen Dialogpartnern, den Nicht-Mathematikern leicht zugegeben werden könnte. Die »Eins« der Mathematiker existiert in der Welt der sinnlichen Wahrnehmungen überhaupt nicht, und darum bleibt es auch in der Schwebe, ob der »Forderung« der Mathematiker auch die anderen Dialogpartner zustimmen.

Das Wort *ἀξίωμα* ist also als dialektischer Terminus seiner Bedeutung nach ein genau entsprechendes Synonym zu dem Ausdruck *αἴτημα.* Betrachtet man die Gebrauchsart dieser beiden Fachausdrücke innerhalb der Dialektik, so sieht man *gar keinen Unterschied* zwischen den Bezeichnungen *αἰτέω, αἴτημα* einerseits und *ἀξιόω, ἀξίωμα* andrerseits.

Dasselbe gilt auch für die Mathematik – wenn man EUKLID und die daran anschließende Literatur einstweilen *nicht in Betracht zieht.* Auch bei den Mathematikern ist das *ἀξίωμα* bloß ein Synonym zu dem Ausdruck *αἴτημα.* Man ersieht dies nicht bloß aus dem Wortgebrauch der einzelnen Mathematiker – besonders aus demjenigen des ARCHIMEDES, bei dem *ὑπόθεσις, ὑποκείμενον, αἴτημα, ἀξίωμα, λαμβανόμενον* etc. gleichwertige Synonyme sind[210] –, sondern dasselbe wird auch durch PROKLOS ausdrücklich bezeugt. PROKLOS sagt nämlich – gleich nachdem er bemerkt hat, ARCHIMEDES gebrauche den Terminus *αἰτέω* auch in einem solchen Fall, in dem nach seiner (des PROKLOS) Terminologie eher »Axiom« hätte gesagt werden sollen[211]:

> »Andere wiederum bezeichnen alle Anfangssätze als *Axiome,* wie auch alle solche Sätze, die eines Beweises bedürfen, als *Theoreme.*«

[210] Vgl. dazu K. v. FRITZ, o. c., 57; und P. TANNERY, Mém. scient., Bd. II, S. 59.

[211] Proclus (ed. F.), 181, 16 ff.: *Ἤδη οἱ μὲν πάντα αἰτήματα .... οἱ δὲ πάντα ἀξιώματα προσαγορεύουσιν.*

PROKLOS ist sich also dessen völlig bewußt, daß die griechische Terminologie der mathematischen Prinzipien in Wirklichkeit gar nicht einheitlich und konsequent ist. Wohl möchte er mindestens die Spuren einer solchen Unterscheidung der Prinzipien, an die er aus EUKLID gewöhnt ist, auch bei anderen Mathematikern entdecken. Aber die Tatsachen entsprechen seiner Erwartung überhaupt nicht. Bei den anderen Mathematikern sind die genannten Ausdrücke nur Synonyme voneinander.

23. PLATONS *ὁμολογήματα und* EUKLIDS *ἀξιώματα*

Wir suchen zunächst eine Antwort auf die Frage, warum die Euklidischen *Axiome* eine Sonderbezeichnung erhielten. Ob auch bei EUKLID das Wort *ἀξιώματα* – das unserer Vermutung nach bei ihm ursprünglich anstatt der Bezeichnung *κοιναὶ ἔννοιαι* gebraucht wurde – nur ein Synonym für *ὑποθέσεις* war, wie bei ARCHIMEDES die Ausdrücke *»hypotheseis«* und *»axiomata«* nur Synonyme sind, oder ob die Euklidische Unterscheidung der *ἀξιώματα* nicht ebenso etwas Wesentliches über die Entwicklungsgeschichte der Axiomatik verrät wie die früher behandelten *αἰτήματα*?

Man findet in unserem heutigen EUKLID-Text insgesamt neun Axiome. Diese Gruppe von Prinzipien ist auffallend einheitlich. Abgesehen nämlich von dem letzten, dem 9. Axiom, sagen alle diese Sätze je eine grundlegende Behauptung über die *Gleichheit* aus. Eben die Einheitlichkeit der Gruppe ließ auch vermuten, daß das 9. Axiom – das *nicht* über die Gleichheit redet (»zwei Geraden schließen keine Fläche ein«) – erst nachträglich der Gruppe hinzugefügt worden sei.[212] Die Euklidischen Axiome sind also Gleichheitssätze. (Auch das 8. Axiom – »das Ganze ist größer als der Teil« – kann, trotz seiner abweichenden Form, als ein sozu-

[212] J. L. HEIBERG, Euclides: Elementa, I 10; und O. BECKER, Grundlagen der Mathematik in geschichtlicher Entwicklung, S. 90.

sagen *negativer Satz über die Gleichheit* gelten, nachdem es eben die Möglichkeit bestreitet, daß der »Teil« dem »Ganzen« gleich sei. Darüber jedoch erst später.)

Es fragt sich nun, warum diese Sätze über die Gleichheit als *ἀξιώματα* benannt wurden. Die Bezeichnung soll ja nach der bloßen Wortbedeutung – im Sinne meiner früheren Erklärung – zum Ausdruck bringen, daß die Zustimmung zu den so bezeichneten Behauptungen als Anfangssätzen einer Beweisführung zwar *gefordert* wird, daß aber in der Schwebe bleibt, ob diese Forderung in Erfüllung geht. Inwiefern konnte die Zustimmung zu den Euklidischen Gleichheitsaxiomen verweigert werden?

Es wird sich lohnen, die Euklidischen Gleichheitsaxiome vor allem mit jenen »beinahe mathematischen« Gleichheitssätzen zu vergleichen, die man in dem Platonischen »Theaitetos« liest.[213] Die beiden Platonischen Gleichheitssätze heißen:

1. »Ein Ding wird weder größer noch kleiner, weder in seiner Masse noch seiner Zahl nach, solange es *sich selbst gleich* ist«

und

2. »Wozu nichts hingelegt und wovon nichts weggenommen wird, das kann weder wachsen noch abnehmen, sondern es bleibt immer *sich selbst gleich*.«

Prüft man diese Sätze genauer, so sieht man, daß sie eine doppelte Definition dafür versuchen, was »*sich selbst gleich*« heißt. Der erste Satz besagt, daß der Begriff selber das Größer-Werden oder Kleiner-Werden jenes Dinges, worauf die Bezeichnung »*sich selbst gleich*« angewendet wird, in jeder Hinsicht ausschließt. Der zweite Satz kehrt dieselbe Behauptung um und besagt, daß das Ding, bei dem das Größer-Werden und Kleiner-Werden *nicht* stattfindet, »*sich selbst gleich*« ist.

[213] PLATON, Theait. 155 A.

Nun sind die beiden eben zitierten Gleichheitssätze für uns besonders deswegen lehrreich, weil sie durch PLATON nicht als *ἀξιώματα* – wie die Euklidischen Gleichheitssätze (mindestens bei PROKLOS) –, sondern als *ὁμολογήματα* bezeichnet werden. Man weiß schon aus dem bisherigen, was *ὁμολόγημα* als synonymer Ausdruck zu *»hypothesis«* in der dialektischen Terminologie heißt; es heißt das, worüber die Dialogpartner *einig geworden sind.* – Man könnte also bloß auf Grund dessen, daß gewisse Gleichheitssätze bei PLATON »homologemata«, dagegen andere Gleichheitssätze bei EUKLID *»axiomata«* heißen, an folgendes denken: Vielleicht werden die Platonischen Gleichheitssätze deswegen *»homologemata«* genannt, weil diesen jeder Dialogpartner zustimmen kann. Dagegen könnten die Euklidischen Gleichheitssätze deswegen *»axiomata«* heißen, weil zu diesen die Zustimmung der Dialogpartner in der Schwebe gelassen wird. – Wir wollen diese Vermutung im folgenden kontrollieren.

Es ist in der Tat kaum denkbar, daß ein Dialogpartner etwas gegen die beiden vorigen Platonischen *»homologemata«* über die »Gleichheit« (genauer: über das *»Sich-selbst-gleich-Sein«*) einzuwenden hätte. Denn diese Sätze sind ja völlig *formal.* Der erste Satz gibt nur eine Erklärung in anderen Worten für den Sinn des Ausdruckes *»sich selbst gleich«;* er ist also eine regelrechte und bloß formale Definition. Der zweite Satz wendet dieselbe formale Erklärung umgekehrt an, und man empfindet es als selbstverstandlich, daß auch die Umkehrung der vorigen formalen Definition nur wahr sein kann. – Auf alle Fälle konnten die antiken Dialektiker solche *rein formale Sätze* für »besonders starke Behauptungen« (im sokratischen Sinne des Ausdruckes, vgl. PLATON, »Phaidon« 100 A) halten; sie kamen ihnen *nicht* als Abstraktionen irgendwelcher praktisch-empirischer Erfahrungen vor, sondern als reine Gedankenkonstruktionen, die ebenso widerspruchsfrei galten wie das Urbild aller solcher Sätze, die berühmte These des PARMENIDES selber: *τὸ ὂν ἐστί,* »das Seiende ist«.

Dagegen prüfe man jetzt die Euklidischen Axiome über die Gleichheit. Diese heißen:

1. »Die demselben gleich sind, sind auch untereinander gleich.«
2. »Wenn Gleiche zu Gleichen hinzugefügt werden, sind auch die Summen gleich.«
3. »Wenn Gleiche von Gleichen abgezogen werden, sind auch die Reste gleich.«
[4. »Wenn zu Ungleichen Gleiche hinzugefügt werden, sind die Summen ungleich.«
5. »Die Doppelten desselben sind untereinander gleich.«
6. »Die Hälften desselben sind untereinander gleich.«]
7. »Die sich decken, sind untereinander gleich.«
8. »Das Ganze ist größer als der Teil.«

Es gibt unter diesen Aussagen gar keinen einzigen solchen nur formalen Satz wie die vorhin behandelten Platonischen »homologemata«. Im Gegenteil! Diese Aussagen beschreiben eine solche Beziehung zwischen zwei Dingen (»gleich«), die – mindestens nach eleatischer Auffassung – schon in sich selbst als »widerspruchsvoll« erscheinen muß. Denn es ist ja gar nicht selbstverständlich, daß man auf *zwei* Dinge, die voneinander verschieden, also keineswegs dasselbe sind – darum sind es ja *zwei* Dinge –, doch die Bezeichnung »*untereinander gleich*« anwenden kann. Selbstverständlich ist (für die Eleaten!) nur, daß ein Ding *sich selbst*, aber nicht, daß es *einem anderen gleich* sei.

Die Euklidischen Gleichheitssätze sind Behauptungen, deren Wahrheit durch die praktisch-empirische Erfahrung, ja in einigen Fällen sogar unmittelbar durch die sinnliche Wahrnehmung selbst kontrolliert wird. Z. B. gilt das 7. Axiom – »die sich decken, sind untereinander gleich« – deswegen als wahr, weil man sinnlich konkret wahrnehmen, sehen kann, daß die planimetrischen Figuren, die sich decken, in der Tat gleich sind. Dasselbe gilt auch für das 8. Axiom: »Das Ganze ist größer als der Teil«. Auch bei dieser Behauptung überzeugt man sich von der Wahrheit der Aussage am einfachsten so, daß man durch seine Sinnesorgane feststellt, mit den Augen sieht, daß bei den geometrischen Figuren[214] das Ganze allerdings immer größer als der Teil ist.

Denkt man nun daran, daß im Sinne der eleatischen Lehre die Sinneswahrnehmungen zu der Erkenntnis der Wahrheit gar nicht zulässig sind,[215] so sieht man auch sofort ein, daß die Behauptungen, die bei EUKLID ursprünglich als *»axiomata«* bezeichnet waren, keineswegs als *»homologemata«* oder als *»hypotheseis«* einer dialektischen Auseinandersetzung gelten konnten. Wohl konnte man auch in diesen Fällen *fordern*, daß die Behauptung, deren Wahrheit durch jede Sinneswahrnehmung garantiert zu sein schien, der Untersuchung zugrunde gelegt werde, aber die Zustimmung des Dialogpartners zu dieser Forderung mußte schon in der Schwebe gelassen werden. Darum hießen diese Behauptungen nicht *ὁμολογήματα*, sondern bloß *ἀξιώματα*.

Man weiß in der Tat schon längst, daß eben das Problem der *Gleichheit* durch die Eleaten in einem völlig anderen Sinne als in EUKLIDS Axiomen behandelt wurde. O. BECKER schrieb z. B. vor einigen Jahrzehnten folgendes über diese Frage[216]:

»Das Paradoxon des ZENON von ACHILLES und der Schildkröte läßt sich auf eine mengentheoretische Form bringen. Die Paradoxie läuft, so aufgefaßt, darauf hinaus, daß im Falle des Einholens der Schildkrote durch ACHILLES, der

[214] Die Euklidischen Axiome galten ursprünglich wohl nur für die Geometrie. Vgl. O. BECKER, Grundlagen der Mathematik in geschichtlicher Entwicklung, S. 90.

[215] Vgl. Anm. 126.

[216] O. BECKER, Mathematische Existenz, Untersuchungen zur Logik und Ontologie mathematischer Phänomene, Halle a. d. S. 1927, S. 144. — O. BECKER weist daselbst auf P. TANNERY [Revue philosophique, XX (1885) 385] und B. RUSSEL (The Principles of Mathematics, Bd. I, Cambridge 1903 § 331, S. 350 und §§ 340—341, S. 358—360) hin.

von diesem zurückgelegte, um ein Vielfaches längere Weg der von jener in derselben Zeit durchmessenen, viel kürzeren Strecke punktweise umkehrbar eindeutig zugeordnet werden kann, indem die gleichzeitig von beiden Läufern innegehabten Punkte einander entsprechen. Dies ist nichts anderes als die bekannte mengentheoretische Tatsache, daß *zwei aktual unendliche Mengen gleichmächtig sein können, obwohl die eine ein echter Teil der andern ist*, so wie hier der Weg der Schildkröte ein echter Teil des Wegs des ACHILLES ist.«

Ja, ich glaube – über diese zweifellos richtige Beobachtung hinausgehend – nachweisen zu können, daß aller Wahrscheinlichkeit nach eben die paradoxen Argumente des Eleaten ZENON die voreuklidischen Mathematiker veranlaßt haben mögen, die »*axiomata*« der Gleichheit zusammenzustellen. Dies möchte ich im nächsten Kapitel zeigen.

24. »Das Ganze ist größer als der Teil«

Das 8. Axiom der »Elemente« heißt: »Das Ganze ist größer als der Teil.«[217] Interessant ist diese mathematische Grundlage auch schon darum, weil sie in den »Elementen« – mindestens in der angeführten Form – nur sehr selten (z. B. im Beweis des Satzes *Elem. I 16*) gebraucht wird. Aber statt dessen begegnet man in EUKLIDS indirekten Beweisführungen ziemlich häufig einer stereotypen Schlußformel, die mit dem genannten Axiom (8) irgendwie verwandt ist. So heißt es z. B. am Ende der indirekten Beweisführung von Satz *Elem. I 6:* Wenn jene falsche Annahme, die widerlegt werden soll, bestunde, »*so wäre das Kleinere dem Größeren gleich, was unmöglich ist*«.

Nun war die Schlußformel – »*das Kleinere wäre dem Größeren gleich, was unmöglich ist*« – zu jener Zeit, als EUKLID

[217] Elem. I. Communes animi conceptiones VIII: *τὸ ὅλον τοῦ μέρους μεῖζόν ἐστιν.*

lebte, aller Wahrscheinlichkeit nach schon ein längst bekanntes Schema in den geometrischen Beweisführungen. Nicht nur Euklid gebraucht diese Formel ziemlich häufig, sondern man begegnet derselben auch bei dem etwas älteren Autolykos von Pitane.[218] Der moderne Herausgeber des Euklid-Textes, J. L. Heiberg, verweist in solchen Fällen in seiner lateinischen Übersetzung jedesmal auf das 8. Axiom.[219] Selbstverständlich ist dieser Hinweis völlig am Platze. Das 8. Axiom und die genannte stereotype Formel sind sowohl inhaltlich wie auch genetisch voneinander untrennbar. Es fragt sich nur, worin eigentlich der Zusammenhang genauer besteht.

P. Tannery, der als erster auf diese merkwürdige Erscheinung aufmerksam machte – daß nämlich das 8. Axiom und die mit ihm verwandte stereotype Formel *nicht* identisch sind –, versuchte im Grunde gar keine Erklärung dafür. Er scheint nur der Ansicht gewesen zu sein, daß man das 8. Axiom erst nachträglich, und ziemlich unglücklich, aus Euklids oft gebrauchter stereotyper Formel abstrahiert hätte.[220]

Man wird also vor allem die relative Chronologie der beiden – des Axioms und der mit ihm verwandten Formel – versuchen müssen. Es fragt sich nämlich, ob man in der Tat früher die stereotype Formel gefunden und erst später daraus das 8. Axiom abstrahiert hat – wie Tannery es glaubte –, oder ob man doch nicht eben umgekehrt die spätere stereotype Formel aus dem früher geprägten Axiom abgeleitet hat? – Ich glaube, daß sich diese Frage mit großer Wahrscheinlichkeit beantworten läßt. Man muß sich nur die beiden Möglichkeiten ernstlich ins Auge fassen, und man wird sogleich ein-

[218] Zum Beispiel »De sphaera quae movetur« (ed. Hultsch) im 3. Satz: *ἴση ἄρα ἐστὶν ἡ ΔΗ* (Strecke), *τῇ ΔΖ* (Strecke) *ἡ ἐλάσσων τῇ μείζονι, ὅπερ ἐστὶν ἀδύνατον.*

[219] Zum Beispiel Bd. I, S. 25 et passim.

[220] Mém. scient., Bd. II, S. 54.

sehen, daß die eine von den beiden viel wahrscheinlicher als die andere ist.

Es werden in dem Axiom (»das Ganze ist größer als der Teil«) zwei Begriffe, »das *Ganze*« und »der *Teil*«, kontrastiert. Dagegen werden in der Euklidischen Formel (»das Kleinere wäre dem Größeren gleich etc.«) gar nicht dieselben Begriffe benutzt. Die Formel sagt anstatt »das Ganze« das *Größere* und anstatt »Teil« das *Kleinere*. Nun ist diese Ersetzung der Begriffe – wenn man dabei von dem Axiom als der ursprünglicheren Form ausgeht – gar nicht schwer zu verstehen. Denn man ist in der Tat aus der Praxis daran gewöhnt, daß das Ganze von einem Ding immer das Größere und der Teil von demselben immer das Kleinere ist. Es ist also sehr wohl möglich, daß eine ursprünglichere Formel, in der die engeren Begriffe »das Ganze« und »der Teil« benutzt wurden, mit der Zeit in eine spätere Formel übergeht, in der schon die entsprechenden allgemeineren Begriffe (»das *Größere*« und »das *Kleinere*«) einander gegenübergestellt werden. *Das Entstehen der stereotypen Formel aus dem Axiom ist also allerdings verständlich.*

Dagegen versuche man jetzt den umgekehrten Weg der Entwicklung! Nehmen wir an, daß man die stereotype Formel (»das Kleinere wäre dem Größeren gleich, was unmöglich ist«) auf irgendeinem noch nicht geklärten Wege *früher* gefunden und daß man erst später daraus das Axiom selbst gemacht hätte. Aber wäre es nicht willkürlich gewesen, die Begriffe »das *Größere*« und »das *Kleinere*« mit solchen Begriffen wie »das Ganze« und »der Teil« zu ersetzen? Ist etwa »das Größere« immer auch mit dem »Ganzen« und »das Kleinere« immer mit einem »Teil« gleichbedeutend? – Ich glaube, man soll nur an diese zuletzt gestellte Frage denken, und sogleich wird man auch einsehen, daß der Weg der Entwicklung viel leichter zu verstehen ist, wenn man von dem Axiom als dem ursprünglich Gegebenen ausgeht. Aus dem Axiom (»das Ganze ist größer als der Teil«) läßt sich eine solche Formel (»das Kleinere wäre dem Größeren gleich etc.«) ohne Schwierigkeiten ableiten. Dagegen wäre der umgekehrte Weg der Entwicklung – von der oft gebrauchten stereotypen Formel aus zum Axiom – kaum denkbar.

Die nächste Frage heißt nun, warum und zu welcher Zeit man eigentlich das Axiom 8 aufgestellt haben mag.

Die Aussage – »das Ganze ist größer als der Teil« – kommt dem gesunden Menschenverstand zunächst so einfach vor, daß man sich beinahe wundert, warum eigentlich eine solche banale *Wahrheit* als *»axioma«* – also als eine Behauptung, zu der die Zustimmung des Dialogpartners in der Schwebe gelassen bleibt – ausgesprochen werden mußte. – Diese Verwunderung ist um so berechtigter, da dieses Axiom selber von EUKLID eigentlich nur ziemlich selten benutzt wird. Jene öfters gebrauchte Wendung EUKLIDS, deren Entstehen aus dem 8. Axiom eben erklärt werden konnte, ist mit der Aussage des Axioms *nicht* identisch. Ja, man fragt sich, warum EUKLID nicht eher die Begriffe »Größeres« und »Kleineres« in je einer Definition erklärt hatte. Solche Definitionen wären für sein Werk allerdings brauchbarer und notwendiger gewesen als das nur selten gebrauchte 8. Axiom, woraus man nur mit Mühe erklügeln kann, wie es sich eigentlich im Laufe der alltäglichen Beweispraxis der Geometrie zu jener stereotypen Formel entwickelte, die in der Tat öfters gebraucht wird. Die Tatsache, daß EUKLID dennoch nur das 8. Axiom unter seinen Grundlagen aufzählt, ohne es mit Definitionen für »Größeres« und »Kleineres« zu ergänzen, zeigt, wie wenig er seiner Vorlage oder wahrscheinlich einer älteren *Tradition* gegenüber selbständig war.

Fragt man sich nun nach dem Grund und Anlaß, der zum Aussprechen einer solchen Aussage – »das Ganze ist größer als der Teil« – und dazu noch in der Form eines *ἀξίωμα* führte, so kann ich nur an folgendes denken: Offenbar wird jemand einmal versucht haben, die Wahrheit dieser auf den ersten Anblick selbstverständlichen Behauptung zu bestreiten, und als man sah, zu welchen Konsequenzen ein solcher Versuch führt, mußte man die gegenteilige Behauptung in einer zwar einleuchtenden, aber nicht beweisbaren Aussage festlegen. Das war wohl der Ursprung des merkwürdigen 8. Axioms. – Ja, wir sind in der glücklichen Lage, auch mit Namen angeben zu können, wer jene selbstverständliche Wahrheit bestritt, die eben *erst nach diesem Angriff* als Axiom 8. ausgesprochen werden mußte.

Aristoteles berichtet einmal[221] über ein merkwürdiges Argument des Eleaten Zenon, dessen Konklusion darin bestand, daß *»die halbe Zeit gleich ihrem Doppelten sei«*.[222] Leider kennen wir Zenons eigene Ausdrücke überhaupt nicht; wir wissen auch von dem bloßen Inhalt seiner Gedankenführung nur aus dem Text des Aristoteles, der ihn widerlegen wollte. Man muß also mit der Interpretation sehr vorsichtig umgehen. Nun ist aber Zenons paradoxe Konklusion doch sehr auffallend. »Die halbe Zeit wäre ihrem Doppelten gleich« – diese merkwürdige Behauptung will einen solchen Zusammenhang zwischen den Begriffen *»die Hälfte«* und *»ihr Doppeltes«* feststellen, der jeder nüchternen Erfahrung widerspricht.

Noch interessanter wird das Paradoxon, wenn man bedenkt, daß sich die Begriffe »die Hälfte« und »das Doppelte« in dem gegebenen Zusammenhang ohne jede Schwierigkeit durch die anderen, *»Teil«* und *»Ganzes«*, ersetzen lassen. Wenn Zenon behauptete, daß »die halbe Zeit ihrem Doppelten gleich« wäre, so setzte er offenbar einen gewissen *Teil* irgendeiner Zeitspanne dem *Ganzen* derselben Zeitspanne gleich. Das Paradoxon besagt also gerade das Gegenteil dessen, was das 8. Axiom bei Euklid dahingehend formuliert, daß das Ganze größer als der Teil sei.

Man dürfte sich also schon auf Grund der vorigen Beobachtung fragen, ob Euklids 8. Axiom nicht eben deswegen aufgestellt worden sei, weil man die »Wahrheit«, die in ihm ausgesprochen wird, in einer Zeit wohl durch solche paradoxen

[221] Aristoteles, Physik Z 9, 239 b 33.

[222] Ebd.: *ἴσον εἶναι χρόνον τῷ διπλάσιῳ τὸν ἥμισυν.*

Konklusionen wie ZENONS Argument angezweifelt hatte. In der Tat stünde einer solchen Vermutung einstweilen nur noch die Tatsache im Wege, daß das Zenonsche Paradoxon nach dem Wortlaut des ARISTOTELES eine Behauptung über die *Zeit* enthielt, während das 8. Euklidische Axiom ein *mathematischer* (geometrischer) Grundsatz ist. Man sieht also noch nicht klar genug, ob ZENONS Argument die Mathematiker (oder Geometer) in der Tat unmittelbar zur Aufstellung des 8. Axioms veranlaßt oder ob es dieselben in ihrer Tätigkeit nur von weitem her irgendwie beeinflußt haben mag. Darum will ich vor allem die Interpretation des Zenonschen Gedankenganges – mindestens in großen Zügen – versuchen.

Der Text des ARISTOTELES, der über ZENONS Argument berichtet, bietet zwar einige noch nicht befriedigend gelöste philologische Schwierigkeiten,[223] aber man kann daraus ZENONS Gedankengang doch einwandfrei rekonstruieren. Diese Rekonstruktion wird besonders dadurch erleichtert, daß der ARISTOTELES-Kommentator SIMPLICIUS auch eine erläuternde Figur zu der Textstelle (nach dem älteren Erklärer, ALEXANDER von Aphrodisias) aufbewahrt hatte.[224] Auch ich benutze dieselbe Figur in der Erklärung.

ZENON argumentierte nach ARISTOTELES folgendermaßen: Es seien in einem Stadion drei Körpergruppen – wie die Figur veranschaulicht – in je einer Reihe aufgestellt gegeben. Die je vier Buchstaben ($A\ A\ A\ A$, $B\ B\ B\ B$ und $C\ C\ C\ C$) bezeichnen also je vier Körper. Die Körper der ersten Reihe ($A\ A\ A\ A$) sollen sich in Ruhe befinden. Dagegen sollen sich

[223] Jene ungelösten Textprobleme, die ich hier gar nicht behandeln will, betreffen eigentlich nur die ARISTOTELES-Interpretation, aber sie berühren kaum jenen Gedankengang des ZENON, der uns in dieser Arbeit interessiert. Es sei hier allerdings auf den wenig beachteten Erklärungsversuch von J. LACHELIER, Revue de Métaphysique et de Morale, 18 (1910) 345–355, hingewiesen.

[224] SIMPLICIUS 1016 ff., vgl. auch 1019, 27. Die Textstelle und die Figur sind auch bei DIELS–KRANZ, o. c., I 29 Zenon A 28 abgedruckt.

die Körper der beiden anderen Reihen (*B* und *C*) mit gleicher Geschwindigkeit zwar, aber – wie auch die Pfeile zeigen – in entgegengesetzter Richtung bewegen.

Beginnen nun die bewegten Körper ihre Bewegung zu gleicher Zeit und gerade dort, wo man sie in Abb. 10 sieht, so werden die beiden Reihen offenbar zu gleicher Zeit die entgegengesetzten Endpunkte ihrer Laufbahn erreichen; das heißt, bei gleicher Geschwindigkeit wird der erste Körper *B* in demselben Zeitpunkt bei dem letzten Körper *A* (rechts) ankommen, in dem der erste Körper *C* beim ersten *A* (links)

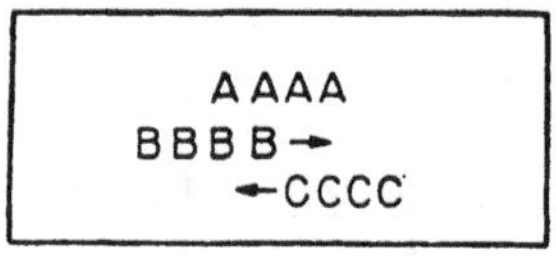

Abb. 10

ankommt. – Wollte man nun – nach ZENONS Gedankengang – den zurückgelegten Weg der bewegten Körper, oder was damit in diesem Fall gleichbedeutend ist, die *Zeitdauer* ihrer Bewegung graphisch messen, so ließe sich diese Größe mit zwei *A*-Buchstaben (*A A*) bezeichnen, denn in der Tat ist der je erste bewegte Körper beider Reihen an zwei ruhenden *A*-Körpern vorbeigegangen. – Man könnte aber, nach ZENONS Denkweise, dieselbe *Zeitdauer* der Bewegung nicht nur an der Gruppe der ruhenden Körper (*A A A A*), sondern mit ebensoviel Recht auch an denjenigen Körpern messen, die sich mit gleicher Geschwindigkeit in entgegengesetzter Richtung bewegen. In diesem letzteren Fall würde man jedoch die Zeitdauer der Bewegung mit vier Buchstaben (*B B B B* bzw. *C C C C*) bezeichnen müssen, denn der erste bewegte *B*-Körper geht an vier bewegten *C*-Körpern vorbei und natürlich geht auch umgekehrt der erste bewegte *C*-Körper an vier bewegten *B*-Körpern vorbei. Das paradoxe Ergebnis der beiden Messungen bestünde also darin, daß dieselbe Zeitdauer sowohl mit zwei Buchstaben (*A A*) wie auch mit vieren (*B B B B* bzw.

$C\,C\,C\,C$) gemessen werden könnte. Darum wäre nach ZENONS Konklusion »die halbe Zeit ihrem Doppelten gleich«.

Es sei hier – bevor man die eingehendere Interpretation versucht – auf einen solchen merkwürdigen Zug des Gedankenganges aufmerksam gemacht, der bisher nicht beachtet wurde. Wie gesagt, bezeichnen alle Buchstaben der beigegebenen Figur zunächst *Körper*, die sich bewegen bzw. in Ruhe befinden. Aber dieselben Buchstaben bezeichnen in dem Augenblick, in dem man die Messungen durchführt, nicht mehr bloß die vorigen Körper, sondern auch gewisse *Strecken*. Denn folgendes ist klar: Wenn man die Zeitdauer der Bewegung graphisch mit zwei A-Buchstaben mißt – weil in dieser Zeit der bewegte Körper (B oder C) an zwei A-Körpern vorbeigegangen ist –, so bezeichnen die beiden Buchstaben ($A\,A$) nicht mehr einfach nur jene ruhenden Körper, sondern auch jene *Strecke* des Weges, die durch den bewegten Körper (B oder C) während der Zeit des Vorbeigehens zurückgelegt wurde.

Die Beobachtung, daß die Buchstaben im Sinne des Gedankenganges nicht nur einfach Körper, sondern gleichzeitig auch *Strecken* bezeichnen, ist auch darum wichtig, weil sie die Datierung der beigegebenen erläuternden Figur ermöglicht bzw. eine naheliegende Vermutung erhärtet. Es wurde ja schon gesagt, daß die bei SIMPLICIUS überlieferte erläuternde Figur unmittelbar von dem alten ARISTOTELES-Erklärer, ALEXANDER von Aphrodisias (Ende des 2. Jahrhunderts u. Z.) übernommen wurde. Daß aber dieselbe Figur über ARISTOTELES hinaus weit in die erste Hälfte des 5. Jahrhunderts v. u. Z., selbst auf den Eleaten ZENON zurückgehen muß, dafür bürgt die altertümliche Bezeichnungsart: Strecken und *Summen von Streckenteilen* ($A\,A$) wurden im 5. Jahrhundert v. u. Z. in der Tat auf diese Weise bezeichnet.[225]

[225] Man vergleiche dazu die Bezeichnungsart des ARCHYTAS [bei Boëtius, De institutione musica (ed. G. FRIEDLEIN), Lipsiae 1867, S. 285]: die Summe der Strecken $D + E$ wird als $D\,E$ bezeichnet.

Ein anderer Schluß, der sich aus derselben Beobachtung über die Bezeichnungsart ergibt, ist der folgende: ZENON sprach über »die halbe Zeit« und über »das Doppelte der halben Zeit«. Dabei bezeichnete er die »halbe Zeit« mit zwei Buchstaben ($A\,A$), während das Zeichen für das »Doppelte« vier Buchstaben ($B\,B\,B\,B$ oder $C\,C\,C\,C$) waren. Nun vertreten aber die Buchstaben in dieser Beziehung offenbar *Strecken;* »die halbe Zeit« wird als eine »halbe *Strecke*« ($A\,A$) und das Doppelte derselben als eine »ganze *Strecke*« ($B\,B\,B\,B$ oder $C\,C\,C\,C$) versinnbildlicht. – Man ersieht aus dieser Beobachtung, daß ZENONS Paradoxon doch etwas auch mit der *Geometrie* zu tun haben mußte, denn man arbeitet ja mit *Strecken* gewöhnlich eben in der Geometrie. Jene Vermutung also, daß man das 8. Euklidische Axiom wohl darum aufstellen mußte, weil ZENONS Paradoxon die selbstverständliche »Wahrheit« dieses Axioms bestritt, gewinnt infolge der vorigen Beobachtung an Wahrscheinlichkeit.

Und nun wollen wir auch den »Trugschluß« von ZENON näher besehen. Es geht aus dem Bericht eindeutig hervor, daß ARISTOTELES fest davon überzeugt war, die ganze Argumentation wäre falsch. Seine Schüler waren noch eifriger in der Widerlegung. Vielleicht ging eben EUDEMOS, der erste Historiker der Mathematik, in dieser Beziehung am weitesten:

> »Diese Beweisführung des ZENON ist unglaublich töricht, wie EUDEMOS sagt, weil sie den in ihr enthaltenen Trugschluß offenkundig zur Schau trägt« –

liest man bei SIMPLICIUS.[226] ZENON scheint also mit seinem Paradoxon in der Antike kein großes Glück gehabt zu haben. Ja, auch heute wird er noch oft ähnlich wie einst im Kreise der ARISTOTELES-Schüler beurteilt. Auch darum wird es sich lohnen, einmal sowohl den »Trugschluß« wie auch den genialen Gedanken, der dahinter steckt, genauer zu prüfen.

[226] SIMPLICIUS zu ARISTOTELES' Physik, 1019, 32 ff.

Man könnte den »Trugschluß« von ZENON etwa im folgenden entdecken: Er hatte zwar recht, indem er dachte, daß im Falle unveränderlicher Geschwindigkeit (c) sowohl die Zeit (t) wie auch der zurückgelegte Weg (s) sich als eine und dieselbe *Strecke* darstellen lassen; einem jeden Zeitabschnitt der Bewegung entspricht ein Abschnitt des zurückgelegten Weges, bzw. ein Abschnitt der Strecke. Aber ZENON hat dennoch einen Fehler begangen, indem er außer acht ließ, daß auch während derselben Zeitspanne (t) der zurückgelegte Weg das Doppelte wird ($2s$), wenn man die Geschwindigkeit (c) verdoppelt. Denn es ist ja klar, daß die (relative) Geschwindigkeit der beiden Körpergruppen eigentlich verdoppelt wird, wenn die Körpergruppen B und C mit »unveränderlicher Geschwindigkeit« zwar, aber doch in entgegengesetzter Richtung aneinander vorbeigehen. (Die Geschwindigkeit c gilt nur dann, wenn man den zurückgelegten Weg an den ruhenden Körpern, an den A-Buchstaben mißt. Wird der zurückgelegte Weg an jenen Körpern gemessen, die sich mit derselben Geschwindigkeit, doch in entgegengesetzter Richtung bewegen, dann muß man die Geschwindigkeit mit $2c$ bezeichnen.) Aber dadurch wird nur der zurückgelegte Weg der beiden bewegten Körpergruppen und nicht auch die Zeitspanne ihrer Bewegung verdoppelt ($2s = 2c \cdot t$).

Die »halbe Strecke« des ZENON (d. h. die zwei Buchstaben A A der ruhenden Körpergruppe in der Zeichnung) veranschaulicht also sowohl die Zeitspanne der Bewegung wie auch den zurückgelegten Weg, während seine »ganze Strecke« (die vier Buchstaben der bewegten Körper, B B B B oder C C C C) nur noch den zusammen zurückgelegten Weg beider (in entgegengesetzter Richtung) bewegter Körpergruppen und nicht auch die Zeitspanne ihrer Bewegung veranschaulicht. — Der Trugschluß bestünde also einerseits darin, daß die Verdoppelung der »unveränderten« Geschwindigkeit verschwiegen wird, und andrerseits darin, daß die »ganze Strecke« als eine Veranschaulichung sowohl des zurückgelegten Weges wie auch der Zeitspanne der Bewegung hingestellt wird, wo sie in Wirklichkeit – eben infolge der Verdoppelung des Geschwindigkeit – nur noch eine Veranschaulichung des Weges, aber nicht mehr auch diejenige der Zeitspanne der Bewegung darstellt.

Nun wurde dadurch der »Trugschluß« des ZENON in aristotelischem Sinne wohl enthüllt; aber ich glaube doch nicht, daß die vorige Interpretation mit dem Enthüllen des Trugschlusses auch dem genialen Gedanken des Eleaten gerecht werden könnte. Irreführend sind nämlich in dieser Interpretation auch schon die Begriffe »Geschwindigkeit« (c) und »Verdoppelung der Geschwindigkeit« ($2c$). Heute versteht man unter »Geschwindigkeit« das Verhältnis des zurückgelegten Weges zu der Zeit der Bewegung. »Geschwindigkeit« ist also nach unserer Denkweise eine *Strecke* des Weges, diejenige nämlich, die der bewegte Körper während einer bestimmten Zeit*spanne* zurücklegt. Wir lösen nämlich sowohl den Weg des Körpers wie auch die Zeit der Bewegung in solche kleinere Einheiten auf, die mit irgendeinem *Längenmaß* (der Weg) bzw. mit irgendeiner *Dauer* (die Zeit) gemessen werden. Aber das ist nur unsere Denkweise und keineswegs diejenige des ZENON. ZENON löste nämlich die Zeit der Bewegung – wie ihm dies von ARISTOTELES vorgeworfen wird – in lauter *dauerlose Zeitpunkte* (»Jetzt« = *νῦν*) auf[227]; und dementsprechend bestand nach ihm auch der Weg, die Strecke, aus solchen *Streckenpunkten*, die gar *kein Ausmaß* mehr hatten.[228] Es besteht also nach ihm sowohl die »halbe Strecke« wie auch die »ganze Strecke« (das Doppelte der »halben Strecke«) *aus unendlich vielen Punkten;* sie sind zwei Mengen von unendlich vielen Punkten. ZENON setzte – indem er behauptete, daß »die halbe Zeit ihrem Doppelten gleich« wäre – eigentlich zwei *unendliche Mengen* einander gleich. Man würde seinen Gedankengang heute etwa folgendermaßen illustrieren:

[227] ARISTOTELES, Physik, Z 239 b 30.

[228] Es geht aus dem Vergleich der beiden ARISTOTELES-Stellen Physik Z 9, 239 und 2 223 a 21 hervor, daß ZENON nicht nur die *Zeit* in lauter »Jetzt« (= dauerlose Zeitpunkte), sondern auch die Strecke in unendlich viele Punkte ohne Ausmaß auflösen wollte.

Sei die Strecke AB das Doppelte der anderen Strecke CD, und fasse man beide Strecken als unendliche Punktmengen auf. »Untereinander gleich« sind diese beiden unendlichen Punktmengen dann, wenn einem jeden Punkt der einen Menge ein und nur ein Punkt der anderen Menge zugeordnet werden kann. Daraus besteht die »umkehrbar eindeutige Abbildung beider Mengen aufeinander«. Man zeigt die umkehrbar eindeutige Abbildung im vorliegenden Fall auf folgende Weise:

Verbinde man die Punkte A und C auf der einen und B und D auf der anderen Seite durch gerade Linien miteinander, und

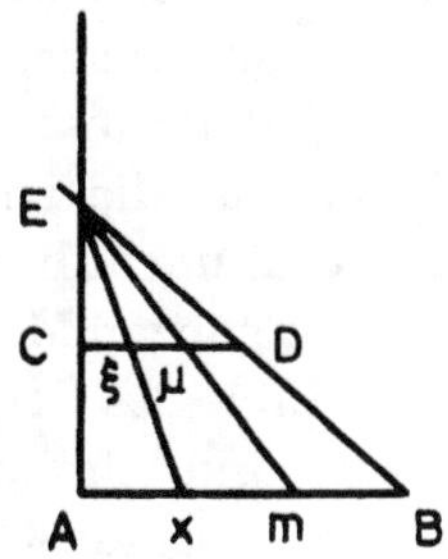

Abb. 11

verlängere man diese Geraden bis zu ihrem Schnittpunkt in E. Wählt man nun einen beliebigen Punkt x auf der Strecke AB, und verbindet man diesen durch eine gerade Linie mit E, so bekommt man den Schnittpunkt ξ auf der Strecke CD, ξ ist die Abbildung des Punktes x. Aber ebenso auch umgekehrt; verbindet man den beliebigen Punkt μ auf der Strecke CD mit E, so ergibt die Verlängerung derselben geraden Linie den Schnittpunkt m auf der Strecke AB; der Punkt m ist die Abbildung des Punktes μ. – Auf diese Weise lassen sich alle Punkte der Strecke CD auf die Punkte der Strecke AB, und auch umgekehrt, abbilden. Nicht nur einem jeden Punkt der Strecke CD entspricht ein einziger Punkt der Strecke AB, sondern was noch paradoxer klingt: auch jedem einzelnen Punkt der größeren Strecke AB entspricht ein (und nur ein) Punkt der kleineren Strecke CD. – Das heißt jedoch in der Sprache der Mengenlehre, daß die beiden Mengen *äquivalent* sind; die Teilmenge ist der ganzen Menge – natürlich nur im Falle von unendlichen Mengen – äquivalent.

ZENON hatte also – nachdem er die Zeit in unendlich viele dauerlose Zeitpunkte (»Jetzt«) aufgelöst hatte – mit seiner paradoxen Behauptung, daß »die halbe Zeit ihrem Doppelten *gleich* (= äquivalent) sei«, im Sinne der Mengenlehre eigentlich recht. Es scheint zwar, daß er mit der paradoxen Beweisführung vor allem die Undenkbarkeit (die Widersprüchlichkeit) der Begriffe »*Bewegung*«, »*Raum*« und »*Zeit*« nachweisen wollte. Aber es ist ihm im vorliegenden Fall gelungen, auch darauf hinzuweisen, daß unser *intuitiver Begriff* der »Gleichheit« eigentlich nur für die endlichen Mengen gültig ist. Im Falle von zwei aktual unendlichen Mengen kann auch die »Hälfte« einer Menge der ganzen Menge gleichmächtig sein.

Wohl sprach ZENON im Sinne des Berichtes bei ARISTOTELES nur von der »halben Zeit« und »ihrem Doppelten«, aber ich glaube, daß die Zeitgenossen seinen Gedankengang auch für die *Strecken* in der Planimetrie verallgemeinern mußten. Es geht ja aus unserer Quelle eindeutig hervor, daß jene Buchstaben, mit denen er die bewegten und die in Ruhe befindlichen Körper versinnbildlichte, gleichzeitig auch dazu dienten, den zurückgelegten *Weg* der Bewegung zu messen; doppelt soviele Buchstaben veranschaulichten doppelt so lange *Strecken des Weges*. Dieselbe Zeitspanne erschien nach den beiden Messungen, einmal als die »*Hälfte einer Strecke*« (der zurückgelegte Weg an der Gruppe der ruhenden Körper gemessen) und das andere Mal als »*das Doppelte der vorigen halben Strecke*« (der zurückgelegte Weg des Körpers an jener anderen Körpergruppe gemessen, die sich in entgegengesetzter Richtung bewegt). Zu derselben Zeitspanne (einer unendlichen Menge von Zeitpunkten) gehörten nach den beiden Messungen zwei verschieden lange Strecken des Weges, die beide aus unendlich vielen Raumpunkten bestehen. Und ZENON schloß – aus der Tatsache, daß man zu jedem einzelnen dauerlosen Zeitpunkt offenbar nur je einen Punkt sowohl der halben wie auch der ganzen Strecke zuordnen kann –, daß »die halbe Zeit ihrem Doppelten gleich wäre«. Aber selbstverständlich kann man aus derselben Argumentation mit ebensoviel Recht auch schließen, daß die beiden *Strecken* als zwei unendliche Punktmengen des Raumes (die Hälfte und ihr Doppeltes) »gleich« (bzw. richtiger: *gleichmächtig*) sind.

Nun kann man in der Grundlegung der Euklidischen Geometrie aus den folgenden *drei* Tatsachen ersehen, daß die einstigen Begründer dieser Wissenschaft das eben behandelte paradoxe Argument des Eleaten ZENON nicht nur gekannt, sondern daß sie auch versucht hatten, gegen solche Gedankengänge Stellung zu nehmen:

1. Die allererste Definition der Geometrie heißt bei EUKLID: »Punkt ist, was keine Teile hat.« Der *Punkt* der Geometrie entspricht also genau dem dauerlosen *Zeitpunkt* des ZENON, dem »Jetzt« *(νῦν)*.
2. Es wurde in einem früheren Kapitel jene Stelle des PROKLOS schon zitiert,[229] wonach die »Linie« als *»ein Fließen des Punktes«* und die »gerade Linie« als *»ein gleichgerichtetes und unablenkbares Fließen des Punktes«* definiert wurde. Diese Definitionen wurden jedoch in EUKLIDS »Elemente« *nicht* aufgenommen. Denn sie hätten ja auch den Gedanken nahegelegt, daß die »Linie« ebenso aus *Punkten* besteht, wie in der Arithmetik die »Zahl« aus *Einheiten* zusammengesetzt ist; und dann hätte man auch zugeben müssen, daß jede beliebige Strecke eine *Menge aus unendlich vielen Punkten* ist, womit man auch dem Paradoxon des ZENON Tür und Tor geöffnet hätte. Statt dessen ließ man in den Definitionen die *Punkte* nur als die *Grenzen der Linie* gelten (Elem. I def. 3). Man wollte den Begriff des »Unendlichen« in der Geometrie möglichst umgehen.[229a]

[229] Siehe Anm. 187.

[229a] Es sei hier auf die Worte von A. FRAJESE (Platone e la matematica nel mondo antico, Roma 1963) hingewiesen, in denen er PLATONS

3. Es wurde in dem 8. Axiom auch jene empirische Tatsache festgelegt, die man aus *Erfahrungen an endlichen Mengen* abstrahierte, daß nämlich »das Ganze größer als der Teil ist«. – Ja auch andere Axiome bei EUKLID legen den Gedanken nahe, daß man bestrebt war, das Benutzen des Begriffes *»gleich«* auf *endliche Mengen* zu beschränken.

25. Ein Komplex von Axiomen bei EUKLID

Es wurde im vorigen Kapitel gezeigt, wie ZENONS Paradoxon über die »Gleichheit« zum Aufstellen des 8. Axioms geführt haben mag. Nun wollen wir noch eine kleine Gruppe von Axiomen bei EUKLID näher ins Auge fassen.

Von den überlieferten acht ersten Euklidischen Axiomen wurden, wie bekannt, das *vierte, fünfte* und *sechste* durch den Herausgeber, J. L. HEIBERG, als unechte athetiert. Er berief sich dabei – was das *fünfte* und *sechste* betrifft – auf PROKLOS,[230] der dieselben Axiome ebenfalls für überflüssig hielt.[231] Ja, HEIBERG wollte sogar mit derselben Begründung auch noch Interpolationen in EUKLIDS Sätzen – *Elem. I 37 und 38* – entdecken, nachdem die betreffenden Sätze die von ihm athetierten Axiome beinahe wörtlich zitieren.

Nun haben in diesem Fall sowohl PROKLOS wie auch HEIBERG insofern allerdings recht, daß die athetierten Axiome für das Euklidische Werk nicht unbedingt nötig sind; man kann auch ohne diese die ganze Euklidische Geometrie lückenlos aufbauen. Es fragt sich nur, wie diese mit mehr oder weniger Recht athetierten Axiome dennoch in den EUKLID-Text aufgenommen wurden.

»Philebos« 25 a—b historisch zweifellos richtig interpretiert: »Si può seguire, almeno da un importante punto di vista, *lo sviluppo della matematica greca come il succedersi di episodi di una lotta contro l'infinito.* In questo passo Platone riafferma che la matematica è il dominio del finito.«

[230] 196, 25 ff. (ed. F.).

[231] Vgl. J. L. HEIBERG, Euclides, Elementa, Bd. I, S. 91.

Jene Theorie von P. Tannery, wonach nicht nur die athetierten Axiome, sondern überhaupt die Euklidischen Prinzipien aus dem Text der »Elemente« selbst erst *nachträglich* abstrahiert worden wären,[232] scheint auch prinzipiell unhaltbar zu sein. Denn im Gegenteil, man findet unter den Euklidischen Grundlagen manches Überlieferungsgut, das selbst zu Euklids Zeiten schon überholt sein mußte und nur traditionsgemäß beibehalten wurde. Dies könnte sehr wohl auch bei dem 5. und 6. Axiom der Fall sein: »die Doppelten desselben (d. h. derselben Quantität) sind untereinander gleich« und »die Hälften desselben sind untereinander gleich«. – Was mag nur irgendwann einmal der Anlaß gewesen sein, solche Sätze einerseits über die Gleichheit der *Doppelten* und andrerseits über dieselbe der *Hälften* einer Quantität aufzustellen?

Mir ist aus der wissenschaftlichen Literatur der Antike nur ein einziger Fall bekannt, der als Veranlassung in Betracht käme. Das vorhin behandelte Paradoxon des Zenon hieß nämlich: »die *halbe* Zeit ist ihrem *Doppelten* gleich«. Diese paradoxe Aussage, in der also nicht nur der Begriff der »Gleichheit«, sondern auch diejenigen der »*Hälfte*« und des »*Doppelten*« eine interessante Rolle spielten, wurde – wie ich vorhin zu zeigen versucht habe – eigentlich mittels *Strecken* veranschaulicht; Zenon zeigte, wie die *Hälfte* einer Strecke (eine Menge von unendlich vielen Punkten) ihrem *Doppelten* (einer anderen Menge von unendlich vielen Punkten) »gleich« sein soll.

Denke man nun daran, wie die antiken Theoretiker diese paradoxe Behauptung wohl zu widerlegen versuchten. Sich auf die nüchterne, alltägliche Erfahrung – auf die Sinneswahrnehmungen – zu berufen, war im Sinne der eleatischen Lehre natürlich nicht möglich. Aber es wäre auch nicht möglich gewesen, einen Gegenbeweis in dem Sinne zu liefern, daß man versucht hätte, einen Widerspruch in Zenons Argumenten nachzuweisen. Von dieser Seite her war Zenons Beweis-

[232] P. Tannery, Mém. scient., Bd. II, S. 53.

führung nicht widerlegbar. Auf der anderen Seite kam eine solche »Widerlegung« wie diejenige bei ARISTOTELES und seinen Schülern, die ZENONS grundlegende Gedanken über die »unendlichen Mengen« einfach mißachtet – solange man für das Wesentliche in der eleatischen Dialektik überhaupt ein Verständnis hatte –, gar nicht in Betracht. Mußte man sich also nicht eben deswegen veranlaßt fühlen, zu *allen* Einzelheiten der paradoxen Zenonschen Behauptung in unbewiesenen *Forderungen* (in Axiomen) Stellung zu nehmen?

Denkt man an diese letztere, vorläufig nur vermutungsweise gestellte Frage, so erscheinen auf einmal nicht weniger als *vier* aufeinander folgende Axiome bei EUKLID in einem ganz merkwürdigen Licht. Es scheint nämlich, als bildeten die folgenden vier Axiome eine kompakte und zusammenhängende Einheit, die sich gerade gegen ZENONS Paradoxon über die »Gleichheit der halben Zeit mit ihrem Doppelten« richtet:

5. »Die *Doppelten* desselben sind untereinander gleich.«
6. »Die *Hälften* desselben sind untereinander gleich«.
7. »Die sich *decken*, sind untereinander gleich«. (Bei ZENON deckten sich jene Strecken natürlich nicht, deren »Gleichheit« er dennoch behauptet hatte.)
8. »Das *Ganze* ist größer als der *Teil*.«

Natürlich genügt von diesen Sätzen zum Aufbau der Euklidischen Geometrie auch das 8. Axiom in sich allein. Man kann nicht nur das 5. und 6., sondern mit ebensoviel Recht beinahe auch noch das 7. athetieren, denn auch dieses wird ja von EUKLID kaum gebraucht.[233] – Ich glaube also, daß EUKLID die eben aufgezählte Gruppe von Axiomen ebenso *traditionsgemäß* übernahm, wie er es auch mit den Definitionen der »geraden Linie« und der »ebenen Fläche« sowie mit den Fachausdrücken *ἑτερόμηκες, ῥόμβος, ῥομβοειδές, τρίπλευρα,*

[233] Vgl. K. v. FRITZ, o. c., S. 76 f.

πολύπλευρα etc. getan hatte.[234] (Auch diese letzteren waren nämlich für sein Werk eigentlich überflüssig.)

*

Die Betrachtungen über die Euklidischen Axiome führten uns zu den folgenden Ergebnissen:

EUKLIDS Gleichheitssätze sind empirische Aussagen, die man auf Grund von Erfahrungen an *endlichen Mengen* aufgestellt hatte. Man kann die Gültigkeit dieser Aussagen nur mit *sinnlicher Wahrnehmung* kontrollieren und eben deswegen befriedigen diese auch nicht die Ansprüche der Eleaten auf reine, bloß intellektuelle Erkenntnisweise ohne Inanspruchnahme der Sinnesorgane. Ursprünglich hat man diese Sätze als *ἀξιώματα* = *Forderungen* benannt, nachdem es in der dialektisch-theoretischen Auseinandersetzung bloß *gefordert* werden konnte, daß diese Sätze der weiteren Untersuchung zugrunde gelegt werden, aber die Zustimmung der Dialogpartner zu diesen Sätzen in der Schwebe gelassen wurde. (Mit der eleatischen Lehre sind ja diese Sätze ebenso unvereinbar wie die Postulate bei EUKLID.)

Da jedoch in der Zeit nach PLATON das Wesentliche der Eleaten-Dialektik kaum mehr verstanden wurde, versuchte man auch den alten dialektisch-mathematischen Fachausdruck *ἀξιώματα* in einem neuen Sinne umzudeuten. Man berief sich nämlich immer wieder darauf, daß man die Gültigkeit dieser Axiome mit nüchternem Verstand ebensowenig bezweifeln könne, wie auch die Tatsache nicht zu bezweifeln sei, daß das Feuer warm ist. So wurde das *ἀξίωμα* (die ursprüngliche »Forderung«) zu einer Wahrheit, die *»naturgemäß für recht gehalten wird«*. (Ja, man glaubte diese Auslegung auch noch mit der Etymologie des Wortes *ἀξίωμα* unterstützen zu können.) Diese Umdeutung der alten Wortbedeutung vollzog sich wohl Hand in Hand damit, daß ARISTOTELES auch die

[234] Vgl. P. TANNERY, Mém. scient., Bd. II, S. 540–544 und 48–63.

genialen Paradoxien des ZENON für bloße Sophismen erklärte. Ja, ARISTOTELES scheint überhaupt der bedeutendste antike Repräsentant jenes Gedankens gewesen zu sein, daß die Mathematik »von naturgemäß wahren, unanfechtbaren und einfachen Grundsätzen« auszugehen hat.

Daraus versteht man wohl auch, warum in der Textüberlieferung der Euklidischen »Elemente« der alte Name ἀξιώματα auf κοιναὶ ἔννοιαι verändert wurde. Die Tatsache, daß in der stoischen Terminologie das Wort ἀξίωμα einen neuen Sinn bekam (»Aussagesatz« überhaupt) – womit TANNERY den Namenwechsel erklären wollte[235] –, scheint mir nicht das Entscheidende gewesen zu sein. Wohl wichtiger war die andere Tatsache, daß nämlich der neue Name κοιναὶ ἔννοιαι = »*allen Menschen gemeinsame Vorstellungen*« auch die neue (aristotelische) Auffassung über das Wesen des Axioms eindeutiger zum Ausdruck bringt als die Bezeichnung ἀξιώματα. Werden die ἀξιώματα als κοιναὶ ἔννοιαι benannt, so wird man noch weniger bezweifeln wollen, daß diese Aussagen »*naturgemäß wahr*« sind. So gelang es schließlich, mit dem neuen Namen den dialektischen Ursprung nicht nur des Fachausdruckes ἀξίωμα, sondern auch der Gattung selbst so gut wie völlig zu verschleiern.

26. Die Unterscheidung der Postulate und Axiome

Es mag aus den letzten Kapiteln deutlich genug hervorgegangen sein, daß die Bezeichnungen »*aitemata*« und »*axiomata*« der Wortbedeutung nach *Synonyme* sind. Ja, es wurde auch darauf hingewiesen, daß in der mathematischen Terminologie im allgemeinen – von EUKLID abgesehen – nicht nur diese beiden Fachausdrücke untereinander gleichwertig waren, sondern daß man an ihrer Stelle auch noch andere Bezeichnungen für die mathematischen Grundlagen

[235] Mém. scient,. Bd. II, S. 62–63; siehe auch oben das Kapitel »Das Problem der *koinai ennoiai*«.

je nach Belieben benutzen konnte. Wohl wurde auch in der späteren mathematischen Literatur versucht, irgendeine Unterscheidung der verschiedenen unbewiesenen Grundlagen der Mathematik durchzuführen. So findet man z. B. in dem Werk des ARCHIMEDES »*De sphaera et cylindro*« vor dem I. Buch *zwei Gruppen* von unbewiesenen Grundlagen; die erste Gruppe, die er als *ἀξιώματα* bezeichnet, sind offenbar *Definitionen;* dagegen zählt die andere Gruppe – von ARCHIMEDES *λαμβανόμενα* genannt – solche Prinzipien auf, die den Euklidischen *Postulaten* verwandt zu sein scheinen (z. B. das erste *λαμβανόμενον* in diesem Werk: »*Das kürzeste zwischen zwei Punkten ist die gerade Linie = λαμβάνω δὲ τῶν τὰ αὐτὰ πέρατα ἐχουσῶν γραμμῶν ἐλαχίστην εἶναι τὴν εὐθεῖαν*).

Aber es kann keine Rede davon sein, daß eine solche Unterscheidung der Prinzipien in den mathematischen Werken des Altertums jemals konsequent gewesen wäre. Auch die dreifache Unterscheidung EUKLIDS – *Definitionen*, *Postulate* und *Axiome* – wurde von keinem antiken Mathematiker übernommen. – Wohl hat zwar ARISTOTELES versucht, die verschiedenen Eigenschaften festzustellen, die die ersten Prinzipien der beweisenden Wissenschaft haben müßten, und er hat demnach auch sein System der »*archai*« zusammengestellt, aber ich glaube nicht, daß die historische Erforschung der antiken Mathematik aus den diesbezüglichen Erörterungen des ARISTOTELES viel Wesentliches lernen könnte.

Auch die verschiedenen Versuche des PROKLOS, den Unterschied der »*aitemata*« und der »*axiomata*« zu erklären, sind für den Historiker keineswegs völlig befriedigend – obwohl diese Erklärungen zum Teil auch richtige Beobachtungen enthalten. Ohne daß ich alle diese Erklärungsversuche im einzelnen ausführlich besprechen wollte, möchte ich von ihnen hier zwei erwähnen.

1. Eine scheinbar sehr treffende Erklärung für den Unterschied der Euklidischen »*aitemata*« und »*axiomata*« heißt bei PROKLOS folgendermaßen: Die »*aitemata*« wären nur der Geometrie eigen, während die »*axiomata*« in jeder Wissen-

schaft, die mit der Quantität etwas zu tun hat, ihre Geltung hätten.[236] – Zutreffend ist diese Erklärung insofern allerdings, daß die *Postulate* (*aitemata*) bei EUKLID in der Tat rein geometrischer Art sind. Aber EUKLIDS *axiomata* sind gar nicht mehr alle ohne Ausnahme für die quantitativen Wissenschaften so völlig allgemeingültig, wie man dies im Sinne der Erklärung erwarten könnte. Es gibt unter diesen *axiomata* mindestens *einen* solchen Satz,[237] der nur in der Geometrie (ja, eigentlich nur in der Planimetrie) sinnvoll ist; das ist das 7. Axiom: »Die sich decken, sind untereinander gleich«. – Wollte man also an der Behauptung des PROKLOS festhalten, daß nämlich die Euklidischen *axiomata* für *alle* quantitativen Wissenschaften gelten, so könnte man unter *axiomata* nicht alle Gleichheitssätze der »Elemente« verstehen. – Aber selbst in diesem Fall könnte die eben erwähnte Unterscheidung des PROKLOS nur als eine mehr oder weniger zutreffende Beschreibung des Euklidischen Sachverhaltes und nicht als eine historische Erklärung dafür gelten. Denn es fragt sich ja, ob EUKLID in der Tat in demselben Sinne diese beiden Termini unterscheiden wollte wie die vorige Erklärung. Hat man z. B. nicht erst *nachträglich* erkannt, daß die meisten Gleichheitsaxiome auch Grundlagen der Arithmetik sind?[238] Selbstverständlich beginnt die moderne Arithmetik mit Gleichheitsaxiomen, ja es werden darin die Euklidischen Gleichheitssätze auch noch ergänzt. (Bei EUKLID werden z. B. die Reflexivität und die Symmetrie der Gleichheit nirgends ausgesprochen.) Aber ob die Tatsache, daß auch die Arithmetik Gleichheitsaxiome benutzt, schon zur Zeit der Aufstellung der Euklidischen *axiomata* bewußt war? – Soweit ich sehe, wurde die älteste, pythagoreische Arithmetik (z. B. in Buch VII der

[236] Proclus (ed. F.), 182, 6 ff.; 58, 7 ff.

[237] Das andere bloß geometrische Axiom, das 9., dürfte als unecht gelten.

[238] Diese Erkenntnis ist allerdings schon bei ARISTOTELES, Analytica posteriora I 10 76 a 37 ff. belegt; vgl. K. v. FRITZ, o. c., S. 25.

»Elemente«) noch *ohne* den bewußten Gebrauch der Gleichheitsaxiome aufgebaut. – Es fragt sich auch, warum die *axiomata* bei EUKLID erst an zweiter, ja sogar an dritter Stelle, *nach* den *aitemata* aufgezählt werden, wo sie – im Sinne der versuchten Erklärung des PROKLOS – allgemeingültiger als die nur der Geometrie eigenen *aitemata* sind. Hätte EUKLID diese beiden Gruppen nicht eben in umgekehrter Reihenfolge aufzählen müssen, wenn er eine solche Unterscheidung im Sinne hatte, wie dies PROKLOS vermutet?

2. Ein anderer Erklärungsversuch des PROKLOS, der hier noch angedeutet werden soll, läuft darauf hinaus, daß der Unterschied der *axiomata* und *aitemata* derselbe wäre wie derjenige der Lehrsätze (*θεωρήματα*) und Aufgaben (*προβλήματα*). Wie dieser Gedanke einmal ausführlicher entwickelt wird[239]:

> »Das *aitema* trägt uns auf, zur Darlegung eines Akzidens irgendeinen Gegenstand zu beschaffen und ausfindig zu machen, der einfach und leicht zu finden ist; das *axioma* dagegen [trägt uns auf], irgendein wesentliches Akzidens zu nennen, das ohne weiteres den Hörenden bekannt ist, wie z. B. daß das Feuer warm ist, oder irgendeine Wahrheit von höchster Klarheit, deren Bezweiflern gegenüber wir sagen, es fehle ihnen an gesundem Verstand oder sie bedürften der Züchtigung.«

Natürlich sind diese Worte sehr lehrreich von jenem Gesichtspunkt aus, daß sie verraten, wie man später den Unterschied zwischen *Postulaten* und *Axiomen* zu erklären bestrebt war. Aber man ersieht aus denselben Erklärungsversuchen auch, daß der historische Ursprung dieser Gruppen von mathematischen Prinzipien in dieser späteren Zeit gar nicht mehr bekannt war.

[239] Proclus (ed. F.), 181, 5 ff.; vgl. A. FRENKIAN, Le postulat chez Euclide et chez les modernes, Paris 1940, S. 19. — Dieselbe Unterscheidung der beiden Gruppen bei PROKLOS auch: 178, 12 ff.

Im Sinne meiner oben entwickelten Ausführungen unterscheiden sich die Euklidischen *Postulate* von den *Axiomen* darin, daß die Postulate gegen das eleatische Dogma über die Unmöglichkeit der *Bewegung* Stellung nehmen – und dadurch die *Existenz* der geometrischen Gebilde bzw. ihre *Konstruierbarkeit* mit Lineal und Zirkel sichern –, während die *Axiome* gegen ZENONS Paradoxien die empirischen Erfahrungen – die aus der Prüfung von endlichen Mengen gewonnen wurden – über die »*Gleichheit*« festlegen. – Wohl war diese Unterscheidung der beiden Gruppen von mathematischen Grundlagen zu jener Zeit, in der EUKLID seine »Elemente« zusammengestellt hatte, prinzipiell gar nicht mehr so wichtig wie ursprünglich. Die Unterscheidung der mathematischen Prinzipien war zu dieser Zeit wohl nur noch eine *Tradition*. EUKLID hatte ja seine meisten mathematischen Grundlagen vermutlich von Vorgängern, d. h. von solchen Mathematikern unverändert übernommen, die schon vor ihm ebenfalls »Elemente« zusammengestellt hatten.

27. Arithmetik und Geometrie

Überblickt man die Gedankenführung der bisherigen Betrachtungen im III. Teil des vorliegenden Buches, so lassen sich die wichtigsten Ergebnisse der Untersuchung in großen Zügen etwa folgendermaßen zusammenfassen:

Das Zustandekommen der theoretisch-deduktiven Mathematik ist einem entscheidenden Einfluß der eleatischen Philosophie zu verdanken. Die Lehre von PARMENIDES und ZENON hat die griechischen Mathematiker – aller Wahrscheinlichkeit nach schon in der ersten Hälfte des 5. Jahrhunderts – veranlaßt, den Gegenstand der Mathematik als *nur im Gedanken existierend* aufzufassen und sich von dem bloßen Empirismus abzuwenden. Der eleatischen Philosophie ist auch die typisch mathematische Methode der indirekten Beweisführung zu verdanken. Darüber hinausgehend läßt sich auch die theoretische *Grundlegung* der Mathematik auf den Einfluß der eleatischen Dialektik zurückführen. Die Terminologie der mathematischen Grundlagen ist in allen ihren Einzelheiten dialektischen Ursprungs. Ja, man hat gesehen, daß die allererste Definition der Euklidischen *Arithmetik* (Elem. VII def. 1) jene »Lehre von der Eins« (PLATON, Resp. VII 525) voraussetzt, die sozusagen mit der Parmenideischen Lehre über das »Seiende« identisch ist.

Allerdings hat die Arithmetik mit der Definition der »Zahl« (Elem. VII. def. 2) – d. h. also mit der »Vervielfältigung der Eins« – sich von der eleatischen Lehre in einem gewissen Sinne schon entfernt. Denn wohl behandelten zwar die Arithmetiker die »Zahlen« auf dieselbe Weise wie die Eleaten ihr »Seiendes«; sie betonten, daß die Zahlen keine sichtbaren und tastbaren Körper besäßen, daß sie bloß gedankliche Elemente seien, denen man anders als auf dem Wege des reinen Denkens auch gar nicht näher kommen könne. Aber dieselben Arithmetiker mußten die Existenz der »Vielheit« (mindestens der »Vielheit im Gedanken«) doch zugeben – denn sonst wäre ja eine Arithmetik auch gar nicht möglich gewesen –, während die Eleaten nur die Existenz der »Eins« zugeben wollten. – Es wurde in einem früheren Kapitel auch darauf hingewiesen, daß eben die »Vervielfältigung der Eins« auch das eleatische Problem der »Teilbarkeit« (bzw. der »Unteilbarkeit«) in einem neuen Licht erscheinen ließ. Ja, es scheint, daß ein zentrales und grundlegendes Problem der voreuklidischen Arithmetik eben die »Teilbarkeit der Zahlen« war.

Noch weiter ging die Entfernung von der eleatischen Lehre in der theoretischen Begründung der *Geometrie*. Denn die voreuklidischen Geometer mußten ja in den *Postulaten* gegen das eleatische Dogma der »Unmöglichkeit jeder Bewegung« und in den *Axiomen* gegen die Gleichheitsverhältnisse der unendlichen Mengen – d. h. gegen ZENONS Paradoxien über die »Gleichheit« – Stellung nehmen. Ohne diese Stellungnahmen wäre der theoretisch-systematische Aufbau der Geometrie gar nicht möglich gewesen.

Es besteht also zwischen Arithmetik und Geometrie ein

sehr wesentlicher Unterschied. Die theoretische Begründung der Arithmetik war – von eleatischem Gesichtspunkt aus – viel einfacher als diejenige der Geometrie. Eben deswegen genoß von den beiden mathematischen Disziplinen in der Bewertung der Antike unter theoretischem Gesichtspunkt den Vorrang immer die Arithmetik vor der Geometrie. Die Geometrie konnte nur den zweiten Platz – nach der Arithmetik an erster Stelle – einnehmen. Wie PROKLOS darüber schreibt[240]:

»Daß nun die Geometrie ein Teil der gesamten Mathematik ist und daß sie *die zweite Stelle einnimmt nach der Arithmetik* ... ist schon von den Alten dargelegt worden und bedarf gegenwärtig keiner breiten Ausführung.«

Denn es war ja verhältnismäßig leicht zu behaupten, daß die Zahlen keine Körper besäßen und daß sie bloß gedankliche Elemente seien. Man denke z. B. daran, daß auch jede beliebige »konkrete Zahl« (z. B. die *23*) jenen Gegenständen gegenüber, deren Zahlenmäßigkeit sie angibt, immer noch abstrakt genug ist. Es ist gar nicht so schwer, zu erreichen, daß man dabei *nicht* an jene Gegenstände denkt, die diese Zahl vertreten. Eine noch höhere Stufe der Abstraktion erreicht man, wenn man nicht von irgendwelchen »konkreten« Zahlen, sondern im allgemeinen etwa von *Primzahlen* oder von *geraden Zahlen* redet. – Aber ob man auch in demselben Maße abstrakt sein kann, wenn nicht von »Zahlen«, sondern von *»geometrischen Figuren«* die Rede ist? PROKLOS scheint sich des Unterschiedes völlig bewußt zu sein[241]:

»Daß nun die Zahlen von der Materie freier und reiner sind als die Raumgrößen und daß das Prinzip der Zahlen einfacher als dasjenige der Größen ist, ist jedem klar.«

[240] Proclus (ed. F.), 48, 9 ff.: *ὅτι μὲν οὖν ἡ γεωμετρία τῆς ὅλης ἐστὶ μαθηματικῆς μέρος καὶ ὅτι δευτέραν ἔχει τάξιν μετὰ τὴν ἀριθμητικὴν ... εἴρηται τοῖς παλαιοῖς καὶ οὐ πολλοῦ δεῖται λόγου πρὸς τὸ παρόν.*

[241] Ebd. 95, 23 ff.: *ὅτι μὲν οὖν ἀριθμοὶ τῶν μεγέθων ἀυλότεροι καὶ καθαρώτεροι, καὶ ὅτι τῶν ἀριθμῶν ἡ ἀρχὴ τῆς τῶν μεγεθῶν ἐστιν ἁπλουστέρα, παντὶ καταφανές.*

Im Falle der Zahlen ist es leicht, die *Zahl* selbst von jenem Buchstaben (von der Ziffer) – oder bei EUKLID von jener *Strecke*, die sie nur vertritt – zu unterscheiden. Aber ob man auch das »bloß gedachte Quadrat« und sein »gezeichnetes Bild« so scharf auseinanderhalten kann? PLATON betont zwar,[242] daß die Geometer sich der sichtbaren Gestalten bedienen und über diese reden, während sie eigentlich doch nicht an diese gezeichneten Figuren, sondern an jene Gegenstände denken, denen die gezeichneten nur ähnlich sind. Denn der Geometer interessiere sich eigentlich für das Quadrat und für die Diagonale selber und nicht für die gezeichneten Bilder dieser Gegenstände. Aber die Unterscheidung des »Bloß-Gedachten« (was wirklich wichtig ist) und des »Sichtbaren« (was nur eine untergeordnete Bedeutung haben darf) ließ sich in der Geometrie doch nicht so leicht durchführen wie in der Arithmetik. – Ein anderes Mal wirft PLATON den Geometern auch vor, daß sie sich einer irreführenden und lächerlichen Sprache bedienen; sie sprechen von »Quadrieren« *(τετραγωνίζειν)* und »Konstruieren«, als ob in ihrer Tätigkeit das Ausführen dieser Handlungen und nicht die Erkenntnis selber das wichtige wäre.[243]

Man sieht also, daß die Grundlegung der Geometrie den antiken Theoretikern der Wissenschaft von eleatischem Gesichtspunkt aus von vornherein viel problematischer erscheinen mußte als diejenige der Arithmetik. Darum wollen wir in den nächsten Kapiteln jene historische Frage näher ins Auge fassen, wie man die Lehre der Eleaten und die Geometrie miteinander in Einklang zu bringen versuchte.

[242] PLATON, Resp. 510 D: *τοῖς ὁρωμενοῖς εἴδεσι προσχρῶνται καὶ τοὺς λόγους περὶ αὐτῶν ποιοῦνται, οὐ περὶ τούτων διανοούμενοι, ἀλλ' ἐκείνων πέρι οἷς ταῦτα ἔοικε, τοῦ τετραγώνου αὐτοῦ ἕνεκα τοὺς λόγους ποιούμενοι καὶ τῆς διαμέτρου αὐτῆς, ἀλλ' οὐ ταύτης ἣν γράφουσιν.*

[243] Ebd., 527: *λέγουσι μέν που μάλα γελοίως τε καὶ ἀναγκαίως· ὡς γὰρ πράττοντές τε καὶ πράξεως ἕνεκα πάντας τοὺς λόγους ποιούμενοι λέγουσιν τετραγωνίζειν τε καὶ παρατείνειν καὶ προστιθέναι καὶ πάντα οὕτω φθεγγόμενοι, τὸ δ' ἔστι ποῦ πᾶν τὸ μάθημα γνώσεως ἕνεκα ἐπιτηδευόμενον.*

28. Die Wissenschaft vom Raum

Es schien anfangs wohl überhaupt nicht möglich zu sein, daß man die Grundsätze der Eleaten auch auf die Geometrie anwende. Denn die Elcaten haben ja die Existenz des *Raumes* rundweg geleugnet.[244] ZENON vermochte die Widersprüchlichkeit des Begriffes »Raum« mit zahlreichen Argumenten nachzuweisen.[245]

Leugnet man jedoch den »Raum«, so ist auch die Wissenschaft von dem Raum, die Geometrie, gar nicht möglich. Ist der »Raum« etwas Widerspruchsvolles, so gehört er in die Reihe derjenigen Dinge, die nach eleatischer Auffassung durch sinnliche Wahrnehmungen wohl zu erfahren, aber nicht durch reines, widerspruchsfreies Denken zu begreifen sind. Als ein solches Ding betrachteten die Eleaten z. B. auch die »Bewegung«. Denn selbstverständlich mußten auch sie zugeben, daß die »Bewegung« *praktisch* stattfinden kann; durch sinnliche Wahrnehmung kann man die Bewegung auf Schritt und Tritt erleben. Das eleatische *Leugnen* der Bewegung hieß eigentlich nur soviel, daß man der Ansicht war, wohl sei die Bewegung sinnlich wahrnehmbar, aber nicht durch logisches, widerspruchsfreies Denken zu begreifen. Ähnlich muß man auch den eleatischen Satz – »es gäbe keinen Raum« – verstehen. Es kommt in diesem Satz der Gedanke zum Ausdruck, daß über den *Raum* kein widerspruchsloses Denken möglich sei. Mit anderen Worten heißt dies auch soviel, daß nach eleatischer Auffassung das »Wissen von dem Raum« wohl ähnlich zu beurteilen wäre wie das »Wissen von der Bewegung«; diese beiden Dinge wären nur *Ergebnisse sinnlicher Wahrnehmungen*.

Es scheint, daß die ältesten Theoretiker der Mathematik ursprünglich auch diese eleatische Beurteilung des »Wissens von dem Raum« übernommen hatten. Für diese Vermutung spricht die Tatsache, daß nach einem Bericht des JAMBLICHOS

[244] PLATON, Theait. 180 E.

[245] Vgl. W. CAPELLE, Die Vorsokratiker, Leipzig 1935, S. 172 f.

PYTHAGORAS die Geometrie als ἱστορίη bezeichnet hatte.[246] Überlegt man sich nun, daß einerseits die Pythagoreer ihre wissenschaftliche Tätigkeit, und besonders die Lehre von den Zahlen, mit dem stolzen Namen der μαθήματα bezeichneten[247] und daß andrerseits das Wort ἱστορίη nur ein empirisches, durch Sehen gewonnenes Wissen bezeichnen kann,[248] so läßt sich der Bericht des JAMBLICHOS wohl kaum anders auslegen, als daß man zu jener Zeit – in der die Geometrie noch ἱστορίη war – in dieser Disziplin nur ein praktisches, erfahrungsmäßiges Wissen und kein echtes »mathema« erblicken wollte.

Selbst PROKLOS scheint noch davon zu wissen, daß man wohl erst verhältnismäßig später die Geometrie als ein Teilgebiet der Mathematik anerkannte und daß man ihr auch dann noch nur den zweiten Platz nach der Arithmetik einräumte.[249] Derselben Ansicht ist über die Rangordnung der beiden Wissenschaften auch PLATON.[250] Ja, man kann sogar aus PLATONS Werken eindeutig nachweisen, daß dieses Beurteilen sowohl des Problems »Raum« wie auch dasjenige des »Wissens von dem Raum«, der *Geometrie*, ohne Zweifel eine Erbschaft der eleatischen Philosophie war. Um dies zeigen zu können, muß hier zunächst an die Platonische Klassifikation der verschiedenen Arten des Wissens erinnert werden.[251]

*

[246] JAMBLICHOS, Vita Pythagorica 89. Zur Erklärung der Stelle vgl. meinen Aufsatz »Deiknymi, als mathematischer Terminus für beweisen« (siehe oben Anm. 6); und A. FRENKIAN, Maia, Nuova serie XI (1959) 243–245.

[247] B. L. v. d. WAERDEN, Math. Ann. 120 (1947/49) 127. – Nach dem ausdrücklichen Zeugnis des ARISTOTELES (Met., Buch A, Kap. 5) waren es die Pythagoreer, die sich als erste mit μαθήματα befaßten. Vgl. auch K. REIDEMEISTER, Das exakte Denken der Griechen, S. 52.

[248] B. SNELL, Die Ausdrücke für den Begriff des Wissens in der vorplatonischen Philosophie, Berlin 1924, 59–71; A. FRENKIAN, Revue des Études Indoeuropéennes, Bucarest–Paris 1938, 468–474.

[249] Siehe Anm. 240.

[250] PLATON, Epinomis 990 C–D.

[251] Vgl. meinen Aufsatz »Eleatica«, S. 98 ff. (s. Anm. 33).

Wie bekannt, unterscheidet PLATON zwischen dem Reich des Werdens, des sinnlich Wahrnehmbaren, des *ὁρατόν*, einerseits und dem Reich des Seienden, des *νοητόν*, andrerseits. Im Sinne dieser Zweiteilung wird im »Staat« die folgende interessante Theorie über die drei Dinge *Wissen*, *Nichtwissen* und *Meinen* entwickelt.[252]

Der Erkennende erkennt etwas *(ὁ γιγνώσκων γιγνώσκει τι)*; darum ist das Ding, das erkannt wird, immer ein Seiendes *(ὄν)*. Wie könnte auch etwas, das nicht ist, also das Nichtseiende erkannt werden *(πῶς γὰρ ἄν μή ὄν γε τι γνωσθείη)*? – Durch diese Worte wird also eine Doppelbeziehung hergestellt: das Erkennen, das *Wissen* bezieht sich auf das Seiende *(ἐπὶ μὲν τῷ ὄντι γνῶσις ἦν)*, das *Nichtwissen* auf das Nichtseiende *(ἀγνωσία δ' ἐξ ἀνάγκης ἐπὶ μὴ ὄντι)*. Dementsprechend wird dann jenes dritte Glied zwischen Wissen und Nichtwissen gesucht, das sich auf die Dinge bezieht, die zwischen Sein und Nichtsein – also im Reiche des *Werdens* und *Vergehens* – ihre Stelle haben *(ἐπὶ δὲ τῷ μεταξὺ τούτῳ μεταξύ τι καὶ ζητητέον ἀγνοίας τε καὶ ἐπιστήμης)*. Dieses dritte Glied zwischen Wissen und Nichtwissen wird in der *Meinung (δόξα)* gefunden, über die dann betont wird, sie wäre dunkler als das Wissen und heller als das Nichtwissen.

Es kann nun – meiner Ansicht nach – überhaupt gar kein Zweifel darüber bestehen, daß diese dreifache Unterscheidung bei PLATON – *Wissen, Nichtwissen* und *Meinen* – eleatischen Ursprungs ist. PARMENIDES sagte ja über seinen »zweiten Weg der Forschung«[253]:

»Dieser Weg, daß nämlich das Seiende nicht sei, und daß dies Nichtsein notwendig wäre – der ist, so künde ich dir, gänzlich unerforschbar. Denn *das Nichtseiende kannst du*

[252] Resp. V 476 E–477 B.

[253] Über die »drei Wege der Forschung« des PARMENIDES siehe meinen Aufsatz »Zur Geschichte der Dialektik des Denkens«, S. 54 ff. (s. Anm. 33).

weder erkennen (οὔτε γὰρ ἂν γνοίης τό γε μὴ ἐόν) – es ist ja unausführbar – noch aussprechen.«[254]

Parmenides behauptet also, daß man das Nichtseiende gar nicht erkennen könnte; ja das Nichtseiende wäre auch undenkbar und unaussprechbar. Das Nichtseiende kann – im Sinne seiner Gedankenführung – selbstverständlich auch nicht Gegenstand des *Wissens* sein. Man kann nur das Seiende erkennen und wissen. – Das ist also der Ursprung des Platonischen Gedankens: Das *Wissen* beziehe sich immer auf das Seiende und das *Nichtwissen* auf das Nichtseiende.

Es läßt sich ebenso leicht zeigen, daß auch die *Meinung (δόξα)* bei Parmenides dieselbe Rolle hatte wie in der eben angedeuteten Platonischen Rangordnung zwischen *Wissen* und *Nichtwissen*. Denn Parmenides schrieb ja von seinem »dritten Weg der Forschung«, d. h. über die *Meinungen* der Sterblichen *(βρότων δόξαι)*[255]:

»Ich warne dich auch vor jenem Wege, auf dem da die nichtwissenden Sterblichen, die Doppelköpfe einherschwanken. Denn Ratlosigkeit lenkt den schwanken Sinn in ihrer Brust. So treiben sie hin stumm zugleich und blind, die Ratlosen, urteilslose Haufen, denen das Sein und Nichtsein *(τὸ πέλειν τε καὶ οὐκ εἶναι)* für dasselbe gilt und auch für nicht dasselbe.«

Wie ich es in einem anderen Zusammenhang nachweisen konnte,[256] verwirft Parmenides die *δόξα* (»Schein«, »Scheinwissen«, »Meinung«) deswegen, weil sie widerspruchsvoll ist. In dem Begriff des *δοκεῖν* steckt nämlich der Widerspruch des Seins und Nichtseins *(εἶναι καὶ οὐκ εἶναι)*. – Ebenso bezieht auch Platon das *Meinen* eben auf die Dinge, die ihre Stelle

[254] Diels–Kranz, o. c., I 28 B fr. 2, 5–8.
[255] Fr. 6, 4–9.
[256] Vgl. Zum Verständnis der Eleaten, S. 262–265 (s. Anm. 33).

»zwischen Sein und Nichtsein« haben,[257] die also zu dem Reiche des *Werdens* und *Vergehens* gehören; und darum liegt die *Meinung (δόξα)* nach der Platonischen Rangordnung zwischen *Wissen* und *Nichtwissen*. – Ich glaube also gezeigt zu haben, daß die erwähnte Platonische Unterscheidung von *Wissen*, *Nichtwissen* und *Meinen* im Grunde gar nichts anderes als die Wiederholung der Parmenideischen Ansicht über dieselben Dinge ist.

*

Nun mußte ich an die eben eingefügten Ausführungen in diesem Zusammenhang deswegen erinnern, weil ich glaube, daß zwei wichtige PLATON-Stellen über die *Geometrie* sich eigentlich nur im Lichte des eben Gesagten erklären lassen. Es geht aus dem vorhin Gesagten wohl schon klar genug hervor, wie das Platonische *Meinen* und *Wissen* mit der Zweiteilung in das Reich des sinnlich Wahrnehmbaren, des *ὁρατόν*, einerseits und in das Reich des Seienden, des *νοητόν*, andrerseits zusammenhängt. Das *Meinen*, die widerspruchsvolle *δόξα*, bezieht sich natürlich auf das sinnlich Wahrnehmbare, das *ὁρατόν*, auf das Reich des *Werdens* und *Vergehens*, während das Gebiet des wahren Wissens das Unsichtbare, das nur im Gedanken Erreichbare *(νοητόν)* ist; dieses letztere heißt in der parmenideisch-platonischen Terminologie häufig auch *das Seiende*. – Ich müßte hier eigentlich lange Zitate aus dem Dialog »Timaios« griechisch anführen, damit man sehe, daß nicht nur der Grundgedanke, sondern selbst die Platonische Terminologie *wörtlich* dieselbe ist wie im Lehrgedicht des PARMENIDES. Statt dessen mögen hier einige Andeutungen genügen.[258] Das, was nicht geworden und unvergänglich ist *(ἀγέννητον καὶ ἀνώλεθρον)*, das Unwandelbare, das gar nichts anderes in sich hereinnimmt und auch selber nicht in etwas anderes hinübergeht *(οὔτε εἰς ἑαυτὸ εἰσδε-*

[257] Resp. V 478 D 5–9.

[258] Die folgenden sind Zitate aus PLATONS »Timaios«, 52 A–B.

χόμενον ἄλλοθεν, οὔτε αὐτὸ εἰς ἄλλο ποι ἰόν), das Unsichtbare und mit den Sinnesorganen gar nicht faßbare *(ἀόρατον δὲ καὶ ἄλλως ἀναίσθητον)*, das wird nur im Gedanken erkannt *(ὃ δὴ νόησις εἴληχεν ἐπισκοπεῖν)*; das andere dagegen, das Wahrnehmbare, das Gewordene und immer Wandelbare, das wird mit der Sinneswahrnehmung und mit der *δόξα* erfaßt *(δόξῃ μετ' αἰσθήσεως περιληπτόν)*.

Die letzten Zitate sehen auf den ersten Anblick so aus, als sollten sie nur meine obige Interpretation über die Platonische Klassifikation – *Wissen*, *Nichtwissen* und *Meinen* – unterstützen bzw. illustrieren. Aber der vollständige Textzusammenhang, von dem ich die zitierten Worte heraushob, führt uns doch um einen wesentlichen Schritt weiter.

Denn PLATON spricht ja im »Timaios« nicht von einer *Zweiteilung* auf das Reich des sinnlich *Wahrnehmbaren* (»horaton«) und auf dasjenige des nur *Denkbaren* (»noeton«); statt dessen erscheint hier eine D r e i t e i l u n g.[259] Es wird nämlich neben den beiden eben genannten Reichen als ein *drittes* noch der »Raum« genannt, der selber zwar ebenso unvergänglich ist wie das ewig Seiende, das »*noeton*«, aber in dem doch jedes Bewegen, Entstehen und Vergehen stattfindet.[260] Ja, es wird sogar hervorgehoben, daß auch die Erkenntnis, die sich auf dieses Dritte, auf den »Raum« bezieht, weder dieselbe ist, womit man das wahrhaft Seiende erkennt, noch auch das bloß sinnliche Wahrnehmen, womit man die Dinge des Entstehens und Vergehens zur Kenntnis nimmt. Der *Raum* sei ohne sinnliche Wahrnehmungen, aber doch mit einem »Bastard-Wissen« zu erfassen *(μετ' ἀναισθησίας ἁπτὸν λογισμῷ*

[259] Timaios, 50 C—D: *ἐν δ' οὖν τῷ παρόντι χρὴ γένη διανοηθῆναι τρίττα, τὸ μὲν γιγνόμενον, τὸ δ' ἐν ᾧ γίγνεται, τὸ δ' ὅθεν ἀφομοιούμενον φύεται τὸ γιγνόμενον.*

[260] Zu den Ausdrücken, mit denen der »Raum« umschrieben wird, siehe A. FRENKIAN, Le postulat chez Euclide etc. 25, sowie seinen Hinweis auf E. ZELLER, Die Philosophie der Griechen II 1, 4. Ausg. 1889, 722 Anm.

τινι νόθῳ).[261] – Ich glaube, daß besonders zwei andere PLATON-Stellen im »Staat«[262] eindeutig dafür sprechen, daß mit dem »Bastard-Wissen« über den *Raum* eben die *Geometrie* gemeint wird. Denn an diesen letzteren Stellen wird die Erkenntnisart der Geometer als *διάνοια* bezeichnet, wobei auch noch ausdrücklich hervorgehoben wird, daß diese »*dianoia*« zwar höher als die bloße »*doxa*« (d. h. also höher als die einfache Sinneswahrnehmung) stünde, aber doch nicht auf dieselbe höchste Stufe zu setzen wäre wie die rein intellektuelle Erkenntnisart des Verstandes, des *νοῦς*.

Nun glaube ich, PLATONS Ausführungen über das »Bastard-Wissen« der Geometrie historisch folgendermaßen erklären zu dürfen:

Die Eleaten hatten ursprünglich die Existenz des *Raumes* rundweg geleugnet. Nachdem sie die Widersprüchlichkeit in allen Erscheinungen der Sinneswelt – also vor allem in den Begriffen »Sich-Bewegen«, »Sich-Verändern«, »Entstehen«, »Vergehen« usw. – nachgewiesen hatten, mußten sie auch jene beiden anderen Begriffe, die mit den vorigen untrennbar verbunden sind – nämlich die Begriffe »*Zeit*« und »*Raum*« – als widersprüchlich erkennen. Die Erkenntnis, daß der Begriff »Bewegung« widerspruchsvoll ist, führte zwangsläufig zu der Erkenntnis, daß auch der Begriff »*Raum*« selber widerspruchsvoll sein muß. Da jedoch das Widerspruchsvolle undenkbar, »nichtseiend« ist, mußte auch die Existenz des »Raumes« in Zweifel gezogen werden.

Diesen eben geschilderten Gedanken gegenüber vertritt jene andere Auffassung, die wir vorhin aus PLATON kennenlernten, eine *spätere* und allerdings *differenziertere* Entwicklungsstufe derselben Denkweise. Der »Raum« wird nicht mehr ohne weiteres in die Reihe jener Dinge gestellt, die entstehen und vergehen, die nur Erscheinungen der Sinneswelt sind, die also ihre Stelle zwischen Sein und Nichtsein (im Reiche des Wer-

[261] Timaios, 52 B.

[262] Resp. VI 511 D–E und VII 533 E–534 A.

dens und Vergehens) haben. Im Gegenteil! Es wird jetzt vielmehr betont: Der »Raum« ist ebenso unvergänglich *(φθορὰν οὐ προσδεχόμενον)*[263] wie das »nur Denkbare«, das *νοητόν*, aber gleichzeitig ist er sozusagen die »Aufnahme-Stelle« oder die »Amme« des Entstehens.[264]

Aus dieser Doppelnatur des Dinges »Raum« – daß er also von der einen Seite her gesehen ebenso unvergänglich und unveränderlich ist wie das »nur Denkbare«, aber von der anderen Seite her doch mit der Welt des Entstehens und Vergehens, also mit den Dingen der sinnlichen Wahrnehmung untrennbar verbunden ist – wird auch verständlich, warum das »Wissen von dem Raum«, die Geometrie, ein »Bastard-Wissen« heißt.

Noch genauer erklärt PLATON – mindestens in *einer* Beziehung –, wie man seine Bezeichnung der Geometrie als eines »Bastard-Wissens« zu verstehen hat, indem er darüber redet, daß diese Wissenschaft – die Geometrie – gerade das Gegenteil von dem sei, was aus der Ausdrucksweise der Geometer hervorzugehen scheint.[265] Denn es heißt, die Geometer gebrauchten lächerliche und gezwungene Ausdrücke; sie täten so, als ob ihre Beschäftigung ein Handeln wäre, als ob sie ihre Untersuchungen um gewisser Handlungen (Konstruktionen) willen anstellten. Sie redeten davon, daß sie etwas *viereckig machten*, daß sie etwas über eine Linie *beschrieben*, etwas *ansetzten* usw. Und doch hätte diese Wissenschaft die Erkenntnis ewiger Wesenheiten und nicht das Bewerkstelligen von vergänglichen Gebilden zum Zweck.

29. Die Grundlegung der Geometrie

Ich glaube, daß jene Betrachtungen von PLATON über den »Raum« und über die Wissenschaft des Raumes (die Geo-

[263] Timaios, 52 A.

[264] *ὑποδοχὴ γενέσεως* oder *τιθήνη τῆς γενέσως;* siehe auch oben Anm. 260.

[265] Siehe Anm. 243.

metrie), an die ich im vorigen Kapitel nur andeutungsweise erinnern konnte, einigermaßen auch den Prozeß beleuchten, der zu der theoretischen Grundlegung der Geometrie führte.

Man mußte nämlich in diesem Prozeß vor allem die Ansicht der Eleaten über den »Raum« *revidieren*. Solange man den »Raum« zusammen mit allen Erscheinungen der Sinneswelt verwarf und solange man dies damit begründete, daß die Erscheinungen der Sinneswahrnehmungen (und so auch der »Raum«) widerspruchsvoll seien, d. h. also, solange man die Existenz des Raumes »leugnete«, war natürlich gar keine Wissenschaft von dem Raum möglich. In dieser Zeit konnte die Geometrie nur als eine Art *ἱστορίη* gelten, d. h., sie galt als ein erfahrungsmäßiges Wissen, das man mit Hilfe der Sinneswahrnehmungen hauptsächlich durch *Sehen* erhält.

Aber bald muß man entdeckt haben, daß im Falle des »Raumes« doch auch eine interessante Abstraktion möglich ist. Denn wie kommt man eigentlich zu einem »Raumerlebnis«? – Natürlich immer nur im Zusammenhang mit den Erscheinungen der Sinneswelt, d. h. im Zusammenhang mit den Dingen, die sich im Raum befinden, sich darin bewegen und verändern, entstehen und vergehen. Aber könnte man sich denn das Ding »*Raum*« nicht auch *ohne* jene anderen Dinge denken, die darin vorhanden sind, d. h. also, könnte man nicht den »*Raum*« selbst unabhängig von den Erscheinungen der Sinneswelt betrachten? Wäre der so gedachte, rein abstrakte »Raum« nicht schon etwas ähnliches wie das »nur Denkbare«, das *noeton?*

Es scheint, daß die theoretische Begründung der Wissenschaft über den Raum, der Geometrie, in der Tat wohl eben damit begonnen wurde, daß man zunächst versuchte, eine Raumbetrachtung *ohne die Inanspruchnahme der sinnlichen Wahrnehmungen* auszubilden. PLATON selber sagt ja, daß der Raum »*ohne sinnliche Wahrnehmungen*« mit einem sog. »*Bastard-Wissen*« zu erkennen sei.[266] War also früher das

[266] Timaios, 52 B.

Wissen über den Raum eine Art ἱστορίη, die man hauptsächlich durch *Sehen* erwirbt, so betonte man auf dieser höher entwickelten Stufe, daß man den *Raum selbst* – also den unveränderlichen und unvergänglichen, rein abstrakten Raum, ohne die darin befindlichen Gegenstände – eigentlich doch nicht mit der sinnlichen Wahrnehmung, sondern eben *ohne diese* kennenlernen müsse.

Es gibt auch interessante Tatsachen, aus denen man ersieht, wie dieser *Verzicht auf die sinnlichen Wahrnehmungen* in der geometrischen Erkenntnis versucht wurde. In den Definitionen des I. Buches der Euklidischen »Elemente« wurde z. B. die *Bewegung* möglichst vermieden.[267] Jene Definitionen der »Linie« und der »geraden Linie«, die uns aus PROKLOS bekannt sind – »*ein Fließen des Punktes*« bzw. »*ein gleichgerichtetes und unablenkbares Fließen des Punktes*« – wurden bei EUKLID durch solche Formulierungen ersetzt, die den Begriff der »Bewegung« umgehen. Überhaupt scheint die sog. »Bewegungsgeometrie« – bis PLATONS Zeit einschließlich – verpönt gewesen zu sein.[268] Ja, man scheint sogar versucht zu haben, auch das bloß *Anschauliche* aus der Geometrie möglichst zu eliminieren. TH. HEATH glaubte z. B., die Euklidische Definition der »geraden Linie« dahin erklären zu dürfen, daß sie eigentlich einen Versuch darstelle, eine Umschreibung des Begriffes (»die Gerade«) *ohne Bezugnahme auf das Sehen* zu geben.[269]

Aber diese Versuche, die den Begriff »Raum« hätten irgendwie in die Nähe des »nur Denkbaren«, des *noeton*, rücken wollen, mußten im Grunde alle scheitern. Mit dem »Raum« waren von vornherein auch solche widerspruchsvolle Tatsachen gegeben, deren man mit den Grundsätzen der Eleaten nicht Herr werden konnte.

[267] J. E. HOFMANN, Geschichte der Mathematik, I, Sammlung Göschen, Bd. 226, Berlin 1953, 32.

[268] Vgl. A. D. STEELE, o. c., S. 308 (s. Anm. 183).

[269] TH. HEATH, A History of Greek Mathematics, Bd. I, S. 373.

Es entstand nämlich eine sehr große Schwierigkeit auch schon dadurch, daß nicht nur die Materie – d. h. also nicht nur die Dinge der Sinneswahrnehmung, das Reich des Werdens und Vergehens –, sondern auch der *Raum* selbst dem menschlichen Denken als *unendlich teilbar* vorkam.[270] Infolgedessen mußte man auch zu der Ansicht kommen, daß es im Raum (und darum auch in der Geometrie) gar kein »*Kleinstes*« gäbe. Wohl konnte man unter den »Zahlen« solche letzten und kleinsten Bestandteile – die bloß gedachten *Einheiten* – angeben, die als nicht weiter zerlegbar galten; aber in der Geometrie fand man nichts ähnliches. Wie PROKLOS schreibt[271]:

> »in der Geometrie gibt es überhaupt gar kein *Kleinstes* . . . , und wo das Teilen in das Unendliche fortgesetzt werden kann, da ist auch das Irrationale (= das Sinnwidrige, *τὸ ἄλογον*) vorhanden.«

Leicht war es in der Arithmetik, von der *Eins* und von den *Zahlen* auszugehen, denn diese waren als völlig abstrakte und rein gedankliche Gebilde widerspruchsfrei und stofflos, aber in der Geometrie gab es keine solchen einfachen Anfänge.

> »Daß die Zahlen stoffloser als die geometrischen Größen und daß die Grundlage der Zahlen (ihre *ἀρχή*) einfacher als diejenige der geometrischen Größen ist, leuchtet einem jeden ein« –

liest man wieder bei PROKLOS.[272]

Diese Schwierigkeiten waren auch daran schuld, daß eben die allerersten Definitionen der Geometrie bei EUKLID – nämlich die Definitionen des »Punktes« und der »Linie« –

[270] Vgl. hierzu auch A. A. FRÄNKEL, Abstract Set Theory, Amsterdam 1953, S. 9, 10–13.
[271] Proclus (ed. F.), 60, 11 ff.
[272] Ebd., 95, 23 ff.

nicht völlig konsequent ausfallen konnten. Denn man hätte ja – mindestens im Sinne der eleatischen Philosophie – eben infolge der Euklidischen Aussagen: »*Punkt ist das, was keine Teile hat*« und »*Linie ist eine Länge ohne Breite*« die Existenz des *Raumes* leugnen und damit auch die Möglichkeit der Geometrie als einer Wissenschaft bezweifeln müssen.

Die unendliche Teilbarkeit des Raumes war jedoch gar nicht die einzige Schwierigkeit, die man in der theoretischen Grundlegung der Geometrie irgendwie zu überwinden hatte. Mit dem Begriff »Raum« – mag er auch noch so abstrakt gewesen sein – war unvermeidlich auch der andere widerspruchsvolle Begriff, die »*Bewegung*« selber gegeben. Versuchte man nämlich das »Kleinste« der Geometrie, den »Punkt«, zu finden, so brauchte man dazu das »unendliche Teilen«, was als etwas Widersinniges *(ἄλογον)* empfunden wurde. Versuchte man statt dessen umgekehrt von dem »Kleinsten«, dem »Punkt«, aus zu der »Linie« zu kommen – wie man in der Arithmetik von der »Eins« durch ihre Vervielfältigung zu den »Zahlen« kam –, so wurde dazu wieder auch die »*Bewegung*« (nämlich das *Bewegen* des »Punktes«) nötig. Ja, von dem Begriff »Raum« waren auch solche praktischen Tatsachen untrennbar, die man nur mit den Sinnesorganen wahrnehmen und kontrollieren konnte (z. B. die Gleichheitsbeziehung zwischen endlichen Mengen), wobei die Sinnesorgane nach der eleatischen Lehre zur Begründung der wahren Erkenntnis gar nicht zulässig waren.

Ich glaube nun, daß wohl eben diese Schwierigkeiten die ersten griechischen Theoretiker veranlaßt haben mögen, eine sog. *axiomatische Grundlegung* – zunächst nur für die Geometrie – zu schaffen. Es mußten nämlich jene bloß empirischen Tatsachen zusammengestellt werden, ohne die man gar keine wissenschaft von dem »Raum«, keine Geometrie, hätte aufbauen können, welche Tatsachen aber dennoch die Ansprüche der Eleaten auf reine, nur intellektuelle Erkenntnisweise keineswegs zu befriedigen vermochten. Vor allem betonte man also, daß die Gebilde der Geometrie – *Linien*, *Strecken*,

Schnittpunkte, Winkel, Figuren u. a. m. – *mitnichten dieselben sind, die man auch sinnlich wahrnimmt* (die man also *sieht*),[273] sondern daß die wahren Gebilde der Geometrie jene anderen Dinge sind, an die man durch die Gesehenen erinnert wird und die ebensolche nur *gedachte* Elemente darstellen wie die »Zahlen« in der Arithmetik. Dann versuchte man in den geometrischen Definitionen alles, was nur sinnlichen Ursprungs ist – wie z. B. das Anschauliche – möglichst zu vermeiden. – Im Dienste derselben rein abstrakten Grundlegung standen von anderen Seiten her auch die *Postulate* und *Axiome*, über welche schon vorhin die Rede war.

Es ist jedoch bemerkenswert, daß jene theoretische Grundlegung, die für uns in EUKLIDS *geometrischen* Definitionen, Postulaten und Axiomen vorliegt, im Altertum wohl nie als völlig befriedigend empfunden wurde. Nicht nur PLATON bemerkt einmal, daß die Mathematiker – und darunter hauptsächlich wohl die *Geometer* – sich gar nicht bemühten, genauer Rechenschaft über jene Voraussetzungen zu geben, die sie ihrer Wissenschaft zugrunde gelegt hatten.[274] Noch schlimmer klingt der andere Vorwurf, daß nämlich die Geometer *etwas Falsches* ihren Untersuchungen zugrunde legen. Man hat zwar – auf Grund dessen, wie ARISTOTELES die Geometer gegen diesen Vorwurf in Schutz nahm – den Eindruck, als hätte es sich hier um einen völlig unbedeutenden und banalen »Vorwurf« gehandelt. Denn ARISTOTELES schreibt ja[275]:

»Es ist auch nicht wahr, was gewisse Leute sagen, daß der Geometer etwas Falsches zugrunde legt. Denn sie geben vor, man dürfe nichts Falsches verwenden, der Geometer behaupte aber Falsches, indem er eine Linie, die nicht einen

[273] Resp. VI 510 D.

[274] Ebd.

[275] Analytica posteriora I 10. – Die Übersetzung der Stelle oben im Text nach O. BECKER, Grundlagen der Mathematik in geschichtlicher Entwicklung, S. 98.

Fuß lang ist, einen Fuß lang sein und die gezeichnete Linie, obwohl sie nicht gerade ist, gerade sein läßt. Aber der Geometer schließt nicht darauf hin, daß es eine Linie ist, was er dafür ausgibt, sondern darauf hin, daß es das ist, was er damit meint.«

In der Tat, bestünde der gegen die antiken Geometer erhobene »Vorwurf« bloß darin, was ARISTOTELES so spielend leicht widerlegen konnte, so wäre er kaum der Rede wert. Aber ob ARISTOTELES das Wesen des angedeuteten »Vorwurfes« überhaupt richtig verstanden hatte? Denn man vergesse ja nicht: ARISTOTELES hat es auch fertig gebracht, die Argumente des Eleaten ZENON »glänzend« zu widerlegen – aber um den Preis, daß er den genialen Kern derselben Argumente gar nicht zur Kenntnis nahm. Ist auch die »Verteidigung«, die ARISTOTELES nach dem vorigen Zitat den Geometern angedeihen ließ, nicht ähnlich zu beurteilen wie seine »Widerlegung« der Zenonschen Argumente?

Allerdings scheint die Erinnerung an den alten »Vorwurf« gegen die Geometer in einem anderen Sinne bei dem Neuplatoniker PROKLOS weiterzuleben. PROKLOS vertrat nämlich den Gedanken, daß man die Geometrie – wie er sich bildlich ausdrückte – *»aus den Armen der Kalypso«* befreien und daß man diese Disziplin in eine vollkommenere, geistigere Erkenntnisweise emporheben müßte; ja, er forderte sogar die Mathematiker zu dieser künftigen Arbeit auf.[276] Wie bekannt glaubte N. HARTMANN, diese Stelle des PROKLOS dahin erklären zu dürfen, daß hier eigentlich eine neue Behandlungsart der Geometrie, die analytische, vorausgesagt werde, die erst viel später durch DESCARTES verwirklicht wurde.[277]

*

[276] Proclus (ed. F.), S. 54–55.

[277] N. HARTMANN, Des Proklus Diadochus philosophische Anfangsgründe der Mathematik, Gießen 1909, 44; vgl. auch A. SPEISER, Die mathematische Denkweise, Basel–Stuttgart 1952, 64 f.

Zum Schluß des eben dargestellten Gedankenganges möchte ich hier noch an folgendes erinnern:

Am Anfang des III. Teils in diesem Buch habe ich die Vermutung aufgestellt, daß jene neue Beweistechnik, die nicht mehr an die sichtbare Evidenz, sondern an etwas anderes appelliert, eigentlich durch eine *geometrische* Entdeckung vorbereitet wurde. Dort habe ich diese Vermutung in der Form ausgesprochen, daß jene entscheidende Wandlung in der griechischen Wissenschaft, die sich einerseits als »*Beweisverfahren mit rein theoretischen Mitteln*« und andrerseits als »*antiempirische, anschauungsfeindliche Tendenz*« charakterisieren läßt, von der Entdeckung der linearen Inkommensurabilität untrennbar ist. Unerläßlich nötig wurde die neue Beweistechnik dann, als man in der Geometrie solchen Streckensegmenten begegnete, für die man kein gemeinsames Maß finden konnte. Durch solche Erfahrungen wurde die Entdeckung der linearen Inkommensurabilität eigentlich schon vorbereitet. Aber die *Existenz* derselben Inkommensurabilität ließ sich mit den alten praktisch-empirischen Mitteln doch nicht endgültig und befriedigend nachweisen. Die Übernahme der eleatischen Beweistechnik wurde also durch jene Problemsituation der Geometrie unerläßlich notwendig, die man der Kürze halber als »Entdeckung der Inkommensurabilität« bezeichnen könnte.

Eben infolge dieser konkreten Anwendung der eleatischen Methode auf ein geometrisches Problem mag auch das andere Problem aufgetaucht sein, ob man nämlich die Denkweise der Eleaten nicht auch auf die Gesamtheit der Geometrie anwenden könnte. Und so wurde jene Auseinandersetzung mit der Lehre der Eleaten notwendig, deren Ergebnis die theoretische Grundlegung der Euklidischen Geometrie darstellt.

Ich glaube also, daß der systematisch-theoretische Aufbau der Mathematik durch die Probleme der *Geometrie* ins Leben gerufen wurde. Wohl läßt sich nämlich die Lehre der Eleaten viel leichter auf die *Arithmetik* und nicht auf die Geometrie anwenden. Und darum galt auch für die Griechen die Arithmetik als die vornehmere, höher gestellte Wissenschaft, welcher die Geometrie nur folgen könne. Aber das war nur eine *theoretische* Einordnung der beiden Disziplinen nach Rangstufen. EUKLIDS Mathematik ist dennoch vorwiegend Geometrie; auch die Arithmetik erscheint bei ihm in geometrischem Gewand. Das ist die natürliche Konsequenz dessen, daß die Auseinandersetzung mit der eleatischen Philosophie hauptsächlich durch *geometrische Probleme* veranlaßt und in der theoretischen Grundlegung der *Geometrie* vollzogen wurde.

30. Probleme der frühgriechischen Mathematik in neuer Beleuchtung

Im III. Teil des vorliegenden Buches habe ich eine solche Erklärung für das Entstehen der Euklidischen Axiomatik und für den Aufbau der systematisch-deduktiven Mathematik versucht, die wohl auch noch andere historische Probleme der frühgriechischen Mathematik in ein neues Licht zu stellen vermag. Ohne daß ich diese anderen Probleme in diesem Zusammenhang ausführlicher erörtern wollte, möchte ich hier mindestens auf zwei solche Problemkreise nur kurz hinweisen.

I

Eine wichtige Frage der antiken Mathematikgeschichte hieß z. B.: Wie ist die *mathematische Existenz* in der Antike einmal überhaupt zum Problem geworden? – Soweit ich sehe, hat man diese Frage in der Fachliteratur bisher eigentlich noch kaum jemals prägnant genug gestellt. Statt dessen ging man dabei von solchen, zum Teil allerdings *richtigen* Beobachtungen aus, die dann lange Zeit hindurch im Grunde dennoch *verschleiern* mußten, worin hier das historische Problem eigentlich besteht.

Es wird, wie bekannt, im allgemeinen dem dänischen Forscher H. G. ZEUTHEN als bleibendes Verdienst angerechnet, daß er die Prinzipien des *Existenzbeweises* bei den Alten aufgeklärt hätte.[278] O. BECKER schrieb z. B. folgendes darüber[279]:

»Nach seinen (= ZEUTHENS) Forschungen dient als alleiniges und stets angewandtes Mittel für den Existenzbeweis die *Konstruktion*. Und zwar, da die antike Mathematik nur Geometrie ist (auch die Arithmetik und Algebra erscheint in geometrischem Gewand), Konstruktion von *Figuren*. Als Grundlage dienen dabei zwei Fundamentalkonstruktionen: Die Verbindung zweier gegebener Punkte durch eine Gerade, und das Schlagen eines Kreises um einen gegebenen Punkt mit gegebenem Radius. Daß diese Konstruktionen *möglich* sind, oder was dasselbe bedeutet, daß die durch sie gelieferten Figuren *existieren*, ist der Inhalt zweier Postulate des EUKLID . . .«

Mögen zwar die einzelnen Behauptungen in diesem Zitat auf den ersten Anblick auch noch so überzeugend und einleuchtend vorkommen, so glaube ich dennoch auf eine wesentliche Schwäche der ganzen Konzeption hinweisen zu müssen. – Denn wohl ist zwar die griechische Mathematik vorwiegend Geometrie, und in der Tat erscheint bei EUKLID auch die Arithmetik in geometrischem Gewand. Aber ob auch in der Arithmetik das Mittel für den Existenzbeweis wirklich die *Konstruktion* war, wie man dies im Sinne des vorigen Zitates glauben müßte? Ja, man soll sogar dieselbe Frage noch schärfer formulieren, damit die Schwäche der Zeuthenschen Konzeption eindeutig hervortrete: Galt auch in der Arithmetik als »alleiniges und stets angewandtes Mittel für den Existenzbeweis« die »Konstruktion von Figuren«?

[278] H. G. ZEUTHEN, Math. Ann. (1896) 222–228.

[279] O. BECKER, Mathematische Existenz, Untersuchungen zur Logik und Ontologie mathematischer Phänomene, Halle 1927, S. 130.

Ich glaube, es genügt, die eben gestellte Frage zu formulieren, und sofort wird ein jeder einsehen müssen, daß die Theorie von ZEUTHEN irgendwie doch nicht richtig sein kann. Denn da sind z. B. zwei interessante Sätze der Euklidischen Arithmetik:

> *Elem. VII 31:* »Jede zusammengesetzte Zahl wird von einer Primzahl gemessen.«

und

> *Elem. IX 20:* »Es gibt mehr Primzahlen als jede vorgelegte (= endliche) Menge von Primzahlen.«

Zweifellos sind die Beweise, die man für diese Sätze liefern kann, *Existenzbeweise*. Denn es soll ja im ersten Fall für jede beliebige zusammengesetzte Zahl, z. B. a, die *Existenz* einer solchen Primzahl (z. B. f oder g) nachgewiesen werden, die Teiler von a ist. – Ebenso hat man zum Beweis des anderen Satzes zu zeigen, daß keine vorgelegte (= endliche) Menge von Primzahlen alle Primzahlen enthalten kann; es *existiert* also mindestens noch eine Primzahl außerhalb jeder vorgelegten (endlichen) Menge von Primzahlen, wie man auch die (endliche) Menge von Primzahlen zusammenstellen möge.

Nun haben jedoch die Beweise, die man für die eben genannten Sätze bei EUKLID liest, mit *geometrischer Konstruktion* gar nichts zu tun. (Es fragt sich überhaupt, ob es nicht ein Hineininterpretieren fremder Denkart wäre, wenn man die Euklidischen Beweise für die genannten beiden Sätze als »Konstruktionen« in irgendwelchem Sinne bezeichnen wollte!) Wollte man also an ZEUTHENS These – daß nämlich bei den Griechen das alleinige und stets angewandte Mittel für den Existenzbeweis die *Konstruktion* war – dennoch festhalten, so dürfte man den Begriff »Konstruktion« allerdings *nicht* auf die Geometrie beschränken. Ja, dann müßte man denselben Begriff »Konstruktion« so sehr erweitern, daß dies gar nicht mehr dem Sinn des vorigen Zitates entsprechen könnte.

Auf eine andere Schwäche der Theorie von ZEUTHEN hat A. FRAJESE hingewiesen.[280] Von seinen Bedenken möge hier besonders das folgende hervorgehoben werden: EUKLID war nach der einstimmigen Ansicht – sowohl der antiken Überlieferung[281] wie auch der modernen Forschung im allgemeinen[282] – ein »Platoniker«. Aber wie ist es dann möglich, daß ein Platoniker gedacht hätte, die geometrische Konstruktion könnte als Existenzbeweis gelten? Das wäre allerdings ein völlig unplatonischer Gedanke gewesen.[283] Denn schließlich ist ja die geometrische Konstruktion doch ein Operieren in dem Bereich des Sichtbaren und Tastbaren, und PLATON verstand unter »Existenz« etwas völlig anderes. (Das, was *existiert* – τὸ ὄν – gehört nach PLATON zu dem Bereich des *noeton* und nicht zu demjenigen des *horaton*). – Diese Bemerkung von A. FRAJESE trifft zweifellos etwas sehr Wesentliches.

Nun wird man im Sinne der vorangestellten Untersuchungen das historische Problem der *mathematischen Existenz* allerdings etwas anders beleuchten können, als dies bisher überhaupt möglich war. – Denn es besteht ja gar kein Zweifel darüber, in welchem Sinne die *Existenz* in der eleatischen Philosophie – und selbstverständlich auch in ihrer organischen Fortsetzung, in der Platonischen Philosophie – beurteilt wurde. Und nachdem man weiß, daß der systematisch-theoretische Aufbau der deduktiven Mathematik unter dem Einfluß der eleatischen Philosophie bzw. in Auseinandersetzung mit dieser zustande kam, wird man versuchen dürfen, auch das Problem der *mathematischen Existenz* von dem Problem der »Existenz« in der eleatischen Philosophie her zu verstehen.

Daß das *Seiende (τὸ ὄν)* – oder mit anderem Namen die *Eins (τὸ ἕν)* – existiert, war für die Eleaten gar keine

[280] A. FRAJESE, La matematica nel mondo antico, Roma 1951, 92.

[281] Proclus (ed. F.), 68, 20 ff.

[282] A. FRAJESE (o. c., S. 95) verweist nur beispiesweise auf U. v. WILAMOWITZ-MOELLENDORFF, Platon³, Berlin 1929, S. 754, und E. SACHS, Die fünf platonischen Körper, Berlin 1917, S. 159.

[283] A. FRAJESE, o. c., S. 95.

Frage. Aber anstatt den Satz »*das Seiende ist*« zu beweisen – d. h. also, anstatt eines direkten Existenzbeweises für das *Seiende* – begnügte sich PARMENIDES mit je einem indirekten Beweis. Er hatte nämlich gezeigt, daß die Sätze »*das Seiende ist nicht*« oder »*das Seiende ist und ist auch nicht*« widerspruchsvoll sind und darum unmöglich wahr sein können. Mit dem Nachweis des Widerspruches in diesen letzteren Sätzen galt für ihn die Existenz des *Seienden* (»das Seiende ist«) schon als erwiesen.

Ähnlich war der Existenzbeweis auch in der Arithmetik, nur daß hier zunächst noch der Begriff des »*abstrakt* Vielen«, d. h. der Begriff der »Zahl« in der Weise geschaffen werden mußte, daß man die *Eins* der Eleaten in Gedanken vervielfältigte. Denn die Eleaten hatten ja ursprünglich die Existenz der Vielheit geleugnet und solange es *keine Vielheit* gab, war prinzipiell natürlich auch gar keine Arithmetik möglich. Man stellte also zunächst die arithmetische Definition auf, *Elem. VII def. 2:* »Zahl ist die aus Einheiten zusammengesetzte (endliche) Menge«. Diese Definition ist eigentlich ein Satz ohne Beweis über die *Existenz der Zahl.* Durch diese Definition glaubte man eine feste Grundlage für die ganze Arithmetik geschaffen zu haben und darum konnte auch als Kriterium für die Existenz in der Arithmetik ein ähnlicher indirekter Beweis wie derjenige des PARMENIDES gelten.

Es wird also in der Arithmetik bei EUKLID die Existenz eines arithmetischen Gebildes (einer Zahl) *nicht* durch Konstruktion bewiesen, sondern u. a. auch dadurch, daß man die Widersprüchlichkeit jener Behauptung nachweist, die die Existenz des betreffenden Gebildes (der fraglichen Zahl) bestreitet. Es muß z. B. im Sinne des Satzes *Elem. VII 31* für jede zusammengesetzte Zahl eine solche Primzahl existieren, die Teiler dieser zusammengesetzten Zahl ist, weil die gegenteilige Behauptung zum Widerspruch führt. (Gäbe es nämlich *keine* Primzahl, die Teiler der geprüften zusammengesetzten Zahl ist, so würde dies auch heißen, daß eine zusammengesetzte Zahl unendlich viele immer kleiner werdende

Teiler haben kann, was jedoch im Bereiche der Zahlen nicht möglich ist, nachdem es der Definition der »Zahl« widerspricht.) Durch den Nachweis des Widerspruches in der gegenteiligen Behauptung gilt die Existenz der gesuchten Primzahl als indirekt erwiesen. (Die andere Tatsache, daß ein moderner Intuitionist diesen Euklidischen Beweis *nicht* als einen regelrechten Existenzbeweis akzeptieren würde,[284] ist für uns in diesem Zusammenhang belanglos.) – Ebenso muß im Sinne des anderen Satzes (Elem. IX 20) außerhalb jeder vorgelegten (endlichen) Menge von Primzahlen mindestens noch eine Primzahl existieren, weil die gegenteilige Behauptung – ähnlich wie im vorigen Fall – zu einem Widerspruch führt.

Die Behauptung also, daß in der griechischen Mathematik das alleinige und stets angewandte Mittel für den Existenzbeweis die *Konstruktion* war, gilt für die Arithmetik *nicht*. Der Existenzbeweis wurde in der Arithmetik – auch wenn diese in geometrischem Gewand erschien – *nicht* durch Konstruktion, sondern auf dem Wege des rein logischen Überlegens, meistens durch einen indirekten Beweis geführt.

Aber einen anderen Sinn bekam das Problem der *mathematischen Existenz* in der Geometrie, d. h. in der Wissenschaft über den Raum. Denn im Sinne jener eleatischen Methode, die seit der Begründung der deduktiven Mathematik auch in dieser zur Anwendung kam, hätte man ja den »Raum« leugnen müssen. Der *Raum* gehört – im Gegensatz zu der *Eins* und zu den *Zahlen* – *nicht* zu jener Sphäre, die nach der parmenideischen Terminologie als die Sphäre des »*Seienden*«, und nach der Platonischen Ausdrucksweise als der Bereich des *noeton* bezeichnet werden könnte. (Darum redet auch PLATON im Zusammenhang mit der Erkenntnis des Raumes von »Bastard-Wissen«.) Die *Existenz des Raumes* ist von elea-

[284] Auf diese Tatsache hat mich A. ROBINSON freundlichst aufmerksam gemacht. Vgl. I. LAKATOS, Problems in the Philosophy of Math., Amsterdam 1967, S. 11: »A contemporary intuitionist would reject this proof as it stands, since it tries to establish the proof of a positive, existential statement.«

tisch-platonischem Gesichtspunkt aus etwas mehr oder weniger *Fragwürdiges*, und sie läßt sich keineswegs auf dieselbe Stufe stellen wie die Existenz der *Eins* und der *Zahlen*. Die geometrische Existenz ist nach antiker Denkweise vielmehr eine Tatsache zunächst der empirischen Sinneswahrnehmung selbst und nur nebenbei auch eine Tatsache der Reflexion. Darum sind auch die Definitionen der Geometrie bei EUKLID so verschiedenartig. »Punkt« und »Linie« werden z. B. rein *spekulativ* definiert: »Punkt ist, was keine Teile hat« und »Linie ist eine Länge ohne Breite«. Dagegen werden die »Winkel« und die »geometrischen Figuren« einfach *anschaulich*, also nach der Sinneswahrnehmung selbst beschrieben.

Man mußte also in der Geometrie – ungeachtet der eleatisch-platonischen Philosophie – von praktisch-empirischen Tatsachen ausgehen. Deswegen mußte in der Geometrie auch der Existenzbeweis auf etwas Praktisch-Empirisches, auf die *Konstruktion* gebaut werden.

Es scheint also, daß H. G. ZEUTHEN insofern allerdings recht hatte, daß in der Geometrie ein wichtiges, ja vielleicht gerade das wichtigste Mittel für den Existenzbeweis die Konstruktion war. Man ging dabei in der Tat von zwei Fundamentalkonstruktionen als von *Existenzforderungen* aus; das waren die beiden Euklidischen Postulate, 1 und 3. – Aber ich glaube, es geht eben aus jener Tatsache, daß diese Sätze ohne Beweis als *aitemata* bezeichnet wurden, eindeutig hervor, daß die *Existenz* dieser Gebilde im eleatischen Sinne des Wortes – mindestens anfänglich – als *fraglich* empfunden wurde.

Natürlich blieb es auch später für die spekulative, eleatisch-platonisch beeinflußte Philosophie immer fraglich, ob die so zustandegebrachten Figuren in der Tat auch »existieren« und ob ihre Existenz nicht nur ein »Schein«, eine bloße »Meinung« wäre. (Beide Worte – »Schein« und »Meinung« – heißen im Griechischen gleichermaßen *δόξα*.) Die Existenz der konstruktiv hergestellten geometrischen Figuren ist ja »widerspruchsvoll«. Denn das Sichtbare und sinnlich Wahrnehmbare – das außerdem auch noch das Ergebnis einer *Bewegung* (der Konstruktion) darstellt, also entstanden ist – gilt für die eleatisch-platonische Philosophie als widerspruchsvoll, als »zwischen Sein und Nichtsein« – wie auch die »*doxa*«, die sich zwischen *Wissen* und *Nichtwissen* befindet.

Aber in jener theoretischen Geometrie, die sich von der eleatischen Philosophie immer mehr und mehr unabhängig machte, scheint man kein besonderes Gewicht mehr auf die bloß philosophische Frage der Existenz jener Gebilde gelegt zu haben, die man konstruktiv herstellen konnte.

[Eine weitere Frage, die in diesem Zusammenhang mindestens noch aufgeworfen werden soll, ist die, ob in der Tat die ersten drei Euklidischen Postulate zu einer Zeit eine solche besondere Bedeutung besaßen, wie man ihnen vielfach zuschreiben will. Wie bekannt, schrieb O. Becker zuletzt[285]:

> »In der platonischen Schule scheint sich die Beschränkung auf Lineal und Zirkel überall da, wo sie möglich war, durchgesetzt zu haben, während zuvor von der Einschiebung *(νεῦσις)* ein beliebiger Gebrauch gemacht wurde.«

Waren es in der Tat die *Platoniker*, die sich bloß an die ersten drei Postulate halten wollten? Und wieso folgt aus der *Platonischen Lehre* dieser merkwürdige Purismus in den geometrischen Konstruktionen? Nach Beckers eben zitierten Worten bekommt man den Eindruck, als handelte es sich im Falle der Beschränkung auf Lineal und Zirkel um irgendeine Platonische *Neuerung*. – Aber dies wäre auch darum schon unwahrscheinlich, weil es vorhin gezeigt werden konnte – und dazu noch eben auf Grund von manchen sehr wichtigen und treffenden Beobachtungen von O. Becker –, daß die ersten drei Euklidischen Postulate aller Wahrscheinlichkeit nach noch von Oinopides aus dem 5. Jahrhundert stammen. Man würde also demnach eher erwarten, daß die Beschränkung auf Lineal und Zirkel wohl eine *altertümliche*

[285] O. Becker, Das mathematische Denken der Antike, S. 20.

Gewohnheit war, die in der Platonischen Schule vielleicht nur aus *Traditionalismus* streng beibehalten wurde. – Aber ich will zu diesem Problem noch nicht endgültig Stellung nehmen. Der Hinweis soll nur zeigen, wie solche grundlegende Fragen der Mathematikgeschichte noch völlig unerforscht sind.]

II

Eine andere interessante Frage der griechischen Mathematikgeschichte, die im Sinne der vorangestellten Untersuchungen anders beurteilt werden kann, als es bisher geschah, betrifft das gegenseitige historische Verhältnis der Platonischen Philosophie einerseits und der systematisch-deduktiven Mathematik andrerseits. Es wird sich lohnen, vor allem mindestens in großen Zügen daran zu erinnern, wie diese Frage früher behandelt wurde, ja manchmal auch heute noch beurteilt wird.

Noch i. J. 1913 veröffentlichte H. G. Zeuthen einen wichtigen Aufsatz, der uns hier eigentlich nur wegen seines Titels interessiert; er heißt nämlich: »Sur les connaissances géométriques des Grecs *avant la réforme platonicienne*«.[286] Wie man es aus diesem Titel ersieht, soll es nach Zeuthen im Laufe der Geschichte der griechischen Geometrie eine sog. »Platonische Reform« gegeben haben, ja, der Aufsatz wollte diese Reform dem Philosophen Platon selber zuschreiben. Zeuthen war nämlich der Ansicht, daß Platon – wenn auch nicht unmittelbar und persönlich, aber doch durch seine Schüler – eine sehr wesentliche Wandlung in der Geometrie hervorgerufen hätte. – Zwölf Jahre nach dem Erscheinen dieses Aufsatzes faßte O. Töplitz folgendermaßen zusammen, wie die meisten Historiker – im Banne der Theorie von

[286] Oversigt det kgl. Danske Videnskabernes Selskabs Forhandlinger, 1913, No. 6, 431–473.

Zeuthen über die »Platonische Reform« – Platons Verhältnis zur Mathematik beurteilten[287]:

»Platon hat natürlich keine mathematischen Entdeckungen gemacht; die Überlieferung, die ihm das Dodekaeder zuschreibt, ist wegzulegen; *aber* Platon *hat der Mathematik die allgemeinen Direktiven gegeben; die axiomatische Struktur der ‚Elemente', die Beschränkung auf Konstruktionen mit Zirkel und Lineal, die analytische Methode sind* Platons *Werk; die großen Mathematiker seines Kreises,* Theaitetos *und* Eudoxos, *haben die sog. euklidische Mathematik unter seinem Einfluß geschaffen.*«

Die hervorgehobenen Sätze des Zitates zeigen, wie man geneigt gewesen wäre, die ganze deduktive und systematische Mathematik der Griechen bis auf Euklid einschließlich samt und sonders jener »Platonischen Reform« zuzuschreiben, die Zeuthen als einen Meilenstein in der Geschichte der antiken Wissenschaft auffassen wollte. In der Tat bezeichnete auch O. Becker noch i. J. 1927 – unter ausdrücklichem Hinweis auf Zeuthen – Platons Tätigkeit als den Anfang einer neuen Epoche in der Geschichte der mathematischen Wissenschaft. Er schrieb[288]:

»Im großen betrachtet kann man sagen: Die Mathematik vor Platon war noch an das Anschaulich-Gestalthafte gebunden (‚Wahrnehmungsgeometrie' Zeuthen). Auffal-

[287] Mathematik und Antike, Die Antike (Zschr.) I (1925) 175–203. Das Zitat in meinem Text (von S. 201 bei O. Töplitz) wurde durch den Verfasser mit den folgenden Worten eingeführt: »Die traditionelle Platonauffassung, wie sie auch von den beteiligten Mathematikern im wesentlichen geteilt wird ...« Durch diese Worte distanzierte sich also Töplitz bis zu einem gewissen Grade von der »traditionellen Platonauffassung«. Er selber wollte ja diese Auffassung zum Teil allerdings modifizieren. Vgl. dazu die nächsten Zitate aus demselben Aufsatz von Töplitz oben in meinem Text.

[288] Mathematische Existenz, S. 250 (s. Anm. 279).

lende (symmetrische und dgl.) Figuren wurden auf ihre Eigentümlichkeiten hin untersucht, ohne daß diese Untersuchungen einen einheitlichen Zusammenhang gehabt hätten. Auch die ‚Konstruktionen' waren willkürlich und nicht von strengen Regeln beherrscht (‚Einschiebung' allerlei kinematischer Konstruktionen, wie etwa bei der Quadratrix des HIPPIAS von Elis). PLATON *führte erst die durchgreifende Reform durch, die uns die axiomatische Methode und die Definition der mathematischen Existenz durch Konstruktion schenkte.*«

ZEUTHENS Theorie über die angebliche »Platonische Reform« hat sich in den vergangenen Jahrzehnten so sehr eingewurzelt, ist eine so festsitzende »communis opinio« geworden, daß daneben kaum eine andere, von ihr abweichende Meinung aufkommen konnte. Sehr bezeichnend war dafür der Fall von O. TÖPLITZ. Er wollte nämlich die Zeuthensche Theorie auf Grund des folgenden Gedankenganges einer kleineren Revision unterziehen.

Gab es wirklich eine so durchgreifende »Platonische Reform« in der Geschichte der Wissenschaft, wie ZEUTHEN es meinte, so kann man in der Entwicklung der griechischen Geometrie zwei Stufen unterscheiden: eine empirische *vor* der Reform und eine theoretische *nach* derselben.

»Indessen kann man – schrieb weiterhin TÖPLITZ[289] – zwischen diesen beiden Stufen noch eine dritte einschieben, eine Stufe, auf der zwar schon Beweise geführt werden, wo aber noch nicht systematisch gefragt wird, was das äußerste Minimum an unbeweisbaren Axiomen ist, mit dem man auskommt. Daß eine solche Stufe denkbar ist, zeigt der Mathematikunterricht vieler Schulen.«

Die Einschiebung der vorgeschlagenen »dritten Stufe« würde natürlich die Bedeutung der angeblichen »Platonischen

[289] O. c., S. 201.

Reform« schon wesentlich beeinträchtigen, bzw. vermindern. Daran knüpft der andere Revisionsversuch von TÖPLITZ an[290]:

»Es ist eine mögliche Auffassung, daß die großen Mathematiker, auch die der Akademie, *diesen Prozeß nicht aus einer Anregung* PLATONS, *sondern aus dem inneren Wesen des Mathematischen heraus vollziehen, und daß* PLATON *es ist, der von ihnen lernt und das Prinzip ihres Vorgehens für die allgemeine Erkenntnislehre auswertet.*«

Dieser Revisionsversuch der Zeuthenschen Theorie wurde durch O. BECKER ziemlich kühl abgelehnt; er bemerkte nämlich auf die eben zitierten Gedanken von O. TÖPLITZ[291]:

»Diese Hypothese läßt sich bei den wenigen uns bekannten Urkunden aus der Zeit weder beweisen noch widerlegen. Soviel wird man aber doch wohl als sicher annehmen können, daß PLATON *als erster das klare Bewußtsein des streng methodischen Verfahrens des Elementaraufbaues gewonnen hat und dadurch auch die Entwicklung der positiven mathematischen Forschung entscheidend gefördert hat.*«

Es darf uns eigentlich nicht wundernehmen, daß O. BECKER i. J. 1927 noch so sehr den Mangel an Urkunden aus der vorplatonischen Zeit betonte, als ob dieser Mangel ein unüberwindliches Hindernis wäre, die griechische Mathematik der vorplatonischen Zeit näher kennenzulernen. Er selber hat ja erst einige Jahre später die sog. Lehre vom Geraden und Ungeraden, das älteste deduktive Lehrstück der Griechen – wohl noch aus der ersten Hälfte des 5. Jahrhunderts –, das wir, kennen[292] in seiner ursprünglichen Gestalt rekonstruiert.

[290] O. c., S. 201–202.

[291] Mathematische Existenz, S. 250, Anm. 2.

[292] Quellen und Studien zur Geschichte der Math. etc. B, 3 (1936) 533–553. Vgl. auch O. BECKER, Grundlagen der Mathematik in geschichtlicher Entwicklung, S. 38 ff.

Um so überraschender ist jedoch, daß O. BECKER seinen Glauben an ZEUTHENS Offenbarung über die angebliche »Platonische Reform« der Mathematik, wie es scheint, auch später nicht völlig aufgab. Denn er bemerkte auch noch i. J. 1951 zu jener Vermutung von B. L. v. d. WAERDEN, daß das VII. Buch der Euklidischen »Elemente« noch aus dem 5. Jahrhundert v. u. Z. entstammt: »Die vollendete Form von 7 könnte durch eine spätere Überarbeitung, etwa *durch die Mathematiker der Akademie zustande gekommen sein.*«[293] – Kein Zweifel, auch O. BECKER wußte genau, wie wenig diese Skepsis begründet ist; er fügte auch sogleich hinzu:

> »Indessen macht der Verfasser (= B. L. v. d. WAERDEN) dagegen das gewichtige Argument geltend, daß bei einer streng logischen Untersuchung, wie sie die Begründung der Zahlenlehre in 7 darstellt, eine Unterscheidung von Inhalt und Form untunlich ist.«

Die vorige Vermutung über die etwaige Überarbeitung des Buches VII der »Elemente« – »durch die Mathematiker der Akademie« – zeugt also eigentlich nur davon, daß O. BECKER den alten Gedanken von ZEUTHEN – die Mathematik hätte unter PLATONS Einfluß irgendeine wesentliche Wandlung durchgemacht – nicht gern aufgeben wollte.

Nun brauche ich nach meinen vorigen Untersuchungen wohl nicht mehr ausführlicher zu erörtern, was ich von der angeblichen »Platonischen Reform« der Mathematik halte. Aber es ist vielleicht nicht uninteressant, mindestens den Ursprung dieser überholten Ansicht in großen Zügen zu beleuchten.

Es werden in der antiken Überlieferung PLATONS enge Beziehungen zu der Mathematik seiner Zeit in der Tat immer wieder hevorgehoben. PROKLOS schreibt z. B. folgendes darüber[294]:

[293] Gnomon 23 (1951) 299.
[294] Proclus (ed. F.), 66, 8ff.

»Platons eifrigem Studium ist es zu verdanken, daß die anderen mathematischen Wissenszweige und besonders die Geometrie den größten Aufschwung nahmen. Er hat ersichtlich seine Schriften mit mathematischem Gedankengut ganz und gar durchsetzt und er geht allenthalben darauf hinaus, in den Philosophiebeflissenen das Staunen über diese Dinge hervorzurufen.«

Rechnet man außerdem noch hinzu, daß die großen Mathematiker dieser Zeit, die bei Proklos aufgezählt werden, Platons Freunde bzw. seine Lehrer in der Mathematik oder seine Schüler in der Philosophie waren, so wird man natürlich keineswegs leugnen wollen, daß Platons Gestalt und Tätigkeit wohl auch für die Mathematik bedeutend gewesen sein mag. Es sollen ja weder Platons mathematische Kenntnisse noch die enge Verwandtschaft zwischen der Platonischen und der mathematischen Denkweise bezweifelt werden. Schließlich habe ich ja auch selber im III. Teil des vorliegenden Buches meine Theorie über den Ursprung der deduktiven Mathematik aus der eleatischen Philosophie nur unter ständiger Benutzung von Platons Schriften und Zeugnissen aufbauen können.

Aber wo gibt es denn auch nur einen einzigen Beleg dafür, daß Platon wirklich eine Reform – ja wie man sagt, sogar eine *durchgreifende Reform* in der Mathematik angeregt oder veranlaßt hätte? – Soweit ich sehe, kann man diesen Gedanken mit gar keinem konkreten Zeugnis unterstützen. Die Behauptung, daß »Platon als erster das klare Bewußtsein des streng methodischen Verfahrens, des Elementaraufbaues gewonnen hätte, und daß er dadurch auch die Entwicklung der positiven mathematischen Forschung entscheidend gefördert hätte«, scheint mir nur eine näher nicht begründete, ja ziemlich willkürliche moderne Vermutung zu sein.

Ja, wollte man sogar Platons Beziehungen zur Mathematik ohne Rücksicht auf meine oben entwickelte Theorie beurteilen – daß nämlich sowohl die Platonische Dialektik wie auch die Methode der frühgriechischen Mathematik *auf einen gemeinsamen Ursprung, auf die Philosophie der Eleaten zurückgehen* –, auch dann müßte man, anstatt eine durchgreifende Platonische Reform der Mathematik zu vermuten, eher zu einer solchen Ansicht kommen, wie diejenige von K. REIDEMEISTER,[295] daß nämlich die indirekte Beweismethode, das wichtigste Werkzeug der Platonischen Dialektik, der Mathematik entstamme.[296]

Aber wie konnte man in einer Zeit doch auf den Gedanken verfallen, daß PLATON eine »durchgreifende Reform« in der griechischen Mathematik veranlaßt hätte, wo sich gar kein konkreter Beleg für diese Vermutung anführen läßt? (Die vorhin zitierten Worte des PROKLOS von »PLATONS eifrigem Studium« und von dem gleichzeitigen »Aufschwung der Mathematik« mögen gewiß zutreffend sein, aber sie genügen doch nicht dazu, um von einer »durchgreifenden Platonischen Reform« reden zu können.)

Jch glaube, daß die seltsame moderne Vermutung über die »Platonische Reform der Mathematik« zum Teil wohl auch durch jenes Mißtrauen hervorgerufen wurde, das man früher – gewiß mit Unrecht – einem ausgezeichneten Mathematiker des 5. Jahrhunderts, HIPPOKRATES von Chios, gegenüber hegte. Ich kann mich in diesem Zusammenhang mit der Möndchenquadratur des HIPPOKRATES natürlich nicht beschäftigen. Es sei hier nur an einige frühere Behauptungen über diese Quadratur erinnert, die zugleich auch den Weg beleuchten, wie das Beurteilen des HIPPOKRATES in der modernen Forschung auch zu der historischen Konstruktion führte, es habe in der Geschichte der griechischen Mathematik eine »Platonische Reform« gegeben.

Ich möchte vor allem erwähnen, daß man früher selbst das Benutzen der indirekten Schlußweise dem HIPPOKRATES *nicht* zutrauen wollte.[297] Dieses Urteil über Kenntnisse und

[295] K. REIDEMEISTER, Das exakte Denken der Griechen, S. 44, 65.

[296] B. L. v. d. WAERDEN, Erwachende Wissenschaft, S. 247.

[297] Siehe H. G. ZEUTHEN, Sur les connaissances géométriques des Grecs etc., S. 448 (vgl. Anm. 286).

Fähigkeiten des HIPPOKRATES blieb natürlich auch für die sog. »Textbereinigung« nicht gleichgültig. Man entfernte bereitwillig aus dem Text des SIMPLICIUS Stellen, die indirekte Beweise enthielten; diese könnten doch nicht von HIPPOKRATES selber stammen, sie wären wohl nur spätere Zutaten des EUDEMOS![298] Aber damit noch nicht genug! Man ging in dem Interpretieren selbst über den bereinigten Text noch weit hinaus, um aus dem HIPPOKRATES einen richtigen und regelrechten »Sophisten« machen zu können.

Es heißt z. B. im Text des SIMPLICIUS, HIPPOKRATES hätte bewiesen, daß »Kreise sich zueinander verhalten, wie die Quadrate ihrer Durchmesser«. Man fragte sich nun, nachdem der Bericht selber den Beweis des HIPPOKRATES für diesen Satz *nicht* mitteilt, ob HIPPOKRATES seinen Satz in der Tat auch einwandfrei beweisen konnte. Jener Beweis nämlich, den man für denselben Satz bei EUKLID liest (Elem. XII 2), geht *vermutlich* (!) auf EUDOXOS zurück; diesen wird also HIPPOKRATES wohl noch nicht gekannt haben – schloß man mit bewundernswerter Selbstsicherheit. Darum versuchte nun O. TÖPLITZ in seinem vorhin erwähnten Aufsatz einen »weniger vollkommenen Beweis« für denselben Satz zu rekonstruieren, d. h. also einen solchen »Quasi-Beweis«, den er gern bereit war, auch dem HIPPOKRATES zuzutrauen.

TÖPLITZ vermutete also, daß HIPPOKRATES bei seinem Beweis von regelmäßigen Vielecken (4, 8, 16, 32, . . . n) ausgegangen wäre. Für diese hat er wohl einwandfrei zeigen können, daß die Flächeninhalte zweier verschiedener (regelmäßiger) Vielecke (A und a) sich zueinander verhalten wie die Quadrate über den Radien der entsprechenden Kreise (R und r); also $A : a = R^2 : r^2$. Daraus soll nun HIPPOKRATES geschlossen haben, daß sich auch die Flächeninhalte der betreffenden Kreise (K und k) ebenso zueinander verhielten ($K : k = R^2 : r^2$), nachdem, je mehr die Seitenzahl zunimmt,

[298] H. G. ZEUTHEN, o. c., S. 452.

desto mehr sich auch die Flächeninhalte der eingeschriebenen Vielecke *zusehends* den Flächeninhalten der Kreise näherten.

Nachdem nun O. Töplitz diesen naiven »Beweis« für Hippokrates – ohne übrigens einen näheren Anhaltspunkt dafür in der Überlieferung zu suchen, bloß aus eigener Phantasie (und aus gutem Willen dem Hippokrates gegenüber!) – rekonstruiert hatte, fuhr er folgendermaßen fort[299]:

> »Der Scharfsinn des Eudoxos hat erkannt, daß hier ein unendlicher Prozeß vollzogen wird, der den Rahmen der rein schließenden Apodeixis verläßt. Der Schluß von den n-Ecken auf die Kreise K und k ist ein logischer Sprung, ein Fehlbetrag, der aus keinem Axiom gedeckt werden kann, so plausibel er sein mag. *Der vorliegende Fall war nicht der einzige, wo ein solcher Sprung vorkam. Er wiederholte sich in ganz ähnlicher Form bei Dutzenden von anderen Sätzen* (?), *wie sie von den sophistischen Lehrern vorgetragen wurden.*«

Danach kam bei Töplitz die Schilderung des eudoxischen Axioms, das zu dem einwandfreien Beweis des Hippokratischen Satzes unerläßlich nötig gewesen wäre,[300] um dann noch einmal den »Sophisten« und den »wahren platonischen Forscher« wirkungsvoll einander entgegenstellen zu können[301]:

> »Auf der einen Seite *der Standpunkt der sophistischen Lehrmeister*, die den geheimnisvollen Sprung ins Unendliche elegant vollziehen, auf der anderen Seite *die von der Akademie* Platons *abgestempelte kunstvolle Methodik*, die jeden Gedankensprung ausschaltet, den Rahmen der übrigen, endlichen Geometrie restlos wahrt und alles aus dem einen neuen Axiom des Eudoxos more geometrico herauszieht.«

[299] Die Antike I (1925) 182–183.
[300] Vgl. Anm. 112.
[301] Die Antike I (1925) 192.

Es ist aus den beiden letzten Zitaten wohl ersichtlich, daß man es hier eigentlich mit einer *doppelten historischen Konstruktion* zu tun hat. Um die angebliche »Platonische Reform der Mathematik« nachweisen zu können, mußte man vorhin – ziemlich willkürlich – eine interessante »sophistische Mathematik vor der Reform«[302] konstruieren, welcher gegenüber die »Platonische Reform« den großen Sprung bedeutet hätte. – Ich brauche es wohl nicht zu betonen, wie wenig diese beiden, miteinander eng verbundenen historischen Konstruktionen einer nüchternen Kritik standhalten.

Dagegen glaube ich eine andere Frage, die – soviel ich weiß – eben im Zusammenhang mit der angeblichen »Platonischen Reform der Mathematik« am prägnantesten formuliert wurde, jetzt mit einiger Gewißheit schon beantworten zu können. O. TÖPLITZ mußte nämlich am Ende seines eben erwähnten Aufsatzes mit einigem Zweifel noch die folgende Frage stellen:

> »Ob einmal im Dasein der Mathematik die Philosophie bestimmend in sie eingegriffen hat, ihre eigentliche definitive Gestalt gebildet hat, oder ob sie auch diese ganz aus sich selbst heraus gewonnen hat?«

Nun war im Sinne der hier vorgelegten Untersuchungen die systematische und deduktive Mathematik in ihrem historischen Anfang ein Spezialgebiet der Philosophie, genauer: ein Spezialgebiet der eleatischen Dialektik. Erst mit der theoretisch-systematischen Grundlegung der *Geometrie* machte die griechische Mathematik in Auseinandersetzung mit der Philosophie sich von ihr allmählich auch unabhängig.

[302] Seitdem ist man schon gewohnt – anstatt von einer »sophistischen Mathematik« zu reden –, eher die *Strenge* der Beweise in der frühgriechischen Mathematik hervorzuheben; vgl. B. L. v. d. WAERDEN, Math. Ann. 120 (1947/49) 139–140, und Erwachende Wissenschaft, S. 214.

NACHTRAG

Der Nicht-Mathematiker würde nach dem Lesen dieses Buches auch einige vergleichende Betrachtungen über solche Fragen wohl begrüßen: Worin unterscheidet sich die moderne Axiomatik der Mathematik von EUKLIDS Axiomensystem? Wie werden die in diesem Buch behandelten alten mathematischen Begriffe nach dem heutigen Stand der Wissenschaft verstanden und erklärt? Was ist z. B. der Unterschied zwischen der Theorie der Inkommensurabilia des EUDOXOS einerseits und dem Dedekindschen Schnitt andrerseits?

In der Tat habe ich mir die Möglichkeit eines solchen Vergleichs – der wohl sehr lehrreich sein dürfte – ernstlich überlegt. Aber ich ließ diesen Plan schließlich doch fallen, als ich nämlich einsehen mußte, daß ein derartiger Vergleich – *eben von historischem Gesichtspunkt aus* – durch meine Untersuchungen noch keineswegs hinreichend genug vorbereitet ist. – Ich will diese Mangelhaftigkeit der Vorbereitung an einem konkreten Beispiel sogleich auch illustrieren.

Wir unterscheiden die *rationalen* und *irrationalen* Zahlen auf Grund der folgenden Überlegung: Jede *rationale Zahl* läßt sich als ein *Bruch*, als eine *ratio* (m/n) aufschreiben. Die *irrationale Zahl* ist dagegen *kein Bruch*, *keine ratio;* eben darum und in diesem Sinne heißt sie »*irrational*«. – Nun waren früher die Historiker der Ansicht, daß dieselbe Unterscheidung des »rationalen« und »irrationalen« wohl auch bei den Griechen schon vorhanden sein mußte. Denn die *ratio* heißt in der griechischen Mathematik *λόγος* $(a : b)$, und das Wort *ἄλογος* im X. Buch der »Elemente« muß doch wohl dasselbe heißen, was unser mathematischer Terminus »*irrational*«. – Ich will zu diesem Gedankengang hier noch gar nicht Stellung nehmen. Ich muß in diesem Zusammenhang nur folgendes betonen: *Das Problem des mathematischen ἄλογον wurde in diesem Buch gar nicht behandelt.* Nachdem mein historisches Problem – wie die lineare Inkommensurabilität entdeckt wurde – sich auch *ohne* das Problem des *ἄλογον* behandeln ließ, habe ich das letztere hier nicht berücksichtigt. (Dasselbe Wort *ἄλογον* oben in einem PROKLOS-Zitat – S. 430 – heißt doch wohl etwas anderes!) Ebenso gar nicht behandelt, nur von weitem her berührt wurde in diesem Buch auch die ganze *Proportionenlehre des* EUDOXOS. Wie ich es in der Einleitung im voraus betont hatte: Auf Grund meiner Ergebnisse kann man das neue Bild von der Frühzeit der griechischen Wissenschaft noch lange nicht abschließend darstellen. Darum mußte ich hier auch auf den historischen Vergleich der antiken mathematischen Begriffe mit unseren modernen Begriffen einstweilen verzichten.

Jenen Nicht-Mathematiker, der sich für solche Fragen dennoch interessiert, kann ich vorläufig auf das sehr lehrreiche Buch von R. COURANT und H. ROBBINS »*Was ist Mathematik*«*?* (2. Aufl., Springer-Verlag, 1967) hinweisen. Für die rationalen und irrationalen Zahlen kommt besonders das 2. Kapitel dieses Werkes (»Das Zahlensystem der Mathematik«) in Betracht. Aber man findet in demselben Buch sehr lesenswerte Kapitel auch über den »Euklidischen Algorithmus«, ja auch noch über »Axiome« und »Axiomatik«.

Anhang

WIE KAMEN DIE PYTHAGOREER ZU DEM SATZ EUCL., ELEM. II 5?*

I

Man hält den Satz »Elem.« *II 5* – nach den Ergebnissen jener historischen Forschung, die heute gewissermaßen als *consensus doctorum* gilt – für einen Bestandteil der *altpythagoreischen Mathematik*, genauer, für einen Satz der sog. *»geometrischen Algebra der Pythagoreer«*. Gewöhnlich wird nämlich dieser Satz zusammen mit dem unmittelbar nach ihm folgenden Satz *II 6* behandelt. Diese beiden besagen:

II 5: »Teilt man eine Strecke sowohl in gleiche als auch in ungleiche Abschnitte, so ist das Rechteck aus den ungleichen Abschnitten der ganzen Strecke zusammen

* Dieser Aufsatz wurde nach dem Abschluß des gegenwärtigen Buches durch Herrn Prof. Dr. PH. M. VASSILIOU veranlaßt und in einer Sitzung der Griechischen Akademie der Wissenschaften in Athen (16. 5. 1968) vorgetragen (vgl. auch Acta ant. Acad. Sci. hung. 1968). Ich lasse ihn hier als ‚Anhang' wiederabdrucken nachdem er, meiner Ansicht nach die Gedankenführung des vorliegenden Buches *wesentich weiterentwickelt*.

mit dem Quadrat über der Strecke zwischen den Teilpunkten dem Quadrat über der Hälfte gleich.«

und

II 6: »Halbiert man eine Strecke und setzt man ihr irgendeine Strecke gerade an, so ist das Rechteck aus der ganzen Strecke mit Verlängerung und der Verlängerung zusammen mit dem Quadrat über der Hälfte dem Quadrat über der aus der Hälfte und der Verlängerung zusammengesetzten Strecke gleich.«

Man liest in der heute maßgeblichen historischen Darstellung der griechischen Mathematik über den Satz *II 5* die Feststellung, daß dieser sich als ein geometrisches Äquivalent für unsere algebraische Formel

$$a^2 - b^2 = (a - b) \cdot (a + b)$$

bzw. für $a^2 = (a - b) \cdot (a + b) + b^2$ auffassen läßt.[1] Aber eigentlich besagt dasselbe auch der Satz *II 6*. Wozu diese »*seltsame doppelte Form*«? – Es wurde versucht, dieses Rätsel folgendermaßen zu erklären[2]: Im Grunde wären *II 5* und *II 6* nicht Sätze, sondern *Lösungen von Aufgaben:* Es handelte sich in *II 5* um die Konstruktion von zwei Strecken x und y, deren *Summe und Produkt* gegeben sind, während in *II 6* *die Differenz und das Produkt* gegeben sind. Unter »Aufgaben« – um deren Lösung es sich hier handeln soll – verstand man eigentlich »*algebraische* Aufgaben«, die man erst nachträglich in geometrisches Gewand gekleidet hätte.[3] Ursprünglich

[1] B. L. v. d. Waerden, Erwachende Wissenschaft, S. 196.

[2] Ebd., S. 198. – Natürlich geht diese Erklärung auf H. G. Zeuthen bzw. noch auf P. Tannery zurück (s. Anm. 6).

[3] In diesem Sinne wird II 5 natürlich auch bei Th. L. Heath, Euclid's Elements, Bd. I, S. 382 ff., behandelt. Darum redet Heath über eine »Geometrical solution of a quadratic equation«. Der Unterschied gegenüber B. L. v. d. Waerden besteht bloß darin, daß Heath »Babylon« noch nicht erwähnt. Er hat ja seine Kompilation noch *vor* O. Neugebauer zusammengestellt (s. Anm. 4).

hätten nämlich noch die Babylonier sich diese algebraischen Aufgaben gestellt und gelöst[4]; und die Pythagoreer hätten – wie es uns versichert wird – offensichtlich die babylonischen Regeln zur Lösung der algebraischen Systeme geometrisch formuliert und bewiesen.[5]

Ablehnen muß ich diese historische Interpretation aus den folgenden Gründen:

1. Selbst wenn wir glauben, daß es eine »babylonische Algebra« wirklich gegeben hat – wovon O. NEUGEBAUERS Forschungen uns überzeugen möchten –, auch dann hat man bisher noch *mit gar keiner konkreten Angabe* wahrscheinlich machen können, daß die Griechen in voreuklidischer Zeit eine solche Algebra wirklich gekannt hätten, geschweige denn, daß sie dieselbe übernommen und geometrisiert hätten. (Die Griechen haben nicht einmal die positionelle Bezeichnungsart der Zahlen von den Babyloniern übernommen!)

2. Jene Sätze bei EUKLID, die man gewohnt ist – seit einer Arbeit von P. TANNERY[6] – als »algebraische Sätze in geo-

[4] Hingewiesen wird dabei gewöhnlich auf den Entdecker der sog. babylonischen Algebra: O. NEUGEBAUER, Zur geometrischen Algebra. Studien zur Geschichte der antiken Algebra III, Quellen und Studien zur Geschichte der Math. etc. B, 3 (1936) 245–259.

[5] Das letztere nach B. L. v. d. WAERDEN, Erwachende Wissenschaft, S. 203.

[6] P. TANNERY: De la solution géométrique des problèmes du second degré avant Euclide, 1882 = Mém. scient., Bd. I, Paris 1912, S. 254–280. – H. G. ZEUTHEN, dessen »Verdienste« um die Entdeckung der sog. »geometrischen Algebra der Griechen« durch O. NEUGEBAUER (s. Anm. 4) so übertrieben hervorgehoben wurden, hat in Wirklichkeit in seinen beiden Werken (Die Lehre von den Kegelschnitten im Altertum, Kopenhagen 1886 und Geschichte der Mathematik im Altertum und Mittelalter, Kopenhagen 1896; ein Auszug aus dem letzteren Werk auch in: Zur Gesch. d. griech. Mathematik, S. 18 ff.) – was die »geometrische Algebra« betrifft – nur den irreführenden *Vergleich* von P. TANNERY weitergebaut. (Man hätte sich nämlich erst einmal fragen müssen, inwiefern überhaupt *erlaubt* ist, im Zusammenhang mit EUKLIDS *geometrischen Konstruktionen* über Lösungen von *algebraischen Gleichungen* zu reden!)

metrischem Gewand« anzusehen, haben mit der Algebra in Wirklichkeit nur soviel zu tun, daß wir in der Tat sehr leicht unsere algebraischen Äquivalente für diese Sätze angeben können. Aber es kann gar keine Rede davon sein, daß diese Theoreme ursprünglich »*algebraische* Sätze« oder Lösungen für »*algebraische* Aufgaben« gewesen wären. Nein, diese sind alle – sowohl die Sätze wie auch die Aufgaben – *rein geometrischen Ursprungs.* Auch *II 5* ist ein rein geometrischer Satz. Wohl kann man diesen Satz in der modernen Interpretation mit einer »algebraischen Aufgabenlösung« *vergleichen.* Aber man nehme sich in acht, damit ein solcher Vergleich den ursprünglichen und echt geometrischen Sinn des Satzes nicht verdunkle!

II

Nach meiner historischen Interpretation ist *II 5* – wie man es im folgenden sehen wird – ein rein geometrischer Hilfssatz zu der Lösung bzw. zu dem Lösungsbeweis jener ebenfalls rein geometrischen Aufgabe, die in dem Satz *II 14* folgendermaßen gestellt wird:

»*Ein einer gegebenen geradlinigen Figur gleiches Quadrat zu errichten.*«

Daß der Satz *II 5* in der Tat ein Hilfssatz zu dem eben genannten *II 14* ist, das ersieht man zunächst nicht bloß aus den modernen Ausgaben und Übersetzungen, in denen anläßlich des Satzes *II 14* meistens auf *II 5* zurückverwiesen wird, sondern noch mehr aus dem *Wortlaut des Urtextes.* Denn in dem Beweisteil des Satzes *II 14* wird ja der Wortlaut von *II 5* weitgehend wiederholt – zum Zeichen dessen, daß auch der antike Verfasser auf *II 5* zurückverweisen wollte.

Ja, denkt man an die komplizierte, schwerfällige sprachliche Form des *II 5*, so muß man sich unwillkürlich fragen: Ist dieser Satz nicht sozusagen ein »Fertigbauteil« zu dem anderen (*II 14*)? Mußte der antike Verfasser den *II 5* nicht eben deswegen so kompliziert und schwerfällig formulieren, weil er im voraus wußte, daß er das betreffende Theorem *eben in dieser, scheinbar schwerfälligen sprachlichen Form* in dem Beweis des [II 14] am bequemsten werde gebrauchen können? – Ich werde im folgenden zeigen, daß zwischen den beiden Sätzen – [II 5] und [II 14] – in der Tat eben dieser Zusammenhang besteht.

Aber ich möchte hier nebenbei auch darauf hinweisen, daß offenbar eine ebensolche Erklärung auch noch für andere Sätze bei EUKLID gültig sein muß, die man bisher ähnlicherweise als Bestandteile einer »geometrischen Algebra« erklären wollte. Der oben zitierte Satz [II 6] ist z. B. ein ebenso *rein geometrischer Hilfssatz* (ebenfalls ein »Fertigbauteil«) zu dem Beweis des Satzes [II 11] wie [II 5] zu dem Beweis des Satzes [II 14]. Der Satz [II 6] sieht nur darum als ein »Spezialfall« des [II 5] aus, weil auch sein Hauptsatz, der hochinteressante [II 11] (zu dessen Beweis [II 6] benutzt wird), im Grunde nur ein Spezialfall des [II 14] ist. Kein Wunder, daß eben deswegen auch die Hilfssätze – [II 5] und [II 6] – zu den beiden hochwichtigen Sätzen [II 14] und [II 11] als Spezialfälle voneinander aussehen.

Ja, genau auf dieselbe Weise ein *rein geometrischer Hilfssatz*, ein »Fertigbauteil«, ist auch der Satz [II 10], den man ebenfalls der »geometrischen Algebra« hinzurechnen wollte.[7] Daß in Wirklichkeit derselbe Satz *(*[II 10]*)* ein Hilfssatz ist, wird durch PROKLOS bezeugt.[8] Wohl wurde in diesem Fall das betreffende altpythagoreische Theorem, zu dessen Beweis man [II 10] benutzt hatte, in EUKLIDS »Elemente« *nicht* aufgenommen, aber die moderne Forschung vermochte dasselbe Theorem – eben auf Grund der erwähnten PROKLOS-Stelle – über jeden Zweifel zu rekonstruieren.[9]

Ich möchte jedoch in diesem Zusammenhang einstweilen nur die Genesis des Satzes [II 6] näher beleuchten. Darum muß

[7] Vgl. B. L. v. d. WAERDEN, Erwachende Wissenschaft, S. 202.

[8] Kommentar zu PLATONS Staat II. Kapitel, S. 23 und 27.

[9] B. L. v. d. WAERDEN, Erwachende Wissenschaft, S. 206 ff.

ich im nächsten Kapitel vor allem an einige Elemente einer interessanten pythagoreischen Theorie über die Flächenbestandteile der Parallelogramme erinnern.

III

Wir wollen zunächst von jener Szene in PLATONS Dialog ,Menon' (82 B – 85 E) ausgehen, wonach dem ungelernten Sklaven durch SOKRATES die Frage gestellt wird: Wie verdoppelt man die Fläche jenes Quadrats (in Quadratform), dessen Seite *2 Fuß lang* ist? Mit anderen Worten: Wie lang wird die

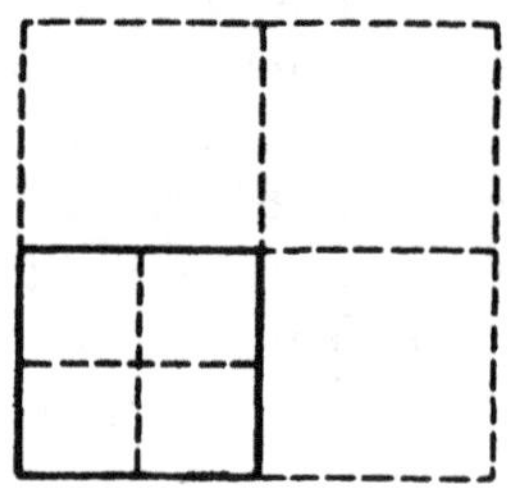

Abb. 12

Seite jenes anderen Quadrats – *als eine Zahl ausgedrückt* –, dessen Fläche das Doppelte der Fläche des gegebenen *mit 2 Fuß langer Seite* darstellt? – Der Sklave glaubt zunächst, daß man, um die Fläche des Quadrats zu verdoppeln, seine Seite verdoppeln müßte. Er möchte also das gesuchte Längenmaß als die *Zahl 4* angeben. Aber SOKRATES zeigt ihm, sogleich nach dieser ersten Antwort, daß durch die Verdoppelung der Seite die Fläche des Quadrats nicht verdoppelt, sondern vervierfacht wird. (Die Fläche des Quadrats mit 4 Fuß langer Seite besteht aus 16 kleinen Quadraten, wobei das Ausgangsquadrat aus 4 solchen bestand; s. *Abb. 12.*) Der nächste Versuch des Sklaven – das Längenmaß der gesuchten Quadratseite *als eine Zahl* zu bestimmen – geht darauf hinaus, daß vielleicht das Quadrat *mit 3 Fuß langer Seite* die doppelte Fläche des Quadrats mit *2 Fuß langer Seite* haben könnte. Aber Sokrates zeigt – wieder vermittels einer Zeichnung (s. *Abb. 13*) –, daß die Fläche des Quadrats *mit 3 Fuß langer Seite* aus 9 kleinen Quadraten besteht, also keineswegs das Doppelte der ursprünglichen Quadratfläche ist. – Es wird also in diesen beiden ersten Versuchen wohl angedeutet, daß die Seite des Quadrats, dessen Fläche das Doppelte eines

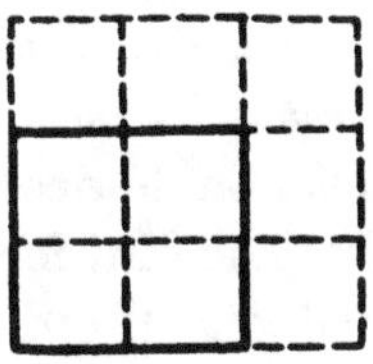

Abb. 13

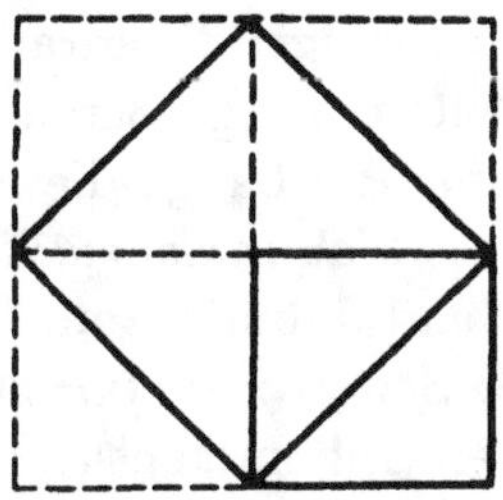

Abb. 14

anderen (kleineren) Quadrats *mit zahlenmäßig bestimmter Seite* darstellt, *sich nicht als eine Zahl angeben läßt*. In der Tat ist die gesuchte Quadratseite – zu der Seite des gegebenen Quadrats – eine *der Länge nach inkommensurable Größe*. Merkwürdigerweise wird jedoch das Problem der Inkommensurabilität in unserer Platon-Szene ausdrücklich *nicht* erwähnt. Statt dessen zeigt Sokrates – vermittels einer neuen Zeichnung *(Abb. 14)* –, daß die *Diagonale* die Fläche des Quadrats in zwei untereinander gleiche gleichschenklige Dreiecke auflöst und daß man eben deswegen mit der Diagonale als Seite ein solches größeres Quadrat konstruieren kann, dessen Fläche – wie die Zeichnung zeigt – gerade das Doppelte der ursprünglichen Quadratfläche ausmacht.

Ich glaube, wir dürfen auf Grund dieser ‚Menon'-Szene zu rekonstruieren versuchen, wie einst die griechischen Mathematiker die lineare Inkommensurabilität entdeckt haben mögen. – Es tauchte zunächst in der *Geometrie* ein *arithme-*

tisches Problem auf. Man ging von einem Quadrat aus, dessen Seite als eine *Zahl* gegeben war, und man wollte die Seite des dazugehörigen anderen Quadrats mit gerade doppeltem Flächeninhalt ebenfalls als eine *Zahl* angeben. Aber diese Aufgabe erwies sich innerhalb der *Arithmetik* – unter Beachtung der grundlegenden Euklidischen Definition für die »Zahl« (|*VII def. 2*|) – als *unlösbar*. Interessant war jedoch dasselbe Problem auch von der *Geometrie* her betrachtet. Nachdem man nämlich eingesehen hatte, daß die Fläche eines beliebigen Quadrats mit der *Diagonale* desselben, als mit der Seite eines größeren Quadrats, sich verdoppeln läßt, und nachdem die Länge dieser Diagonale – im Verhältnis zu der Seite – *sich zahlenmäßig nicht bestimmen ließ*, mußte man wohl bald dahinterkommen, daß die Diagonale des Quadrats zu der Seite *linear inkommensurabel ist*. Die Entdeckung der linearen Inkommensurabilität ging jedoch Hand in Hand mit der Erkenntnis der quadratischen *Kommensurabilität*. Die Diagonale des Quadrats ist im Verhältnis zu der Seite nur der Länge nach unmeßbar; nachdem sie jedoch als Seite eines neuen Quadrats gerade die doppelte Fläche des ursprünglichen ergibt, ist sie *quadratisch meßbar*. – Die Schwierigkeit der *linearen Inkommensurabilität* kann also auf dem Wege der *quadratischen Kommensurabilität* umgangen werden.

Noch interessanter wird dieselbe ‚Menon'-Szene von historischem Gesichtspunkt aus, wenn man bedenkt, daß das *arithmetische Problem der Quadratverdoppelung* mit dem Problem der *mittleren Proportionale zwischen einer Zahl und ihrem Doppelten* äquivalent ist.[10] Es muß in der Tat den pythagoreischen Arithmetikern der folgende Satz bekannt gewesen sein:

[10] Wie bekannt, hat HIPPOKRATES von Chios vorgeschlagen, man soll zwischen einer Zahl und ihrem Doppelten *zwei* mittlere Proportionalen einfügen, und damit würde das Problem der *Würfelverdoppelung* gelöst; vgl. O. BECKER, Das mathematische Denken der Antike, S. 75. – Aber wie kam HIPPOKRATES auf diesen glücklichen Einfall? – Offenbar auf dem Wege, daß er wußte: die *planimetrische Aufgabe*

»*Zwischen einer Zahl und ihrem Doppelten gibt es keine mittlere Proportionalzahl.*«

Ich erschließe die Kenntnis dieses Satzes aus dem noch stärkeren Satz *Sectio canonis 3*, der besagt:

»*Zwischen zwei Zahlen in überteiligem Verhältnis* — also (n + 1) : n — *gibt es keine mittlere Proportionalzahl.*«

Nun glaube ich — unter Berücksichtigung des eben angeführten arithmetischen Satzes sowie der vorhin erwähnten ‚Menon'-Szene — drei interessante Schritte in der Entwicklung der voreuklidischen Mathematik folgendermaßen rekonstruieren zu dürfen:

a) Es tauchten zunächst in der Arithmetik Probleme auf, die man *nicht* lösen konnte. Man ist dann, auf dem Wege der genaueren Untersuchung, bald dahintergekommen, daß diese Probleme in der Arithmetik entweder *völlig unlösbar* oder *nur unter gewissen Bedingungen lösbar* sind. — Ein solches unlösbares Problem der Arithmetik war z. B. die mittlere Proportionalzahl *(x)* zwischen einer Zahl und ihrem Doppelten (also zwischen a und $2a$). Es war natürlich eine große Errungenschaft, wenn man schon aussagen und auch begründen konnte, warum es eine solche Zahl *nicht* geben kann.

b) Man hat wohl erst verhältnismäßig *später* entdeckt, daß man dieselben *unlösbaren* (oder auch *nur unter gewissen Bedingungen lösbaren*) arithmetischen Probleme auf geometrischem Wege leicht lösen kann. Ist z. B. a n i c h t

der Quadratverdoppelung wird adurch gelöst, daß man zwischen einer Zahl und ihrem Doppelten *eine* mittlere Proportionale einfügt; das verwandte *stereometrische Problem* der Würfelverdoppelung löst sich also wohl dadurch — so mag HIPPOKRATES *richtig* geschlossen haben —, daß man anstatt einer einzigen *zwei* mittlere Proportionalen zwischen den fraglichen Größen (d. h. genauer: zwischen einer Größe und ihrem Doppelten) einfügt.

eine Zahl, sondern eine beliebige gerade Strecke, so findet man die mittlere Proportionale *(x)* zwischen *a* und *2a* auf dem Wege, daß man mit *a* als Seite ein Quadrat konstruiert; die Diagonale *(d)* dieses Quadrats wird die gesuchte mittlere Proportionale $(d = x)$, nachdem $a : d = d : 2a$ ist. Man beweist die letztere Proportionalität mit Hilfe von ähnlichen rechtwinkligen Dreiecken (s. z. B. meine *Abb. 14*) – *gesetzt, daß die Verhältnisgleichheit (=Proportionalität) auch für inkommensurable Größen definiert ist, wie z. B. in der sog. eudoxischen Definition bei* EUKLID, »*Elem.*« |*V. def. 5*|. – Man sieht also, daß auf dieser Entwicklungsstufe die geometrische Lösung derselben Aufgabe, die auf *Stufe a) arithmetisch unlösbar* erschien, auf das engste verbunden ist – nicht nur mit der Kenntnis der *Inkommensurabilität*, sondern auch mit derjenigen der *eudoxischen Definition der Proportionalität.*

c) Es gibt jedoch auch eine »mittlere Entwicklungsstufe«[11] zwischen *a)* und *b)*. Man kann nämlich die arithmetisch unlösbaren Probleme der *Stufe a)* geometrisch auch so lösen, daß dabei weder das Problem der Kommensurabilität (bzw. Inkommensurabilität) noch die Frage der Proportionen berücksichtigt werden. Allerdings muß man dazu die ursprüngliche Aufgabe *transformieren.* Man fragt z. B. in dem vorhin behandelten Fall n i c h t nach der mittleren Proportionale zwischen einer *Zahl* (oder *Größe*) und ihrem Doppelten, sondern man fragt *nach jener Strecke, mit deren Hilfe ein Quadrat mit gegebener Seite (a) sich verdoppeln*

[11] Ich will natürlich keineswegs behaupten, daß die *Stufe c)* auch zeitlich der *Stufe b)* unbedingt vorangehen muß. Die Stufen *b)* und *c)* könnten sehr wohl auch gleichaltrig sein. Wichtiger als die Frage der Chronologie – die sich hier nicht entscheiden läßt (denn schließlich ist ja auch das nicht unbedingt sicher, daß die sog. »eudoxische Definition der Proportionalität« wirklich *erst* von EUDOXOS stammt!) – scheint mir die Tatsache selbst, daß die *Stufe c)* den Versuch zeigt, das betreffende Problem ohne Rücksicht auf Proportionen und auf Inkommensurabilität zu lösen.

läßt. Diese letztere Frage ist der vorigen (nach der mittleren Proportionale) völlig gleichwertig; doch braucht man sich nach der Transformation gar nicht mehr um die Proportionen und um die Frage der Inkommensurabilität zu kümmern. Die große Bedeutung dieser mittleren Entwicklungsstufe besteht eben darin, daß die Transformation der Aufgabe die Probleme der Proportionen und der Inkommensurabilität sozusagen *ausschaltet*. Vermutlich eben die Entdeckung dessen, daß die angedeutete Transformation möglich ist, hat den Ausbau jener interessanten pythagoreischen ‚*Flächengeometrie*' veranlaßt, die ich im folgenden behandeln werde, und die man früher als »geometrische Algebra« interpretieren wollte.

*

Nun möchte ich hier vor allem darauf hinweisen, daß jene historische Entwicklung in drei Stufen, die ich [in den Punkten *a)*, *b)* und *c)*] zu rekonstruieren versuchte, sich in der Tat mit zahlreichen Beispielen aus Euklids »Elementen« illustrieren läßt. Es seien hier darum zunächst drei Beispiele dafür eingefügt.

Erstes Beispiel

Stufe a) Man denke an die folgenden arithmetischen Sätze in den »Elementen«: IX. 16: »*Sind zwei Zahlen gegeneinander prim, so ist es nicht möglich, daß, wie die erste zur zweiten, sich die zweite zu einer weiteren verhielte.*« (Sind also a und b relativ prim, so gibt es keine x, worauf $a : b = b : x$ wäre.)
IX. 18: »*Bei zwei gegebenen Zahlen zu prüfen, ob es möglich ist, zu ihnen eine Dritte Proportionale zu finden.*« (Also wie sollen die Zahlen a und b beschaffen sein, damit man eine x finden könne, worauf $a : b = b : x$ ist?)

IX. 19: »*Bei drei gegebenen Zahlen zu prüfen, ob es möglich ist, zu ihnen eine Vierte Proportionale zu finden.*« (Wie sollen die Zahlen a, b und c beschaffen sein, damit man eine x finden könne, worauf $a : b = c : x$ ist?)

Man ersieht aus diesen Sätzen, daß es zu jener Zeit, als diese abgefaßt wurden, den Arithmetikern schon bekannt war, die Aufgabe, eine dritte Proportionale zu zwei gegebenen Zahlen a und b – oder eine vierte Proportionale zu drei gegebenen Zahlen a, b und c – zu finden, ist *nur unter gewissen Bedingungen lösbar*.

Stufe b) Natürlich kann man dieselben Aufgaben in der Geometrie – wenn a, b und c keine Zahlen, sondern beliebige gerade Strecken sind – *immer lösen*. Eben dies wird bei EUKLID in den Sätzen VI 11 und VI 12 gezeigt. Doch werden die Konstruktionen der letzteren Sätze n u r auf Grund der *eudoxischen Definition der Proportionalität* gültig. Denn die gefundene dritte bzw. vierte Proportionale wird ja häufig eine *inkommensurable Größe*.

Stufe c) Man kann jedoch dieselben Aufgaben – auf einer vermutlich mittleren Entwicklungsstufe – auch *ohne Rücksicht auf Proportionen und Inkommensurabilität* allgemeingültig lösen, wenn man die folgende Transformation vollzieht. Die Frage nach der dritten Proportionale zu zwei gegebenen Zahlen oder Größen $(a : b = b : x)$ läßt sich auch so auffassen: Gegeben ist das Quadrat b^2, und man sucht das flächengleiche Rechteck ax, dessen eine Seite (a) ebenfalls gegeben ist. In änlicher Art transformiert man die Frage nach der vierten Proportionale $(a : b = c : x)$: Gegeben ist das Rechteck bc, und man sucht das andere flächengleiche Rechteck mit der einen gegebenen Seite a. – Für beide Aufgaben gilt der Euklidische Satz

I 44: *»An eine gegebene Strecke ein einem gegebenen Dreieck gleiches Parallelogramm in einem gegebenen geradlinigen Winkel anzulegen.«* (Nur einer größeren Allgemeingültigkeit zuliebe ist im Wortlaut dieses Satzes die gegebene Fläche, anstatt eines *Rechtecks*, ein »Dreieck«; und eben darum redet auch EUKLID anstatt des anderen *Rechtecks* von einem »Parallelogramm in einem gegebenen geradlinigen Winkel«.) Das ist die bekannte *parabolische Flächenanlegung* der Pythagoreer, bei der die Inkommensurabilität und die Proportionen *nicht berücksichtigt werden.*

Zweites Beispiel

Stufe a) Man beachte die beiden Sätze bei EUKLID[12]:
VIII 18: *»Zwischen zwei ähnlichen ebenen Zahlen gibt es eine mittlere Proportionalzahl.«*
und VIII 20: *»Läßt sich zwischen zwei Zahlen eine mittlere Proportionalzahl einschalten, so müssen die Zahlen ähnliche ebene Zahlen sein.«*
(Zugrunde liegen beiden Sätzen die Definitionen VII def. 16 und VII def. 21.) Im Sinne dieser beiden Sätze gibt es also zwischen zwei Zahlen, a und b, nur dann eine mittlere Proportionalzahl, wenn eine solche Faktorenzerlegung möglich ist: $a = cd$ und $b = ef$, wobei $c : e = d : f$ ist. Wird diese Bedingung nicht erfüllt, so findet man keine mittlere Proportionalzahl zwischen den beiden gegebenen Zahlen, d. h., die betreffende Aufgabe ist *arithmetisch unlösbar.*

Stufe b) Sind jedoch a und b keine Zahlen, sondern beliebige gerade Strecken, so findet man zu ihnen *immer*

[12] Ich zitiere den Satz VIII 18 — der Einfachheit halber — in verkürzter Form.

die mittlere Proportionale nach dem Euklidischen Satz VI 13. Doch ist die Konstruktion des letzteren Satzes wieder nur auf Grund der *eudoxischen Definition der Proportionalität* gültig. Denn die gefundene mittlere Proportionale wird ja häufig eine *inkommensurable Größe*.

Stufe c) Man kann dasselbe Problem auf einer »mittleren Entwicklungsstufe« mit der folgenden Transformation lösen: Die Frage nach der mittleren Proportionale zwischen zwei gegebenen *Zahlen* oder *Größen* $(a : x = x : b)$ ist gleichwertig mit dem Problem: Gegeben ist das Rechteck ab und man sucht dazu das flächengleiche Quadrat (x^2). – Gerade diese Aufgabe wird bei EUKLID – *ohne Proportionen und ohne Rücksicht auf die Inkommensurabilität* – in dem Satz II 14 gelöst.

Drittes Beispiel

Stufe a) Als drittes Beispiel möchte ich den sog. ‚pythagoreischen Lehrsatz' selbst anführen. Wie bekannt, läßt sich dieser Satz *arithmetisch* nur dann verifizieren, wenn die Seiten des rechtwinkligen Dreiecks sog. ‚pythagoreische Zahltripel' (also etwa 3, 4, 5 oder 7, 24, 25 etc.) sind. Es scheint, daß die Bahnbrecher der griechischen Mathematik in der Tat an dieser arithmetischen Verifikation interessiert waren. (Wohl darum hat man auch Regeln dafür ausgearbeitet, wie man solche Tripel in unbeschränkter Anzahl herstellen kann.[13]) Nun ist also die Verifikation des ‚pythagoreischen Lehrsatzes' wohl auch eine solche Aufgabe, die *in der Arithmetik nur unter sehr beschränkten Bedingungen lösbar ist*.

[13] Vgl. O. BECKER, Das mathematische Denken der Antike, S. 52 ff.

Stufe b) Allgemeingültig beweist man den ,pythagoreischen Lehrsatz' meistens mit Hilfe von *Proportionen*, indem man von dem rechten Winkel auf die Hypotenuse das Lot fällt und dadurch das gegebene rechtwinklige Dreieck in zwei kleinere, sowohl untereinander wie auch zu dem ursprünglichen Dreieck ähnliche rechtwinklige Dreiecke auflöst. Nachdem die Seiten der ähnlichen Dreiecke untereinander proportional sind, kann man aus den entsprechenden Proportionen die bekannte Formel $a^2 + b^2 = c^2$ leicht ableiten. – Wohl ist ein solcher Beweis bei Euklid *nicht* überliefert worden. Da jedoch eine allgemeinere Form des ,pythagoreischen Lehrsatzes' auch bei Euklid (*VI 31*) mit *Proportionen* bewiesen wird, kann man mit Recht vermuten, daß der Beweis mit Proportionen für die gewöhnliche Form desselben Satzes auch schon in voreuklidischer Zeit wohl benutzt wurde. – Doch wird ein solcher Beweis mit Proportionen n u r dann zwingend, wenn die Proportionalität auch für inkommensurable Größen irgendwie schon definiert ist. (Diese Aufgabe erfüllt bei Euklid die eudoxische Definition *V def. 5*.)

Stufe c) Bei Euklid wird der ,pythagoreische Lehrsatz' (*I 47*) nicht mit Proportionen, sondern mit einer Art ,Flächengeometrie' bewiesen, für welche dasselbe charakteristisch ist, was auch in den beiden anderen Beispielen die *Stufe c)* kennzeichnet, daß sie nämlich *die Proportionen und das Problem der Inkommensurabilität gar nicht berücksichtigt*. (Zu dem folgenden siehe *Abb. 15*.) Verlängert man nämlich das Lot (CD) von dem rechten Winkel eines allgemeinen rechtwinkligen Dreiecks auf die Hypotenuse, so wird dadurch – – also durch DE – das Quadrat auf der Hypotenuse in die beiden Rechtecke »R_1« und »R_2« geteilt.

Daß nun »R_1« = »Q_1« und »R_2« = »Q_2« ist, wird folgendermaßen gezeigt: Die beiden schraffierten Dreiecke *CAF* und *HAB (Abb. 16)* sind offenbar kongruent; je zwei Seiten und ihr Winkel sind nämlich auf alle Fälle gleich. Das eine Dreieck (*HAB*) macht dabei die halbe Fläche von »Q_1«

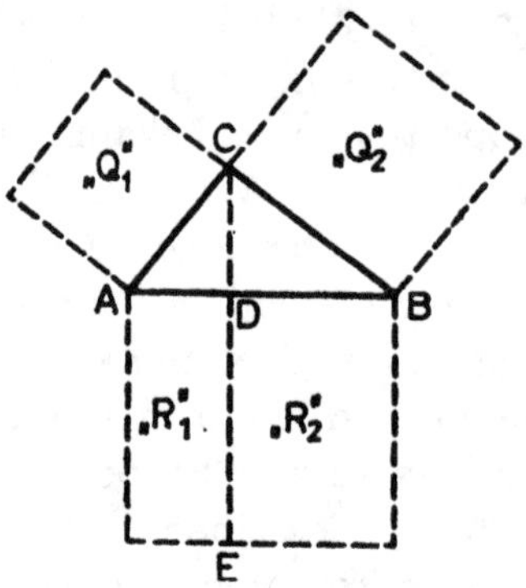

Abb. 15

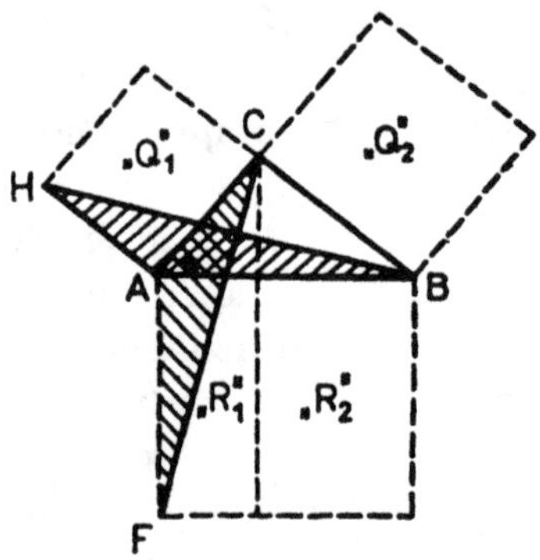

Abb. 16

und das andere (*CAF*) die halbe Fläche von »R_1« aus (vgl. den Satz I 41 bei Euklid). Darum müssen also auch die ganzen Flächen »Q_1« und »R_1« untereinander gleich sein. – Mit ebensolchen »Hilfsdreiecken« beweist man auch die Gleichheit von »Q_2« und »R_2«; und addiert man dann die beiden Teilergebnisse für »R_1« und »R_2«, so hat man damit den pythagoreischen Lehrsatz ‚flächengeometrisch' bewiesen.

Nun hoffe ich, sowohl mit dem ‚Menon'-Beispiel wie auch mit den danach angeführten anderen drei Beispielen im voraus wahrscheinlich gemacht zu haben, daß jene ‚Flächengeometrie', deren elementare Bestandteile im folgenden zusammengestellt werden – also die *Stufen c)* – die Anwendung von Proportionen und das Problem der Inkommensurabilität zu beseitigen bestrebt war.

*

Wir werden die elementarsten Bestandteile jener ‚Flächengeometrie', die bisher, nach einem Vergleich von P. TANNERY[14], als »geometrische Algebra« ausgelegt wurde, in *drei Punkten* überblicken.

1. Es wird sich lohnen, wieder von der Sklavenszene in PLATONS Dialog ‚Menon' auszugehen. – SOKRATES zeigt

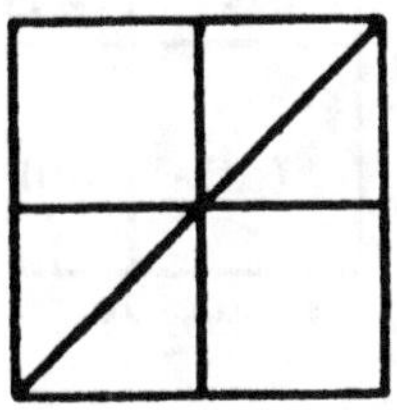

Abb. 17

dem Sklaven zunächst ein Quadrat mit *2 Fuß langer Seite.* Das gezeichnete Quadrat besteht also aus vier kleineren, nachdem die Seite *zweigeteilt* ist. Später wird durch SOKRATES auch darauf hingewiesen, daß die *Diagonale* die Quadratfläche *halbiert.* (Siehe *Abb. 17* sowohl für die Auflösung der Quadratfläche in vier kleinere Quadrate wie auch für die Halbierung mittels der Diagonale. Schon hier muß ich auch die triviale Tatsache hervorheben, daß die Strecken, die die Seiten halbieren, und die Diagonale sich *in einem Punkt* schneiden. Dieser Schnittpunkt der Diagonale wird im folgenden eine wichtige Rolle spielen.) Nun sind die beiden Arten, die Quadratfläche in kleinere Bestandteile aufzulösen – also das Teilen mittels der Diagonale einerseits und das Halbieren der Seiten andrerseits –, *in je einer allgemeineren Form,* auch als Euklidische Sätze überliefert worden. Denn bei

[14] Siehe Anm. 6.

EUKLID wird ja in dem Satz I 34 gerade dasselbe, was SOKRATES über die Quadratdiagonale ausspricht, auf Parallelogramme verallgemeinert: »*das Parallelogramm wird durch seine Diagonale halbiert*«. – Noch interessanter ist die Euklidische Verallgemeinerung dessen, wie man das Quadrat durch *Teilen der Seite* in kleinere Flächenbestandteile auflöst. SOKRATES ging von jenem einfachsten Fall aus, daß die Seite des Quadrats *halbiert* wird; dies führt zu vier kleineren kongruenten Quadraten. Aber wie wird die Quadratfläche aufgelöst,

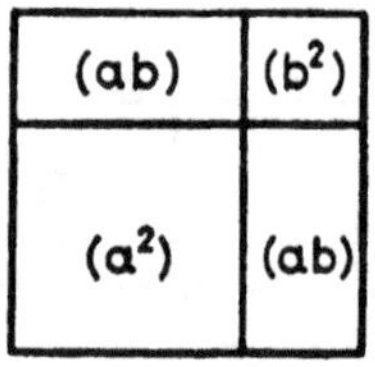

Abb. 18

wenn man die Seite in zwei *beliebige Segmente* teilt? Gerade dies wird bei EUKLID in dem Satz II 4 behandelt:

> »*Teilt man eine Strecke, wie es gerade trifft, so ist das Quadrat über der ganzen Strecke den Quadraten über den Abschnitten und zweimal dem Rechteck aus den Abschnitten zusammen gleich.*«

Durch das Teilen der Quadratseite in zwei beliebige Segmente wird also die Quadratfläche selbst in die Summe von zwei verschiedenen Quadraten und von zwei kongruenten Rechtecken aufgelöst (s. *Abb. 18*). – Wohl ist dieser Euklidische Satz das geometrische Äquivalent für unsere algebraische Formel $(a + b)^2 = a^2 + b^2 + 2ab$, aber ich glaube nicht, daß man diese Tatsache in dem Sinne auslegen dürfte, als ob hier die »nachträgliche Geometrisierung eines ursprünglich algebraischen Gedankenganges« vorläge. Denn erstens kann man aus der griechischen Überlieferung der voreuklidischen und euklidischen Zeit die Spuren von irgendwelchen echt algebraischen Gedankengängen gar nicht nachweisen; und zweitens würde man durch die eben angedeutete historische Auslegung auch den *grundlegenden Unterschied* zwischen der angeführten algebraischen Formel und dem vorhin zitierten Euklidischen Satz unerlaubterweise verwischen. Schließlich ist ja der Ausdruck $(a + b)^2$ in der Algebra viel allgemeingültiger als der entsprechende bloß-geometrische Satz bei EUKLID. (Der geometrische Satz ist nur *eine mögliche* Ausle-

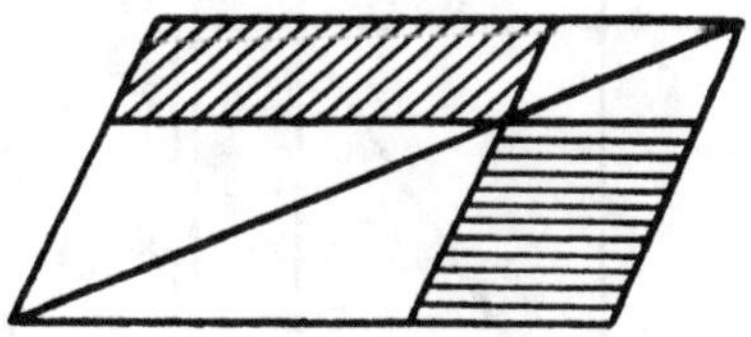

Abb. 19

gung für die algebraische Formel, die jedoch keineswegs n u r »Quadrate« und »Rechtecke« bedeuten kann!)

2. Es läßt sich zeigen, daß die Pythagoreer den eben zitierten Satz |*II 4*| – über die Auflösung der Quadratfläche durch das Teilen der Seite in zwei beliebige Segmente – auch auf *Parallelogramme* verallgemeinert hatten. Ihr alter Satz hieß etwa folgendermaßen (s. *Abb. 19*):

»Zieht man durch einen beliebigen Punkt der Diagonale zwei Parallelen zu den beiden Seiten eines Parallelogramms, so wird dadurch die Fläche des Parallelogramms in insgesamt v i e r Flächenstücke zerlegt. Von diesen vier Flächenstücken sind zwei – die beiden ‚um die Diagonale liegenden Parallelogramme' (die leergelassenen Flächenstücke in *Abb. 19*) – sowohl untereinander wie auch zu dem ursprünglichen Parallelogramm ä h n l i c h, während die beiden anderen Flächenstücke – die sog. *παραπληρώματα* (schraffiert in *Abb. 19*) – untereinander g l e i c h sind.«

Wohl ist dieser Satz zunächst nur meine eigene Rekonstruktion. Man findet ihn bei EUKLID nirgends in dieser wiederhergestellten Form. Denn EUKLID mußte ihn – offenbar aus kompositorischen Gründen – in *zwei Sätze* zerlegen, von denen der eine erst im Buch VI der »Elemente« untergebracht werden konnte. In der Tat behandelt der Satz *VI 24* die *Ähnlichkeit der ‚um die Diagonale liegenden Parallelogramme'*;

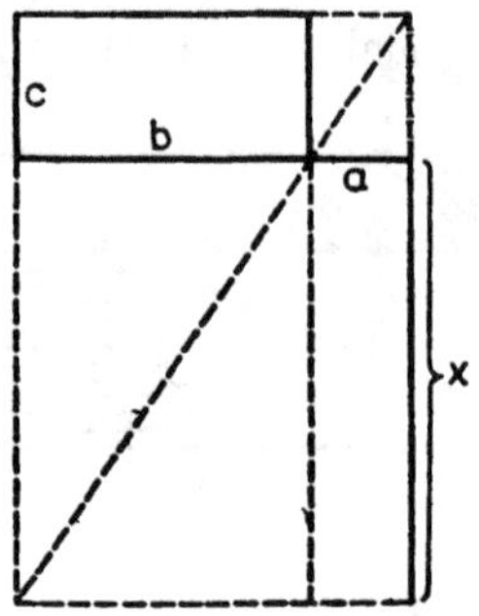

Abb. 20

zu dem vollständigen Beweis dieses Satzes ist ja die *eudoxische Definition der Proportionalität* im V. Buch (*V def. 5*) unerläßlich nötig. – Dagegen konnte die andere Hälfte des rekonstruierten Satzes – über die *Gleichheit der ‚Ergänzungen' (parapleromata)* – auch schon im I. Buch behandelt werden (*I 43*), weil in diesem Fall die Proportionalität und die Inkommensurabilität gar nicht berücksichtigt werden mußten. Der Beweis für diesen letzteren Satz wird einfach auf dem Wege der Subtraktion der überflüssigen Flächenstücke geführt.

Nun muß ich hier nachdrücklich betonen, daß der von mir eben rekonstruierte Satz eine sehr wichtige Rolle in jener ‚pythagoreischen Flächengeometrie' gespielt hatte, die nach P. TANNERY den unglücklichen und irreführenden Namen »geometrische Algebra« erhielt. Der Satz über die Gleichheit der ‚parapleromata' hat z. B. jene *parabolische Flächenanlegung* der Pythagoreer[15] ermöglicht, auf die ich hier nochmals hinweisen möchte. – Es wurde oben, anläßlich meines »ersten Beispiels«, schon erwähnt, daß man die Suche nach der vierten Proportionale zu drei gegebenen *Zahlen* oder *Größen* $(a : b = c : x)$ auch so auffassen kann: Gegeben ist das Rechteck *bc*, und man sucht dazu das andere flächengleiche Rechteck, dessen eine Seite (a) ebenfalls gegeben ist. Nun

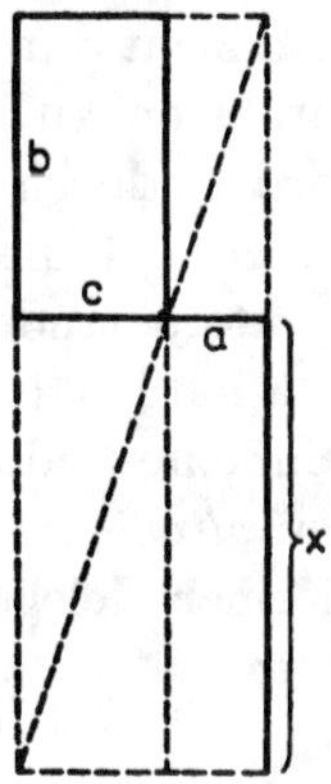

Abb. 21

wird diese Aufgabe bei EUKLID in dem Satz *I 44* auf Grund der folgenden Überlegung gelöst (s. *Abb. 20* und *21)*: Man faßt das gegebene Rechteck *bc* als ein ‚parapleroma‘ auf. Eine beliebige Seite des gegebenen Rechtecks *(c* oder *b)* und die Strecke *a* ergeben im ersten Schritt das eine ‚um die Diagonale liegende Parallelogramm‘ *(ac* oder *ab)*. Die Verlängerung der Diagonale selbst und die Verlängerung der Rechteckseite *(c* oder *b)* ergeben im zweiten Schritt auch das andere ‚um die Diagonale liegende Parallelogramm‘ *(bx* oder *cx)*. Nachdem man nun das eine ‚parapleroma‘ und die beiden ‚um die Diagonale liegenden Parallelogramme‘ gewonnen hat, muß

[15] Proclus, In Eucl. (ed. F.), 419, 15–420, 23; aus der modernen Literatur siehe dazu TH. L. HEATH, Euclid's Elements, Bd. I, S. 343 f.

man nur noch das andere ‚parapleroma' bzw. seine gesuchte Seite *x* hinzufügen. *(Parabolisch* heißt diese Art Flächenanlegung deswegen, weil die gegebene Fläche *bc* an die gegebene Strecke *a angelegt* wird; vgl. das Wort *παραβάλλειν.)*

Aber es gibt auch einen anderen, wie mir scheint, noch wesentlicheren Beleg dafür, daß der vorhin rekonstruierte Satz eine sehr bedeutende Rolle in der Geometrie der Pythagoreer gespielt haben muß. Fasse man nur noch einmal denselben Satz ins Auge: Man zieht durch einen beliebigen Punkt der Diagonale zwei Parallelen zu den beiden Seiten eines Parallelogramms; es wird dadurch die gegebene Fläche in zwei solche Flächenstücke zerlegt, die untereinander g l e i c h, und in zwei andere, die untereinander (und zu dem ursprünglichen Parallelogramm) ä h n l i c h sind. – Hat nicht eben diese an und für sich einfache und doch schöne Entdeckung auch zu jener berühmten *altpythagoreischen Aufgabe* geführt, über die PLUTARCH bei einer Gelegenheit (Symp. VIII 2, 4) folgendermaßen berichtet:

»Es gibt unter den schönsten geometrischen Theoremen, oder eher Problemen, das folgende: gegeben sind zwei Figuren, und man soll eine dritte konstruieren, die der einen von den gegebenen g l e i c h und der anderen von den gegebenen ä h n l i c h ist. Man sagt auch, daß PYTHAGORAS in seiner Freude über diese Entdeckung sein berühmtes Opfer dargebracht hätte. Kein Zweifel, dieses Theorem ist in der Tat viel raffinierter und der Wissenschaft viel würdiger als jenes andere, wonach das Quadrat auf der Hypotenuse der Summe der Quadrate auf den beiden Katheten gleich ist.«[16]

[16] Ich kann mich mit dieser Aufgabe im vorliegenden Zusammenhang nicht eingehender beschäftigen. Man vergleiche jedoch dazu, wie diese in der historischen Forschung bisher behandelt wurde, einstweilen TH. L. HEATH, Euclid's Elements, Bd. I, S. 343 ff.

3. Zum Schluß muß ich unter den elementaren Bestandteilen der behandelten pythagoreischen ‚Flächengeometrie' noch die Euklidische Definition für den geometrischen Begriff ‚*Gnomon*' anführen:

II def. 2 : »*In jedem Parallelogramm soll ein beliebiges der um seine Diagonale liegenden Parallelogramme zusammen mit den beiden Ergänzungen (parapleromata) ein G n o m o n heißen.*«

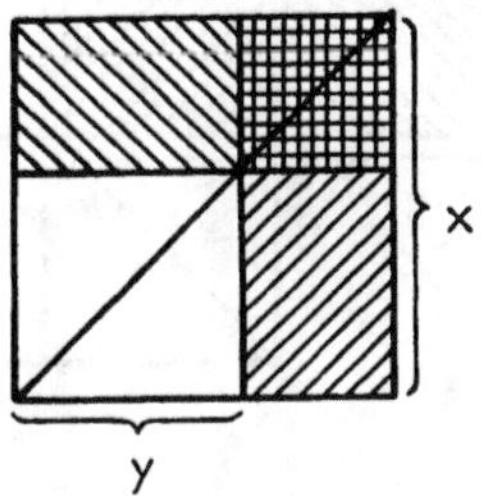

Abb. 22

Wie man sieht, hat auch zu diesem Begriff die vorhin behandelte *Vierteilung* des Parallelogramms geführt. Man zieht nämlich durch einen beliebigen Punkt der Diagonale zwei Parallelen zu den beiden Seiten des Parallelogramms. Aber diesmal werden von den insgesamt *vier* Flächenstücken, die auf diese Weise entstehen, *drei* – ein beliebiges der ‚um die Diagonale liegenden Parallelogramme' und die beiden ‚parapleromata' – als »*Gnomon*« zusammengefaßt. Zur Illustrierung zeige ich als *Abb. 22* den *Gnomon* eines Quadrats. Die drei Bestandteile des Gnomons wurden durch verschiedene Schraffierungen kenntlich gemacht. Außerdem zeigt diese Abbildung auch noch, daß das ursprüngliche Quadrat (x^2) diesmal in die Summe des kleineren Quadrats (y^2) und des *Gnomons* aufgelöst wurde. (Mit anderen Worten: Subtrahiert man das kleinere Quadrat y^2 von dem größeren x^2, so bleibt ein *Gnomon* übrig.)

Wichtig ist nun die eben angedeutete Auflösung des Quadrats *(x^2)* in die Summe eines kleineren Quadrats *(y^2)* und des *Gnomons* deswegen, weil man dabei den Gnomon selbst sehr leicht in ein *Rechteck* verwandeln kann. Ja, es gibt sogar zwei verschiedene Möglichkeiten für diese Verwandlung des Gnomons in ein flächengleiches Rechteck. Man kann nämlich entweder so verfahren, wie es unsere *Abb. 23*, oder so wie es

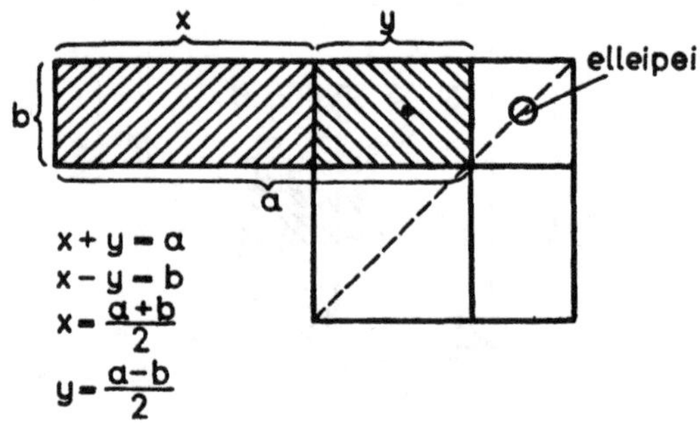

Abb. 23

die *Abb. 24* zeigt. In dem einen Fall *(Abb. 23)* bleibt bloß das eine ‚parapleroma' an seiner ursprünglichen Stelle; dagegen wird die Fläche, die aus dem ‚Parallelogramm um die Diagonale' (dem kleinsten Quadrat, auf unserer Abbildung) und dem anderen ‚parapleroma' besteht, dem an seiner Stelle belassenen ‚parapleroma' als eine Art ‚Fortsetzung nach links zu' hinzugefügt. – Im anderen Fall *(Abb. 24)* bleiben dagegen das eine ‚parapleroma' und das ‚kleinste Quadrat' an ihren ursprünglichen Stellen und bloß das andere ‚parapleroma' wird ihnen als ‚Fortsetzung nach links zu' hinzugefügt. – In beiden Fällen wird die eine Seite des konstruierten Rechtecks, das dem *Gnomon* flächengleich ist (schraffiert in den *Abb. 23* und *24*), $x + y$ und die andere Seite $x - y$ (zu den Buchstaben x und y siehe auch *Abb. 22*). Ein Unterschied besteht zwischen den beiden Fällen bloß insofern, *was mit dem ‚kleinsten Quadrat', dem Bestandteil des ursprüngli-*

chen Gnomons wird. – Im ersten Fall *(Abb. 23)* scheint dieses kleinste Quadrat dem konstruierten Rechteck zu *fehlen (ἐλλείπειν).* Darum ist dies ein sog. *elliptischer Fall der Flächenanlegung.* – Im anderen Fall *(Abb. 24) schießt* dasselbe kleinste Quadrat *über* das Quadrat y^2 *hinaus* (»Überschuß« = *ὑπερβολή).* Darum ist dies ein *hyperbolischer Fall der Flächenanlegung.* – Nun kann ich mich in diesem Zusam-

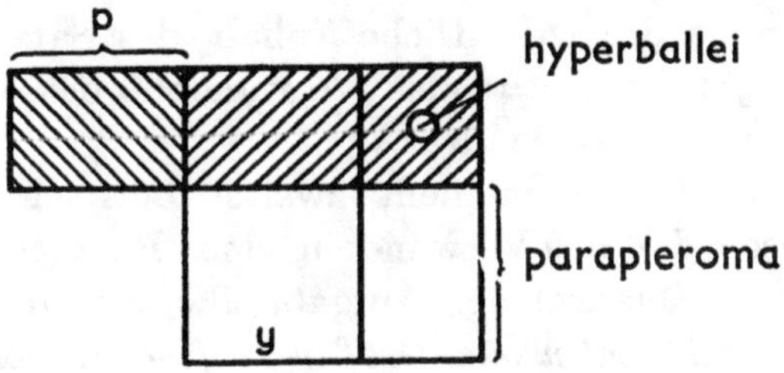

Abb. 24

menhang mit der *,Elleipsis'* und mit der *,Hyperbole'* nicht eingehender beschäftigen.[17] Es sei hier nur darauf hingewiesen, daß bei EUKLID in der Konstruktion des Satzes *II 5* eben die angedeutete *elliptische Flächenanlegung,* in der Konstruktion des Satzes *II 6* hingegen der *hyperbolische Fall* zur Anwendung kommt.

IV

Nun können wir zu dem Satz *II 5*, dessen Genesis hier erklärt werden soll, zurückkommen.

Es wurde oben im Kapitel II schon angedeutet, daß dieser ein Hilfssatz zu dem Beweis des anderen wichtigen Satzes *II 14* ist; er wird auch in dem Beweisteil des letzteren wörtlich zitiert. Darum fassen wir vor allem den Satz *II 14* näher ins Auge. Die in ihm behandelte Aufgabe heißt:

[17] Siehe wieder die vorige Anmerkung!

»Ein einer gegebenen geradlinigen Figur gleiches Quadrat zu errichten.«

EUKLID erstrebt immer die größtmögliche Allgemeingültigkeit. Darum geht er nicht sogleich von einem *Rechteck*, sondern im allgemeinen von einer *»geradlinigen Figur«* aus. Zuerst wird – unter Hinweis auf den früheren Satz *I 45* – die gegebene »geradlinige Figur« in ein Rechteck verwandelt, und erst dann kommt der wesentliche Inhalt des Satzes *II 14*, der sog. *,tetragonismos'* = »das Verwandeln des Rechtecks in ein flächengleiches Quadrat.«

Ich habe oben in meinem »zweiten Beispiel« schon darauf hingewiesen, daß das Verwandeln eines Rechtecks in ein flächengleiches Quadrat der Aufgabe, *die mittlere Proportionale zwischen zwei Zahlen oder Größen zu finden*, gleichwertig ist. Die Konstruktion der mittleren Proportionale zu zwei geraden Strecken wird bei EUKLID in dem Satz *VI 13* behandelt. Die beiden Sätze *VI 13* und *II 14* führen also zu demselben Ergebnis.[18] Uns interessiert jedoch diesmal eben der *Unterschied* der beiden Sätze.

Das Überraschende an den Konstruktionen in *VI 13* und *II 14* ist nämlich, daß die wichtigsten Schritte in beiden Fällen auf den ersten Blick *völlig identisch* aussehen

[18] Wie bekannt, hat J. L. HEIBERG, Mathematisches bei Aristoteles, Abhandlungen zur Gesch. d. math. Wissenschaften, 18. Heft, Leipzig 1904, unter Hinweis auf die beiden wichtigen ARISTOTELES-Stellen *De anima* II 2, 413 a 13–20 und *Met.* B 2, 996 b 18–21, den Satz VI 13 für den älteren und ursprünglicheren gehalten; demgegenüber könnte – seiner Ansicht nach – II 14 eine *jüngere Variante* sein. Derselben Ansicht hat sich auch TH. L. HEATH, Mathematics in Aristotle, S. 191–193, angeschlossen. – Ich muß in diesem Zusammenhang zwei Tatsachen festlegen: 1. der Satz II 14 ist aller Wahrscheinlichkeit nach *altpythagoreisch*; 2. die relative Chronologie der beiden Sätze VI 13 und II 14 läßt sich *nicht* mit Bestimmtheit entscheiden (s. auch Anm. 11). Auch VI 13 kann altpythagoreisch sein, obwohl zu seinem Beweis bei EUKLID allerdings die eudoxische Definition der Proportionalität nötig ist.

(s. *Abb. 25*). In beiden Fällen werden zunächst die Seiten des betreffenden Rechtecks – bzw. die Strecken *a* und *b*, zu denen man die mittlere Proportionale sucht – einer geraden Linie entlang *addiert*. Dann *halbiert* man die Summe der beiden Strecken und schlägt mit der halben Strecke den *Halbkreis* um den Halbierungspunkt. Und schließlich errichtet man die *Senkrechte* in dem Berührungspunkt der beiden Strecken *a* und *b* bis zur Peripherie des Halbkreises; die so

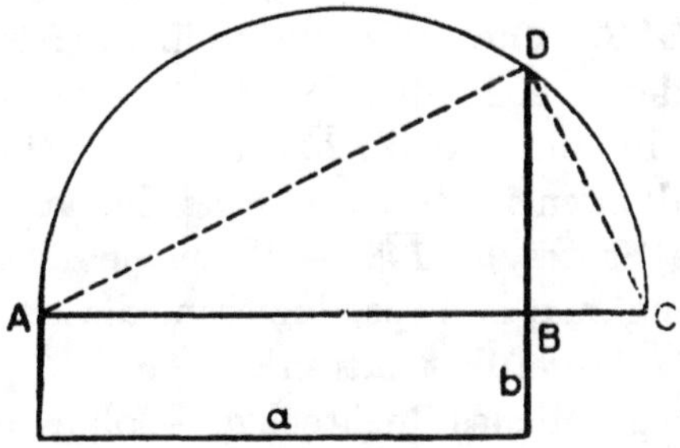

Abb. 25

gewonnene Strecke *d* wird die gesuchte mittlere Proportionale zwischen *a* und *b* bzw. die Seite des dem *ab* flächengleichen Quadrats.

Beachtet man bloß die eben zusammengefaßten Schritte, so wäre man zunächst geneigt, die beiden Konstruktionen (*VI 13* und *II 14*) für identisch zu halten. Und doch unterscheidet sich der *Sinn* derselben Schritte in den beiden Fällen so vollkommen wie nur möglich! Die Gedankengänge der beiden Sätze, die hinter den »identischen Schritten« stecken, sind völlig verschieden. Man überlege sich nämlich zunächst, welchen Sinn die eben angedeuteten Schritte – vom Gesichtspunkt des Satzes *VI 13* aus – haben müssen.

Man *addiert* die beiden Segmente *a* und *b* – zu denen die mittlere Proportionale gesucht wird –, weil man die *Hypotenuse* eines rechtwinkligen Dreiecks (*AC*, *Abb. 25*) bekommen will. (Man weiß dabei im voraus, daß *a* und *b* je für sich *längere*

Kathete bzw. *kürzere Kathete* von zwei anderen rechtwinkligen Dreiecken werden!) Man *halbiert* das Segment AC und man schlägt mit der halben Strecke den Halbkreis, weil man – im Sinne des thaletischen Satzes – zunächst die geometrischen Stellen aller jener rechtwinkligen Dreiecke sucht, deren Hypotenuse AC ist. Und schließlich wird d die gesuchte mittlere Proportionale zwischen a und b, weil sie die *kürzere Kathete* des rechtwinkligen Dreiecks ABD und zu gleicher Zeit die *längere Kathete* des rechtwinkligen Dreiecks BCD ist, wobei die Dreiecke ABD und BCD untereinander ähnlich sind. – Zweifellos bildeten eben diese Gedanken die Grundlage zur Konstruktion in dem Satz *VI 13*. Aber man findet nichts von denselben Gedanken in der *nur scheinbar* identischen Konstruktion des Satzes *II 14*. – Versuchen wir im folgenden jene Gedankengänge zu reproduzieren, die zur Konstruktion in dem Satz *II 14* geführt hatten[19]:

Soll man ein gegebenes Rechteck ab – ohne Anwendung von Proportionen – in ein flächengleiches Quadrat verwandeln, so denkt man etwa folgendermaßen. Wir haben sozusagen einen Weg zurückzulegen. Gegeben ist unser »Ausgangspunkt«, das Rechteck ab. Das »Ziel«, zu dem wir gelangen müssen, ist das dem Rechteck ab flächengleiche Quadrat, d^2. – Man hat das Gefühl, daß »Ausgangspunkt« und »Ziel« ziemlich weit voneinander entfernt sind; es gibt sozusagen einen *Niveauunterschied* zwischen den beiden. Könnten »Ausgangspunkt« und »Ziel« nicht irgendwie einander nähergebracht werden? Es wäre z. B. sogleich etwas gemeinsames im »Ausgangspunkt« und im »Ziel«, wenn man sie beide als *Ergebnisse*

[19] Ich möchte hier dankbar betonen, daß mein Leitfaden in der folgenden Rekonstruktion — wie auch sonst in der Rekonstruktion antiker mathematischer Gedankengänge sehr oft — das schöne Büchlein von G. PÓLYA »How to solve it?« war. Ich bin überhaupt der Ansicht, daß nicht nur die mathematische Heuristik in den Dienst der historischen Forschung gestellt werden kann, sondern auch umgekehrt die historische Forschung die keimende Wissenschaft der Heuristik fördern soll.

je einer geometrischen Operation auffassen könnte. Wie wird nun sowohl das gegebene Rechteck *ab* wie auch das gesuchte Quadrat d^2 zum »Ergebnis je einer Operation«? – Wir wollen es zunächst mit dem Rechteck versuchen.

Man denke an die Subtraktion in *Abb. 22* und *23*. Subtrahiert man von einem größeren Quadrat x^2 ein kleineres y^2, so bleibt ein ‚*Gnomon*' übrig, der jedoch sehr leicht in das Rechteck $(x + y) \cdot (x - y)$ verwandelt werden kann. – Unser Rechteck (ab) unterscheidet sich vom letzteren bloß darin, daß hier anstatt der Quadrate, die man voneinander subtrahieren soll – x^2 und y^2 –, unmittelbar die Seiten des Rechtecks a und b gegeben sind. Aber selbstverständlich kann man aus den beiden Seiten des Rechtecks auch die Quadrate x^2 und y^2 bekommen:
$x^2 = \left(\frac{a+b}{2}\right)^2$ und $y^2 = \left(\frac{a-b}{2}\right)^2$ (s. *Abb. 23*). Wir fassen also unseren »Ausgangspunkt«, das Rechteck *ab*, als die Differenz der beiden Quadrate $\left(\frac{a+b}{2}\right)^2 - \left(\frac{a-b}{2}\right)^2$ auf. So wird der »Ausgangspunkt« zum »Ergebnis einer geometrischen Operation«. (Eigentlich wird eben diese Transformation des» Ausgangspunktes« durch den Hilfssatz *II 5* im voraus zustande gebracht!)

Ähnlich kann man auch das »Ziel«, zu dem wir gelangen wollen, d^2, als »Ergebnis einer anderen geometrischen Operation« auffassen. Ja, auch diese andere Operation kann eine *Subtraktion* sein. Denn für das rechtwinklige Dreieck in unserer *Abb. 26* gilt ja der ‚pythagoreische Lehrsatz': $x^2 = y^2 + d^2$. Subtrahiert man darum aus dem Quadrat der Hypotenuse das Quadrat der einen Kathete, so bekommt man das Quadrat der anderen Kathete: $x^2 - y^2 = d^2$. – Hat man dies erkannt, so hat man die Lösung unserer Aufgabe – das Verwandeln des Rechtecks *ab* in ein flächengleiches Quadrat – sozusagen schon in der Hand.

Denn vorhin führte die Subtraktion der beiden Quadrate voneinander zu einem *Rechteck* und jetzt führte dieselbe

Subtraktion[20] zu einem *Quadrat*. Will man also ein Rechteck *ab* in ein flächengleiches Quadrat verwandeln, so besteht die Lösung darin, daß man die beiden Ergebnisse miteinander verbindet. Das größere Quadrat $\left(\frac{a+b}{2}\right)^2$, von dem man das kleinere subtrahiert, wird das Quadrat auf der Hypotenuse eines rechtwinkligen Dreiecks. Dagegen wird das kleinere, das

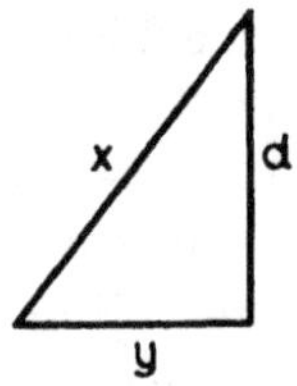

Abb. 26

subtrahierte Quadrat $\left(\frac{a-b}{2}\right)^2$, das Quadrat auf der einen Kathete. Aus den beiden Angaben *Hypotenuse* $= \frac{a+b}{2}$ und *eine Kathete* $= \frac{a-b}{2}$ soll man die andere Kathete des rechtwinkligen Dreiecks bekommen (s. *Abb. 27*). Das Quadrat auf dieser anderen Kathete *d* ist flächengleich dem gegebenen Rechteck *ab*. Das ist der Sinn der Konstruktion im Satz *II 14*.

Man sieht also, daß das *Addieren* der beiden Seiten des Rechtecks *(a + b)* in dieser Konstruktion (s. *Abb. 27*) in der Tat einen anderen Sinn hat als in dem Satz *VI 13* (siehe zum letzteren die *Abb. 25*). Dort addierte man die beiden Strecken, weil die Summe $a + b$ die Hypotenuse eines rechtwinkligen Dreiecks wurde. Diese Hypotenuse mußte in *VI 13* *halbiert* werden, um den thaletischen Satz anwenden zu können. – Dagegen haben *dieselbe Addition und dieselbe Halbierung* in *II 14*

[20] Meine Buchstabierung in *Abb. 23* wollte im voraus den Gedankengang für den Leser erleichtern.

den Sinn, daß die halbe Summe der beiden Seiten des Rechtecks, $\frac{a+b}{2}$, selber Hypotenuse eines anderen rechtwinkligen Dreiecks wird *(Abb. 27)*.

Es sei hier als eine interessante Tatsache noch hervorgehoben, daß in der Konstruktion des Satzes *II 14* die Seite jenes

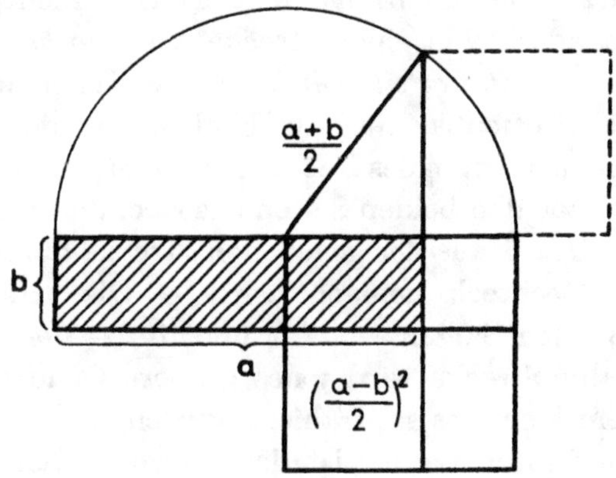

Abb. 27

kleineren Quadrats $\left(\frac{a-b}{2}\right)^2$, das von dem Quadrat der Hypotenuse $\left(\frac{a+b}{2}\right)^2$ subtrahiert wird, gar nicht besonders konstruiert werden soll; denn die *Strecke zwischen dem Halbierungspunkt von a + b und dem Berührungspunkt von a und b* ist eben $\frac{a-b}{2} = y$.

*

Zum Schluß muß ich noch meine frühere Behauptung – daß nämlich der Satz *II 5* nur einen Hilfssatz, sozusagen einen »Fertigbauteil« zum Beweis des Satzes *II 14* darstellt – etwas näher begründen.

Es sei vor allem darauf hingewiesen, daß Euklid den *II 5* (den Wortlaut siehe oben am Anfang des I. Kapitels) an einer

Zeichnung erklärt und beweist, die in allem Wesentlichen meiner *Abb. 23* entspricht. Mit dieser Abbildung habe ich veranschaulicht, wie die Pythagoreer eine beliebige Quadratfläche in die Summe eines *kleineren Quadrats* und eines *Gnomons* bzw. in diejenige eines *Quadrats* und eines *Rechtecks* auflösten. Es handelt sich im Grunde eben um dasselbe auch in dem Satz II 5. Allerdings geht Euklid nicht von einem Quadrat, sondern von einer Strecke aus, die *halbiert und in ungleiche Abschnitte geteilt wird.* – Das Teilen in ungleiche Abschnitte ist offenbar nur die Umkehrung dessen, daß in II 14 die beiden Seiten des Rechtecks *addiert* werden. In II 14 macht man aus den beiden Seiten des Rechtecks eine Strecke, während in II 5 aus der gegebenen Strecke durch beliebiges Teilen ein Rechteck gemacht wird. – Die »Halbierungen« haben in beiden Sätzen – II 5 und 14 – denselben Sinn: Auf die halbe Strecke wird jenes größere Quadrat errichtet, von dem ein kleineres subtrahiert werden soll.

Aber noch interessanter ist das folgende: Ich habe schon hervorgehoben, daß zu der Anwendung des ‚pythagoreischen Lehrsatzes' in II 14 auch die *halbe Differenz der beiden Rechteckseiten* $\left(\frac{a-b}{2}\right)$ nötig ist. (Das Quadrat auf dieser Strecke wird von dem Quadrat der Hypotenuse $\left(\frac{a+b}{2}\right)^2$ subtrahiert.) Man braucht jedoch diese Strecke gar nicht besonders zu konstruieren; sie ist die »*Strecke zwischen dem Halbierungspunkt von $a + b$ und dem Berührungspunkt von a und b*«. Dasselbe Segment wird bei Euklid in II 5 als die »*Strecke zwischen den Teilpunkten*« bezeichnet. – Auch diese sprachlich schwerfällige, beinahe unbeholfene Bezeichnungsart ist für mich ein schlagender Beweis dafür, daß der alte Geometer den Satz II 5 im Hinblick auf II 14 im voraus aufgestellt und bewiesen hatte.

V

Man könnte jene Ergebnisse der vorangestellten Untersuchung, die mir auch vom Gesichtspunkt der weiteren Forschung aus als wichtig vorkommen, etwa in den folgenden Punkten zusammenfassen:

1. Der Satz *II 5* ist ein rein geometrischer Hilfssatz zum Beweis des Satzes *II 14*. Es wäre irreführend, diesen Satz als »Lösung einer algebraischen Gleichung« aufzufassen. Die algebraische Auslegung – auch wenn sie dem Satz EUKLIDS äquivalent ist – verdunkelt den wahren geometrischen Sinn dieses Satzes, und historisch erweckt sie den falschen Schein, als hätten die Griechen in voreuklidischer Zeit in der Tat mit »algebraischen Gleichungen« operiert.

2. Es wurde oben im Kapitel II auch darauf hingewiesen, daß auch die übrigen Sätze der sog. »geometrischen Algebra der Pythagoreer« sich als rein geometrische Sätze erklären lassen. Dagegen hat man Spuren von echt algebraischen Gedankengängen[21] aus der voreuklidischen und Euklidischen Überlieferung bisher *nicht* nachweisen können.

3. In einem Punkt werden jedoch die Gedanken von P. TANNERY, mit denen er die späteren Spekulationen über die angebliche »geometrische Algebra der Griechen« angeregt hatte,[22] beibehalten. P. TANNERY war nämlich der Ansicht, daß diese Art Geometrie ihr Entstehen der Entdeckung der Inkommensurabilität zu verdanken hat. Es wurde in der Tat

[21] Echt algebraisch ist z. B. die Interpretation von B. L. v. d. WAERDEN für den Beweis des Satzes II 14 (Erwachende Wissenschaft, S. 193; oder Science awakening, S. 118). Anstelle von *Flächen* arbeitet hier der moderne Verfasser mit *Produkten aus zwei Faktoren* bzw. mit *Größen zweiten Grades*, wobei man Gefahr läuft, daß im Leser der grundlegende Unterschied der Geometrie und der Algebra gar nicht bewußt wird. Natürlich ist auch der moderne Beweis von B. L. v. d. WAERDEN *tadellos*. Aber mit dem antiken Gedankengang hat er in Wirklichkeit *gar nichts zu tun*.

[22] Vgl. Anm. 6.

auch in meiner Arbeit darauf hingewiesen, daß die behandelte ‚Flächengeometrie der Pythagoreer' das Problem der Inkommensurabilität *ausschaltet* und die Benutzung von Proportionen konsequent *vermeidet*.

4. Jene Vermutungen, die die »geometrische Algebra der Pythagoreer« als Übernahme bzw. griechische Weiterentwicklung von ursprünglich babylonischen Gedankengängen auffassen wollten, waren voreilig. Der Zusammenhang dieser Art Kenntnisse mit der »babylonischen Wissenschaft« ist in Wirklichkeit *nirgends erwiesen*. Im Gegenteil! Man hat eher den Eindruck, daß die hier behandelte ‚Flächengeometrie der Pythagoreer' eine *rein griechische Errungenschaft* war.

NAMENVERZEICHNIS

SACHVERZEICHNIS

www.ingramcontent.com/pod-product-compliance
Lightning Source LLC
LaVergne TN
LVHW010554300926
849162LV00002B/327
* 9 7 8 3 4 8 6 4 7 2 0 1 1 *